大数据驱动的管理与决策研究丛书

大数据管理决策
——全景式PAGE框架与前沿研究

陈国青　李一军　曾大军　卫　强　等／编著

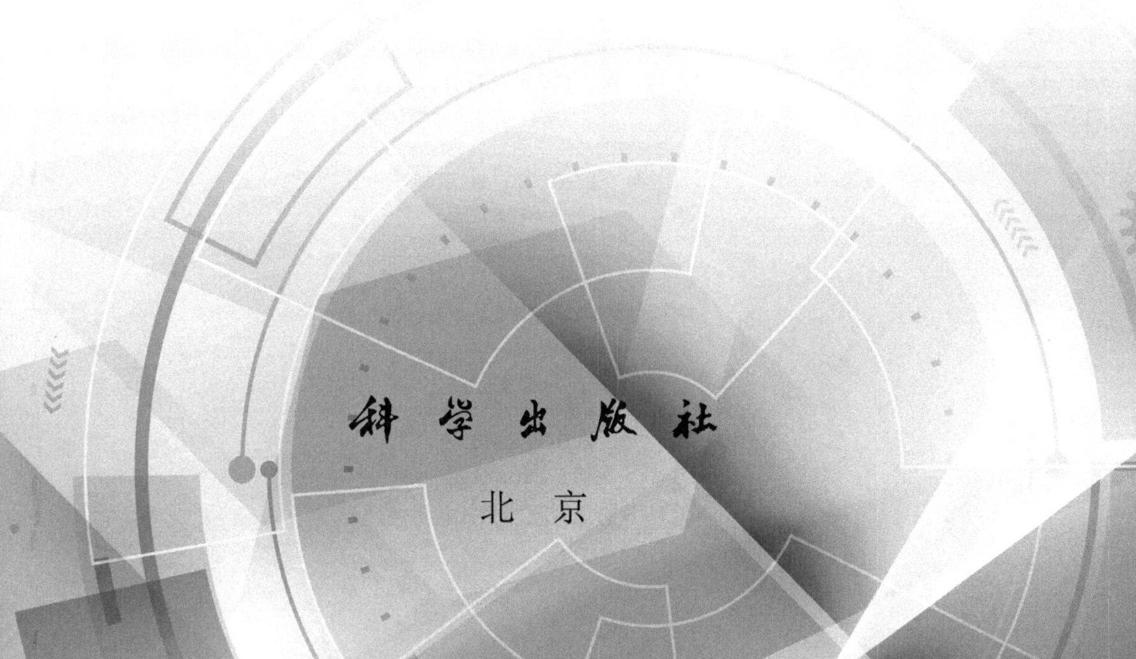

科学出版社
北　京

内 容 简 介

大数据正在成为人类社会最重要的生产要素和基础资产之一，并对管理决策理论与实践产生深远影响。本书汇编了国家自然科学基金“大数据驱动的管理与决策研究”重大研究计划的部分项目研究成果，就研究体系和重要研究方向上的新知贡献进行阐释与讨论。首先，本书系统性讨论了大数据管理决策研究挑战和应对，并介绍了顶层设计研究体系及凝练的全景式 PAGE 框架。进而结合重要研究方向，分别介绍了大数据决策范式、大数据分析技术、大数据资源治理、大数据使能创新等相关议题和若干前沿进展。

本书可供高等学校管理科学与工程、工商管理、公共管理、数据科学等相关学科的师生、研究机构的学者以及行业领域的专家和技术人员阅读参考。

图书在版编目（CIP）数据

大数据管理决策 ：全景式 PAGE 框架与前沿研究 / 陈国青等编著. 北京 ：科学出版社，2024. 6. -- (大数据驱动的管理与决策研究丛书). ISBN 978-7-03-078998-3

Ⅰ. TP274

中国国家版本馆 CIP 数据核字第 2024QE4701 号

责任编辑：魏如萍 / 责任校对：王晓茜
责任印制：张　伟 / 封面设计：有道设计

科学出版社出版
北京东黄城根北街 16 号
邮政编码：100717
http://www.sciencep.com
北京盛通数码印刷有限公司印刷
科学出版社发行　各地新华书店经销

*

2024 年 6 月第　一　版　开本：720 × 1000　1/16
2024 年 6 月第一次印刷　印张：36 1/4
字数：750 000

定价：298.00 元

（如有印装质量问题，我社负责调换）

作者简介

陈国青，清华大学文科资深教授，学术委员会副主任，经济管理学院讲席教授。复旦管理学杰出贡献奖获得者，国家级领军人才。担任国家自然科学基金“大数据驱动的管理与决策研究”重大研究计划指导专家组组长，教育部高等学校管理科学与工程类专业教学指导委员会主任，国家信息化专家咨询委员会成员。曾任国际模糊系统学会（International Fuzzy Systems Association，IFSA）副主席，国际信息系统协会中国分会（China Association for Information Systems，CNAIS）创始主席。曾多年担任清华大学经济管理学院常务副院长。曾主持国家自然科学基金重大项目、国家杰出青年科学基金项目等多个国家级科研项目。

李一军，哈尔滨工业大学经济与管理学院教授，复旦管理学杰出贡献奖获得者，国家级领军人才。担任国家自然科学基金“大数据驱动的管理与决策研究”重大研究计划指导专家组成员，教育部高等学校管理科学与工程类专业教学指导委员会副主任，*Fundamental Research* 副主编，国家自然科学基金委员会管理科学部专家咨询委员会委员，《管理科学》主编等。曾经多年担任哈尔滨工业大学管理学院院长，国家自然科学基金委员会管理科学部常务副主任。长期从事管理信息系统、决策支持系统、商务智能领域研究，获国家和省部级科技、教学奖励 15 项，主编专著教材 12 部，在国内外学术刊物上发表论文 200 余篇。

曾大军，中国科学院自动化研究所研究员，复旦管理学杰出贡献奖获得者，国家杰出青年科学基金获得者，电气电子工程师学会（Institute of Electrical and Electronics Engineers，IEEE）与美国科学促进会（American Association for the Advancement of Science，AAAS）会士（Fellow）。担任中国科学院自动化研究所副所长、多模态人工智能系统全国重点实验室副主任、国家自然科学基金“大数据驱动的管理与决策研究”重大研究计划指导专家组成员。曾任国际学术期刊 *IEEE Intelligent Systems* 与 *ACM Transactions on MIS* 主编，IEEE 智能交通系统学会主席，运筹学与管理科学研究协会（Institute for Operations Research and the Management Sciences，INFORMS）人工智能分会主席。主持国家重点研发计划、国家自然科学基金创新研究群体项目与国家自然科学基金重大项目等多个国家级科研项目。

卫强，清华大学经济管理学院教授，管理科学与工程系系主任。担任国家自然科学基金“大数据驱动的管理与决策研究”重大研究计划指导专家组秘书，中国模糊数学与模糊系统学会副理事长，中国统计学会常务理事，中国信息经济学会常务理事，*Knowledge-Based Systems*、*Decision Support Systems* 等多个国际学术期刊副主编。主要研究与教学领域包括大数据与商务分析、机器学习与智能推荐、人工智能与管理等，主持多个国家级科研项目，获得多项省部级和一级学会科研奖励。

丛书编委会

总　序

互联网、物联网、移动通信等技术与现代经济社会的深度融合让我们积累了海量的大数据资源，而云计算、人工智能等技术的突飞猛进则使我们运用掌控大数据的能力显著提升。现如今，大数据已然成为与资本、劳动和自然资源并列的全新生产要素，在公共服务、智慧医疗健康、新零售、智能制造、金融等众多领域得到了广泛的应用，从国家的战略决策，到企业的经营决策，再到个人的生活决策，无不因此而发生着深刻的改变。

世界各国已然认识到大数据所蕴含的巨大社会价值和产业发展空间。比如，联合国发布了《大数据促发展：挑战与机遇》白皮书；美国启动了“大数据研究和发展计划”并与英国、德国、芬兰及澳大利亚联合推出了“世界大数据周”活动；日本发布了新信息与通信技术研究计划，重点关注“大数据应用”。我国也对大数据尤为重视，提出了“国家大数据战略”，先后出台了《“十四五”大数据产业发展规划》《“十四五”数字经济发展规划》《中共中央 国务院关于构建数据基础制度更好发挥数据要素作用的意见》《企业数据资源相关会计处理暂行规定（征求意见稿）》《中华人民共和国数据安全法》《中华人民共和国个人信息保护法》等相关政策法规，并于 2023 年组建了国家数据局，以推动大数据在各项社会经济事业中发挥基础性的作用。

在当今这个前所未有的大数据时代，人类创造和利用信息，进而产生和管理知识的方式与范围均获得了拓展延伸，各种社会经济管理活动大多呈现高频实时、深度定制化、全周期沉浸式交互、跨界整合、多主体决策分散等特性，并可以得到多种颗粒度观测的数据；由此，我们可以通过粒度缩放的方式，观测到现实世界在不同层级上涌现出来的现象和特征。这些都呼唤着新的与之相匹配的管理决策范式、理论、模型与方法，需有机结合信息科学和管理科学的研究思路，以厘清不同能动微观主体（包括自然人和智能体）之间交互的复杂性、应对由数据冗余与缺失并存所带来的决策风险；需要根据真实管理需求和场景，从不断生成的大数据中挖掘信息、提炼观点、形成新知识，最终充分实现大数据要素资源的经济和社会价值。

在此背景下，各个科学领域对大数据的学术研究已经成为全球学术发展的热点。比如，早在 2008 年和 2011 年，*Nature*（《自然》）与 *Science*（《科学》）杂志分别出版了大数据专刊 *Big Data: Science in the Petabyte Era*（《大数据：PB（级）时代的科学》）和 *Dealing with Data*（《数据处理》），探讨了大数据技术应用及其前景。由于在人口规模、经济体量、互联网/物联网/移动通信技术及实践模式等方面的鲜明特色，我国在大数据理论和技术、大数据相关管理理论方法等领域研究方面形成了独特的全球优势。

鉴于大数据研究和应用的重要国家战略地位及其跨学科多领域的交叉特点，国家自然科学基金委员会组织国内外管理和经济科学、信息科学、数学、医学等多个学科的专家，历经两年的反复论证，于 2015 年启动了"大数据驱动的管理与决策研究"重大研究计划（简称大数据重大研究计划）。这一研究计划由管理科学部牵头，联合信息科学部、数学物理科学部和医学科学部合作进行研究。大数据重大研究计划主要包括四部分研究内容，分别是：①大数据驱动的管理决策理论范式，即针对大数据环境下的行为主体与复杂系统建模、管理决策范式转变机理与规律、"全景"式管理决策范式与理论开展研究；②管理决策大数据分析方法与支撑技术，即针对大数据数理分析方法与统计技术、大数据分析与挖掘算法、非结构化数据处理与异构数据的融合分析开展研究；③大数据资源治理机制与管理，即针对大数据的标准化与质量评估、大数据资源的共享机制、大数据权属与隐私开展研究；④管理决策大数据价值分析与发现，即针对个性化价值挖掘、社会化价值创造和领域导向的大数据赋能与价值开发开展研究。大数据重大研究计划重点瞄准管理决策范式转型机理与理论、大数据资源协同管理与治理机制设计以及领域导向的大数据价值发现理论与方法三大关键科学问题。在强调管理决策问题导向、强调大数据特征以及强调动态凝练迭代思路的指引下，大数据重大研究计划在 2015～2023 年部署了培育、重点支持、集成等各类项目共 145 项，以具有统一目标的项目集群形式进行科研攻关，成为我国大数据管理决策研究的重要力量。

从顶层设计和方向性指导的角度出发，大数据重大研究计划凝练形成了一个大数据管理决策研究的框架体系——全景式 PAGE 框架。这一框架体系由大数据问题特征（即粒度缩放、跨界关联、全局视图三个特征）、PAGE 内核［即决策范式（paradigm）、分析技术（analytics）、资源治理（governance）及使能创新（enabling）四个研究方向］以及典型领域情境（即针对具体领域场景进行集成升华）构成。

依托此框架的指引，参与大数据重大研究计划的科学家不断攻坚克难，在 PAGE 方向上进行了卓有成效的学术创新活动，产生了一系列重要成果。这些成果包括一大批领域顶尖学术成果［如 *Nature*、*PNAS*（*Proceedings of the National Academy of Sciences of the United States of America*，《美国国家科学院院刊》）、

Nature/*Science*/*Cell*（《细胞》）子刊，经管/统计/医学/信息等领域顶刊论文，等等］和一大批国家级行业与政策影响成果（如大型企业应用与示范、国家级政策批示和采纳、国际/国家标准与专利等）。这些成果不但取得了重要的理论方法创新，也构建了商务、金融、医疗、公共管理等领域集成平台和应用示范系统，彰显出重要的学术和实践影响力。比如，在管理理论研究范式创新（P）方向，会计和财务管理学科的管理学者利用大数据（及其分析技术）提供的条件，发展了被埋没百余年的会计理论思想，进而提出“第四张报表”的形式化方法和系统工具来作为对于企业价值与状态的更全面的、准确的描述（测度），并将成果运用于典型企业，形成了相关标准；在物流管理学科的相关研究中，放宽了统一配送速度和固定需求分布的假设；在组织管理学科的典型工作中，将经典的问题拓展到人机共生及协同决策的情境；等等。又比如，在大数据分析技术突破（A）方向，相关管理科学家提出或改进了缺失数据完备化、分布式统计推断等新的理论和方法；融合管理领域知识，形成了大数据降维、稀疏或微弱信号识别、多模态数据融合、可解释性人工智能算法等一系列创新的方法和算法。再比如，在大数据资源治理（G）方向，创新性地构建了综合的数据治理、共享和评估新体系，推动了大数据相关国际/国家标准和规范的建立，提出了大数据流通交易及其市场建设的相关基本概念和理论，等等。还比如，在大数据使能的管理创新（E）方向，形成了大数据驱动的传染病高危行为新型预警模型，并用于形成公共政策干预最优策略的设计；充分利用中国电子商务大数据的优势，设计开发出综合性商品全景知识图谱，并在国内大型头部电子商务平台得到有效应用；利用监管监测平台和真实金融市场的实时信息发展出新的金融风险理论，并由此建立起新型金融风险动态管理技术系统。在大数据时代背景下，大数据重大研究计划凭借这些科学知识的创新及其实践应用过程，显著地促进了中国管理科学学科的跃迁式发展，推动了中国“大数据管理与应用”新本科专业的诞生和发展，培养了一大批跨学科交叉型高端学术领军人才和团队，并形成了国家在大数据领域重大管理决策方面的若干高端智库。

展望未来，新一代人工智能技术正在加速渗透于各行各业，催生出一批新业态、新模式，展现出一个全新的世界。大数据重大研究计划迄今为止所进行的相关研究，其意义不仅在于揭示了大数据驱动下已经形成的管理决策新机制、开发了针对管理决策问题的大数据处理技术与分析方法，更重要的是，这些工作和成果也将可以为在数智化新跃迁背景下探索人工智能驱动的管理活动和决策制定之规律提供有益的科学借鉴。

为了进一步呈现大数据重大研究计划的社会和学术影响力，进一步将在项目研究过程中涌现出的卓越学术成果分享给更多的科研工作者、大数据行业专家以及对大数据管理决策感兴趣的公众，在国家自然科学基金委员会管理科学部的领导下，在众多相关领域学者的鼎力支持和辛勤付出下，在科学出版社的大力支持下，大数据重大研究计划指导专家组决定以系列丛书的形式将部分研究成果出版，其中包括在大数据重大研究计划整体设计框架以及项目管理计划内开展的重点项目群的部分成果。希望此举不仅能为未来大数据管理决策的更深入研究与探讨奠定学术基础，还能促进这些研究成果在管理实践中得到更广泛的应用、发挥更深远的学术和社会影响力。

未来已来。在大数据和人工智能快速演进所催生的人类经济与社会发展奇点上，中国的管理科学家必将与全球同仁一道，用卓越的智慧和贡献洞悉新的管理规律和决策模式，造福人类。

是为序。

国家自然科学基金“大数据驱动的管理与决策研究”

重大研究计划指导专家组

2023 年 11 月

前　言

大数据正在成为人类社会最重要的生产要素和基础资产之一，并对管理决策理论与实践产生深远影响。鉴于大数据管理决策涉及多学科门类、多领域情境、多数据模态，学界和业界对于大数据的理解呈现多元发散情形，在传统问题与大数据问题的特征界定上常常含混不清，对于传统方法论（如模型驱动、数据驱动）的优势和局限认识不足，甚至导致社会上出现“大数据只讲关联不讲因果”的谬误。根据国家自然科学基金“大数据驱动的管理与决策研究”重大研究计划（简称大数据重大研究计划）的“具有统一目标的项目集群”属性，厘清概念认识、明确研究方向、凝练新型方法论特征是大规模集群式科学攻关的重要顶层设计内容，形成的全景式 PAGE［决策范式（paradigm，P）、分析技术（analytics，A）、资源治理（governance，G）和使能创新（enabling，E）］框架对于大数据重大研究计划的整体布局、项目部署与研究开展具有重要前瞻和指南意义。

本书汇编了大数据重大研究计划的部分项目研究成果，就研究体系和 PAGE 方向上的新知贡献进行阐释和讨论。本书共 23 章分为六篇，第一篇为引言，讨论大数据管理决策研究的挑战与应对，第二篇讨论研究体系与全景式 PAGE 框架相关内容，第三篇至第六篇围绕 PAGE 研究方向，分别讨论大数据决策范式、大数据分析技术、大数据资源治理、大数据使能创新等相关议题和若干前沿进展。这些研究成果从我国管理实践中提炼重要科学问题及其要素属性，并注重与国际学术话语体系和研究范式相融合。同时，研究成果旨在既体现视野的前瞻性和方向感，又具有探索的方法根基和学理新意，为提升我国大数据研究和管理决策水平、促进学科领域发展乃至服务国家战略贡献学术新知和管理启迪。

当前，大数据时代的演进正在从“数据化”初级发展形态跃迁到“数智化”新型发展形态。从数据—算法—赋能的角度来看，数智化关注数据扩张与治理的平衡、算法智能与机器行为以及赋能重塑与模式创新。值得一提的是，2023 年以来，以大模型为代表的生成式人工智能的涌现，进一步激发了大数据的潜力。特别是人工智能生成内容（AI generated content，AIGC）的强大能力，不仅大幅拓展了大数据的边界，也增加了大数据的复杂性。这不仅为大数据管理决策的研究与实践注入了新动力，同时也形成了新挑战。因此，在大数据相关新技术、新场景、新业务不断快速更新迭代的新时期，我们期待未来大数据管理决策研究及其在 PAGE 方向上的探索将持续得到进一步深化和扩展，产生出重要理论和应用成果。

最后，在此感谢本书相关内容的作者团队对于大数据重大研究计划项目课题的积极贡献和对于本书出版的大力支持。本书出版也得到了国家自然科学基金项目（92246001）的支持。此外，感谢清华大学经济管理学院的朱华在本书编写过程中的出色工作。感谢科学出版社暨马跃编审在本书出版各环节中的大量投入。

作　者

2024 年元月于北京

目　　录

第一篇　引　　言

第二篇　研究体系与全景式 PAGE 框架

第三篇 大数据决策范式

第四篇 大数据分析技术

第五篇 大数据资源治理

第六篇　大数据使能创新

第一篇　引　　言

第 1 章　大数据管理决策研究①

近年来，大数据与新一代人工智能的飞速发展，深刻变革着社会生产与生活方式，特别是生成式预训练大模型等带来的巨大冲击，使得基于数据的管理决策的重要性愈发凸显。大数据作为数字经济的关键生产要素和重要引擎，其数智化新跃迁通过在数据、算法、赋能层面的革命性进阶为我国新发展格局注入了新形态和新动能（陈国青等，2022）。

“大数据”遇见“管理决策”，给业界和学界带来了许多新的机遇与挑战，进而激发了管理学科等多学科领域的强烈研究兴趣和创新探索（陈国青，2013；陈国青等，2018；冯芷艳等，2013；徐宗本等，2014）。2015 年，我国从“国家大数据战略”的高度进行前瞻布局。同年，国家自然科学基金“大数据驱动的管理与决策研究”重大研究计划启动，支持管理科学部联合信息、数理、医学等科学部，汇聚国内高水平科研团队，以具有统一目标的项目集群形式开展大数据管理决策研究，并结合商务、金融、医疗健康与公共管理等若干领域情境进行应用示范。

“大数据”与“管理决策”概念涉及多学科门类（如哲学、历史、经济、管理、工程、教育、农业、艺术、数理、法学、医学等）和多领域情境（如商务、金融、医疗健康、公共管理、交通、能源、化工、教育、制造、军事、建筑、经济等）。语境、视角、价值、工具等方面的差异，使得集群式跨学科的大数据管理决策研究在顶层设计与自由探索、抽象一般性与具象情境化、学理内涵与应用外延等关系上存在着既分野又融合的特点，这也意味着研究具有新的课题、复杂性和难度。

概括来说，大数据管理决策研究面临两大挑战：第一个挑战是关于研究体系和整体设计方面，从认识论、科学探索和方法论的视角出发，需要回答以下问题：①什么问题可以称作大数据问题？②哪些是大数据管理决策研究的重要探索方向？③大数据管理决策研究是否需要新型方法论范式？第二个挑战是关于研究创新方面的，需要回答以下问题：①在重要探索方向上，需要关注哪些关键科学问题？②围绕这些科学问题的研究能够获得什么重要新知？应对上述挑战及其相关问题，需要大数据管理决策研究在新特征、新方向、新范式、新贡献等方面形成

① 本章作者：陈国青（清华大学经济管理学院）、李一军（哈尔滨工业大学管理学院）、曾大军（中国科学院自动化研究所）、卫强（清华大学经济管理学院）。通讯作者：卫强（weiq@sem.tsinghua.edu.cn）。

突破性进展，产生重要学术创新以及行业/政策影响。

大数据重大研究计划是迄今为止国家自然科学基金设立的唯一一个以大数据为主题的重大研究计划。该计划及其项目团队是近年来我国开展大数据管理决策研究的重要力量。首先，应对前述第一个挑战，该计划提炼构建了一个研究体系框架（图 1-1 中上半部分），勾勒刻画了问题特征、研究方向（即全景式 PAGE 框架）和研究方法论等维度上的要素属性和概念内涵，为整个大数据重大研究计划的探索、聚焦、集成、升华提供了一个顶层设计和方向性引领。进而，应对上述第二个挑战，大数据重大研究计划沿循全景式 PAGE 框架，围绕大数据决策范式（P）、大数据分析技术（A）、大数据资源治理（G）、大数据使能创新（E）相关内容开展了深度攻关，聚焦关键科学问题形成了一系列重要研究创新，并且通过设计平台集成架构形成了 PAGE 在应用领域上的情境映射和立体图景（图 1-1 下半部分）。

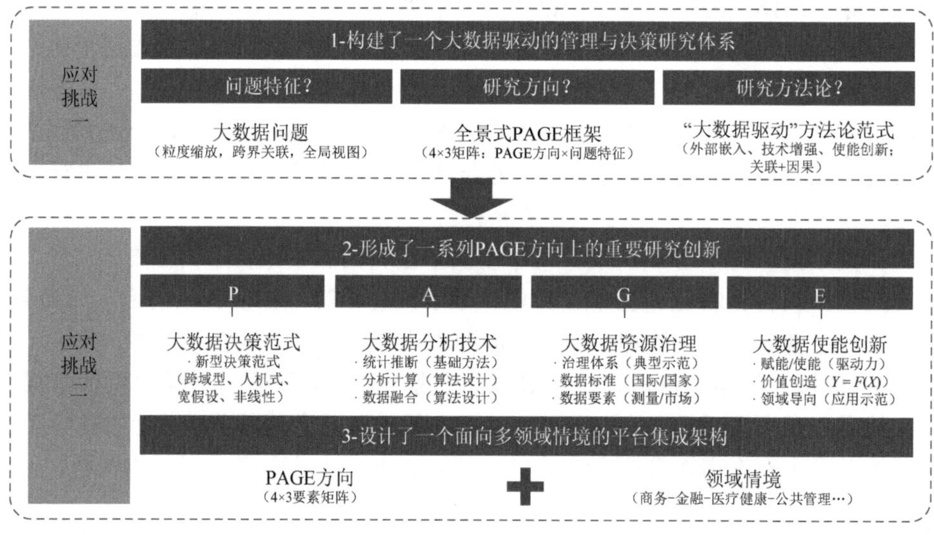

图 1-1 大数据管理决策研究体系及全景式 PAGE 框架

1.1 研究体系框架

鉴于大数据管理决策涉及多学科门类、多领域情境、多数据模态，学界和业界对于大数据的理解呈现多元发散情形，在传统问题与大数据问题的特征界定上常常含混不清，对于传统方法论（如模型驱动、数据驱动）的优势和局限认识不足，甚至导致社会上出现“大数据只讲关联不讲因果”的谬误。根据大数据重大研究计划的“具有统一目标的项目集群”属性，厘清概念认识、明确研究方向、凝练新型方法论特征是大规模集群式科学攻关的重要顶层设计内容，形成的研究体系框架对于大数据重大研究计划的整体布局、项目部署与研究开展具有重要前瞻和指南意义。

下面将围绕研究体系和全景式 PAGE 框架的要素内涵进行简要阐释，详细讨论可参见本书第 2 章和相关文献（陈国青等，2018，2022，2023）。

1.1.1　大数据问题特征①

在各类研究和应用问题中，有一类问题可以归为大数据问题。大数据问题应至少具有以下三个特点：粒度缩放、跨界关联和全局视图。三者分别强调问题要素在数据呈现上的深度及其宏微解合、宽度及其跨界联系、聚合及其整体演化（进一步阐释可参阅第 2 章及其后续章节的相关内容）。

在大数据时代，具有大数据问题特征的应用不断涌现，进而激发了大量创新并催生了许多新模式、新业态。例如，在医疗健康领域，传统疾病诊疗中的患者就医关系正在被扩展为融合院外检测、干预、康复数据的新型诊疗模式。其中，不仅涉及传统意义上的生化、影像和诊疗等医院内部数据，也涉及医院外病人和社区相关的体征、体检、社会关系、环境等外部数据。这里，需要获取相关生化组织、疾病、人、社区、环境等的微观宏观粒度信息；同时进行视角拓展和关联，包括从科室内外到医院内外的跨界融合；进而，可以在全局层面进行更为有效的诊疗决策和管理。此外，近年来发展迅速的新型医疗健康服务平台，通过整合社会和行业资源，连接医生、公众、医院以及相关上下游企业/机构，提供信息咨询、诊疗链入、健康指导等服务产品，形成了一类新业态并呈现显著的大数据问题特征。再如，在新型商务领域，智慧旅游体现了大数据问题的粒度缩放、跨界关联和全局视图特点。通过传感器、定位系统以及智能手机终端等设备获得景点、调度和管理需要的细粒度信息；同时，打通交通、支付、商铺、酒店、活动、气象及餐饮等诸多业务功能，实现跨界联动；进而，景点、旅游企业和服务平台可以从全局出发形成整体画像，并优化布局和运作以做出相应的管理决策。

1.1.2　全景式 PAGE 框架

将大数据问题特征（粒度缩放、跨界关联、全局视图）映射到四个研究方向（即 PAGE：决策范式、分析技术、资源治理和使能创新）上，便形成一个面向不同领

① 本节主要内容原载于《管理科学学报》，2018 年第 7 期。

域情境（如商务、金融、医疗健康、公共管理等）的由 4×3 要素矩阵所构成的全景式 PAGE 框架。具体说来，决策范式（P）方向重点关注管理决策范式转变机理与理论；分析技术（A）方向重点关注管理决策问题导向的大数据分析方法和支撑技术；资源治理（G）方向重点关注大数据资源治理机制设计与协同管理；使能创新（E）方向重点关注大数据使能的价值创造与模式创新。每一个研究方向在粒度缩放、跨界关联、全局视图三个问题特征的映射下，体现出不同的研究侧重，如图 1-2 所示。全景式 PAGE 框架成为整个大数据重大研究计划的方向性框架和项目指南重要内容，在相关关键科学问题凝练和贡献新知方面，发挥了重要指导性作用。

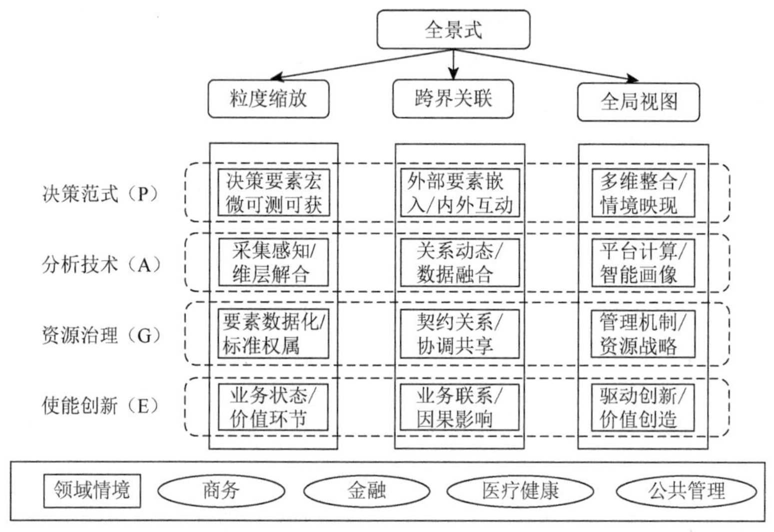

图 1-2　全景式 PAGE 框架

此外，PAGE 的 4×3 要素矩阵作用于不同的领域情境/应用场景（如商务、金融、医疗健康、公共管理等），进一步构成了 PAGE 研究框架的立体图景（图 1-3）。这里，PAGE 的 4×3 要素矩阵在每个领域情境内形成同构映射，使得 PAGE 要素特征在情境场景中得以体现，即 PAGE 要素的抽象特征在情境场景中实现具象化，进而达到大数据管理决策研究在问题特征、研究方向及领域情境上的全景式融合呈现。

近年来，大数据重大研究计划沿循全景式 PAGE 框架的研究探索，进一步丰富和深化了 PAGE 的内涵和外延，为促进大数据管理决策领域的发展，进而贡献人类新知以及服务国家战略发挥重要作用。同时，可以看到国内外许多大数据管理决策方面的研究都在 PAGE 维度上呈现出方向性。

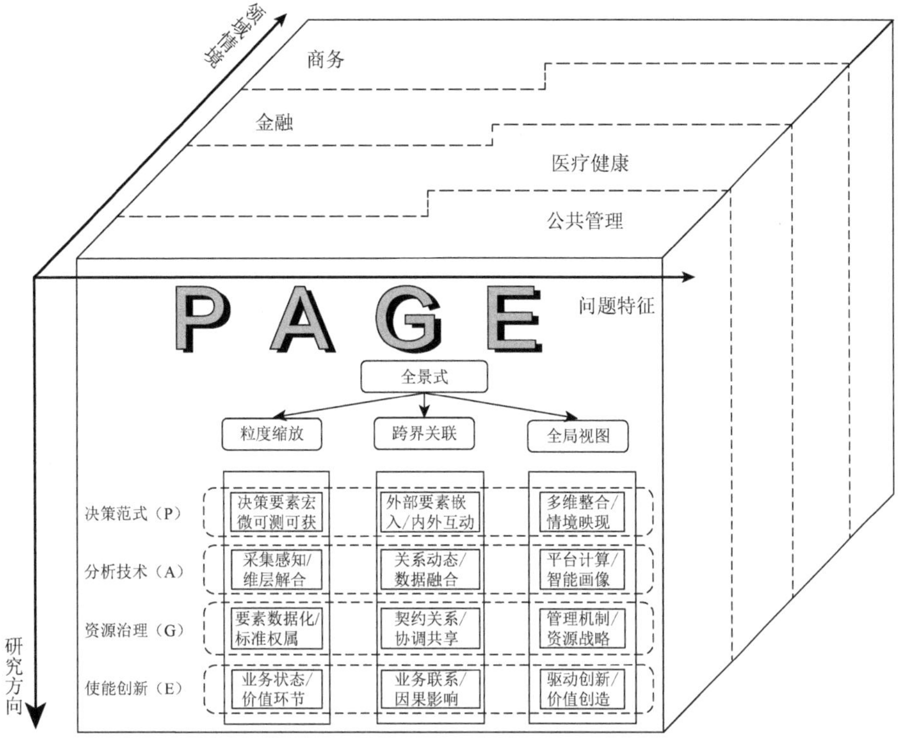

图 1-3　PAGE 与领域情境融合

1.1.3　“大数据驱动”方法论范式[①]

科学研究中的传统主流范式包括“模型驱动”和“数据驱动”，在大数据环境下它们各自在因果关系建模和关联模式探求方面分别具有优势与局限。鉴于此，探索新型研究方法论范式显得尤为重要。这里介绍我们凝练的一类新型范式，称作“大数据驱动”方法论范式，这是一类“数据驱动 + 模型驱动”的融合范式，面向大数据和管理决策情境，体现“关联 + 因果”的诉求。“大数据驱动”方法论范式具有三个要素特征，即外部嵌入、技术增强、使能创新。外部嵌入是指通过引入外部视角，将大数据提供的、传统模型视角之外的一些新的重要变量（包括构念、因素等）引入模型的变量集合中。通常新变量的引入将导致新变量关系。技术增强是指通过机器学习等新型技术方法和工具将引入的新变量（如多模态富媒体变量）融入变量集合，并支持新变量关系的构建。使能创新是指通过

① 本节主要内容摘自“陈国青，任明，卫强，等. 2022. 数智赋能：信息系统研究的新跃迁. 管理世界，38（1）：180-196.”

构建新变量关系，形成大数据驱动的价值创造。概括说来，对于传统模型 $Y=F(X)$，外部嵌入是通过将新变量集合 X_{new} 引入自变量集合空间 X 中，形成新的变量集合空间 $X'=X\cup X_{\text{new}}$。进而也使得变量关系 F 发生变化，形成新变量关系 F'。这个过程中往往需要通过技术增强的途径来完成。比如，将视频类型的新变量引入，可能需要采用图像识别技术；将关联类型的新变量引入，可能需要采用模式发现技术；等等。此外，这个过程还意味着旧新变量（内外数据）的融合方法和新变量关系构建（如参数估计、因果推断、关系验证、预测判定等）技术的使用、适配和改进。使能创新主要针对新变量关系 F' 的构建，以及由 X' 和 F' 导致 Y' 所体现的价值创造。以实证类模型和深度学习类模型为例，一方面，通过现象观察获得的实际数据，旨在验证变量间特定的关系假设（如显性线性解析关系），或发现变量间具有的影响因素（如隐性参数估计）等，进而在不同程度上“解释”自变量对于因变量的影响机理。相对来讲，具有显性解析关系表达的 F' 比隐性关联关系表达的 F' 具有更强的“解释力”。另一方面，通过获得的新变量关系 F'，可以对“未来”进行一定的预测。比如，给定 X_0'，可以通过关系映射 F' 获得 $Y_0'=F'\left(X_0'\right)$。如上所述，作为示例，图 1-4 描述了一个“大数据驱动”研究范式的思路框架。

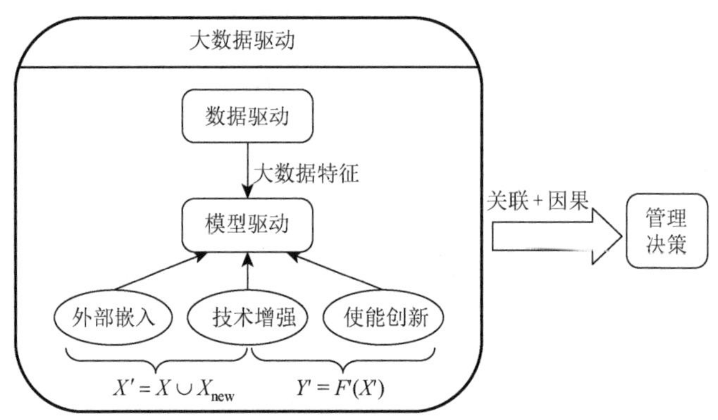

图 1-4　“大数据驱动”方法论范式示例

下面以一类主流模型（即实证类计量模型）为例对图 1-4 做进一步阐释。首先，如果按照传统模型驱动的建模方式，人们根据特定领域视野、场景现象观察、知识文献积累和理论方法框架，可以通过设定具体的模型函数形式 $Y=F(X)$ 对问题的相关变量及其关系进行刻画。虽然计量建模经过多年的发展产生了大量创新成果和模型形态（Greene，2017；Athey and Imbens，2019），不失一般性，这里围绕经典线性模型形式进行讨论。

$$Y_i=\alpha_i+\beta_i^{\mathrm{T}}X_i+\varepsilon_i \tag{1-1}$$

其中，$Y_i = \alpha_i + \beta_i^{\mathrm{T}} X_i$ 表示关于因变量 Y_i 和自变量向量 X_i 之间关系的理论模型假设；α_i 和 β_i^{T} 分别表示参数（向量）；ε_i 表示残差。基于实际数据的收集所获得的在观测点 (X_i, Y_i) 上的取值，可以验证理论模型假设与实际数据情境之间的匹配情况（goodness of fit）。具体说来，根据观察点取值和统计回归，可以获得对于参数 α_i 和 β_i^{T} 的估计 $\hat{\alpha}_i$ 和 $\hat{\beta}_i^{\mathrm{T}}$，进而获得对于自变量和因变量之间关系的刻画估计（如 $\hat{Y}_i = \hat{F}(X_i) = \hat{\alpha}_i + \hat{\beta}_i^{\mathrm{T}} X_i$）以及估计偏差（如 $Y_i - \hat{Y}_i$ 及其相关偏差测度）。模型假设和实际数据情境之间的匹配情况决定了模型的解释力，其通常受到多个因素的影响，特别是模型函数关系形式及其性质以及变量作用显著性等因素的影响。计量模型多以显式解析函数的形式在解释变量关系、揭示因果机理方面发挥着重要作用。然而，在一些情形下，特别是在大数据环境中，传统模型驱动的计量模型面临着严峻挑战。第一，在建模时人们可能知道一些变量或因素是重要的，对于 Y_i 是有影响的，如搜索/媒体等公众关注对于股价走势的影响、产品评论对消费者购买意愿的影响等，但是由于这些变量通常是多模态富媒体数据（如文本、语音、视频等），对于传统模型来说属于"不可测、不可获"的，难以纳入模型中，进而使模型的解释力受到限制。第二，在建模时人们由于视野格局、知识定式、工具弱缺等局限，可能意识不到也发现不了一些相关变量或因素的存在，故而难以将其纳入模型中，这也会使模型的解释力受到限制。第三，在建模时人们可能遇到需要探索不同变量组合的情形（特别是在大数据环境中，变量组合数通常是指数量级），而一个计量模型仅试图刻画一个变量组合 (X, Y) 之间的关系，探索各种可能的变量组合关系意味着需要构建大量的模型进行尝试，这显然是困难的并且在现实场景中甚至是不可行的。第四，在建模时人们可能难以将一些相关的变量纳入原有模型框架中，因为有些变量可能导致整体变量关系不再是原有形式（如原有的线性函数形式），或有些变量是以潜隐形式存在，难以简单地进行显式表达。

上述模型驱动的计量模型所面临的挑战可以沿循"大数据驱动"方法论范式来予以应对。首先，可以通过基于数据驱动方式的外部嵌入进行视角扩展，打破原有问题视角边界，引入跨域的变量 X_{new}，形成新的变量空间：$X' = X \cup X_{\text{new}}$。这个过程通常需要技术增强，如通过机器学习方法发现新变量，特别是相关的新变量组合，以聚焦和压缩变量空间与组合规模，进而有利于可能的因果建模。此外，在新视角引入新变量的情形下，使能创新从价值创造的角度出发（如 Y 的管理含义和影响机理），对变量间关系进行重新审视，探索函数扩展乃至模型重塑。一类常见的函数扩展是在原有函数形式的基础上进行变量增拓，如线性增拓：

$$Y_i' = \alpha_i' + \beta_i'^{\mathrm{T}} (X_i \cup X_{\text{new},i}) + \varepsilon_i' \tag{1-2}$$

另外，X_{new} 的引入可能使得原有模型刻画的变量关系不再适用，需要揭示新变量关系和函数形式 $Y' = F'(X \cup X_{\text{new}})$ 以进行模型重塑。此时的建模过程可能具有更多的技术增强的色彩和“数据驱动 + 模型驱动”的融合式方法论特征，以形成新型函数关系（包括显式和隐式的映射表达）。这里，显式解析函数、因果统计推断、可解释性深度学习等在体现“关联 + 因果”建模诉求中具有重要作用，也具有广阔的探索创新空间。

1.2　管理决策情境与建模

基于决策科学与管理科学的基本概念和理论方法（von Neumann and Morgenstern，2007；Drucker，2012；Schad et al.，2016；Anderson et al.，2019；Carter et al.，2018），管理决策问题可以一般性地表述为：在给定的约束条件下，寻求决策变量的取值以使得决策目标最优化。由于具体场景的不同，约束条件可以具有不同的含义，诸如人、财、物等资源范围，位置、次序、速度等时空关系，抑或心理、生理、行为等机理限制；决策目标体现决策者的价值取向和目的表达，可以是个体或群体、静态或动态、单一或多元、确定或随机、物质或精神等层面上的诉求。决策变量在约束条件空间中取值，形成问题求解的可行方案，而最优化是将可行方案与决策目标进行交互考量以获得可能的最佳方案。通常，最优化可以是最大化（如最大收入、最大满意度等）或最小化（如最小距离、最小损失等）。

从形式化角度，决策目标可以用目标函数（F）表示，约束条件可以用约束函数（G）及其条件限定（B）表示，则作为简化示意，不失一般性，管理决策问题可以表示为

$$\begin{aligned} &\max Y = F(X) \\ &\text{subject to } G(X) \leqslant B \end{aligned} \tag{1-3}$$

其中，X 表示决策变量；Y 表示决策目标值；B 表示常量。

半个多世纪以来，式（1-3）作为管理决策的主流模型在管理科学的理论与实践中发挥了重要作用。特别值得一提的是，人作为管理场景和活动环节的重要组成部分，既是管理科学区别于其他自然科学的一个主要不同之处，也是管理科学研究复杂性的一个主要缘由。

丰富各异的管理场景通常具有下列特点，且直接影响着问题建模和求解的路径与策略，也常常导致决策难点和局限。第一，决策主体是人，如消费者、企业高管、政府领导等，进而决策判据和标准（$\max Y$）受到人的偏好、认知和价值取向的影响。例如，消费者满意度随个体不同、随时间不同，导致需要多目标决策、动态决策，在很多情况下难以获得绝对意义上的最优解，而只能获得相对意义上的满意解或可行解。第二，决策变量（X）的确定受到决策者知识结构和认识能力局限以及变量的不可测量性与不可获得性等影响，使得一些重要变量/因素

难以纳入模型中。例如，在传统金融股价决策中，事件舆情影响、公众有限关注、竞争对手信息等难以获得、难以引入经典模型中，进而影响模型的解释力。第三，变量间关系（F 、G ）多基于特定理论假设或求解便利进行设置，复杂关系、多种关系组合的建模和求解变得不可行。例如，客户到达服从泊松分布、站点服务服从指数分布等是传统运作管理决策建模和求解的基本假设。此外，凸性显函数假设对于全局最优性和求解策略以及特定函数关系（如线性函数）假设对于新颖变量关系探索和建模等都存在影响。

在大数据环境中，管理决策在领域情境、决策主体、理念假设、方法流程等决策要素上发生了深刻的转变（陈国青等，2020）。如图 1-5 所示，第一，在领域情境方面，决策所涵盖的信息范围从“单域型”向“跨域型”转变，管理决策过程中利用的信息从领域内延伸至领域外，即跨域转变。第二，在决策主体方面，决策形式从“人主体”向“人机式”转变，从人作为决策主导、以计算机技术为辅助，逐渐向人与智能机器人（或人工智能系统）并重转变，即主体转变。第三，在理念假设方面，决策时的理念立足点从“严假设”向“宽假设”，甚至无假设条件转变，支撑传统管理决策方法的诸多经典理论假设被放宽或取消，即假设转变。第四，在方法流程方面，决策从“类线性”向“非线性”转变，线性模式转变为各管理决策环节和要素相互关联反馈的非线性模式，即流程转变。

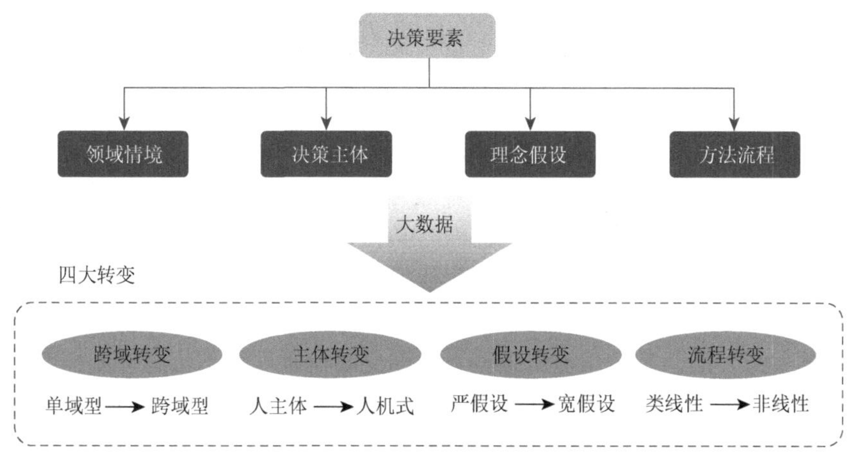

图 1-5　决策要素转变

大数据环境下决策要素的四大转变，对管理决策带来了新的冲击。首先，主体转变导致决策者由人变为人与“机器”（如智能机器人/智能系统），在人机共存、自主/协同决策的情形下，机器行为和决策目标的不可预知性，以及机器偏好和价值取向叠加进来，使得决策判据和标准的不确定性陡增（ $\max Y'$ ）。例如，机器是否理性决策、是否遵循人类价值伦理等需要进一步关注和审视。其次，数据像素提升使得更多变量/因素可测可获（粒度缩放），在跨域转变下知识视野拓展使得传统问题边界在更多维度上得到突破（跨界关联/外部嵌入），进而形成新的变量空间（$X' = X \cup X_{\text{new}}$）。最后，新的决策变量（$X'$）使得变量间关系和约束条件发生变化（$F'$、$G'$、$B'$）。一方面，新变量的引入在一些情形下可以通过简单线性增拓来构建新变量关系，形成新的可行空间和目标函数。另一方面，在许多情形下流程转变和假设转变意味着探索与构建全新变量关系，既涉及约束函数又涉及目标函数，进而影响着求解路径和策略。例如，网上购物轨迹显示一些场景的状态转换不是传统的线性营销漏斗（marketing funnel）模式，且一些环节的到达也不一定服从泊松分布。

综上所述，大数据管理决策情境面临着新的建模问题（M'），意味着研究挑战和创新机遇并存（图 1-6）。

图 1-6　大数据管理决策建模示意

1.3　若干研究创新

沿循 PAGE 研究方向、“大数据驱动”方法论范式以及大数据管理决策建模思路，大数据重大研究计划的项目团队瞄准大数据管理决策研究中的管理决策范式转变机理与理论、大数据资源协同管理与治理机制设计以及领域导向的大数据价值发现理论与方法三大关键科学问题。具体说来，第一，揭示决策范式在领域情境、决策主体、理念假设、方法流程等要素上的深刻变化，进而探究其转变机理和新型范式特征、扩展/构建相应决策理论；第二，刻画数据资源/资产的概念要素和本体关系，创新其价值测量架构、流通交易机制和评估治理体系；第三，设计针对数据完备性、分布式统计推断、计算可解释性等难点的大数据价值发现机理、性质和算法，进而探索赋能创新机制以及应用领域价值创造的驱动路径。

通过大量深入研究探索，大数据重大研究计划取得了一系列重要创新成果。这些成果包括一大批综合性国际顶尖学术成果（如 *Nature*、*PNAS* 以及 *Nature*/*Science*/*Cell* 系列子刊等期刊论文）、学科领域国际顶尖成果（如管理学 UTD①二十四大期刊/经济学五大期刊、统计学四大期刊及计量领域两大期刊、医

① UTD 表示 The University of Texas at Dallas（得克萨斯大学达拉斯分校）。

学四大期刊、信息科学权威期刊和会议等论文），以及国内权威报刊文章（如《人民日报》《光明日报》《经济日报》《管理世界》《管理科学学报》《统计研究》《中国科学》《中华医学杂志》等）。部分高水平学术成果发表的期刊/会议可参见本章附录。此外，这些成果还包括一大批具有重要影响的国家级行业/政策成果（如应用、示范、采纳、批示等）以及体现国际话语权的重要国际标准等。

值得一提的是，体现总体立项思想和顶层设计精神的研究体系框架（如问题特征、大数据驱动方法论、全景式 PAGE 框架等）自 2015 年大数据重大研究计划启动以来一直是年度大会总报告和项目指导的核心要义，并于 2018 年 7 月在《管理科学学报》期刊上发表（陈国青等，2018），亦作为后续批次大数据重大研究计划项目指南的重要内容。近年来，围绕顶层设计、研究推进和集成升华，大数据重大研究计划编辑发表了多组学术期刊专刊和系列文章［如《管理世界》《管理科学学报》、*Fundamental Research* 等期刊论文（Li and Chen，2021）］，并策划组织了多部头专著丛书系列（如科学出版社的“大数据驱动的管理与决策研究丛书”）。这些从不同的维度和层面彰显了大数据管理决策研究的学理内涵和外延影响。

本书汇编了大数据重大研究计划的部分项目研究成果，就研究体系和 PAGE 方向上的新知贡献进行进一步阐释和讨论。汇编内容主要源自本书编著者近年来参与撰写和编辑的《管理科学学报》与《管理世界》的相关专刊/系列文章。这些成果具有两类特点：一类是在系统研究基础上的一般性问题提炼，以获得具有共性的问题性质刻画，同时提供结合不同场景的具象建模路径；另一类是在分析特定应用场景特征基础上的具体问题刻画，以获得管理情境导向的理论方法建模及求解。

最后，正如 PAGE 一词所寓意，大数据重大研究计划以项目集群的形式汇聚了一大批高水平科研力量，为我国大数据管理决策研究的创新篇章贡献了新的一页。展望未来，在大数据时代的数智化新跃迁中，人工智能技术及其应用的革命性进步将对数智化阶段的数据、算法及其赋能形态产生深刻影响，进而对于大数据管理决策研究及其 PAGE 方向上的进一步探索带来新的挑战和课题，也为学界和业界开拓了广袤的创新空间。

参考文献

陈国青. 2013-01-09. 未来信息化发展方向. 人民日报, (7).

陈国青, 任明, 卫强, 等. 2022. 数智赋能: 信息系统研究的新跃迁. 管理世界, 38(1): 180-196.

陈国青, 吴刚, 顾远东, 等. 2018. 管理决策情境下大数据驱动的研究和应用挑战: 范式转变与研究方向. 管理科学学报, 21(7): 1-10.

陈国青, 曾大军, 卫强, 等. 2020. 大数据环境下的决策范式转变与使能创新. 管理世界, (2): 95-105, 220.

陈国青, 张维, 任之光, 等. 2023. 面向大数据管理决策研究的全景式 PAGE 框架. 管理科学学报, 26(5): 4-22.

冯芷艳, 郭迅华, 曾大军, 等. 2013. 大数据背景下商务管理研究若干前沿课题. 管理科学学报, 16(1): 1-9.

徐宗本, 冯芷艳, 郭迅华, 等. 2014. 大数据驱动的管理与决策前沿课题. 管理世界, (11): 158-163.

Anderson D R, Sweeney D J, Williams T A, et al. 2019. An Introduction to Management Science: Quantitative Approach. 15th ed. Boston: Cengage Learning.

Athey S, Imbens G W. 2019. Machine learning methods that economists should know about. Annual Review of Economics, 11: 685-725.

Bernard T W. 2013. Introduction to Management Science. London: Pearson Press.

Carter M, Price C C, Rabadi G. 2018. Operations Research: A Practical Introduction. 2nd ed. Boca Raton: CRC Press.

Drucker P. 2012. The Practice of Management. London: Routledge.

Greene W. 2017. Econometric Analysis. 8th ed. London: Pearson Press.

Li Y J, Chen G Q. 2021. Big data driven management and decision sciences. Fundamental Research, 1(5): 503.

Schad J, Lewis M W, Raisch S, et al. 2016. Paradox research in management science: looking back to move forward. Academy of Management Annals, 10(1): 5-64.

von Neumann J, Morgenstern O. 2007. Theory of Games and Economic Behavior. New Jersey: Princeton University Press.

附　　录

大数据重大研究计划部分高水平学术成果

英文期刊/会议：

AAAI Conference on Artificial Intelligence（AAAI）（人工智能促进协会人工智能会议）

Accounting Review（《会计学评论》）

ACM SIGKDD Conference on Knowledge Discovery and Data Mining（KDD）（美国计算机学会知识发现与数据挖掘专委会大会）

ACM Transactions on Information Systems（*ACM TOIS*）（《美国计算机学会信息系统会刊》）

Annals of Statistics（《统计学年刊》）

BMJ Open（《英国医学杂志开放版》）

British Medical Journal（*BMJ*）（《英国医学杂志》）

Conference on Neural Information Processing Systems（NeurIPS）（神经信息处理系统大会）

Humanities and Social Sciences Communications（《人文与社会科学通讯》）

IEEE/CVF Computer Vision and Pattern Recognition Conference（CVPR）（电气电子工程师学会/计算机视觉基金会计算机视觉与模式识别大会）

IEEE Transactions on Knowledge and Data Engineering（*IEEE TKDE*）（《电气电子工程师学会知识与数据挖掘会刊》）

IEEE Transactions on Pattern Analysis and Machine Intelligence（*IEEE PAMI*）（《电气电子工程师学会模式分析与机器智能会刊》）

Information Systems Research（《信息系统研究》）

INFORMS Journal of Computing（《运筹学与管理科学研究会计算杂志》）

International Conference on Machine Learning（ICML）（机器学习国际大会）

International Conference on Learning Representations（ICLR）（学习表示国际大会）

International Joint Conference on Artificial Intelligence（IJCAI）（人工智能国际联合大会）

iScience（《交叉科学》）

JAMA Internal Medicine（《美国医学会杂志–内科学》）

JAMA Network Open（《美国医学会杂志网络开放版》）

JAMA Pediatrics（《美国医学会杂志–儿科学》）

Journal of Econometrics（《计量经济学杂志》）

Journal of Financial Economics（《金融经济学杂志》）

Journal of Marketing（《市场营销杂志》）

Journal of Marketing Research（《营销研究杂志》）

Journal of American Medical Association（*JAMA*）（《美国医学会杂志》）

Journal of American Statistics Associations（*JASA*）（《美国统计学会会刊》）

Lancet（《柳叶刀》）

Lancet Infectious Disease（《柳叶刀–传染病学》）

Lancet Respiratory Medicine（《柳叶刀–呼吸病学》）

Lancet Regional Health-Western Pacific（《柳叶刀–区域健康（西太平洋）》）

Management Science（《管理科学》）

Manufacturing & Service Operations Management（《制造与服务运营管理》）

Marketing Science（《营销科学》）

MIS Quarterly（《管理信息系统季刊》）

Nature（《自然》）

Nature Biomedical Engineering（《自然–生物医学工程》）

Nature Climate Change（《自然气候变化》）

Nature Communications（《自然通讯》）

Nature Human Behaviour（《自然–人类行为》）

Nature Geoscience（《自然地球科学》）

Nature Machine Intelligence（《自然机器智能》）

Nature Medicine（《自然医学》）

Nature Sustainability（《自然可持续性》）

New England Journal of Medicine（*NEJM*）（《新英格兰医学杂志》）

Operations Research（《运筹学》）

Proceedings of the National Academy of Sciences of the U.S.A.（*PNAS*）（《美国国家科学院院刊》）

Production and Operations Management（《生产与运营管理》）

中文期刊：

《电子学报》

《管理科学学报》

《管理世界》

《计算机学报》

《金融研究》

《软件学报》

《统计研究》

《中国科学：数学》

《中国科学：信息科学》

《中国慢性病预防与控制》

《中国行政管理》

《中国循证医学杂志》

《中华流行病学杂志》

《中华医学杂志》

《中华预防医学杂志》

第二篇　研究体系与全景式 PAGE 框架

第 2 章　管理决策情境下大数据驱动的研究和应用挑战——范式转变与研究方向[①]

2.1　引　　言

信息科技的飞速发展和深度融合开启了数字化生活的新篇章，把人们带入了大数据时代。一方面，各种感应探测技术、智能终端以及移动互联网技术的广泛应用，使得社会经济生活的方方面面以更细粒度的数据形式呈现，进而整个社会的“像素”得到显著提升。另一方面，社会“像素”的提升促进了数字“成像”的发展，使得通过数据世界可以更清晰地描绘社会经济活动情境，进而基于数据的商务分析（business analytics，BA）正在成为使能创新的核心竞争力。在此背景下，传统的管理变成或正在变成数据的管理，传统的决策变成或正在变成基于数据分析的决策（陈国青，2014；冯芷艳等，2013；徐宗本等，2014）。

近年来，大数据成为学界、政界和业界持续关注的热点。在学术界，早在 2008 年和 2011 年，*Nature* 与 *Science* 杂志就分别从互联网技术、互联网经济学、超级计算、环境科学以及生物医药等多方面讨论了大数据的处理与应用（Buxton et al.，2008；Smith et al.，2011）。此后，大数据在各个学科领域（包括医学、经济学、管理学以及公共管理等领域）得到了广泛的探讨与研究（Adams，2015；Athey，2017；Einav and Levin，2014；Frégnac，2017）。同时，大数据也引起了世界各国和地区的高度重视，欧盟、美国、澳大利亚以及日本等部署了一系列大数据相关战略和关键领域（冯芷艳等，2013；NITRD，2016；Executive Office of the President National Science and Technology Council Committee on Technology，2016；National Science and Technology Council，2016；MESR，2017）。在产业界，国内外大批知名企业掀起了技术产业创新浪潮（Manyika et al.，2011；Henke et al.，2016），通过收购与合作构建和提升大数据技术与应用能力，布局和开拓相关的业态与市场。

我国政府对大数据高度重视并进行了一系列前瞻性部署。2015 年党的十八

① 本章作者：陈国青（清华大学经济管理学院）、吴刚（国家自然科学基金委员会管理科学部）、顾远东（国家自然科学基金委员会管理科学部）、陆本江（清华大学经济管理学院）、卫强（清华大学经济管理学院）。通讯作者：卫强（weiq@sem.tsinghua.edu.cn）。基金项目：国家自然科学基金资助项目（91646000，71490724）。本章内容原载于《管理科学学报》2018 年第 7 期。

届五中全会提出“实施国家大数据战略”[①]，国务院印发《促进大数据发展行动纲要》[②]，指出大数据是“国家基础性战略资源”，旨在“全面推进我国大数据发展和应用，加快建设数据强国”。2017 年党的十九大报告进一步强调要“推动互联网、大数据、人工智能和实体经济深度融合”[③]。通过国家需求、政策支持、产业结合以及企业研发等形式，近些年来涌现出一大批重大规划和政产学研项目，包括于2015年9月启动的国家自然科学基金“大数据驱动的管理与决策研究”重大研究计划。

大数据在给社会经济生活带来深刻变革的同时，也给管理与决策研究带来一系列新的重要课题。从信息技术范畴来看，可以从两个视角来认识大数据，即大数据的“造”与“用”视角（图 2-1）。这和产品的属性类似，一方面，人们关心产品是如何设计和制造出来的。另一方面，人们关心产品是如何使用和应用的。大数据以信息技术的形式呈现，这些信息技术形式通常可以概括为数据和系统（包括算法、应用、平台等）。从“造”的视角出发，大数据涉及的主要问题包括大数据分析（如画像、学习、推断等）和大数据系统建设（如体系、功能、集成等）。从“用”的视角出发，大数据涉及的主要问题包括大数据使用行为（如采纳、影响、管理等）和大数据使能创新（如要素、价值、市场等）。

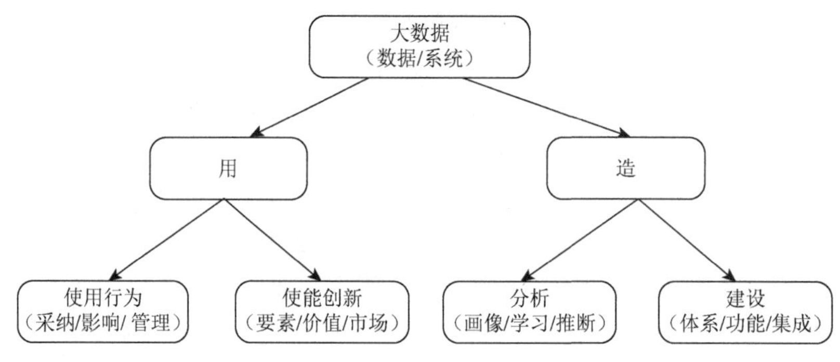

图 2-1　大数据的“造”与“用”视角

值得一提的是，大数据相关的研究不仅需要对相关领域的理论与应用进行探索和创新，也需要对许多惯常的认识视角和方法论范式进行审视与发展。同时，

① 《中国共产党第十八届中央委员会第五次全体会议公报》，http://www.caixin.com/2015-10-29/100867990.html[2015-10-30]。

② 《国务院关于印发促进大数据发展行动纲要的通知》，http://www.gov.cn/zhengce/content/2015-09/05/content_10137.htm[2024-03-25]。

③《习近平：决胜全面建成小康社会 夺取新时代中国特色社会主义伟大胜利——在中国共产党第十九次全国代表大会上的报告》，https://www.gov.cn/zhuanti/2017-10/27/content_5234876.htm[2017-10-27]。

我国学者和研究人员也面临着“严谨与相关”（学术规范与实践影响）和“世界与中国”（国际视野与中国根基）既分野又统一的挑战，当然应对这些挑战也为创新机遇开拓了广袤的空间。

2.2　大数据特征

概括说来，大数据的特征可以从三个方面来描述：数据特征、问题特征和管理决策特征。它们分别刻画了大数据具有的数据属性、大数据问题的特点以及管理决策大数据问题的视角。

2.2.1　大数据的数据特征

大数据作为数据，具有体量大、多样性、（价值）密度低、速率高等属性特征，即 4V［规模性（volume）、多样性（variety）、高速性（velocity）和价值性（value）］等特征（Anagnostopoulos et al.，2016）。第一，数字化生活各要素的数据生成和交互加速了数据的海量积累，使得数据规模剧增。体量大可以从超规模（即超出传统规模）和问题领域角度来理解，因为规模与问题领域相关，而不是拘泥于统一量纲标准。例如，如果市场营销领域的客户满意度调查的传统方式是问卷和访谈，那么进一步考虑海量网上购物评论和社交媒体体验分享的用户生成内容（user generated content，UGC）就构成了一个大数据情境。第二，数字化生活各要素的数据生成和交互丰富了数据类型，使得数据多样性成为常态。多样性强调数据的多源异构和富媒体（如文本、语音、图片、视频等）特点。例如，社交网络上的公众声音、智慧交通平台上的影像信息等均为富媒体形态且来源广泛。第三，数字化生活各要素的数据生成和交互在加速海量积累的同时也减少了价值数据的占比，使得价值发现的难度提升。价值密度低意味着数据挖掘和商务分析是大数据应用的关键。例如，对于在线企业或服务平台来讲，随着网络访问的增加和业务活动的扩展，识别高价值的潜在用户变得相对困难，也凸显出大数据分析的重要性。第四，数字化生活各要素的数据生成和交互强化了流数据形态与即时性，使得数据传输和交换速率显著升高。速率高对平滑流通和连续商务提出了更高要求。例如，智能手机客户端应用（application，APP）需要在服务内容和效果方面（包括相关内容的浏览、下载、上传、响应、展现等）让客户有良好的临场感和实时体验。

2.2.2　大数据的问题特征

在各类研究和应用问题中，有一类问题可以归为大数据问题。大数据问题应至少具有以下三个特点：粒度缩放、跨界关联和全局视图。首先，粒度缩放是指问题要素的数据化，并能够在不同粒度层级间进行缩放。这需要通过数据感知、连接和采集获得足够细的粒度性，同时对于不同层级间的粒度转换具有分解和聚合能力。其次，跨界关联是指问题的要素空间外拓。这需要扩展惯常的要素约束和领域视角，强调“外部性”和“跨界”，在问题要素空间中通过引入外部视角与传统视角联动，将内部数据（如个体自身、企业组织和行业等内部数据）与外部数据（如社会媒体内容等）予以关联（陈国青，2014）。最后，全局视图是指问题定义与求解的全局性，强调对相关情境的整体画像及其动态演化的把控和诠释。这需要基于数据分析和平台集成的全景式“成像”能力。

在数字化生活背景下，具有粒度缩放、跨界关联和全局视图特点的应用问题不断涌现，进而激发了大量创新并催生了许多新模式、新业态。例如，在医疗健康领域，传统疾病诊疗中的患者就医关系正在被扩展为融合院外检测、干预、康复数据的新型诊疗模式。其中，不仅涉及传统意义上的生化、影像和诊疗等医院内部数据，也涉及医院外患者和社区相关的体征、体验、社会关系、环境等外部数据。这里，需要获取相关生化组织、疾病、人、社区、环境等微观宏观粒度信息；同时进行视角拓展和关联，包括从科室内外到医院内外的跨界融合；进而，可以在全局层面进行更为有效的诊疗决策和管理。此外，近年来发展迅速的新型医疗健康服务平台，通过整合社会和行业资源，连接医生、公众、医院以及相关上下游企业提供信息咨询、诊疗链入、健康指导等服务产品，形成了一类新业态并呈现显著的大数据问题特征。再如，在新型商务领域，共享单车体现了大数据问题的粒度缩放、跨界关联和全局视图特点。通过车载传感器、定位系统以及智能手机终端等设备获得调度和管理需要的“人—车—路”粒度信息；同时，打通导航、支付、通信、商铺及餐饮等诸多业务功能，实现跨界联动；进而，企业和平台可以从全局出发形成整体画像，并优化布局和运作以做出相应的管理决策。

2.2.3　大数据的管理决策特征

一般而言，管理者在业务活动中通常有三个关注：发生了什么（what），为什么发生（why）以及将发生什么（will）。在大数据问题特征的情境下，这三个关注可以从业务层面、数据层面和决策层面进行刻画，进而形成管理决策大数据问题的特征框架（图 2-2）。

首先，对于发生了什么的关注，业务层面需要反映业务的状态，即已经发生或者正在发生的事件和活动［如市场份额、交易现状、关键绩效指标（key performance indicators，KPI）表现等］；数据层面需要体现业务环节的数据粒度，即现有的数据能否足够支撑管理者对不同粒度层级的业务状态进行了解和把握

(如感知、采集、解析、融合等)；决策层面需要构建问题的全局视角，即定期整合汇总以及随需要展现（如按时统计报表、实时信息查询等）。

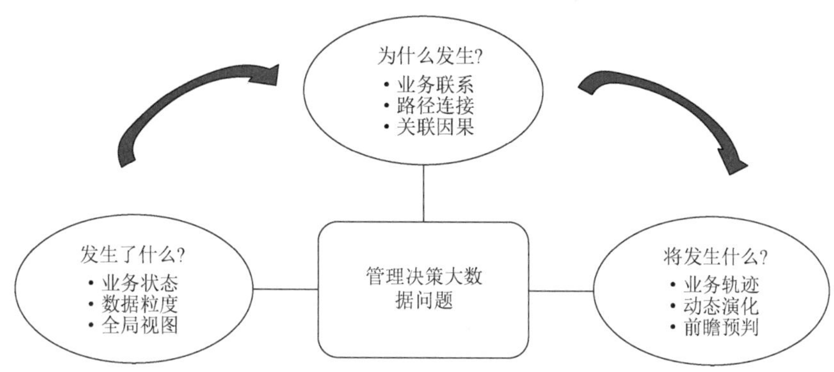

图 2-2　管理决策大数据问题特征框架

接着，对于为什么发生的关注，业务层面需要反映业务及其要素之间的联系，即业务特定状态的发生与哪些环节和要素有关联；数据层面需要体现不同业务数据路径的连接，即不同粒度层级和跨界关联的业务数据是否有效融通，并能够支持对数据的分析处理（如多维、切分、回溯等）；决策层面需要发现关联业务/要素之间的因果关系，即厘清业务逻辑和状态转换机理。在此，特别需要指出的是，在很多情形下，尤其是在管理决策领域，大数据需要既讲关联又讲因果。对于许多管理问题而言，如果决策者对事件之间的因果关系没有准确的分析与判断，则难以做出有效的决策，当管理者面临重大决策时更是如此（如投融资、进入新市场、业务转型、结构重组等）。

进而，对于将发生什么的关注，业务层面需要反映业务发展轨迹，即勾勒出由决策或变化导致的业务走向；数据层面需要体现数据的动态演化情况，即对于相关事件进行不确定性动态建模并能够支持智能学习和推断（如模拟、预测、人工智能等）；决策层面需要提升前瞻性和风险洞见，即获得决策情境映现和趋势预判能力。

2.3　大数据驱动范式

系统化管理理论的产生及其发展，包括行为理论、决策理论、权变理论和战略管理等理论体系与管理模型的研究（Koontz，1961），在提炼管理思想、诠释管理模式和指导管理实践方面发挥了重要作用。长期以来，管理学研究一直以模型驱动范式为领域主流。在模型驱动范式下，研究者基于观察抽象和理论推演建立概念模型和关联假设，再借助解析手段（如运筹学和博弈论等分析工具）对模型进行求解和优化，或利用相关数据（包括仿真数据、调研数据、观测数据、系统记录数据等）对假设进行统计检验。此外，建立在归纳逻辑基础上的扎根理论等研究范式，传统上强调从文献概括、实地调研、深度访谈中进行定性推演形成理论和认识。

但是，在大数据背景下，一些新的挑战正在涌现（Kuhn，1962；Hey et al.，2009）。这里，以传统的行为模型或计量模型（简称传统模型）为例。第一，传统模型基于观察抽象、理论推演以及经验提炼确定变量（或构念）组合，以此构建变量关系和理论假设，并通过数据实证进行模型检验。然而，在大数据背景下，常常需要检验大量的变量组合（如指数级组合数），这就使得逐一构建传统模型并应用其进行检验成为难以完成的任务。第二，有些重要潜在影响因素和隐变量没有被意识到，因而没有被考虑到传统模型的变量组合中，这常常导致传统模型的假设与数据的适配性不强，模型解释力不高。第三，虽然知道有些影响因素和变量是重要的，但是这些因素和变量由于在传统意义上不可测或不可获（如文本、图像、语音等富媒体数据），且难以容纳到传统模型变量组合中，进而造成模型解释力不理想。第四，当样本数据规模大幅增加时，对一些变量的显著性检验有效性下降，可能出现联系缺失或拟合过度等情形。

面对上述挑战，数据驱动范式的优势不断凸显。概括说来，数据驱动范式的作用有两个：一是直接发现特定变量关系模式，形成问题解决方案；二是与模型驱动范式进行补充扩展，形成融合范式。值得指出的是，数据驱动范式发现的一类重要关系模式是关联及其扩展形式（如关联规则、层次关联、数量关联、时态关联、类关联、模式关联等），这种模式被广泛应用到许多领域（如搜索、推荐、模式识别等）（陈国青等，2014）。然而，许多管理决策情形不仅需要关联也需要因果，这在一定程度上催生了融合范式及其应用。例如，首先利用数据驱动范式的关联挖掘方法发现变量间的关联，以缩减变量空间和组合规模；进而利用模型驱动范式的行为方法辨识构念影响路径，或利用模型驱动范式的计量方法解析变量间的因果关系。这是一个"数据驱动 + 模型驱动"思路，体现"关联 + 因果"的诉求，这对于管理决策尤为重要。与传统模型相比，这里的一个重要区别是，此时的变量空间中可能存在着一些新颖且潜在的变量及其关联，在进一步融合运用模型驱动方法构建变量关系时存在困难，因为已有的理论知识和领域经验不能直接支持相关的建模逻辑和关系形式。这就需要在更深（包括间接、潜隐）层面上探寻新的变量影响机理和理论，并在方法论上另辟蹊径（如通过步进/层次/迭代的试错和启发建模方式）。

特别地，当数据具有 4V 等特征并且面对管理决策大数据问题时，考虑数据驱动与模型驱动的结合、管理决策的关联因果特点、使能创新等元素的一类新型范式（这里称作大数据驱动范式）便应运而生，并在深入研究与应用过程中得到进一步发展完善。一般而言，大数据驱动范式具有“数据驱动 + 模型驱动”的“关联 + 因果”性质。具体说来，大数据驱动范式的框架可从三个角度来审视：外部嵌入、技术增强及使能创新（图 1-4）。前两个角度主要涉及方法论层面，后一个角度主要涉及价值创造层面。

2.3.1　外部嵌入

外部嵌入指外部视角引入，即将传统模型视角之外的一些重要变量（包括构念、因素等）引入模型中。假设自变量集合为 $X' = \{x_1, x_2, \cdots, x_m, x_{m+1}, \cdots, x_n\}$，其中 $x_1, x_2, \cdots, x_m$ 为传统建模变量，$x_{m+1}, \cdots, x_n$ 为通过数据驱动方法引入的新变量（多为富媒体形态）。如果没有变量引入（$n = m$），传统模型的变量关系是 $Y = f(X)$，$X = \{x_1, x_2, \cdots, x_m\}$。在跨界关联情境下（$n > m$），将形成新变量关系 $Y' = f'(X')$。换句话说，$Y = f(X)$ 可以是 $Y' = f'(X')$ 的特例；一般意义上讲，$X' \neq X$，$f' \neq f$，$Y' \neq Y$。显然，新变量关系的构建面临着深刻的挑战，既有新变量空间的发现，又有新视角的洞察，也有新变量关系的辨识和新理论的生成。当然，对于研究和应用来讲，这些挑战同时也是创新的机遇。例如，在金融领域，可以考虑引入搜索平台上的股票关注数据变量以及社交媒体平台上的相关公共事件数据变量等，以构建新型股价预测模型。在商务领域，可以考虑引入购物平台上的评论数据变量以及社交媒体朋友圈中的体验和口碑数据变量等，以构建新型商品营销模型。在医疗健康领域，可以考虑引入院外病友智能监测终端数据变量以及区域环境诱因数据变量等，以构建新型呼吸疾病预防诊疗模型。在公共管理领域，可以考虑引入社交平台上的受众意见数据变量以及相关领域联动影响数据变量等，以构建新型公共政策模型。

2.3.2　技术增强

对于传统模型来讲，通过外部嵌入而引入的变量多为富媒体、潜隐性、不可测或不可获的，通常需要利用数据驱动方法和技术。可以说，数据和技术意识及其能力是大数据背景下研究和应用的核心竞争力，也是大数据驱动范式的关键要素。技术增强旨在提升这样的能力与要素水平。

从大数据的“用”与“造”视角出发，技术增强具有两方面含义。一方面，“用”的视角要求管理模型驱动的研究和应用能够增强对外部大数据的敏感性，引入外部变量并构建其关系；同时，能够增强对大数据分析技术的敏感性，构建方法和工具的获取与使用能力。研究和应用创新通常体现在通过新型范式开发新的变量关系，进而形成新的管理学模型和应用（如面向管理问题的新型行为模型或计量模型），以获得更深入和更具解释力的管理决策洞见与策略方面。

另一方面，“造”的视角要求数据驱动的研究和应用能够增强对于管理决策问题的敏感性，构建面向管理决策问题的方法和技术。研究和应用创新通常体现在根据管理决策问题特点及其数据属性开发相关性质、测度和策略，以获得新颖有效的算法和解决方案方面。值得指出的是，这里许多算法（特别是启发式算法和近似解法）需要经过实验数据的验证以评估其效率和效果。

多年来，不管是“用”的视角还是“造”的视角在数据的使用标准上都经历了一个不断升级的过程，从模拟数据到标杆数据，再到相当规模的实际数据，形成了一个逐步丰富和叠加的验证实践。在大数据情境下，实际数据的规模化得到了进一步强化。此外，在算法比较中，更关注算法带来的实用效果提升的显著性，特别是在涉及相关用户的场景中，通常需要进行用户行为实验及其效果感知评测。

在数据类型方面，富媒体形态（如文本、图形、图像、音频、视频等）成为主流。其中，音频、视频数据具有时间连续性特点。计算机通常采用编码、采样等方式表示富媒体数据，因而数据变换成为大数据分析的重要内容。常用的数据变换方法包括：文本处理的向量空间模型（Salton et al.，1975）、主题模型（Blei et al.，2003），图像处理的尺度不变特征转换（Lowe，1999），音频处理的短时傅里叶变换（Holtz and Leondes，1966），视频处理的时空兴趣点检测（Laptev，2005），等等。近年来，随着大数据平台化运算能力的显著提升，基于深度神经网络的相关方法进一步发展，并在富媒体数据变换上展现出良好的应用效果和发展前景。例如，用于文本数据的单词嵌入（Bengio et al.，2003），用于图像数据的卷积神经网络（convolutional neural network，CNN）（LeCun et al.，1989）和胶囊神经网络（Sabour et al.，2017），用于音视频等具有时间序列特征数据的循环神经网络（recurrent neural network，RNN）（Rumelhart et al.，1986）、长短时记忆（long short term memory，LSTM）神经网络（Hochreiter and Schmidhuber，1997），等等。其他较新的数据变换方法还包括多层感知机、自学习编码器、受限玻尔兹曼机模型、深度语义相似模型、神经自回归分布估计、生成对抗网络等（LeCun et al.，2015；Goodfellow et al.，2016）。

2.3.3 使能创新

大数据驱动的一个重要含义是大数据使能。大数据能力主要包括大数据战略、大数据基础设施、大数据分析[①]等方法与技术。大数据使能是指大数据能力带动的

① 在管理与商务领域，大数据分析也称作商务分析，没有特别说明的话二者通用。

价值创造。例如，从研究和应用范式角度看，外部嵌入是一种使能情形，在 $Y' = f'(X')$ 中，大数据能力通过自变量 X' 体现，创造的价值通过因变量 Y' 体现，使能转换方式通过 f' 体现。从研究和应用情境角度看，企业的价值创造可以体现在其价值链的环节上，既包括价值链的主环节及其活动，也包括价值链的支持环节及其活动（Porter，1985）。在企业内外部大数据环境下，企业使能创新是通过构建大数据能力，带动新洞察、新模式、新机会的发现，进而推动产品/服务创新和商业模式创新，以实现企业的价值创造（图 2-3）。

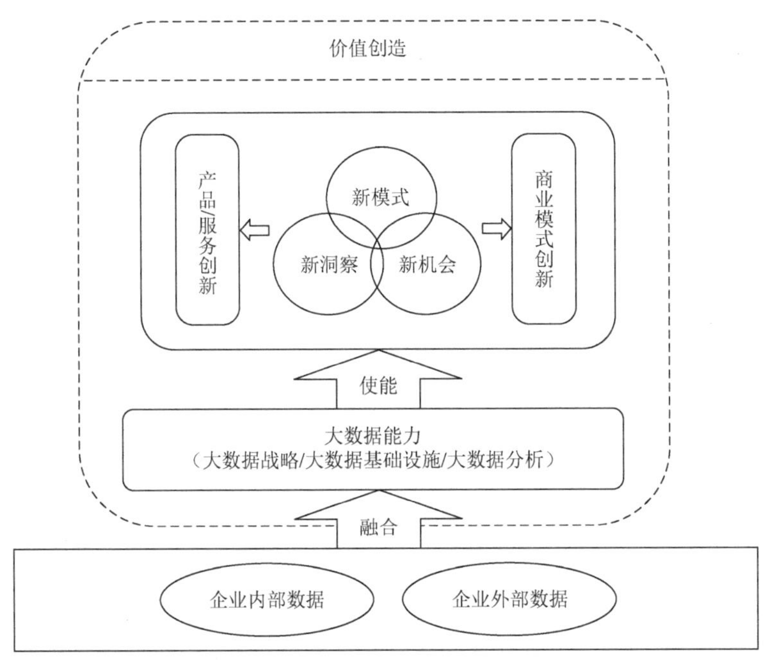

图 2-3　企业大数据使能创新

综上所述，大数据驱动范式通过技术增强引入了新视角，进而推动了新变量关系、要素机理和理论模型的构建，并提升了大数据使能创新的价值创造。这对于应对新型商务形态的进一步发展机遇和挑战具有重要意义。简单说来，新型商务可以通过两个阶段予以描述。第一个阶段称作数据商务（digital business 或 data-centric business），即“数据化 + 商务分析”。此时通过细化数据粒度，商务要素的“像素”显著提升，并在此基础上进一步通过商务分析，针对不同管理场景和层次进行“成像”和决策。第二个阶段称作算法商务（algorithmic business），即“商务分析 + ”。此时，在已有的商务高像素基础上，成像算法成为关注重点，旨在获得面对新模式、新业态、新人群（陈国青，2014）的发展策略和竞争优势。这里，“商务分析 + ”包括商务分析算法创新和商务分析使能创新。

近年来，人工智能的研究和应用得到了快速发展，并受到各界的广泛重视。20 世纪 50 年代以来人工智能的发展起起伏伏（Russell and Norvig，2009），虽然在相关思想、模型和方法等方面取得了许多重要进展和成果，但是由于常常受限于数据基础以及计算能力的不足，其学习、进化及推理等方面的能力难以得到发挥，应用效果也受到影响。直至进入大数据时代，人工智能的许多成果得到了工程化和产品化实现，开始在深度和广度上渗透到社会经济活动中，并引发人们对于未来产业和人类生存的遐想与担忧。机器人和智能产品早期用于替代人类简单重复的体力性工作，现在则可以开始尝试将其用于替代复杂并需要智力的工作，诸如围棋（Silver et al.，2017）、翻译（Johnson et al.，2017）、绘画（Gatys et al.，2015；Pogue，2018）、作曲（Pogue，2018）、作诗（He et al.，2012）、无人驾驶（Brynjolfsson and McAfee，2017）、人脸识别（Brynjolfsson and McAfee，2017）、意念控制（Aflalo et al.，2015；Yuste et al.，2017）等。人工智能在管理领域的应用也初见端倪，如财务机器人（Davenport and Ronanki，2018）、自动金融交易（Brynjolfsson and McAfee，2017；Davenport and Ronanki，2018）、竞争智能（Wei et al.，2016）、客户服务（Davenport and Ronanki，2018；Mitchell and Brynjolfsson，2017）、人力资源管理（Zhu et al.，2016）、市场营销（Brynjolfsson and McAfee，2017；Davenport and Ronanki，2018）等。毫无疑问，人工智能将在新型商务中发挥越来越重要的作用。另外，伴随着从弱人工智能到强人工智能乃至超人工智能的进阶，人们对于人工智能在隐私和伦理方面的担忧也在不断加重（Bostrom，2012）。此外，人工智能理论和技术发展也面临众多挑战（如“黑盒子”特点、学习机理、语义理解等）。这些对于强调“关联 + 因果”的管理决策领域尤为重要。

管理学是一门融合了“科学”与“艺术”的学科。在大数据背景下，“科学”层面的可测性、程式化和可重复性等要素正在越来越多地被数据与算法表达；而“艺术”层面的情感、心理以及认知等要素也开始被不断“量化”。未来的管理学在探究组织内外“任务”与“人”有机结合的过程中，数据驱动特征将愈加凸显，相关范式转变也将进一步深化。

2.4 全景式 PAGE 框架

全景式 PAGE 框架是融合大数据特征和重要研究方向的要素矩阵，旨在刻画大数据驱动的“全景式”管理决策框架。全景式 PAGE 框架具有三个要件：大数据问题特征、PAGE 内核、领域情境。大数据问题特征涵盖粒度缩放、跨界关联和全局视图，并作为管理决策背景下的特征视角映射到研究内容方向上。PAGE 内核是指四个研究方向，即决策范式、分析技术、资源治理及使能创新。领域情境是指针对具体行业/领域（如商务、金融、医疗健康和公共管理等）进行集成升华。

围绕 PAGE 内核，在大数据问题特征映射下可以形成一个 4×3 的要素矩阵。在决策范式研究方向上，重点关注管理决策范式转变机理与理论。传统的管理决策正在从以管理流程为主的线性范式逐渐向以数据为中心的新型扁平化互动范式转变，管理决策中各参与方的角色和相关信息流向更趋于多元和交互。概括说来，新型管理决策范式呈现出大数据驱动的全景式特点。进而，由于全景式的多维交互动态性以及全要素参与特点，在研究上需要采用新型的研究范式（即大数据驱动范式）。具体说来，在粒度缩放方面，需要决策要素在宏观和微观层面可测可获；在跨界关联方面，需要嵌入外部要素并形成内外要素互动；在全局视图方面，需要多维整合并能够针对不同决策环境进行情境映现。

在分析技术研究方向上，重点关注管理决策问题导向的大数据分析方法和支撑技术。在粒度缩放方面，需要数据的感知与采集，并能够在不同维度和层次上进行分解与聚合；在跨界关联方面，需要捕捉数据关系及其动态变化，并能够进行针对多源异构的内外数据融合；在全局视图方面，需要体系构建和平台计算能力，并能够形成各类画像以及开展智能应用。

在资源治理研究方向上，重点关注大数据资源治理机制设计与协同管理。在粒度缩放方面，需要进行资源要素的数据化，并明确数据标准和权属；在跨界关联方面，需要刻画资源流通的契约关系，并形成有效协调共享模式；在全局视图方面，需要建立资源管理机制，并制定组织的资源战略。

在使能创新研究方向上，重点关注大数据使能的价值创造与模式创新。在粒度缩放方面，需要提升业务价值环节的像素，并把握业务状态；在跨界关联方面，需要梳理业务逻辑和联系，并辨识影响业务状态的因果关系；在全局视图方面，需要提升大数据使能创新能力，并促进组织发展与价值创造。

围绕领域情境，可以对 PAGE 相关研究和应用进行凝练、整合和升华。以大数据重大研究计划集成平台构建为例，一般来讲，集成平台由三个部件组成：平台体系、内置部件、整合部件。作为简化示例，对于商务领域集成平台，平台体系由一个商务管理决策相关的数据池，以及相应的数据管理和应用管理平台系统（包括模型、方法、工具库）等组成；内置部件由针对特定行业（如汽车）和特定领域（如营销）的研究成果及示范系统组成；整合部件由商务领域内（不限于内置部件领域）其他相关项目成果在平台体系框架下经过提炼升华汇集而成。对于金融领域集成平台，平台体系由一个金融监测预警服务平台，以及相应的数据管理和应用管理平台系统（包括模型、方法、工具库）等组成；内置部件由针对特定行业（如互联网金融）和特定领域（如征信评估、风险预警等）的研究成果及示范系统组成；整合部件由金融领域内（不限于内置部件领域）其他相关项目成果在平台体系框架下经过提炼升华汇集而成。

2.5 结 束 语

面向管理决策研究和应用的大数据驱动范式通过技术增强引入了新视角，进而推动了新变量关系、要素机理和理论模型构建，并提升了大数据使能创新的价值创造。这对于应对新型商务形态的进一步机遇和挑战具有重要意义。此外，全景式 PAGE 框架刻画了在粒度缩放、跨界关联和全局视图特征视角映射下的决策范式、分析技术、资源治理、使能创新等重要研究方向。

参考文献

陈国青. 2014. 大数据的管理寓意. 管理学家, (2): 36-41.

陈国青, 卫强, 张瑾. 2014. 商务智能原理与方法. 2 版. 北京: 电子工业出版社.

冯芷艳, 郭迅华, 曾大军, 等. 2013. 大数据背景下商务管理研究若干前沿课题. 管理科学学报, 16(1): 1-9.

徐宗本, 冯芷艳, 郭迅华, 等. 2014. 大数据驱动的管理与决策前沿课题. 管理世界, (11): 158-163.

Adams J U. 2015. Genetics: big hopes for big data. Nature, 527(7578): S108-S109.

Aflalo T, Kellis S, Klaes C, et al. 2015. Decoding motor imagery from the posterior parietal cortex of a tetraplegic human. Science, 348(6237): 906-910.

Anagnostopoulos A, Zeadally S, Exposito E. 2016. Handling big data: research challenges and future directions. Journal of Supercomputing, 72: 1494-1516.

Athey S. 2017. Beyond prediction: using big data for policy problems. Science, 355(6324): 483-485.

Bengio Y, Ducharme R, Vincent P, et al. 2003. A neural probabilistic language model. Journal of Machine Learning Research, 3(2): 1137-1155.

Blei D M, Ng A Y, Jordan M I. 2003. Latent dirichlet allocation. Journal of Machine Learning Research, 3: 993-1022.

Bostrom N. 2012. The superintelligent will: motivation and instrumental rationality in advanced artificial agents. Minds and Machines, 22(2): 71-85.

Brynjolfsson E, McAfee A. 2017. The business of artificial intelligence: what it can and cannot do for your organization. https://hbr.org/cover-story/2017/07/the-business-of-artificial-intelligence[2017-07-18].

Buxton B, Goldston D, Doctorow C, et al. 2008. Big data: science in the petabyte era. Nature, 455(7209): 8-9.

Davenport T H, Ronanki R. 2018. Artificial intelligence for the real world: don't start with moon shots . Harvard Business Review, 96(1): 108-116.

Einav L, Levin J. 2014. Economics in the age of big data. Science, 346(6210): 1243089.

Executive Office of the President National Science and Technology Council Committee on Technology. 2016. Preparing for the future of artificial intelligence. https://obamawhitehouse.archives.gov/sites/default/files/whitehouse_files/microsites/ostp/NSTC/preparing_for_the_future_of_ai.pdf[2016-11-01].

Frégnac Y. 2017. Big data and the industrialization of neuroscience: a safe roadmap for understanding the brain?. Science, 358(6362): 470-477.

Gatys L A, Ecker A S, Bethge M. 2015. A neural algorithm of artistic style. https://arxiv.org/pdf/1508.06576.pdf [2023-11-01].

Goodfellow I, Bengio Y, Courville A, et al. 2016. Deep Learning: Adaptive Computation and Machine Learning Series .

Cambridge: MIT Press.

He J, Zhou M, Jiang L. 2012. Generating Chinese classical poems with statistical machine translation models. Proceedings of the Twenty-Sixth AAAI Conference on Artificial Intelligence. Toronto, Ontario, Canada.

Henke N, Bughin J, Chui M, et al. 2016. The age of analytics: competing in a data-driven world. Chicago: McKinsey Global Institute.

Hey T, Tansley S, Tolle K, et al. 2009. The Fourth Paradigm: Data-Intensive Scientific Discovery. Washington DC: Microsoft Press.

Hochreiter S, Schmidhuber J. 1997. Long short-term memory. Neural Computation, 9(8): 1735-1780.

Holtz H, Leondes C T. 1966. The synthesis of recursive digital filters. Journal of the ACM, 13(2): 262-280.

Johnson M, Schuster M, Le Q V, et al. 2017. Google's multilingual neural machine translation system: Enabling zero-shot translation. Transactions of the Association for Computational Linguistics, 5: 339-351.

Koontz H D. 1961. The management theory jungle. Academy of Management Journal, 4(3): 174-188.

Kuhn T S. 1962. The Structure of Scientific Revolutions. Chicago: The University of Chicago Press.

Laptev I. 2005. On space-time interest points. International Journal of Computer Vision, 64(2): 107-123.

LeCun Y, Bengio Y, Hinton G. 2015. Deep learning. Nature, 521(7553): 436-444.

LeCun Y, Boser B E, Denker J S, et al. 1989. Handwritten digit recognition with a back-propagation network. Advances in Neural Information Processing Systems, 2: 396-404.

Lowe D G. 1999. Object recognition from local scale-invariant features. Proceedings of the Seventh IEEE International Conference on Computer Vision.

Manyika J, Chui M, Brown B, et al. 2011. Big data: the next frontier for innovation, competition, and productivity. Chicago: McKinsey Global Institute.

MESR. 2017. Présentation de la stratégie France I.A. pour le développement des technologies d'intelligenceartificielle. https://presse.economie.gouv.fr/wp-content/uploads/2020/12/950a1f40ce3f3fda1695bea415338604.pdf[2017-12-01].

Mitchell T, Brynjolfsson E. 2017. Track how technology is transforming work. Nature, 544(7650): 290-292.

National Science and Technology Council. 2016. The national artificial intelligence research and development strategic plan. https://www.nitrd.gov/pubs/national_ai_rd_strategic_plan.pdf[2017-01-22].

NITRD. 2016. The federal big data research and development strategic plan. https://www.nitrd.gov/PUBS/bigdatardstrategicplan.pdf[2017-01-22].

Pogue D. 2018. The robotic artist problem. Scientific American, 318(2): 23.

Porter M E. 1985. Competitive Advantage: Creating and Sustaining Superior Performance. New York: Free Press.

Rumelhart D E, Hinton G E, Williams R J. 1986. Learning representations by back-propagating errors. Nature, 323(6088): 533-536.

Russell S J, Norvig P. 2009. Artificial Intelligence: A Modern Approach. 3rd ed. Upper Saddle River: Prentice Hall Press.

Sabour S, Frosst N, Hinton G E. 2017. Dynamic routing between capsules. Proceedings of the 31st International Conference on Neural Information Processing Systems.

Salton G, Wong A, Yang C S. 1975. A vector space model for automatic indexing. Communications of the ACM, 18(11): 613-620.

Silver D, Schrittwieser J, Simonyan K, et al. 2017. Mastering the game of Go without human knowledge. Nature, 550(7676): 354-359.

Smith H J, Zahn L M, Riddihough G, et al. 2011. Science Special Online Collection: Dealing with Data. http://www.sciencemag.org/site/special/data/[2016-12-12].

Wei Q, Qiao D D, Zhang J, et al. 2016. A novel bipartite graph based competitiveness degree analysis from query logs. ACM Transactions on Knowledge Discovery from Data, 11(2): 1-25.

Yuste R, Goering S, Arcas B A Y, et al. 2017. Four ethical priorities for neurotechnologies and AI. Nature, 551(7679): 159-163.

Zhu C, Zhu H S, Xiong H, et al. 2016. Recruitment market trend analysis with sequential latent variable models. Proceedings of the 22nd ACM SIGKDD International Conference on Knowledge Discovery and Data Mining.

附注：国家自然科学基金“大数据驱动的管理与决策研究”重大研究计划是一个具有统一目标的项目集群，旨在充分发挥管理、信息、数理、医学等多学科交叉合作研究的优势，以全景式 PAGE 框架作为总体思路框架，坚持“有限目标、稳定支持、集成升华、跨越发展”的原则，围绕学科领域趋势、理论应用特点，注重基础性、前瞻性和交叉性研究创新。自 2015 年底以来，此重大研究计划部署了包括培育项目、重点项目和集成项目等一系列项目。其后续的项目部署将在全景式 PAGE 框架下，进一步突出凝练、整合与升华，强调与总体思路框架内容的契合性和贡献度。

本章素材部分来自国家自然科学基金“大数据驱动的管理与决策研究”重大研究计划相关的系列研讨。由衷感谢不同学科领域专家学者（包括大数据重大研究计划指导专家组、顾问专家组、管理工作组等专家学者）的真知灼见和思想贡献！

第 3 章　面向大数据管理决策研究的全景式 PAGE 框架①

3.1　引　　言

近年来，大数据、人工智能等新兴技术蓬勃发展，并与实体经济和社会生活各个层面深度融合。电子商务、平台经济等领域不断涌现出新模式与新业态，工业互联网、智能制造等领域全面加速，数字经济成为我国新发展格局的重要形态和新动能。我国 2022 年数字经济发展取得新的突破，规模达到 50.2 万亿元，占 GDP 比重达到 41.5%（中国信息通信研究院，2023）。

大数据是推动技术发展的重要引擎，是数字经济发展的关键生产要素。我国近年来针对大数据发展这一议题持续推出系列纲领性文件并做出重要部署。2015 年，国务院印发《促进大数据发展行动纲要》，党的十八届五中全会首次提出“实施国家大数据战略”。2017 年，“推动互联网、大数据、人工智能和实体经济深度融合”②在党的十九大报告中被进一步强调。2019 年，第十三届全国人大二次会议强调，“深化大数据、人工智能等研发应用”“为制造业转型升级赋能”“壮大数字经济”。2020 年，数据作为与土地、劳动力、资本、技术等传统要素并列的生产要素之一被写入中央政策文件——中共中央 国务院关于构建更加完善的要素市场化配置体制机制的意见》。2021 年，《中华人民共和国国民经济和社会发展第十四个五年规划和 2035 年远景目标纲要》提出，“打造数字经济新优势”，要求“充分发挥海量数据和丰富应用场景优势”“催生新产业新业态新模式”，并将大数据、人工智能等设定为数字经济重点产业。2022 年，党的二十大报告进一步强调，加快建设“网络强国和数字中国”③。

①本章作者：陈国青（清华大学经济管理学院）、张维（天津大学管理与经济学部）、任之光（国家自然科学基金委员会管理科学部）、管悦（中国传媒大学经济与管理学院）、卫强（清华大学经济管理学院）。通讯作者：管悦（yueguan@cuc.edu.cn）。基金项目：国家自然科学基金资助项目（92246001，72202220，91846000）。本章内容原载于《管理科学学报》2023 年第 5 期。

②《习近平：决胜全面建成小康社会 夺取新时代中国特色社会主义伟大胜利——在中国共产党第十九次全国代表大会上的报告》，https://www.gov.cn/zhuanti/2017-10/27/content_5234876.htm[2019-10-27]。

③《习近平：高举中国特色社会主义伟大旗帜 为全面建设社会主义现代化国家而团结奋斗——在中国共产党第二十次全国代表大会上的报告》，https://www.12371.cn/2022/10/25/ARTI1666705047474465.shtml[2022-10-25]。

大数据在给社会经济生活带来深刻变革的同时，也给管理与决策研究带来一系列新的重要科学问题。许多传统的管理变成或正在变成对于数据的管理，许多传统的决策变成或正在变成基于数据分析的决策（陈国青等，2018）。面向国家重大战略发展和民生需求牵引，结合大数据研究和应用的跨学科多领域的交叉融通特点，于 2015 年启动的国家自然科学基金“大数据驱动的管理与决策研究”重大研究计划，旨在围绕大数据驱动的管理与决策所呈现出的新特性，充分发挥管理、信息、数理、医学等多学科合作研究的优势，着重研究大数据驱动的管理与决策理论范式、大数据分析方法与支撑技术、大数据资源治理机制与管理、大数据管理与决策使能及价值创造等重要课题。

“大数据”和“管理决策”概念涉及多学科门类（如哲学、历史、经济、管理、工程、教育、农学、艺术、理学、法学、医学等）、多领域情境（如商务业态、经济金融、医疗健康、公共管理、交通、能源、教育、制造等）、多数据模态（如数值、文本、图像、语音、视频等），大数据管理决策相关的基础研究面临着严峻挑战。以大数据重大研究计划为例（Chen et al.，2021），第一，从认识论和方法论的视角，什么样的问题可称为“大数据问题”？针对大数据问题是否产生了新的研究方法论需求？第二，从决策科学的视角，决策要素及其范式面临着哪些转变？第三，从展开研究的顶层设计视角，如何通过整体布局使得研究活动既体现全局性统一目标和研究方向引领，又具有充分的开放式探索空间？第四，从价值创造的视角，大数据驱动的管理决策研究能够在学术和应用领域取得哪些重要创新？

针对上述挑战，大数据重大研究计划汇集了一大批国内高水平团队进行攻关，并取得了大量重要进展。概括说来，①构建了一个大数据管理决策的研究体系，该研究体系涵盖大数据及其问题的认识论特征、新型“大数据驱动”方法论范式以及开展大数据管理决策研究的方向性框架（即全景式 PAGE 框架）；②形成了一系列在全景式 PAGE 框架下的研究创新；③设计了一个面向多领域情境的平台集成架构。

大数据的认识论特征可以从三个维度来审视，即数据特征、问题特征以及管理决策特征（陈国青等，2022）。首先，大数据的数据特征体现为体量大、多样性、（价值）密度低、（迭代）速率高等数据属性，分别具有超规模、富媒体、深挖掘、流数据等意味。其次，一个研究问题可以被称为“大数据问题”，应该至少具备粒度缩放、跨界关联和全局视图三个特点。粒度缩放是指问题要素的数据化，并能够在不同粒度层级间进行缩放。跨界关联是指问题的要素空间外拓，即在问题要素空间中引入外部视角与传统视角联动，将内部数据与外部数据予以关联。全局视图是指问题定义与求解的全局性，强调对相关情境的整体画像及其动态演化的把控和诠释（陈国青等，2022）。最后，从管理决策的视角来看，大数据管理决策应该反映全景式“关联 + 因果”诉求。结合管理决策中管理者关心的“what、why、will”三个核心问题，大数据可以从业务层面、数据层面和决策层面分别刻画并形成管理决策大数据问题特征框架。

大数据相关研究同时催生了新型研究方法论范式的转变，即从传统的“模型驱动范式”或简单的“数据驱动范式”转变为“数据驱动 + 模型驱动”的新型融合范式，即“大数据驱动研究范式”，更为强调“关联 + 因果”的诉求，并呈现出显著的外部嵌入、技术增强和使能创新特点（陈国青等，2022；Chen et al.，2021）。外部嵌入是指通过引入外部视角，将传统模型视角之外的一些新的重要变量引入模型的变量集合中。通常新变量的引入将导致构建新变量关系。技术增强是指通过机器学习等新型技术方法和工具将引入的新变量（如视频、语音、文本、图片等多模态变量）融入变量集合，并支持新变量关系的构建。使能创新是指通过构建新变量关系，形成大数据驱动的价值创造。在建模方法论上体现为由新变量引入（$x' = x \cup x_{\text{new}}$）和新变量关系（$F'$）形成的$Y' = F'(X')$。这个过程往往也需要技术增强，如因果推断、函数拟合、可解释性人工智能等方面的技术使用和创新。这里，新变量关系的形式可能是原模型的简单变量增拓（如简单线性增拓），或需要探索与原模型不同的变量间的映射关系。

将大数据问题特征（粒度缩放、跨界关联、全局视图）映射到四个研究内容方向，即决策范式、分析技术、资源治理和使能创新上，便形成一个面向不同领域情境（如商务、金融、医疗健康、公共管理等）的由 4×3 要素矩阵所构成的全景式 PAGE 框架（陈国青等，2022）。具体说来，决策范式（P）研究方向重点关注管理决策范式转变机理与理论；分析技术（A）研究方向重点关注管理决策问题导向的大数据分析方法和支撑技术；资源治理（G）研究方向重点关注大数据资源治理机制设计与协同管理；使能创新（E）研究方向重点关注大数据使能的价值创造与模式创新。每一个研究方向在粒度缩放、跨界关联、全局视图三个问题特征的映射下，分别体现出不同的研究侧重（图 1-2）。全景式 PAGE 框架成为整个大数据重大研究计划的方向性框架和项目指南重要内容，在相关关键科学问题凝练和贡献新知方面，发挥了重要指导性作用。

本章下面的讨论将进一步阐释和解构全景式 PAGE 框架的内涵及其内在关系，同时围绕 PAGE 方向上的研究，讨论大数据重大研究计划的设计开展、创新思路和重要新知，并概述近年来国内外若干重要探索。本章的研究意义主要体现在两个方面：一是从大数据管理决策研究的视角呈现学科领域探索中的重要方向、问题探识和创新突破，为大数据等颠覆性信息技术应用的相关研究提供前沿方向和创新突破上的启迪；二是通过整体研究体系的擘画以体现全局目标、方法论范式和重点议题，为管理学科及其相关学科领域开展交叉属性强、应用情境差异化特点突出的科研攻关提供参考。

3.2　PAGE 内涵与解构

如前所述，面向不同的领域情境和应用场景，全景式 PAGE 框架涵盖了大数据管理决策研究的四个重要研究方向，即决策范式（P）、分析技术（A）、资源治理（G）、使能创新（E），并在三个大数据问题特征的映射下形成了一个 4×3 要素矩阵。这里，将围绕 PAGE 进行内涵描述和结构解析，以获得对于全景式 PAGE 框架的更深入阐释。

首先，大数据基础设施（如通信网络、物联网、云存储、计算平台等）作为底层架构，是整个大数据生态的基础层，旨在为 PAGE 研究方向提供数据感测、通信、获取、存储、计算等基本支撑。在此基础上，PAGE 研究方向构成了大数据生态的应用层，并相互依存和彼此影响。沿着 PAGE 间主要关系脉络进行分析，可以刻画出下列影响路径。

第一，决策范式（P）主要面向决策理论建模及其范式转变，涉及决策要素和过程的刻画乃至决策问题的求解策略。鉴于资源治理（G）、分析技术（A）及使能创新（E）中存在着各式各样的决策问题，涉及领域情境、决策主体、理念假设、方法流程等方面，故而，决策范式（P）的变化将深刻影响决策问题建模及其求解。也就是说，方向 P 对方向 G、A、E 产生影响。

第二，分析技术（A）主要面向数据和算法的方法创新，是大数据能力构建的核心内容，影响着使能创新（E）的效果和驱动力，即方向 A 对方向 E 产生影响。

第三，资源治理（G）主要面向大数据能力构建中相关的“数据＋算法”获取、处理及使用方式，并对相应的环境和生态进行营造、规范和治理，影响着分析技术（A）和使能创新（E）的效果与模式。换言之，方向 G 对方向 A、E 产生影响。

第四，使能创新（E）主要面向大数据驱动的经济和社会活动，影响着个人、组织和社会进行产品/服务创新与商业模式创新乃至价值创造的效果。同时，使能创新（E）也以不同形式影响着决策要素和过程，这可能导致决策范式（P）的转变。例如，基于数据采集和分析方法应用的使能创新，驱动决策要素进一步可测可获，使得跨域信息和宽松假设成为可能；基于智能系统/智能机器人应用的使能创新，驱动机器可以自主决策，使得机器充当决策主体成为可能；基于相关机器学习算法应用的使能创新，驱动要素深度交互和环节路径重塑，使得非线性决策流程成为可能。也就是说，方向 E 对方向 P 和价值创造产生影响。

其次，构成大数据环境的三个大数据问题特征（粒度缩放、跨界关联和全局视图）体现了不同视角层面上的数据与问题要素的联系：粒度缩放从深度视角出发，在宏微观垂直层面进行问题要素维度内的数据粒度细化和纵向拓展；跨界关联从广度视角出发，在视域水平层面进行问题要素维度间的跨界联结和横向拓展；全局视图从整体视角出发，在垂直和水平层面进行问题要素维度的综合表征与全局呈现。

概括说来，PAGE 的环境要素、基础支撑、内涵逻辑形成了一个相互联系的整体，以服务于大数据驱动的管理创新和价值创造。图 3-1 描述了相应的 PAGE 内部关系逻辑。

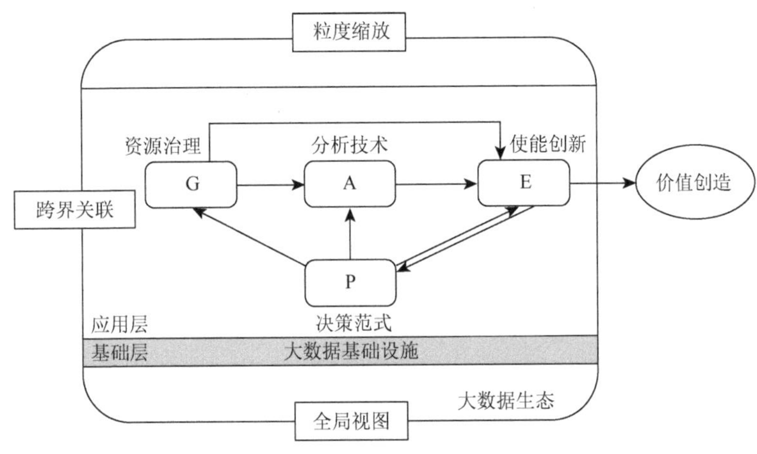

图 3-1　PAGE 框架内部关系逻辑

此外，PAGE 的 4×3 要素矩阵作用于不同的领域情境/应用场景（如商务、金融、医疗健康、公共管理等），进一步构成了 PAGE 研究框架的立体图景（图 1-3）。这里，PAGE 的 4×3 要素矩阵在每个领域情境内形成同构映射，使得 PAGE 要素特征在情境场景中得以体现，即 PAGE 要素的抽象特征在情境场景中实现具象化，进而达到大数据管理决策研究在问题特征、研究方向及领域情境上的全景式融合呈现。

近年来，大数据重大研究计划沿循全景式 PAGE 框架的研究探索，进一步丰富和深化了 PAGE 的内涵和外延，为促进大数据管理决策领域的发展进而贡献人类新知以及服务国家战略发挥重要作用。同时，可以看到国内外许多大数据管理决策方面的研究都在 PAGE 维度上呈现出方向性。下面将从 PAGE 的视角出发，以大数据重大研究计划下形成的若干前沿性成果为例讨论和阐释探索新知的重要进展，包括在相关理论方法和场景应用方面的创新贡献。此外，也对国内外若干相关研究工作进行概览。

3.3 探索新知

围绕大数据管理决策研究，全景式 PAGE 框架将复杂性高、交叉属性突出的多学科领域的科研探索汇聚到具有统一目标的，体现特定问题特征、探索方向、领域情境的重要视域内，以期既在决策科学层面上具有范式拓新，又在理论、方法、应用层面上具有新知贡献。一些主要科学发现和重要创新包括：①在 P 方向上，提出管理决策要素的四大转变（跨域转变、主体转变、假设转变、流程转变）以及新型“大数据决策范式”的跨域型、人机式、宽假设、非线性特征（Chen et al.，2021；陈国青等，2020）。②在 A 方向上，构建大数据统计推断与降维、多源异构数据融合与分析、大数据知识图谱等重要理论、方法和关键技术。③在 G 方向上，设计大数据共享机制与应用模式、大数据标准化和评估体系、大数据隐私分析与影响机理等治理框架与策略。④在 E 方向上，形成基于大数据的行为洞察、大数据背景下的风险评估与监测、大数据驱动的模式创新等重要价值创造路径与应用示范。下面通过大数据重大研究计划的若干具体研究实例[①]，讨论在 PAGE 不同方向上探索新知的相关思路和路径策略。

3.3.1 大数据决策范式创新

如上所述，传统管理决策范式在大数据情境下受到严重冲击，在决策要素上发生了四个重大转变，进而催生了新型“大数据决策范式”（Chen et al.，2021；陈国青等，2020）。

以大数据重大研究计划的研究进展为例，首先，从决策范式（P）中决策要素的跨域转变视角出发，一个重要课题是探索新型财务报告体系，通过对于数据资产的价值测量和评估，构建“第四张报表”，丰富和扩展现有财务决策范式。具体说来，传统范式采用的三张财务报表（即资产负债表、现金流量表和利润表）旨在反映企业的运营能力、偿债能力和盈利能力。然而，在大数据时代，建立在三张报表基础上的企业估值模型在反映诸多企业（如不同类型信息技术或数据企业、新型创业企业、新业态企业等）的经营状况和业务变化时存在局限，主要面临测量和评估数据资产方面的严峻挑战。通过引入“第四张报表”，可以对以品牌、口碑、忠诚度、公允价值或无形资产等形式反映的企业数据资产进行价值测量，进而和传统报

① 这些研究实例是迄今为止大数据重大研究计划获得的大量重要成果中的一小部分。这里讨论这些实例旨在进一步阐释 PAGE 的特定内涵，并以若干具象的形式示意性地呈现对于 PAGE 框架的丰富和贡献，而不是试图在此对于大数据重大研究计划的所有成果进行总结和评价。

表一起为财务决策提供更多可以发掘利用的信息集和新的管理洞见。

围绕企业价值要素，相关研究提出了一个全局性、系统化的“第四张报表”理论框架，如图 3-2 所示（陈信元等，2023）。“第四张报表”由基础要素和拓展要素构成，前者主要提供用多源异构数据表征的企业日常经营活动相关价值

第四张报表					
项目		结构化指标	项目		结构化指标
广域经营信息	电商信息		环境保护	温室气体排放	
	经营用电信息			有毒有害气体排放	
	经营用水信息			废水排放	
	海关申报信息			危险废弃物	
	企业税务信息			绿色低碳产品/服务	
产品与品牌	产品相似度			环境认证/表彰	
	产品质量			环境处罚	
	产品口碑		社会责任	社会投入	
	客户忠诚度			社区贡献	
	无形价值			慈善公益	
	质量认证			员工发展	
创新质量	研发投入			性别平等	
	专利申请			诚信经营	
	专利相似度		治理水平	股东权益	
	新产品开发			债权人权益	
	科技获奖			董监高履职	
企业风险	资金占用			薪酬激励	
	内部控制			管理层分析与讨论	
	诉讼处罚			中介机构质量	
	关联交易		投资者关系	投资者沟通渠道	
	政策冲击			投资者调研情况	
供应商与客户	客户质量			投资者评价	
	客户集中度			投资者保护	
	供应商质量		行业与竞争对手	产业政策	
	供应商集中度			行业风险	
数字化水平	数字资产			竞争对手情况	
	数字化能力				
	应用系统				
更多要素扩展与数据化					

图 3-2　“第四张报表”要素框架

信息，包括广域经营信息、产品与品牌、创新质量、企业风险、供应商与客户、数字化水平等；而后者具有显著的跨域特征，通过突破企业的边界、考虑企业内外部广域主体的关系，提供企业日常经营活动之外的影响企业价值的信息，包括环境保护、社会责任、治理水平、投资者关系、行业与竞争对手等。例如，在广域经营信息这个维度，大数据中的大量非财务信息，如海关申报信息等数据，可以更及时反映企业的经营状况，为信息使用者提供关于企业的多维度细粒度画像；在产品与品牌维度，通过对电商、社交网络数据的挖掘分析工作，产品口碑和客户忠诚度这些以往不可测不可获的变量，也可被转化为结构化指标加入报表（陈信元等，2023）；在数字化水平维度，企业拥有的数字资产和数字化能力能够帮助企业优化产品设计与生产模式、提升服务质量、促进商业模式创新，从而使企业在数字时代获取竞争优势。

值得一提的是，对于数据资产的引入和测量，在方法论上具有显著“技术增强”特征，这里机器学习和数据分析方法发挥了重要作用。例如，构建“第四张报表”的关键技术包括基于迁移学习的跨领域的实体识别模型［图 3-3（a)］、基于 bootstrap（自助法）和强化学习的实体关系识别模型［图 3-3（b)］以及基于图神经网络的篇章级财经领域事件抽取识别模型、基于知识标准化的“第四张报表”指标生成方法等（陈信元等，2023）。

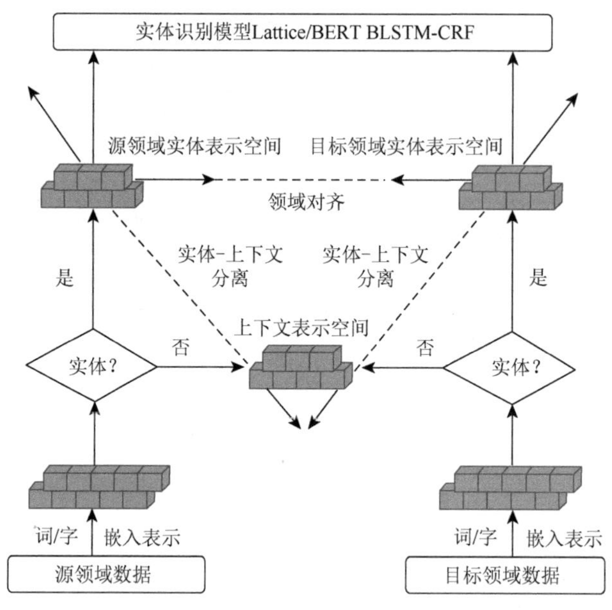

(a)

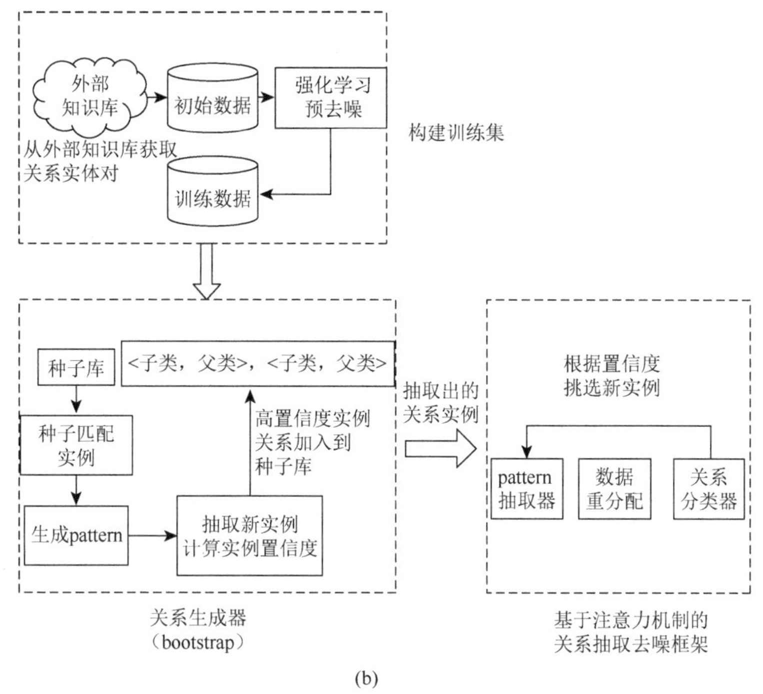

(b)

图 3-3　构建“第四张报表”关键技术：实体与关系识别

Lattice 表示格结构，BLSTM 表示 bidirectional long-term short memory（双向长短时记忆网络），BERT 表示 bidirectional encoder representation from transformers（变压器的双向编码器表示），CRF 表示 conditional random fields（条件随机场）

第四张报表的构建是对于传统财务决策范式的重要拓新，与其他三张报表一起形成新型财务决策范式，可更好地描绘全景式的公司经营画像，提供更全面及时的信息，并为会计信息在公司估值、契约设计以及资本监管等方面的应用创新赋能。

再者，从决策范式（P）中决策要素的假设转变视角出发，一个重要课题是探索在大数据情境下，可测性和可获性的提升使得许多传统理论假设被放宽乃至打破，进而对建模基础、变量关系以及求解策略产生严峻影响。例如，对于 O2O（online-to-offline，线上到线下）即时物流决策问题，传统物流调度模型假设在供给端配送员对于同一订单的配送速度相同，在需求端订单需求服从某一先验分布，然而以上假设并不能完全刻画现实情况。一方面，配送员的配送速度根据个体能力、经验等有所不同，也受到平台政策、路况和天气状况的影响；另一方面，订单数量和分布随时间的波动性较大，不同区域的订单分布也存在各自的特点，在即时物流配送场景下，配送调度模型的设计需要对未来的订单量有精准的把握。

鉴于此，相关研究通过对于现实应用场景的大数据感测，放宽对统一配送速度和固定需求分布的假设，结合多领域的细粒度数据，建立个性化配送时间预测模型以及订单需求预测模型（代宏砚等，2023；Tao et al.，2023）。具体说来，对配送时间个性化预测模型，考虑使用多个维度的数据，包括轨迹相关特征、配送员相关特征、外部环境和区域相关特征。同时针对数据稀疏情形，进行数据特征聚类。整体目标为通过选择合适的聚类数量，整体预测误差最小：

$$\min_L \min_{k\in K} e_k = \min_L \min \sum_{i=1}^{L} \sum_{k\in K_{l,L}} \left\| g_{l,L}(\Pi_k) - T_k \right\| \tag{3-1}$$

其中，K 表示全部配送员的集合；e_k 表示配送员 k 的配送时间预测误差；T_k 表示配送员 k 的实际配送时间；L 表示聚类的类目总数；l 表示聚类后的第 l 个配送员集合；$K_{l,L}$ 表示聚类的类目总数为 L 时，第 l 个配送员集合中的全部配送员；$g_{l,L}(\Pi_k)$ 表示将配送员 k 的配送时间特征矩阵 Π_k 输入机器学习模型中得到的配送员 k 对应的配送时间的预测值。

对于未来订单数量的预测采用时空相似性度量的方法，融合外部特征和内部特征，从而找到和目标场景之间加权时空距离最小的场景来进行未来订单量的预测。根据个性化配送时间预测值以及未来订单需求预测值，即时订单调度优化目标是最小化延误成本以及配送员旅行成本

$$\min_{X,Y} \sum \widehat{c_p} \left(\tilde{B}_i - l_i^t \right)^+ + \sum \widehat{c_d} \widetilde{L_k^t} \tag{3-2}$$

其中，X 表示配送员的路线选择；Y 表示订单分配情况；$\tilde{B}_i$ 表示订单 i 的配送完成时间；l_i^t 表示订单 i 的最晚送达时间；$\widetilde{L_k^t}$ 表示配送员 k 的总旅行时间；$\widehat{c_p}$ 和 $\widehat{c_d}$ 分别表示延误时间和旅行时间的单位成本。

这里模型求解存在两个难点：一方面，预测模型的结果存在不确定性，即点估计结果存在偏差，从而影响派单和路径规划决策；另一方面，预测模型和优化模型存在耦合，即个性化配送时间预测模型的输入特征包含跟派单决策有关的变量，如接单数、轨迹距离等，而订单调度优化又需要配送时间的预测结果作为输入。为了解决宽假设下的新挑战，相关研究（代宏砚等，2023）提出了两点创新：一是基于模型预测的残差分布，将订单配送时间表征为概率分布形式，并得到优化模型（3-3）

$$\min_{X,Y} \sum \sum_y p_{ik}^t(y) \widehat{c_p} \left(y - l_i^t \right)^+ + \sum \widehat{c_d} \widetilde{L_k^t} \tag{3-3}$$

其中，$p_{ik}^t(y)$ 表示订单 i 由配送员 k 配送花费时间的概率密度函数。二是针对预测特征和决策方案耦合问题，基于禁忌搜索的思路，提出了一个同步预测和决策的算法进行求解。概况说来，图 3-4 给出了一个宽假设下的物流决策建模思路。

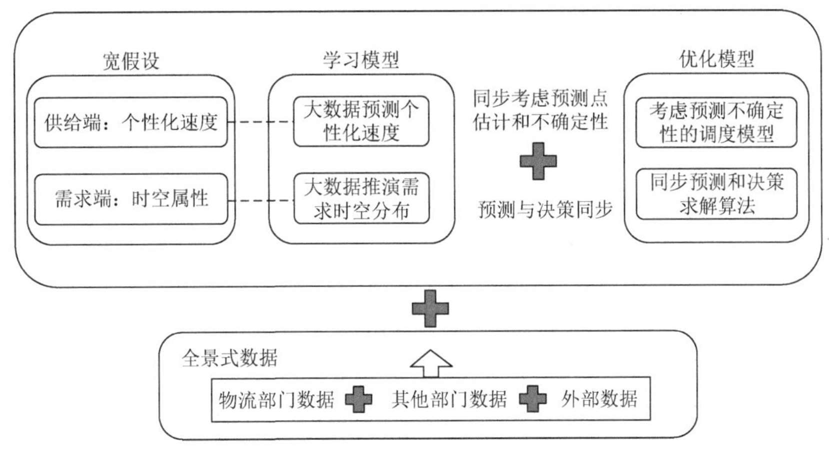

图 3-4　宽假设下的物流决策建模思路

此外，大数据重大研究计划的决策范式（P）研究中的其他重要课题还包括决策主体转变相关研究（如在人机共生及协同决策情境下的组织行为新理论构建）、流程转变相关研究（如打破传统线性决策模式的非线性流程建模及其理论扩展）等（He et al.，2018；Li et al.，2019；Shen et al.，2018）。

3.3.2　大数据分析技术创新

由于大数据具有体量大、速率高、富媒体、价值密度低等特征，基于大数据的分析技术需要在经典方法上进行改进或重新设计。

以大数据重大研究计划的研究进展为例，从分析技术（A）研究中的统计推断视角出发，一个重要课题是探索缺失数据填补的基础理论问题，以应对大数据环境下管理决策所面临的数据质量和完备性方面的严峻挑战（陈松蹊等，2022）。具体说来，现实场景中采集到的大数据往往具有较大的缺失比例和稀疏特征，进而可能对于统计推断和机器学习算法的效果产生严重影响，造成管理决策偏差。一个有效解决思路是对缺失数据进行完备化处理，如根据较少的观测值对原始矩阵进行有效还原。矩阵完备化问题的形式化定义如下：$A_0=(a_{0,ij})_{n_1\times n_2}$ 表示 n_1 行 n_2 列的原始矩阵，假设矩阵 A_0 的秩是较小整数，$Y=(y_{ij})n_1\times n_2$ 是由 A_0 加上均值为 0 的噪声后形成的可观测矩阵，$y_{ij}=a_{0,ij}+\varepsilon_{ij}$，$\varepsilon_{ij}$ 表示均值为 0 的随机噪声。同时 Y 只有小部分元素可被观测，如在电影评分场景中，每个用户只对少数电影给出了评分。矩阵完备化问题的目标即通过特定完备化方法来得到真实矩阵 A_0 的估计矩阵 $\hat{A}$，那么求解 $\hat{A}$ 可转化为式（3-4）所示的优化问题（陈松蹊等，2022）

$$\hat{A}=\operatorname{argmin}_{A\in\mathcal{A}}\{L(A,Y)+R(A)\} \tag{3-4}$$

其中，$\mathcal{A}$ 表示可能解构成的解空间集合；$L(A, Y)$表示损失函数，衡量 A 与 Y 之间的距离常见的选择是平方损失函数；$R(A)$表示正则化项或惩罚项，用于对 A 的结构进行规范，一个自然的想法是使用矩阵的秩（矩阵非零奇异值的个数）作为惩罚项，然而该方法是 NP 难问题（NP-hard problem），因此可采用矩阵的核范数$\|A\|_*$（即矩阵奇异值的和）作为矩阵秩的凸近似。针对大数据的超高维度、多源异质及时空关联等特点，缺失数据的完备化问题面临着不同的难点与挑战，对损失函数及正则化项也应有不同的具体设定。

例如，在超高维度缺失数据完备化场景中，假设数据遵循随机缺失机制，即 y_{ij} 被观测到的概率与某些可观测的协变量相关，而与 y_{ij} 取值无关，这里给出一个具体的解决思路。为了便于分析，引入观测示性矩阵 $T=(t_{ij})$，其中如果 $t_{ij}=1$，则 y_{ij} 可被观测到，否则 y_{ij} 不可被观测到。与之对应，T 对应的观测概率矩阵可记为 $\Theta=(\theta_{ij})$，其中 θ_{ij} 代表 t_{ij} 取 1 的概率，即 t_{ij} 服从成功概率为 θ_{ij} 的伯努利分布。那么在随机缺失机制下，可采用 $L(A,Y)=\dfrac{1}{n_1 n_2}\left\|T\circ\Theta^{\circ\left(-\frac{1}{2}\right)}\circ(A-Y)\right\|_F^2$ 作为损失函数，其中 $\circ$ 为矩阵 Hadamard（阿达马）算子，表示两个矩阵对应元素相乘，$\Theta^{\circ\left(-\frac{1}{2}\right)}=\left(\theta_{ij}^{-\frac{1}{2}}\right)$。然而，在多数情况下 Θ 并不可得，因此一个关键环节是需要先构建 Θ 的估计量 $\hat{\Theta}$，此时式（3-4）中的优化问题可表示为式（3-5）

$$\hat{A}=\operatorname{argmin}_{A\in\mathcal{A}}\left\{\frac{1}{n_1 n_2}\left\|T\circ\hat{\Theta}^{\circ\left(-\frac{1}{2}\right)}\circ(A-Y)\right\|_F^2+\lambda\|A\|_*\right\} \tag{3-5}$$

对于 Θ 的求解质量直接决定了矩阵 $\hat{A}$ 的估计准确性。如果已知影响观测概率 Θ 的协变量信息 X，观测概率矩阵可表示为协变量信息的函数，即 $\theta_{ij}=\Pr(t_{ij}=1\mid X)=\dfrac{1}{1+\mathrm{e}^{-x_i^T\cdot\gamma_j}}$，其中参数 r_j 可用极大似然法进行估计。进一步，为了降低计算复杂度，可对 A_0 进行列空间分解，将迭代算法改进为奇异值分解算法（Mao et al.，2019）。在缺少协变量信息的情况下，可考虑通过低秩缺失机制或者非参数模型对 Θ 进行估计。以低秩缺失机制的思路为例，假设 Θ 由低秩矩阵 M 经过连接函数族映射得到，即 $\Theta=f(M)$，对 M 进一步做均值分解，得到 $M=\mu Z+J$，其中 μ 是 M 中所有元素的均值，J 是元素全为 1 的矩阵，Z 是元素和为 0 的矩阵。那么原优化问题可转化为如式（3-6）所示的似然函数优化目标

$$F(\mu,Z\mid\lambda)=\sum\nolimits_{i,j}\{t_{ij}\ln(f(\mu+z_{ij}))+(1-t_{ij})\ln(1-f(\mu+z_{ij}))\}-\lambda\|Z\|_* \tag{3-6}$$

得到 μ 和 Z 的估计量后，进一步可求解得到 $\hat{\Theta}$。该方法在实际数据场景中相

比于采用均匀缺失机制的完备化方法，效果得到显著提升（Mao et al.，2019）。概括说来，图 3-5 给出了上述根据协变量信息解决矩阵完备化问题的一个示意图。

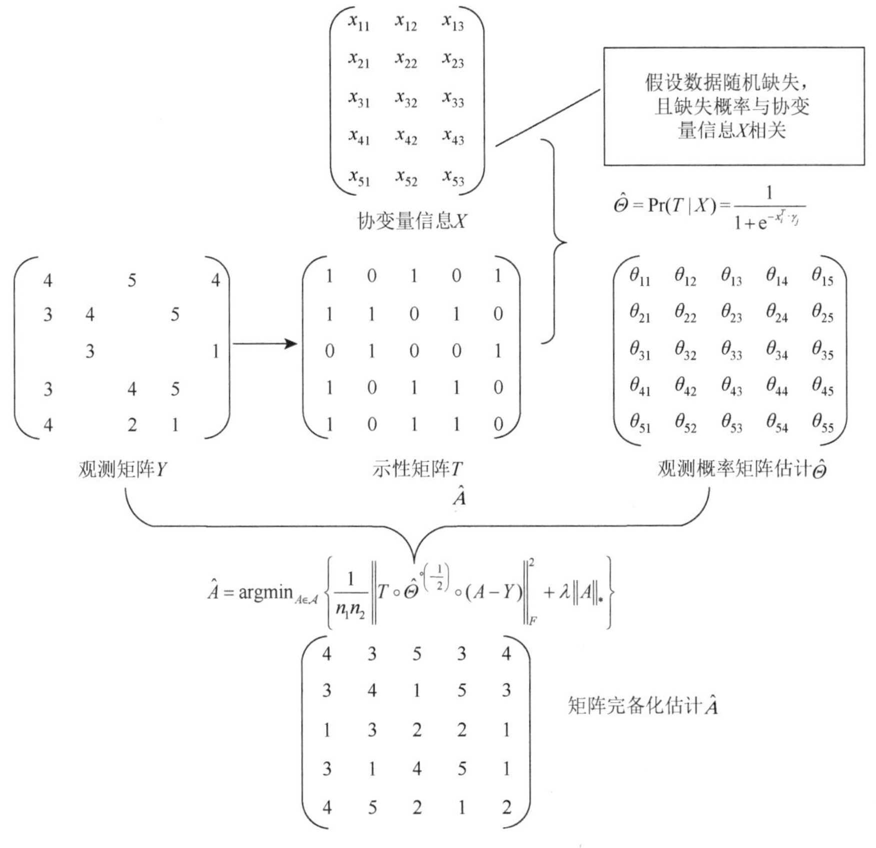

图 3-5　矩阵完备化思路示意

大数据统计推断的另一个重要课题是探索分布式统计推断的基础理论方法，以应对大数据分析技术（A）研究中并行和分布式计算所面临的严峻挑战。以分位数回归问题为例（Chen and Zhou，2020；Song et al.，2021），假设 $(X_1,Y_1),\cdots,(X_N,Y_N)$ 代表 N 个独立同分布的随机变量，其中 X_i 是 p 维协变量，Y_1 是数值型变量，分位数回归模型可表示为 $Y=\theta_\tau^{\mathrm{T}}X+\varepsilon_\tau$，其中 τ 代表分位数值，即 $P(\varepsilon_\tau<0\,|\,X)=\tau$，$\theta_\tau$ 是待求解参数，ε_τ 为不可观测随机误差，那么 θ_τ 的估计量 $\widehat{\theta_\tau}$ 可通过式（3-7）得到

$$M(\theta)=\frac{1}{N}\sum_{i=1}^{N}X_i\psi_\tau(Y_i-\theta^{\mathrm{T}}X_i)=0 \tag{3-7}$$

其中，$\psi_\tau(z)=\tau-i(z<0)$；$i(\bullet)$ 表示示性函数。在大规模/流数据背景下，相关研究

提出通过分治策略的思路（周勇等，2023；Chen and Zhou，2020），将大数据分为 K 个数据块，每个数据块包含 N_k 个观测值 $(X_{k,1},Y_{k,1}),\cdots,(X_{k,i},Y_{k,i}),\cdots,(X_{k,N_k},Y_{k,N_k})$，并有 $\sum_{k=1}^{K}N_k=N$，对于每个数据块，根据式（3-7），可得到在每个数据块上的分位数回归估计值 $\widehat{\theta_k}$。

$$M_k(\theta)=\frac{1}{N_k}\sum_{i=1}^{N_k}X_{k,i}\psi_\tau(Y_{k,i}-\theta^{\mathrm{T}}X_{k,i})=0 \tag{3-8}$$

进一步对式（3-8）运用泰勒展开，可将其转化为可导形式得到各个数据块上的估计值 $\widehat{\theta_{N_k}}$。结合 $M_\theta=\sum_{k=1}^{K}\frac{N_k}{N}M_k(\theta)$，则可得到整体数据集上对于 θ_τ 估计值的封闭解，如式（3-9）所示：

$$\widehat{\theta_{NK}}=\left(\sum_{k=1}^{K}\frac{N_k}{N}A_k\right)^{-1}\left(\sum_{k=1}^{K}\frac{N_k}{N}A_k\widehat{\theta_{N_k}}\right) \tag{3-9}$$

其中，$A_k=E[XX^{\mathrm{T}}f_{Y|X}(X^{\mathrm{T}}\widehat{\theta_{N_k}}\mid X)]$。值得一提的是，在大数据情境下，数据通常是在不同设备上分散存储并以流数据形式动态更新的。此外，分布式统计理论和计算方法也通常需要对数据进行分块划分、对数据分析结果进行分块集成。这里需要解决的一个核心难点问题是并行分布式算法如何在子节点（如子机器/单元）和主节点（如主机器/单元）之间进行有效的信息交换与通信，这在迭代式算法设计中更为重要。相应的统计推断理论和方法创新体现在构建通信有效算法，使数据、参数、计算、结果等的迭代和通信成本显著降低，同时可保持集成结果的良好统计性质方面。相关研究进一步围绕分位数回归模型，从分块集成迭代算法（主机和子机多次通信）和数萃（Meta）算法（主机和子机一次通信）角度（图 3-6），提出了新颖的基于等度连续的通信有效算法、基于光滑逼近的通信有效算法、近无限分块的扩展数萃算法等（周勇等，2023；Song et al.，2021）。

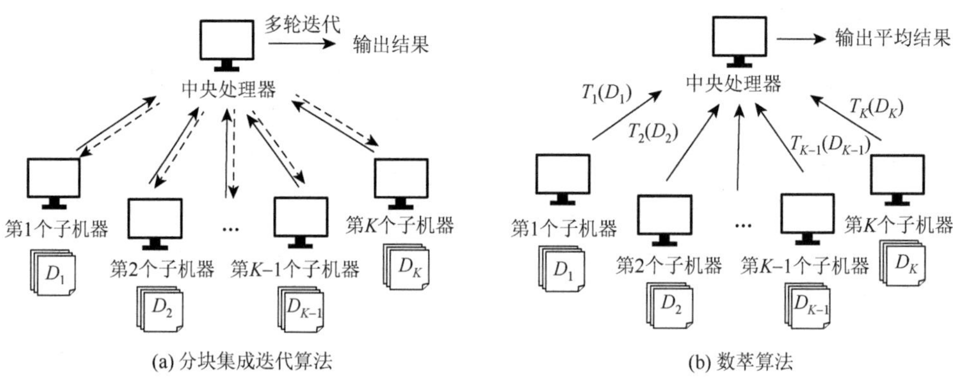

图 3-6　分块集成迭代算法与数萃算法示意

此外，大数据重大研究计划的分析技术（A）研究中的其他重要课题，还包括高维数据降维算法（Chen et al.，2019）、稀疏/微弱信号识别方法（Qiu et al.，2018）、多模态数据融合方法（Zhu et al.，2021）、结合领域情境的知识图谱构建（Zhang et al.，2021a）、可解释性人工智能算法等。

3.3.3　大数据资源治理创新

在大数据环境下，信息来源多样、任务目标多元、主体关系复杂、决策模型复杂的应用特点，对大数据在共享、开放与监管方面提出了迫切的要求，需要统筹规划共享和治理体系，构建应用模式。

进一步，以大数据重大研究计划的研究进展为例，从资源治理（G）研究中的机制设计的视角出发，一个重要课题是探索构建综合的数据治理、共享和评估体系，并作为示范应用到重要公共服务和政府政策场景中。具体说来，政府组织内部的跨部门共享是指政府内部共同使用信息资源的一种机制，涉及多元管理主体及多种管理活动。相关研究构建了权力–权益–信息的三要素协同管理机制，旨在通过制度建设、标准建构及技术赋权等手段对相关要素进行干预（安小米等，2019）。这里，行政管理视角下的权力要素协调强调“组织结构调整”在共享中的作用，数据质量视角下的权益要素协调强调“绩效评估”在共享中的作用，信息技术视角下的信息要素协调强调“构建技术平台”在共享中的作用。进而，凝练出多类大数据综合治理机制，涵盖宏观、中观和微观各层次。在此基础上，相关研究从大数据治理成熟度角度探索政府组织的大数据治理水平，构建了政府大数据治理成熟度评测指标体系（洪学海等，2017）。研究成果应用到作为“全国大数据综合试验区”的某典型省份的大数据治理实践中，形成的一批重要的大数据治理、共享、规范等方面的标准被政府采纳并产生了积极政策影响。

资源治理（G）研究的另一个重要课题是数据标准。数据标准作为要素在数据的感测、采集、存储、共享、通信、交换、处理、使用，乃至交易、流通、估值等各个环节中发挥着核心作用。数据标准在很大程度上反映了相关领域的话语体系、知识架构、价值认同和行业规则。毋庸置疑，大数据相关国际标准的制定意味着大数据治理的国际话语权和影响力。相关研究在大数据相关国际标准制定方面取得一系列重要进展，主持和参与了国际标准化组织（International Organization for Standardization，ISO）、国际电工委员会（International Electrotechnical Commission，IEC）、国际电信联盟（International Telecommunication Union，ITU）、电气与电子工程师协会（Institute of Electrical and Electronics Engineers，IEEE）等国际组织和协会的相关数据标准的制定，涵盖数据概念、术语、本体、测量、审计、迁移、处理、集成、管理、运用等内在及外延属性，涉及大数据相关的物联网、智慧城市、区块链、数据交易、智能系统、管理体系等应用领域。

从资源治理（G）研究的数据要素市场的角度出发，一个重要课题是探索数据在交易市场中的作用。在大数据背景下，数据作为一种生产要素，要发挥更为广泛和多元的价值，需要建立有效的数据市场。虽然大数据价值得到了广泛认可，然而由于数据隐私、数据价值不透明以及定价困难等问题，数据市场的发展处于滞后状态。相关研究从数据属性的视角出发提出了一个数据交换模型——DADE（data attributes-affected data exchange，基于数据属性的数据交换）模型，如图 3-7 所示（Huang et al.，2021）。首先，从数据生命周期成熟度和数据资产专用性两个维度入手认识数据在交易市场中的作用。数据生命周期成熟度是指数据能够直接服务于应用需求的程度。数据从原始数据开始，需要经历清洗、封装、预处理等过程才能够转化为需求方可以使用的数据产品，以上的转化过程主要依赖数据工程来完成。数据资产专用性是指数据的商业价值取决于特定的应用场景，包括场地专用性、实物资产专用性及人力资产专用性等，代表了对特定位置、物理配置和人力技能的需求。只有从需求出发的数据资产专用性和从供给出发的数据生命周期成熟度相匹配，才能够形成有效的双边市场。

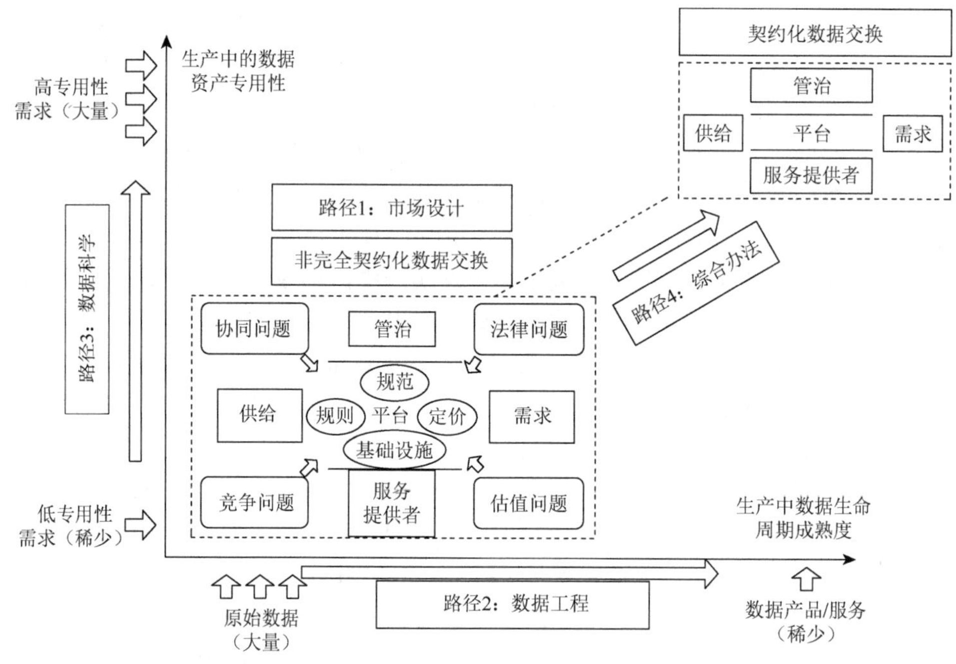

图 3-7　数据属性影响下的数据交换模型

进而，针对供应方提供的原始数据和需求方要求的特定场景化数据产品经常存在不匹配的情况，研究给出了 DADE 模型的四个路径策略（Huang et al.，2021）：①市场设计。为了使提供原始数据的供应方和具有低专用性需求的数据需求方相匹配，需要复杂的机制设计来保证交易的公平合法性，此外，还需要一定的基础设施保证来支持数据处理、整合和评估等活动。②数据工程。从提升数据生命周期的成熟度角度考虑，通过数据预处理、过滤、再组织等数据工程方法来让数据产品更好地匹配下游分析任务。③数据科学。从提升数据资产专用性角度考虑，如运用深度学习算法来将数据向特定应用场景转化（如视频和声音中的标签提取等），而且同样的数据集通过数据科学方法可以为不同的数据产品需求来服务。④综合方法。同时提升数据资产专用性和数据生命周期成熟度。

此外，大数据重大研究计划在资源治理（G）研究中的其他重要课题还包括数据服务体系架构与应用、基于区块链智能合约的数据管理模型与框架、基于贝叶斯网络的数据质量路由机制及评估方法、基于权限的隐私风险量化模型和隐私风险指数评估（孟小峰等，2019；朱敏杰等，2021）、数字化转型与政府社会治理模式等。

3.3.4　大数据使能创新

结合具体环境和场景，构建大数据能力，从多维度动态跟踪行为/事件/行业变化，更系统、精确、及时地进行评估，进而展开相应深度分析，持续驱动面向服务、决策和应用模式的使能创新。使能创新重点关注如何基于对大数据的分析为不同领域的价值创造赋能。

进一步，以大数据重大研究计划的研究进展为例，在使能创新（E）研究中从不同领域情境（如商务、金融、医疗健康、公共管理等）的视角出发，探索运用大数据理论方法进行赋能/使能[①]，并实现大数据驱动的价值创造。首先，如图 3-1 所示，使能创新（E）受到决策范式（P）和分析技术（A）的影响。前面讨论的大数据决策范式的跨域型特征（如引入“第四张报表”）和宽假设特征（如打破传统假设建模）分别与金融和商务领域的重要场景（如金融市场、零售平台）相结合，赋能大数据情境下的财务决策和物流决策。此外，基于数据完备化和分布式统计计算的方法创新，也分别与金融和公共管理领域的重要场景（如金融市场、环境监测）相结合来赋能大数据情境下的风险管理和公共服务决策。

---

① 赋能和使能二者都有通过能量/能力使得事物/事件延续和发生的含义。相对而言，使能更强调新能力驱动，使得变化和革新成为可能。从这个意义上讲，使能是赋能的一种特别情况。在此小节中，为表述方便，未对二者作特别区分。

使能创新研究的一个典型案例体现在医疗健康领域，流行病传播模式辨识、预测预警和政策管理是医疗防治与公共卫生的重要课题。大数据重大研究计划相关研究在动力学传播模型的基础上，融合内部数据（如监测数据、队列数据等）以及外部数据（如社交媒体数据、公共管理数据等），形成大数据驱动的全景式信息画像和决策特征集以赋能管理决策/公共干预策略（图 3-8）（Zhang et al.，2018）。

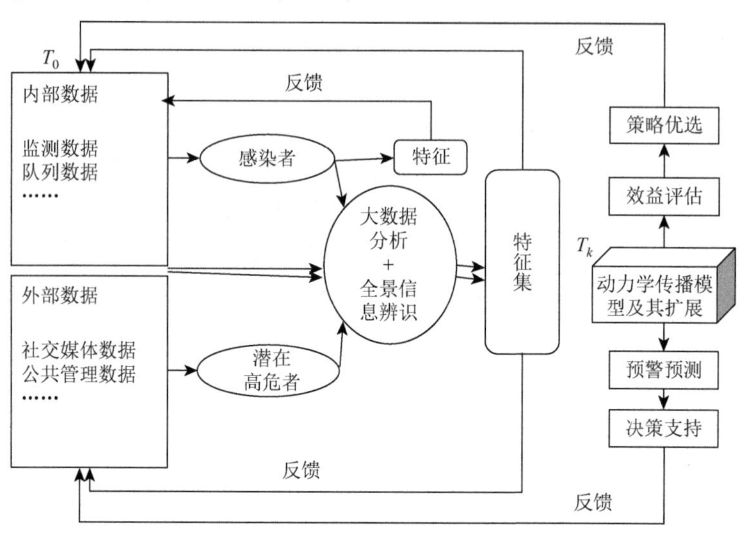

图 3-8　基于大数据的流行病传播与管理模式示例

具体说来，通过抓取社交网络平台数据，构建了大规模重点观测人群构成的跨领域多源融通的大数据池，然后根据个人图像、行为数据、轨迹位置、社交关系等，结合自然语言处理、计算机视觉模型等大数据分析技术进行用户画像和人群分类，构建传染病高危行为预警模型（Zhang et al.，2021b）。进而设计公共干预策略，形成“发现—预警—干预”的闭环流程和管理模式，在全国多地得到有效应用。在此基础上，进一步构建了新冠疫情监测策略模型，比较不同场景下流行病的暴发风险和收益，相关监测策略被北京冬奥会组委会采纳。此外，另有相关研究基于手机定位大数据刻画人群移动行为和迁徙规律，构建了新冠感染人数的指数预测模型（Jia et al.，2020）：

$$y_i = c\prod_{j=1}^{m} \mathrm{e}^{\beta_j x_{ji}}\, \mathrm{e}^{\sum_{k=1}^{n}\lambda_k l_{ik}} \tag{3-10}$$

其中，y_i表示城市 i 的累积确诊人数；x_{1i}代表 2020 年 1 月 1 日到 2020 年 1 月 24 日从武汉前往城市 i 的人数，x_{2i}等代表其他影响因素，如城市 i 的 GDP；λ_k 代表省份 k 的固定效应，如果城市 i 属于省份 k，则 l_{ik}取值为 1。通过对上述模型进行估计，便可以建立疫情的人群传播模型并计算风险得分，从而赋能政府管理决策，提前采取针对性防控策略。该项研究是较早基于大数据引入外部视角进行新冠疫情流行预测的工作，既在预测性能上具有良好表现，又取得了重要学术影响和社会影响。再者，相关研究（Zhu et al.，2022）进一步通过对 62 个国家的真实数据分析，显示中国在 2020～2021 年处在平衡经济增长和疫情防控的帕累托前沿上，同时揭示了在社区传播风险较高时，提前采取特定防控措施的有效性。

另一个使能创新（E）研究中的例子是知识图谱（knowledge graph，KG）赋能商务领域价值创造。知识图谱描述实体或概念及其之间的关系，提供了一种重要的海量数据组织和领域知识管理的方式，这在大数据时代尤为关键。知识图谱赋能管理决策源于其在知识表示、融合和推理三大环节上的技术突破。相关研究基于一系列理论和方法探索，通过与神经网络的融合进行知识学习和推理，构建了综合性商品知识图谱并应用于国内大型知名电子商务平台（图 3-9）。基本思路是围绕领域场景以"模型驱动 + 知识增强"为设计原则，通过知识图谱嵌入并融合规则学习的推理方法，在数据–知识基础上进行知识图谱模型预训练，从而赋能各主体进行高效实时的商务决策与管理，同时具有决策敏捷化和可解释性的优势（余艳等，2023）。

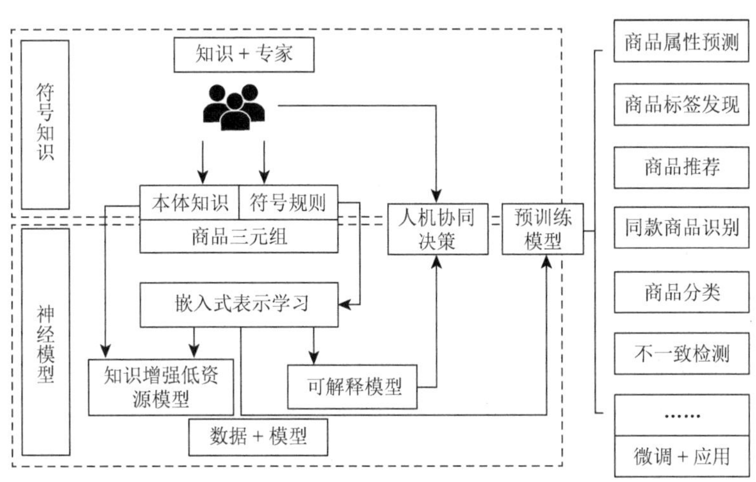

图 3-9　知识图谱与神经网络融合框架示例

此外，大数据重大研究计划的其他重要课题还覆盖金融领域［如知识图谱和机器学习赋能管理决策、基于重要监测平台和重要金融市场的金融风险管理（洪亮和马费成，2022）］、环境能源、交通优化（Zeng et al.，2019）、医学诊疗（Long et al.，2017）、智能招聘、社交媒体洞察（Abbasi et al.，2018）等重要问题情境，并基于重要场景/平台进行应用示范。

3.3.5　相关领域动态与未来研究展望

在大数据重大研究计划开展的同时，可以看到国内外各界在 PAGE 方向上取得了不同程度的研究和应用成果。

（1）在决策范式（P）方向上，第一，在跨域转变方面，大数据环境下信息收集及处理技术不断提升，决策要素的测量变得更为完善，管理决策所面临的信息环境从领域内部扩展至领域外部，融合内外部信息的决策模型提升了决策的准确性。例如，基于文本大数据构建的上市公司年报语调和社交媒体情绪指标能够有效预测上市公司的业绩表现，并发挥风险预警功能（姚加权等，2021）。企业还可利用社交媒体上的用户生成内容来分析品牌的市场定位以及识别市场竞争结构（Liu et al.，2020）。第二，在主体转变方面，人工智能技术的发展让智能系统深入参与决策过程，决策主体从单一的组织个人转变为由智能系统所主导，或者是人机混合决策的形式。研究者基于动物行为学的理论框架，从功能、机制、发展和演化等维度出发，提出了机器行为、人机交互行为、人机协同行为等研究方向（张维等，2021；Sturm et al.，2021）。第三，在假设转变方面，传统管理决策需要依赖经典假设构造模型，而在大数据环境下数据驱动增强的新模型代替经典假设，使得模型更加接近现实情境。例如，在线零售场景下，消费者潜在的购买后悔和迟疑后悔等行为因素的考虑会影响零售商的最优库存和定价决策（邝云娟和傅科，2021）。此外，在线上场景中，消费者的购买行为不仅取决于当下时点和单一产品类别，同时受到历史购买以及其他产品类别（如个性化促销）的影响，相关研究借助受限玻尔兹曼机模型，可以对跨时间和跨产品类别关系建立可有效估计的模型结构，增进对消费者决策过程的理解（Xia et al.，2019）。第四，在流程转变方面，传统决策通常遵循线性、分阶段的过程模式，而在大数据环境下对全局场景的刻画以及各要素间的动态交互催生了非线性决策流程。例如，用户在电商平台购物并非遵循营销漏斗的理论，而是在不同阶段状态之间动态转化，基于用户的行为数据可对其所处的购买转化阶段进行建模求解（Zhang et al.，2019）。在医疗健康管理中，患者就诊—疾病诊断—疾病治疗的线性流程也经历着重大转变，基于大数据所构建的医疗疾病路径转化知识图谱，可为用户提供潜在的疾病风险预警（Ye et al.，2021），以实现用户全周期健康管理。

（2）在分析技术（A）方向上，一些经典的统计推断和降维方法不再适用于体量大、具备相当比例噪声和缺失值的大数据环境，相关研究讨论了高维数据下的统计性质、降维方法、异常模式识别、高效采样方法等（Zhang et al.，2020；Ordozgoiti et al.，2021）此外，大数据来源多样、类型复杂，大数据分析方法需要捕捉数据关系及其动态变化，并能够进行多源异构的内外数据融合，相关研究包括多模态信息表征、跨模态数据转换、多模态信息融合方法、知识迁移以及异构信息网络的构建、分类与推理方法等（Baltrušaitis et al.，2019；Shi et al.，2018）。再者，大数据价值密度低，需要从海量数据中提取出有用的知识，构建知识图谱，便于高效的知识查询。以知识图谱构建为例，连接节点较少的稀疏实体的表示学习是一个技术难题，相关研究通过外部知识融合的方式提供了解决思路（Liu et al.，2020）。随着模型日趋复杂化，更高效的管理决策不仅需要分析能力的提升，还需要对于模型机理的深入理解，即算法可解释性研究方向。大数据的数据体量和异质性优势催生了因果推断领域方法的推陈出新。例如，基于随机森林（random forest，RF）模型构建的因果树可得到异质处理效应的估计值，同时该估计值具有良好的统计性质（Wager and Athey，2018）。

（3）在资源治理（A）方向上，与数据相关的法律法规以及行业标准相继出台，数据治理也日益引发各界的关注。例如，为了实现数据在多主体间有效、可靠的流动与应用，各国政府层面针对数据监管与个人隐私保护出台了系列法律法规。2016 年欧盟通过的《一般数据保护法案》，用于保护欧盟公民个人隐私和数据。2018 年美国加利福尼亚州通过《2018 加利福尼亚州消费者隐私法案》，该法案规定消费者有权要求企业删除收集的任何个人相关信息，即消费者拥有“被遗忘权”。2019 年 5 月，旧金山通过法令，禁止政府机构购买和使用人脸识别技术，成为全球首个禁用人脸识别技术的城市。2021 年 6 月《中华人民共和国数据安全法》（以下简称《数据安全法》）正式颁布，明确“开展数据处理活动，应当遵守法律、法规，尊重社会公德和伦理”“开展数据处理活动应当加强风险监测”。2021 年 8 月，《中华人民共和国个人信息保护法》通过，该法律是《数据安全法》原则在个人信息保护领域的延伸，细化完善了个人信息保护应遵循的原则和个人信息处理规则，明确了个人信息处理活动中的权利义务边界。

行业层面同样需要统一的标准约束，相关研究工作讨论了数据治理是可信人工智能的基础，提出了数据治理的框架和体系（Janssen et al.，2020），并就公共部门如何提供更加负责、高效和公平的基于大数据与人工智能算法的服务给出了参考建议（Margetts and Dorobantu，2019）。在学术研究方面，大数据资源治理和用户隐私安全也是重要的关注议题。相关研究从技术角度讨论了本地差分隐私作为一种分布式隐私模型，能够在分析处理数据时提供较强隐私保证的问题，并系统总结了不同的差分隐私模型、算法框架以及针对不同数据统计和分析任务的机制设计（Wang et al.，2020）。另有研究表明统计机构在发布统计数据时面临数据发布精准度和用户隐私保护之间的权衡取舍（Abowd and Schmutte，2019），提升用户隐私保护程度意味着降低数据发布的精准度。企业在实际应用大数据资源时，需要对大数据相关模型进行深入理解，确保模型结果在主观和客观层面都做到公正无偏。例如，相关研究显示性别中立的算法在实际应用于科学、技术、工程和数学专业相关招聘广告投放时，算法的优化结果会自然导致女性看到该类广告的次数更少（Lambrecht and Tucker，2019）。

（4）在使能创新（E）方向上，相关研究讨论了大数据对于不同领域的价值创造。例如，在金融财务领域，宏微观混合大数据的引入能够对股市低风险定价异象这一传统理论无法解释的问题做出解释（姜富伟等，2021）。基于复杂股权网络的金融大数据能够帮助决策者分析关键股权风险结构，实现有效的系统监管（洪亮和欧阳晓凤，2022）。在营销领域，公司传统上通过访谈来了解消费者需求，而用户生成内容提供了新渠道以更好地设计营销策略和开展产品研发。但是海量用户生成内容包含大量无价值信息或者重复信息，相关研究使用 CNN 模型过滤掉无价值信息（Timoshenko and Hauser，2019），并对句子嵌入表示进行聚类以减少重复内容采样，实现了用户需求的高效识别。在卫生健康领域，基于线上平台消费者产生的评论文本进行分析，可以识别餐厅卫生检查存在的健康隐患（Mejia et al.，2019）。在基础科学研究中，根据氨基酸序列来预测蛋白质的三维结构一直是基础生命科学的研究难点，研究者发现了基于深度神经网络预测蛋白质结构的方法，即使在不知道相似结构的情况下，使用该方法也能够在原子层面上精确预测蛋白质结构（Jumper et al.，2021）。此外，相关研究讨论了人工智能技术赋能全球健康问题，尤其是对于资源匮乏的地区和场景进行了讨论（Wahl et al.，2018）。在公共管理领域，聊天机器人的引入对民众与政府之间的沟通形态转型起到赋能作用（Androutsopoulou et al.，2019），基于城市交通出行大数据和气象数据的建模分析（袁韵等，2020），为空气污染和交通拥堵等问题的治理提供了有益启示。

展望未来，面向数智化新跃迁（陈国青等，2022）的大数据管理决策研究将沿循 PAGE 方向不断深化，并将产生一系列新的重要研究问题。

围绕决策范式（P），数智化新跃迁进一步加速了管理决策向以数据与智能为中心的跨域型、人机式、宽假设、非线性的范式转变，并形成若干重要前沿课题。例如，范式转变要素、关系和路径的测度与甄别；融合微观和宏观各层次行为和目标的全景式建模方法；内外部要素嵌入和整合优化的管理决策；决策主体智能化的流程转变与再造；等等。

围绕分析技术（A），数智化新跃迁使得数据“像素”扩张提升到新高度，而智能“成像”将成为关注焦点，体现为以算法为代表的分析技术的高阶智能化，并形成若干重要前沿课题。例如，面向多模态信息表达和处理的智能算法与知识图谱；面向人机融合行为与决策情境的智能算法；面向因果推断和管理可解释性的智能算法；生成式预训练与大模型相关技术及其管理应用；等等。

围绕资源治理（G），数智化新跃迁强化了数据的生产要素属性，同时数据安全、隐私、权属、共享、要素市场等问题也得到日益关切，数据扩张与数据资源治理的平衡发展将成为一个主基调，并形成若干重要前沿课题。例如，大数据标准化与质量；数据安全、隐私、共享及智能化解决方案；组织层面数据治理体系；数字化转型与政府社会治理；等等。

围绕使能创新（E），数智化新跃迁对业务赋能及价值创造过程形成了更大的驱动力，深刻影响着新价值创造理论的构建和商业模式拓新，并形成了若干重要前沿课题。例如，机器行为学与智能技术增强的业务赋能；企业数智化能力培养及战略性应用；面向数据市场/平台的商业模式建模与价值评估；数字化转型新情境下的价值创造；等等。

3.4 结 束 语

大数据、人工智能等技术的进步和广泛应用给个人、组织、社会与政府的管理决策带来颠覆性的冲击和挑战。针对大数据驱动的管理决策这一研究主题，本章系统阐释了全景式 PAGE 框架的组成内涵、解构了其关系逻辑并勾勒了面向多领域情境的整体式图景。进而，围绕全景式 PAGE 框架讨论了在理论和应用层面的重要研究进展与新知贡献。

近年来，大数据相关技术仍在快速迭代和不断拓展，相应地，在方法论范式更新、新颖特征感测、问题情境适配、跨学科交叉等方面不断涌现新挑战、新问题和新应用。融合领域情境的全景式 PAGE 框架凝练了网格化要素和创新点聚焦的方向性体系，为大数据重大研究计划乃至整个大数据管理决策研究领域的创新篇章贡献了重要一页。在今后的大数据管理决策的研究探索中，将和管理科学以及相关学科领域（如信息、数理、医学等）的广大科技工作者一起继续积极进取，为贡献人类新知和服务国家战略而不断努力①。

参 考 文 献

安小米, 白献阳, 洪学海. 2019. 政府大数据治理体系构成要素研究: 基于贵州省的案例分析. 电子政务, (2): 2-16.

陈国青, 任明, 卫强, 等. 2022. 数智赋能: 信息系统研究的新跃迁. 管理世界, 38(1): 180-196.

陈国青, 吴刚, 顾远东, 等. 2018. 管理决策情境下大数据驱动的研究和应用挑战: 范式转变与研究方向. 管理科学学报, 21(7): 1-10.

陈国青, 曾大军, 卫强, 等. 2020. 大数据环境下的决策范式转变与使能创新. 管理世界, 36(2): 95-105, 220.

陈松蹊, 毛晓军, 王聪. 2022. 大数据情境下的数据完备化: 挑战与对策. 管理世界, 38(1): 196-207.

陈信元, 何贤杰, 邹汝康, 等. 2023. 基于大数据的企业“第四张报表”: 理论分析、数据实现与研究机会. 管理科学学报, 26(5): 23-52.

① 感谢国家自然科学基金“大数据驱动的管理与决策研究”重大研究计划的指导专家组、管理组、顾问组和研究团队对于项目布局、实施以及本章相关研究工作提供的大量帮助和贡献的真知灼见。

代宏砚, 陶家威, 姜海, 等. 2023. 大数据驱动的决策范式转变: 以个性化 O2O 即时物流调度为例. 管理科学学报, 26(5): 53-69.

洪亮, 马费成. 2022. 面向大数据管理决策的知识关联分析与知识大图构建. 管理世界, 38(1): 207-219.

洪亮, 欧阳晓凤. 2022. 金融股权知识大图的知识关联发现与风险分析. 管理科学学报, 25(4): 44-66.

洪学海, 王志强, 杨青海. 2017. 面向共享的政府大数据质量标准化问题研究. 大数据, 3(3): 44-52.

姜富伟, 马甜, 张宏伟. 2021. 高风险低收益？基于机器学习的动态 CAPM 模型解释. 管理科学学报, 24(1): 109-126.

邝云娟, 傅科. 2021.考虑消费者后悔的库存及退货策略研究. 管理科学学报, 24(4): 69-85.

孟小峰, 朱敏杰, 刘俊旭. 2019. 大规模用户隐私风险量化研究. 信息安全研究, 5(9): 778-788.

姚加权, 冯绪, 王赞钧, 等. 2021. 语调、情绪及市场影响: 基于金融情绪词典. 管理科学学报, 24(5): 26-46.

余艳, 张文, 熊飞宇, 等. 2023. 融合知识图谱与神经网络赋能数智化管理决策. 管理科学学报, 26(5): 231-247.

袁韵, 徐戈, 陈晓红, 等. 2020. 城市交通拥堵与空气污染的交互影响机制研究: 基于滴滴出行的大数据分析. 管理科学学报, 23(2): 54-73.

张维, 曾大军, 李一军, 等. 2021. 混合智能管理系统理论与方法研究. 管理科学学报, 24(8): 10-17.

中国信息通信研究院. 2023.《中国数字经济发展研究报告(2023 年)》. http: //www.caict.ac.cn/kxyj/qwfb/bps/202304/t20230427_419051.htm[2023-03-26].

周勇, 张澍一, 李子洋. 2023. 大数据下分位数回归通讯有效算法及其应用. 管理科学学报, (5): 70-102.

朱敏杰, 叶青青, 孟小峰, 等. 2021. 基于权限的移动应用程序隐私风险量化. 中国科学: 信息科学, 51(7): 1100-1115.

Abbasi A, Zhou Y L, Deng S S, et al. 2018. Text analytics to support sense-making in social media: a language-action perspective. MIS Quarterly, 42(2): 427-464.

Abowd J M, Schmutte I M. 2019. An economic analysis of privacy protection and statistical accuracy as social choices. American Economic Review, 109(1): 171-202.

Androutsopoulou A, Karacapilidis N, Loukis E, et al. 2019. Transforming the communication between citizens and government through AI-guided chatbots. Government Information Quarterly, 36(2): 358-367.

Baltrušaitis T, Ahuja C, Morency L P. 2019. Multimodal machine learning: A survey and taxonomy. IEEE Transactions on Pattern Analysis and Machine Intelligence, 41(2): 423-443.

Chen G Q, Li Y J, Wei Q. 2021. Big data driven management and decision sciences: A NSFC grand research plan. Fundamental Research, (5): 504-507.

Chen L J, Zhou Y. 2020. Quantile regression in big data: A divide and conquer based strategy. Computational Statistics & Data Analysis, 144: 106892.

Chen S X, Li J, Zhong P S. 2019. Two-sample and ANOVA tests for high dimensional means. The Annals of Statistics, 47(3): 1443-1474.

He X J, Kothari S P, Xiao T S, et al. 2018. Long-term impact of economic conditions on auditors' judgment. The Accounting Review, 93(6): 203-229.

Hong Liang, Ma Feicheng. 2022. Knowledge association analysis and big knowledge graph construction for big data management and decision-making. Management World, 1: 207-218.

Huang L H, Dou Y F, Liu Y Z, et al. 2021. Toward a research framework to conceptualize data as a factor of production: the data marketplace perspective. Fundamental Research, 1(5): 586-594.

Janssen M, Brous P, Estevez E, et al. 2020. Data governance: organizing data for trustworthy Artificial Intelligence. Government Information Quarterly, 37(3): 101493.

Jia J S, Lu X, Yuan Y, et al. 2020. Population flow drives spatio-temporal distribution of COVID-19 in China. Nature, 582(7812): 389-394.

Jumper J, Evans R, Pritzel A, et al. 2021. Highly accurate protein structure prediction with AlphaFold. Nature, 596(7873): 583-589.

Lambrecht A, Tucker C. 2019. Algorithmic bias? An empirical study of apparent gender-based discrimination in the display of STEM career ads. Management Science, 65(7): 2966-2981.

Li Y Y, Xie Y, Zheng Z Q. 2019. Modeling multi channel advertising attribution across competitors. MIS Quarterly, 43(1): 263-286.

Liu L, Dzyabura D, Mizik N. 2020. Visual listening in: extracting brand image portrayed on social media. Marketing Science, 39(4): 669-686.

Liu W J, Zhou P, Zhao Z, et al. 2019. K-BERT: enabling language representation with knowledge graph . Proceedings of the Thirty-Fourth AAAI Conference on Artificial Intelligence.

Long E P, Lin H T, Liu Z Z, et al. 2017. An artificial intelligence platform for the multihospital collaborative management of congenital cataracts. Nature Biomedical Engineering, 1(2): 1-8.

Mao X, Chen S X, Wong R K W. 2019. Matrix completion with covariate information. Journal of the American Statistical Association, 114(525): 198-210.

Margetts H, Dorobantu C. 2019. Rethink government with AI. Nature, 568: 163-165.

Mejia J, Mankad S, Gopal A. 2019. A for effort? Using the crowd to identify moral hazard in New York city restaurant hygiene inspections. Information Systems Research, 30(4): 1363-1386.

Ordozgoiti B, Pai S, Kołczyńska M. 2021. Insightful dimensionality reduction with very low rank variable subsets. Proceedings of the Web Conference 2021.

Qiu Y M, Chen S X, Nettleton D. 2018. Detecting rare and faint signals via thresholding maximum likelihood estimators. The Annals of Statistics, 46(2): 895-923.

Shen D Z, Zhu H S, Zhu C, et al. 2018. A joint learning approach to intelligent job interview assessment. Proceedings of the Thirtieth International Joint Conference on Artificial Intelligence.

Shi C, Hu B B, Zhao W X, et al. 2018. Heterogeneous information network embedding for recommendation. IEEE Transactions on Knowledge and Data Engineering, 31(2): 357-370.

Song X Y, Kim D, Yuan H L, et al. 2021. Volatility analysis with realized GARCH-Itô models. Journal of Econometrics, 222(1): 393-410.

Sturm T, Gerlach J P, Pumplun L, et al. 2021. Coordinating human and machine learning for effective organizational learning. MIS Quarterly, 45(3): 1581-1602.

Tao J W, Dai H Y, Chen W W, et al. 2023.The value of personalized dispatch in O2O on-demand delivery services. European Journal of Operational Research, 304(3): 1022-1035.

Timoshenko A, Hauser J R. 2019. Identifying customer needs from user-generated content. Marketing Science, 38(1): 1-20.

Wager S, Athey S. 2018. Estimation and inference of heterogeneous treatment effects using random forests. Journal of the American Statistical Association, 113(523): 1228-1242.

Wahl B, Cossy-Gantner A, Germann S, et al. 2018. Artificial intelligence(AI)and global health: how can AI contribute to health in resource-poor settings?. BMJ Global Health, 3(4): e000798.

Wang T, Zhang X F, Feng J Y, et al. 2020. A comprehensive survey on local differential privacy toward data statistics and analysis. Sensors, 20(24): 7030.

Xia F H, Chatterjee R, May J H. 2019. Using conditional restricted Boltzmann machines to model complex consumer shopping patterns. Marketing Science, 38(4): 711-727.

Ye M C, Cui S H, Wang Y Q, et al. 2021. MedPath: Augmenting health risk prediction via medical knowledge paths.

Proceedings of the Web Conference 2021.

Zeng G W, Li D Q, Guo S M, et al. 2019. Switch between critical percolation modes in city traffic dynamics. Proceedings of the National Academy of Sciences of the United States of America, 116(1): 23-28.

Zhang B, Lu Z H, Wang L Z, et al. 2018. Tracking HIV infection and networks of drugs users in China: a national series, cross-sectional study. The Lancet, 392: S48.

Zhang B, Yan X X, Li Y J, et al. 2021b. Association between drug co-use networks and HIV infection: a latent profile analysis in Chinese Mainland. Fundamental Research, 1(5): 552-558.

Zhang J T, Guo J, Zhou B, et al. 2020. A simple two-sample test in high dimensions based on L^2-norm. Journal of the American Statistical Association, 115(530): 1011-1027.

Zhang N Y, Jia Q H, Deng S M, et al. 2021a. AliCG: fine-grained and evolvable conceptual graph construction for semantic search at Alibaba. Proceedings of the ACM SIGKDD International Conference on Knowledge Discovery & Data Mining.

Zhang Y J, Li B B, Luo X M, et al. 2019. Personalized mobile targeting with user engagement stages: combining a structural hidden Markov model and field experiment. Information Systems Research, 30(3): 787-804.

Zhu Y S, Zhao H X, Zhang W, et al. 2021. Knowledge perceived multi-modal pretraining in e-commerce. Proceedings of the 29th ACM International Conference on Multimedia.

Zhu Z Q, Chen B, Chen H L, et al. 2022. Strategy evaluation and optimization with an artificial society toward a Pareto optimum. The Innovation, 3(5): 100274.

第 4 章 数智赋能：信息系统研究的新跃迁[①]

4.1 引 言

信息系统是伴随着信息技术的进步及其在人类社会经济活动中的广泛应用和交汇融合而发展起来的一个学科领域。信息技术的进步与创造日新月异，从大型主机到个人计算机，从互联网到社会网络，再到移动网络、物联网、云计算，乃至大数据和人工智能等，构建了数字化生活的丰富图景，在不断改变着个体和组织行为的同时，也深刻影响着信息系统领域的研究与应用。另外，信息系统作为技术与管理的交叉领域，离不开与管理理论/实践的互动，并以管理问题导向的方式应对着场景变迁，通过理论方法创新以及赋能价值创造，深耕和拓延着信息系统研究与应用的疆域。

我国信息系统领域的沿革一直与国家发展密切相关，特别是随着改革开放的进程而脉动。在四个现代化、两化融合、科技强国、大数据等国家战略举措的推动下，政府与企业等组织层面的信息系统建设受到高度重视，并在全球化浪潮中不断迭代升级，成为国家核心竞争能力的重要组成部分。近年来，面对现代信息科技的飞速演进，大数据作为基础性战略资源的作用和潜力日益凸显，我国及时提出“实施国家大数据战略”，并进行了一系列重要的顶层设计和战略布局。党的十九大强调“推动互联网、大数据、人工智能和实体经济深度融合”[②]。2020 年，国家明确了数据成为五大生产要素之一，强调加快培育数据要素市场。2021 年发布的《中华人民共和国国民经济和社会发展第十四个五年规划和 2035 年远景目标纲要》进一步强调“打造数字经济新优势”，“加快推动数字产业化”和“推进产业数字化转型”。中国信息通信研究院统计信息显示，2020 年我国数字经济规模占 GDP 比重为 38.6%。值得一提的是，移动互联技术的发展和扩散，使得信息系统的应用形态从早期的企业化，逐渐发展为社会化和智能化特点：通过向个体外扩至移动客户端，包括大量的移动应用系统（如我国各类 APP 数量超过

---

①本章作者：陈国青（清华大学经济管理学院）、任明（中国人民大学信息资源管理学院）、卫强（清华大学经济管理学院）、郭迅华（清华大学经济管理学院）、易成（清华大学经济管理学院）。通讯作者：任明（renm@ruc.edu.cn）。基金项目：国家自然科学基金资助项目（91846000）。本章内容原载于《管理世界》2022 年第 1 期。

②《习近平：决胜全面建成小康社会 夺取新时代中国特色社会主义伟大胜利——在中国共产党第十九次全国代表大会上的报告》，https://www.gov.cn/zhuanti/2017-10/27/content_5234876.htm [2017-10-27]。

300 万个），大大提升了整个社会的数字化水平。同时，人工智能技术的应用和数字化升级，大大提升了信息系统的赋能水平。

很显然，不断动态涌现、交融渗透的技术革命与管理场景，为我国信息系统领域持续提供了难得的动力、多样性和探索空间，也同时带来了知识的更迭、复杂性和研究挑战。处在大数据时代发展的重要节点上，面对数字化生活的新需求、数字化转型的新格局以及数字经济中的新业态，本章旨在不失国际视角地审视我国信息系统领域的沿革、揭示时代特征、把握发展趋势、聚焦前沿议题，为我国信息系统研究的进一步提升和发展乃至服务国家战略提供前瞻性思考和启发。

本章从学科领域的角度出发，结合管理应用情境，首先阐释信息系统研究的若干重要概念，包括信息系统的内涵、形态与功能、“造”与“用”视角、研究范式等；接着，通过勾勒我国信息系统研究的阶段演化框架，描绘各阶段的研究主题跃迁、价值创造特点、主要方法论等，讨论我国信息系统学界面临的“严谨性与相关性”“世界与中国”关系。进而，围绕大数据时代背景，辨识大数据特征和管理决策要素转变，并以作者团队近年的若干研究为例，概述“大数据驱动”范式、智能方法创新、人机融合行为等工作的基本思想和路径。最后，从数据、算法、赋能的层面，分析和展望数智化新跃迁的“治-智”关注、赋能影响及其新课题。

4.2 信息系统研究沿革

4.2.1 信息系统的内涵

信息系统是基于信息技术，携载着特定业务模式的系统，旨在支持和实现组织或个体的价值创造。这里，信息系统主要指面向各层级管理问题的应用系统[①]，为各类管理决策任务赋能。一方面，对于传统组织（如传统企业、政府）来讲，数字化转型的关键成功因素是原有的业务模式“适应”或“变革”，以“接受”信息系统及其所携载的业务模式。另一方面，信息系统的设计很好地将最佳实践和发展前沿相结合以构建有效的业务模式，也是数字化转型的关键成功因素。

从管理决策问题的角度，信息系统可以分为三种类型，即事务型、分析型和预测型，分别侧重回答“发生了什么”、“为什么发生”和“将发生什么”的问题。相应地，不同类型的信息系统具有不同的技术功能：事务型信息系统的主要技术功能是业务自动化、报表生成和自动查询等，分析型信息系统的主要技术功

① 亦即管理信息系统（management information systems，MIS）及其相关概念内涵。

能是信息视图、多维、切分和回溯分析等，预测型信息系统的主要技术功能是知识发现、统计推断和智能预测等。例如，传统的企业资源计划（enterprise resource planning，ERP）系统支持企业的基本业务活动，主要属于事务型信息系统；而商务智能（business intelligence，BI）系统通过企业内外部数据分析进行知识发现和决策预判，主要属于分析型/预测型信息系统。

此外，信息系统通常因其面向管理决策的特点而被看作人机系统，通过人机交互来完成管理任务。比如，信息系统支持企业的管理决策人员预测市场需求的变化趋势、发现用户的个性偏好、识别潜在的竞争品牌、进行有针对性的 KPI 考核等。随着智能化水平的不断提升，某些领域的信息系统正向着"无人"系统演化，通过与其他智能系统/智能机器人进行交互来完成系统任务。比如，财务机器人、智能投顾系统、人力资源管理机器人等已经替代了传统上人的某些决策主体角色，并与其他智能系统衔接，使得一些传统上的信息系统与人之间的交互变成了"机器"之间的交互。

如果将信息系统看作一类信息产品（包括平台、系统、APP 等），其研究可以从"造"与"用"两大视角来审视（图 4-1）。这种"造"与"用"的视角体现着管理与技术的分野与统一。"造"的视角关注信息系统能力和方法创新，"用"的视角关注信息系统赋能和驱动创新，二者都是价值创造过程。进而，"造"与"用"通常又各自包含两个视角子维度，反映了不同的关注方面、问题属性乃至方法论特点。在"造"的视角下，数据维度主要关注信息系统相关数据分析方面，涉及信息提取、模式发现、推荐预测等。常用的方法论模型诸如信息系统设计科学（design science）（Hevner et al.，2004）意义上的算法设计，包括协同过滤（collaborative filtering，CF）类算法模型（Shi et al.，2014）和深度学习类算法模型（LeCun et al.，2015）等。"造"的另一个视角维度是系统维度，主要关注信息系统的开发构建方面，涉及系统生命周期、系统分析建模、系统架构与功能等。常用的方法论模型诸如信息系统设计科学中的分析设计理论，包括数据流程图（data flow diagram，DFD）模型（Gane and Sarson，1977）和面向对象（object-oriented，OO）类方法模型（Booch et al.，2008）等。在"用"的视角下，行为维度主要关注信息系统的采纳和使用方面，涉及相应的行为构念、管理因素、影响路径等。常用的方法论模型有结构方程模型（structural equation model，SEM）（Kline，2016）等，代表性的理论模型有技术接受模型（technology acceptance model，TAM）（Davis，1989）、信息系统成功模型（DeLone and McLean，1992）等。"用"的另一个视角维度是经济学维度，主要关注信息系统使用相关的经济学特征方面，涉及价值测量、产品定价、市场分析等。常用的方法论模型有统计计量模型等，如双重差分（difference in difference，DID）模型（Abadie，2005）和断点回归设计（regression discontinuity design，RDD）（Imbens and Lemieux，2008）等。

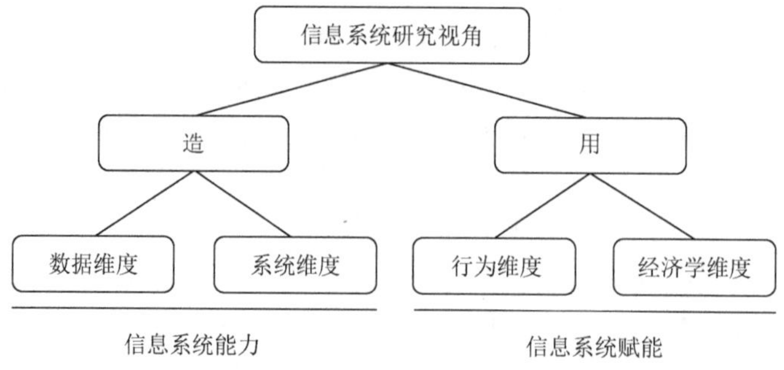

图 4-1　信息系统研究的“造”与“用”视角

概括说来，信息系统研究的方法论范式可以分为两大类，即模型驱动与数据驱动（陈国青等，2018）。传统上，信息系统的研究方法论主要遵循模型驱动的范式展开。在模型驱动范式下，研究者基于观察抽象和理论推演建立概念模型和关联假设，再借助解析手段（例如运筹学和博弈论等分析工具）对模型进行求解和优化；或利用相关数据（包括仿真数据、调研数据、观测数据、系统记录数据等）对假设进行检验（例如实证类的行为构念模型和统计计量模型）。此外，建立在归纳逻辑基础上的质性研究方法（如扎根理论、案例分析等），传统上强调从文献概括、实地调研、深度访谈中进行定性推演形成理论和认识，虽然在研究过程上具有从经验观察提炼研究结论的逻辑特点，但其研究结论的形成方式，总体上仍以研究者的模型思辨进行驱动。模型驱动的范式有助于建立概念、变量之间的因果联系，能够形成对要素影响路径的有效解释。然而，这种范式的局限性在于不易发现已有知识结构之外的潜隐变量，同时还面临着一些要素和变量在传统意义上不可测或不可获以及变量组合规模和复杂性的激增所带来的建模困难等问题。

进入 21 世纪之后，随着互联网和数字化信息环境的不断发展，数据驱动研究范式的重要作用日益显现，并逐渐得到广泛运用。总体说来，数据驱动范式借助统计分析、数据挖掘和机器学习等手段，从数据入手，直接发现特定变量关系模式，形成问题解决方案，进而凝练规律和理论。在数据驱动范式下，研究发现的一类重要关系模式是关联（association）及其扩展形式（如关联规则、模式关联等），模式这一被广泛应用到许多领域（如搜索、推荐、模式识别等）。近年来兴起的深度学习中的一类主流方法（如深度神经网络）也是数据驱动的，旨在“输入—输出”变量间建立关联，不过其技术方法自身具有“黑箱”特点。在此意义上讲，这些数据驱动技术方法在揭示因果关系及可解释性方面存在局限。然而，许多管理决策情形不仅需要关联也需要因果，这在一定程度上带来了信息系统研究范式上的挑战。

4.2.2　中国信息系统研究的发展阶段与跃迁

阶段模型被广泛用于技术和组织的发展沿革研究，包括探索和刻画企业信息化过程和学习模式（Nolan，1973；麦克法兰等，2003；Guo and Chen，2005）。本节通过阶段模型框架形式描述中国信息系统研究的阶段演化，从情境背景（如技术冲击和社会变革）、响应和学习模式、主题关注和迁移、典型信息系统形态、研究视角与方法论、严谨性与相关性关系等维度讨论阶段内涵及其跃迁特征。

现代意义上的中国信息系统研究，主要起步于改革开放后的 20 世纪 80 年代初，之前均处于孕育萌芽阶段。回顾迄今为止的 40 余年的演化历程，展望未来趋势，从成长路径的角度，大致可以将 20 世纪 80 年代以来中国信息系统研究发展分为四个阶段，即起步探索阶段（20 世纪 80 年代初至 20 世纪 90 年代中）、模仿借鉴阶段（20 世纪 90 年代中至 21 世纪 10 年代初）、融合提升阶段（21 世纪 10 年代初至 21 世纪 20 年代初）、创新发展阶段（21 世纪 20 年代初至今），如图 4-2 所示。在每一个阶段，我国信息系统研究的发展轨迹呈现出“S”形的学习曲线，反映了从缓慢起势，到快速扩展，再到饱和进阶的成长模式。每个阶段中信息系统研究的主题关注，体现了当时“信息系统赋能”组织、个人的主流形态特征和时代属性。在发展过程中，新技术和新环境的革命性冲击可能导致“跃迁”的发生。各阶段的特征如表 4-1 所示。对于阶段演化而言，“跃迁”意指阶段的跨越和主题的迁移。主题体现着阶段的内涵，反映了阶段的主流研究议题和关注焦点。在阶段发生跨越时，主题也随之发生变化，形成新的主流议题和焦点。

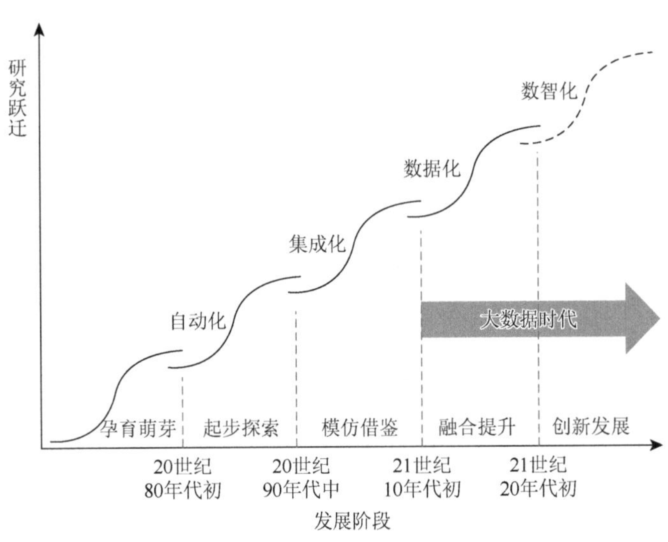

图 4-2　中国信息系统研究阶段演化框架

值得注意的是，跃迁意味着学习曲线的不连续性，也就是说，不是沿着原有学习模式继续，而是开启全新的学习模式。此外，信息系统研究的深化不断提升着信息系统应用和赋能水平，特别是通过阶段跨越和主题迁移，推动了组织管理的深刻变革。信息系统不断发展成为产品、服务和业务模式创新的源泉，在管理创新中的核心作用日益凸显。

表4-1 中国信息系统研究的发展阶段及其特征

发展阶段 维度特征	起步探索阶段	模仿借鉴阶段	融合提升阶段	创新发展阶段
主题关注	自动化	集成化	数据化	数智化
跃迁特征	手工→自动	局部→整体	内部→内外部	数据→数智
信息系统形态	OA系统、EDP系统、EDI系统、会计信息系统、生产自动化系统、MRP系统、MRPⅡ系统等	ERP系统、信息门户系统、“三金”应用系统、电子商务系统等	商务分析系统、社会化商务系统、推荐系统、数据平台系统等	可解释智能系统、因果推断决策系统、人机协同决策系统、赋能平台系统、业务生态系统等
研究视角	造（系统）	造（系统/数据） 用（行为）	造（系统/数据） 用（行为/经济学）	造（系统/数据） 用（行为/经济学）
研究方法论	设计科学	设计科学 行为实证	设计科学 行为/计量实证 大数据驱动	设计科学 行为/计量实证 大数据驱动
严谨性/相关性	相关性突出	严谨性加强、相关性相对减弱	严谨性与相关性均明显提升	严谨性与相关性将进一步深化与并重发展

注：OA表示office automation（办公自动化），EDP表示electronic data processing（电子数据处理），EDI表示electronic data interchange（电子数据交换），MRP表示material requirement planning（物料需求计划），MRPⅡ表示manufacturing resources planning（制造资源计划）

1. 起步探索阶段（20世纪80年代初至20世纪90年代中）

在20世纪80年代初个人计算机作为革命性技术出现并逐渐应用于生产经营活动的背景下，在国家启动改革开放、建设“四个现代化”等战略举措的推动下，我国信息系统领域开始接触国际现代信息系统领域的先进理念和实践，探索计算机（及个人终端）、程序设计和软件在我国各类组织中的应用。此时，我国信息系统研究的焦点集中在内部价值链各个环节的业务活动从手工处理转向基于计算机的自动处理方面。这里，“手工→自动”成为研究主题关注的跃迁特征，旨在通过价值链各单元/单链环节的“自动化”及其更新迭代（包括这些单元/单链“自动化”系统的升级换代），实现信息系统赋能。典型的信息系统形态如OA系统、EDP系统、EDI系统、会计信息系统、生产自动化系统、MRP系统、MRPⅡ系统等。研究主要集中在“造”的视角下的系统维度（如系统分析与设计、数据库建模、软件工程等）展开。研究方法论主要是围绕系统开发的设计科学（侯炳辉和吕文超，1993；郦永达和薛华成，1995；孙华梅等，2004）。

2. 模仿借鉴阶段（20 世纪 90 年代中至 21 世纪 10 年代初）

在 20 世纪 90 年代初互联网作为革命性技术出现并不断向社会经济活动渗透的背景下，在国家改革开放加速、加入世界贸易组织以及“两化融合”等战略举措推动下，我国信息系统领域加速学习国际信息系统领域的先进经验，引入和借鉴既具有普适意义又契合国情的理论和方法。此时，我国信息系统研究的焦点集中在内部价值链的业务活动从单元/单链环节的自动处理转向面向所有环节的集成式处理方面。这里，“局部→整体”成为研究主题关注的跃迁特征，旨在通过价值链各环节的“集成化”及其更新迭代实现信息系统赋能。典型的信息系统形态如 ERP 系统、信息门户系统、“三金”应用系统、电子商务系统等。一方面，研究仍然围绕“造”的视角下的系统维度（如系统设计与开发等）展开，同时开始纳入数据维度［如在线分析处理（online analytical processing，OLAP）等］。另一方面，“用”的视角开始受到重视，主要是行为维度（如企业信息系统的采纳和使用行为等）。研究方法论以设计科学和行为实证为主①。

3. 融合提升阶段（21 世纪 10 年代初至 21 世纪 20 年代初）

在 21 世纪 10 年代前后以大数据为标志的新兴革命性技术出现并迅速渗透到社会经济活动的背景下，在国家“科技强国”、大数据战略、“互联网＋/智能+”等战略举措推动下，我国信息系统领域整体水平显著提升，一大批具有中国情境特点又与国际知识体系相契合的理论和方法创新不断涌现，在研究主题、数据情境、研究方法论等方面都体现出与国际主流发展的融合。此时，我国信息系统研究的焦点集中在价值链各个环节的业务活动从内部整体集成式处理转向内外部数据的关联式处理方面。这里，“内部→内外部”成为研究主题关注的跃迁特征，旨在通过价值链各环节的“数据化”及其更新迭代实现信息系统赋能。值得一提的是，“数据化”具有鲜明的大数据时代特征：一是价值链视角的外拓，体现外部视角嵌入的跨界特点，使得管理决策需要考虑将内外部视角相关联；二是在感知设备以及物联网广泛并深度应用的环境中，“社会像素”快速提升使得数据粒度更加细化，许多价值链环节的业务活动已经变成或正在变成数据活动，因此内外部视角的汇聚就意味着内外部数据的关联（陈国青等，2018）。典型的信息系统形态如商务分析系统、社会化商务系统、智能推荐系统、数据平台系统等。研究涵盖“造”与“用”视角，包括“造”视角下的数据维度（如智能推荐、模式

① 参见 CNAIS 学术会议文集：《CNAIS 2005—2009》。

发现等）和系统维度（如商务数据融合、平台设计等），以及“用”视角下的行为维度（如社会化行为、人机互动行为等）和经济学维度（如平台市场、价值测量等）。研究方法论呈现多样性特点，既有数据驱动又有模型驱动，其中算法设计模型、行为构念模型、经济计量模型更为常见[①]。此外，面向大数据问题研究的新型方法论范式开始涌现［如大数据驱动（陈国青等，2018）］。

4. 创新发展阶段（21 世纪 20 年代初至今）

21 世纪 20 年代以来，在大数据和人工智能技术持续产生革命性应用、智能算法（如深度学习等）出现显著性进阶的背景下，在《中华人民共和国国民经济和社会发展第十四个五年规划和 2035 年远景目标纲要》、数字经济、数据要素与治理等战略举措推动下，我国信息系统领域将面临一系列新的发展机遇和深刻挑战，亦将产生信息系统研究的新跃迁。一方面，“社会像素”提升到了一个相当高的程度，虽然“数据化”将仍在相关行业和应用领域继续得到推动，但“像素”扩张不再是发展的主基调。数据治理将成为新阶段中的焦点议题。另一方面，“像素成像”将成为创新发展的重点，高阶智能算法及其赋值将成为核心能力和竞争优势。在此阶段，我国信息系统领域的水平、话语权和影响力将上升到一个新的高度，进而对于世界学术新知和创新体系做出重要贡献。此时，我国信息系统研究的焦点集中在价值链各个环节的业务活动从内外数据关联式处理转向基于高阶数智技术的赋能处理方面。这里，“数据→数智”成为研究主题关注的跃迁特征，旨在通过价值链各环节的“数智化”及其更新迭代实现信息系统赋能。未来可能的典型信息系统形态有可解释智能系统、因果推断决策系统、人机协同决策系统、赋能平台系统、业务生态系统等。研究仍将涵盖“造”与“用”视角，主要围绕人工智能的方法创新和赋能创新展开，包括“造”视角下的数据维度（如可解释人工智能、因果统计推断、知识图谱表示与推理等）和系统维度（如人机混合系统设计等），以及“用”视角下的行为维度（如治理下的生态行为机理、人机协同决策行为、机器行为学等）和经济学维度（如数据要素市场、治理机制设计、赋能价值等）。在研究方法论方面，数据驱动、模型驱动及其扩展将不断持续，同时大数据驱动范式及其方法论形态将得到进一步丰富和深化。

分析我国信息系统研究的发展进程，可以进一步发现下列显著特点和变化。

第一，在“严谨性”与“相关性”的关系方面。国内外学界认为“严谨性”与“相关性”一直是长期纠结的关系（Rai，2017）。“严谨性”主要是指研究的学术规范性和方法论范式认同性；“相关性”主要是指研究的实践贡献性和情境特殊性。这也在一定程度上反映了研究中的“世界与中国”关系。可以看到，在

① 参见 CNAIS 学术会议文集：《CNAIS 2011—2019》。

起步探索阶段，研究的"相关性"突出，面向自动化实现的信息系统设计、开发与实施成为重点，并与解决现实问题密切相关；研究方法以框架流程、经验概括和定性思辨为主。在模仿借鉴阶段，研究的"严谨性"得到加强。例如，国际学界主流的行为实证方法得到重视，逐渐强调研究问题建模和求解的方法论范式，涉及理论基础、构念推演、实证设计和假设检验等。对解决现实问题的关注减少，造成"相关性"相对减弱。在融合提升阶段，"严谨性"和"相关性"都得到明显提升，一方面，研究方法、规范性、学术话语体系与国际学界相接轨；另一方面，中国问题得到越来越多的国际关注，中国管理实践和数据情境越来越多地成为研究场景。在创新发展阶段，期待"严谨性"和"相关性"的深化与并重将发展到更高水平，出现更多理论和方法创新，包括基于中国管理问题的重要创新，扩展和丰富国际学术体系与知识视域，并指导中国乃至世界的管理实践。

第二，在我国学者的研究贡献和水平方面。在我国信息系统研究的发展中，一个重要事件是 2005 年统合形成了我国信息系统学界的主流学术共同体（CNAIS），使得我国信息系统领域的广大学者得以进一步汇聚并在学术研究、人才培养和服务国家等方面取得了越来越多的成绩，同时积极促进了广大学者融入国际大舞台并发挥越来越大的作用。近年来，我国学者的研究贡献和影响力得到了显著提升。仅以国际上公认的领域顶尖水平的五个信息系统学术成果系统①为例［*MIS Quarterly*（*MISQ*），*Information Systems Research*（*ISR*），*Management Science*（*MS*），*INFORMS Journal on Computing*（*JOC*），*Journal of Management Information Systems*（*JMIS*）］，我们分析发现，在 1980～2020 年共 4855 篇研究成果中②，中国学者［指作者单位来自中国（此处不包含台湾地区数据）］参与的研究成果总数为 198 篇，占比 4.1%。其中，在 1980～1995 年共 1160 篇成果中，没有中国学者的贡献。1996～2010 年共 1686 篇成果中，中国学者参与的有 10 篇，占比 0.6%，其中最早的 1 篇始于 2001 年（*ISR*）（Krishnan et al.，2001）。2011～2020 年中国学者参与贡献的成果数量和比例出现爆发性增长，在总共 2009 篇成果中，中国学者贡献的成果数量达到 188 篇，占比 9.4%。此外，近年来陆续出现完全由中国学者组成作者团队的研究成果，反映了中国学者在团队层面的综合创新实力的显著提升。截至 2021 年 6 月，完全由中国学者组成作者团队的成果总共为 8 篇，其中较早的分别发表于 2015 年（*JMIS*）（Lu et al.，2015）、2016 年（*JOC*）（Zhang et al.，2016a）、2017 年（*MISQ*）（Guo et al.，2017）。

第三，在研究的数据情境方面。纵观各阶段信息系统研究的跃迁，"像素"

① 参见 UTD24（https://jindal.utdallas.edu/the-utd-top-100-business-school-research-rankings/list-of-journals）和 FT50（https://infoguides.pepperdine.edu/FT50）。

② 这里不包括 *Management Science* 和 *Informs Journal on Computing* 中那些非信息系统领域的研究成果。

的持续提高以及“成像”技术的更新升级意味着“数据 + 算法”的进阶，使数据世界可以越来越清晰地反映现实世界。这在一定程度上影响着管理场景的数据情境在信息系统研究中的角色。近年来数据情境在高水平研究中的作用日益凸显，特别体现在实证类理论假设验证的研究中以及解析建模类的近似启发式求解的研究中。此外，中国管理场景的数据情境也越来越多地出现在研究中，并受到国际学界的关注。例如，在上述领域顶尖信息系统学术平台上中国学者贡献的研究成果中，约 40%的成果是基于中国管理场景和相关数据的，这在一定程度上体现了中国特色与世界舞台的对接。值得一提的是，在大数据时代数据情境在研究中的角色日趋重要的同时，社会上对于数据价值的认识以及对于安全/隐私保护的关切使研究人员在数据获取上面临严峻的挑战，这在进一步强调数据治理的“数智化”新跃迁中将更为突出。数据情境的“现场田野式”（而不是“离场获取式”）实验将进一步强调实地化和临场性，逐渐成为一类普遍的研究方式。

4.3　大数据时代与“数智化”新跃迁

如前所述，大数据技术和应用的迅猛发展使得数字化成为新的生活常态。随着感应探测技术和移动通信技术的进步，以及智能终端的普及和深度应用，经济社会活动以更高的“像素”呈现出来。在“像素”提升的基础上，数字“成像”技术进一步发展，通过算法为现实世界建立了全景式的、更加清晰的数字影像。

从我国信息系统研究的阶段演化（图 4-2）来看，大数据时代涵盖融合提升和创新发展两个阶段，正在经历信息系统主题关注和赋能从数据化到数智化的新跃迁。只有深入地认识大数据特征、揭示大数据管理决策的变化、探索新型研究方法论、发现新的研究方向和求解路径，才能更好地面向未来，应对研究挑战，把握创新机遇。

4.3.1　大数据特征

对于大数据，可以从三个属性维度来认识，即数据属性、问题属性、决策属性（陈国青等，2018），旨在厘清什么数据是大数据、什么问题是大数据问题以及什么决策是大数据决策。

大数据作为信息技术概念，其数据属性可以从规模性、多样性、价值密度、即时性等方面来描述。概括来说，大数据具有超规模、富媒体、低密度、流数据的属性，即大数据具有超出问题领域传统边界的规模、多模态（文本、图像、语音、视频等）的媒介类型、价值数据的低占比（相对总体数据）、平滑不间断的速度和临场感等属性。

一个问题被称作大数据问题，其至少具备三个特点，即粒度缩放、跨界关联、全局视图。对于管理决策问题来讲，大数据决策的关键属性特征是“关联 + 因果”，避免出现“大数据只讲关联不讲因果”的误导。具体而言，面对“发生了什么”的问题，在业务层面需要了解业务状态，在数据层面需要具备数据粒度，在决策层面需要形成全局视图；面对“为什么发生”的问题，在业务层面需要了解业务联系，在数据层面需要具备数据连接，在决策层面需要形成因果对应；面对“将发生什么”的问题，在业务层面需要了解业务演化，在数据层面需要具备数据动态，在决策层面需要形成前瞻预判。

4.3.2　管理决策的转变

在大数据环境下，领域情境、决策主体、理念假设、方法流程等决策要素正在发生着深刻变化（陈国青等，2020）。①在领域情境方面，支持管理决策的信息不再局限于组织或单一领域，而是被纳入更加丰富的来源角度。比如，在财务管理决策中，传统的三张报表（资产负债表、现金流表、利润表）可能难以对某些类型的企业（诸如一些 IT 企业、创业企业、新业态企业等）进行有效的价值测量和运营能力判断，需要引入“第四张报表”对于数据资产（包括口碑、品牌、公允价值等）进行测量。②在决策主体方面，传统上常见的人作为决策主体、计算机辅助决策的情形开始被打破。有越来越多的智能机器人/智能系统可以承担独立决策任务，并在不同环节与人进行互动，甚至协同决策。比如，在人力资源管理决策中，利用智能机器人可以进行招聘筛选、岗位匹配、员工 KPI 考核、领导力测量与判断等。其他领域也出现诸如财务机器人、智能投顾系统、客服机器人等大量“机器”决策的例子。③在理念假设方面，一些通过假设来概括和简化不可测不可获现象的情形也受到冲击，进而影响着基于这些假设而研发出来的许多经典决策模型。比如，在运营管理决策中，传统上假设顾客到达模式（如泊松分布）以及站点服务模式（如指数分布）的一类决策模型可能需要重新审视，因为现在根据数字轨迹感测到的到达和服务模式（如网络购物等）不一定满足模型的假设，进而决策模型的表达和求解都可能发生变化。④在流程方法方面，传统的决策理论中的决策过程通常是近线性的、分阶段的，但是现在的很多决策场景呈现出决策阶段/环节之间的复杂交错互动的非线性模式。比如，在营销管理决策中，传统的营销漏斗理论将用户转化路径分为“意识—考虑—购买—忠诚—宣传”，并采用“吸引—转化—销售—保留—联系”的营销策略。然而，在网络购物场景中，可以发现消费者在营销漏斗的各个阶段间的转换率和转换方向具有高度的概率随机性，而非线性步骤。

综上所述，在大数据时代，管理决策要素正在发生着四大转变，即跨域转变、主体转变、假设转变、流程转变。这些转变对于信息系统研究的“造”与“用”正在并将持续产生深刻影响。

4.3.3 若干研究创新

在大数据时代，信息系统研究的融合提升阶段（21 世纪 10 年代初至 21 世纪 20 年代初）呈现出来的“数据化”跃迁，加快了“像素”的扩张提升和“成像”的技术迭代，带来了许多新的研究问题和创新机遇。这里将结合作者团队近年来的研究工作，围绕若干重要课题阐述建模思想并概括求解路径。其中，一些课题既是“数据化”跃迁阶段的新研究方向，又具有动态前沿性并将汇入“数智化”新跃迁的主基调。相关进展可以为正在到来的“数智化”主题关注的信息系统研究做出贡献并提供启发。具体研究创新主要包括“造”视角下的智能方法创新和“用”视角下的人机融合行为两个方面。

1. 智能方法创新

智能方法创新及其算法设计是智能系统进阶的核心，也是信息系统研究的前沿课题。下面从“造”的视角下的数据维度出发，重点讨论智能方法创新方面的工作，主要包括“大数据–小数据”分析、新颖关系发现、可解释性建模等三个方向的研究进展（图 4-3）。

（1）“大数据–小数据”分析。在大数据时代，虽然对于数据集合全体（大数据）的获取已成为可能，但是在很多应用场景中，由于数据获取的条件、成本、时间，乃至人们的认知能力、阅读心理等相关因素影响，人们面对或者能够直接处理的数据往往是有限的、部分的，许多决策是基于数据子集（小数据）的。这就产生了决策所依据的信息的不对称问题，如果不能通过小数据获得关于大数据全貌的洞察，就可能导致决策的偏差和失误。从这个意义上来讲，“大数据–小数据”分析是一个优化问题，旨在从大数据中提取小数据，使得小数据的语义尽可能接近大数据的语义（陈国青等，2021）。形式化地说，设管理场景下的集合语义测度为$\text{Semantics}(\cdot)$，给定初始大数据集合 Big，目标是从中提取指定规模的小数据集合 Small，使得 Small 与 Big 的语义偏差最小，即

$$\text{Small} = f^{\text{Extraction}}(\text{Big}) \tag{4-1}$$

这里，映射 $f^{\text{Extraction}}$ 可表示为

$$\max_{\text{small}\subset\text{Big},|\text{small}|=K}\left(1-(\text{Semantics(Big)}\ominus\text{Semantics(Small)})\right) \tag{4-2}$$

其中，$\ominus$ 表示超减法运算，用以度量两者的语义偏差，且集合 Small 的规模为给定的整数 K 。

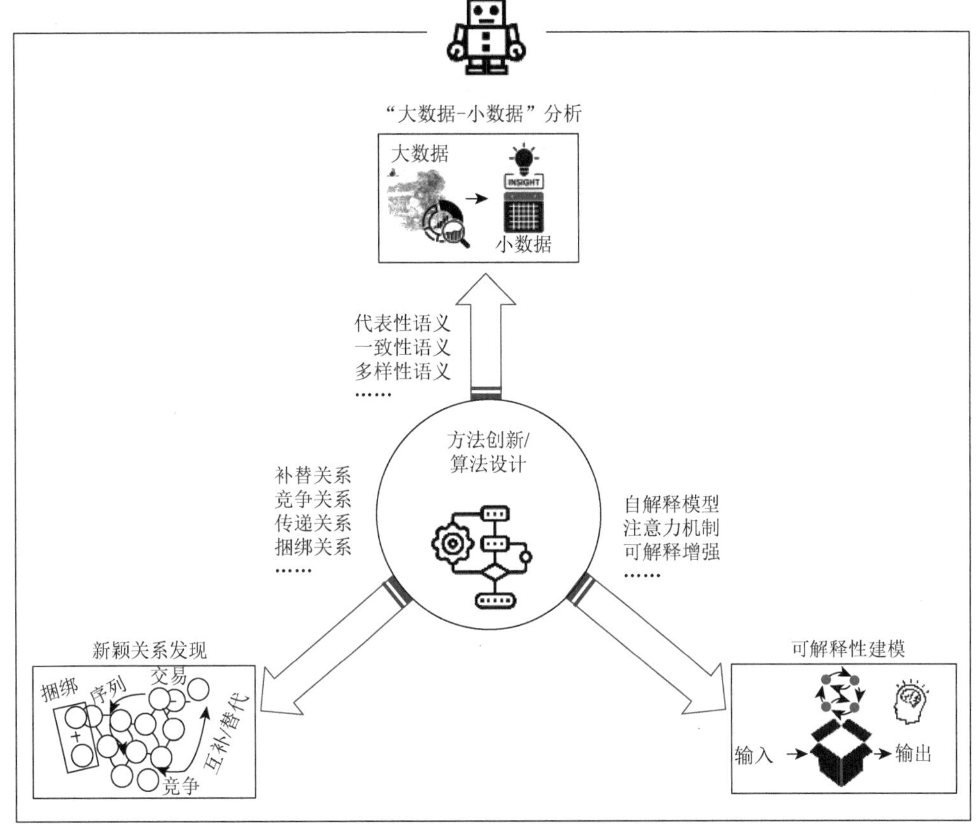

图 4-3　智能方法创新

针对不同的管理场景和数据情境，"大数据-小数据"的语义测度定义、映射关系、概念内涵，以及问题建模、求解路径和管理决策意义都会有所不同。一类典型研究是代表性语义反映。代表性语义旨在以显式语义视角来获得一个数据实例小集合 Small，以反映全体大数据集合 Big 在实例内容上的对应关系（Ma et al.，2017；Guo et al.，2017）。比如，在大量评论中提取出最有代表性的评论，以供用户参考；在企业 Wiki 案例库中提取代表性案例，供员工检索；等等。代表性语义提取旨在帮助用户在有限查看数量的约束下掌握尽可能全面的代表性语义。该求解问题是一个 NP 难的最大覆盖问题。研究通过证明该问题的子模型重要性质，并利用其满足边际收益递减的原则，设计了高效的贪婪启发式方法，得到的代表性语义反映的子集会以 $1-e^{-1}$ 的近似程度逼近最优解。

此外，其他相关研究还包括一致性语义反映和多样性语义反映。一致性语义反映旨在从隐式语义视角来获得一个与大数据集合 Big 的概括性语义表达分布尽可能一致的数据实例小集合 Small（Zhang et al.，2016b）。一致性语义测度可以表达为两个集合内在属性取值分布形态的超减法运算，并可根据属性特征进行加权。针对这一具有 NP 难复杂度的问题，研究提出了一种增强型逐步寻优策略来进行求解，该策略可更好地兼顾和协同语义分布一致性。多样性语义反映旨在以隐式语义视角来获得一个数据实例小集合，以求反映结构性语义与大数据集合尽可能相近，从而将多样性语义极大化体现（Ma et al.，2017）。多样性语义更加强调 Small 对 Big 的相应类别结构的覆盖程度。研究中通过信息熵来测量集合的“信息载量”，进而度量和计算两个集合的信息载量的多样性差异。基于此，设计了一个融合贪婪策略和模拟退火策略的组合算法，可得到多样性语义最大化的子集，并有效避免陷入局部最优解。

（2）新颖关系发现。关系是一类重要的知识形式，是信息系统研究的重点之一。在大数据时代，人与人、物与物、人与物之间的连接和交互体现为数据之间的关系。换句话说，数据之间的关系可以通过特定映射形成特定的模式。概括说来，从商务分析方法创新的角度出发，研究问题可以表示为：基于大数据 Big，设计新型映射关系模式 f^{Novelty}，以发现得到新颖的、潜在的并可能帮助获得竞争优势的关系模式 Pattern，即

$$\text{Pattern} = f^{\text{Novelty}}(\text{Big}) \tag{4-3}$$

关系模式的例子有很多，如关联规则、次序关系、替代关系、互补关系、竞争关系、捆绑关系等。在探测品牌间的竞争关系模式的研究中，Wei 等（2016）基于产品品类基本数据（包含产品品牌），并结合搜索引擎日志大数据 Big（包含用户联合搜索的产品属性，反映用户认知偏好），构建了相应的品牌竞争关系模式二部图模型。进而，提出了品牌竞争性测度及其相关性质，并通过引入随机游走策略，设计了相应的品牌竞争关系分析算法。该算法可以有效地探测潜在市场竞争对手、发现相应的竞争属性及竞争动态。

此外，产品捆绑关系模式分析的研究工作将产品结构化数据和电商平台上的用户购买大数据 Big 进行融合后，从捆绑销售的视角，设计了 Bundle(·) 映射关系模式，并构建了相应的概率图模型和算法，通过刻画用户在产品属性特征（feature）层面的偏好，实现了个性化产品捆绑推荐（Liu et al.，2017）。另一项研究工作是产品替代/互补关系模式分析，即基于电商平台产品数据，融合多模态（如文本、图像）评论大数据 Big，设计了面向评论语义发现的产品替代/互补关系模式 Sub/ Com(·)，提出了基于隐含狄利克雷分布（latent Dirichlet allocation，LDA）和神经网络模型的整合学习算法，用来识别反映消费者偏好的替代/互补产品（Zhang et al.，2019）。近期的研究还围绕次序关系发现及应用在不同场景和问题特征下展开探索。例如，设计基于图卷积的嵌入平滑框架对网络购物中的行为次序及状态进行表征和推荐（Zhu et al.，2021a），设计新颖的相似测度和算法对医疗诊治的路径次序及效果进行表征和预测（Sun et al.，2021）。

（3）可解释性建模。在大数据时代，机器学习类方法尤其是深度学习方法得到了广泛应用并涌现出许多令人瞩目的成功实践。同时，在信息系统研究中智能算法的进阶也成为设计科学方向上方法创新的重要内容。然而，一些主流的深度学习方法（如深度神经网络等）的“黑箱”局限也逐渐凸显，进而影响这些方法在许多管理场景及其数据情境下的有效应用。特别是从管理决策的角度来看，探索因果是人类认识论的基本诉求，也是信息系统赋能的重要关注。如何在建模乃至学习、判别和分析中加入可解释性与因果机理的考量，是当前算法设计中的创新焦点。概括说来，可解释性建模的研究问题可以表示为：基于已有大数据 Big，通过设计和构建具有可解释性的机器学习映射模型 $f^{\text{Explainability}}$，以获得具有可解释性的知识模式 Knowledge，即

$$\text{Knowledge} = f^{\text{Explainability}}(\text{Big}) \tag{4-4}$$

这里，可解释性具有两层含义，一是映射关系 $f^{\text{Explainability}}$ 的内在生成机理的可解释性；二是映射结果的知识模式 Knowledge 的可解释性。通过将可解释性作为强化条件引入机器学习模型中，并与其他要素一起进行综合表征、测度和学习，可以实现机器学习性能优势和管理可解释性上的平衡。可解释性建模的研究意义体现在如下三个方面。首先，可解释性作为约束引入机器学习时，有助于缩减求解空间，在植入先验可解释性的同时，还可帮助提高学习效率。其次，在机器学习后进行可解释性分析，即在基于机器学习的高精度水平上，着重聚焦于管理因果逻辑分析，可增强对管理决策的支持。最后，如能将可解释性机理和机器学习模型“紧耦合”，可形成对复杂管理问题“黑箱”机理的深入解析洞察。

针对不同的管理场景和数据情境，近年来的若干研究重点围绕 ante-hoc（事先）可解释性建模开展研究。例如，在电商推荐场景下，基于多模态电商数据、嵌入“认知类型”注意力机制的个性化深度学习推荐模型（Guan et al.，2019），可以将消费者认知类型心理（cognitive styles）框架处理成一个注意力机制层并嵌入构建神经网络模型 DeepMINE。该机器学习模型的输出结果不但具有良好的推荐精度，还可以提供关于消费者对多模态信息的认知偏好类型（即消费者对图片、评论和产品信息的个性化偏好分布）的探测和解释，以及对消费者个性化偏好的心理机制的解释，有助于改善个性化产品营销策略。另一项正在开展的工作是嵌入内在遗传算法机制的自解释产品标题优化建模，针对电商平台的大量产品标题雷同且高度竞争的情况，对于本质上是多方信息不断迭代学习优化的商家标题设计问题，构造了基于遗传算法的启发式学习模型（Mu et al.，2021）。该模型可以改善产品标题设计，同时可以获得全程清晰的寻优路径、并可被商家理解。此外，在“营销漏斗”增强的动态贝叶斯推荐模型的研究中，将消费者在线购物序列行为与营销管理中的“营销漏斗”理论框架相结合，可以有效地探测和捕捉消费者

的购物状态及相互转化轨迹。这不但为消费者的动态多阶段的行为提供了反映消费者内在动机的管理解释性，也可以更好地支持智能推荐和营销策略设计。

2. 人机融合行为

人与智能机器人（智能系统）协同交互行为是信息系统研究的前沿课题。下面从“用”的视角下的行为维度出发，重点讨论智能系统服务中的用户感知与行为、智能推荐系统中的大数据行为偏差的产生机理与纠正策略、智能虚拟现实（virtual reality，VR）/增强现实（augmented reality，AR）系统中的感知行为机理与交互设计三个方向的研究进展（图 4-4）。

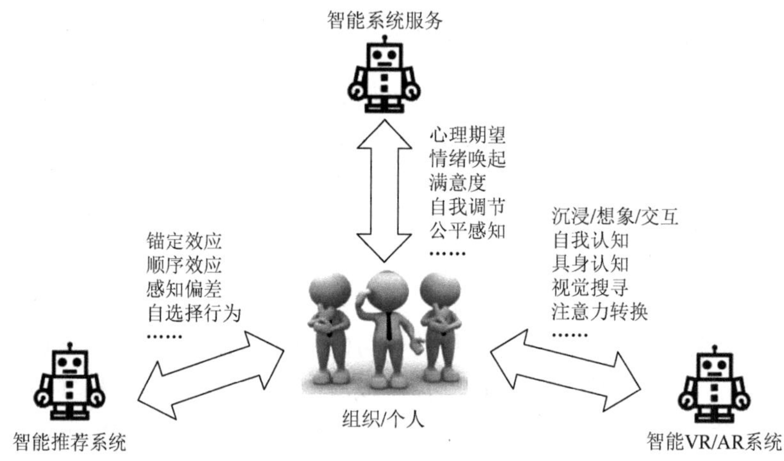

图 4-4　人机融合行为

（1）智能系统服务中的用户感知与行为。在人机融合环境中，以往由人提供的服务（如餐厅服务、商场导购、售后客服、在线教育、记账会计等），逐渐转向由人和智能机器人共同提供，甚至完全由智能机器人来提供。换句话说，从行为的角度，这些以往完全由人担任的工作，日益转变为由人和机器共同担任，或是完全由机器所担任。由此引发了一个重要问题：当用户接受和使用人类主体、人机融合主体、智能机器人主体所提供的服务时，其感知和行为规律有何不同？进一步来说，智能机器人的行为设计应当以模拟人的行为为目标，还是应当有其独特的设计目标？对这类行为规律的研究工作刚刚起步，是信息系统行为理论的重要拓展方向，同时也是“机器行为学”（Rahwan et al.，2019）的重要组成部分。

在这一方向上的研究与实践已经发现，用户面对机器人和人类所提供的服务时，其心理期望、情绪唤起、行为反应都存在着显著的不同（Mende et al.，2019）。围绕在线客服和在线学习场景，我们近期的一项探索性研究分析了智能客服机器人的参与对在线客服的影响，发现智能机器人的引入显著增加了用户的服务时长，降低了用户抱怨，从而提升了满意度，但并不显著影响用户对人工服务的需求（Wang et al.，2023）。在引入了游戏化竞争机制的在线学习场景中，另一项研究发现战胜人类对手比战胜智能机器人对手更能促进学习者的自我调节，从而提升其平台使用强度和学习效果。同时，对于具有高社会比较倾向或高成绩目标取向的学习者，输给机器对手比输给人类对手更能促进其自我调节，进而提升其学习效果。这些发现可以在归因理论和自我调节理论的基础上得到有效的解释（Deng et al.，2020）。针对在线学习中的反馈指导场景，我们发现相比于来自人类指导者的反馈，当学习者收到来自智能机器人指导者的主观维度负向反馈时，他们所感知的反馈公平性、可靠性和满意度均会明显降低，但如果智能机器人指导者向学习者提供这些反馈的形成原因和过程的说明，则能够有效地提高学习者对反馈的感知水平。

（2）智能推荐系统中的大数据行为偏差的产生机理与纠正策略。当前的许多智能系统使用用户行为记录数据及用户生成内容训练模型，从而对用户的特征与偏好进行估计，对要素的变化进行预测，从而做出个性化推荐或在特定情形下作为用户代理进行决策。然而，模型得出的估计和预测，不可避免地存在着一定程度的误差和不确定性（Zhang et al.，2016b），进而对用户的感知和行为产生影响。例如，智能推荐系统可能使得用户对于产品的期望、评价、购买意愿、满意度等产生一系列的变化，并对用户的后续点击、购买、分享、评论创作等行为产生影响。这些影响所形成的感知偏差（如由于锚定效应、顺序效应的作用，用户对产品的评价因系统的推荐而提升）以及自选择偏差（如用户更多接触到被推荐的产品，从而更倾向于购买这些产品）被带入用户行为数据和用户生成内容中，且被用于模型的训练。这样的循环导致数据偏差和行为偏差往复重塑，一方面使得有偏的数据在智能系统模型中持续放大和扩散，引起模型算法的效力降低甚至最终失效；另一方面使得用户陷入有偏的信息环境和行为模式中，囿于信息茧房的困境。因此，对于这类行为偏差的产生机理与纠正策略的研究，已成为信息系统行为研究中一个亟待突破的重要方向。

我们在这方面的一项研究工作探索了智能个性化推荐的顺序效应（Guo et al.，2016）。现有的个性化推荐系统绝大部分聚焦于以技术手段预测消费者对产品的偏好。相关研究与实践均默认假设被推荐的产品应该按照所预测的用户偏好水平降序排列。然而，在用户认知评价更新的过程中，以不同顺序依次呈现推荐产品，可能导致用户对产品的不同评价结果。理论及实验研究指出，当产品属性的可评价水平及消费者对产品属性的关注度符合特定条件时，在对比效应、光环效应的综合作用下，对产品进行升序或混序排列，有助于提升消费者感知及购买意愿。该发现揭示了对产品属性的可评价水平、消费者属性关注度进行估计和预测以及优化排序算法的重要性，为智能推荐系统的方法创新提供新的目标方向和设计途径。此外，在偏差纠正策略的设计方面，一项研究旨在防止用户将感知偏差和自选择偏差带入行为和用户生成内容数据中。针对从众偏差，基于灵活校正理论和估值理论设计出一种包含排序任务的风险预警策略，并通过递进实验验证了该策略的去偏效力，为数据偏差治理提供了理论和实践参考（Wu et al.，2023）。另一项研究基于偏差样本对消费者自选择行为规律进行建模，旨在消除数据偏差对机器学习模型的影响。围绕电商平台评论有用性投票的自选择偏差场景，提出了一种基于贝叶斯概率的迭代策略，其可在严重偏差情形下有效校正对于评论有用性的估计，并通过用户行为实验验证其纠偏效果（Guo et al.，2021）。

（3）智能 VR/AR 系统中的感知行为机理与交互设计。VR 和 AR 是人机融合智能系统发展的一个重要组成部分。VR 利用计算机仿真产生三维空间的虚拟世界，提供视觉、听觉等感官的模拟，使用户获得身临其境的感觉，并实时地与三维空间内的事物互动。AR 则通过影像传感和实时图像分析等技术，使计算机所呈现的虚拟世界能够与现实世界场景进行结合与交互。VR 和 AR 具有沉浸感（immersive）、交互性（interactive）、想象性（imagination）等重要特性。当 VR 和 AR 技术被引入人机融合的智能系统中时，这些特性会对用户的感知和行为产生怎样的作用，如何基于这些作用的机理提升人机融合智能系统的交互设计，已成为信息系统领域行为研究的另一个重要前沿方向。

针对 VR/AR 的信息系统行为研究已在多种不同的场景下展开探索。例如，VR 技术为消费者创造了全新的线上产品体验，正在开展的一项研究工作针对 VR 在地产行业的应用，探索了 VR 家居产品体验如何影响消费者的信息处理和产品探索行为，以及这种影响在不同类型消费者间的差异（Zhu et al.，2021b）。基于具身认知理论，通过实验室实验及口语报告分析、眼动轨迹、交互行为分析等多种数据采集手段，研究发现相比于传统的桌面式产品体验方式，消费者在 VR 产品体验中更能进行心理想象，因而会更详细地处理产品信息；他们也会有更高的情绪唤起程度，因而更倾向于探索和尝试新颖产品。VR 技术的这种影响在低产品经验的消费者中更为突出。另一项近期研究针对多人协作的 VR 应用场景，考察了用户虚拟化身的设计如何影响用户的任务表现（Zhu and Yi，2021）。研究发现虚拟化身与自身的相似性会直接影响用户在虚拟世界中的自我认知，进而影响他们的自控力和创造力，使用户在不同类任务（程序性或创造性）中的表现有所差异。结合 AR 技术，通过聚焦于 AR 智能眼镜应用最广泛的工业场景（如设备检验和维护），同时基于视觉搜寻和注意力转换相关理论，该项研究还探索了叠加在真实环境中的虚拟信息的内容和交互设计（如针对重点程序的实时信息引导和安全预警）对操作人员工作效率与准确性的影响（Zhu et al.，2021c）。通过实时记录一线工作人员的工作过程，AR 眼镜辅助工作系统也成为知识管理的沉淀器。如何进一步实现知识管理智能化，提炼更有针对性的、个性化的信息并反馈到虚拟呈现中以提升员工的工作绩效和动机，是未来很有潜力的研究课题。

4.3.4　“数智化”新跃迁

前面提到（参见图 4-2 和表 4-1），“数智化”是我国信息系统研究在创新发展阶段的主题关注，是在前阶段“数据化”基础上主题关注的跨越式变迁，体现了信息系统赋能的显著进阶。“数智化”新跃迁的特点从“造”与“用”的视角出发，体现了“能力–赋能”的关系，可以从数据、算法、赋能的层面进行审视。

1. 数据层面

数据作为对现象观测和初始事实（raw fact）的反映，在感测覆盖面上的外化和表达颗粒度上的细化，意味着数据可以在不同宏微观程度上对于现实世界的图景进行刻画。此外，数据还以不同的形态作为“输入”（input）参与到多环节的信息生成和价值创造中。借助数据感测和存储基础设施（如物联网、云平台）的发展，通过这种外化、细化以及参与价值创造的进程，数据作为“素材”为进一步的加工和利用服务。就像烹饪，这种进程是备料的过程，为精美菜肴的制作提供更丰富、更精细的食材。进一步用“像素”来比喻，这种进程意味着“像素”的扩张和提升，旨在为进一步的“成像”提供数字基础。在大数据时代，“数据化”大大推动了这种进程向覆盖面更广阔、颗粒度更细微、参与性更深入的位势发展，具有超规模、富媒体、低密度、流数据等属性特征的数据形态成为主流，同时引入外部视角（如社会媒体、用户生成内容等）开拓了视界，对具有跨界关联特征的内外部数据融合决策起到重要推动作用。这里，“数据化”使得“像素”急剧扩张提升，现实世界被数据世界表达的程度日新月异。此时，人们对于数据的感测、采集和可能的应用多持开放摸索态度，这大大加速了数据积累，提升了数字经济的活跃度。进而，在“数智化”新跃迁的情境下，尽管“像素”扩张提升将继续在各行各业得到发展，但是，随着学界、业界、社会大众对于数据安全、隐私保护、数据权属、共享机制、数据要素市场等问题的日益关切，数据治理将成为一个主基调。针对“大数据杀熟”“平台垄断”“APP 过度索权”等的一系列治理举措，包括近年来出台的《中华人民共和国数据安全法》《中华人民共和国个人信息保护法》以及其他正在讨论制定的数据保护与使用相关的法律法规，将在数字经济规模发展的同时进一步提升其发展水平。换句话说，“数智化”新跃迁将在数据层面通过数据治理更追求平衡发展。

2. 算法层面

算法作为对数据进行加工处理的方式方法，通过面向活动、流程、行为等的建模，可以对现实世界的多样性、动态感和状态转换进行刻画。借助高效能计算平台等基础设施的发展，算法旨在加速这种多样融合、动态演化和转换效果的进程，以便能够多快好省地进行数据“素材”的加工处理。正如烹饪，根据备好料的食材（数据），按照特定的菜谱进行菜肴制作（算法）。进一步比喻，算法根据“像素”进行“成像”。“成像”效果既取决于“成像”技术（算法）的优劣，也取决于“像素”（数据）的质量。在大数据时代，“数据化”加速的“像素”扩张提升和海量数据积累，为算法建模和应用的繁荣提供了广袤的空间。各类算法及其应用创新渗透到经济社会活动的方方面面，大大促进了广大组织和个人的价值创造过程乃至数字经济的发展，包括数字化转型和新业态的涌现。此时，若干典型的算法形态，诸如面向大数据属性特征的多模态处理算法、支撑外部视角引入和跨界关联特征的内外数据融合算法、面向行为轨迹和个性化偏好的模式发现和推荐算法、基于人工神经元网络的深度学习算法等，进一步，在“数智化”新阶段，随着“像素”扩张提升到新的高度，“成像”将成为关注焦点。换句话说，在食材相当丰富的情况下，菜肴的制作及其水平成为重点。此时，算法成为竞争、创新、发展的核心能力，各类算法面临着全面升级，特别是算法的智能化进阶。高阶智能将成为算法层面的主基调，特别是在人机融合以及因果决策的情形下。可以看到，算法的进阶将沿着方法创新和应用创新的方向展开，若干主要的前沿课题包括：面向特定任务的智能算法设计和升级、面向任务分解聚合的分布式统计推断和联邦学习、面向自然语言处理和语义理解的智能算法设计与知识图谱构建、面向人机融合行为与决策情境的智能算法设计、面向因果推断和可解释性的智能算法创新等。特别值得一提的是，智能算法的可解释性日益受到关注。简单说来，算法的可解释性可以通过三个方面予以体现：一是算法内在生成机理的表示，二是算法携载业务逻辑的表示，三是算法反映行为模式的表示。通常，显性表示比隐性表示具有更高的可解释性。这里，具有广阔应用前景和巨大潜力的、基于深度学习的人工智能算法在可解释性方面的创新和突破，是高阶智能算法领域的主攻方向，相关进展具有重要的理论与实践意义。综上所述，“数智化”新跃迁在算法层面将通过技术方法创新进一步追求智能发展。

3. 赋能层面

信息系统赋能在不同阶段随着主题关注的变化呈现出不同的特点。“数智化”在“数据化”的基础上，更凸显出数据层面的治理和算法层面的智能，进而深刻影响着赋能及其价值创造的过程。这里从“治–智”两个方面进行简单讨论。

一方面，数据治理的加强利于促进数字经济的良性可持续发展，有助于形成健康的数字生态。在此过程中，一些现有的业务生态平衡可能受到冲击，进而需要赋能方式的转变和相关商业模式的重塑。比如，在电商类平台生态场景中，若某些个人行为和隐私数据的收集和使用受到限制，则基于这些数据的算法应用的效果甚至可行性将受到严重影响，使得以此为核心的商业模式的竞争力降低或失效。在这种情形下，平台生态各方的行为可能发生某些变化：①由于难以获得匹配消费者兴趣的商品推荐，消费者可能离开平台或转向平台的其他板块（如从匹配推荐转向关键词搜索）。②由于个性化推荐不得不转向“大众化”推荐，推荐的商品将日益呈现长尾分布特征，使得服务小众的长尾商品难以得到关注，相关商家可能选择退出平台或丧失个性化商品创新和服务的动力而转向平台上的大众商品市场。③平台的商业模式和盈利策略可能需要调整，其他业务板块（如关键词搜索、竞价广告等）的联动效应需要综合评估。④平台业态可能面临调整转型，将导致各类平台市场的竞争态势产生变化，如重构垂直专业化平台市场以及面向营销漏斗下端“刚需”程度高的市场。此外，数据治理还意味着对于数据利用（包括算法应用）上价值取向的重视，如商业伦理、社会责任、法律法规等方面。

另一方面，算法智能的加强可能冲击着一些现有的组织个体的行为理论和模式。随着具有高阶智能特征的算法设计和应用的快速发展，“机器”（即智能机器人/智能系统）将在社会经济活动中扮演越来越不可忽视的角色。机器的任务完成能力和自主决策能力的提升，使得人机融合场景成为业界和学界日益重视的话题。比如，机器行为是否可能超越人类的设计这样的问题已经引起关注，学界也在呼唤（如在 *Nature* 杂志上）开展“机器行为学”的研究（Rahwan et al.，2019），探讨人机融合场景中的人的行为、机器行为以及人机协同行为等。确实，高阶智能机器行为给经济管理领域带来的影响可能是深刻的，进而对信息系统研究的影响是不言而喻的。从传统社会科学中的心理、认知、社会网络，到管理学中的消费者行为与组织行为，再到经济学中的效用函数与理性假设等，都是关于人的认识。当机器作为一类行为和决策主体加入进来之后（即“主体转变”）（陈国青等，2020），人机共存就形成了新的场景（包括虚拟/数字孪生场景）。此时，传统的以人为对象的一系列理论和方法需要被重新审视，新的理论方法在以人机为对象的新场景中将得以构建和发展。这里，信息系统赋能主要以“智能＋”的方式开展，并以面向高阶智能的信息系统能力构建为基础。综上所述，“数智化”新跃迁在赋能层面将在“治–智”新形势下更加追求重塑与拓新。

4.4　结　束　语

本章阐释了信息系统学科领域的若干重要概念，提炼分析了信息系统研究的

“造”与“用”视角，并刻画了我国信息系统研究的阶段演化框架。从阶段跨越和主题变迁的角度出发，讨论了我国信息系统领域伴随我国改革开放和国家发展的历史进程，解析了“自动化”“集成化”“数据化”“数智化”的跃迁特征。进而，结合作者团队近年的若干研究工作，从“大数据驱动”研究方法论范式、智能方法创新、人机融合行为三个方面概述了相关的建模和求解思路。最后，针对“数智化”新跃迁，分别从数据、算法、赋能的层面讨论了信息系统研究面临的新挑战和新机遇，特别是在“治–智”关注下的前沿课题和创新空间。

本章旨在厘清对于信息系统和大数据的若干认识，分析管理决策情境下信息系统领域的研究属性、探索方向、范式转变及数据场景，并进一步洞悉数智赋能的价值创造特点。本章研究的意义主要体现在以下两个方面。首先，帮助深刻理解信息系统研究阶段演化特征，展望数智化新跃迁带来的新方向、新方法、新场景，从而为信息系统领域乃至管理学研究的未来方向和探索路径提供前瞻性启发。其次，通过推动扎根于中国管理实践并具有国际视野的信息系统研究的发展，在加速数字化转型、促进数字经济发展的进程中，充分发挥科学研究对创新发展的驱动作用，更好地贡献人类新知并服务国家发展战略。

参考文献

陈国青, 吴刚, 顾远东, 等. 2018. 管理决策情境下大数据驱动的研究和应用挑战: 范式转变与研究方向. 管理科学学报, 21(7): 1-10.

陈国青, 曾大军, 卫强, 等. 2020. 大数据环境下的决策范式转变与使能创新. 管理世界, 36(2): 95-105.

陈国青, 张瑾, 王聪, 等. 2021.“大数据–小数据”问题: 以小见大的洞察. 管理世界, 37(2): 14, 203-213.

侯炳辉, 吕文超. 1993. 我国信息系统发展道路与模式的探讨. 清华大学学报(自然科学版), (3): 107-112.

郦永达, 薛华成. 1995. 智能决策支持系统的人机接口初探. 系统工程理论与实践, (12): 29-33.

麦克法兰 W, 诺兰 R, 陈国青. 2003. IT 战略与竞争优势. 北京: 高等教育出版社.

孙华梅, 李一军, 黄梯云. 2004. 管理信息系统的发展与展望. 运筹与管理, (6): 1-5.

中共中央, 国务院. 2020. 关于构建更加完善的要素市场化配置体制机制的意见. 北京: 人民出版社.

Abadie A. 2005. Semiparametric difference-in-differences estimators. Review of Economic Studies, 72(1): 1-19.

Athey S, Imbens G W. 2019. Machine learning methods that economists should know about. Annual Review of Economics, 11: 685-725.

Booch G, Maksimchuk R A, Engle M W, et al. 2008. Object-oriented analysis and design with applications. ACM SIGSOFT Software Engineering Notes, 33(5): 29.

Davis F D. 1989. Perceived usefulness, perceived ease of use, and user acceptance of information technology. MIS Quarterly, 13(3): 319-340.

DeLone W H, McLean, E R. 1992. Information systems success: the quest for the dependent variable. Information Systems Research, 3(1): 60-95.

Deng H, Guo X H, Lim K H, et al. 2020. Human-versus computer-competitors: exploring the relationships between gamified competition and self-regulation in e-learning. Proceedings of 2020 International Conference on Information Systems(ICIS 2020).

Gane C, Sarson T. 1977. Structured systems analysis: tools and techniques. McDonnell Douglas Systems Integration Company.

Greene W. 2018. Econometric Analysis. 8th ed. New Delhi: Pearson India.

Guan Y, Wei Q, Chen G Q. 2019. Deep learning based personalized recommendation with multi-view information integration. Decision Support Systems, 118: 58-69.

Guo X H, Chen G Q. 2005. Internet diffusion in Chinese companies. Communications of ACM, 48(4): 54-58.

Guo X H, Chen G Q, Wang C, et al. 2021. Calibration of voting-based helpfulness measurement for online reviews: an iterative Bayesian probability approach. INFORMS Journal on Computing, 33(1): 246-261.

Guo X H, Wei Q, Chen G Q, et al. 2017. Extracting representative information on intra-organizational blogging platforms. MIS Quarterly, 41(4): 1105-1127.

Guo X H, Zhang M, Yang C, et al. 2016. Order effects in online product recommendation: a scenario-based analysis. In Proceedings of the 22th Americas Conference on Information Systems.

Hevner A R, March S T, Park J P, et al. 2004. Design science in information systems research. MIS Quarterly, 28(1): 75-105.

Imbens G W, Lemieux T. 2008. Regression discontinuity designs: a guide to practice. Journal of Econometrics, 142(2): 615-635.

Kline R B. 2016. Principles and practice of structural equation modeling. 4th ed. New York: Guilford Publications.

Krishnan R, Li X, Steier D, et al. 2001. On heterogeneous database retrieval: a cognitively guided approach. Information Systems Research, 12(3): 286-301.

LeCun Y, Bengio Y, Hinton G. 2015. Deep learning. Nature, 521(7553): 436-444.

Liu G N, Fu Y J, Chen G Q, et al. 2017. Modeling buying motives for personalized product bundle recommendation. ACM Transactions on Knowledge Discovery from Data, 11(3): 1-26.

Lu B, Guo X H, Luo N, et al. 2015. Corporate blogging and job performance: effects of work-related and nonwork-related participation. Journal of Management Information Systems, 32(4): 285-314.

Ma B J, Wei Q, Chen G Q, et al. 2017. Content and structure coverage: extracting a diverse information subset. INFORMS Journal on Computing, 29(4): 660-675.

Mende M, Scott M L, van Doorn J, et al. 2019. Service robots rising: how humanoid robots influence service experiences and elicit compensatory consumer responses. Journal of Marketing Research, 56(4): 535-556.

Mu Y, Wei Q, Chen G. 2021. Encoding consumer interests into product snippets with a multi-criteria optimization approach. Working Paper.

Nolan R L. 1973. Managing the computer resource: a stage hypothesis. Communications of the ACM, 16(7): 399-405.

Porter M E. 1998. Competitive Advantage: Creating and Sustaining Superior Performance. New York: Free Press.

Rahwan I, Cebrian M, Obradovich N, et al. 2019. Machine behaviour. Nature, 568(7753): 477-486.

Rai A. 2017. Avoiding type III errors: formulating is research problems that matter. MIS Quarterly, 41(2): 3-7.

Shi Y, Larson M, Hanjalic A. 2014. Collaborative filtering beyond the user-item matrix: a survey of the state of the art and future challenges. ACM Computing Surveys, 47(1): 1-45.

Sun L L, Liu C R, Chen G Q, et al. 2021. Automatic treatment regimen design. IEEE Transactions on Knowledge and Data Engineering, 33(11): 3494-3506.

Wang L L, Huang N, Hong Y, et al. 2023. Voice-based AI in call center customer service: a natural field experiment. Production and Operations Management, 32(4): 1002-1018.

Wei Q, Qiao D, Zhang J, et al. 2016. A novel bipartite graph based competitiveness degree analysis from query logs. ACM Transactions on Knowledge Discovery from Data, 11(2): 1-25.

Wu D Y, Guo X H, Wang Y, et al. 2023. A warning approach to mitigating bandwagon bias in online ratings: theoretical analysis and experimental investigations. Journal of the Association for Information Systems, 24(4): 1132-1161.

Zhang M, Guo X H, Chen G Q. 2016b. Prediction uncertainty in collaborative filtering: enhancing personalized online product ranking. Decision Support Systems, 83(1): 10-21.

Zhang M Y, Wei X, Guo X H, et al. 2019. Identifying the complements and substitutes of products: a neural network framework based on product embedding. ACM Transactions on Knowledge Discovery from Data, 13(3): 34.

Zhang Z Q, Chen G Q, Zhang J, et al. 2016a. Providing consistent opinions from online reviews: a heuristic stepwise optimization approach. INFORMS Journal on Computing, 28(2): 236-250.

Zhu R, Yi C. 2021. Avatar design in virtual reality: the effects of similarity in procedural and creative tasks. Working Paper.

Zhu R, Li T, Yi C. 2021c. Reminder design on augmented reality smartglasses: the effect of information modality on attention and work performance. Working Paper.

Zhu R, Yi C, Jiang Z. 2021b. Breaking boundaries in virtual product experience: the effects of immersive VR on information elaboration and exploration. Working Paper.

Zhu T Y, Sun L L, Chen G. 2021a. Graph-based embedding smoothing for sequential recommendation. IEEE Transactions on Knowledge and Data Engineering, 35(1): 496-508.

第三篇　大数据决策范式

第 5 章　大数据环境下的决策范式转变与使能创新①

5.1　引　　言

近十年来，大数据作为互联网、物联网、移动计算、云计算、人工智能等技术变革汇聚而成的颠覆性力量，在经济、社会、生活各个领域不断触发日新月异的变革，同时也在国家、产业、组织、个人等各个层面上重塑着管理决策的过程和方式。大数据的概念在 2010 年前后开始引起学界和业界的广泛关注。2008 年和 2011 年，*Nature* 与 *Science* 杂志分别从互联网技术、互联网经济学、超级计算、环境科学及生物医药等多个方面讨论大数据的处理与应用（Frankel and Reid，2008；Hilbert and López，2011；Staff，2011），面向大数据研究与实践的积极探索在全世界范围内广泛展开。经过数年的概念传播与普及，大数据应用在各行各业取得了令人瞩目的成效。自 2013 年以来，大数据的发展进入了渗透融合的新阶段，逐渐触及产业与经济发展的基础性机制以及经济与管理决策的基本形式。各国政府都从国家战略的层面推出新的研究规划以应对其带来的深层次挑战。2014 年欧盟发布了《数字驱动经济战略》，启动数据价值链战略计划，并资助“大数据”和“开放数据”领域的研究与创新活动。2016 年，美国在 2012 年的《大数据研究与开发计划》的基础上又发布了《联邦大数据研究与开发战略计划》，旨在围绕大数据研发的七个关键领域进行战略指导。

我国也高度重视大数据的发展，做出了一系列前瞻性的洞见和部署。2015 年党的十八届五中全会提出“实施国家大数据战略”，国务院印发《促进大数据发展行动纲要》，指出大数据是国家基础性战略资源，要加快建设数据强国。2017 年，党的十九大报告进一步强调“推动互联网、大数据、人工智能和实体经济深度融合”②。此外，政府工作报告中 2017～2019 年连续三年提及“人工智能”，2018 年政府工作报告指出“实施大数据发展行动，加强新一代人工智能研发应用”。2019 年十三届全国人大二次会议强调“拓展‘智能 + ’”和“深化大

---

①本章作者：陈国青（清华大学经济管理学院）、曾大军（中国科学院自动化所）、卫强（清华大学经济管理学院）、张明月（上海外国语大学国际工商管理学院）、郭迅华（清华大学经济管理学院）。通讯作者：郭迅华（guoxh@sem.tsinghua.edu.cn）。基金项目：国家自然科学基金资助项目（71490724，91646000）。本章内容原载于《管理世界》2020 年第 2 期。

②《习近平：决胜全面建成小康社会 夺取新时代中国特色社会主义伟大胜利——在中国共产党第十九次全国代表大会上的报告》，https://www.gov.cn/zhuanti/2017-10/27/content_5234876.htm [2017-10-27]。

数据、人工智能等研发应用”，为制造业转型升级赋能，壮大数字经济。统计数据显示，我国数字经济占 GDP 比重已经超过三分之一（见中国信息通信研究院《中国数字经济发展与就业白皮书（2019 年）》）。大数据在经济社会、政府决策、产业政策、教育、商业、运营等各方面发挥了不可或缺的作用，同时也呈现出高频实时、深度定制化、全周期沉浸式交互、跨组织数据整合、多主体协同等新特性，亟待探索新的管理决策思想和手段，以驾驭其动能、开发其价值（冯芷艳等，2013；徐宗本等，2014）。

针对大数据给管理与决策等领域所带来的新挑战，国家自然科学基金委员会管理科学部于 2015 年启动了“大数据环境下的商务管理”重大项目，以研究商务管理领域面临的新课题。同时，在整个基金委层面启动了“大数据驱动的管理与决策研究”重大研究计划，以更高规格的项目集群形式，从多学科（如管理、信息、数理、医学等）、多领域（如商务、金融、医疗健康、公共管理等）视角探索具有粒度缩放、跨界关联、全局视图特征的大数据管理决策问题。该计划的研究蓝图建立在包含决策范式、分析技术、资源治理及使能创新四个方向的全景式 PAGE 管理决策框架的基础上（陈国青等，2018）。

本章从管理决策机理与理论的基础性转变视角出发，提出决策范式面临的四个主要转变（即跨域转变、主体转变、假设转变和流程转变）以及催生的新型决策范式，即大数据决策范式。进而，围绕商务管理领域以及近年来的一系列相关研究成果，阐述大数据决策范式和使能创新所带来的价值创造（如行为洞察、风险预见、模式创新等）。

5.2 管理决策范式

在科学哲学的范畴中，范式指的是对科学的总体观点——联结科学共同体并且允许常规科学发生的一系列共享的假设、信念和价值观（Kuhn，2012；Okasha，2002）。从数据形态的角度，图灵奖得主吉姆 • 格雷（Jim Gray）将科学研究的范式分为四类，即实验范式、理论范式、仿真范式，以及数据密集型科学发现范式（data-intensive scientific discovery）（Hey et al.，2009）。近年来，随着大数据研究的不断深入，一类融合模型驱动和数据驱动的新型科学研究范式（即大数据驱动范式）形成了，通过外部嵌入、技术增强等构建新变量间映射，同时反映关联加因果的诉求（陈国青等，2018）。

除了科学研究遵循一定的范式之外，人们在管理决策的理论与实践中也普遍遵循着共同的范式。从概念上说来，决策是指为了达到一定目标或解决某个问题，设计并选择方案的过程。决策科学是建立在现代自然科学和社会科学基础上的，研究决策原理、决策过程和决策方法的一门综合性学科（Simon，1959，1979，

1997）。从这种意义上讲，管理决策范式是领域中普遍认同并采用的、个人和组织开展管理决策时所共享的理念和方法论。一般而言，管理决策范式中包含信息情境、决策主体、理念假设、方法流程等要素。

在管理决策理论发展初期，学者聚焦于围绕期望效用（expected utility）这一核心概念来分析"理性人"在风险条件下的一次决策行为。基于期望效用的决策分析模型最初出现于 1738 年伯努利对于风险测度的研究当中（Bernoulli，1954），到 1944 年冯·诺依曼（von Neumann）和莫根施特恩（Morgenstern）给出完整的公理体系，再发展到 20 世纪 60 年代的主观期望效用理论（Fishburn，1981；Schoemaker，1982），形成的丰硕成果有力地推动了管理学的发展和管理实践的进步。随后，大量实验发现了诸多偏离传统最优行为的决策偏差，一系列考虑个体认知及社会行为规律的理论被引入决策分析当中，如前景理论（Kahneman and Tversky，1979）、确定性效应（Tversky and Kahneman，1981，1986）、后悔理论（Loomes and Sugden，1982）、过度自信理论（Gigerenzer et al.，1991）等，为行为决策理论的形成奠定了基础。进而，西蒙（Simon）提出了"有限理性"标准和"满意度"原则（Simon，1984），强调在决策过程中引入个人的行为要素，如态度、情感、经验和动机等，开启了行为决策理论的新领域。与此同时，以瓦尔（Wald）为代表的学者开始使用统计决策函数作为工具来研究序贯决策，强调个体需要不断地从环境中收集新的信息来做出一系列决策，从而形成了动态决策理论（Irwin et al.，1956；Wald and Wolfowitz，1950），如马尔可夫决策过程（Bellman，1957）、贝叶斯学习过程等。此外，在动态决策过程中开始考虑个体的社会联系，分析个人偏好和集体选择之间的关系，形成了以群决策、博弈论（Luce and Raiffa，1989）、社会选择（Arrow，2012）为核心的社会决策理论。

总体而言，管理决策范式经历了由静态决策到动态决策、由完全理性决策到有限理性决策、由单目标决策到多目标决策的演化发展历程，并不断吸收统计学、计算机、心理学、社会学等相关学科的知识，既强调科学的理论和方法，也重视决策主体的积极作用。

在大数据环境下，管理决策的理论与实践正在经历一系列极为深刻的变化，管理决策范式开启了一轮新的转变。这种转变全面地体现在管理决策范式的信息情境、决策主体、理念假设、方法流程四方面要素之中。

5.3　大数据环境下的决策范式转变

在大数据环境下，管理决策正在从关注传统流程变为以数据为中心，管理决策中各参与方的角色和信息流向更趋于多元与交互，新型管理决策范式呈现出大数据驱动的全景式特点，在信息情境、决策主体、理念假设、方法流程等决策要素上发生了深刻的转变。

首先，在信息情境方面，决策所涵盖的信息范围从单一领域向跨域融合转变，管理决策过程中利用的信息从领域内延伸至领域外，即跨域转变。其次，在决策主体方面，决策者与受众的角色在交互融合，特别是决策形式从人运用机器向人机协同转变，从人作为决策主导、以计算机技术为辅助，逐渐向人与智能机器人（或人工智能系统）并重转变，即主体转变。再次，在理念假设方面，决策时的理念立足点从经典假设向宽假设，甚至无假设条件转变，支撑传统管理决策方法的诸多经典理论假设被放宽或取消，即假设转变。最后，在方法流程方面，决策从线性、分阶段过程向非线性过程转变，线性模式转变为各管理决策环节和要素相互关联反馈的非线性模式，即流程转变。具体如图 5-1 所示。以下，我们进一步围绕这四个转变及其相关研究展开讨论。

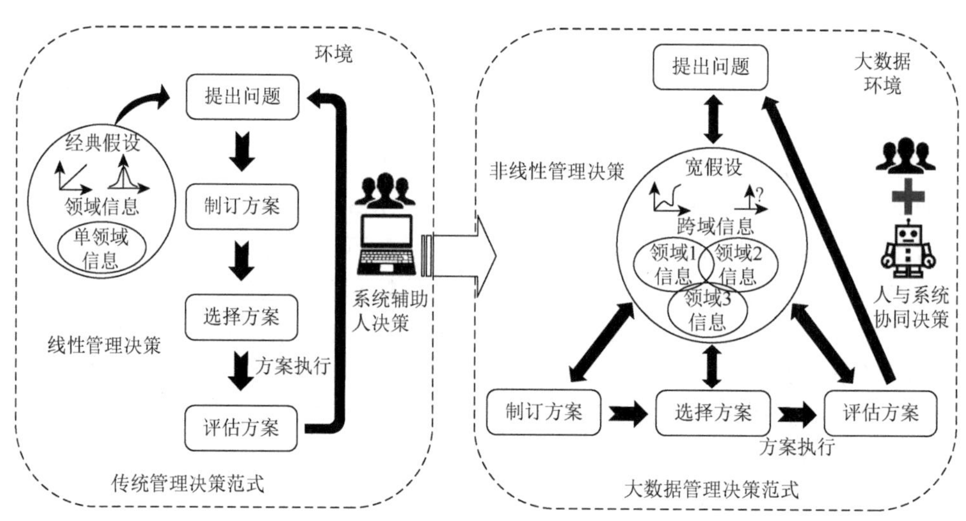

图 5-1　管理决策范式的转变

5.3.1　跨域转变

在决策理论发展演化过程中，建立决策模型所考虑的信息逐渐丰富。早期的期望效用理论忽略了人的个体差异以及环境因素。随后发展起来的行为决策理论引入了对个体行为信息的分析，动态决策方法的研究中则开始重视对环境信息的采集，而决策支持系统的提出则进一步考察了决策者与外部信息环境的交互。尽管情境信息逐渐丰富，但传统的管理决策仍然聚焦于将直接相关的特定领域情境作为解决问题的输入信息，经信息分析过程形成最终的管理决策输出。例如，在市场投资规划中，基于市场定价和交易信息刻画投资者偏好，依据企业年报内容评估投资价值及风险；在疾病检测中，以治疗为核心收集并分析病人的诊疗记录，通过病原和病理分析提取疾病特征；在公共安全管理中，结合历史活动经验和调查记录设计应急预案，借助现场监控数据进行突发事件初步分析等。

在大数据环境下，许多管理决策问题从领域内部扩展至跨域环境，公众以及其他决策相关者的信息纳入考量。这些跨域信息的补充使决策要素的测量更完善可靠，进而提升管理决策的准确性（Davenport et al.，2012；McAfee and Brynjolfsson，2012）。首先，领域外大数据与领域内传统信息的结合，使决策要素的测量更完善可靠，进而提升管理决策的准确性。其次，领域外大数据的引入，使得在经典模型中添加新的决策要素成为可能，对于不能完全用领域内信息刻画和解释的现实问题，大数据融合分析可以有效地突破领域边界，为管理决策提供大幅拓宽的视野。在管理活动的各个具体领域当中，面向各种实际问题，大数据环境下的决策研究与实践逐渐形成了立足于跨域信息环境的决策范式。支撑管理决策的信息，从单领域延伸至多领域交叉融合。

例如，在财务管理决策中，在传统的企业常规信息之外，引入了外部机构市场研究报告、新闻媒体、社交网络、行业/地区年鉴等多渠道非官方数据，并通过跨域信息的融合分析挖掘传统范式中不可测量的企业潜在价值，从而有效提升企业价值评估和投资管理决策的可靠性与准确性。如图 5-2 所示，在传统的投资管理决策中，企业财务报表等官方发布的内容是主要的决策参考信息。传统范式采用的财务三张报表（即资产负债表、现金流量表和利润表）旨在反映企业的运营能力、偿债能力和盈利能力。投资者根据对企业经营现状的判断来制定多种投资决策。然而，滞后的财务记录和传统的财务视角往往无法及时捕捉业务变化。另外，互联网环境中积累了关于用户特征、忠诚偏好、交易记录、商誉口碑等的动态大数据，基于这些信息引入的“第四张报表”可以更灵敏地反映企业的数据资产和未来价值。以用户为中心的新增报表将分散在各领域、系统中的大数据集合起来用以分析其与企业价值之间的关联，具体内容包括但不限于口碑、忠诚度、品牌、公允价值、无形资产等，因此，“第四张报表”被视为财务管理决策范式转变的关键。新型的财务管理决策范式将互联网非官方大数据与企业官方信息相结合，综合现状分析和发展预判，形成更为全面有效的价值评估和投资决策。这也标志着成形于 20 世纪初期、主导世界近百年的财务价值测量体系的转变，经济活动测量的焦点从绩效记录发展到价值创造。

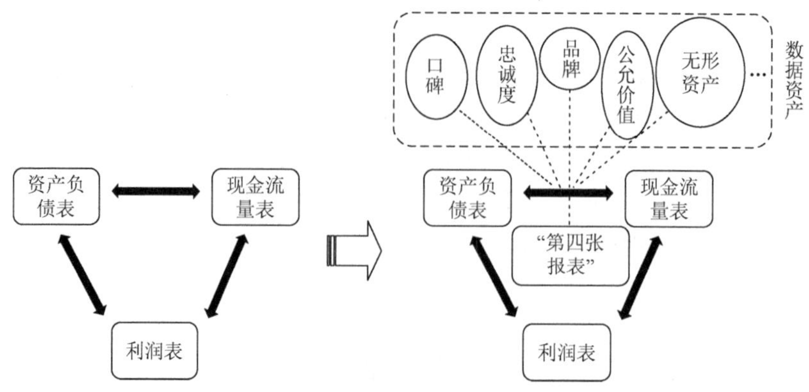

图 5-2　公司财务领域管理决策范式中的跨域转变

5.3.2　主体转变

在传统决策理论中，决策主体经历了由个人决策到组织决策、由个体决策到群体决策（如群决策、博弈论、社会选择理论）、由决策者独立决策到决策支持系统辅助决策者共同决策的转变。在大数据环境下，担任决策者的决策主体发生了重大的变革。首先，由于数据环境的繁荣和开放，部分决策受众转化成了决策主体。例如，在许多情境中，产品的消费者已经能够参与到产品的设计和生产过程中。进而，伴随着人工智能技术的迅速发展，智能系统越来越多地主动参与到决策过程之中。在某些领域，完全由智能系统和计算机算法直接做出决策已成为可能并且在实践中得到应用（如智能投顾系统、自动驾驶系统等）。决策主体不再是单一的组织或个人，而是人、组织与人工智能的结合。面向特定的管理决策问题，人与智能机器人/智能系统分工合作，共同对决策目标、方案和信息进行分析和判断，从而形成有效的决策。在这样的转变中，智能机器人/智能系统所扮演的不仅是决策支持者的角色，而是拥有部分直接决策权，甚至在某些情境下拥有完全直接决策权的主体决策者的角色。

决策主体的转变也使得智能化技术在管理决策中的作用范围延伸到了管理决策的全过程，既包括了方案的制订和选择，也涵盖了效果跟踪、评估与反馈等其他关键环节。在传统决策理论中，Simon（1984）提出决策者是“有限理性”而非“完全理性”的，主要指的是决策者无法在决策之前获取全部备选方案和全部信息。在大数据的环境下，稀缺的关键性资源不仅是数据本身，还包括处理和利用这些数据与信息的能力。一方面，大数据的可得性使得更多的决策要素能够被纳入决策方案的制订过程中，使得智能化决策变为可能，可以极大地提高决策过程效率并导致更高的一致性与透明度。另一方面，人工智能分析方法和技术可以根据完整数据集综合分析提供智能建议，对决策结果进行量化展示，这在很多情形下可以避免决策者个人的主观理解和解释偏差。随着机器行为学研究的深入（Rahwan et al.，2019）以及人机协同理论与应用的进一步发展，新型管理决策范式以人与智能机器人/智能系统共同作为决策主体，逐渐趋向于管理决策全过程的主体智能化。

一个典型的例子是在人力资源领域。在人员招聘与配置、人力资源开发和组织文化建设方面，可以通过整合多源数据，挖掘和建立人员评估、管理风险评估、组织文化合理性评估的量化模型，形成基于大数据的智能化人才管理，使得传统的基于经验性、主观性、滞后性的人力资源管理向基于分析性、客观性、前瞻性的新形式转移。如图 5-3 所示，传统的人员招聘与配置主要依靠经验判断和简单的统计分析，存在很强的主观性和模糊性。此外，在人力资源开发过程中也可能存在关注不够及时、了解不够全面等问题，因此管理动作也往往具有滞后性。基于大数据的智能化人才管理，可以利用系统中全方面的数据对人力资源管理形成一个闭环系统。在人员招聘与配置方面，通过基础人工智能能力，如自然语言处理、深度学习、语音识别等技术，实现智能简历的筛选、智能人岗匹配、人机互动面试，从而做到全流程地对整个招聘进行智能化的改造。在人力资源开发方面，能够科学识别优秀管理者与人才潜力，预判离职倾向和离职后影响，并为有针对性的人才获取、培养与保留提供智能化支持。在组织文化建设方面，通过分析部门活力和人才结构，能够科学评估组织稳定性，揭示组织间人才流动规律，为组织优化调整、高效人才激励与促进人才流动提供智能化支持，同时人工智能技术也可以及时呈现组织内外部舆情热点，智能分析外部人才市场状况，为管理者提升公司口碑，提振员工士气，为公司制定文化战略相关工作提供智能化决策。

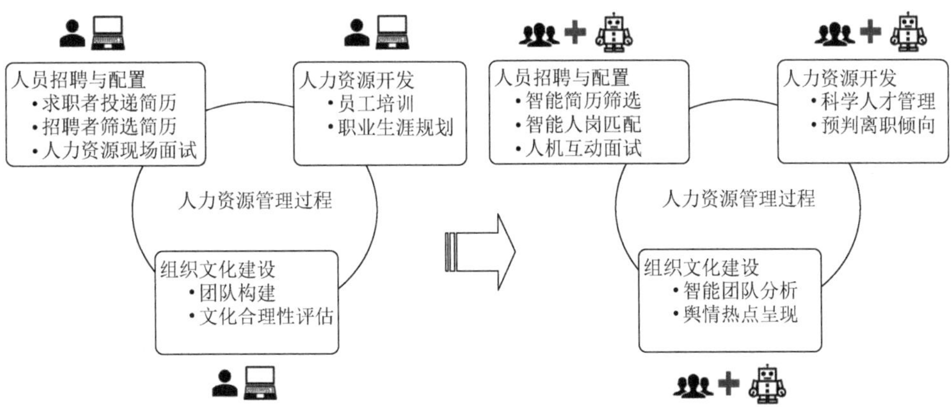

图 5-3　人力资源领域管理决策范式中的主体转变

5.3.3 假设转变

在传统管理决策中，通常需要基于领域内的经典理论假设构造模型，进而提出并解决具体的现实问题。例如，在理解消费者行为时，假设消费者的行为决策完全理性、其对商家营销的反馈遵循归因理论；在分析金融市场环境时，假设各资产收益间线性相关、价格变动遵循有效市场假说、市场主体依据效用函数进行博弈；在管理产品库存时，假设供给稳定、需求连续发生且服从某种先验分布等。这些假设在决策理论的演化过程中也在发生变化，如期望效用理论中的客观概率逐渐被主观概率替代，传统理性决策中效用最大化的假设被有限理性假设替代。但总体而言，传统管理决策长期采取的是强假设范式，大部分决策分析模型都需要较强的理论假设作为依托。

在大数据环境下，管理决策对于理论假设的依赖大幅降低。首先，大数据所提供的新途径、新手段能够帮助我们识别经典假设与现实情况之间的差异。相较于仅依据经典假设来进行建模和问题求解，结合大数据分析结果的管理决策更加准确和有效。例如，通过大数据分析拟合出产品需求的真实复杂分布情况，可以有效取代那些借助经典分布的先验假设来动态制订生产计划的方法。其次，大数据有助于放宽或消除那些为了简化问题而设置的经典假设。在传统管理决策中，人们已经意识到这些假设的局限。例如，Simon（西蒙）在决策过程中引入个人的态度、情感等行为要素，即是试图突破理性人假设对决策理论的制约，但由于观测手段和数据可得性的限制，传统决策理论仍然难以摆脱这类基础假设的限制。直到大数据环境的形成，更丰富信息的可测可获，才使得这些局限被打破、视角被放宽。例如，基于竞价行为数据，可以构建可迭代更新的决策模型，以突破市场主体效用函数的不准确性和不可观测性。

假设转变的一个典型例子是运营管理决策。对于库存管理等典型运营管理决策问题，可以根据具体问题的情境特点建立不依赖于传统特定假设的新模型，并借助大数据及其分析方法来完成模型求解和影响机理探究，进而提升管理决策效果。如图 5-4 所示，供应链中的企业在其库存管理决策中，需要考虑产品供给、需求、库龄等多种因素，通过构建并求解优化模型来指导现实决策。为使优化模型具有较好的数学形式和性质，进而可计算出显式解，传统范式预先对各因素的属性特征和概率分布进行的简化假设（如订货点法），可能与现实情况和精准决策生成相距较远。例如，传统的订货点法假设供给已知且稳定、需求连续发生且服从先验分布、库龄统一等，但在实际情况中产品的特殊性可能导致供给不可靠、需求分布可变、多库龄共存等复杂特性。在大数据驱动的新型管理决策范式中，领域大数据的获取使库存管理优化模型得以纳入上述更多可测因素，大数据分析方法和技术也能够支撑更复杂模型的求解。

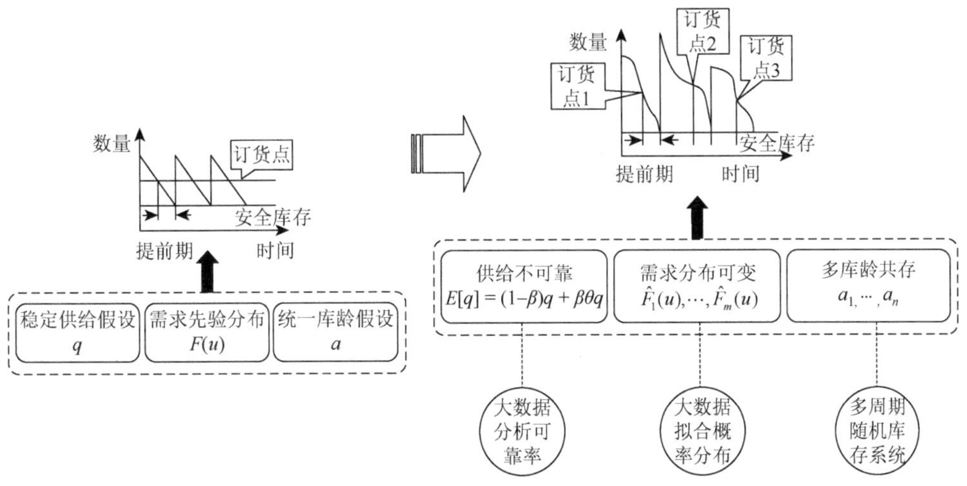

图 5-4　库存管理领域决策范式中的假设转变

5.3.4　流程转变

传统管理决策通常遵循线性的过程展开，按照提出问题、制订方案、选择方案、评估方案等环节按步骤生成解决特定问题的决策结果。在决策理论发展历程中，对决策过程的划分不断细化。早期的观点将决策的过程分为“初步讨论”“深入讨论”“解决问题”三个前后衔接的阶段［由哲学家 Condorcet 提出，参见 Hansson（1994）］。在此基础上，许多学者对决策过程模型进行了扩充和修正，代表性学者有 Simon（1960）、Mintzberg 等（1976）和 Brim（1962）（图 5-5）。尽管在各个决策阶段的划分和名称上有所不同，这些模型都认为决策是线性、分阶段的过程，也一直在管理决策实践中被广泛应用。例如，在分析消费者行为时广泛采用的“营销漏斗”理论（Elzinga et al.，2009），根据行为数据判断消费者所处购物阶段，进而依次在其各后续阶段实施针对性营销；在实现健康管理时，结合患者入院后的临床记录和面对面交流内容依次对其进行疾病诊断与治疗，再基于诊疗效果提供院外护理建议。

在大数据环境下，线性流程的适用性和有效性显著降低。首先，大数据及其融合分析方法使全局刻画成为可能，现实情境常具有多维交互、全要素参与的特征，且涉及的问题往往复杂多样，使实现多维整合并能针对不同决策环境进行情

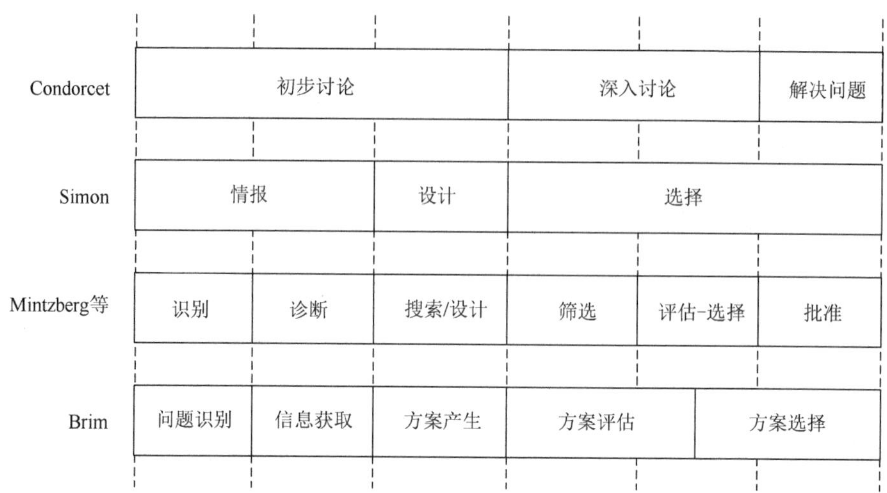

图 5-5　传统决策理论中的决策阶段划分（Hansson，1994）

境映现和评估的非线性流程更为适用，如通过融合患者各方面健康信息为其在疾病前、中、后期制订不同的健康管理方案。其次，大数据“流”的特性支持对现实场景中各要素间动态交互的刻画，能发现非线性、非单向的状态变化并对管理决策进行相应的动态调整，因此信息的实时捕捉和反馈令新型范式更及时有效，如根据灾害现场的实时信息监测和措施反馈动态生成应急疏散路线。为了提升管理决策范式在新情境下的效力，面向连续、实时、全局决策且允许信息反馈的非线性流程转变应运而生。

流程转变的一个典型例子体现在营销领域中。传统“营销漏斗”理论的“意识—考虑—购买—忠诚—宣传”模式对应着“吸引—转化—销售—保留—联系”的线性步骤和策略。在大数据环境中，可以构建以消费者为中心的消费市场大数据体系，通过对其线上购物行为的全景式洞察形成面向消费者全生命周期、非线性的市场响应型营销管理决策新模式。这种传统的线性管理决策流程往往导致生成被动、滞后的营销策略，且因缺少对消费者所处购物场景的全局洞察而具有较低的灵活性和准确性。大数据分析结果表明，消费者在营销漏斗的各个阶段间的转换率和转换方向具有高度随机性，因此通过实时分析技术可以显著缩短信息获取和处理周期，令数据融合、全景洞察、智能策略、长效评价等各环节迭代进行，对动态信息进行即时判断和实时响应，并通过决策结果与消费者的最新交互反馈回流来修正模型中有关阶段转换概率的假设和分布，从而通过新型非线性流程准确分析消费者行为、优化管理决策效果。具体如图 5-6 所示。

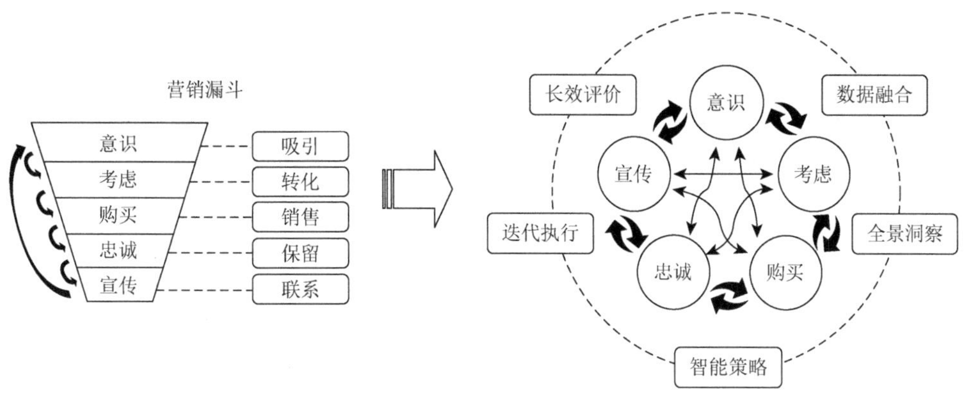

图 5-6　营销领域管理决策范式中的流程转变

5.4　大数据决策范式的使能创新

新型大数据决策范式激发了一批大数据使能的管理研究与应用，相关的研究方向包括机器人行为学与智能技术增强的管理决策行为、企业大数据能力培养及战略性数据应用、面向数据市场的商业价值建模与评估、大数据环境下的市场新机会发现、基于大数据共享的新型企业协作与联盟建模、新兴移动商务模式下社会化互动模式的创新扩散机理、用户生成内容对金融市场表现的影响机制、基于大数据全景式洞察的“智慧零售”等。

下面重点围绕商务管理领域的近期研究（国家自然科学基金资助项目71490724），从行为洞察、风险预见和模式创新三个方面归纳与讨论基于大数据决策范式和使能创新的价值创造。其中，行为洞察指的是基于对大数据的分析，发现不同领域中个体或组织潜在的有价值的行为模式或模式演化路径，更深入地认识事物的真实状态和事物间的影响关系；风险预见指的是借助大数据从多个维度动态跟踪行为/事件/行业的变化，更系统、精确、及时地评估和监测潜在风险；模式创新指的是通过构建大数据能力，持续驱动服务、决策和应用模式的推陈出新。

5.4.1　行为洞察

在商务领域，一个关键性的管理挑战在于识别不同层次对象（如消费者、企业等）潜在的、有价值的行为/活动模式，以及不同模式的演化过程。传统研究中，对行为模式的分析往往依据现有理论或实践经验。通过对不同领域的大规模、细粒度的数据进行分析，为更科学、及时、精确的行为或活动规律洞察赋能。

在基于开放媒体数据的市场新机会发现方面，搜索引擎由于其用户的广播性和通用性，是一类非常重要的大数据的来源，对于了解和分析市场用户的意图、动态、潜在模式等都具有重要的意义。相关研究通过将搜索日志数据作为深度了解和感测市场用户对品牌与公司的竞争性和竞争强度的一个重要数据来源，设计了相应的竞争者识别的测度，提出了基于随机游走的识别模型，从而智能识别出反映市场用户意图和认知的竞争品牌（Wei et al.，2016）。

在大数据信息搜索服务领域，面对迅速发展的互联网电子商务环境，即使有高性能搜索引擎的帮助，对于在线电子商务平台和消费者而言，仍需面对数据过载的现象，如成千上万条有效搜索结果，成百上千条在线评论等。如何从大数据集合中提取出最优价值的小集合是大数据洞察的一个重要挑战。针对这一问题，相关研究从三个不同的信息维度（覆盖性、冗余性、结构性）设计新颖的测度来评价数据集合的整体质量，洞察代表性意见和用户意见分布情况（Ma et al.，2017）。

此外，从用户行为机理的视角，相关研究探索了用户个体使用社会媒体的行为动机，针对社会媒体具有满足某些心理需求的可供性，在自我决定和心理所有权的理论基础上，识别出五种心理需求，并基于 Facebook 的行为记录数据发现人们会通过使用具有不同可供性特征的社交媒体来满足这些心理需求（Karahanna et al.，2018）。在组织内新型信息系统应用的场景下，研究工作结合社会网络视角分析了新信息系统的用户采纳行为，通过综合分析医院电子病历系统使用数据，发现寻求型网络闭包和给予型网络闭包特征对用户的后采纳行为具有关键性的影响（Wu et al.，2017）。在移动互联网场景下，研究工作基于移动应用程序的多样化使用行为数据，分析了用户在移动应用程序的消费过程中的探索行为，发现具有强烈探索倾向的个体表现出寻求多样性、冒险和更高参与度的行为模式，流行度较低的移动应用程序具有更大的可激发个人探索行为的潜力（He and Liu，2017），借助这些对用户行为特征的洞察，移动应用程序的功能体验设计能够得到有效的持续改进。在旅游管理领域，研究者利用多渠道的旅游景点评论数据，从评论可读性和评论作者的情感习惯倾向等角度，探索了影响用户对评论有用性进行投票的因素，识别出用户对评论有用性投票时的行为模式（Fang et al.，2016），从而为有效理解和开发用户投票信息的潜在价值提供机理上的依托。

可以看到，上述研究所面临的相关问题包含着不同的决策情境，涉及不同的决策理论和过程。从大数据决策范式的视角审视，也呈现出不同的决策要素转变。例如，在竞争者识别问题中引入用户意图和兴趣等信息体现了管理决策的跨域特点。同时不再依赖于业务领域的既有知识和基本假设来设定竞争者的范围也体现了宽假设特点。在搜索行为洞察问题中，提出的智能算法作为决策主体的一部分，与决策者共同完成信息凝练的决策，也在一定程度上体现了智能主体特点。此外，在移动应用使用行为问题中，借助对用户使用行为的实时洞察，应用功能设计决策成为动态持续过程，呈现出非线性特点。

5.4.2　风险预见

风险评估与监测是管理决策中的重要议题。传统管理决策中的风险预见主要依托于领域知识，选择既定的风险评估方法并设置相对固定的风险预警阈值。通过大数据能力构建，可以更加高效、精准地对不同领域中个体、企业以及行业存在的风险进行评估、监测和实时预警。

从企业运营和绩效的角度，相关研究发现企业应用系统可以有助于减少企业风险。在外部环境剧烈波动的情况下，基于企业应用系统的配置决策影响是非线性的，即模块配置数量存在一个最优值，而非越多越好（Tian and Xu，2015）。此外，在运营透明度、内部信息环境、审计质量和效率等方面（Pincus et al.，2017），企业应用系统与市场资本环境存在内在因果关系，可以据此进行企业风险评估和检测。再者，通过设计组织内社会化媒体平台的代表性信息提取方法，为组织内更有效地发现“群体智慧”和监控舆情以更好地支持决策提供了有力支撑，从而降低了组织内风险（Guo et al.，2017）。

在企业信息技术投资风险管理方面，相关研究从信息技术治理体系入手，探讨了所有权集中所带来的治理效应，分析了企业治理与信息技术投资的因果关系，发现企业在做信息技术投资决策时，一般默认以行业平均水平为锚定，但这并不一定是经济上最优的决策，而偏离锚定的信息技术投资需要配备充分的治理动机和能力才能真正形成正向的经济影响（Ho et al.，2017）。进一步的研究分析了企业如何通过实施信息技术来减弱其在资本市场中表现的信息不确定性（information uncertainty，IU）。信息不确定性理论认为，资本市场的弱有效性可以部分归因于企业披露信息的不确定性，即信息中可能存在的波动性。研究发现企业应用系统的实施能够通过减缓两种导致产生信息不确定性的因素从而降低这种不确定性，包括基本面波动、企业内部信息噪声（Jia et al.，2020）。此外，对于建立强制性信息安全标准是否能够有效地降低企业的安全风险的问题，研究发现更高的安全标准并不一定会带来更高的公司安全性（Lee et al.，2016）。

同样，上述问题和决策情境也呈现出不同的决策要素转变特点。例如，企业应用系统与市场资本环境的关系研究突出体现了跨域信息特点；组织内社会化媒体平台的代表性信息提取问题和求解具有宽假设与主体智能的特点；企业治理与信息技术投资相关问题则在一定程度上反映出宽假设和非线性过程的特点。

5.4.3　模式创新

在不同领域，大数据持续驱动传统决策方式、服务模式或者商业模式的转变。

通过大数据能力构建和使能创新，新的服务/商业模式不断涌现。作为新兴互联网商务的一个典型场景，传统的零售模式得到升级重塑，通过综合运用物联网、云计算、人工智能等技术手段，形成线上线下深度融合的零售新模式。在这样的新模式下，迫切需要探索如何在多个决策点融入大数据应用，实现围绕“产品＋服务＋社交”的管理决策优化。

在高维内外大数据的用户辨识以及环境要素建模方面，相关研究从个性化推荐的角度入手，通过融合更多的用户行为信息以提高推荐的准确率并创新业务推荐模式（He et al.，2019；He and Liu，2017；Liu et al.，2017；Wang et al.，2016）。同时，考虑用户消费过程中的探索行为，设计基于目标的探索性模型可以发现探索倾向模式以及移动应用的特点（He and Liu，2017）；考虑浸入理论（involvement theory），设计整合下载和浏览行为的新颖推荐策略（He et al.，2019）；考虑产品关系以及组合购买动机，设计基于概率图模型的新的捆绑推荐策略（Liu et al.，2017）。此外，通过分析异质性消费者的在线搜索行为，设计预测消费者搜索增益等智能算法，从而可以帮助消费者解决“何时停止”的问题，并在此基础上设计更优的推荐模式（Wang et al.，2016）。

在新兴商务模式下的社会影响机制分析中，相关研究揭示了商家突出展示某选定用户点评并注明此点评的营销性质等对消费者决策的影响。这种新型的营销策略有两种互相抵触的效果，一是凸显效应，即页面上更显著的信息往往更能让人记住，并对人的判断有更大的影响。二是消费者可能生成的怀疑心理带来的负面作用（Yi et al.，2019）。针对在线评论的有用性问题，研究工作将评论意见的一致性引入建模和分析中，形成更为新颖全面的代表性评论意见的提取方法和展示策略（Zhang et al.，2016）。同时，研究发现企业在社交媒体上与消费者的互动能够深刻影响消费者未来的满意度；尤其对于当前满意度较低的消费者来说，商家对消费者发布在社交媒体中的抱怨内容进行及时回复可以显著提高该部分顾客未来的满意度（Gu and Ye，2014）。在广告模式创新的研究中，通过分析电商广告在吸引顾客流量中的竞争作用，发现如果考虑电商广告的抵消作用，竞争的电商企业应该选择不同的广告规模，从而削弱价格竞争，增加利润。广告成本降低会导致电商企业增加广告规模，但是未必会导致更激烈的价格竞争，企业利润也未必会增加（Wen and Lin，2019）。在移动数据服务模式创新的研究中，对于如何影响潜在的用户创新者参与并鼓励现有的用户创新者再次进行创新的问题，相关研究发现预期的外在奖励会影响潜在的和实际的用户创新者的创新意图，其中潜在的用户创新者比实际的创新者更重视预期的外在奖励。但是，预期的认可和移动服务平台的工具性支持仅仅影响实际的用户创新者，而预期的享乐感仅影响潜在的用户创新者（Kankanhalli et al.，2015）。在基于社会化协作的众包模式分析以及新兴业态建模方面，针对众包平台的最优定价模式的研究发现，在实践中广泛使用的线性费用模式并不是最优的，建模分析发现服务费应该是任务奖金的递增凹函数，即平台应该降低高额竞赛的费率。此外，众包平台中竞赛数量和参赛者数量应该保持在一个最佳比例，以提高整个平台的收益（Wen and Lin，2016）。

类似地，上述研究工作也反映出管理决策范式转变的不同情境。例如，高维内外大数据的用户辨识以及环境要素建模问题突出体现了跨域信息特点；捆绑销售策略以及异质消费者搜索增益预测问题，呈现出鲜明的主体智能特点；新兴商务模式下的社会影响机制问题在一定程度上体现了非线性和宽假设特点。

5.5　结　束　语

大数据作为一次颠覆性的理念、模式和技术革命，给个人管理决策、组织管理决策、社会与政府管理决策等方面都带来了巨大的冲击和挑战。在此背景下，本章首先凝练出大数据决策范式在信息情境、决策主体、理念假设、方法流程四个方面的标志性转变。进一步，本章以商务决策和管理为场景，具体分析了上述四个方面的转变和影响，讨论了大数据使能创新的价值创造与模式创新的相关研究成果。

本章的总结和凝练工作，有助于在大数据决策范式和使能创新方面进行更广泛深入的学术探索和应用实践。一方面，随着大数据在不同领域应用的深化，大数据决策范式的共性特征逐步显现；另一方面，信息数据、智能技术、环境演变和人的深度融合开始显现，并对管理决策研究和实践造成持续性冲击，也为今后的探索和创新提供了广袤的空间。进一步研究可在本章基础上，面向未来，着力于构建科学完整的管理决策新理论和新模型，并构建应用实践的新规范和新标准。

参考文献

陈国青, 吴刚, 顾远东, 等. 2018. 管理决策情境下大数据驱动的研究和应用挑战: 范式转变与研究方向. 管理科学学报, 21(7): 1-10.

冯芷艳, 郭迅华, 曾大军, 等. 2013. 大数据背景下商务管理研究若干前沿课题. 管理科学学报, 16(1): 1-9.

徐宗本, 冯芷艳, 郭迅华, 等. 2014. 大数据驱动的管理与决策前沿课题. 管理世界, (11): 158-163.

Arrow K J. 2012. Social Choice and Individual Values. 3rd ed. Haven: Yale University Press.

Bellman, R. 1957. A Markovian decision process. Indiana University Mathematics Journal, 6(4): 679-684.

Bernoulli D. 1954. Exposition of a new theory on the measurement of risk. Econometrica, 22(1): 23-36.

Brim O G. 1962. Personality and Decision Processes: Studies in the Social Psychology of Thinking. Stanford: Stanford University Press.

Davenport T H, Barth P, Bean R. 2012. How 'big data' is different. Sloan Management Review, 54(1): 43-46.

Elzinga D, Court D, Mulder S, et al. 2009. The consumer decision journey. McKinsey Quarterly, 3(3): 96-107.

Fang B, Ye Q, Kucukusta D, et al. 2016. Analysis of the perceived value of online tourism reviews: Influence of readability and reviewer characteristics. Tourism Management, 52: 498-506.

Fishburn P C. 1981. Subjective expected utility: a review of normative theories. Theory and Decision, 13(2): 139-199.

Frankel F, Reid R. 2008. Big data: distilling meaning from data. Nature, 455(7209): 30.

Gigerenzer G, Hoffrage U, Kleinbölting H. 1991. Probabilistic mental models: a Brunswikian theory of confidence. Psychological Review, 98(4): 506-528.

Gu B, Ye Q. 2014. First step in social media: measuring the influence of online management responses on customer satisfaction. Production and Operations Management, 23(4): 570-582.

Guo X H, Wei Q, Chen G Q, et al. 2017. Extracting representative information on intra-organizational blogging platforms, MIS Quarterly, 41(4): 1105-1127.

Hansson S O. 1994. Decision theory: a brief introduction. Technical Report, Department of Philosophy and the History of Technology, Royal Institute of Technology.

He J N, Fang X, Liu H Y, et al. 2019. Mobile app recommendation: an involvement-enhanced approach. MIS Quarterly, 43(3): 827-849.

He J N, Liu H Y. 2017. Mining exploratory behavior to improve mobile app recommendations. ACM Transactions on Information Systems, 35(4): 1-37.

Hey T, Tansley S, Tolle K. 2009. The fourth paradigm: data-intensive scientific discovery//Kurbanoğlu S, Ai U, Erdoğan P L, et al. E-Science and Information Management. Berlin: Springer.

Hilbert M, López P. 2011. The world's technological capacity to store, communicate, and compute information. Science, 332(6025): 60-65.

Ho J, Tian F, Wu A, et al. 2017. Seeking value through deviation? Economic impacts of IT overinvestment and underinvestment. Information Systems Research, 28(4): 850-862.

Irwin F W, Smith W A S, Mayfield J F. 1956. Tests of two theories of decision in an 'expanded judgment' situation. Journal of Experimental Psychology, 51(4): 261-268.

Jia N, Rai A, Xu S X. 2020. Reducing capital market anomaly: the role of information technology using an information uncertainty lens. Management Science, (2): 979-1001.

Kahneman D, Tversky A. 1979. Prospect theory: an analysis of decision under risk. Econometrica, 47(2): 363-391.

Kankanhalli A, Ye H, Teo H H. 2015. Comparing potential and actual innovators: an empirical study of mobile data services innovation. MIS Quarterly, 39(3): 667-682.

Karahanna E, Xu S X, Xu Y, et al. 2018. The needs–affordances–features perspective for the use of social media. MIS Quarterly, 42(3): 737-756.

Kuhn T S. 2012. The Structure of Scientific Revolutions: 50th Anniversary Edition. Chicago: University of Chicago Press.

Lee C H, Geng X J, Raghunathan S. 2016. Mandatory standards and organizational information security. Information Systems Research, 27(1): 70-86.

Liu G N, Fu Y J, Chen G Q, et al. 2017. Modeling buying motives for personalized product bundle recommendation. ACM Transactions on Knowledge Discovery from Data, 11(3): 1-26.

Loomes G, Sugden R. 1982. Regret theory: an alternative theory of rational choice under uncertainty. The Economic Journal, 92(368): 805-824.

Luce R D, Raiffa H. 1989. Games and Decisions: Introduction and Critical Survey. New York: Dover Publications.

Ma B J, Wei Q, Chen G Q, et al. 2017. Content and structure coverage: extracting a diverse information subset. INFORMS Journal on Computing, 29(4): 660-675.

McAfee A P, Brynjolfsson E. 2012. Big data: the management revolution. Harvard Business Review, 90(10): 60-66, 68, 128.

Mintzberg H, Raisinghani D, Theoret A. 1976. The structure of 'unstructured' decision processes. Administrative Science

Quarterly, 21(2): 246-275.

Okasha S. 2002. Philosophy of science: a very short introduction. Oxford: Oxford University Press .

Pincus M, Tian F, Wellmeyer P, et al. 2017. Do clients' enterprise systems affect audit quality and efficiency? . Contemporary Accounting Research, 34(4): 1975-2021.

Rahwan I, Cebrian M, Obradovich N, et al. 2019. Machine behaviour. Nature, 568(7753): 477-486.

Schoemaker P J H. 1982. The expected utility model: its variants, purposes, evidence and limitations. Journal of Economic Literature, 20(2): 529-563.

Simon H A. 1959. Theories of decision-making in economics and behavioral science. The American Economic Review, 49(3): 253-283.

Simon H A. 1960. The new science of management decision. New York : Harper & Brothers.

Simon H A. 1979. Rational decision making in business organizations. The American Economic Review, 69(4): 493-513.

Simon H A. 1984. Models of Bounded Rationality: Economic Analysis and Public Policy. Cambridge: MIT Press.

Simon H A. 1997. Administrative Behavior. 4th ed. Bloomington: Free Press.

Staff S. 2011. Challenges and opportunities. Science, 331(6018): 692-693.

Tian F, Xu S X. 2015. How do enterprise resource planning systems affect firm risk? Post-implementation impact. MIS Quarterly, 39(1): 39-60.

Tversky A, Kahneman D. 1981. The framing of decisions and the psychology of choice. Science, 211(4481): 453-458.

Tversky A, Kahneman D. 1986. Rational choice and the framing of decisions. The Journal of Business, 59(4): S251-S278.

von Neumann J, Morgenstern O. 1944. Theory of Games and Economic Behavior. Princeton: Princeton University Press.

Wald A, Wolfowitz J. 1950. Bayes solutions of sequential decision problems. The Annals of Mathematical Statistics, 21(1): 82-99.

Wang H, Guo X H, Zhang M Y, et al. 2016. Predicting the incremental benefits of online information search for heterogeneous consumers. Decision Sciences, 47(5): 957-988.

Wei Q, Qiao D D, Zhang J, et al. 2016. A novel bipartite graph based competitiveness degree analysis from query logs. ACM Transactions on Knowledge Discovery from Data, 11(2): 1-25.

Wen Z, Lin L H. 2016. Optimal fee structures of crowdsourcing platforms. Decision Sciences, 47(5): 820-850.

Wen Z, Lin L H. 2019. Pricing or advertising? A game-theoretic analysis of online retailing. Journal of the Association for Information Systems, 20(7): 858-886.

Wu Y, Choi B C F, Guo X T, et al. 2017. Understanding user adaptation toward a new IT system in organizations: a social network perspective. Journal of the Association for Information Systems, 18(11): 787-813.

Yi C, Jiang Z H, Li X P, et al. 2019. Leveraging user-generated content for product promotion: the effects of firm-highlighted reviews. Information Systems Research, 30(3): 711-725.

Zhang Z Q, Chen G Q, Zhang J, et al. 2016. Providing consistent opinions from online reviews: a heuristic stepwise optimization approach. INFORMS Journal on Computing, 28(2): 236-250.

第 6 章　机器学习与用户行为中的偏差问题：知偏识正的洞察①

6.1　引　　言

面向大数据的科学研究和实践探索在全世界范围内广泛展开，推动了传统管理决策范式向大数据决策范式转变，促进了大数据赋能的价值创造和模式创新，已成为国家发展和数字经济的新引擎（徐宗本等，2014；陈国青等，2020）。对此，我国在战略层面上予以了高度重视和前瞻部署。《中华人民共和国国民经济和社会发展第十四个五年规划和 2035 年远景目标纲要》将大数据列入重点产业，强调推动大数据采集、清洗、存储、挖掘、分析、可视化算法等技术创新，培育数据采集、标注、存储、传输、管理、应用等全生命周期产业体系②。

在大数据环境下，基于数据和算法的管理决策广泛使用机器学习方法，利用用户行为数据来训练模型，从而构建并持续改进具备高度预测力和决策支撑力的智能系统。在经济社会活动中，机器学习广泛融合应用，与用户形成紧密的交互，因而也对用户个体及组织的行为产生了深远的影响。由此带来的一个严峻的挑战，即机器学习与用户行为中的偏差问题，这已然成为亟待突破的基础瓶颈。一方面，用户行为表现中存在诸多不准确、不完整、不一致的情形，经数据化后会形成有偏的用户行为数据。例如，基于 4200 万个真实产品评分数据的一项研究表明，用户在发布产品评分时，会受到历史评分产生的社会效应（social influence）影响，从而靠拢或远离平均评分，而并非完全基于自身的个性化产品体验（Zhang et al.，2017）。另一方面，机器学习算法构造在本质上是拟合逼近的模型，其输出结果难以避免地存在误差和不确定性。例如，在典型的协同过滤产品推荐方法中，算法通过分析用户以及产品之间的相似性以识别目标用户可能喜欢的产品，因而其推荐的准确度必然受到相似用户、相似产品数量及相似程度的制约（Zhang et al.，2016）。

---

① 本章作者：郭迅华（清华大学经济管理学院）、吴鼎（对外贸易经济大学信息学院）、卫强（清华大学经济管理学院）、陈国青（清华大学经济管理学院）。通讯作者：卫强（weiq@sem.tsinghua.edu.cn）。基金项目：国家自然科学基金资助项目（91846000，92146006）。本章内容原载于《管理世界》2023 年第 5 期。

② 《中华人民共和国国民经济和社会发展第十四个五年规划和 2035 年远景目标纲要》，http://www.gov.cn/xinwen/2021-03/13/content_5592681.htm[2021-03-13].

进一步而言，机器学习和用户行为中的偏差可以通过人机交互、数据采样等过程相互影响，导致偏差的持续扩散与放大。例如，在搜索引擎提供的结果列表中，排名越靠前的网页越可能被用户点击，继而在之后的搜索结果中越可能排名靠前，从而导致流行的愈加流行（Chapelle and Zhang，2009）。此外，上述由社会效应引发的用户评分数据偏差，一旦进入训练样本，会进一步被机器学习模型习得，导致多种主流算法对于用户评分预测的准确性显著下降（Zhang et al.，2017）。

在人机深度交互融合中，模型偏差和行为偏差对于组织与个体而言意味着管理决策的偏误。对于业务运营而言，诸多企业的商业模式设计和产品服务创新在很大程度上依赖于数据与算法的赋能。例如，推荐算法应用成为各类网络商务平台（如电商平台、自媒体平台等）的关键成功因素，在提升点击率和转化率等流量经营以及个性化方面发挥着核心作用，并产生巨额商业价值①。近年来，在数智化新跃迁的背景下（陈国青等，2022），管理决策中的偏差问题日益受到业界关注，热点议题包括偏差的商业影响警示②、行为数据的检测和过滤策略③，模型偏差的监测和纠正（Bellamy，2019）等。同时，在 KDD CUP（Knowledge Discovery in Data Cup，数据知识发现金杯赛）等国际知名数据挖掘类大赛中，也特别设立了“去偏”专题，以推动解决电商场景下的偏差问题④。

从用户决策的角度来讲，模型偏差通过人机交互过程也会误导用户认知，干扰用户体验，影响决策效果。例如，电商平台上有偏的产品推荐可能误导消费者的购买决策，弱化客户满意度和品牌口碑；流媒体平台上有偏的内容推荐可能将用户引入有偏的信息环境，引发“信息茧房”等困境（Kotkov et al.，2016）；情境推演中有偏的政策推荐可能造成要素识别不清、舆情疏导不畅、趋势研判不准等后果（张楠等，2019；Grimmelikhuijsen and Meijer，2022）。特别值得一提的是，人机交互中的偏差问题，也成为我国数字经济发展中数据治理（包括算法治理）的重要议题。例如，国家互联网信息办公室等在 2022 年出台了《互联网信息服务算法推荐管理规定》⑤，明确要求“算法推荐服务提供者应当定期审核、

---

① The retail industry is more dynamic than ever. US retailers must evolve to succeed in the next decade，https://www.mckinsey.com/industries/retail/our-insights/how-retailers-can-keep-up-with-consumers[2023-10-01].

② Myths aside, artificial intelligence is as prone to bias as the human kind. The good news is that the biases in algorithms can also be diagnosed and treated，https://www.mckinsey.com/capabilities/risk-and-resilience/our-insights/controlling-machine-learning-algorithms-and-their- biases[2017-11-10].

③ What Do Amazon’s Star Ratings Really Mean?，https://www.wired.com/story/amazon-stars-ratings-calculated/[2019-05-25].

④ KDD Cup 2020 Challenges for Modern E-Commerce Platform:Debiasing，https://tianchi.aliyun.com/competition/entrance/231785/introduction[2020-06-16].

⑤ 《互联网信息服务算法推荐管理规定》，http://www.cac.gov.cn/2022-01/04/c_1642894606364259.htm[2022-01-04].

评估、验证算法机制机理、模型、数据和应用结果等”“并优化检索、排序、选择、推送、展示等规则的透明度和可解释性，避免对用户产生不良影响”。

机器学习与用户行为中的偏差问题关系到数智化管理研究与实践的底层逻辑，其内涵丰富、成因广泛、机理复杂、治理困难，存在着重大的研究挑战。近些年来，学界围绕各种管理场景，针对不同偏差类型，开展了一系列研究，探索相关的现象揭示、机理刻画和干预治理。现有研究视角多样，但方向零散，不利于形成对于偏差问题的系统性认知与体系性解决方案。因此，本章旨在对机器学习与用户行为中的偏差问题进行系统性的讨论，界定分析其科学内涵、结构机理、性质特征和实践影响，并对若干前沿探索和重要进展进行梳理凝练，进而对研究与实践的未来方向进行前瞻展望，为学界研究和业界应用提供“知偏识正”的洞察。本章的贡献可以概括为三个方面：第一，对机器学习与用户行为中的偏差结构进行刻画，提炼出四类基本偏差及其循环机制，并通过形式化表示呈现偏差问题的一般性特征。第二，结合作者团队的相关工作，对偏差问题的若干挑战和研究探索进行阐释，通过具象化描述呈现问题建模和求解路径的学理思路。第三，对偏差问题研究的未来方向和可能议题进行展望，通过前瞻性视野呈现值得学界和业界进一步关注的学术空间与管理创新。

6.2 数智化管理情境中的机器学习与用户行为

在各类网络商务平台上，用户的各类特征和行为被详细地记录下来，形成丰富细致的用户行为数据，包括行为活动数据（如点击、购买、分享、创作等活动记录）和内容数据（如在线评论、微博动态、知识问答等用户生成内容）。这些用户行为数据经过整合清洗并进行必要的抽样采集，被用于机器学习模型的学习与训练，以揭示特定的行为模式与逻辑关联，从而构建出具有强大预测能力的数智化管理与决策系统。在各类商务场景中，基于大数据的智能系统提供智能化的预测、个性化的推荐，并经常作为用户代理或者辅助用户进行决策。在接收到系统所提供的智能化预测、个性化推荐及决策信息后，用户基于此产生各类行为与决策，进而形成新的用户数据。这一循环反馈的流程构成了数智化管理与决策系统的基本逻辑结构和生态框架内核。图 6-1 概括了数智化管理情境中机器学习算法与用户行为数据的角色和关联。

以电子商务场景下的推荐系统为例（Adomavicius and Tuzhilin，2005；Li and Karahanna，2015）：电商网站搜集用户的活动轨迹数据（如搜索记录、浏览轨迹、购买记录等）和用户生成内容（如商品评论、卖家信誉评分、在线投票等），构建用户画像。这些用户数据和其他数据（如商品信息、促销信息等）一起作为输入，通过机器学习模型及其算法（如基于内容的推荐算法、协同推荐算法、混合推荐

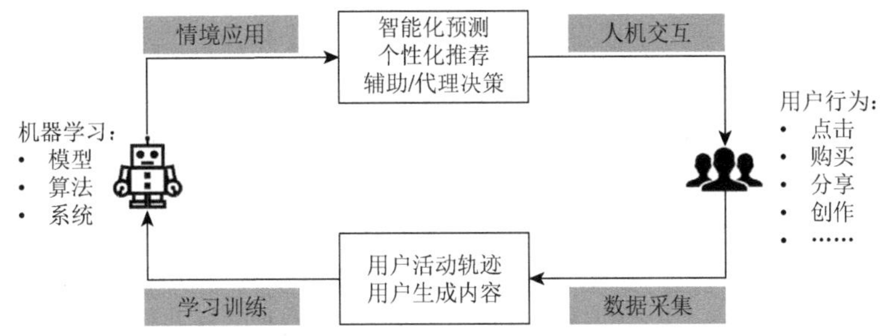

图 6-1　数智化管理情境中的机器学习与用户行为

算法），支持推荐系统理解和学习用户的商品偏好。基于此，推荐系统预测用户对于不同商品的评分，通常向用户推荐排名靠前的若干个商品，并以某种特定形式呈现推荐结果。这些呈现方式可能在推荐商品种类与数量、商品排序线索、呈现时机、是否有解释说明等方面有所不同。推荐结果的呈现又会进一步影响用户对于推荐系统和商品的感知以及商品浏览、购买与评价等行为，由此形成新的行为数据和用户生成内容。这些用户数据又会作为模型输入影响下一轮的商品推荐，形成新的循环反馈过程。

由此可见，在数智化管理与决策系统中，用户行为数据作为系统输入会影响机器学习模型的训练和预测，而机器学习结果的呈现又会影响用户行为与决策，两者相互影响，形成一个循环往复的反馈回路，共同构成数智化管理与决策的基本框架。然而，机器学习与用户行为中的偏差问题也通过这个循环体系不断累积放大，最终可能导致机器学习的失效和行为与决策的困境。

6.3　偏差问题的内涵、结构与挑战

“偏差”一词内涵丰富。不同学科领域对于“偏差”的侧重和定义有所不同，包括认知偏差、统计偏差、利益冲突、歧视偏见等多种理解。本章所关注的偏差，主要指机器学习与用户行为中的系统性偏误（systematic error），即系统性偏离真实事态的结果或发现，或者引发系统性偏离的某种过程。这主要包括两类偏差问题，即行为偏差与模型偏差，二者通过偏差循环机制相互影响。行为偏差问题聚焦于用户行为产生及数据化过程中的准确性、全面性和一致性，即用户行为数据在多大程度上真实、完整、无干扰地反映了现实世界中的情境要素以及用户在这些要素条件下的属性、认知和行动意图。模型偏差问题则聚焦于模型的正确性、代表性和可靠性，即机器学习模型在多大程度上准确、充分、稳定地拟合了基本事实和逻辑并在此基础上做出预测。偏差循环是指机器学习模型与用户行为数据

之间的相互影响机制，主要关注机器学习模型对于用户行为偏差的习得以及模型偏差对于用户认知行为的干扰。

值得强调的是，本章所讨论的偏差问题不包括受到广泛关注的算法偏见问题（如“大数据杀熟”的价格歧视、算法模型引发的性别或人种歧视等）。算法偏见问题主要涉及算法应用的价值取向、商业伦理和公平关切等构念。与此不同，本章所讨论的模型偏差，主要指的是在人机交互中，模型算法的拟合/预测结果与事物真实面貌之间的偏差，而非指模型算法在“公平使用”层面上的偏差。此外，在经济学和决策科学研究中，有时也用“行为偏差”一词指代人所做出的决策与“理性人”假设下的最优决策之间的差异。与此不同，本章所讨论的行为偏差，主要指的是在人机交互中，用户行为表现数据与用户的真实属性、认知和行动意图之间的偏差，而非指用户行为在“理性人”假设层面上的偏差。

附表 6-1 和附表 6-2 中整理列举了 2010 年以来信息系统、营销管理和计算机领域重要文献中所讨论的模型偏差与行为偏差现象和概念。从中可以看出，相关研究具备以下特征。第一，偏差研讨呈现多学科、多场景、多角度的特点，来自不同学科领域的学者针对不同的应用场景，或从用户行为视角出发，或从机器学习模型出发，抑或是采纳二元交互视角，展开研讨。第二，偏差问题的内涵丰富、来源广泛、概念模糊、讨论分散，相关探索涉及多种偏差，且不同偏差的概念有所重合，抽象程度不一，并未形成整体的偏差结构和统一的概念定义。第三，现有研究大多侧重于偏差现象的揭示和偏差机理的探索（即“知偏”），近年来逐渐开始关注偏差问题的应对（即“识正”，Morgan et al.，2022；Howard et al.，2022；Qiao and Huang，2021）。基于相关研究现状，接下来本章将提炼和分析机器学习与用户行为中的偏差问题结构和关键概念定义，并阐释“知偏识正”的重要研究挑战。

6.3.1 机器学习与用户行为的循环结构

图 6-2 对机器学习与用户行为的循环结构做了进一步细化展开，以期梳理其中的模型偏差和行为偏差的形成结构与相互影响。在机器学习与用户行为的循环结构中，用户行为的数据化为机器学习提供了学习训练的对象，机器学习模型所输出的预测、推荐以及辅助代理决策信息，则成为影响用户认知和行动的要素。在这样的循环中，用户行为的产生及数据化过程大体上可以分为两个阶段——自选择阶段与认知/行动阶段。在自选择阶段，用户主动或被动、有意识或下意识地选择是否产生活动、成为可观测的对象；在认知/行动阶段，用户在自身属性、偏好、情绪以及各情境要素的共同作用下，以理性或非理性的形式形成认知，进而产生行为表现。

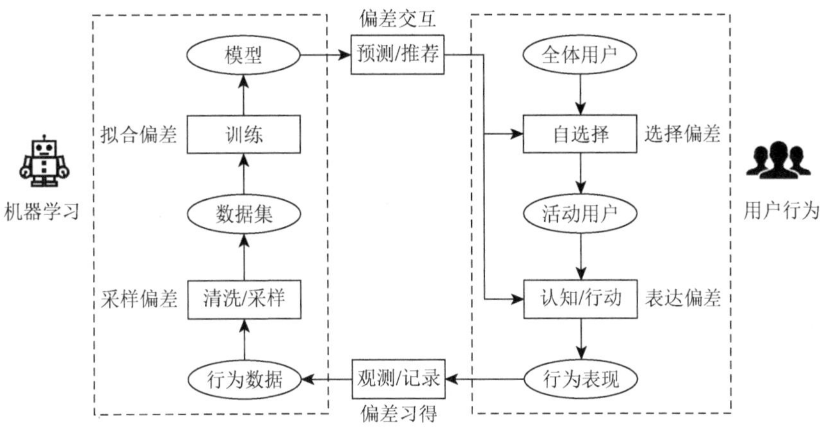

图 6-2　模型偏差与行为偏差的形成结构

从形式化表达的视角出发，设全体用户集合为 $\mathbb{U}$（$\mathbb{U}=\{u_1,u_2,\cdots,u_N\}$），其中用户 u_i 可由其特征（包括属性、偏好等）描述，即 $u_i\ (f_{i1},f_{i2},\cdots,f_{ik})$。经自选择而形成的可观测活动用户集合为

$$\mathbb{U}'=\text{select}(\mathbb{U}),\mathbb{U}'\subset\mathbb{U} \tag{6-1}$$

其中，$\text{select}(\cdot)$ 表示自选择过程。设用户的认知、行动的产生过程为 $\text{action}(u_i',T)$，其中 $u_i'\in\mathbb{U}'$，$|\mathbb{U}'|$ 为 $\mathbb{U}'$ 的规模，T 为时间及情境变量，则用户的行为表现为

$$\mathbb{B}=\{b_{iT}\mid i=1,2,\cdots,|\mathbb{U}'|,b_{iT}=\text{action}(u_i',T),u'\in\mathbb{U}'\} \tag{6-2}$$

行为表现被观测，形成行为数据（包括用户活动轨迹和用户生成内容）：

$$\mathbb{D}=\{d_{iT}\mid i=1,2,\cdots,|\mathbb{U}'|\}=\text{observe}(\mathbb{B}) \tag{6-3}$$

行为数据经过清洗采样成为机器学习的数据集（设采样规模为 m）：

$$\mathbb{D}=\{d_{iT}'\mid i=1,2,\cdots,m\}=\text{sample}(\mathbb{D}),\mathbb{D}'\subset\mathbb{D} \tag{6-4}$$

进而，在数据集的基础上训练模型：

$$M(\cdot)=\text{train}(\mathbb{D}') \tag{6-5}$$

在模型的应用（即预测/推荐）环节，系统根据目标用户的部分属性，预测该用户的其他属性，即

$$M_{\text{attribute}}(\{f_1^{\circ},f_2^{\circ},\cdots,f_x^{\circ}\})\to(\hat{f}_{x+1}^{\circ},\hat{f}_{x+2}^{\circ},\cdots,\hat{f}_K^{\circ}) \tag{6-6}$$

或预测用户的行动：

$$M_{\text{action}}(\{u^{\circ}\},T)\to\hat{b}_T^{\circ} \tag{6-7}$$

这里，映射符号“$\to$”表示预测/推荐。在理想的无偏情况下，模型的训练及应用目标是实现准确预测，即 $(\hat{f}_{x+1}^{\circ},\hat{f}_{x+2}^{\circ},\cdots,\hat{f}_K^{\circ})\equiv(\{f_{x+1}^{\circ},f_{x+2}^{\circ},\cdots,f_K^{\circ}\})$，$\hat{b}_T^{\circ}\equiv(u^{\circ},T)$。然而，这一目标的实现需要满足如下四个条件。

条件 1：自选择过程无偏，即 $R(\mathbb{U}') \equiv R(\mathbb{U})$，其中 $R(\cdot)$ 表示参数所能够代表/反映的语义信息。

条件 2：行为选择未受干扰，即 $b_{iT} \equiv \text{action}^*(u_i', T), \forall u_i' \in \mathbb{U}'$，其中 $\text{action}^*(\cdot)$ 指完全基于用户自身属性、偏好等特征形成对情境要素的认知并产生行为表现。

条件 3：观测记录及清洗采样过程准确完整，数据集严格反映用户的行为表现，即 $R(\mathbb{D}') \equiv R(\mathbb{D})$。

条件 4：模型训练准确，即 $M(\mathbb{D}') \equiv M^*(\mathbb{D})$，其中 $M^*(\cdot)$ 为精确拟合数据的理想模型。

然而，这四个条件在现实当中难以得到充分满足。现实情况与这四个理想条件的偏离，就形成了四类典型偏差，其中包括两类行为偏差以及两类模型偏差，以下将分别加以讨论。

6.3.2 行为偏差

从上述分析中可以看到，用户行为中包含了两类基本偏差：选择偏差与表达偏差。

选择偏差是指用户并非随机地成为数据化的对象，因此所观测到的数据化对象群体不能作为真实用户群体的有效代理。例如，相关研究表明，偏好目标产品的用户更可能购买该产品，从而也更可能发布产品评论；在购买后，对产品抱有极端评价的用户更倾向于选择在线发布产品评论。这就导致网站上针对某产品的用户评分经常呈现“J”形分布，而在完全随机的实验情景下，相同产品的用户评分却会呈现正态分布（Hu et al.，2007，2017）。又例如，学界和业界都广泛观察到，隐私风险意识越强的用户，越倾向于拒绝授权给网络服务商采集其在线数据，即拒绝成为可测可获的用户数据对象（Smith et al.，2011；Crossler and Bélanger，2019）。调查发现，当网站明确给予用户拒绝跟踪授权设置的选项时，33%的用户表示会“经常”或“频繁”地选择拒绝（Boerman et al.，2021）。

当存在选择偏差时，条件 1 不成立，即 $R(\mathbb{U}') \neq R(\mathbb{U})$。从而，选择偏差可以表达为

$$\text{Bias}_{B1} = | R(\mathbb{U}') \ominus R(\mathbb{U}) | \tag{6-8}$$

其中，$\ominus$ 表示超减法运算，即两个集合所代表/反映的语义信息之间的差异（绝对值）。

表达偏差则是指用户受到内外部因素的干扰，因而并非完全基于自身属性、偏好等特征作用形成对情境要素的认知并产生行为表现。例如，用户可能会迫于同伴压力（peer pressure）或由于锚定效应（anchoring effect），调整自己的真实产品评分，使其趋同于大众意见；用户也可能为了博取更多关注或在负面产品不确

认效应（disconfirmation effect）的驱使下，调整个性化产品评分，使其远离大众意见（Lee et al.，2015；Adomavicius et al.，2016；Hu et al.，2017；Guo et al.，2022）。据估计，在某知名点评网站上人为地将产品的平均评分由四星调整到五星，会导致后续给该产品打五星的消费者增加 30.5%（Ma et al.，2013）。除了用户生成内容以外，表达偏差在用户行为记录数据中也广泛存在。例如，一个基于某社会化新闻聚合网站的大规模田野实验表明，如果将新闻评论在其产生时就人为地点一个赞，五个月后，相对于对照组而言，关于这些新闻评论的评价效价（点赞数减去反对数）平均提高约 25%（Muchnik et al.，2013）。又例如，研究发现，在知识社区平台中，表达方式越礼貌的回答越容易被认为是高质量回答，从而获得更多的用户点赞或有用性投票，因此投票数最高的回答不一定就是事实上最优质、最有用的回答（Lee et al.，2019）。

当存在表达偏差时，条件 2 不成立，即 $b_{iT} \neq \text{action}^*(u_i', T), \exists u_i' \in \mathbb{U}'$。从而，表达偏差可以表示为

$$\text{Bias}_{B2} = | b_{iT} \ominus \{\text{action}^*(u_i', T)\} |, \forall u_i' \in \mathbb{U}' \tag{6-9}$$

6.3.3　模型偏差

用户的行为表现经过观测记录和清洗采样后进入数据集，用于支持机器学习模型的训练。相应地，机器学习模型中也存在两类基本偏差：采样偏差与拟合偏差。

采样偏差指的是观测记录及清洗采样过程并非准确完整，数据集并非用户行为表现的准确记录和严格随机抽样，因而数据集不能准确地代表用户行为表现。机器学习中的采样偏差问题已经得到了许多研究关注。例如，许多图像分类相关的机器学习模型基于开源图像数据集（如 Open Images、ImageNet、IJB-A、Adience）进行学习训练，而这些数据集中的图像分布存在诸多不均衡的情况。据统计，源自美国的图像在 ImageNet 数据集中占比约 32%，在 Open Images 数据集中占比约 45%，样本在地理位置方面存在分布不均的问题（Shankar et al.，2017）。调查也表明，浅肤色的人像在 IJB-A 数据集中占比约 80%，在 Adience 数据集中占比约 86%，样本在人像肤色方面分布不均（Buolamwini and Gebru，2018）。因此，经训练的机器学习模型在针对数据集中的少数样本群体进行判断和估计时，出现错估和误判的风险更高（Suresh and Guttag，2019；陈国青等，2021）。

当存在采样偏差时，条件 3 不成立，即 $R(\mathbb{D}') \neq R(\mathbb{D})$。从而，采样偏差可以表达为

$$\text{Bias}_{M1} = | R(\mathbb{D}') \ominus R(\mathbb{D}) | \tag{6-10}$$

拟合偏差是指机器学习算法在拟合数据方面存在逻辑偏误，不能准确地拟合数据集所反映的基本事实/语义。首先，忽略关键代表性变量或采纳不正确的变量代理可能引发拟合偏差。例如，用于诊断和监测糖尿病的重要指标——HbA1c 水平，在不同性别和种族之间存在非常复杂的差异。智能医疗诊断系统，如果在模型中忽略了这些关键的个体差异变量，就可能造成误诊和错判（Herman and Cohen，2012）。其次，不正确的约束或优化目标也可能引致拟合偏差。例如，在个性化推荐情境下，如果仅考虑推荐商品的相关性而未考虑推荐商品给用户带来的新奇性，智能系统的推荐结果就难以拟合用户的真实需求与偏好，使得用户逐步落入"信息茧房"的困境（Kotkov et al.，2016）。再次，模型形式化、求解和估计方法的固有缺陷可能引致拟合偏差。例如，目标函数非凸但满足序列凸性的随机优化问题经常被转化为凸优化问题求解，但这种转化会给梯度估计带来内在偏差（Huh and Rusmevichientong，2014）。最后，不可靠或有局限的模型评估过程也可能引致拟合偏差。例如，在推荐模型的评估过程中，正报指标鼓励模型最大化用户喜欢的推荐，这会"奖励"那些流行项目，而误报指标鼓励模型最小化用户不喜欢的推荐，这会"惩罚"那些流行项目，而项目流行与否并不完全取决于项目质量，因此两种评价指标都可能引发不同形式的拟合偏差（Mena-Maldonado et al.，2021）。

当存在拟合偏差时，条件 4 不成立，即 $M(\mathbb{D}') \neq M^*(\mathbb{D})$。从而，拟合偏差可以表达为

$$\text{Bias}_{M2} = |M(\mathbb{D}') \ominus M^*(\mathbb{D})| \tag{6-11}$$

6.3.4 偏差循环

两类偏差循环机制——偏差习得与偏差交互，使得上述四类基本偏差持续放大和扩散。偏差习得是指用户行为数据中的偏差进一步被机器学习模型习得，影响模型的预测与判断（Ahsen et al.，2019；Kirkpatrick，2016）。偏差交互则是指机器学习模型输出的有偏结果可以通过人机交互过程，进一步影响用户的认知与偏好，由此引致有偏的用户行为（Adomavicius et al.，2013）。在偏差习得机制下，用户的行为偏差可能引致和扩大机器学习中的模型偏差；而在偏差交互机制下，模型偏差也可以引发和强化用户行为偏差。本质上而言，偏差循环机制是引发行为偏差和模型偏差的一类特殊过程。在这一过程中，行为偏差和模型偏差互相影响，导致偏差问题持续扩散，循环往复。

以 Sun 等（2020）考察的迭代学习的智能推荐情境为例：一个"二分类"的推荐系统通过用户的历史项目来评价数据学习用户偏好，向用户推荐预测相关性高于分类阈值的项目，用户对这些项目选择性地点击"喜欢"或"不喜欢"，新

的数据将进入训练集，形成下一次系统推荐。在该情境下，推荐结果会干扰用户的评价行为（即偏差交互），譬如，只有被推荐的项目才有机会获得用户评价，且用户更倾向于对喜欢的项目给予评价，这会造成用户行为偏差，表现为用户产生的“喜欢”数据比“不喜欢”数据要显著更多。此外，用户行为中的这些偏差也会进一步被模型习得（即偏差习得），从而影响模型分类阈值，干扰推荐结果，其效应大小足以使得实质上更相关的项目被隐藏，不被推荐给用户。当采用来自 MovieLens 数据集的真实数据，设定推荐机制为基于内容的过滤器时，在相关项目测试集中，75%的相关项目存在“盲点”（blind spot）风险，即由于算法预测的项目相关性低于 0.5 而无法呈现给用户的风险。

采用前面的形式化表达，由偏差习得和偏差交互所连接驱动的偏差循环可表达为如下的过程。

偏差组成：$\text{Bias}_B = \text{Bias}_{B1} \oplus \text{Bias}_{B2}$，$\text{Bias}_M = \text{Bias}_{M1} \oplus \text{Bias}_{M2}$，其中，$\text{Bias}_B$ 为行为偏差；Bias_M 为模型偏差；$\oplus$ 为超加法运算，表示两种偏差的叠加。

偏差循环如下（其中，映射符号“ $\rightarrow$ ”表示导致/影响）：

[偏差习得]

第 1 步，行为偏差导致带有偏差的行为表现：$\text{Bias}_B \rightarrow \mathbb{B}$；

第 2 步，带有偏差的行为表现经过观测和采样将偏差带入机器学习的数据集：$\text{observe}(\mathbb{B}) \rightarrow \mathbb{D};\text{sample}(\mathbb{D}) \rightarrow \mathbb{D}'$；

第 3 步，数据集中的行为偏差被模型所习得：$\text{train}(\mathbb{D}') \rightarrow M(\cdot)$；

[偏差交互]

第 4 步，模型偏差在应用中被输出：$M(\cdot) \rightarrow \text{Bias}_M$；

第 5 步，模型偏差干扰用户的自选择及行动：$\text{Bias}_M \rightarrow \text{select}(\cdot)$; $\text{Bias}_M \rightarrow \text{action}(\cdot)$；

第 6 步，受干扰的自选择及行动进一步导致行为偏差 $\text{select}(\cdot)$，$\text{action}(\cdot) \rightarrow \text{Bias}_B$；

第 7 步，循环到第 1 步。

6.3.5　研究挑战

基于上述对偏差问题的内涵及结构的系统性梳理可以看出，偏差问题的应对，存在着四方面的重要研究挑战。第一，用户行为数据中的选择偏差与表达偏差广泛存在。在自然发展的商务生态中，用户行为数据中难以避免地携载了诸多偏差，且这些偏差成因多样，机理复杂，有些甚至就是由人们根深蒂固的某些认知偏差所引起的。第二，用户行为数据中的偏差会被模型习得，造成模型错估与误判。第三，模型的固有缺陷必然产生误差与不确定性，影响智能系统的应用。机器学习模型的样本和算法缺陷，会导致系统输出结果的偏误，使得智能系统难以有效地辅助或代替用户进行决策。第四，在用户通过与模型的交互进行决策时，模型的结果呈现会干扰用户的认知、情感与偏好。这意味着即使是无偏的系统输出也可能会引发用户行为偏差，如推荐的锚定效应导致的偏差（Adomavicius et al., 2013)，而有偏的模型结果更可能会误导用户的行为和决策。

针对上述研究挑战，下面将结合作者团队近年来的若干工作，阐释和讨论相关的应对思路以及面向具体场景的问题建模与求解策略。进而，对于未来的研究方向，给出相应的可能议题和探索空间。

6.4 应对挑战的研究探索

围绕机器学习与用户行为中的偏差形成和衍生路径，针对上述重要挑战，学界在以下四个议题上展开了研究探索：用户行为偏差的干预治理、考虑行为偏差的机器学习模型、考虑模型偏差的预测与推荐，以及人机交互过程中的行为偏差现象与机理。

6.4.1 用户行为偏差的干预治理

该研究议题旨在借助信息技术干预手段，针对不同场景下的用户行为偏差开发相应的事前治理策略，降低或消除用户行为表现中的选择偏差和表达偏差，即防止行为偏差通过 $\text{Bias}_B \rightarrow \mathbb{B}$ 的路径进入用户行为表现。

这方面的一项研究工作是在线产品评分中从众偏差治理的警示策略研究（Wu et al., 2021)。当前，在线产品评分已经成为标识产品质量的重要市场信号。然而，消费者在发布产品评分时可能会朝平台展示的现有产品平均评分有所偏移，而不是完全基于其感知到的产品质量进行评分。这种在表达用户评分时产生的偏差称为从众偏差（bandwagon bias)。从众偏差作为表达偏差的一种类型，不仅会影响后续消费者的购买决策，也会干扰基于产品评分的诸多信息技术应用（如个性化推荐服务)，进而影响电子商务的良性发展。因此，如何有效地治理在线产品评分中的从众偏差，是一个亟待解决的重要问题。为了治理该偏差问题，作者选择警示消息作为干预手段，并提出研究目标：探索系统警示消息的内容设计来削弱在线产品评分中的从众偏差。

基于认知心理学中的灵活校正模型（flexible correction model）和行为经济学中的估值理论（theory of valuation)，研究工作推导和检验了目前主流的“风险预警消息”在削减从众偏差方面的不足，并开发出了一种新的“包含排序任务的风险预警消息”以弥补不足，研究模型如图 6-3 所示。行为偏差干预治理策略设计的一个重要挑战，在于用户接触到干预治理信息时，可能产生额外的调整和应对行为，导致新的行为偏差。同时，在特定情形下人们对于行为偏差也可能具备一定的自我修正能力，有效的干预治理策略设计，应避免因与用户的自我修正产生冲突而失效或是带来额外的偏差。通过实验室实验和设置不同的警示信号，研究发现传统的“风险预警消息”会使用户过度敏感，在从众偏差实际未出现时引发额外的评分偏差，而新开发的“包含排序任务的风险预警消息”则可以有效避免这种负面干扰，是一种治理从众偏差的合理手段。这一研究凸显了在线产品评分中从众偏差的严重性并开发了相应的偏差治理手段，有助于削弱用户的产品评价行为数据中的表达偏差。

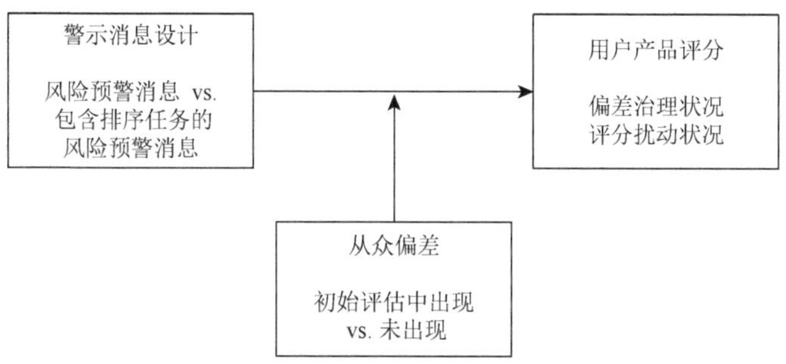

图 6-3　在线评分中从众偏差治理的研究模型

6.4.2　考虑行为偏差的机器学习模型

该研究议题旨在对多样化的用户行为偏差进行建模，即开发考虑行为偏差的机器学习模型，消除或降低选择偏差和表达偏差对模型训练的影响，以防止行为偏差通过 $\text{observe}(\mathbb{B}) \to \mathbb{D}; \text{sample}(\mathbb{D}) \to \mathbb{D}'; \text{train}(\mathbb{D}') \to M(\cdot)$ 的路径被学习到模型之中。

这方面的一项工作是考虑消费者自选择行为的个性化推荐研究（Shi et al., 2021）。电商平台通常构建个性化推荐系统来学习用户偏好，辅助用户进行购买决策。推荐系统以用户的产品评分作为重要输入，通过机器学习方法预测用户对产品的偏好程度，并输出推荐结果。然而，由于用户在评分过程中存在自选择行为，推荐系统的输入存在严重的偏差，如果不加以处理，推荐系统将难以准确学习用户偏好，最终导致推荐失效。相应地，研究工作通过对评分行为进行分析，识别了选择偏差的三种类型：接触偏差（exposure bias）、购买偏差（acquisition bias）和报告偏差（under-report bias）。首先，用户在电商平台上往往只接触到部分商品，形成曝光偏差。其次，在接触产品后，用户在做购买决策时会对产品的效用进行估计，并倾向于购买那些具有更高预估效用的产品，从而产生购买偏差。由于购买行为反映了用户相对较高的效用估计，随后产生的产品评分也可能相对更高。最后，用户购买产品并使用后形成对产品的评价，然后自主选择是否在电商平台上披露产品评分，从而产生报告偏差。由于用户的产品评价行为存在成本，因此用户更倾向于在极端满意和不满意时发布评分，使得可观测的产品评论中多出现极端评价。以上三类自选择行为共同作用于用户的产品评分行为，导致观测到的产品评分具有严重的选择偏差。

为了在机器学习过程中克服数据所携载和反映的行为偏差，研究对潜在评分生成过程和评分观测过程进行建模（图 6-4）。尽管输入的用户评分存在偏差，模型引入评分观测机制来捕捉上述偏差。通过以参数化的概率模型刻画评分观测机制，同时以矩阵分解形式作为潜在评分的生成机制，进而通过极大似然估计得到模型参数。由于参数估计是在克服偏差的学习框架下进行的，模型预期可以更准确地预测消费者偏好。

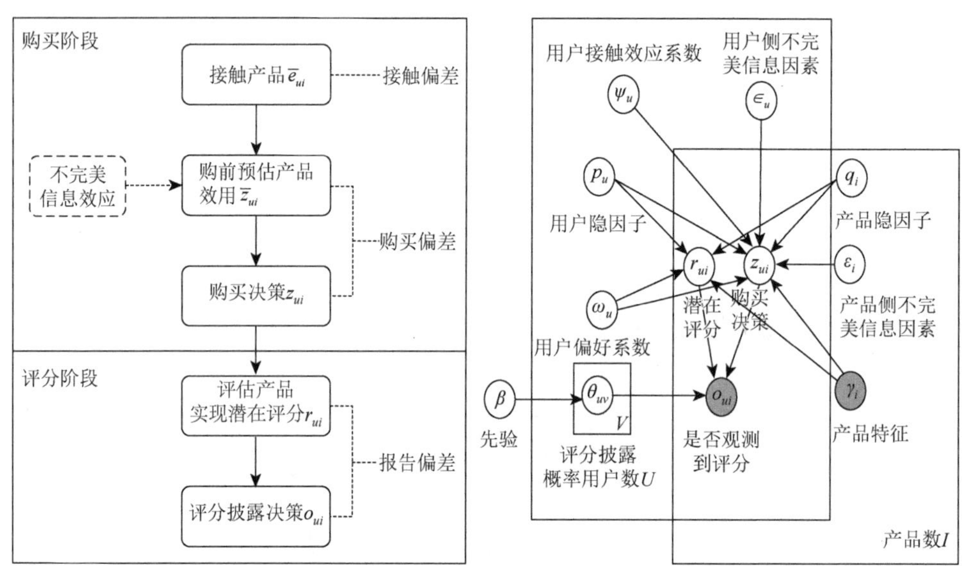

图 6-4　考虑消费者自选择行为及其偏差的决策过程与概率图模型

此外，考虑行为偏差的机器学习研究的另一项工作，是对用户投票行为偏差的评论有用性进行预测研究（Guo et al.，2021）。在线产品评论已经成为用户获取产品信息、降低产品不确定性的重要渠道。为了帮助用户从繁多的产品评论中快速找到优质评论，许多平台推出了投票机制，即允许用户自主对产品评论进行有用性投票。基于这些投票数据，平台可以通过机器学习模型来预测其他评论的有用性，从而使得在缺乏足够多的评论有用性投票的情形下，平台依然可以为用户智能地筛选出优质评论。然而，以往研究主要关注机器学习过程中的评论特征提取与模型训练方式，而未充分考虑训练样本中评论有用性数据的可靠性问题。具体而言，用户的产品评论有用性投票行为存在“欠票偏差”（undervoting bias）问题，即大多数用户即使看到了评论，也不会对评论进行有用性投票。欠票偏差作为选择偏差的另一种类型，严重地限制了有用性投票数据作为训练样本的有效性，相应的评论有用性预测技术的准确性也因此受限。

为了克服这一问题，研究提出了一种结合用户投票的进化轮廓与评论特征分析的新方法。该方法的特点是采用迭代贝叶斯分布估计技术，目的是在考虑欠票偏差的情况下有效地估计样本中收到投票的评论的真实有用性程度，以便机器学习模型更准确地预测未收到投票的评论的有用性水平，算法框架如图 6-5 所示。针对欠票偏差，研究估计了相关概率密度函数，用于反映已收到一定投票的评论的有用性程度，与此同时，评论有用性分布又会进一步用来校正以上估计。该研究提供了一种在有欠票偏差的评论数据集上进行可靠的产品评论有用性估计的示范性路径，在众多投票类自选择行为场景中都具有广泛的应用价值。

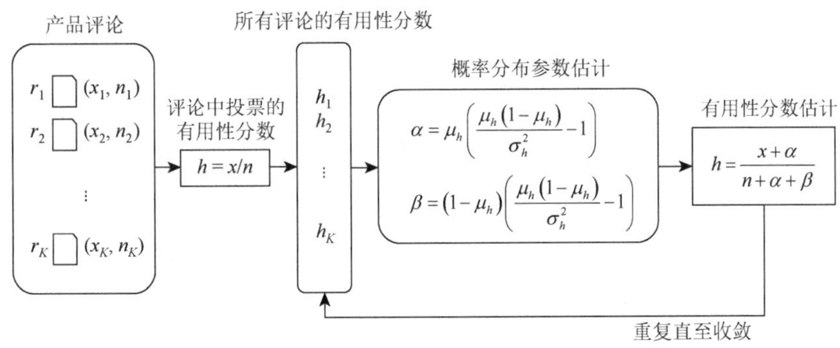

图 6-5　考虑欠票偏差的评论有用性预测框架

资料来源：Guo 等（2021）

6.4.3　考虑模型偏差的预测与推荐

该研究议题旨在通过结合用户应用场景需求的分析和设计策略，优化智能系统面向特定决策场景所输出的预测与推荐，从而在场景化的条件下消除或降低模型偏差所带来的影响，即防止模型偏差通过 $\text{Bias}_M \rightarrow \text{select}(\cdot)$ 和 $\text{Bias}_M \rightarrow \text{action}(\cdot)$ 的路径干扰用户的认知和行为。

这方面的一项研究工作是考虑预测不确定性的个性化商品排序研究（Zhang et al.，2016）。经典的推荐系统利用协同过滤技术，通过多种类型的行为数据来预测消费者对商品的评分，然后按照该预测值从高到低排列，形成个性化的商品排序。然而，由于训练样本中的选择偏差和模型的采样偏差，系统对商品评分的预测值存在着不同程度的不确定性。因而，对于推荐系统而言，按照商品评分预测值从高到低的排序方式，会在推荐列表中输出有偏差的结果，造成推荐效果的降低。在考虑选择偏差和采样偏差的情况下，如何对系统输出的评分预测值进行排序，从而得到较优的个性化排序结果，成为一个重要课题。

为此，一项研究提出了一种新颖的考虑预测不确定性的个性化商品排序算法（图 6-6），并提出了度量预测值不确定性的两个关键指标，构建了对不确定性建模的二阶段方法，进而形成了一个通用的商品个性化排序框架。结果表明，新方法在 Top-N 推荐效果和整个产品列表排序效果的比较中都显著优于传统的协同过滤排序方法，且这一算法改良效应随着样本中的数据稀疏性增大而单调递增，从而在一定程度上克服了选择偏差和采样偏差所带来的影响。

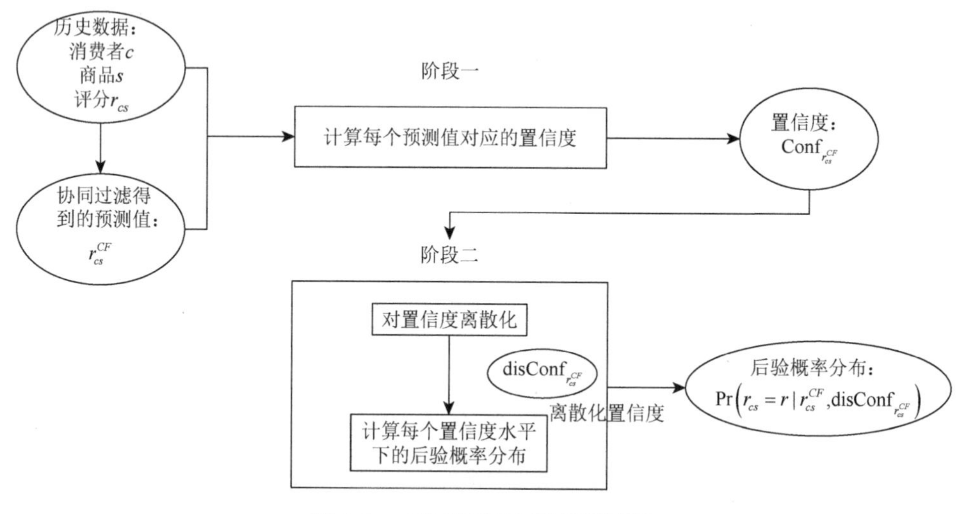

图 6-6　二阶段不确定性建模过程

资料来源：Zhang 等（2016）

另一项研究工作是考虑消费者适应性水平的个性化商品推荐研究（Wang et al., 2020）。当前的推荐系统通常将消费者的购买行为视为一系列独立的事件，依据每一次的购买情况进行推荐，而未能充分考虑到消费者历次购买之间的连续性。例如，在消费者购买手机后，当前的推荐系统可能根据手机之间的相似性而继续为该消费者推荐其他款式的手机。造成这一现象的原因是样本数据中的表达偏差以及模型中的拟合偏差。克服此类问题的一个思路，是通过数据属性值间的隐形模式，发掘管理场景下的心理学、行为科学、认知科学、管理学等方面的构念内涵、变量关系和因素影响，并将这些机制和测度嵌入机器学习模型与智能系统的设计中，从而在一定程度上克服表达偏差和拟合偏差的制约。

就个性化推荐而言，系统应当将消费者的历史购买行为进行连续考虑，从中分析出消费者对商品偏好的动态变化。此外，仅考虑消费者的偏好变化对推荐系统的匹配精度提升仍然是有限的，因为它仍忽略了商品价格的动态变化。在现实生活中，尽管消费者对于其感兴趣的商品具有很高的偏好水平，但由于商品价格水平超出了消费者的预算水平，消费者可能在当前时间点并不会做出购买决策，而是等待商品促销活动时再进行购买。尤其是在当下，商家广泛使用多样化的促销手段吸引消费者，这也使得消费者对商品的价格敏感性不断提高。

考虑到传统的协同过滤方式的上述缺陷，作者借鉴交易效应理论，提炼出了影响消费者后续决策行为的关键概念——消费者适应性水平，并以此优化推荐算法（图 6-7）。具体而言，作者将消费者适应性水平表示为随消费者购买促销商品而单调不减的隐变量，并在经典的隐因子模型中加入对消费者商品价格适应性水平变化的建模，从而提升推荐方法的精度及可解释性。该研究识别了传统的协同过滤推荐方式中的两处算法缺陷，并提出了可行有效的模型改良方式，有助于提高系统的推荐精度与可解释性。

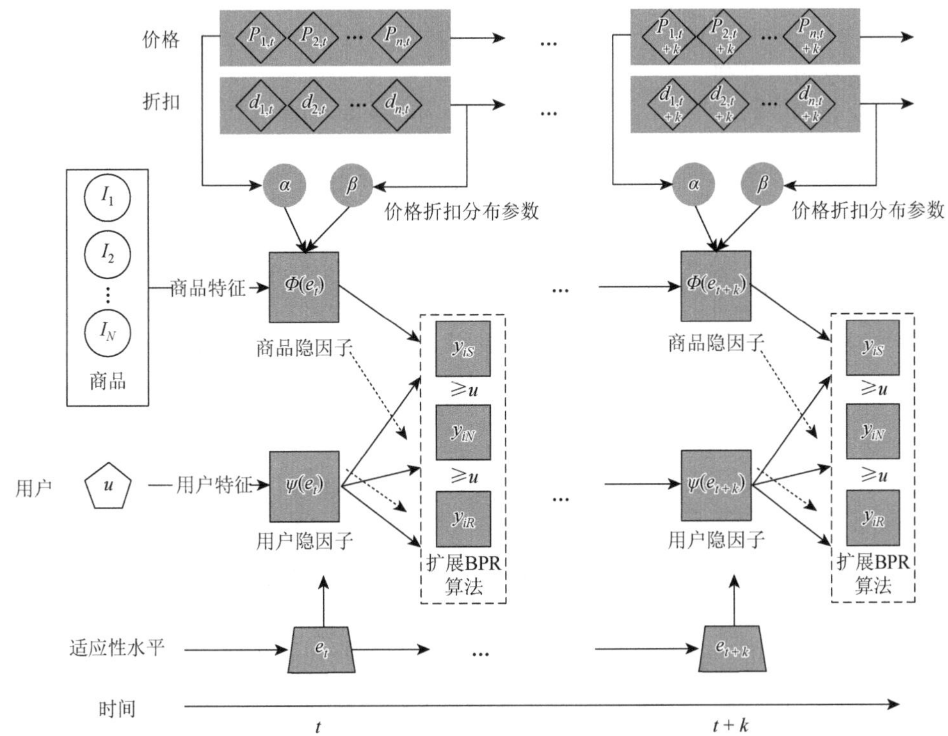

图 6-7　考虑消费者适应性水平的建模过程

资料来源：Wang 等（2020）

6.4.4 人机交互过程中的行为偏差现象与机理

该研究议题旨在探讨智能系统的结果呈现是否以及如何影响用户的认知、情感与偏好，从而为降低或避免用户行为偏差提供支撑，即防止经由 $\text{select}(\cdot),\text{action}(\cdot) \to \text{Bias}_B$ 的路径导致行为偏差的产生和强化。

这方面的一项研究工作是推荐系统结果呈现的顺序效应研究（Guo et al., 2023）。对于推荐产品的呈现顺序如何影响用户的认知评价过程，目前学界仍缺乏深入的理解。为此，基于可评价性理论（evaluability theory）和决策中的顺序效应研究，研究提出一个核心推论：受到产品呈现顺序的影响，用户对推荐产品的评价可能存在顺序效应（ordering effect）。如图 6-8 所示，其主要逻辑在于：在推荐结果与用户的交互过程中，不同维度的产品属性信息的可评价性（评价的难易程度）会显著影响用户的信息加工过程，进而影响用户对产品的综合认知与评价。因此，研究将产品属性信息的可评价性纳入考虑，探讨推荐产品顺序对用户支付意愿和购买意愿的影响。研究结果表明推荐系统的结果呈现顺序会显著影响用户的产品评价，进而干扰用户后续的购买行为和支付行为，揭示了一种重要的偏差交互现象及相应机理。

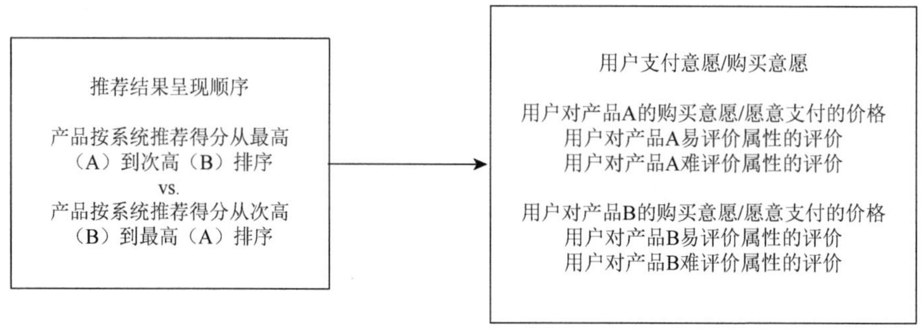

图 6-8 推荐系统顺序效应的研究模型

6.5 未来研究方向

总的来说，机器学习与用户行为中的偏差问题结构复杂、影响广泛、重要性凸显。上述工作面向若干重要偏差问题的讨论，也旨在为今后的理论与应用探索提供启发。未来研究可以沿着下面三个方向深化和拓展。

第一个方向是用户行为偏差的形成机理与应对策略。该方向上的探索具有三个突出的特点。第一个特点是多情境。在不同商务情境下，用户行为偏差的具体内涵和成因有所不同。以选择偏差为例，在用户评分行为中，它可以表现为“购买偏差”“报告偏差”（Hu et al.，2017），在用户投票行为中，它又可以表现为“欠票偏差”（Guo et al.，2021）。因此，未来研究可以①探索揭示不同商务情境下具体的用户行为偏差；②建立考虑用户行为偏差的经济计量模型，对商业规律和底层因果关系提供更准确的刻画。第二个特点是多角度。用户行为偏差的成因丰富，既可能包含内在动机，如从众效应（Wu et al.，2021），也可能包括外部推手，如智能系统的交互（Adomavicius et al.，2019）；既可以通过系统式的信息处理路径发挥作用，如期望不确认，也可以通过启发式的信息处理路径发挥作用，如锚定效应（Adomavicius et al.，2016）。相应地，未来研究可以从不同角度理论推演并实证检验典型行为偏差背后的重要成因与机理。第三个特点是多路径。用户行为偏差的治理应当结合事前治理与事后治理。事前治理通过系统交互设计与人为干预，在偏差产生之前予以切断，而事后治理则在偏差产生之后进行偏差识别、诊断与校正（Soll et al.，2015；Adomavicius et al.，2019）。因此，未来研究方向如下：①通过人机交互设计与机制设计等手段事前治理具体的用户行为偏差，对其予以实例化和验证；②开发具体行为偏差的探测与过滤算法，对现有用户行为数据和生成内容予以校正。

第二个方向是模型偏差的防止技术与模型应用策略。该方向上的探索可以围绕两个重要的偏差来源展开：一是数据采样和拟合过程中的模型偏差，二是训练数据集中携载的行为偏差。相应的偏差问题求解思路可以是，前者审视机器学习模型的算法逻辑与训练样本，对样本数据偏差进行校正或控制，对算法逻辑予以修正和改良（Zhang et al.，2016；Wang et al.，2020）。相应地，未来研究方向如下：①揭示重要的样本数据偏差，开发相应的纠偏方法；②改良主流机器学习模型的约束或优化目标，提高模型的应用价值；③弥补模型形式化、求解和估计方法中的固有缺陷，提高模型的拟合水平；④校正机器学习模型设定与评价中的逻辑偏误，规避模型的不良影响。后者在机器学习过程中，对用户行为偏差的形成予以建模，在控制偏差的情况下进行更可靠的模型训练（Guo et al.，2021；Shi et al.，2021）。具体而言，未来研究方向如下：①揭示数据集中携载的用户行为偏差，开发相应的容偏建模手段；②结合优劣互补的多模型与多样本混合生成智能预测与判断，提升机器学习模型对于偏差问题的耐受力、容错性和修复力。

第三个方向是发展整体性理论，建立机器学习模型与用户行为偏差的治理体系。根本上来说，机器学习与用户行为中的偏差问题是一个系统性问题。①如图 6-1 所示，在数智化管理情境中，广义的系统要素不仅包括机器学习模型，也包括用户以及人机交互过程，各要素之间相互关联耦合，共同影响数智化管理与决策系统的整体表现。未来研究将从整体角度讨论机器学习与用户行为中的偏差治理体系，特别是聚焦偏差循环视角进行讨论。②整体性治理理论的基本目标是在数智化管理与决策系统及其应用情境动态演变的过程中，将智能模型对基本事实的拟合偏离程度控制在可接受的范围内，并予以逐步优化。未来研究将更加注重在智能模型的评价过程中，真实场景下的长期用户交互，重视真实的用户评价和长期的模型表现。③整体性治理的基本手段是以信息技术为核心，结合行为科学理论，逐步实现各系统要素间的有机协同。未来研究将重点关注用户行为偏差的预防与诊断、模型偏差的审视与校正、偏差循环的切断与补偿等方面。

6.6 结 束 语

在数字经济环境中，基于数据和算法的管理决策在组织战略与运营中扮演了越来越重要的角色，推动了数智化管理的快速发展。然而，机器学习模型与用户行为中存在诸多偏差问题，它们通过偏差循环机制不断扩散和放大，对商务环境和管理决策造成持续而深远的负面影响。因此，本章系统性地界定了模型偏差和行为偏差的内涵与结构，梳理了主要研究挑战，阐释了若干相关工作，展望了未来探索方向。本章中的讨论有助于学界和业界更深刻地解析机器学习/人工智能等现代科技在赋能经济社会活动中的作用以及与用户行为的交互影响机理，形成对于偏差问题的系统性认知（即“知偏”）和体系性解决方案（即“识正”），促进理论和实践层面的探索创新，为我国以及全球数字经济的健康发展贡献力量。

附 录

附表 6-1 行为偏差相关现象和概念

偏差现象与概念	定义
极端偏差	在线用户发布的产品评分的分布通常具有不成比例的厚尾（Brandes et al.，2022；Karaman，2021）
支出预测偏差	消费者通常低估他们的未来支出，从而表现出不合理的花费、借贷等行为（Howard et al.，2022）
左位偏差	在评估一个数字时，消费者倾向于更多地关注最左位而忽略其他位。例如，两个基本同质的商品分别标价 299 元和 300 元，消费者会不成比例地选择前者，因为前者在价格感知上要便宜得多，尽管它们的实际差别很小（Jiang，2022；Sokolova et al.，2020）
横向与垂直注意力偏差	消费者穿过过道时，会更关注右侧的商品以及眼下 14.7 英寸（1 英寸 = 2.54 厘米）水平线上的商品，从而更可能选择购买这些商品（Chen et al.，2021）
自选择评分偏差	消费者有选择地而非随机地成为产品评论发布者（Chen et al.，2021；Hu et al.，2017；Chen et al.，2016）
信度与转发偏差	用户通常认为与其政治倾向一致的虚假新闻更可信，且更愿意转发此类虚假新闻（Turel and Osatuyi，2021）

续表

偏差现象与概念	定义
报告偏差	股票、基金公司等会有选择地报告公司运营情况，以趋利避害（Scott and Balthrop，2021；Wu et al.，2021；Agarwal et al.，2013）
标注偏差	由于标注者偏好的不一致性或主观认知偏差而引发的数据标注偏误（Srinivasan and Chander，2021；Hernández-González et al.，2018）
排序偏差	在系统输出结果中，排序靠前的项目更可能获得用户点击（Mehrabi et al.，2021）
呈现偏差	由于系统结果的呈现而引发的用户交互偏差，如只有被呈现给用户的项目才能获得用户反馈（Mehrabi et al.，2021）
本地偏差	交易更可能在同一区域内的各方之间发生而不是在外部发生，以及信贷分析师对本地区发行人的评级更加慷慨（Cornaggia et al.，2020；Lin and Viswanathan，2016；Pownall et al.，2014）
“零”偏差	相比于那些退休年龄以 5 为结尾的目标退休基金，投资者更倾向于选择退休年龄以 0 结尾的基金（Kalra et al.，2020）
质量检测偏差	食品检测员在某些与食品质量无关的因素（如上次检测结果以及检测时间）影响下更可能报告食品安全违规（Ibanez and Toffel，2020）
流行度差异偏差	游客对于饭店的评分和文本评论会受到其家乡与旅游地之间的流行度差异的影响，而非完全基于用户体验（Kokkodis and Lappas，2020）
推荐锚定偏差	用户对于推荐系统给出的推荐分值更高的电影倾向于给出更高的评分，而并非完全基于其真实的观影体验（Adomavicius et al.，2019）
礼貌偏差	用户倾向于认为表达方式礼貌的回答的质量更高，更可能对其进行点赞（Lee et al.，2019）
免费产品抽样下的评分偏差	获得免费产品体验机会的消费者倾向于给该产品更高的评分（Lin et al.，2019）
社会期望偏差	在用户调查中，人们倾向于高估自己的社会期望行为（如捐赠）而低估自己的社会不良行为（如资源浪费）（Kwak et al.，2019）
位置偏差	由于系统输出的呈现位置而引发的用户交互偏差，如屏幕左上方的信息能获得更多的用户关注与交互（Baeza-Yates，2018）
沉没成本偏差	人们倾向于向不成功的结果继续进行投入，仅仅因为之前已经进行过投入，如股票投资（Emich and Pyone，2018；Kong et al.，2018）
二元偏差	消费者倾向于将产品评分分为正面（如 4 分和 5 分）与负面（如 1 分和 2 分）评分两类，而在每个分类中，却难以充分区分极端评分（如 1 分和 5 分）和不那么极端的评分（如 2 分和 4 分），因此形成了对于评分分布的有偏主观表征，并进一步影响产品评价与购买（Fisher et al.，2018）
显著性偏差	人们倾向于关注显著的信息而忽略其他信息，从而做出次优的决策，如相比于长期后果，人们更容易关注到资源消费的短期便利，从而造成资源浪费，即使他们本身持有环保态度和意愿（Lee et al.，2018；Tiefenbeck et al.，2018）
在线讨论社区中的系统偏差	在线问答社区中，后续回答者倾向于重复提及前面回答者提到的内容，即使这些内容对提问者并不重要或者会导致次优的选择（Hamilton et al.，2017）
数字判断中的潜在偏差	当人们试图使用与他们成长过程中使用的评级极性格式（如 1-非常差，5-非常好）相反的评级极性格式（如 1-非常好，5-非常差）进行评估时，他们容易做出有偏的判断，继而影响他们的购买、支付等一系列行为（Kyung et al.，2017）

续表

偏差现象与概念	定义
社会影响偏差	用户的产品选择和评价受到其他用户评分的影响，而不完全依据产品质量（Godinho et al.，2016；Muchnik et al.，2013）
确认偏差	人们倾向于做出与群体的主流意见相接近的评价，如当产品平均评分高时，消费者倾向于认为正面评论更有用，反之消费者认为负面评论更有用，从而呈现出不同的有用性投票行为（Yin et al.，2016；Legoux et al.，2014；Park et al.；2013）
结尾锚定偏差	股票的最后一个交易日情况极大比例（且不适当）地影响投资者的投资行为。具体而言，股价向上（向下）收盘会促进对第二天的向上（向下）预测，并相应地增加（减少）对当前的投资（Duclos，2015）
地位偏差	评价者倾向于积极评价地位较高的个人，而不管其真实素质如何，这会影响裁判判断和球队表现（Kim and King，2014）
有偏的产品评估	儿童时期接触广告会导致顽固的产品评价偏差，并可持续到成年（Connell et al.，2014）
负面偏差	消费者倾向于认为负面产品评论比正面评论更有用，从而调整产品购买和评论有用性投票等（Chen and Lurie，2013）
问题选择偏差	在线问答社区中，专业用户和普通用户在问题选择方面有很大的差异（Pal et al.，2012）
视觉显著性偏差	在快速决策环境下，消费者倾向于选择视觉区域内更显著的物品，而不完全依据偏好（Milosavljevic et al.，2012）

附表 6-2　模型偏差相关现象和概念

偏差现象与概念	定义
输入建模偏差	输入建模偏差是存在于仿真模型输出中的，由于模型使用不当的输入建模（input modeling）来估计输入分布（input distribution）而引发的偏差（Morgan et al.，2022）
抽样偏差	某种特定类型的实例被更多地选入数据集中，从而无法反映真实世界（Qian and Xie，2022；Srinivasan and Chander，2021）
错误分类偏差	由于使用分类算法来构建标准回归模型中的自变量或因变量而引发的模型参数估计中的偏差（Qiao and Huang，2021）
小样本偏差	用小样本去分析大数据问题时会引发不容忽视的偏差（陈国青等，2021；Lu and Li，2012）
多方曝光偏差	推荐系统向用户提供的推荐列表难以公平合理地覆盖来自所有供应商的待推荐项目（Mansoury et al.，2021）
聚合偏差	基于历史数据的聚合指标来预测未来结果会引致结果偏差（Wang et al.，2022；Abhishek et al.，2015）
度量偏差	由于在模型中不合理地度量某种特征，或者由于人们在捕获数据时的某些固有习惯而引入的偏差，如个人习惯从某个固定角度拍摄照片（Srinivasan and Chander，2021；Obermeyer et al.，2019）
反面集合偏差	数据集中缺少足够的反面实例，多为“是什么”的实例，而缺少“不是什么”的实例（Srinivasan and Chander，2021）
构架效应偏差	由于问题和成功指标的定义而引入的偏差，如算法的优化目标并不是用户效用最大化，而是夹杂企业利益最大化的考虑（Srinivasan and Chander，2021）

续表

偏差现象与概念	定义
人群偏差	选择进入数据分析的用户对象不能代表目标群体（Olteanu et al.，2018），也被称为表征偏差（Suresh and Guttag，2019）、样本选择偏差（Srinivasan and Chander，2021）
混淆偏差	由于模型学习到了错误的相关关系或者忽略了关键的相关关系而引入的偏差，如忽略了关键变量引发的偏差（omitted variable bias）（Srinivasan and Chander，2021）
算法偏差	完全由算法本身缺陷而引入的偏差，与数据输入无关（Lambrecht and Tucker，2019；Baeza-Yates，2018）
有偏推荐	推荐系统倾向于推荐广告赞助商品，而不完全根据用户偏好（Wang and Wang，2019；Xiao and Benbasat，2015）
时间偏差抽样	不同时间段的数据并非随机地进入样本，如最近产生的数据流在样本中占据很大的比例（Hentschel et al.，2019）
时间偏差	目标用户群体的特征或行为已经随时间变化，现有模型难以有效拟合（Olteanu et al.，2018）
文本挖掘中的统计偏差	文本挖掘算法通常使用 TF-IDF（term frequency-inverse document frequency，词频–反文档频率）公式来计算词语权重，但从用户间话语中提取的内容往往高度相关，导致观测值之间的结构依赖，从而引发统计偏差（Yahav et al.，2019）
有偏梯度优化	在一类随机优化问题中，目标函数不是凸的，但它满足序列凸性（sequentially convex property），由此可以转化为凸优化问题，但这会给梯度估计带来一种内在的偏差（Huh and Rusmevichientong，2014）
因果基数效应估计中的偏差	当模型尝试纳入基数效应（installed-base effects，即过去采纳者的行为会影响后续采纳者的行为）时，由于引入许多控制变量而引入的偏差（Narayanan and Nair，2013）
流行偏差	在使用正报评价指标（true-positive metrics）的推荐系统中，越流行的项目越可能在之后呈现给用户，而流行度不完全取决于项目质量（Mena-Maldonado et al.，2021；Mehrabi et al.，2021）
评估偏差	由于模型评价不当而引入的偏差，如选择不合理的评价指标、不适当的数据集，以及实验用户的有偏反馈（Mehrabi et al.，2021；Srinivasan and Chander，2021）

参考文献

陈国青, 任明, 卫强, 等. 2022. 数智赋能: 信息系统研究的新跃迁. 管理世界, 38(1): 180-196.

陈国青, 曾大军, 卫强, 等. 2020. 大数据环境下的决策范式转变与使能创新. 管理世界, 36(2): 95-105, 220.

陈国青, 张瑾, 王聪, 等. 2021. “大数据–小数据”问题: 以小见大的洞察. 管理世界, 37(2): 14, 203-213.

徐宗本, 冯芷艳, 郭迅华, 等. 2014. 大数据驱动的管理与决策前沿课题. 管理世界, (11): 158-163.

张楠, 马宝君, 孟庆国. 2019. 政策信息学: 大数据驱动的公共政策分析. 北京: 清华大学出版社.

Abhishek V, Hosanagar K, Fader P S. 2015. Aggregation bias in sponsored search data: the curse and the cure. Marketing Science, 34(1): 59-77.

Adomavicius G, Bockstedt J C, Curley S P, et al. 2013. Do recommender systems manipulate consumer preferences? A study of anchoring effects. Information Systems Research, 24(4): 956-975.

Adomavicius G, Bockstedt J C, Curley S P, et al. 2016. Understanding effects of personalized vs. aggregate ratings on user preferences. In IntRS@ RecSys, : 14-21.

Adomavicius G, Bockstedt J C, Curley S P, et al. 2019. Reducing recommender system biases: an investigation of rating display designs. MIS Quarterly, 43(4): 1321-1341.

Adomavicius G, Tuzhilin A. 2005. Personalization technologies: a process-oriented perspective. Communications of the ACM, 48(10): 83-90.

Agarwal V, Fos V, Jiang W. 2013. Inferring reporting-related biases in hedge fund databases from hedge fund equity holdings. Management Science, 59(6): 1271-1289.

Ahsen M E, Ayvaci M U S, Raghunathan S. 2019. When algorithmic predictions use human-generated data: a bias-aware classification algorithm for breast cancer diagnosis. Information Systems Research, 30(1): 97-116.

Baeza-Yates R. 2018. Bias on the web. Communications of the ACM, 61(6): 54-61.

Bellamy R K, Dey K, Hind M, et al. 2019. AI Fairness 360: an extensible toolkit for detecting and mitigating algorithmic bias. IBM Journal of Research and Development, 63(4/5): 1-15.

Boerman S C, Kruikemeier S, Zuiderveen Borgesius F J. 2021. Exploring motivations for online privacy protection behavior: insights from panel data. Communication Research, 48(7): 953-977.

Brandes L, Godes D, Mayzlin D. 2022. Extremity bias in online reviews: the role of attrition. Journal of Marketing Research, 59(4): 675-695.

Buolamwini J, Gebru T. 2018. Gender shades: intersectional accuracy disparities in commercial gender classification. Conference on fairness, accountability and transparency. PMLR, 2018: 77-91.

Chapelle O, Zhang Y. 2009. A dynamic Bayesian network click model for web search ranking. Proceedings of the 18th International Conference on World Wide Web.

Chen H, Zheng Z, Ceran Y. 2016. De-biasing the reporting bias in social media analytics. Production and Operations Management, 25(5): 849-865.

Chen M, Burke R R, Hui S K, et al. 2021. Understanding lateral and vertical biases in consumer attention: an in-store ambulatory eye-tracking study. Journal of Marketing Research, 58(6): 1120-1141.

Chen N, Li A, Talluri K. 2021. Reviews and self-selection bias with operational implications. Management Science, 67(12): 7472-7492.

Chen P Y, Hong Y L, Liu Y. 2018. The value of multidimensional rating systems: evidence from a natural experiment and randomized experiments. Management Science, 64(10): 4629-4647.

Chen Z, Lurie N H. 2013. Temporal contiguity and negativity bias in the impact of online word of mouth. Journal of Marketing Research, 50(4): 463-476.

Connell P M, Brucks M, Nielsen J H. 2014. How childhood advertising exposure can create biased product evaluations that persist into adulthood. Journal of Consumer Research, 41(1): 119-134.

Cornaggia J N, Cornaggia K J, Israelsen R D. 2020. Where the heart is: information production and the home bias. Management Science, 66(12): 5532-5557.

Crossler R E, Bélanger F. 2019. Why would I use location-protective settings on my smartphone? Motivating protective behaviors and the existence of the privacy knowledge–belief gap. Information Systems Research, 30(3): 995-1006.

Duclos R. 2015. The psychology of investment behavior: (de)biasing financial decision-making one graph at a time. Journal of Consumer Psychology, 25(2): 317-325.

Emich K J, Pyone J S. 2018. Let it go: positive affect attenuates sunk cost bias by enhancing cognitive flexibility. Journal of Consumer Psychology, 28(4): 578-596.

Fisher M, Newman G E, Dhar R. 2018. Seeing stars: how the binary bias distorts the interpretation of customer ratings.

Journal of Consumer Research, 45(3): 471-489.

Godinho de Matos M, Ferreira P, Smith M D, et al. 2016. Culling the herd: using real-world randomized experiments to measure social bias with known costly goods. Management Science, 62(9): 2563-2580.

Grimmelikhuijsen S, Meijer A. 2022. Legitimacy of algorithmic decision-making: six threats and the need for a calibrated institutional response. Perspectives on Public Management and Governance, 5(3): 232-242.

Guo X H, Chen G Q, Wang C, et al. 2021. Calibration of voting-based helpfulness measurement for online reviews: an iterative Bayesian probability approach. INFORMS Journal on Computing, 33(1): 246-261.

Guo X H, Wang L, Zhang M, et al. 2023. First things first？ Order effects in online product recommender systems. ACM Transactions on Computer-Human Interaction, 30(1): 1-35.

Guo X H, Wang Y, Huang L, et al. 2022. Assimilation and contrast: the two-sided anchoring effects of recommender systems. Journal of Systems Science and Systems Engineering, 31(4): 395-413.

Hamilton R W, Schlosser A, Chen Y J. 2017. Who's driving this conversation？ Systematic biases in the content of online consumer discussions. Journal of Marketing Research, 54(4): 540-555.

Hentschel B, Haas P J, Tian Y. 2019. General temporally biased sampling schemes for online model management. ACM Transactions on Database Systems, 44(4): 1-45.

Herman W H, Cohen R M. 2012. Racial and ethnic differences in the relationship between HbA1c and blood glucose: implications for the diagnosis of diabetes. The Journal of Clinical Endocrinology and Metabolism, 97(4): 1067-1072.

Hernández-González J, Inza I, Lozano J A. 2018. A note on the behavior of majority voting in multi-class domains with biased annotators. IEEE Transactions on Knowledge and Data Engineering, 31(1): 195-200.

Ho Y C, Wu J, Tan Y. 2017. Disconfirmation effect on online rating behavior: a structural model. Information Systems Research, 28(3): 626-642.

Howard R C C, Hardisty D J, Sussman A B, et al. 2022. Understanding and neutralizing the expense prediction bias: the role of accessibility, typicality, and skewness. Journal of Marketing Research, 59(2): 435-452.

Hu N, Pavlou P A, Zhang J J. 2007. Why do online product reviews have a j-shaped distribution？ Overcoming biases in online word-of-mouth communication. Communications of the ACM, 52(10): 144-147.

Hu N, Pavlou P A, Zhang J J. 2017. On self-selection biases in online product reviews. MIS Quarterly, 41(2): 449-471.

Huh W T, Rusmevichientong P. 2014. Online sequential optimization with biased gradients: theory and applications to censored demand. INFORMS Journal on Computing, 26(1): 150-159.

Ibanez M R, Toffel M W. 2020. How scheduling can bias quality assessment: evidence from food-safety inspections. Management Science, 66(6): 2396-2416.

Jiang Z L. 2022. An empirical bargaining model with left-digit bias: a study on auto loan monthly payments. Management Science, 68(1): 442-465.

Kalra A, Liu X, Zhang W. 2020. The zero bias in target retirement fund choice. Journal of Consumer Research, 47(4): 500-522.

Karaman H. 2021. Online review solicitations reduce extremity bias in online review distributions and increase their representativeness. Management Science, 67(7): 4420-4445.

Kim J W, King B G. 2014. Seeing stars: matthew effects and status bias in major league baseball umpiring. Management Science, 60(11): 2619-2644.

Kirkpatrick K. 2016. Battling algorithmic bias: how do we ensure algorithms treat us fairly？. Communications of the ACM, 59(10): 16-17.

Kokkodis M, Lappas T. 2020. Your hometown matters: popularity-difference bias in online reputation platforms.

Information Systems Research, 31(2): 412-430.

Kong G, Rajagopalan S, Tong C Y. 2018. Pricing diagnosis-based services when customers exhibit sunk cost bias. Production and Operations Management, 27(7): 1303-1319.

Kotkov D, Wang S, Veijalainen J. 2016. A survey of serendipity in recommender systems. Knowledge-Based Systems, 111: 180-192.

Kwak D H, Holtkamp P, Kim S S. 2019. Measuring and controlling social desirability bias: applications in information systems research. Journal of the Association for Information Systems, 20(4): 317-345.

Kyung E J, Thomas M, Krishna A. 2017. When bigger is better(and when it is not): implicit bias in numeric judgments. Journal of Consumer Research, 44(1): 62-79.

Lambrecht A, Tucker C. 2019. Algorithmic bias? An empirical study of apparent gender-based discrimination in the display of stem career ads. Management Science, 65(7): 2966-2981.

Lee H C B, Ba S L, Li X X, et al. 2018. Salience bias in crowdsourcing contests. Information Systems Research, 29(2): 401-418.

Lee S Y, Rui H X, Whinston A B. 2019. Is best answer really the best answer? The politeness bias. MIS Quarterly, 43(2): 579-600.

Lee Y J, Hosanagar K, Tan Y. 2015. Do I follow my friends or the crowd? Information cascades in online movie ratings. Management Science, 61(9): 2241-2258.

Legoux R, Leger P M, Robert J, et al. 2014. Confirmation biases in the financial analysis of IT investments. Journal of the Association for Information Systems, 15(1): 33-52.

Li S S, Karahanna E. 2015. Online recommendation systems in a B2C e-commerce context: a review and future directions. Journal of the Association for Information Systems, 16(2): 72-107.

Lin M F, Viswanathan S. 2016. Home bias in online investments: an empirical study of an online crowdfunding market. Management Science, 62(5): 1393-1414.

Lin Z J, Zhang Y, Tan Y. 2019. An empirical study of free product sampling and rating bias. Information Systems Research, 30(1): 260-275.

Lu J G, Li D D. 2012. Bias correction in a small sample from big data. IEEE Transactions on Knowledge and Data Engineering, 25(11): 2658-2663.

Ma X, Khansa L, Deng Y, et al. 2013. Impact of prior reviews on the subsequent review process in reputation systems. Journal of Management Information Systems, 30(3): 279-310.

Mansoury M, Abdollahpouri H, Pechenizkiy M, et al. 2021. A graph-based approach for mitigating multi-sided exposure bias in recommender systems. ACM Transactions on Information Systems, 40(2): 1-31.

Mehrabi N, Morstatter F, Saxena N, et al. 2021. A survey on bias and fairness in machine learning. ACM Computing Surveys, 54(6): 1-35.

Mena-Maldonado E, Cañamares R, Castells P, et al. 2021. Popularity bias in false-positive metrics for recommender systems evaluation. ACM Transactions on Information Systems, 39(3): 1-43.

Milosavljevic M, Navalpakkam V, Koch C, et al. 2012. Relative visual saliency differences induce sizable bias in consumer choice. Journal of Consumer Psychology, 22(1): 67-74.

Moe W W, Schweidel D A. 2012. Online product opinions: incidence, evaluation, and evolution. Marketing Science, 31(3): 372-386.

Moe W W, Schweidel D A, Trusov M. 2011. What influences customers' online comments. MIT Sloan Management Review, 53(1): 14-16.

Morgan L E, Rhodes-Leader L, Barton R R. 2022. Reducing and calibrating for input model bias in computer simulation. INFORMS Journal on Computing, 34(4): 2368-2382.

Muchnik L, Aral S, Taylor S J. 2013. Social influence bias: a randomized experiment. Science, 341(6146): 647-651.

Narayanan S, Nair H S. 2013. Estimating causal installed-base effects: a bias-correction approach. Journal of Marketing Research, 50(1): 70-94.

Obermeyer Z, Powers B, Vogeli C, et al. 2019. Dissecting racial bias in an algorithm used to manage the health of populations. Science, 366(6464): 447-453.

Olteanu A, Kıcıman E, Castillo C. 2018. A critical review of online social data: biases, methodological pitfalls, and ethical boundaries. Proceedings of the Eleventh ACM International Conference on Web Search and Data Mining.

Pal A, Harper F M, Konstan J A. 2012. Exploring question selection bias to identify experts and potential experts in community question answering. ACM Transactions on Information Systems, 30(2): 1-28.

Park J, Konana P, Gu B, et al. 2013. Information valuation and confirmation bias in virtual communities: evidence from stock message boards. Information Systems Research, 24(4): 1050-1067.

Pownall G, Vulcheva M, Wang X. 2014. The ability of global stock exchange mechanisms to mitigate home bias: evidence from euronext. Management Science, 60(7): 1655-1676.

Qian Y, Xie H. 2022. Simplifying bias correction for selective sampling: a unified distribution-free approach to handling endogenously selected samples. Marketing Science, 41(2): 336-360.

Qiao M K, Huang K W. 2021. Correcting misclassification bias in regression models with variables generated via data mining. Information Systems Research, 32(2): 462-480.

Scott A, Balthrop A T. 2021. The consequences of self-reporting biases: evidence from the crash preventability program. Journal of Operations Management, 67(5): 588-609.

Shankar S, Halpern Y, Breck E, et al. 2017. No classification without representation: assessing geodiversity issues in open data sets for the developing world. http: //arxiv.org/abs/1711.08536[2024-03-15].

Shi Y, Wang C, Guo X H, et al. 2021. Training personalized recommender systems with biased data: a joint likelihood approach to modeling consumer self-selection behaviors. ICIS 2021 Proceedings.

Smith H J, Dinev T, Xu H. 2011. Information privacy research: an interdisciplinary review. MIS Quarterly, 35(4): 989-1015.

Sokolova T, Seenivasan S, Thomas M. 2020. The left-digit bias: when and why are consumers penny wise and pound foolish？. Journal of Marketing Research, 57(4): 771-788.

Soll J B, Milkman K L, Payne J W. 2015. A user's guide to debiasing. The Wiley Blackwell Handbook of Judgment and Decision Making, 2: 924-951.

Srinivasan R M, Chander A. 2021. Biases in AI systems. Communications of the ACM, 64(8): 44-49.

Sun W L, Nasraoui O, Shafto P. 2020. Evolution and impact of bias in human and machine learning algorithm interaction. PLoS One, 15(8): e0235502.

Suresh H, Guttag J V. 2019. A framework for understanding unintended consequences of machine learning. arXiv preprint https: //arxiv.org/pdf/1901.10002v3.pdf[2024-03-15].

Tiefenbeck V, Goette L, Degen K, et al. 2018. Overcoming salience bias: how real-time feedback fosters resource conservation. Management Science, 64(3): 1458-1476.

Turel O, Osatuyi B. 2021. Biased credibility and sharing of fake news on social media: considering peer context and self-objectivity state. Journal of Management Information Systems, 38(4): 931-958.

Wang C, Guo X H, Liu G, et al. 2020. Personalized promotion recommendation: a dynamic adaptation modeling approach. ICIS 2020 Proceedings.

Wang L, Huang N, Hong Y, et al. 2022. Effects of voice-based AI in customer service: evidence from a natural experiment. ICIS 2022 Proceedings.

Wang W Q, Wang M. 2019. Effects of sponsorship disclosure on perceived integrity of biased recommendation agents: psychological contract violation and knowledge-based trust perspectives. Information Systems Research, 30(2): 507-522.

Wu D, Guo X H, Wang Y J, et al. 2023. A warning approach to mitigating bandwagon bias in online ratings: theoretical analysis and experimental investigations. Journal of the Association for Information Systems, 24(4): 1132-1161.

Wu Z H, Hu L, Lin Z J, et al. 2021. Competition and distortion: a theory of information bias on the peer-to-peer lending market. Information Systems Research, 32(4): 1140-1154.

Xiao B, Benbasat I. 2015. Designing warning messages for detecting biased online product recommendations: an empirical investigation. Information Systems Research, 26(4): 793-811.

Yahav I, Shehory O, Schwartz D. 2019. Comments mining with TF-IDF: the inherent bias and its removal. IEEE Transactions on Knowledge and Data Engineering, 31(3): 437-450.

Yin D Z, Mitra S, Zhang H. 2016. Research note—when do consumers value positive vs. negative reviews? An empirical investigation of confirmation bias in online word of mouth. Information Systems Research, 27(1): 131-144.

Zhang M, Guo X H, Chen G Q. 2016. Prediction uncertainty in collaborative filtering: enhancing personalized online product ranking. Decision Support Systems, 83: 10-21.

Zhang X Y, Zhao J Z, Lui J C S. 2017. Modeling the assimilation-contrast effects in online product rating systems: debiasing and recommendations. Proceedings of the Eleventh ACM Conference on Recommender Systems，2017: 98-106.

第 7 章　计算实验金融工程：大数据驱动的金融管理决策工具①

7.1　引　　言

当前，我国正处在进入高质量发展的重要时期，而金融体系的平稳高效运行、系统性金融风险的防范化解，是我国在此重要时期的关键保障之一。习近平总书记在主持中共中央政治局就完善金融服务、防范金融风险第十三次集体学习时指出，“防范化解金融风险特别是防止发生系统性金融风险，是金融工作的根本性任务”②。要想做好金融工作，除了依靠金融参与者（无论是政策制定者还是机构/个体决策者）的智慧和经验，还需要发展金融科学理论及其基础上的“工程化”途径（可以称为广义的“金融工程”）。因此，有效的金融工作需要发展准确认识真实金融体系本质的科学理论（徐忠，2018）。

20 世纪中叶发展起来的传统金融科学理论以资产定价和公司金融为核心，致力于对金融规律进行科学定量的刻画，并通过 20 世纪 70 年代以来发展出的传统金融工程去支持相关的金融管理实践。但受限于对金融现象的“粗粒度”数据观测（如金融资产的价格、交易量、相关的宏观经济变量）以及复杂金融系统建模时数学工具的限制（洪永淼和汪寿阳，2020），传统金融科学理论往往基于理性“经济人”假说对金融体系中的基础微观要素进行简化，利用代表性主体和简单信息环境表达金融系统，以满足模型在数学上的可解性，塑造了“简单系统世界观”下的金融科学体系。当然，简化后的金融理论模型也可以捕捉金融市场中部分微观要素（如投资者风险厌恶、期限偏好和未来现金流不确定性等）对于资产价格动态的宏观影响，但在反映和解释更大量的资产价格动态异象及其所呈现出的真实市场特征（特别是极端市场风险）方面依旧存在困难。

---

① 本章作者：张维（天津大学管理与经济学部）、林犇（天津大学管理与经济学部）、康俊卿（中山大学岭南学院）、熊熊（天津大学管理与经济学部）、张永杰（天津大学管理与经济学部）。通讯作者：林犇（linshen_fin@tju.edu.cn）。作者特别感谢冯绪、高雅、郭彬、李奕、李仲飞、孟永强、王鹏飞、吴俊杰和颜志军给予本章宝贵的修改意见。基金项目：国家自然科学基金资助项目（91846000，71790594，92146006）。本章内容原载于《管理世界》2023 年第 5 期。

② 《习近平：深化金融供给侧结构性改革 增强金融服务实体经济能力》，http://jhsjk.people.cn/article/30898520 [2024-05-06]。

对此，行为金融学（Barberis and Thaler，2003；Shiller，2003；Barberis，2013）、实证资产定价（Fama and French，1993；Hou et al.，2014）等一系列领域的工作也在努力弥合传统金融科学理论与现实的差距。不过，真实金融世界表明，将金融系统视为“简单系统”虽然为传统金融科学理论提供了简洁的经济学逻辑和模型基准，但在解决真实市场环境中的投资和风险管理问题、指导监管机构处理金融体系效率提升和风险监管问题时却遇到了困难（Farmer and Foley，2009）。

其实，金融体系在本质上更符合 Holland（1992）提出的“复杂适应系统”的定义，即金融体系的宏观输出状态及其内在规律，本质上是体系中众多微观组成单元的异质行为、适应性交互及动态演化等微观特征在宏观上的“涌现”结果。由此，金融体系的运行状态及其风险的出现，在本质上源于金融体系的这种内在复杂性（汪寿阳等，2021），即体系中众多参与者的异质行为、他们之间以及他们与金融体系外部环境之间的适应性互动。

在大数据时代下，金融参与者的活动范围、方式、频率和速度都得到进一步的强化，使得金融体系的上述复杂性本质再也不可被忽略。首先，信息技术的快速发展极大减少了金融体系内的摩擦与成本，使得金融活动参与者由传统的代表性机构扩充到诸如个体参与者等更多元异质主体，并引入了以计算机和人工智能为代表的新型智能化参与主体（如基于机器学习的量化交易），扩充了金融活动微观参与者的复杂程度（王宇超等，2014）。其次，信息技术降低了各类参与者之间的信息交互成本，同时也引发了信息过载和新的信息不对称局面，并衍生出新型的信息中介体，使得传统上较为单一的信息交互环境变得海量化、复杂化（刘海飞等，2017）。最后，信息技术也深刻改变了传统金融系统的链接模式，创造了新的金融中介平台、新的金融产品和更为复杂的资产和交易结构，并使得不同风险资产间的联动关系更为复杂（赵尚梅等，2015）。因此，新一代信息技术的迅猛发展对于推进人类对金融活动复杂性本质规律的新认知，进而发展复杂科学新范式下的金融科学理论产生了重大影响（盛昭瀚和于景元，2021）。

与此同时，在已有对宏观的金融现象（如资产价格、汇率）和经济乃至社会政治现象（如灾害冲击、国际地缘冲突）进行传统观测的基础上，由于大数据和机器学习等技术的发展，大量的微观金融现象和行为（如参与者交易行为的直接观测、互联网信息交互行为、订单簿的动态情形）被观测并记录下来，使得人们以更细的粒度数据去观察、测量真实金融世界宏观现象背后的微观活动成为可能（陈国青等，2020；陈国青等，2021）。同时，机器学习等各类大数据智能分析技术、计算和存储能力的急速发展，使得利用模拟仿真“涌现”式的模型求解计算成为可能，从而提高了在上述微观行为和宏观现象间建立粒度缩放链接关系的技术可行性（严雨萌等，2023）。这使得对金融体系进行基于微观视角的建模变成了现实，为帮助学者从复杂系统的角度理解金融风险产生的机制、发展出金融风险管理的新型工程化决策工具提供了可能性（张维等，2012，2013）。这些要素推进了金融知识发展研究的新范式和新领域的形成——计算实验金融学（agent-based computational finance，ACF），并依托 ACF 对于金融规律的新认知，针对解决现实金融世界管理问题的需求发展出工程化的方法，正在形成与传统金融工程相对应的“计算实验金融工程”（agent-based computational financial engineering，ACFE）。

然而，尽管 ACF 理论和传统金融理论所尝试刻画的金融体系与其面向的金融管理现实问题是一致的，但是在研究范式和方法论以及具体技术手段方面，它的建模和分析、应用与传统金融理论有很大的不同，其学术思想和逻辑并不容易得到理解并被付诸工程化应用（杨永福等，2001）。同时，这种认识论上的差异使得两者（及其对应学者）在话语体系上有所不同，影响了彼此之间的学术讨论与融合，在一定程度上阻碍了金融学科及其对应管理工具的发展。此外，传统金融理论往往被诟病于建模底层假设过于简化而缺乏真实性，而计算实验金融理论往往被指摘于微观建模的自由度过高，即两者之间存在着所谓“对立的弱势”，这些都需要通过进一步的创新研究才能得到突破性发展。

鉴于上述理论和需求，本章主要做了以下工作。首先，从对真实金融体系的剖析出发，提出一个具有包容性的金融体系形式化概念模型。该模型由复杂资产与市场环境、异质市场参与者、复杂交互信息环境所组成，借以表达金融系统各个要素内部和之间的复杂联动关系。其次，以这个概念模型为基础，阐释和比较“成熟的”传统金融理论与“新兴的”ACF 在建模、求解和工程化方面的不同核心思想与逻辑，尝试地为两类研究范式建立一个可对话交流的平台。再次，在上述比较的基础上，进一步通过示例分别展示 ACF 和 ACFE 在发展金融理论与支持金融管理实践两个方面的价值和潜能。最后，本章尝试提出和讨论 ACF 范式下的金融科学理论与金融工程未来可能的研究新方向。

7.2　金融系统的一个概念模型

金融活动本质是为了满足经济的需要，对经济活动中的资金资源在时间、空间和不确定性偏好上进行再分配的过程，此过程中的各类参与者及其相互关系构成了金融系统（亦称为金融体系）。根据金融系统参与者的偏好，这个系统对经济中生产活动所伴随的内生不确定性进行再分配，进而对系统参与者整体效用进行帕累托改进。在市场经济的框架下，这个过程主要将经济生产结果中将要产生的不确定现金流资产化，通过在金融市场中进行交易的方式将它们（及其伴随的收益）在金融系统参与者之间进行转移、流动和再分配。

构成一个金融体系主要需要三个要素：①资产构成和市场环境；②市场参与者及其决策逻辑；③市场信息环境[①]。本节将试图通过建立一个描述性概念模型——IBM（information，behaviors in market，行为、信息交互的市场）模型，来刻画金融体系这些要素、要素间交互关系以及系统输出特征所形成的内在金融逻辑，并在后面尝试用此对传统金融与计算实验金融的逻辑和方法论进行阐述与比较。

IBM 模型基本定义：考虑金融系统中存在一系列风险资产 $\tilde{A}=\{A_1;A_2;\cdots;A_a;\cdots\}$ 以及一系列市场参与者 $\tilde{J}=\{J_1;J_2;\cdots;J_j;\cdots\}$。对于所有资产，其内在价值对应为 $\tilde{V}=\{V_1;V_2;\cdots;V_a;\cdots\}$，并对应着一种交易环境 $\tilde{L}=\{L_1;L_2;\cdots;L_a;\cdots\}$[②]。每一个市场参与者对应着一种行为逻辑 B_j 输入集合 $\tilde{B}=\{B_1;B_2;\cdots;B_j;\cdots\}$。此外，金融系统还存在复杂交互的信息集 $\tilde{I}$ 以及系统反馈机制 $\tilde{M}$（下面会详细描述）。

金融系统的复杂性体现在以下三个维度及其之间适应性交互的基础上：市场信息环境、市场参与者行为、系统反馈机制。

7.2.1 市场信息环境

$\tilde{I}=\{I_a \mid A_a\in\tilde{A}\}$ 是关于风险资产未来现金流分布的潜在完备信息。即对于资产 A_a，依赖信息 I_a 进行的理性推断，可使对资产 A_a 未来基本面价值 V_a 分布的精度达到最高。然而金融系统往往具有不完备信息、非对称信息等典型特征。市场参与者的初始信息集为 $\check{I}_J=\{\check{i}_a^j \mid A_a\in\tilde{A}, j\in\tilde{J}\}$，包含 J 个节点，其满足 $\bigcup_{j\in\tilde{J}}\check{i}_a^j\subseteq I_a$。此外，市场中还存在一系列信息发布/交互平台 $\tilde{N}=\{N_1;N_2;\cdots;N_n;\cdots\}$[③]，其初始信号集 $\check{I}_N=\{\check{i}_a^j \mid A_a\in\tilde{A}, n\in\tilde{N}\}$，包含 N 个节点，满足 $\bigcup_{n\in\tilde{N}}\check{i}_a^n\subseteq I_a$。因此，金融市场中整体初始信息集 $\check{I}=\{\check{I}_J,\check{I}_N\}$ 包含着 $H=J+N$ 个信息节点。

---

① 其他的金融市场，如权益一级市场、外汇市场、数字货币市场等，也可以被这三个要素所囊括。根据不同的研究问题，金融理论均需对这三个要素进行建模并研究其内生逻辑。但本章关注于大数据时代的 ACF 建模研究，因此更多关注在传统金融理论不善于处理的异质投资者行为、复杂信息交互环境以及复杂市场摩擦等领域，而这些领域在证券二级市场中具有较强的代表性。关于在其他金融市场利用 ACF 进行的研究可以此类推，并有相关的文献成果，如 Klimek 等（2015）和 Liu 等（2020）。鉴于篇幅有限本章不再赘述。

② 交易环境指交易的形成机制和限制，如常见的股票市场限价订单簿和新三板的做市商机制、涨跌幅限制等。行为逻辑则指市场参与者的决策逻辑，如基本面参与者在其认为资产价格被高估的时候卖出资产，而外推信念参与者则认为未来的资产价格变化方向和历史变化方向趋同。不同资产可能有相同的交易环境，而不同参与者可能有相同的交易决策逻辑。

③ 市场中存在着由信息平台集合 N 构成的信息环境，包含 N 个信息发布/交互源。这些信息发布/交互源可以分为专业信息发布平台（如各类传统媒体或新媒体、企业和监管机构官网等）、市场参与者个体（如个人微博、抖音账号）及其信息交互的中介平台（股吧论坛等）。

在此基础之上存在着复杂信息交互网络变换过程 $\vec{I}$ 使得市场参与者决策所依赖的信息集 $\hat{I}=\vec{I}(\check{I})$。具体而言，复杂信息交互网络具有 K 轮交互过程，每一轮交互由矩阵 $D_{H\times H}^{k}$ 刻画，$D_{H\times H}^{0}$ 为对角阵，对角线元素为 $\check{I}_h$。元素 d_{ij}^{k} 表示在第 k 轮信息交互中，节点 i 向节点 j 传递的信息，满足 $d_{ij}^{k}\subset\check{I}_i\,U_{j=1}^{k-1}U_{h\neq i}d_{hi}^{j}$。

对于传统信息平台 $n\in\tilde{N}$ 和市场参与者 $j\in\tilde{J}$，有着 $d_{j,n}^{k}=\{\phi\}$，即这些平台披露信息不受到市场参与者信息影响；而对于新兴互联网信息平台 $n'\in\tilde{N}$ 则至少存在一个市场参与者 $j\in\tilde{J}$ 使得 $d_{j,n'}^{k}\neq\{\phi\}$，即该平台信息受到与其他参与者交互的影响。其中可能存在部分平台 $\check{I}_n=\{\phi\}$，即部分平台（如股票论坛）本身不具有任何初始信息。

7.2.2　市场参与者行为

系统中参与者具有异质且复杂的行为逻辑，由 $B_j=\vec{B}_j(\vec{I}(\check{I}),\tilde{L},B_{-j})$ 描述。其中，$\vec{I}(\check{I})$ 表示经过交互后的信息集；$\tilde{L}$ 表示风险资产的交易环境；B_{-j} 表示其他市场参与者的行为；$\vec{B}_j$ 表示市场参与者 J_j 与金融系统中信息、资产以及其余参与者的复杂适应性交互。需要强调的是，市场参与者行为是异质的，即便应对同样的 $(\vec{I}(\check{I}),\tilde{L},B_{-j})$ 也会做出不同的行为。

7.2.3　系统反馈机制

金融系统存在对市场参与者的反馈 $\tilde{M}_J$，以及对于系统中资产状况的相关信息反馈 $\tilde{M}_A$，由 $\tilde{M}=\{\tilde{M}_J,\tilde{M}_A\}=\vec{M}(\{\cdots;\vec{B}_j(\vec{I}(\check{I}),\tilde{L},B_{-j});\cdots\},\tilde{L},\tilde{V})$ 描述。其中，$\{\cdots;\vec{B}_j(\vec{I}(\check{I}),\tilde{L},B_{-j});\cdots\}$ 表示经过复杂适应性交互后的市场交易者行为集；$\tilde{L}$ 表示风险资产的交易环境；$\tilde{V}$ 表示风险资产状况；$\vec{M}$ 表示金融系统的复杂反馈机制。典型的 $\tilde{M}_J$ 指参与者 J_j 对于其行为 B_j 在整体金融系统中呈现的结果的感知，主要包括其效用和财富的变化等；而典型的资产状况相关信息反馈 $\tilde{M}_A$ 指资产整体质量在金融系统中的体现，主要包括资产交易价格、超额收益水平、交易量、市场流动性及价格质量等。

金融理论的核心在于揭示组成的金融体系与其内在复杂微观要素 $(\tilde{V},\tilde{L},\tilde{I},\tilde{B})$

之间的反馈机制关系 $\vec{I}$ 、$\vec{B}$ 、$\vec{M}$ ，并基于此对金融系统的运行状态进行判断、管理乃至预测。以上的关系和逻辑可以用图 7-1 来表示。

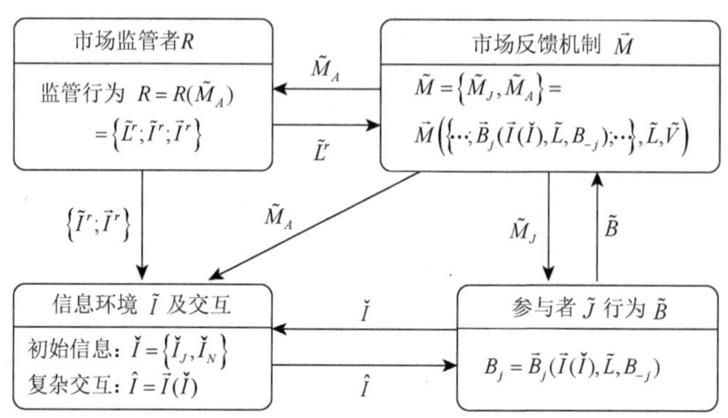

图 7-1　IBM 概念模型示意图

基于 IBM 模型，市场监管者可以通过改变市场的交易环境 $\tilde{L}$（如约束参与者行为、改变交易机制和规则等）和市场信息环境 $\tilde{I}$ 及其交互 $\vec{I}$ （如信息交互平台的建设、信息披露规定和直接信息披露等），进而影响金融系统的运行规律，达到提高市场运行质量的目的。本章用 $\tilde{L}^r$ 、$\tilde{I}^r$ 和 $\vec{I}^r$ 分别代表监管机构对金融系统交易环境 $\tilde{L}$、信息环境 $\tilde{I}$ 和信息交互过程 $\vec{I}$ 的影响行为；市场参与者的行为 B_j 也将由此改变为 $B_j^r=\vec{B}^r(\vec{I}^r(\check{I}^r),\tilde{L}^r,B_{-j})$ ，进而对市场整体反馈产生影响 $\tilde{M}^r=\vec{M}^r(\{\cdots;\vec{B}^r(\vec{I}^r(\check{I}^r),\tilde{L}^r,B_{-j});\cdots\},\tilde{L}^r,\tilde{V})$ 。现实世界中的监管者有时会直接以参与者的身份影响金融系统，如监管机构的国债二级市场操作、平准基金的二级市场操作等。这类管理行为被认为是市场参与者异质行为 $\tilde{B}$ 中的一个特类，可以在模型动态中直接进行刻画和研究。

对于金融市场各类参与者 J_j 而言，核心任务是如何利用金融活动的客观规律帮助他们提高其效用，即在给定的市场环境集合 $(\tilde{A},\tilde{I},\tilde{L})$ 状态下，动态地优化自己的决策逻辑 $\vec{B}_j$ ，改善系统反馈 $\tilde{M}$ 。其中，参与者关注的是其资产管理效率 $\tilde{M}_J$ ；市场监管者的关切则与其自身财富无关，而是关注于优化系统整体反馈 $\tilde{M}_A$ 。从市场参与者的角度，其行为模式不仅在微观上改变了自身资产管理的效率，更是在宏观上构成了金融系统动力学特征的重要部分。从金融市场监管者的角度，他们对金融系统的管理核心在于如何基于上述金融系统内在规律的认知，对市场环境集合 $(\tilde{A},\tilde{I},\tilde{L})$ 中的相关因素展开有效监管调控行为，从而应对意料之外的系统性风险并维持市场的秩序和公平，并提升参与者社会整体福祉（参与者反馈状况的总和）。理想地，将市场参与者和市场监管者两类行为结合并置入一类综合模型中进行考量，站在动态的视角上挖掘金融系统的内在逻辑规律，可以看作金融理论的终极目标之一。

7.3　传统金融理论与计算实验金融

针对 7.2 节构造的金融系统概念模型 IBM，本章将在此框架下分别阐明利用传统金融理论和计算实验金融理论对其内在规律与系统动态进行求解的机理，以支持管理需求的金融工程工具。

传统金融学理论受限于较为粗粒度的数据观测（图 7-2 左上所示边界）和数学工具对系统建模复杂性的制约，往往从理性“经济人”假说出发对金融体系中的要素进行简化，利用代表性主体和简单信息环境表达金融系统，以满足模型数学上的可解性，主要在“简单系统”世界观下塑造了金融学体系（图 7-2 左下）。然而，大数据时代显著提升了数据观测的粒度，使得研究人员不仅可以观测到复杂适应系统的宏观涌现，更能观测到部分异质微观构成主体的行为及对应驱动要素（图 7-2 右上所示边界）。计算实验金融则试图以复杂适应系统方法论和“基于主体的建模方法”模拟金融体系中的异质自治主体适应行为和动态交互过程，从对系统中异质微观单元的建模开始（图 7-2 右下），通过“涌现”的方式来获得对于金融体系宏观层面规律的认知。

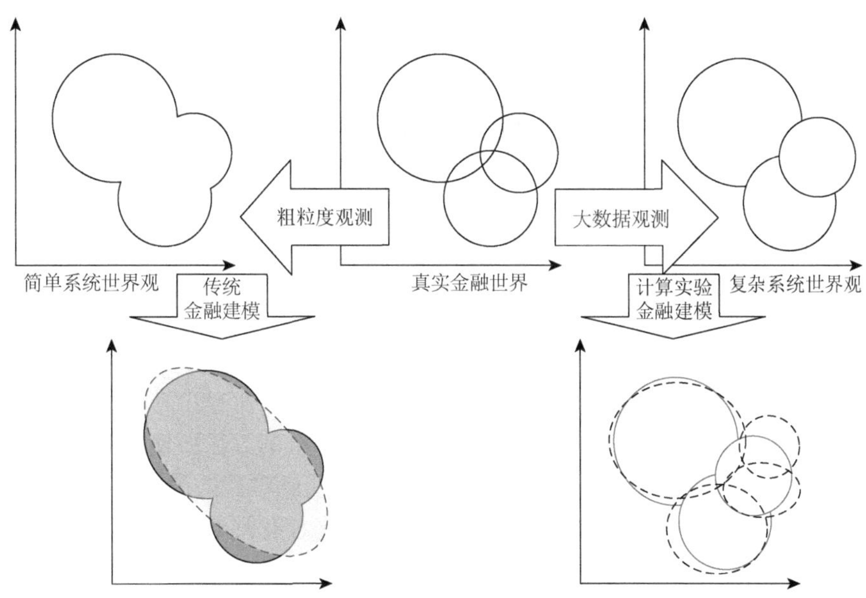

图 7-2　不同世界观下的建模逻辑示意图

7.3.1 传统经济理论

为了在捕捉金融系统核心要素的同时应对数学的可解性，基于 Smith（1776）提出的理性人假设以及 von Neumann 和 Morgenstern（1944）的效用函数理论，传统金融理论对复杂的金融系统要素进行了简化，构建了以理性代表主体为基础的现代金融学理论基石。图 7-3 展示了传统金融模型的建模思路、求解流程以及最终的管理问题研究方法。

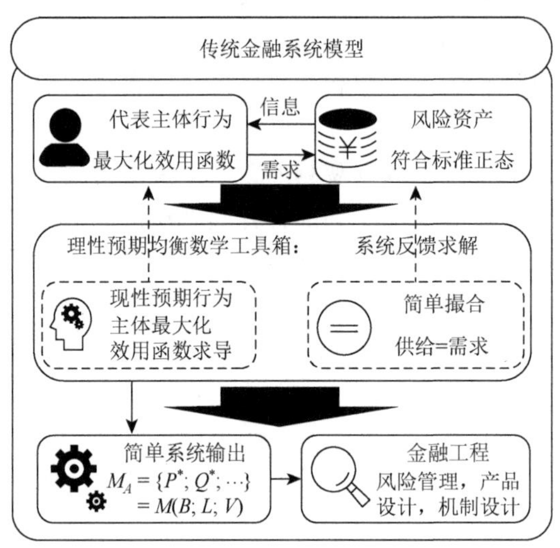

图 7-3　传统金融系统模型的构建与求解

传统金融模型往往假设市场上仅存在单一理性参与者 $\tilde{J}=\{J_1\}$。他在市场中交易单一的风险资产（往往伴随以另一个具有无限弹性供应的无风险资产）即 $\tilde{A}=\{A;A_f\}$，并假设风险资产未来支付的现金流分布。该系统对个体参与者的反馈机制 M_J 往往由效用函数 U 描述，即

$$M_J(\vec{B}_1(\vec{I}(\check{I}),\tilde{L}),\tilde{L},\tilde{A})=E\left[U\left(B_1M_A\left(V\right)\right)|I,L\right] \tag{7-1}$$

其中，B_1 表示代表性参与者的理性投资决策，撮合机制 L 往往使用简单的市场出清条件；I 表示代表性主体决策所依赖的信息（往往是对 V 的最优估计）；$M_A(V)$ 一般使用风险资产的收益率分布，而常用效用函数 U 有常数相对风险厌恶效用函数、常数绝对风险厌恶效用函数、递归效用函数等形式。系统参与者的行为不存在与其他异质参与者的互动或与复杂环境的互动，往往由效用最大化刻画市场参与者的行为规则：

$$B_1 = \arg\max E\left[U\left(B_1 M_A(V)\right)\middle| I, L\right] \tag{7-2}$$

系统中存在着如下的反馈机制：一方面，资产收益分布通过影响市场参与者的预期从而影响参与者的行为；另一方面，资产收益分布作为系统反馈又会受到参与者行为的影响。具体而言，系统的影响机制可以由式（7-3）刻画：

$$M_A(V) \to E\left[M_A(V)\right] \to B_1\left(E\left[M_A(V)\right]\right) \to M_A(V) \tag{7-3}$$

上述影响机制表明，资产收益分布既是市场参与者进行管理决策时的输入变量，也是市场参与者进行管理决策的输出变量。市场均衡可以刻画为数学上关于资产收益分布的不动点问题。基于这一不动点，可以求得这一简单系统的输出动态 M_A，进而使用比较静态分析等数学方法对 M_A 的决定要素进行研究，并在此基础上应对各类金融工程所关心的管理问题，如投资组合优化与风险管理、金融衍生产品设计及微观市场设计等。

基于这些基本假设，现代经济学理论带领金融学术界走过了均值方差前沿理论（Markowitz，1952）、资本资产定价模型（Sharpe，1964；Lintner，1965）、有效市场假说（Fama，1970）、基于套利的相对定价理论（Ross，1976）、基于消费的资产定价模型（Campbell and Cochrane，1999）等里程碑所展示的理论发展历程。这些理论充分揭示在“理性的世界”中，金融系统中资产价格应当符合“风险–收益”相匹配的特征以及资产收益率等于参与者跨期、跨状态边际替代率等特点。早期（20 世纪 90 年代前）基于粗粒度数据及其分析处理能力的实证发现，也在很大程度上支持了这些理论推断。

随着信息技术的快速发展和越来越多的跨界大数据的可获得，金融学术界和实业界均发现传统金融理论不能描述与解释的大量“异象”[①]。不仅如此，海量微观数据、跨界数据和非结构化数据可获得与可处理性的快速提升，极大地细化和丰富了金融现象的观测粒度与维度，不断冲击着传统金融理论的基础假设。例如，海量账户逐笔交易数据可以用来揭示投资者的异质和非理性行为（Barber and Odean，2000）；而跨界的互联网搜索和交互数据则提升了对微观主体之行为异质与交互关系的理解（Antweiler and Frank，2004）。这些证据对传统金融理论提出了挑战，并使得学者逐渐意识到，理论之所以无法满足真实世界的管理需求，其重要原因之一可能是在追求建模数学可解性时加入了过强的

① 例如，基于消费的资产定价理论无法调和高市场超额收益、低消费波动性以及收益率与消费波动性低相关性之间的矛盾（Mehra and Prescott，1985；Shiller，1981）；再如，相对资产定价模型无法解释诸多截面资产定价异象，即许多公司特征指标可以预测其股票的未来表现且无法被资产定价模型所解释（Hou et al.，2020）；又如，所有资产定价理论均无法解释证券市场的过度波动——证券市场总是不时呈现出过度繁荣和萧条的循环，伴随着市场价格泡沫的形成与破裂（Xiong and Yu，2011）。

假设，从而忽视了由系统中异质参与者的适应性和交互性所造就的真实金融系统复杂性。

7.3.2 计算实验金融理论

大数据、人工智能等新一代信息技术在为学者提供了更丰富的数据及其处理技术的同时，也在方法论上为自下向上的、大数据驱动的建模和分析过程提供了可能。此外，在传统实证金融研究中，数据缺失是一个普遍问题；而在计算实验金融中，由于采用微观–宏观的涌现式建模思路，可以通过基于其他样本的微观个体行为建模的方式来弥补，进而减少样本数据缺失对达成的宏观涌现结果的显著影响。依托信息技术的发展，研究者可以在模拟仿真技术和爆炸性发展的计算能力基础之上：①利用被记录下来的微观大数据所发现的典型特征，直接构建符合真实世界的异质微观主体行为逻辑 $\vec{B}(\vec{I}(\check{I}),\tilde{L},\tilde{B})$；②利用真实世界参与者的信息交互网络以及大数据提取的信息环境特征，构建基于大数据的、更加复杂和异质的信息环境 $\vec{I}(\check{I})$；③利用仿真模拟技术和深度学习技术，构建更加真实的符合市场实情的交易环境 $\tilde{L}$；④依赖机器学习技术和适应性市场参与者方法，构建具备演化特征的真实市场动态模型。具体而言①至③体现了大数据对于输入变量的影响，而④则体现了大数据对模型内部演化求解的影响。

与传统金融模型的建模思路将大量要素简化不同，ACF 的建模方法首先关注于金融系统复杂微观要素的表达，并尝试由此利用“涌现式”模拟仿真的方法刻画金融系统宏观动态。正如图 7-4 所示，这类建模着重需要刻画微观异质市场参与者、混合多样的风险资产和复杂信息环境。在模型构建完成后，研究者可以通过仿真模拟的方法得到给定环境下的系统输出 $\tilde{M}_A$：在每个模拟回合中，①结合资产 $\tilde{A}$ 属性形成的随机外生信息冲击 $\check{I}$、历史系统反馈和复杂交互环境构建投资者的信息集 $\hat{I}=\vec{I}(\check{I})$；②根据给定参与者行为逻辑 $\vec{B}(\vec{I}(\check{I}),\tilde{L},\tilde{B})$ 刻画每个投资者的行为决策；③根据设计的市场撮合机制 $\tilde{L}$ 计算资产价格动态输出 $\tilde{M}_A$。但此时的系统输出并不一定完全符合研究人员需求，即系统可能由于建模随意性较强使得输出结果失去经济含义。因此，在获得 $\tilde{M}_A$ 后，研究人员还至少需要进行以下工作之一。其一，研究者可以选择利用真实市场数据对模型输出进行校准，

$$\min_{\tilde{L};\vec{I};\vec{B}} H^P\left(\tilde{M}_A,Y\right) \tag{7-4}$$

其中，H^P 表示惩罚函数；Y 表示由真实数据估计的系统输出。研究者对参与者行为等进行调整，直至 $\tilde{M}_A$ 达到研究设定要求，符合真实市场特征。其二，研究

者可以基于人工智能方法（He and Lin，2021；Foster et al.，2021）对市场中演化投资者行为进行迭代，

$$\{\tilde{L};\tilde{I};\tilde{B}\}\in\{\tilde{L};\tilde{I};\tilde{B}\big|\tilde{M}_A\left(\tilde{L};\tilde{I};\tilde{B}\right)=\vec{M}(\{\cdots;\tilde{B}_j(\vec{I}(\check{I}),\tilde{L},B_{-j});\cdots\},\tilde{L},\tilde{V})\}\qquad(7\text{-}5)$$

这种行为迭代类似于传统金融的理性预期。具体而言，市场参与者的行为可能取决于对系统反馈的预期，而系统反馈又取决于市场参与者的行为。智能演化的市场参与者将会具有一定程度的理性，即使得事先预期与事后分布一致。

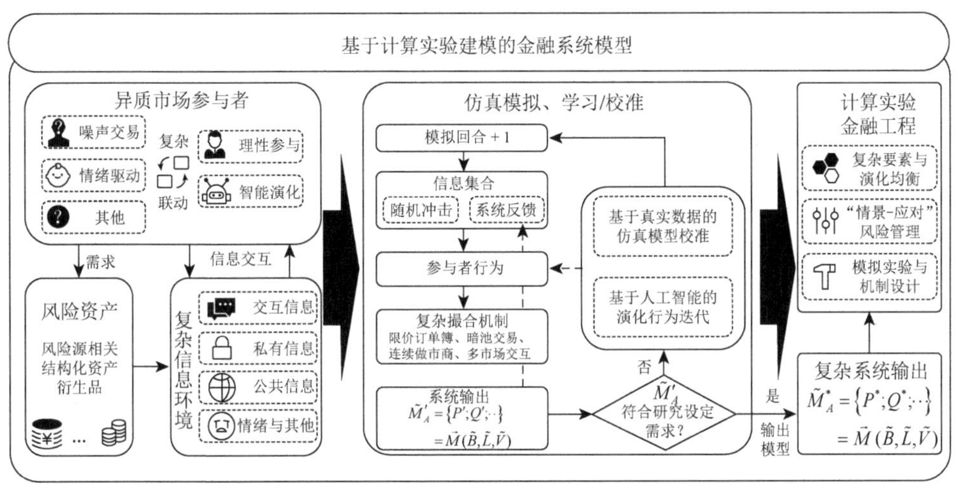

图 7-4　计算实验金融系统模型的构建与求解

当系统输出 $\tilde{M}_A$ 符合研究要求后，研究人员可以进一步使用复杂系统研究工具箱发展出计算实验金融工程，研究各类复杂微观要素对系统输出的影响，包括但不限于：复杂微观要素对演化均衡的影响、微观情景演化与宏观政策应对的风险管理、基于模拟实验的市场机制设计等。

以上对方法论的扩充，创新点在于突破了针对金融体系建模过程的简单系统思维，使得学者可以从所研究问题的现实环境出发，构建更贴近复杂真实市场情形的“涌现式”仿真模型。一方面，ACF 思想可以自然地刻画出金融系统中的复杂特征，从而研究传统金融理论无法涉及的微观行为特征和适应性交互如何对金融系统产生涌现的“蝴蝶效应”。另一方面，以针对市场要素及其环境的模拟仿真和计算实验构建为基础的“计算实验金融工程”管理方法，可以对金融系统的要素管理、信息管理、环境管理、制度设计以及运行过程中对系统演化产生的动态均衡过程进行系统的、可重复的、“无害化”的计算实验研究，从而为金融体系监管和机制设计提供管理决策支持工具。

通过对于以上 ACF 研究流程的梳理，复杂系统思想下的计算实验金融科学与工程研究主要涉及以下五个核心科学问题。①异质金融参与者行为规律：如何描述交易决策行为、类型及其影响因素。②异质参与者的交互规律：如何反映参与者之间的信息交互网络结构和演化规律，如何表达他们之间“交易–信息”行为之间的协同性和相关性。③计算建模中的计算问题：如何提升个体行为计算建模和价格形成计算中的计算效率。④计算建模的模型校准：如何判断计算模型与真实世界的相似性和现有金融模型思想上的传承性。⑤计算实验金融工程：如何设计和实施计算仿真实验以满足评估产品、市场制度和监管政策等金融体系管理需求。

7.4 计算实验金融研究的示例

与传统经济学研究中的结构模型和约简模型类似，根据不同的研究目标，ACF 建模主要可以分成两类。其一为理论探索驱动：基于某个传统金融系统模型，纳入单一或数个复杂要素，探求该要素对传统系统的影响和衍生规律。这一途径着重服务于对复杂金融系统基础规律的探索。其二为管理决策驱动：基于某个现实金融系统场景，根据现实数据与金融系统真实情形逐一刻画模型要素，并研究该系统的动力学特征和演化规律，以及改变金融要素对于系统规律的影响。这一途径体现了 ACFE 的主要思路。本节将首先详细陈述两类研究思路在建模思想上的异同点，随后分别给出详细案例说明两类思路的特点。

7.4.1 建模思路

理论探索驱动 ACF 建模。将简单金融系统 $\tilde{M}^* = \vec{M}(A,B,I,L)$ 中任意要素复杂化，将之替代以 $\tilde{A}$ 、$\tilde{B}$ 、$\check{I}$ 、$\tilde{L}$ 、$\vec{I}$ ，并构建复杂金融系统的运转逻辑 $\tilde{M}'$ 。学者通过比较 $\tilde{M}'$ 和 $\tilde{M}^*$ 的差别，来研究被纳入的复杂要素对于金融系统动态的影响。经济理论探索的研究往往偏爱于关注由系统环境改变而内生产生的行为特征，因此该类建模经常在 $\tilde{B}$ 中留下部分适应性行为以刻画内生行为特征对金融系统的影响。但由于在数学上不可解，模型往往采用机器学习方法刻画 $\tilde{B}$ 中的适应性行为，并比较该行为与简化模型中 B 的差异。为了确保机器学习方法的有效性，该类模型可以通过在传统模型 $\tilde{M}^* = \vec{M}(A,B,I,L)$ 的基础上直接将数学可解得的行为 B 替换成机器学习驱动的适应性行为，通过比较两者之间的异同进行校准。若适应性行为有效，则在 $\tilde{M}' = \vec{M}(\{\cdots;\vec{B}_j(\vec{I}(\check{I}),\tilde{L},B_{-j});\cdots\},\tilde{L},\tilde{V})$ 中该行为应当与 B 一致（LeBaron et al.，1999）。通过这种建模方式，可以帮助学者认知复杂系统的外生要素变化将如何影响系统组成要素的内生性变化，进而如何导致系统动态规律的演化。

管理决策驱动 ACF 建模。在一个真实管理情景下构建复杂金融系统 $\{\tilde{A},\vec{B}(\vec{I}(\check{I}),\tilde{L},\tilde{B}),\vec{I}(\check{I}),\tilde{L}\}$，并通过模拟获得其系统输出 $\tilde{M}'=\vec{M}(\{\cdots;\vec{B}_j(\vec{I}(\check{I}),\tilde{L},B_{-j});\cdots\},\tilde{L},\tilde{V})$。随后，通过将多维真实数据和 Z' 进行比较，并对系统要素进行调参，使得校准后的 $\tilde{M}'$ 与高维真实大数据匹配。在获得具有可接受仿真度水平的模型动态 $\tilde{M}^*$ 后，即可通过调整系统要素 $\tilde{A}$、$\tilde{L}$、$\check{I}$、$\vec{B}$ 和 $\vec{I}$ 对 $\vec{M}$ 模型进行仿真实验，并研究在给定行为模式 $\tilde{B}$ 下，诸系统要素的变化对系统输出的影响。同时，在仿真实验中引入财富效用或者适应性行为，可以研究要素调整对系统演化进程，刻画复杂金融系统均衡点间的移动过程。通过以上强调管理决策支持的 ACF 建模途径，可以有效地回应金融产品/服务创新评估、市场制度设计、系统性风险监测和市场介入手段有效性等现实金融体系关切的核心管理决策问题。

7.4.2 关于理论探索驱动的示例：外推信念波动与股票市场泡沫

证券市场价格泡沫的形成与破灭一直是传统资产定价理论难以解释的异象之一：资产价格在短时间内持续上涨，并维持在资产未来现金流预期所不能解释的价位上数个月（甚至数年），随后以价格崩塌式下跌结束。这一现象及其轮回不仅多次出现在我国这样的新兴证券市场，也出现于像美国这样的成熟市场之中，危及金融经济体系的稳定并损害投资者的福祉。但在理性假设的情形下，现有的金融理论无法较好地解释或者预测这一现象，因此难以为金融监管当局提供有效的管理决策理论和技术工具。

随着大数据时代下微观投资者行为数据的运用，一系列的研究表明投资者的预期偏离的传统模型所假设的理性预期，表现出“信念外推”的特点。信念外推指的是投资者往往使用近期的股价涨跌来形成未来短期的股价期望，即过去一段时间的股价上涨会推高他们对于未来股价的预期。结合这一大数据时代所揭示的微观行为特征，Barberis 等（2018）将微观上投资者的外推信念引入证券市场模型，解释了宏观所见的资产价格泡沫的形成与破灭，以及过程中的诸多典型特征，体现了从微观行为到宏观涌现的复杂系统思想。这些外推信念投资者一方面贪婪于这种短期的非理性外推可能带来的超额收益，另一方面惧怕于未来现金流所揭示的基本面价值远低于现在的价格。他们的预期在两者之间波动，而这种预期波动使得投资者的信念存在异质性。然而，市场的卖空限制只能体现出这些异质投资者中的那些乐观投资者的预期，进而 Barberis 等（2018）通过上述模型解释了股价泡沫以及伴随的异常成交量等特征。

在 Barberis 等（2018）的模型中 $\tilde{A}$ 、$\tilde{L}$ 和 $\tilde{I}$ 均符合传统模型的设定：$\tilde{I}$ 存在着两个标准资产——无风险资产和风险资产；市场出清方式 $\tilde{L}$ 为资产总供给等于总需求；信息环境 $\tilde{I}$ 包含所有历史现金流信息、未来现金流波动性信息和股价信息。但投资者行为 $\tilde{B}$ 被分为了两类：基本面理性投资者和外推投资者，且外推投资者行为不符合传统理性假设。其中基本面投资者 f 的需求量 $D_{f,t}$ 只与基本面现金流信息相关且符合理性框架：

$$D_{f,t} = \frac{X^*_{f,t} - P_t}{\gamma\sigma^2_\varepsilon} \tag{7-6}$$

其中，$X^*_{f,t}$ 表示依据现在所有信息推断获得的下期期望资产价值；P_t 表示当期撮合后的资产价格；γ 表示投资者风险厌恶系数；σ^2_ε 表示未来期望价值的波动性。外推信念投资者 i 的需求量则是

$$D_{i,t} = \frac{(w_{i,t}X^*_{f,t} + (1 - w_{i,t})X_{I,t}) - P_t}{\gamma\sigma^2_\varepsilon} \tag{7-7}$$

其中，$X_{I,t}$ 表示依据历史股价变化形成的外推预期值；$w_{i,t}$ 表示 i 在第 t 期形成期望时依赖基本面信息的程度。在基准模型中，设定理性投资者占有市场30%的财富体量；而非理性投资者占有市场的比例设定为70%，且被分割成了50个独立的投资主体，并具有不同的 $w_{i,t}$ 服从分布—— $w_{i,t} = \bar{w}_i + \tilde{u}_{i,t}$ ，$\tilde{u}_{i,t} \sim N(0,\sigma^2_u)$ 且独立于不同投资者 i 和时间 t。在这样的设定下，股价 P_t 将由 $X^*_{f,t}$、$X_{I,t}$ 以及当期投资者外推程度实现值 $w_{i,t}$ 共同决定。由于 $X_{I,t}$ 中包含历史股价波动信息和卖空限制的存在，当历史股价持续上涨时，$X_{I,t}$ 的高估使得资产被具有较小 $w_{i,t}$ 的投资者过度持有，进而使得股价 P_t 被非理性推高。

虽然外推信念和行为存在的证据十分充分，但基于传统金融理论的理性预期方法，在上述模型中无法给出内生的价格动态和逻辑：一方面，对于理性投资者而言，市场中存在的非理性外推投资者会改变价格动态，进而改变包含下一期资产价格的最优 $X^*_{f,t}$ 和 σ^2_ε；另一方面，引入非理性外推投资者之后，这些投资者在理论上无法长期存在于市场中①。尽管 Barberis 等（2018）提出的这个模型具备描述复杂异质性投资者的能力，可以具备解释股票市场泡沫以及其与成交量联动现象的潜能，但由于上述两方面的原因，传统数学工具无法对其进行求解。基于此，Barberis 等（2018）提出了使用数值仿真模拟的方法，对50个微观个体每期的行为进行模拟，并对涌现出该复杂模型的宏观动态进行了分析。

① 但这一论断并不准确。例如，de Long 等（1990）认为，非理性外推投资者可能由于持有过度乐观的情绪从而长期持有过多的风险资产。然而，风险资产期望收益高于无风险资产，使得他们持续获得高于理性投资者的收益。此外，市场中的非理性外推投资者可能由于外推信念也会持续地涌入市场（Pan et al.，2022），使得非理性外推投资者长期存在于市场之中。

通过仿真模拟分析发现，这一模型拟合了真实市场的宏观涌现特征和微观行为特征。附图7-1给出了 Barberis 等（2018）中模型模拟动态（左侧）和真实市场数据动态（右侧）。从上到下分别是：①股票市场泡沫的形成和破裂；②股票市场泡沫期间收益率与成交量的关系。这些实证证据和仿真模拟结果在趋势形态上的高契合度说明，外推信念造成的投资者预期异质性以及卖空限制，可能是形成股票市场泡沫的主要因素。当市场出现一系列连续正向的信息冲击时，外推投资者的信念受到历史价格连续上涨的影响，认为资产价格会在未来继续上涨，从而进一步推高资产价格［附图7-1（a）中15～20期］。在这段时间内，虽然理性投资者尝试将价格拉回基本面，但由于卖空限制的存在，这一理性的力量相对有限，使得外推的正反馈现象占主导地位，逐步放大资产价格泡沫。但当最乐观的外推投资者持有了所有资产之后［附图7-1（a）中20期前后］，理性投资者开始占据主导力量，并开始将价格逐步拉回基本面。更重要的是，此时短期的股价下跌使得信念外推的投资者同样认为资产价格未来会继续下跌，这进一步加剧了资产价格下跌的速度，造成泡沫的快速破裂［附图7-1（a）中20～25期］。对于这些隐藏规律的揭示所带来的一个管理启示是：这种可能造成泡沫的投资行为则需要从切断外推信念正反馈入手。例如，当市场出现一系列连续的好消息时，需要通过宏观管控手段或者介入交易手段以压缩正反馈形成过程中的股价过度上涨，以此达到阻滞泡沫形成的目的。

7.4.3　关于管理决策驱动的示例：限价订单簿下的市场机制设计

证券市场交易规则机制设计是影响市场质量、投资者福祉以及市场风险管理的主要手段。但机制设计除了考虑市场微观理论中诸多要素外，更要考虑现实的交易摩擦、市场构成和交易机制的实际要素。特别地，在限价订单簿这一现行最为流行的现实交易手段中，历史交易序列和订单簿形态等信息往往无法被刻画到传统金融理论的微观结构模型之中。这些实际要素与信息不对称共同驱动着证券市场的动态，使得传统理论下的交易制度设计方法还不能很好地指导我国证券市场实践。

在大数据时代，个体投资者的微观数据被很好地记录下来，可以用来研究并刻画真实市场中投资者的行为模式。将这种行为模式刻画入 ACF 模型中，并利用模拟方法在模型中“涌现”出类似于真实市场的动态特征，可以使其作为真实市场机制设计的“实验沙盘”。基于大数据时代的微观行为研究和 ACFE 思想方法解决了传统模型在刻画真实市场微观特征中面临的问题，更好地满足了针对复杂金融系统的管理实践问题。例如，Wei 等（2015）的文章就研究了沪深300股指期货的仓位限制对于市场质量的影响：其作为一把双刃剑，一方面限制了利用期货杠杆和现货价格操纵的可能，提升了交易的公平性；但另一方面则可能限制知情交易者的交易能力，进而造成市场质量的下降。这篇文章的核心问题就是，如何在市场操纵不被释放的基础之上，最大限度地放宽沪深300股指期货的仓位限制，从而达到提高市场质量的目的。

Wei 等（2015）首先根据真实市场环境（即限价订单簿市场），构建了市场的交易机制。在这一交易环境中，投资者可以通过提交市价单促成一个即刻的交易，也可以通过提交限价单并布置在订单簿之上，等待另外一个投资者提交市价单来完成交易。在 Wei 等（2015）的模型中，诸多现实要素也被引入至市场之中：①订单簿每日收盘后均被清空；②每个交易阶段为5秒，且单个交易阶段中可能发生数笔交易或不发生交易；③投资者可以观测到订单簿形态；④投资者单次可能提交多个数量订单；⑤存在交易手续费。这些要素，无论是单一存在还是共同存在，均使得该模型在数学上不可求解。随后，通过对于中国金融期货交易所提供的真实大数据，Wei 等（2015）根据交易者的交易频率运用大数据分析的分类方法将他们分为四类投资者：①知情交易者；②智能交易者；③简单交易者；④流动性需求者。然后将他们的行为特征和交易频率分布刻画至模型中，并通过该真实的大数据集进行了模型多维参数的校准。

根据市场的真实交易要素和特征，Wei 等（2015）刻画了我国沪深300股指期货的交易动态，并随后利用这些新发现，针对产品设计中交易仓位限制的确定这一真实管理问题展开研究。虽然衍生品仓位限制的放开在逻辑上能提升市场的整体质量，但其同时可能引发部分投资者利用衍生品的高杠杆特征，对现货市场进行价格操纵进而获利，损害其他投资者的利益。由于市场质量的提高存在边际递减的效应，那么核心问题则是多大程度的仓位限制放开可以充分发挥其提高市场质量的作用？通过将原先在交易中实施的100手仓位限额逐步放宽至200手、300手和400手后，Wei 等（2015）发现仓位限制的放宽显著增加了市场的流动性和价格有效性（附图7-2），说明仓位的放宽的确显著提高了市场质量。更重要的是，市场质量的提高并非完全是线性的：其提高部分主要是在100手升至300手的过程中；而在300手升至400手的放松过程中，这种改善则相对有限。为此，结合以仓位限制过度放松可能引发市场操纵的风险，Wei 等（2015）建议监管机构可以尝试将仓位限制从100手放宽至最多300手，并首先观测真实的市场状况是否的确如模型预测得到了显著的改善。由于市场参与者的行为可能随着交易规则的变化而改变，因此该文预判，在改变规则后可以继续遵循这种方法路径，重新对市场行为特征进行统计分类，并重新对模型进行校准，为后续的监管决策提供科学工具和依据。

7.5　计算实验金融研究展望

与传统金融理论不同，基于 ACF 思想的理论建模更加关注于与现实复杂金融体系的契合程度，并在技术上使用“涌现式”模拟仿真的方法实现了在宏观层面观测系统动力规律，从而克服了数学求解上对建模过程的限制。根据7.3节提出的五个核心科学问题和其对指导金融管理实践可能的创新点，本节将针对异质市场参与者、复杂信息交互环境、市场反馈机制建模、ACF 模型校准以及 ACFE 五个角度，尝试提出当前金融实践所关注的重要市场要素和未来研究的若干可能方向。

7.5.1　异质市场参与者

在经典资产定价模型中，市场参与者被刻画为单一的代表性主体，尝试通过最大化未来期望效用的折现，来决定其当前的行为。虽然已有模型试图通过引入一些拓展方式（如采用复杂的效用函数、增加典型性异质信念表达等）来取得理论突破，但为了数学上的可解性，这些拓展的边界仍然有限，不能更进一步地刻画投资者异质性和适应性交互特点。因此在市场参与者建模方向上，ACF 可以从以下角度对现有金融理论模型进行补充。

（1）微观行为与偏好的异质性，以及财富效用对资产价格动态的影响。在模型中，学者可以基于对真实微观数据的分析等，直接对微观行为进行建模，或者基于传统的效用函数的形态和参数变化，构建具备异质性偏好/行为的 ACF 模型。通过设定不同的财富水平，或者通过“涌现式”模拟方法构建财富水平在演化中的动态，研究异质投资者行为对资产价格动态、市场质量及投资者福祉的影响。

（2）复杂、多目标效用函数下的市场动态。随着行为经济学以及绿色金融等领域的快速发展，只关注于个体自身财富期望和方差的传统效用函数已经不能合理捕捉真实投资者的多样偏好。然而，能刻画投资者需求的复杂、多目标效用函数，如前景理论效用函数（非线性效用函数）和带有 ESG（environmental，social and governance，环境、社会和治理）可持续发展偏好的效用函数（多目标偏好），同样往往无法具备数学上的可解性。通过对不同资产基本面特征的刻画以及采用上述这些复杂效用函数，学者可以研究并解释这些非标准偏好下的效用函数对金融市场的影响。

（3）基于行为模型以及实证结论的微观个体建模。除了由效用函数刻画的金融市场参与者理性特征之外，他们的风险偏好和预期常常受到诸多非理性要素的影响，如情绪、外推信念、过度自信、代表性偏差等。这些驱动金融市场参与者非理性行为的要素在诸多实证工作中被稳健证实，但却往往因为数学处理的原因较难被刻画到效用函数之中，从而不易通过理论模型系统性地研究它们对市场动态的影响。ACF 建模可以基于这些实证证据，构建投资者的非理性预期和行为，进而将它们引入模型之中来研究它们对系统价格动态的影响。

7.5.2 复杂信息交互环境

传统模型往往简化甚至不考虑市场参与者的信息交互，将金融体系置于相对简单的信息环境中。信息是驱动决策的重要因素，而真实的信息环境远比上述简单设定更加复杂：数字时代复杂的社会信息交互网络、现实中金融参与者面对大数据的有限信息收集和处理能力，都使得在浩瀚的大数据海洋中的一些微小信息涟漪也能对金融体系造成复杂的全局性、系统性影响[①]。基于ACF的建模方法，可以根据学者要研究的信息环境特点，进行针对性的信息交互行为建模，从而研究复杂信息环境中的要素对于资本市场的影响。

非理性要素驱动信息及系统性影响机制。投资者情绪等非理性要素信息普遍存在于市场之中，这已经是被学术界和工业界普遍接受的事实。将此要素在系统中蔓延、传播以及其引起的反馈过程刻画到模型中，是解释系统性风险聚集与扩散的重要方法之一。通过ACF建模可以从复杂网络视角出发，在理性模型中引入有限注意力、信号名誉等非理性机制，并提出非理性要素信息持续影响市场价格动态的理论解释，有助于理解市场非理性情绪的传播规律，并在此基础上为制定相应的规制策略提供决策支持。

理性羊群与理性信息操纵视角下的信息环境建模。通过构建同时具有交易行为和互联网信息发布行为的投资者策略模型及对应信息环境模型，为理解市场参与者发布有效信息的动机及其信任互联网非权威信息的动机提供了有效的方法。通过构建具备异质信息地位（即对资产未来基本面信号精度不同）的投资者行为以及具备交互复杂性信息环境的ACF模型，有助于厘清在Web 2.0交互信息环境下的投资者的理性信息发布（或者是操纵）行为和非权威信息的理性羊群行为的形成机制。

7.5.3 市场反馈机制建模

现有金融市场模型较多关注于理性长期市场均衡；在这样的均衡中，交易结构和交易摩擦等要素并非影响长期均衡状态的决定要素。但随着信息技术的发展和交易环境的不断演化，新型交易技术和结构则会给市场带来新的风险（如闪电崩盘风险）。除此之外，金融监管为了保护中小个体投资者的权益，也一直尝试增加具有特殊目的的市场交易限制（如涨跌幅限制和熔断技术等）。不仅如

① 典型的如2021年初发端于美国论坛瑞迪特上“下注华尔街分区”的讨论和交流，引爆了市场散户“罗宾汉”们与金融机构的大战，造成了市场的巨大波动。

此，在相对宏观层面上的金融系统复杂性交互（如上市公司交叉持股、银行–公司构成的复杂信贷网络等）也可能形成简单理性模型所不能形成的复杂反馈和系统性风险。ACF 方法可以较好地克服传统模型在刻画复杂反馈机制和交易摩擦方面的局限性。

撮合环境摩擦视角下的金融市场建模。这类模型大部分是面向金融系统管理需求的建模。例如，针对股票市场中异质的投资者结构和股票自身特征，应当如何设计涨跌幅限制；在何种极端的市场环境下，熔断机制的引入可以改善市场状况；当市场中异质投资者的结构发生变化时，交易成本的改变或者引入 $T+n$ 制度等，是否能够提高市场质量。针对这些问题，学者可以通过构建真实的市场信息环境和投资者交易行为，随后通过调整市场交易环境，研究这些环境的改变对市场质量的影响。

市场参与者复杂关联视角下的金融市场（系统）建模。除了市场参与者行为的复杂性，参与者之间的复杂链接往往也给金融系统带来了难以预计的风险，且这类风险同样几乎无法被传统模型所刻画。在传统模型中被视为较小的单一节点风险，可能在一些特殊关联结构中蕴含着被指数放大的可能，进而对整体金融系统乃至经济系统造成较大的破坏性影响。利用 ACF 法构建带有复杂链接的金融、经济系统，并基于复杂网络理论，尝试不同类型的复杂链接，研究其对系统性风险的影响，有望贡献于该视角下的系统性风险防范。

高维复杂市场交易机制下的金融市场建模。信息技术的发展一方面改变了金融市场交易机制（如从做市商模式到限价订单簿模式），另一方面也改变了金融市场参与者的交易行为（如在股票交易中从电话交易到电子化提单，再到自动化交易）。这些变化改变了市场微观结构的反馈机制，一些在宏观上正确的行为，可能由于微观上执行方式的改变，会使它们的市场反馈偏离理想的预期。通过构建描述这些复杂反馈机制及其之下所演化出的特有行为的 ACF 模型，学者可以研究复杂交易环境变化对投资者行为以及对金融系统的复杂影响。

7.5.4　ACF 模型校准

ACF 模型在引入市场动态的模拟求解之后，极大地放松了金融系统建模过程对要素设计的限制。这种优势也会给 ACF 模型带来一个巨大的挑战：对于从细粒度的微观参与者（非理性）行为参数确定（如股市中追涨杀跌的行为），到中粒度的中观市场结构参数选择（如异质参与者的结构分布、财富分布），再到粗粒度的宏观市场涌现状态（如价格动态）之间的内在逻辑和关系发现，学者常常无法厘清这个过程的中间机制，进而难以在机制上给予认可，从而对 ACF 模型产生的市场动力学状态抱有质疑。

针对这一问题，两类研究途径可以使得基于 ACF 建模的可靠性得以提升：①基于机器学习的“演化理性”行为获取；②基于真实数据的多维模型校准。其中前者，是使得 ACF 模型更加靠近理性预期均衡的一种方法，只是将数学求解的思路利用机器学习方法替代。该方法与传统的“不动点搜寻”有着类似的核心经济机理，因此较多地运用在金融理论探索的相关研究之中。而后者，是使得 ACF 模型更加接近真实市场的方式，通过对演化结果和真实市场的动态进行比较，来保证构建模型的有效性。这种微观建模驱动的模型有效性，相较于传统数学模型而言可以相对真实刻画金融系统的复杂微观要素，是管理驱动所面向的真实世界很好的“演化沙盘”，因此该方法较多运用在管理实践之中。

（1）基于机器学习方法的 ACF 建模。根据复杂适应系统理论，在一个复杂金融系统中，参与者行为塑造了整个系统（市场）的反馈环境，而他们行为的优化过程同样受到整体系统（市场）环境的影响（即表现为其行为的适应性特征）。这一反馈互动过程使得系统（市场）最终所处的状态可以被刻画成一个均衡点（在参与者行为所塑造的环境下，其中最优行为正是参与者的最终行为），通过数学中的固定点寻找方法可以获得。通过在这种“行为–环境”的反馈机制设计中加入市场参与者的行为，随后利用机器学习方法来持续优化参与者行为直至收敛，是在复杂金融系统模型中获取合理的参与者行为模型的核心方法之一。当处于收敛状态时，参与者行为在给定的情形下已经无法再优化（即其已经处于“最优行为”的状态）；此行为所塑造的系统环境也将稳定下来，进而达到一种复杂适应系统中的动态均衡状态（Breugem and Buss，2019）。因此，从理论研究的角度，这种基于机器学习算法的 ACF 模型输出的宏观市场动态，将具有与传统均衡模型类似的微观基础和宏观特性。

（2）基于多维数据的 ACF 模型校准。由于 ACF 采用了以参与者微观行为作为基础的自底向上的建模形式，故在其建模中存在诸多超参数需要进行调试校准（如不同类型参与者在市场中的财富分布、资产基本面波动率等）。这些超参数的精确度直接决定了模型宏观涌现的准确性，以及基于这类模型运用 ACFE 进行管理决策支持的有效性。通过 ACF 模型中可观测到的不同粒度（中观汇集和宏观输出）的数据及其分布特征（如市场价格有效性、价格波动性和流动性等数据），研究者可以将之与真实市场数据进行比较，并由此对微观粒度的数据进行校准，从而使得模型宏观特征符合市场现实、满足管理决策的需求。

7.5.5 计算实验金融工程

传统金融理论在求得系统稳定状态之后，往往利用比较静态分析厘清系统的内生机制并进行管理。由于参与者的理性假设且系统处于均衡动态，基本上难以刻画真实世界中出现的极端系统性风险，而这些系统性风险，往往是金融工程所关心的核心管理问题。基于 ACF 方法刻画的系统动态，一方面可以用于捕捉由微观异质性和复杂交互特征所驱动的极端系统风险，此外也可以用于刻画微观要素变化过程对于系统均衡移动过程的影响，最后还可以利用系统作为实验沙盘捕捉市场规则变化对于系统动态的影响。由此可以发展出如下三大类研究问题。

基于数据校准模型的金融风险管理。真实金融系统中存在大量的市场参与者偏离了理性人假设所刻画的行为特征，使得系统体现出的内在驱动力和演化动态无法被传统模型所捕捉。在经过有效的数据校准之后，这些动态和其所蕴含的风险可以被 ACF 模型在一定程度上刻画。进而利用重复实验，多次模拟出具备复杂性特征的金融系统风险路径，并尝试对发展过程进行切断，是 ACFE 风险管理方法的重要手段。如何挖掘风险形成路径，并形成对应的风险管理手段和方法是该话题下的核心研究问题。

基于“情景-应对”思想的管理介入评测。金融系统性风险的样本较少，对应的市场介入手段观测样本有限，因此风险事件发生后如何对管理手段的有效性进行评价是金融风险管理的研究问题之一。重复刻画风险事件，并对模拟介入手段的事中成本预估和事后效果评价进行研究，是 ACFE 相较于传统金融风险管理工具的一大创新。如何有效利用计算实验模型充分发挥“情景-应对”思想进行风险管理介入评测，并完善该管理范式是 ACFE 的一大重要核心研究问题。

基于演化的金融系统政策评估。金融系统政策制定的核心在于优化市场反馈机制，提升市场公平和对参与者的整体效用水平。由于市场参与者长期处在真实政策环境下，其行为往往为适应于真实政策的均衡行为，这些行为在演化至新政策的过程中可能存在意想不到的演化风险。虽然长期的政策对市场存在显著优化作用，但可能存在短期风险无法承受的可能，使得政策不能有效地提高市场质量。利用 ACF 模型刻画系统演化过程，可以研究金融系统政策和规则变化对系统稳定性的短期、中期和长期影响。长期视角上，政策的长期影响取决于其最终均衡状态系统内在规律；短期视角上，政策的短期影响取决于其对于投资者短期行为的放大/限制作用；中期视角上，通过刻画不同类型投资者市场占有比例的变化以及投资者行为对于政策的适应过程，政策的中期影响取决于演化过程中系统在均衡状态间切换的路径。

7.6 结　束　语

当前全球化面临严峻挑战，突发风险明显增加，外部各种因素通过改变全球供应链的间接形式，甚至阻断全球金融机构及其交易信息系统等直接形式，影响着金融体系的稳定，凸显出系统性风险的潜在威胁，针对这些源自于真实世界问题的处理尚缺乏有效的工具。真实的金融世界是复杂的，大数据时代的金融系统管理的实践，迫切要求金融理论具有以复杂系统的视角去还原真实金融世界的能力。本章从系统论和控制论的视角对金融理论对应的管理工程工具进行了深入分析，试图为 ACF 建立一个新的金融系统动态行为分析框架，提供研究复杂金融问题的新工具。ACF 建模既可以进行理论探索，基于传统金融系统模型，纳入复杂微观要素，探求该要素对传统系统的影响和衍生规律，也可以基于某个现实金融系统场景，根据现实数据与金融系统真实情形逐一刻画模型要素，并研究该系统的动力学特征和演化规律，并基于此通过工程化的 ACFE 改变金融要素状态进而产生对金融系统状态的影响。

本章的结论表明，基于计算实验方法论和大数据技术提供的可能性，研究金融系统的微观要素与宏观涌现之间的内在复杂关联成为可能，并可以由此揭示那些一直被现实复杂性所掩盖的金融规律，进而为金融理论的发展提供一种新的“计算实验金融”研究思想和研究范式，形成与标准金融学研究的互补。互联网、大数据、人工智能等新一代信息技术，不仅在金融管理的实践中逐步形成了数据驱动的决策范式，同时也在上述计算实验金融视角下为我们提供了“计算实验金融工程”的工具手段：在计算实验模型所表达的仿真金融系统中进行“涌现式”模拟实验，采用“工程化”的方式和大数据驱动的决策范式，服务于金融资产/服务创新和风险分析、市场制度和监管政策设计、系统性风险应对防范，乃至于金融体系的优化，服务于“促进我国多层次资本市场健康发展、健全金融监管体系”“守住不发生系统性金融风险的底线”等国家重大战略任务。

作为以基于主体建模为基础的金融经济新兴研究领域，ACF 在快速发展的同时也面临着一些与主流金融经济学方法论迥异、在实践过程中的有效性存疑等挑战，目前处于发展阶段，尚未成为金融研究的主流研究框架。其核心原因与现阶段机器学习、人工智能等新兴信息技术方法在金融学领域应用受到的阻力有所类似，即复杂技术的引入使得学者难以对于均衡达到的路径和过程做出分析，缺乏数学性质上的可解性致使研究结论的稳健性与可靠性存疑。未来的 ACF 研究不能只做“微观输入—宏观输出”的简单黑箱，而是更多地“打开黑箱”，解释其中的均衡路径，并结合传统金融学框架对均衡性质提供可靠支撑。为此，本章从理论建模和管理实践应用的角度出发，分别提出了机器学习演化均衡求解思想和基于多维数据的模型校准思路，尝试地为解决该“路径黑箱”问题提供思考的方向。

随着大数据和智算技术与金融体系中不同应用领域的深度融合，金融体系外部环境演变和异质参与者行为之间的适应性动态互动愈发显现，金融体系的复杂性本质特征得以更充分的揭示。作者期待本章针对计算实验金融研究及其工程化实践应用所开展的梳理工作以及对其基础上的认知，可以有助于在大数据背景下对复杂金融规律进行更多的、独辟蹊径的学术探索和金融管理决策实践。

参考文献

陈国青, 曾大军, 卫强, 等. 2020.大数据环境下的决策范式转变与使能创新. 管理世界, 36(2): 95-105, 220.

陈国青, 张瑾, 王聪, 等. 2021. “大数据-小数据”问题: 以小见大的洞察. 管理世界, 37(2): 14, 203-213.

洪永淼, 汪寿阳. 2020. 数学、模型与经济思想. 管理世界, 36(10): 15-27.

刘海飞, 许金涛, 柏巍, 等. 2017. 社交网络、投资者关注与股价同步性. 管理科学学报, 20(2): 53-62.

盛昭瀚, 于景元. 2021. 复杂系统管理: 一个具有中国特色的管理学新领域. 管理世界, 37(6): 2, 36-50.

汪寿阳, 胡毅, 熊熊, 等. 2021. 复杂系统管理理论与方法研究. 管理科学学报, 24(8): 1-9.

王宇超, 李心丹, 刘海飞. 2014. 算法交易的市场影响研究. 管理科学学报, 17(1): 57-71.

徐忠. 2018. 新时代背景下中国金融体系与国家治理体系现代化. 经济研究, 53(7): 4-20.

严雨萌, 熊熊, 路磊, 等. 2023. 从“管中窥豹”到“高屋建瓴”: 大数据背景下的个人投资者行为. 中国管理科学, 31 (9): 244-254.

杨永福, 黄大庆, 李必强. 2001. 复杂性科学与管理理论. 管理世界, (2): 167-174.

张维, 李悦雷, 熊熊, 等. 2012. 计算实验金融的思想基础与研究范式. 系统工程理论与实践, 32(3): 495-507.

张维, 武自强, 张永杰, 等. 2013. 基于复杂金融系统视角的计算实验金融: 进展与展望. 管理科学学报, 16(6): 85-94.

赵尚梅, 孙桂平, 杨海军. 2015. 股票期权对股票市场的波动性分析: 基于 agent 的计算实验金融仿真角度. 管理工程学报, 29(1): 207-215.

Antweiler W, Frank M Z. 2004. Is all that talk just noise? The information content of Internet stock message boards. The Journal of Finance, 59(3): 1259-1294.

Barber B M, Odean T. 2000. Trading is hazardous to your wealth: The common stock investment performance of individual investors. The Journal of Finance, 55(2): 773-806.

Barberis N, Greenwood R, Jin L, et al. 2018. Extrapolation and bubbles. Journal of Financial Economics, 129: 203-227.

Barberis N, Thaler R. 2003. A survey of behavioral finance. Constantinides G M, Harris M, Stulz R M. Handbook of the Economics of Finance. North Holland, Amsterdam: 1053-1128.

Barberis N C. 2013. Thirty years of prospect theory in economics: a review and assessment. Journal of Economic Perspectives, 27(1): 173-196.

Breugem M, Buss A. 2019. Institutional investors and information acquisition: Implications for asset prices and informational efficiency. The Review of Financial Studies, 32: 2260-2301.

Campbell J Y, Cochrane J H. 1999. By force of habit: a consumption-based explanation of aggregate stock market behavior. Journal of Political Economy, 107(2): 205-251.

Da Z, Engelberg J, Gao P. 2011. In search of attention. The Journal of Finance, 66(5): 1461-1499.

de Long J B, Shleifer A, Summers L H, et al. 1990, Noise trader risk in financial markets. Journal of Political Economy, 98(4): 703-738.

Fama E F. 1970. Efficient capital markets: a review of theory and empirical work. The Journal of Finance, 25(2): 383-417.

Fama E F, French K R. 1993. Common risk factors in the returns on stocks and bonds. Journal of Financial Economics, 33(1): 3-56.

Farmer J D, Foley D. 2009. The economy needs agent-based modelling. Nature, 460(7256): 685-686.

Foster F D, He X Z, Kang J, et al. 2021. The microstructure of endogenous liquidity provision. SSRN Working Paper, No.3482259.

He X, Lin S. 2021. Reinforcement learning and evolutionary equilibrium in limit order markets. SSRN Working Paper,

No.3482259.

Holland J H. 1992. Complex adaptive systems. Daedalus, 121(1): 17-30.

Hou K W, Xue C, Zhang L. 2014. Digesting anomalies: an investment approach. The Review of Financial Studies, 28(3): 650-705.

Hou K W, Xue C, Zhang L. 2020. Replicating anomalies. The Review of Financial Studies, 33(5): 2019-2133.

Klimek P, Poledna S, Farmer J D, et al. 2015. To bail-out or to bail-in? Answers from an agent-based model. Journal of Economic Dynamics and Control, 50: 144-154.

LeBaron B, Arthur W B, Palmer R. 1999. Time series properties of an artificial stock market. Journal of Economic Dynamics Control, 23(9/10): 1487-1516.

Lintner J. 1965. The valuation of risk assets and the selection of risky investments in stock portfolios and capital budgets. Review of Economics and Statistics, 47(1): 13-37.

Liu A Q, Paddrik M, Yang S Y, et al. 2020. Interbank contagion: an agent-based model approach to endogenously formed networks. Journal of Banking & Finance, (112): 105191.

Markowitz H. 1952. Portfolio selection. The Journal of Finance, 7(1): 77-91.

Mehra R, Prescott E C. 1985. The equity premium: a puzzle. Journal of Monetary Economics, 15(2): 145-161.

Pan W B, Su Z W, Wang H J, et al. 2022. Extrapolative market participation. SSRN Working Paper, No.3830569.

Ross S A. 1976. The arbitrage theory of capital asset pricing. Journal of Economic Theory, 13(3): 341-360.

Sharpe W F. 1964. Capital asset prices: a theory of market equilibrium under conditions of risk. The Journal of Finance, 19(3): 425-442.

Shiller R J. 1981. The use of volatility measures in assessing market efficiency. The Journal of Finance, 36(2): 291-304.

Shiller R J. 2003. From efficient markets theory to behavioral finance. Journal of Economic Perspectives, 17(1): 83-104.

Smith A. 1776. The Wealth of Nations London: Macmillan.

von Neumann J, Morgenstern O. 1944. Theory of Games and Economic Behavior. Princeton: Princeton University Press.

Wei L J, Zhang W, Xiong X, et al. 2015. Position limit for the CSI 300 stock index futures market. Economic Systems, 39(3): 369-389.

Xiong W, Yu J L. 2011. The Chinese warrants bubble. American Economic Review, 101(6): 2723-2753.

附　　录

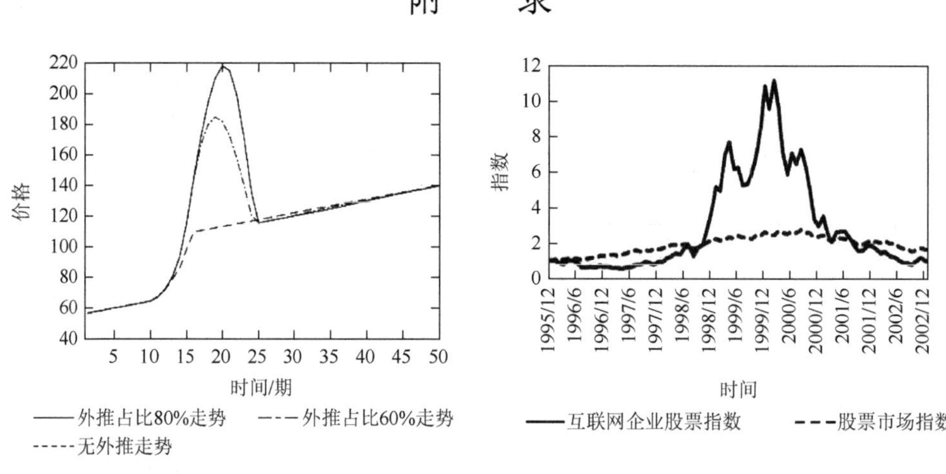

(a) 股票市场泡沫的形成和破裂（模型模拟动态）　　(b) 股票市场泡沫的形成和破裂（真实市场数据动态）

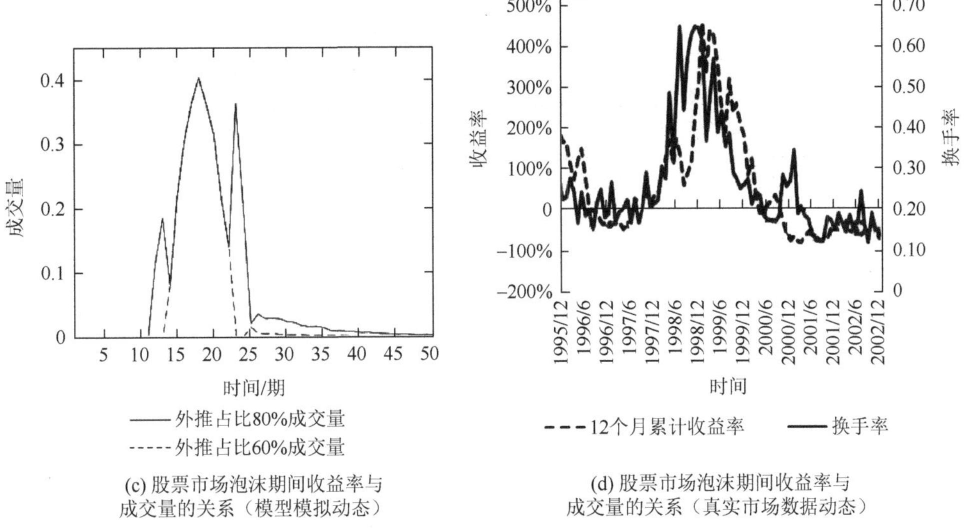

(c) 股票市场泡沫期间收益率与成交量的关系（模型模拟动态）

(d) 股票市场泡沫期间收益率与成交量的关系（真实市场数据动态）

附图 7-1　Barberis 等（2018）仿真结果与真实市场数据

图片来源于 Barberis 等（2018），从上到下分别是资产价格和资产成交量；左侧为模型模拟结果，而右侧为市场真实情形

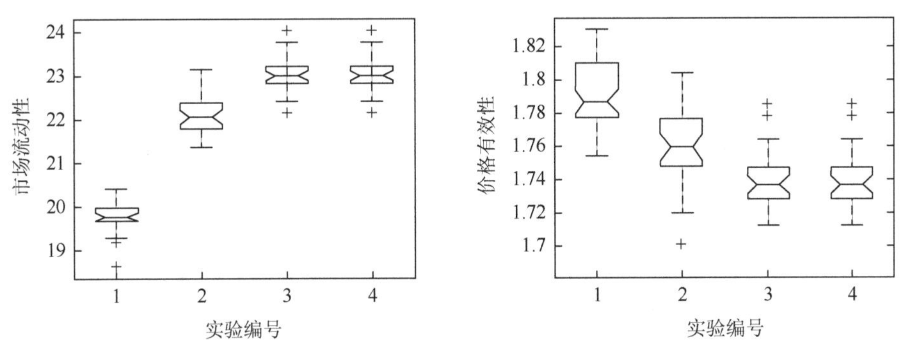

附图 7-2　Wei 等（2015）市场质量与持仓限额

图片来源于 Wei 等（2015），图中横轴的 1～4 分别对应市场持仓限额从 100 手放松至 400 手

第 8 章　基于大数据的企业“第四张报表”：理论分析、数据实现与研究机会①

8.1　引　　言

财务报表是对企业财务状况、经营成果和现金流量的结构性表达，以其为核心的财务报告可以反映企业管理层受托责任履行情况，有助于财务会计报告使用者做出经济决策②，在公司估值、契约设立履行和资本市场监管中发挥重要的作用。高质量的会计信息不仅可以帮助投资者了解公司价值信息，做出正确的决策，还能提升公司契约设计的科学性和执行效率，从而优化资源配置。有学者明确指出，财务报告是目前几乎唯一的，经过审计、披露形式规范、分析工具体系完备且免费的公司信息传递路径，将长期在资本市场发展和经济发展中发挥重要作用。但与此同时，随着大数据时代的到来，严格的信息审核、会计准则要求以及披露形式和频率的限制，使得传统的三张财务报表遇到了很大的挑战。一方面，随着新行业、新技术和新商业模式不断涌现，资产的边界发生了巨大变化。流量、用户等数据资产作为重要的生产要素，已经成为互联网等高科技企业的核心资源。然而，现有的会计准则对资产的确认有非常严格的要求，需要直接产生明显的资源流入，以及可靠的货币计量，才能满足资产确认的条件③。流量、用户等数据资产虽然可能带来未来经济收益的流入，但由于其难以满足会计准则对资产的严苛定义和可靠的计量，在会计上难以确认，无法体现在传统财务报表中③。另一方面，在大数据时代信息环境也发生了巨大变化。企业信息披露从以结构化信息披露为主转变为以非结构化信息披露为主，从定期低频披露转变为不定期高频披露，从企业自身披露转变为产品市场、资本市场等多主体披露（杨善林和周开乐，2015；

---

① 本章作者：陈信元（上海财经大学会计与财务研究院）、何贤杰（上海财经大学会计与财务研究院）、邹汝康（上海财经大学会计学院）、韩松乔（上海财经大学信息管理与工程学院）。基金项目：国家自然科学基金资助项目（92146004，91746117，71632006，72072107）。上海市教育发展基金会和上海市教育委员会“曙光计划”资助项目（17SG34）。本章内容原载于《管理科学学报》2023 年第 5 期。

② 《企业会计准则——基本准则》，https://tfs.mof.gov.cn/caizhengbuling/201407/t20140729_1119494.htm[2024-05-01]。

③ 例如，陈剑等（2020）指出，企业商业模式的变革体现在产品信息、客户信息以及交易方式等多个方面，在很大程度上拓宽了信息的广度和深度。移动支付的普及使得交易方式更多地采用线上支付，因此用户流量成为企业的重要资产。

陈国青等，2018）。投资者可以获得的信息来源、种类和量级都呈现指数级增长。除了会计信息外，投资者还可以获得大量多源异构、高频动态、细粒度的信息，这使得传统会计信息在与其他信息的竞争中产生了一定的劣势。可以说，在新的商业环境和信息环境下，以三张财务报表为主的财务报告体系，越来越难以满足大数据时代信息使用者对动态、多维企业价值信息的需求。

近年来的研究发现，会计信息的价值相关性在不断下降，即企业账面价值不能很好地反映其市场价值（Lev and Zarowin，1999；Balachandran and Mohanram，2011；Lev and Gu，2016），这对会计的估值功能产生了很大的影响（Chen and Zhang，2007；Zimmerman，2015；Bao et al.，2020；Ding et al.，2020；Allee et al.，2021）。同时，会计信息相关性和及时性的下降，也限制了其在指引投资和监督激励等契约方面的作用。针对这一状况，不少学者呼吁会计学界发展新的财务报告框架或理论，以适应大数据时代对会计信息的需求。例如，张为国（2019）指出，数据资源已成为国内外高科技类上市公司表外信息披露的重要内容，但这些内容大部分（尤其是非财务数据）难以纳入财务报表中，财务会计的理论、实务和准则亟待突破。黄世忠（2020）指出，现有财务报告概念框架在面对蓬勃发展的新业态、新业务时，水土不服、疲态毕露，大数据时代亟须丰富财务报告的内容和形式。

除了来自学术界的呼吁外，大数据对财务报告体系的冲击和影响，也引起了国际会计准则理事会、会计师事务所、上市公司以及监管机构的高度关注。近年来，国际会计准则理事会在国际财务报告准则咨询委员会、欧洲会计学会年会等会议上多次讨论了大数据技术的发展对财务报告体系的影响。为了应对这一挑战，会计师事务所和企业不约而同地在传统三张财务报表的基础上，提出了企业“第四张报表”的概念。例如，德勤提出的“第四张报表”是以非财务数据为核心，以企业绩效为基础，关注数据资产价值，涵盖用户、产品、渠道和财务四大维度的量化企业价值管理体系（德勤第四张报表课题小组，2018）。部分大型集团企业，也从企业的视角出发，进行了“第四张报表”的实践探索。例如，海尔集团近年来推出了包含用户资源、增值共享、收入、成本，以及单个用户边际收入五大要素的“第四张报表”——共赢增值表（黄溢等，2020）。这些积极的探索，对于推动实务的发展具有重要的作用。但本章研究也发现，目前实务界的探索大多聚焦于特定企业，或尚处于概念讨论阶段，缺乏一个具有较强理论基础、全局性、系统化的框架，来引领和应对实务的发展。德勤和海尔的实践也显示，虽然两者都使用了“第四张报表”的概念，但其具体内容还是存在较大的差别。针对这一来自实务界的现实需求，陈国青（2019）呼吁会计学术界构建新的理论框架，形成新型管理决策范式，以更好地应对大数据对会计学的冲击。

本章立足于会计信息的估值功能和契约功能，并结合传统的会计理论，在总结大数据时代财务决策范式主要转变的基础上，提出企业“第四张报表”的要素内容以及数据实现方法，进而提出“第四张报表”在企业估值、契约和监管等方面的潜在应用价值以及未来的研究机会。

8.2　基于大数据的企业“第四张报表”的理论分析

大数据的快速发展在改变社会经济环境、企业经济活动和人们生活方式的同时，也对管理决策中的信息情境、决策主体、理念假设和方法流程等决策要素产生着巨大影响（陈国青等，2020）。在财务会计领域亦是如此，大数据在推动企业商业环境和信息环境转变的同时，也对传统的会计基本假设、会计要素以及计量方法等提出了挑战。本节首先分析大数据时代传统财务决策范式[①]面临的四个主要转变；其次讨论在财务决策范式发生转变时，大数据对会计基本假设、会计要素、计量模式等传统会计理论的冲击；最后在理论分析的基础上，提出企业“第四张报表”的要素内容。

8.2.1　大数据下传统财务决策的转变

陈国青等（2020）指出，在大数据时代，管理决策正在从关注传统流程变成以数据为中心，管理决策中各参与方的角色和信息流向更趋于多元和交互，使新型管理决策范式呈现出大数据驱动的全景式特点，具体体现为“跨域转变”“主体转变”“假设转变”“流程转变”。可以说，上述转变也同样发生在会计与财务领域。这一分析框架也适用于“第四张报表”的理论构建。

财务决策的“跨域转变”是指，在大数据时代，财务决策可以利用的信息集不再限于传统的范域，而是向跨域融合的信息集转变。以往在对企业进行估值时，往往限于利用财务数据；但在大数据背景下，产品与品牌、供应商与客户、数字化水平、社会责任等跨域信息可以扩展投资者的原有信息集。信息跨域融合有助于投资者正确评估企业面临的机会与风险，降低投资者对公司价值评估的不确定性，继而优化决策（马慧等，2021）。近年来不少投资机构利用企业的跨域信息改进其投资模型，提高决策效率。例如，全球最大指数公司 MSCI（明晟）突破传统企业价值的投资模式，将企业在环境、社会以及治理等方面的跨界信息融入传统财务信息决策模型中，对所有纳入 MSCI 指数的上市公司进行 ESG 评级，并将

① 狭义的财务决策一般指企业的财务决策，广义的财务决策还包括个人等外部投资者的财务决策（Schubert 等，1999；Cesarini，2010）。本章采用的是广义上的财务决策概念，即不仅包括企业的财务决策，也包括投资者等信息使用者的财务决策。

ESG 评级信息与传统信息融合，选择综合表现优质的公司，构建 MSCI ESG Leaders 等指数供机构投资者使用[①]。

财务决策的“主体转变”是指，大数据环境下财务决策执行者和决策受众的角色在交互融合，同时智能系统也越来越多地参与到财务决策中。科学技术的发展使得信息获取变得更为便捷，也使得部分决策受众转化成了决策主体（Hales et al.，2018；Green et al.，2019）。随着人工智能理论与应用的深入，机器人和智能系统也越来越多地参与到财务决策之中（Fisher et al.，2016；Commerford et al.，2022）。各类信息平台和监管平台的建设与发展，使得企业能有效获取其他主体的相关信息，如产品市场上客户的信息和反馈，供应链网络平台中供应商的质量和信用，以及资本市场上中小股东的建议和意见，并在决策时将客户、供应商和中小股东的信息或意见纳入其中，这些趋势都体现了财务决策的“主体转变”。特别是，与生产相关的财务决策作为企业总体财务决策的重要部分，其面临的“主体转变”尤为突出。不少企业通过搜集用户的反馈和意见等信息，将其融入生产决策中并进行实时反馈以优化企业的生产决策，实现用户从决策受众到决策主体的转变。例如，海尔建立了以用户为中心的共创共赢生态圈，强调实现“用户个性化”，并推出了“平台化小微运动”，突破传统业务线性流程的模式，构建业务部门间的并联关系，并将产品相关的研发部门、文化中心、产业线与客户需求相结合，将消费者从决策受众转化为决策主体，参与整个产品的生产流程，并与企业的生产部门进行实时交流与反馈（黄溢等，2020）。这种决策方式的转变，可以在很大程度上帮助企业提升产品收入、降低产品成本、提高经济效益。

财务决策的“假设转变”是指，传统财务决策所依赖的前提假设范围在大数据时代已经被逐步放宽。传统的财务决策假定信息使用者能够完全使用资本市场上的全部信息，并且会理性地做出投资决策。随着研究的深入，不少学者逐渐意识到这些假设的局限。例如，Kahneman（1973）提出“有限注意力”理论，即个体在信息获取和处理等方面的能力是有限的。Shiller（2003，2015）则突破理性人假说，将心理学理论运用于财务决策中，提出了“行为金融学”的概念。近年来，大量的经验研究也表明决策者并非完全理性，诸如性别（Dwyer et al.，2002）、年龄（Bali et al.，2009；Li et al.，2011）、性格（如过度自信）（Chiang et al.，2011）、过往经历（Chiang et al.，2011）等因素都会对其决策产生重要影响。大数据所提供的新途径、新手段可以协助投资者识别经典假设与现实情况之间的差异（陈国青等，2020）。同时，数据增强可以将真实场景下的部分要素数据化，进而突破经典研究假设的限制，构建更符合真实场景的研究理论（吴俊杰，2022）。在大数据

① 资料来源：MSCI ESG Leaders Indexes：https://www.msci.com/msci-esg-leaders-indexes.

环境下，信息呈现爆炸式增长，信息使用者不仅可以获取大量企业价值信息，还能获取微观符合个人特征的相关数据。借助这些信息，可以勾勒出更为真实的决策场景，并将行为模式与社会资本等因素融入决策之中，突破基于理性人假设的传统决策模型，构建真实场景下的新型决策模型。

财务决策的“流程转变”是指，大数据下的财务决策要求财务流程和业务流程相互融合，并能够实时反馈。随着移动互联环境下新兴技术的快速发展，多维度、跨领域的大规模数据日益可获可测（陈松蹊等，2022），使得企业管理决策与业务决策的多维交互成为可能。同时，大数据对现实场景中各要素间动态交互的刻画，可以实现决策要素信息的实时反馈，进而提高决策效率。以往在采购、生产、存货管理等企业内部经营和财务决策中，主要依靠历史数据进行预估以及利用滞后的信息进行反映，而大数据时代下企业内部管理决策要求将财务流程和业务流程紧密结合，特别是进行财务数据和业务数据的深度融合与实时反馈，从而提高财务决策和契约执行效率。传统财务决策的“流程转变”已体现在企业的具体实践中。例如，四川海底捞餐饮股份有限公司借助大数据技术，通过构建智能厨房、智慧餐厅、会员 APP 等数字信息化服务系统，将线上线下的供应数据与消费数据合并分析，构建门店运营场景、顾客消费场景和企业管理场景相串联的新型企业价值链管理体系，从而突破传统单一业务的成本管理模式，开发以综合信息服务平台为支撑的成本管理系统，成功构建了包含菜品采购、加工、配送及售后服务的综合成本管理系统（明媚，2019；冯硕，2021；何瑛等，2022）。

8.2.2 “第四张报表”与传统财务会计理论

与世界主要经济体一致，我国企业会计准则也将财务报告的目标设定为向财务报告使用者提供对决策有用的信息，并反映企业管理层受托责任的履行情况。同时，明确以会计主体、持续经营、会计分期和货币计量作为会计基本假设，采用借贷记账法，并对资产、负债、所有者权益、收入、费用和利润等会计要素进行了严格定义（明媚，2019；冯硕，2021；何瑛等，2022）。上述会计基本假设、会计要素及记账方法等传统会计理论在保证会计信息的真实性、可验证性、可用性及可比性等方面发挥了重要作用。但不可否认的是，这些假设和规定也在一定程度上限制了财务报表所提供信息的完整性和及时性，从而影响了会计信息在企业估值、契约设立履行和资本市场监管等场景中的功能发挥。例如，在企业估值方面，企业的数字资产、数字化能力及应用系统，日益成为企业发展和价值创造的核心要素。但传统的会计假设和规定使得这些信息难以反映在财务报表中，从而影响投资者对企业价值的判断，降低资本市场的资源配置效率。在契约功能方面，大数据时代下的企业活动呈现多主体互动特征，供应商与客户的质量以及管理层的个体特征与行为模式对于判断企业的潜在风险具有重要作用。例如，债权人在进行信贷决策时，如果缺少上述细粒度信息，则难以全面识别企业的长期风险，从而降低债务契约签订和执行效率（Cen et al.，2016）；同样地，当企业所有者缺少董监高的个体特征与行为模式等要素信息，仅依靠企业财务指标制定薪酬契约，会难以识别管理层的品质与能力、挑选出与企业匹配的管理层，这也会导致薪酬契约有效性下降（Hambrick，2007；Ryan and Wang，2012）。在监管方面，传统会计信息的滞后性可能会导致监管效率的降低，而实时数据能够更好支撑监管企业的合规活动，基于企业经营活动的细粒度信息能够实现对企业风险的实时动态、全面监测（Bao et al.，2020；Bertomeu et al.，2021）。因此，构建企业“第四张报表”，为信息使用者提供更加完整和及时的价值信息，必须突破会计基本假设、会计要素、计量模式等传统会计理论的限制。

具体而言，构建大数据下的企业“第四张报表”，首先，需要放宽会计主体、会计分期以及货币计量等传统会计理论下的基本假设。传统会计理论主要以企业为会计主体提供相关信息，但信息技术在会计领域的应用，引发了经济背景下财务组织的变革，使得会计主体逐渐扩大（张庆龙，2021）。黄世忠（2020）也提到，在新经济时代，资源整合成为新的经营理念，企业之间的依存度显著提高，利用微观会计主体假设来界定财务报告的边界，所提供的财务信息显然不足以反映企业的活力、实力和潜力。因此，在大数据时代，企业“第四张报表”的构建，需要放宽会计主体的基本假设，立足于广域会计主体，为信息使用者提供诸如供应商与客户的质量、风险、集中度以及中介机构质量和风险水平等与企业价值紧密相连的生态链细粒度信息。同时，传统会计理论将企业经济活动期间分为季度、半年度以及年度等会计期间，为信息使用者提供粗时间粒度的低频信息。葛家澍（2002）认为，经济形势的瞬息万变使得财务报告的使用者迫切要求不断提高报告的及时性。刘光军等（2016）也指出，网络经济的便捷性使得及时、快捷地提供会计信息成为现实，会计分期假设存在的意义将大大弱化。因此在大数据时代下，高频动态的信息特征决定了构建“第四张报表”需要弱化会计分期假设，利用高速率的大数据形成细时间粒度的企业价值信息，并利用大数据技术实现实时动态的报表化呈现，为信息使用者提供更及时的信息。并且，传统会计理论需要企业的价值要素能够用货币可靠计量。但随着时代的发展，涌现出大量与企业价值密切相关，却难以用货币准确计量的要素信息，如知识资本、高管人力资源、产品品牌等（葛家澍，2002；李宏江，2006）。吴水澎（2021）提到，在对企业的人力资本、社会资本和环境资本进行货币计量时遇到了重重困难，此时如果利用会计提供的货币信息作为决策依据，就会产生不全面、不可靠、不及时、不灵敏和不相关等会计信息质量问题。同时随着商业模式和商业形态的发展，逐渐形成了大量会对企业价值产生重要影响的资源，如企业的数字资产、应用系统等。但这些资源往往难以被准确地用货币计量，并在报表中确认和列报。因此，构建企业“第四张报表”需要放宽货币计量的假设，提供大数据中难以货币化呈现却和企业价值紧密相关的信息。

其次，在会计要素方面，传统财务会计理论对会计要素有着明确的定义，需要直接产生明显的资源流入或流出，以及通过可靠计量才能被确认为资产、负债等。在大数据环境中，有大量企业价值要素虽然无法导致明显的资源流入，或者难以被可靠计量，但却和企业价值密切相关，如企业的用户流量等（张俊瑞和危雁麟，2021）。为了适应新的商业环境和商业形态对信息的需求，构建“第四张报表”需要放宽会计要素确认、计量和报告的标准，将更多与企业价值密切相关的要素信息纳入其中，作为投资决策的参考。以 2016 年在香港上市的美图公司为例，该公司在上市时存在约 11 亿元的巨额亏损，但其作为一家新型互联网科技公司，同时拥有 11 亿以上的用户量以及超 4 亿的月活跃客户群体。用户流量作为互联网公司未来收入变现和转化的主要来源，是该公司的重要资源，却由于其并没有在现阶段导致明显的资源流入，难以在财务报表中反映。

最后，在计量模式方面，传统会计理论主要是基于历史成本进行计量。技术创新已经成为当今企业的核心竞争力之一。在财务报告体系中，企业在技术创新上的投入以历史成本为主要计量属性，这导致不少高科技企业在特定技术上的领先和价值难以通过无形资产很好地体现。这一问题也引起了不少会计学者的关注。例如，曲晓辉（2009）提到，随着科学的发展和技术的进步，企业所持有的具有科技含量的资产价值难以通过历史成本准确衡量。因此，构建“第四张报表”需要突破以历史成本为主的计量模式，利用大数据下同类型公司以及类似资产的大量相关信息，实现对企业资产现行价值的判断，并与基于历史成本的传统报表信息进行有机结合，增加信息的价值相关性。

综上，构建基于大数据的企业“第四张报表”，需要突破传统会计主体、会计分期和货币计量等会计基本假设，会计要素的确认、计量和报告要求，并突破以历史成本为主的计量模式的限制，在大数据情境中拓展会计理论，使其更符合时代特征和信息特征，从而提高会计信息的价值相关性和决策有用性。

8.2.3 基于大数据的企业“第四张报表”的要素内容

本节将从会计理论出发，提出“第四张报表”的基本框架；再基于实证研究发现，对现有关于企业价值影响的要素进行归纳，将其分为基础要素和拓展要素，纳入企业“第四张报表”框架之中。

具体而言，在理论层面，本章以传统会计理论存在的问题作为切入点，提出构建“第四张报表”要素的两个理论路径，即利用大数据加强财务报表的作用以及提供财务报表之外的增量信息。传统财务报表主要反映企业在某一时点或时期内的财务状况、经营成果和现金流量等信息；但在大数据时代，其越来越难以体现企业价值的全貌。大数据以及技术应用带来的数据增强（刘意等，2020）和技术增强（陈国青等，2018）使得全面刻画内部价值创造信息和企业与外部的互动行为成为可能。基于此，本章提出包含“基础要素”和“拓展要素”的“第四张报表”基本框架。其中，“基础要素”通过利用高速率的大数据信息，细化三张传统报表的会计要素，为信息使用者提供企业价值创造过程的细粒度、高时效信息。通过大数据技术获取企业经营活动的细粒度信息，并将其形成结构化表达，为信息使用者提供实时动态的企业活动价值信息。同时，借助大数据的处理技术，在企业活动内部分业务以及分生产线等获取相关信息，为信息使用者提供更精确的业务线信息（Allee et al.，2021）。这些高速率的细粒度信息能够在三张传统报表会计信息的基础上，形成企业经济活动的精细画像。“拓展要素”则是突破传统财务报表信息域，为信息使用者提供难以通过三张传统报表反映的在企业日常经营活动外的跨域信息。大数据下的技术增强，使得信息使用者能够获得丰富的增量价值信息，如环境保护、社会责任、投资者关系等跨域信息，并利用上述跨域信息扩展原有信息集，将多维价值要素融入决策之中，进而提升决策效率（Davenport et al.，2012；McAfee and Brynjolfsson，2012）。

沿着构建“第四张报表”要素的这两个理论路径，本章对现有关于企业价值影响因素的实证文献进行了系统总结，并将提炼的要素进行归纳、分类为基础要素和拓展要素，纳入企业“第四张报表”框架之中。其中，基础要素主要包括广域经营信息、产品与品牌、创新质量、企业风险、供应商与客户、数字化水平等，这些信息可以与传统财务报告体系下的三张报表信息相互验证，或细化相关信息的颗粒度，从而提供增量信息。拓展要素主要包括环境保护、社会责任、治理水平、投资者关系、行业与竞争对手等，这些要素可以为信息使用者提供更丰富、更及时的增量信息，从而对企业进行多维画像。

1. 基础要素

（1）广域经营信息。大数据中存在大量与企业经营状况密切相关的非财务信息，如企业经营用电信息、用水信息等，这些底层的细粒度信息能更灵敏、更及时地反映企业的经营状况。已有研究发现，企业各类非财务经营信息可以帮助信息使用者更为精准地预测企业经营业务的可持续性（Drake et al.，2017；Da et al.，2017；Allee et al.，2021；Rozario et al.，2023；Cui et al.，2022），提高决策主体的估值效率。此外，这些丰富、及时的企业非财务信息，也可以对企业传统报表中的会计数据进行验证，降低契约双方的信息不对称（李春涛等，2020），提高企业风险预测模型的准确度（Zhu，2019；Bao et al.，2020；Bertomeu，2020；Allee et al.，2021；Bertomeu et al.，2021；Liu，2022）。在企业“第四张报表”中，纳入经营大数据、海关申报大数据、电商大数据等广域经营信息，可以为信息使用者提供企业经营活动的多维度、细粒度画像。

（2）产品与品牌。产品市场中以用户为中心的产品相似度、产品质量、产品口碑、客户忠诚度等信息能够灵敏地反映企业的价值及其变化。例如，Barth 等（1998）发现，企业的品牌价值与企业股价和未来回报显著正相关。Huang（2018）研究了亚马逊购物网站上产品的顾客评论信息，发现顾客对产品的评论可以反映企业的产品质量、未来市场份额和会计信息稳健性。Morgeson 等（2020）发现，产品质量与品牌忠诚度对处于竞争更激烈行业的企业更重要。这表明产品口碑以及客户忠诚度等信息可以帮助投资者对企业的产品价值进行更好的判断。此外，利用产品文本信息构建的产品相似度指标能更好地度量产品的创新性，帮助投资者更好地了解企业产品的竞争优势；基于产品的客户忠诚度、质量认证等信息形成的量化指标，能够帮助使用者预测企业未来现金流入。在企业“第四张报表”中纳入产品相似度、产品质量、产品口碑、客户忠诚度等细粒度的产品与品牌信息并进行数据化，可以为信息使用者提供重要的增量信息。

（3）创新质量。在传统财务报表体系中，企业的研发投入和无形资产主要以历史成本计量，且只有进入开发阶段后，企业研发投入才能资本化为企业资产，并作为无形资产进行确认，这会导致传统财务报表中的无形资产难以反映企业在技术和创新上的真实价值，降低研发投入与无形资产信息的价值相关性。张为国（2021）指出，现行会计准则无法将大部分的研究支出确认为资产，因此，新经济实体提供的财务信息无法反映企业的真实价值和业绩。但企业一旦创新成功，将获得巨大的竞争优势和超额利润（Holmstrom，1989）。张倩倩等（2017）以及李岩琼和姚颐（2020）发现，企业研究支出相关信息的披露可以向市场传递企业价值的相关信息，提高分析师预测准确度，降低企业与信息使用者的信息不对称。在“第四张报表”中，利用报表附注中的研发投入信息、国家知识产权大数据、科技获奖信息大数据，形成企业研发投入、专利申请、新产品开发以及科技获奖等方面的企业创新质量量化信息，可以为信息使用者提供更丰富的企业创新信息。

（4）企业风险。企业风险是投资者关注的重要因素之一。在传统的财务报表体系下，企业的经营风险往往通过定期报告中的财务数据和“管理层分析与讨论”部分的文字反映，这导致其存在一定的滞后性，且难以全面地反映企业所面临的各类风险。相关研究表明，关联交易、内控质量、资金占用、诉讼处罚、政策冲击等诸多信息，都可以反映企业的风险，并对企业的估值、契约和监管产生重要影响。例如，潘红波和余明桂（2014）发现，集团内关联交易会影响企业内部的薪酬契约制定，降低公司资本配置效率。郑军等（2013）发现，内控质量越高的企业，通过商业信用融资的能力越强。同时，企业的诉讼风险会影响企业的投资活动和 CEO 的薪酬设计（Yang et al.，2021），从而影响企业价值。在“第四张报表”中，通过经营活动大数据、股权穿透大数据、交易大数据、内控质量大数据以及行政处罚与行业冲击大数据等形成多层次的企业风险信息，可以为信息使用者提供企业更全面的风险信息。

（5）供应商与客户。生态链企业上的信息既能补充单个企业披露的相关信息，形成企业的全局视图，也能对传统财务报告的信息进行验证。不少学者研究发现，客户集中度、供应商集中度以及客户质量、供应商质量能有效预估企业主营业务的经营情况（Campello and Gao，2017；Huang，2018），且企业的客户资源也能影响企业的贷款能力（李欢等，2018）。在市场风险方面，李丹和王丹（2016）发现供应商和客户披露的信息，能够降低股票市场的股价同步性；窦超等（2021）发现政府背景的大客户信息可以降低企业的债券发行利差，表明供应商客户信息能够改善我国资本市场信息环境，降低资本市场风险。底璐璐等（2020）发现客户的年报语调信息会影响企业的投资决策。Li 等（2023）也发现，供应商客户与企业之间的业务数据有助于预测企业的舞弊行为。在“第四张报表”中，通过报表附注中提供的前十大供应商和客户的相关信息，并结合工商大数据、裁判文书大数据、创新与专利大数据、监管处罚大数据等，形成的更细粒度的客户与供应商质量，以及客户与供应商集中度的相关指标，可以为信息使用者提供更为有用的企业供应商与客户信息。

（6）数字化水平。企业拥有的数字资产、数字化能力和应用系统是反映其竞争力的核心因素。“数字资产”主要是指企业在日常生产活动和经营活动中收集、储存，或者通过资源购入、战略合作、数据共享等方式获取的数据资源（张俊瑞和危雁麟，2021）。一方面，企业的数据资源可以通过数据的市场交易，或为其他企业提供数据服务，给企业带来直接的货币化收益①；另一方面，企业的数据资源也可以用于企业内部，体现为优化生产模式、提升产品和服务质量等的非货币化价值（Ahmad and van de Ven，2018）②。例如，Morgeson 等（2020）发现，企业搜集的客户偏好数据可用于优化产品设计与制造，提高企业的产品质量和产品忠诚度。“数字化能力”主要是指企业感知搜集、运营分析和协同处理大数据的能

① 例如，东方航空公司将其与 40 家机场相关联的航班资源宝在上海数据交易所挂牌交易。详见上海数据交易所官网（https://www.chinadep.com/products）。

② 例如，三一重工通过收集生产制造过程中的细粒度信息，构建数字化生产车间，形成包含加工、仓储以及运输的产品全流程控制系统，有效改善企业的生产模式。资料来源：工子清和陈佳（2021）。

力（Ritter and Pedersen，2020；易加斌等，2022）。企业的数字化能力可以促进企业商业模式的创新，从而在数字时代获取竞争优势（Amit and Zott，2012；易加斌等，2022）。在企业业务方面，企业的数字化能力能够将企业的生产制造、产品销售、物流配送等各个业务融合，发挥协同效应以提高企业的生产、经营与管理能力（Sambamurthy et al.，2003；Nambisan et al.，2019）。“应用系统”方面，企业生产经营活动细粒度数据的收集和利用需要企业各个应用系统的有效集成，系统集成需求也使得信息化的系统为企业日常工作提供庞大的系统集群支持（王之煜，2021）。合理有效的应用系统可以将组织内不同职能部门的流程与信息进行整合（Kumar and van Hillegersberg，2000），提高企业信息传递的速度与质量（Klaus et al.，2000；Chapman and Kihn，2009），改善企业决策[①]。因此，在“第四张报表”中，利用客户服务数据中心、企业信息化建设等信息，构建“数字资产”“数字化能力”和“应用系统”等要素内容，可以较好地反映企业拥有的数据资源价值以及搜集、分析和处理数据的能力，使得信息使用者充分了解企业在数字时代的潜在竞争力。

2. 拓展要素

（1）环境保护。企业在寻求经济利益的同时，应承担环境保护的社会责任。近年来，企业在环境保护方面的投入和表现，日益受到投资者和监管方的关注。Dhaliwal 等（2011）发现，对环境保护等社会责任方面的行为进行披露有助于降低企业的权益资本成本，进而提高企业的估值。何贤杰等（2012）发现，社会责任信息披露制度的实施，在一定程度上改善了公司的信息环境，并继而提高了公司融资契约的执行效率。这表明企业在环境保护方面的细粒度信息可以对传统的会计信息进行补充，从而改善估值效率和契约效率。de Angelis 等（2023）研究发现，外部的环境政策会影响企业的投资行为，且企业的环境信息披露可以降低企业与投资者的信息不对称，从而改善环境不确定性对企业的影响。在“第四张报表”中，通过整合环境大数据、企业排放大数据以及环境处罚大数据等，形成包括温室气体排放、有毒有害气体排放、废水排放、危险废弃物、绿色低碳产品/服务、环境认证/表彰以及环境处罚等量化信息，可以为信息使用者提供更多维的企业环境保护信息。

（2）社会责任。企业在社会投入、社区贡献、慈善公益、员工发展、性别平等、企业诚信等方面的表现，是评估企业价值的重要信息。已有研究发现，员工

① 例如，三一重工在数字化转型过程中通过构建产品全生命周期管理信息系统、能源管理高级应用系统以及 GPS 数字化平台等，收集并管理企业在制造、运营、供应链管理等方面的财务决策，并通过数据仓库等商务智能系统实现上述信息的全流程共享，提高企业价值创造能力。资料来源：王子清和陈佳（2021）。

评价、慈善捐赠、企业诚信等信息对公司未来经营业绩和未来超额股票收益都具有增量预测力（Hales et al.，2018；Green et al.，2019）。Huang 等（2020）发现，员工评价能为企业未来经营业绩的预测提供增量信息。此外，年荣伟和顾乃康（2022）发现，企业的社会责任履行情况能够反映其股票的流动性风险。顾雷雷等（2020）也发现，企业能够通过承担社会责任，与利益相关者进行资源交换获得战略资源，改善企业的契约效率。因此，在“第四张报表”中，利用慈善公益大数据、员工发展大数据以及企业员工构成大数据，形成企业在社会投入、社区贡献、慈善公益、员工发展、性别平等、诚信经营等多角度的企业社会责任信息，可以降低企业与投资者在社会责任等方面信息上的不对称程度。

（3）治理水平。企业治理结构与治理水平是影响企业价值的重要因素之一。Jian 和 Wong（2010）发现，企业内部治理结构中的股东股权信息与股权关系网络，对于识别企业经营状况具有重要作用。也有学者发现，内部治理中的董事会、监事会等高层人员信息有助于信息使用者理解企业决策制定者的私人动机（Masulis et al.，2012；Benmelech and Frydman，2015）。在外部治理结构方面，已有研究也发现，审计质量、券商质量等都会影响企业的治理水平（Abbott et al.，2007；Hansen，2015；Hoopes et al.，2018；王春飞等，2016；武恒光等，2020；何雁等，2020；孙亮和刘春，2022）。因此，利用工商大数据、股权穿透大数据、资本市场参与者个体大数据以及监管处罚大数据、中介机构执业信息等，从多渠道获取企业的股东权益、债权人权益、董监高履职、薪酬激励、中介机构质量等信息，可以为信息使用者提供企业治理水平的细粒度指标信息。

（4）投资者关系。企业在投资者沟通、投资者调研、投资者保护等方面的表现是影响企业价值的另一重要因素。不同于机构投资者占主导的欧美资本市场，散户投资者在我国资本市场中扮演着重要角色。已有研究发现，中小投资者沟通渠道的开通，能够提高资本市场的估值效率（丁慧等，2018）。岑维等（2014）发现，投资者关注度能够显著减少控股股东对中小股东利益的侵害，即投资者平台在保护中小股东权益方面发挥了显著的积极作用。岑维等（2017）的进一步研究，利用交易所“互动易”平台上投资者关系活动记录数据，发现机构投资者关注度会抑制公司的非效率投资，从而降低契约签订后的道德风险，提高会计信息的契约功能。陈运森等（2021）、郑国坚等（2021）以及何慧华和方军雄（2021）发现，中小投资者服务中心能够发挥监管作用，显著降低企业的财务重述概率，并提高企业会计信息质量。在“第四张报表”中，通过整合投资者沟通平台、投资者调研、“e 互动”上的投资者评价和投资者保护等相关信息，可以为使用者提供投资者关系的增量信息。

（5）行业与竞争对手。宏观层面产业政策、中观层面行业风险以及微观层面竞争对手的信息是评估企业价值的重要信息。合理的目标公司和对标公司的选择，能够提高会计信息的价值相关性。同时，更为系统、科学的产业政策和行业风险的数据提炼，也能改进现有的企业估值模型。Nini 等（2012）发现，在大数据时代，投资者或债权人能够获悉企业同行业竞争对手的相关信息，并将此用于企业的融资契约中。任宏达和王琨（2019）用计算语言学方法度量公司年度层面的产品市场竞争程度，发现产品市场竞争越激烈，公司信息披露质量越好。这些研究表明，科学、合理以及全面的行业与竞争对手信息对资本市场估值、契约和监管有着重要作用。Glaeser 和 Landsman（2021）发现，产品市场竞争会影响企业的披露行为。Arya 和 Ramanan（2022）的进一步研究发现，竞争对手的信息披露会影响企业的生产决策。因此在“第四张报表”中，可以利用跨域实体抽取技术获取有关企业产品的细粒度信息，并利用产品描述的相似性构建基于大数据的产品行业，实现更为细致和精准的企业行业分类。同时，还可以利用机器学习、模型构建等技术对产业政策和行业风险的冲击进行系统的预测，形成更为科学的行业与竞争对手信息。

图 3-2 为基于大数据的企业“第四张报表”示意图，列示了以上分析的要素及其明细指标。需要说明的是，“第四张报表”要素内容的构建和数据实现，都离不开大数据所带来的数据增强和技术增强。一方面，数据增强可以为信息使用者提供实时动态、细粒度的信息（刘意等，2020）。大数据所具有的多样性和高速率属性，使得“第四张报表”中企业经营用电信息、用水信息等细粒度信息的获取，以及用户流量和活跃度等数字资产价值的合理判断成为可能。另一方面，文本分析、机器学习、深度学习等技术带来的技术增强，可以为信息使用者提供以往难以提炼的信息。“第四张报表”中产品与品牌、创新质量、环境保护、投资者关系等要素信息都需要利用文本分析、深度挖掘等大数据技术，从体量大、价值密度低的大数据信息中，充分获取相关的跨域信息来加以构建。

此外，“第四张报表”中的少部分信息虽然已在年报附注中有所涉及，但以要素的形式呈现，仍可以通过降低信息使用者的认知成本，提供更细粒度的价值信息，以及通过整合企业不同维度的价值信息，为信息使用者提供增量信息。以供应商客户信息为例，年报附注中主要披露了前几大供应商以及客户的名称、交易金额及所占营业收入比例，而有关供应商及客户的更细粒度以及更多维的信息，则需要信息使用者进行收集、整合与分析。而“第四张报表”中的供应商与客户要素内容不仅包含了年报附注中的供应商及客户的集中度，还包括了供应商与客户的质量、供应商与客户的关联网络、公司供应链一体化程度等重要增量信息。因此，“第四张报表”可以减少信息使用者的认知成本，使得其充分认知供应商与客户的整合信息对于其投资决策的重要影响。同时，通过供应商与客户的多维信息等形成客户质量与供应商质量、供应商与客户的关联网络、公司供应链一体化程度等指标，可以有效降低信息使用者获取相关信息的成本，将这些信息与企业的其他信息整合，可以较为全面地反映企业活动。此外，公司相关信息庞杂多元，受到传播媒介以及投资者有限注意的影响，投资者对于年报附注的信息可能关注和解读并不充分。“第四张报表”对于分散的多元信息的集成表示，一方面使得相关信息更容易被投资者关注和获取，从而提高投资者的决策质量；另一方面，重要信息的强化披露，也能够更好地帮助决策者将相关信息融入对公司价值的判断中。

8.3　企业“第四张报表”的数据实现

企业“第四张报表”数据实现的内涵是指在海量数据中找到相关的价值数据，并利用大数据技术将非结构数据和半结构数据变成结构化数据，实现企业“第四张报表”指标体系的构建，具体包括数据处理和指标构建两部分。数据处理是“第四张报表”数据实现的基础部分和公共部分，主要是指利用大数据技术将非结构化和半结构化数据，转化为结构化数据，为具体的“指标构建”提供数据基础。指标构建则是针对不同的要素指标提出具体的技术，基于经过“数据处理”后的结构化数据，通过特定方法构建“第四张报表”的要素指标。本章的数据实现主要介绍“第四张报表”数据实现的基础部分，即数据处理的技术架构。

“第四张报表”通用的技术架构如图 8-1 所示，包括以下几个方面。①数据获取：以下载、网络爬取和数据库读取方式分别获取各类数据，包括金融数据库、互联网数据和自建数据库。②数据预处理：采用数据清洗技术检查数据一致性、处理无效值和缺失值；采用数据去重技术删除内容重复信息，如从不同来源获取的相同内容的公司资讯信息等；采用数据去噪技术去除数据中的噪声，如软广告文和水贴等。③实体识别：从非结构化文本中识别出关键实体信息，如公司名、行业名、领域名、产品名、品牌名、技术名、人名和地名等。④关系识别：从文本中识别出实体与实体之间的各类关系，如企业间投资关系、行业间归属关系、产品间包含关系、技术间相关关系等。⑤事件识别：从文本中识别出各类财经类事件，如经营事件、投融资事件、捐赠事件、行业风险事件、政策事件等。⑥“第四张报表”指标生成方法：非结构化的自由文本经实体识别、关系识别和事件识别后，转化为结构化数据，在指标体系的指导下，依次进行指标实体对齐、数据标准化和指标更新等规范化处理，生成“第四张报表”的指标体系及其数字化表示。

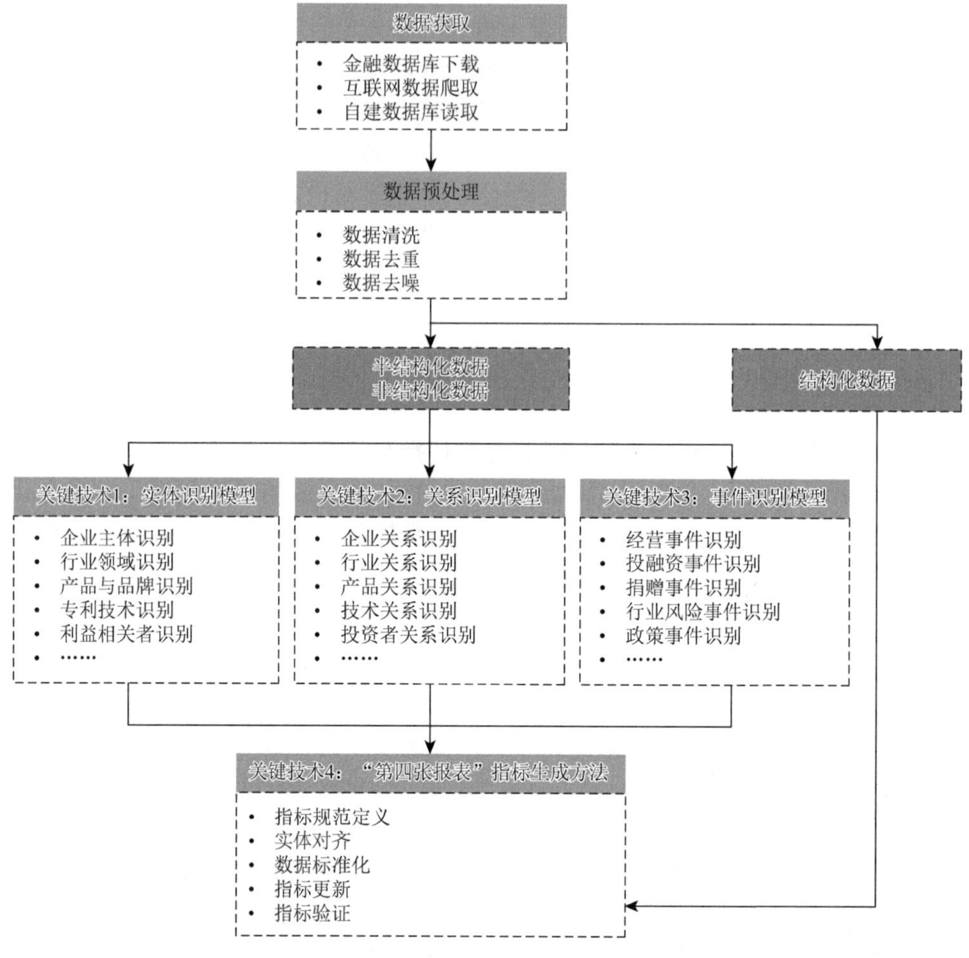

图 8-1　"第四张报表"数据处理的技术架构

在"第四张报表"的数据处理过程中，采用如图 8-1 所示的关键技术①。

8.3.1　跨领域的实体识别模型

本章所提出的实体识别旨在从多源异构的大数据中，自动识别出特定行业或领域的实体名称，如公司名、产品名、品牌名和技术名等。目前常用的实体识别模型有 BLSTM + CRF（Wang et al.，2020）、BLSTM + CNN + CRF（Su et al.，2022）、

① 为了完成以上通用的技术架构，可采用不同的技术实现方案。作为一种技术案例，本章提出了一套较为可行的、代表当前该领域最新研究方向的关键技术。当然，其他学者也可尝试利用其他模型和方法对数据中的实体、关系和事件进行识别、抽取以及形成结构化指标。

BERT + CRF（Chang et al.，2021）等文本序列标注模型。

当前技术存在的主要问题是：现有模型需要大量的人工标注样本数据训练模型，且使用某一领域标注数据训练获得的模型，迁移至新的领域，其领域相关实体的识别性能大幅下降（Liu et al.，2021）。

为解决以上问题，本章提供了一种实现方式，即利用迁移学习的思想，研究在只有一个领域的标注样本的情况下跨领域的实体识别模型。其具体思路是：①在一个源领域中，标注一定数量的样本，训练适合该领域的实体识别模型。②利用大数据中丰富的细粒度信息为每一个目标领域构建该领域全面、科学、动态实时的实体知识库。③利用远程监督学习方法，研究基于实体知识库的自动实体标注方法，采用该方法对目标领域进行自动化实体标注。④基于迁移学习方法，在源领域的手工数据集和目标领域的自动标注数据集上，研究一种领域无关的实体识别模型，以适应各类目标领域的实体识别，如图 3-3（a）所示。

8.3.2　小样本的实体关系识别模型

实体关系识别旨在从无结构的文本中识别出其中两个或多个实体之间的各种关系类型，如公司与公司间的投资关系、领域与产品的包含关系、产品与产品的上下位和供应链关系，表示为“＜实体 1，关系类型，实体 2＞”的结构化形式。目前常用的关系识别模型有 CNN、RNN、LSTM（Geng et al.，2021）和 BERT（Roy and Pan，2021）等文本分类模型。

当前技术存在的主要问题是：现有模型需要大量人工标注的实体关系样本数据，若采取自动化样本标注，则会引入大量噪声数据，最终大幅损害模型性能。

为解决以上问题，本章提出了一种实现方式，即基于 bootstrap 思想，研究在只有极少量种子样本情况下，通过迭代方式滚动学习更多实体关系样本；同时为了减少自动标注引入的噪声数据，采用强化学习的思想，从样本中去除大量噪声数据，从而提高模型识别效果。其具体思路如图 3-3（b）所示。①初始输入少量种子实体关系对，模型通过匹配方式在待抽取语料中找到与种子实体对一致的句子集合。②自动分析这些句子集合中的共性特征，从而生成和更新用来识别关系的模板。③利用生成的新模板抽取新关系实例。④依据新抽取的关系实例的置信度，将置信度较高的关系实例作为候选关系样本。⑤训练强化学习模型，从候选关系对样本中，学习噪声样本的删除策略，获得较干净的样本集合，继续迭代执行。

8.3.3　篇章级的事件识别模型

事件识别模型旨在从无结构的文本中识别出事件及其属性，如事件的主语、触发词、宾语、时态、结果、情感等，较全面地刻画一个完整的事件信息。目前常用的事件识别模型有 BLSTM + CRF、BERT + CRF 等，主要用来识别单个句子中的事件信息（Ramponi et al.，2020）。

当前技术存在的主要问题是：现有模型将事件识别问题看作句子序列标注问题来研究，忽略了句子的语法依存树对句子重要信息提取及其依赖关系的提炼；而且，现有模型大多适合于单个句子中事件抽取，但实际情况是，关于事件的描述可能分散在整篇文档中（Yang et al.，2021），单个句子无法全面覆盖事件的各类重要属性。

为解决以上问题，本节提出一种实现方式，即面向篇章级别，利用语法依存树和图神经网络的财经领域事件抽取模型。其具体思路是：①首先根据“第四张报表”的指标规范，定义各类事件及其属性，生成事件抽取框架。②利用文本分类和聚类模型，识别出一篇资讯中的关键事件句，注意一篇资讯中可能包含多个关键事件句。③利用语法依存分析工具，获得事件句的语法依存树。④利用图神经网络 GNN，对语法依存树进行低维嵌入式语义表示，在此基础上构建基于深度学习的句子级事件抽取模型。⑤利用预训练语言模型，在篇章范围内识别与关键事件句相关的句子集合，以及这些句子中的触发词、实体、时态等，构建一个异构节点关系图，利用图嵌入技术获得各类节点的向量表示，据此训练一个篇章级事件识别模型，如图 8-2 所示。

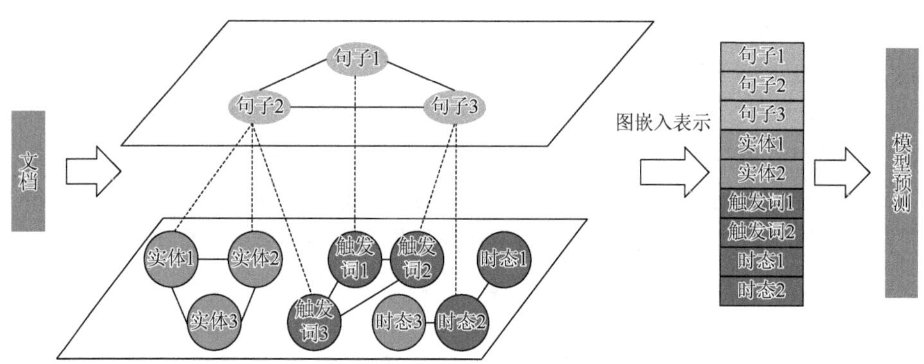

图 8-2 基于图神经网络的篇章级事件识别模型示意图

对于上述三种关键技术在实践中的应用，本节通过康佳集团股份有限公司的示例进行说明。图 8-3 所示的材料来源于康佳集团股份有限公司 2021 年的年报。在获取企业年报文本后，需要对其中的企业主体、品牌实体、生产基地实体、技术实体、利益相关者实体等信息进行识别，如文本中的“公司”“‘新飞’品牌”“宁波空调生产基地”“倍科（滚筒洗衣机）中国工厂”“西安智能家电产业园”“自身空调制造能力”“滚筒洗衣机技术”等。本章提出的跨领域实体识别模型可从多源异构的文本大数据中，自动识别出特定行业或领域的实体名称，如公司名、产品名、品牌名和技术名等。同时，在识别出相关实体后，还需进一步对实体与实体间的关系进行识别，并形成关系的结构化表示。如图 8-3 中的文本，识别出企业实体、生产基地实体和技术实体后，需构建两两之间的从属关系，形成“＜康佳集团，从属关系，‘新飞’品牌＞”“＜宁波空调生产基地，从属关系，自身空调制造能力＞”“＜倍科（滚筒洗衣机）中国工厂，从属关系，滚筒洗衣机技术＞”“＜西安智能家电产业园，从属关系，洗碗机业务＞”等关系型数据。本章提出的小样本实体关系识别模型可以从无结构的文本中识别出其中两个或多个实体之间的各种关系类型，如公司与公司间的投资关系、领域与产品的包含关系、产品与产品的上下位关系和供应链关系。除上述实体识别和关系识别外，还需从上述文本中识别出具体的事件信息，如图 8-3 中的企业与“新飞”品牌的并购事件、企业与倍科（滚筒洗衣机）中国工厂的并购事件、企业合资成立宁波空调生产基地以及企业新建西安智能家电产业园的经营事件。本章所提出的篇章级事件抽取识别模型，可以从无结构的文本中识别出这些事件及其属性，如事件的主语、触发词、宾语、时态、结果、情感等，较全面地刻画一个完整的事件信息。

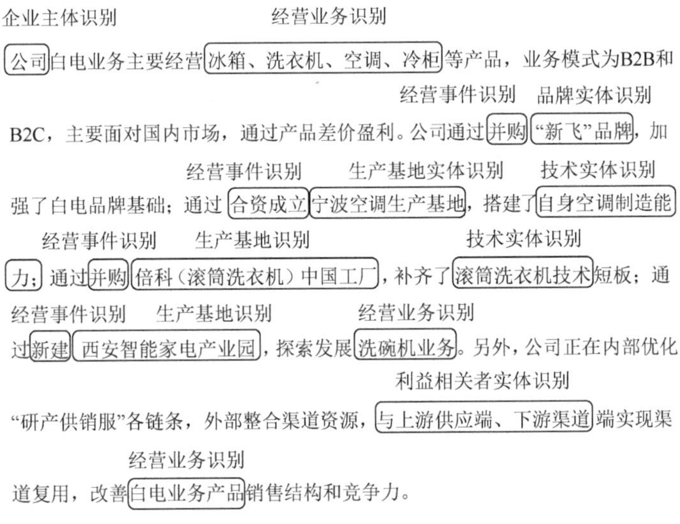

企业主体识别　经营业务识别

公司白电业务主要经营冰箱、洗衣机、空调、冷柜等产品，业务模式为B2B和

经营事件识别　品牌实体识别

B2C，主要面对国内市场，通过产品差价盈利。公司通过并购“新飞”品牌，加

经营事件识别　生产基地实体识别　技术实体识别

强了白电品牌基础；通过合资成立宁波空调生产基地，搭建了自身空调制造能

经营事件识别　生产基地识别　技术实体识别

力；通过并购倍科（滚筒洗衣机）中国工厂，补齐了滚筒洗衣机技术短板；通

经营事件识别　生产基地识别　经营业务识别

过新建西安智能家电产业园，探索发展洗碗机业务。另外，公司正在内部优化

利益相关者实体识别

“研产供销服”各链条，外部整合渠道资源，与上游供应端、下游渠道端实现渠

经营业务识别

道复用，改善白电业务产品销售结构和竞争力。

图 8-3　关键技术的示例图

8.3.4　“第四张报表”指标生成方法

从多种异构数据源，获取海量非结构化文本，经实体识别、关系识别和事件识别后，得到结构化数据和知识，与原有结构化数据融合，生成“第四张报表”指标。但是，“第四张报表”中的数据来源多样，表述不一，如何将各类信息和知识对齐与标准化是亟须解决的一个关键性技术问题。例如，一个公司名在不同文档或同一文档的不同地方可能有全称、简称、英文名甚至指代词等多种表达，产品名称更是复杂多样。

为此，本节提出了一种基于知识标准化的“第四张报表”指标生成方法，具体步骤如图 8-4 所示。①指标体系规范化：对每项指标进行严格定义，明确指标间的归属关系，明确计算指标时所需的数据源、数据量、数据质量、指标值类型以及指定约束条件等。依据会计规范和数据特点，邀请领域专家制定指标体系。②指标实体对齐：利用各类实体对象的属性知识表示，构建基于语义表示的各种类型实体的对齐模型。③数据标准化：将形态各异的数据转化为一种标准通用格式，便于下游任务直接使用。为此，通过标准化实体、关系和属性等，构建基于标准化表示的财经领域知识图谱。④指标体系更新：指标体系更新包括两个方面。一是指标项目更新，因新数据的获得和人工智能技术的发展，有能力产生新的符合会计规范的指标项，更新至指标体系中。二是指标值更新，因采用了自动化和智能化方法，通过模型动态计算指标结果，实时更新指标值。⑤指标验证：确保指标体系的正确性、稳健性和可持续性。

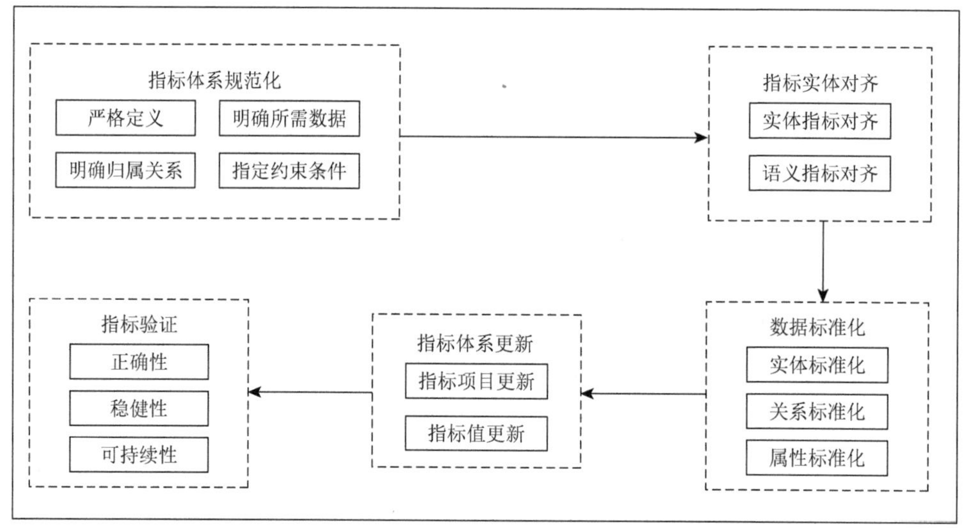

图 8-4　基于知识标准化的“第四张报表”指标生成方法示意图

需要指出的是，本节所提出的关键技术是针对“第四张报表”的“数据处理”过程；关于每个具体要素指标的“指标构建”，还需要更多学者与业界专家通力合作和进一步探讨。本节以“第四张报表”中产品口碑和数字资产等指标要素构建为例，简要论述关键技术与要素度量结合的大致思路。例如，“产品口碑”指标要素的度量，在利用爬虫等技术，获取多种来源的大数据中关于消费者对于该公司产品的具体评价信息后，通过上述跨领域的实体识别模型、小样本的实体关系识别模型以及篇章级的事件识别模型等方法，可以形成“＜企业，产品，用户评价＞”的结构化表达；再通过文本情感分析等技术，获取用户评价中的语调、情感等信息，则可以构建针对企业不同产品的“产品口碑”指标。又如“数字资产”指标要素的度量，在获取数据要素交易的相关信息后，对其实体、关系及价值要素进行识别，并形成“＜数字资产，价值要素，价值＞”的结构化数据，再利用知识图谱、机器学习和强化学习等方法，对企业数字资产进行合理估值，形成“数字资产”的相关度量。

8.4　基于大数据“第四张报表”的赋能创新

基于大数据的“第四张报表”可以为信息使用者提供更全面和更及时的信息。将传统的财务报表信息与“第四张报表”的信息结合，可以为公司估值、契约设计和执行以及资本市场监管等方面赋能创新。

8.4.1　基于大数据的“第四张报表”与公司估值

会计信息在投资者选择投资标的、进行股票交易时发挥着重要的估值功能。相较于传统财务报表，“第四张报表”所蕴含的多维信息能通过优化会计信息质量、降低信息搜寻成本以及提供增量信息，降低资本市场参与者之间的信息不对称。一方面，“第四张报表”可以优化传统会计信息的质量，以及降低投资者的信息获取成本，促进传统会计信息的估值效应。另一方面，“第四张报表”所提供的动态多维的细粒度信息，能对现有企业价值测量体系进行突破，发挥非传统会计估值因子的估值功能。图 8-5 为“第四张报表”与公司估值之间关系的简要示意图。在公司估值方面，本节首先关注“第四张报表”对传统会计信息估值效应的影响；其次讨论“第四张报表”与非传统会计估值因子识别的关系。

1. “第四张报表”与会计信息估值效应

会计信息在企业估值中发挥着重要作用，主流的估值模型几乎都要用到会计信息。例如，自由现金流贴现（discounted cash flow，DCF）模型通过对企业未来自由现金流的折算，计算企业的内在价值。该企业估值模型的效果在很大程度上取决于信息使用者能否通过会计信息准确预估企业未来自由现金流。会计领域经典的剩余收益估值模型（Ohlson，1995）则通过将公司权益价值与当期净资产的账面价值之间建立联系，更加直接地将会计信息纳入估值模型中。Zhang（2000）

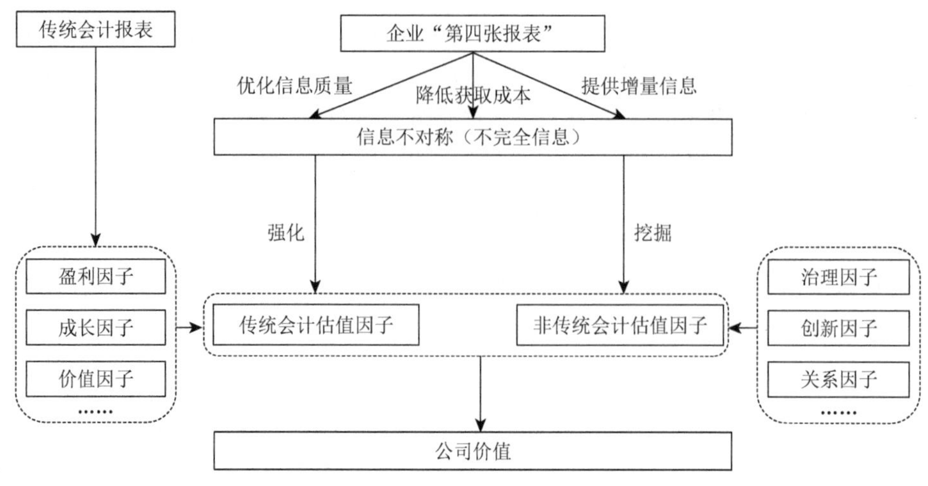

图 8-5　"第四张报表"与公司估值

进行了进一步研究，在剩余收益估值模型的基础上，引入实物期权的概念，提出了以会计信息为基础的五因子（资本投资、净资产收益率、成长机会、盈利变化与折现率）估值模型。

基于大数据的"第四张报表"，可以通过优化信息质量、降低获取成本以及提供增量信息，提高会计信息的估值效率。首先，"第四张报表"将丰富的非结构化公司信息进行标准化并转化为结构化信息，降低了投资者的信息获取成本。其次，基于公司以及同行业公司的"第四张报表"，不仅可以与传统会计信息交相印证，也能够细化传统会计信息，有效缓解信息供需双方的信息不对称程度，提升会计信息的估值能力。最后，多源异构的跨域信息可以更为真实勾勒出企业财务状况和经营成果的全局画像。通过将产品与品牌、数字化水平、供应商与客户、社会责任、投资者关系等信息融入估值模型中，投资者可以综合考量企业的多维度表现，更为准确地评估其具有的潜在竞争力和可持续发展能力，从而改善投资效率。

2. "第四张报表"与非传统会计估值因子识别

"第四张报表"的信息，除了可以改进传统会计信息在估值中的作用，还可以识别非传统会计估值因子，改进公司估值模型的整体效率。近年来，一系列研究发现，传统会计信息的价值相关性在不断下降（Lev and Zarowin，1999；Balachandran and Mohanram，2011；Lev and Gu，2016）。Chen 和 Zhang（2007）基于美国资本市场的研究结果显示，会计五因子估值模型只能解释 17.4%的横截面股票回报变化。这与现有的估值模型缺乏具有解释力的增量因子不无关系。

基于大数据的“第四张报表”能够为发展、识别和纳入新的估值因子提供全新机会，促进会计信息估值功能的更好发挥。首先，企业治理水平会影响会计信息质量，进而对会计信息的估值效应产生影响。“第四张报表”能够及时反映公司的治理结构和治理水平，有助于将治理因子纳入估值模型，提升会计信息的估值作用。其次，目前的高科技公司越来越重视研发投入和技术创新，公司的创新水平和创新能力已成为决定其估值的关键要素之一。“第四张报表”通过多维信息透视公司的创新质量，有助于将创新因子纳入估值模型，提高信息的估值效应。再次，我国企业的经济活动在很大程度上嵌入于各种关系之中（李增泉，2017）。公司与内部员工的关系、与供应商和客户的关系以及与投资者的关系都可能影响公司的估值。“第四张报表”可以提供公司多种类型的关系要素信息，有助于将关系因子纳入估值模型，提高估值效率。最后，除了治理因子、创新因子、关系因子之外，“第四张报表”还提供了广域经营信息、社会责任、行业与竞争对手等非财务信息，将这些信息因子纳入估值模型中，也能有效提升估值模型的有效性。

8.4.2　基于大数据的“第四张报表”与公司契约

传统的契约制定与监督主要依赖于具体会计指标的设定（Bushman and Smith，2001）。在大数据时代，企业活动呈现多主体互动特征，以及经济活动与社会活动共同参与的特征。越来越多的非财务指标被运用于契约的执行和监督中。如图 8-6 所示，“第四张报表”可以通过多种途径，有效改进公司契约的效率。首先，“第

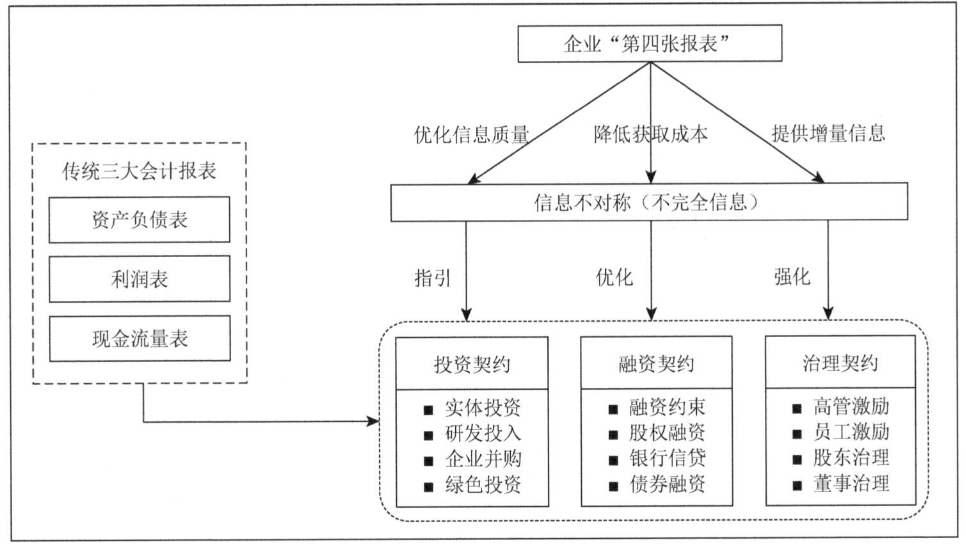

图 8-6　“第四张报表”与公司契约

四张报表”提供的多维信息能够与传统财务报表中的会计信息进行相互验证，强化传统会计信息的契约功能。其次，“第四张报表”也能更立体地反映投资标的经营绩效、偿债能力等信息，降低契约双方的信息获取成本，减少双方的信息不对称程度，优化契约的执行和监督。最后，“第四张报表”包含的大量信息也能有效反映管理层的真实表现，从而促进契约设计的科学性和合理性，更好地发挥契约的激励作用。

1. “第四张报表”与公司投资契约

投资活动是公司价值创造的重要源泉之一。积极有效的实体投资是强化企业内生增长动力，促进企业可持续发展，继而提高内在价值的重要引擎。随着新兴科技的发展以及产业结构转型升级的加快，我国企业的商业模式迭代更新速率加快，大量的投资机会涌现。但与我国企业投资规模不断扩大形成对照的是，企业投资效率还有很大的提升空间。高质量的会计信息能够帮助信息使用者有效识别和筛选投资项目，指引企业实体投资，优化资源的配置。然而，大数据时代多元异构的海量信息给传统财务报告的及时性和有用性带来极大的冲击，这限制了传统会计信息在企业投资契约中的功能发挥。

基于大数据的“第四张报表”，通过提供兼具及时性和丰富性的信息，可以增强会计信息在指引企业投资中的作用，重塑企业的投资管理体系。企业利益相关者对于财务报告需求各有侧重，而“第四张报表”通过大数据的方法与技术，将与公司有关的非传统财务信息整合并将其进行要素化和数据化，能够有效满足不同利益相关者的信息需求。一方面，“第四张报表”提供的信息，有助于满足投资者对企业广域信息的需求，全面了解拟投资企业的信息，从而更好地做出投资决策，促进资源的有效配置。另一方面，“第四张报表”提供的细时间粒度信息，可以满足投资者对信息及时性的需求，帮助信息使用者更好地根据被投资企业的动态信息，调整投资决策，从而更好地发挥会计信息在投资契约中的功能。

2. “第四张报表”与公司融资契约

资金是企业进行生产经营活动的必要条件，能否获得稳定的资金来源、及时足额筹集到生产要素组合所需要的资金，对企业经营和发展都至关重要。企业资金来源的渠道主要包括内源融资和外源融资。内源融资主要是指企业的自有资金和在生产经营过程中的资金积累部分，外源融资即企业的外部资金来源部分，又分为银行贷款和债券融资等债务融资以及股权融资。信息不对称是决定企业外源融资成本的重要因素。一方面，由于企业所有权和控制权的分离，企业所有者相较于中小股东有着信息优势，由此产生第二类代理问题以及大股东掏空等现象，并增加企业的股权融资成本。另一方面，公司主要股东相较于债权人也有着信息优势，前者也可能利用信息优势侵犯债权人的利益，从而增加债权人的风险，导致企业的债务融资成本提高。因此，减轻企业与外部投资者间的信息不对称程度，是缓解企业融资约束，降低融资成本的重要途径。

在传统融资契约中，债权人主要根据企业的经营能力和偿债能力等财务指标判断企业风险与制定债务契约。然而，“第四张报表”中客户质量、供应商质量以及客户供应商集中度等细粒度信息可以优化债权人对企业长期风险的识别，“行业与竞争对手”等信息也可以帮助债权人较好地识别企业风险的具体来源，提高债务契约的有效性。例如，Campello 和 Gao（2017）的研究发现，企业的供应商与客户信息可以有效预估企业主营业务的经营情况。Nini 等（2012）也发现，企业同行业竞争对手的相关信息会影响企业的融资契约。基于大数据的“第四张报表”突破传统财务报告体系的局限，将分散在各领域、系统的广域价值信息进行有效集合，可以有效地缓解信息不对称的问题，从而降低企业的融资成本。一方面，“第四张报表”为中小投资者和债权人提供了多角度的企业经营、发展和治理等方面的细粒度信息，可以与传统三张报表信息互相验证，提高传统会计信息质量，降低企业与外部利益相关者的信息不对称程度。另一方面，“第四张报表”也提供了除企业经营绩效以外的多角度信息，为投资者和债权人评估公司发展状况和内在价值提供增量信息，从而改善企业融资契约的制定与治理，缓解企业融资约束问题，降低企业融资成本。

3.“第四张报表”与公司治理契约

公司治理契约是为缓解公司中委托代理问题所设计的一系列制度安排。现代公司由于所有权与经营权分离，导致了委托代理问题，所有者（委托人）委托管理者（代理人）管理公司的经营活动和日常事务；管理者与所有者的利益却并不完全一致，导致管理者可能为谋取私利，损害所有者的利益。在中国情境下，除了所有者与管理者的第一类代理问题，更为严重的是大股东与中小股东的第二类代理问题。我国企业往往具有一股独大的特征，具有话语权的大股东可能通过关联交易等方式损害上市公司和中小股东利益。此外，管理者与员工之间的委托代理问题也会制约企业的长远发展和内在价值的提升。有效的治理契约能够缓解公司各类代理问题。由于难以准确度量管理层的努力程度，传统薪酬契约主要是通过企业的收益率等指标侧面对其进行度量（Barth et al.，1998；马慧等，2021）。“第四张报表”中的“董监高履职”等要素可以更好地识别管理层的行为模式与能力，形成事前筛选机制，挑选出与企业匹配的管理层（Hambrick，2007；Ryan and Wang，2012）；从实时动态、细粒度的“广域经营信息”“投资者关系”“社会责任”等要素指标中，也可以获取管理层努力的不同维度信息，形成有效的事中监督机制，从而提高薪酬契约的有效性（Barth et al.，1998；Larcker and Zakolyukina，2012）。同时，也可以利用这些信息，以内部监督和外部监督的形式监督大股东行为，保护中小股东的权益不受侵害。此外，还可以充分利用“第四张报表”的信息，设置合理的员工薪酬契约，为员工提供物质激励与精神激励，提高员工工作效率，降低管理层与员工间的代理问题。

因此，基于大数据的“第四张报表”能够更好地促进公司治理契约的安排与执行，提升公司治理的效果。一方面，“第四张报表”能够提供多维增量信息，有助于中小投资者了解公司的发展情况，降低公司大股东与外部投资者的信息不对称，也有利于中小投资者、分析师与媒体更好地监督大股东掏空行为。同时，“第四张报表”运用大数据的技术和方法将分散在不同地方的信息整合，进一步降低了中小投资者收集和搜寻相关信息的成本，降低了中小投资者的监督成本，有助于强化对大股东的监督。另一方面，相对于公司股东，参与日常经营与管理活动的管理者通常拥有更大的信息优势，“第四张报表”所提供的增量信息能够降低公司股东与管理者间的信息不对称，提升中小股东监督管理者行为的能力，从而抑制管理者的机会主义行为，缓解委托代理问题。此外，公司股东也能够从本公司以及同行公司的“第四张报表”的增量信息中更好比较判断管理者的努力程度，有效提升其对管理层的监督效率。

8.4.3 基于大数据的“第四张报表”与公司监管

会计信息是企业风险监测与行业监管的重要基础。大数据技术的发展使得监管层可以利用文本分析、图片识别以及卫星数据等对传统财务报表中的信息进行核实，更深入地发现企业风险。一方面，“第四张报表”可以为监管机构提供有关企业经营风险、治理风险和社会风险的细粒度信息，有助于实现对企业的多风险监测。通过“第四张报表”中的“广域经营信息”，监管层可以对企业的经营行为展开细粒度监测。一个突出的例子是，在獐子岛集团股份有限公司财务造假监管案例中，中国证券监督管理委员会利用相关技术分析獐子岛集团股份有限公司采捕船只海上航行定位数据，复原了公司真实采捕海域，进而确定扇贝实际采捕面积，最终发现獐子岛集团股份有限公司在成本、营业外支出以及利润等方面存在虚假。另一方面，“第四张报表”也可以为监管机构提供及时的价值信息，帮助监管机构对企业实现动态实时监测。同时，“第四张报表”中有关企业供应商、客户及中介机构等跨主体的信息，也可以帮助监管机构突破传统单一企业主体风险的监管模式，构建基于关联主体的风险监测模型。此外，监管者也可以通过“第四张报表”中的“环境保护”与“社会责任”等信息，突破传统企业经营状况的风险监测模式，对企业的环境风险和治理风险展开有效监测，并构建企业多角度的风险监测体系，提高监管有效性。图 8-7 是“第四张报表”与公司监管的示意图。

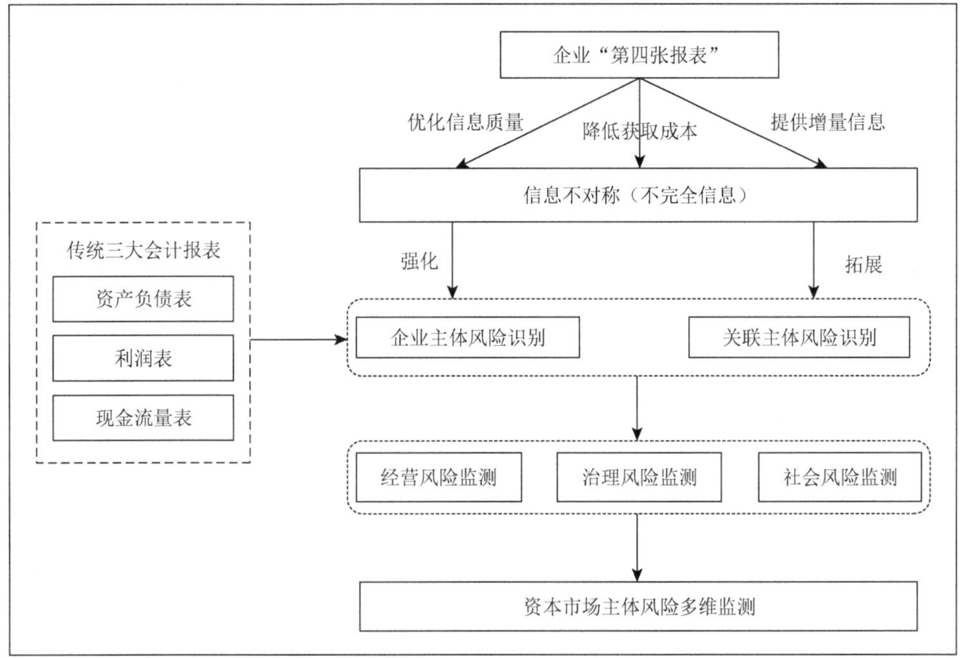

图 8-7　“第四张报表”与公司监管

1.“第四张报表”与企业经营风险监测

随着我国经济改革的不断深化，资本市场的重要作用逐渐凸显。2019 年 2 月 22 日，中共中央政治局就完善金融服务、防范金融风险举行第十三次集体学习，习近平总书记在会议中提出“深化金融供给侧结构性改革”“增强金融服务实体经济能力”，强调“要建设一个规范、透明、开放、有活力、有韧性的资本市场，完善资本市场基础性制度，把好市场入口和市场出口两道关，加强对交易的全程监管”。然而，近年来资本市场中企业财务造假、虚假信息披露等违法违规事件层出不穷，涉及 IPO、重大资产重组和年报信息披露等几乎所有重大方面，严重影响了我国资本市场与实体经济的发展。2020 年，《国务院关于进一步提高上市公司质量的意见》中指出，要“优化信息披露编报规则，提升财务信息质量”。企业作为我国经济发展的重要微观主体，财务报告信息的及时性、科学性、精细性是影响企业风险监管效率、发展资本市场与促进实体经济发展的重要因素。

“第四张报表”提供的信息可以帮助监管机构对企业的经营风险进行更好的监测。例如，企业经营用电信息、经营用水信息以及海关申报等信息可以提供企业日常经营活动中的更底层、更细粒度的信息；电商信息则可以反映企业在移动支付以及线上销售普及后的收入即时数据，能有效改进传统财务报告体系下的企业收入信息滞后反映的问题；流量信息以及用户活跃度等信息反映了企业传统财务报表难以体现的企业用户资产。这些信息既为监管者提供了更丰富、更底层的企业经营信息，使得其可以更好地理解企业经营活动；也为监管机构提供了更及时、更全面的企业经营风险信息，有助于其发现与企业经营风险显著相关的会计要素因子。此外，“第四张报表”中的供应商与客户质量、集中度等信息，也为监管机构提供了企业在供应链上关联主体的经营情况信息，这有助于监管机构对资本市场上市公司的经营风险进行全面监测。

2.“第四张报表”与企业治理风险监测

治理机制作为企业和资本市场重要的制度安排，对于保障股东和相关利益方的权益，具有重要的作用。在传统的财务报告体系下，信息使用者主要通过企业年报，获取股东、董事会、监事会等内部治理结构的相关信息，这些信息往往具有滞后性和不全面性；对于审计等外部治理信息，信息使用者亦难以通过传统财务报告体系获取其风险水平、奖惩信息等细粒度信息。这都使得企业治理水平的真实情况难以及时、全面地传递给信息使用者。

“第四张报表”提供的股东权益、债权人权益、董事会结构、监事会结构以及审计师等细粒度的企业内外部治理信息，有助于监管机构对企业以及关联主体的治理风险进行实时监测，从而及时发现企业的治理风险，对相关企业进行问询或实施相应的监管措施，保护中小股东的利益，促进资本市场治理水平的提高。

3.“第四张报表”与企业社会风险监测

企业在获取经济收益的同时，也需要承担一定的社会责任。我国在 2021 年将“碳达峰”和“碳中和”写入政府工作报告，对企业产生的温室气体排放提出要求。企业作为产品制造、排放温室气体的主体，提供其在环境保护上的相关信息，可以使得信息使用者更了解企业在相关领域上的投入。除了环境保护外，不少企业还会积极参与慈善捐赠、保障员工就业，承担社会责任。传统财务报告难以及时有效地反映企业在环境保护、员工发展、性别平等、诚信经营、社区贡献等方面丰富、全面的信息。

在“第四张报表”的要素框架下，通过招聘大数据、经营大数据的搜集和整合，形成多维度的企业社会责任画像，可以为监管层提供大量企业社会责任的相关信息，有助于监管机构对企业的社会风险进行全面监测，评估企业由社会风险而导致未来业绩或股价波动的可能性，更好地维护资本市场的稳定。

8.5 结　束　语

随着大数据时代的到来以及我国产业结构转型升级的加快，互联网经济和现代服务业发展迅猛，新行业和新商业模式不断涌现，对传统财务报表的有用性产生了巨大冲击。在此背景下，本章分析了大数据对财务决策以及会计基本假设、会计要素、计量方法等传统会计理论的影响，并继而提出企业“第四张报表”的要素内容和实现方法。在此基础上，进一步讨论其在估值、契约和监管等方面可能的创新应用。

财务报告作为公司信息传递的一种方式，一直在与其他类型的信息进行竞争。传统的财务报表经过专业审计机构审计，且受监管部门监督，其在信息的可用性及可验证性方面有着明显优势。但其他类型数据的爆炸式增长，也给现有财务报表带来了巨大挑战。本章提出的企业“第四张报表”，旨在弥补传统财务报表在信息完整性和及时性上的局限，而非与传统三大报表对立存在，更不是替代。“第四张报表”和三大报表构成了更为完整的报表体系。一方面，“第四张报表”包含的企业日常经营活动相关的细粒度信息，可以与传统财务报表的信息相互验证。另一方面，“第四张报表”包含的企业在日常经营活动外的其他价值信息，可以对传统财务信息形成有益补充。在大数据环境下，“第四张报表”与传统财务报表的信息，可以共同为信息使用者提供兼具可用性、可验证性、及时性和丰富性的企业价值信息，为估值、契约和监管等方面的应用赋能。

本章对“第四张报表”的研究属于探索性研究，尚有大量的问题需要进一步的研究。

（1）“第四张报表”要素拓展。本章从传统会计理论存在的问题出发，结合数据增强与技术增强带来的企业内部价值创造信息和企业与外部互动行为信息，提出了包含“基础要素”和“拓展要素”的“第四张报表”的框架。“基础要素”主要为信息使用者提供大数据时代下企业价值创造过程的细粒度信息；“拓展要素”则突破传统财务报表信息域，提供企业日常经营活动外的跨域信息。在此基础上，本章通过总结现有关于企业价值影响因素的实证文献，从中提炼出基础要素和拓展要素，纳入“第四张报表”框架之中。虽然本章尽可能将现有研究发现的企业价值决定要素纳入“第四张报表”中，但随着商业环境和企业商业模式的不断变化，新的企业价值要素也在不断涌现，本章所构建的“第四张报表”难以穷尽大数据时代所有的企业价值要素。随着相关研究的推进和深入，“第四张报表”需要将更多要素内容纳入框架之中，继续完善和丰富要素内容。同时，现有的“第四张报表”中的要素是否真的适用，还需要通过实践进行检验，根据具体的应用反馈对要素内容进行更新，完善和优化要素体系。因此，未来的研究可以随着商业环境的改变以及“第四张报表”的深入研究和实践应用，进一步拓展和优化“第四张报表”的要素内容。

（2）“第四张报表”指标细化。本章主要提出了“第四张报表”的框架、要素内容和数据实现路径。数据实现部分聚焦于构建指标的通用技术架构：基于数据获取、整理和预处理等数据清洗流程，紧密结合财经领域数据特征，采用实体识别模型、关系识别模型和事件识别模型等方法将非结构化数据转化为更易理解和使用的结构化数据。基于上述处理后的数据开展要素指标细化工作是推动“第四张报表”应用实践和前沿研究的重要基础。但是，同样的要素指标，对于不同行业而言可能具有不同的侧重和内涵。以“数字化水平”下的数字资产为例，互联网企业会更加重视用户活跃度、用户流量等用户大数据，制造业企业更加重视制造过程和设备状态大数据。因而，推进指标细化工作便需要密切结合行业和企业的实际情况，这需要大量的研究进行推进。同时，由于很多指标难以采用单一量化，本章认为可以尝试通过对现有文献进行归纳，采用合理的方式对指标进行度量。未来的研究可以基于本章提出的通用技术架构，针对相应的要素指标，结合不同行业的要素内涵和可获取数据，应用具体和适当的数据技术，推动报表中具体指标的构建和应用。此外，基于通用技术架构的数据处理为相关指标细化提供了数据基础，面对企业多模态数据（如文本、图像、视频、音频等），这些模型和技术在实践应用中的可用性、有效性和拓展性还有待进一步检验。因此，未来的研究可以密切结合实践应用中的技术模型，进一步完善与拓展通用技术框架和其中的关键模型与技术，准确度量“第四张报表”的各要素指标，使数据实现路径随着实践应用迭代更新。

（3）“第四张报表”信息披露。企业积极披露“第四张报表”要素信息是有效推动相关实践应用与前沿研究的重要基础。然而，对于企业来说，信息披露并非越多越好，其在进行披露决策时会权衡成本和收益。信息披露的成本包括生产、鉴证和传播信息所发生的直接成本以及信息披露的专有成本等间接成本。收益则包括降低其企业与外部使用者之间的信息不对称程度，缓解融资约束，降低融资成本，提高估值效率和投资效率等。因此，基于信息披露成本和收益的考虑，本章认为“第四张报表”相关信息的披露应当逐步推进，逐渐从企业自愿选择披露过渡到监管机构制定措施引导企业完善相关披露。未来的研究可以从市场和政府多个视角出发探究如何引导与促进企业积极进行“第四张报表”的信息披露。同时，还可以探究哪些信息披露会带来专有成本、信息披露专有成本对“第四张报表”披露带来的具体影响，以及“第四张报表”中增强信息和跨域信息披露的经济后果。

（4）“第四张报表”的逐步推进。“第四张报表”的具体使用还需要其要素更为明确、指标更为细化，以及需要监管和审计方法的落地，因此对于难以准确量化或量化成本较高的要素指标，企业可以先在年报或其他信息载体中以非量化的方式进行披露；对于能够较为准确量化并且量化成本较低的要素指标，企业则可以在“第四张报表”中以量化的方式进行披露。例如，对于“第四张报表”中的“电商信息”，对于比较依赖传统线下销售的企业，可以在其他信息载体上对其线上销售的情况进行定性化的披露，为信息使用者提供更多关于其销售情况的信息。以线上销售作为其主要销售渠道的企业可以通过商务系统直接获取线上销售数据，在“第四张报表”中披露详细的信息。对于“数字资产”等要素信息，数字化能力较差的企业，由于其可能难以对数字资产进行合理的估值，可以通过他信息渠道对数字资产的获取来源、应用场景等进行披露，增加信息使用者对于企业数字资产的了解；对于数字化能力较高的企业可以利用数据要素交易的相关信息，对企业所拥有的数字资产进行估值，在“第四张报表”中进行披露。

（5）“第四张报表”与投资者应用。“第四张报表”通过为投资者提供动态、多维的企业价值信息，能够有效提升投资者的决策质量和资本市场的资源配置效率。但与此同时，对投资者而言，理解和解读“第四张报表”可能也会存在更高的门槛以及产生新的成本。特别是，相较于专业机构投资者，普通投资者无论是在财务基础知识素养方面，还是报表分析技术工具方面，都存在较大劣势；并且，两者在数据获得和分析中的成本-收益差异较大。所以，对于两类投资者而言，“第四张报表”信息披露很可能导致不公平的信息竞争。因此，未来的研究可以探究如何为投资者提供一个公平的信息环境以促进投资者对“第四张报表”的理解和运用。同时，由于“第四张报表”突破了货币计量的传统会计假设，不能对所有要素进行相加汇总，未来研究可以深入探究信息使用者如何对“第四张报表”中的各种要素指标赋予不同的权重，以有效提高其决策质量。本章所提出不区分行业的“第四张报表”要素框架，但在具体应用中，不同的行业可能会侧重不同的要素内容。投资者对于“第四张报表”相关要素内容的理解以及大数据整合后的信息的运用，需要结合具体的使用场景。因此，对于“第四张报表”的使用，未来研究可以提出更多可供决策使用者参考的基本原则，为投资者更好地理解或解读“第四张报表”提供支持。

（6）“第四张报表”审计。审计服务的本质在于提高信息的可靠性和信息的决策有用性，因而“第四张报表”的审计问题是相关实务和研究后续推进必然要面对的重要问题之一。与传统财务报表审计鉴证业务相比，非财务报表层次的鉴证往往在工作范围、重点流程、技能要求以及风险应对等方面有较大差异。具体到“第四张报表”的审计问题，其突破了会计主体和货币计量等传统会计基本假设，这使得难以仅仅通过企业自身的凭证和资料对相关要素内容进行审计。未来的研究可以对“第四张报表”要素内容的审计方法和流程展开研究，并分析比较其与传统报表审计的差异，进一步探究审计效率和审计质量的优化问题。同时，

“第四张报表”包含海量跨域信息，仅仅挖掘企业自身信息难以得到有效审计结果，需要深度融合企业关联主体的相关信息，这也对审计团队的专业知识储备以及大数据审计能力提出了更高要求。面对“第四张报表”中多源异构的数据环境，传统手工环境下常用的检查法、观察法和询问法以及电子审计环境下常用的账表分析、数据查询和数值分析等方法越来越难以满足“第四张报表”审计的需求。针对“第四张报表”的审计技术方法，需要结合大数据中的自然语言处理、图像识别、文本分析、机器学习和深度学习等技术。因而，未来研究可以探究审计机构如何更好运用大数据分析工具对“第四张报表”开展审计工作。

参 考 文 献

岑维, 李士好, 童娜琼. 2014. 投资者关注度对股票收益与风险的影响: 基于深市“互动易”平台数据的实证研究. 证券市场导报, (7): 40-47.

岑维, 童娜琼, 郭奇林. 2017. 机构投资者关注度和企业非效率投资: 基于深交所“互动易”平台数据的实证研究. 证券市场导报, (10): 36-44.

陈国青. 2019. 大数据：颠覆的力量. 人文清华讲坛主题演讲. 北京.

陈国青, 吴刚, 顾远东, 等. 2018. 管理决策情境下大数据驱动的研究和应用挑战: 范式转变与研究方向. 管理科学学报, 21(7): 1-10.

陈国青, 曾大军, 卫强, 等. 2020. 大数据环境下的决策范式转变与使能创新. 管理世界, 36(2): 95-105, 220.

陈剑, 黄朔, 刘运辉. 2020. 从赋能到使能: 数字化环境下的企业运营管理. 管理世界, 36(2): 117-128, 222.

陈松蹊, 毛晓军, 王聪. 2022. 大数据情境下的数据完备化: 挑战与对策. 管理世界, 38(1): 196-207.

陈运森, 袁薇, 李哲. 2021. 监管型小股东行权的有效性研究: 基于投服中心的经验证据. 管理世界, 37(6): 142-158, 9, 160-162.

德勤第四张报表课题小组. 2018. 第四张报表 2.0, 从分析报表到企业价值管理体系. https://www2.deloitte.com/cn/zh/pages/risk/articles/deloitte-4th-report-version-2-0.html[2018-12-25].

底璐璐, 罗勇根, 江伟, 等. 2020. 客户年报语调具有供应链传染效应吗？——企业现金持有的视角. 管理世界, 36(8): 148-163.

丁慧, 吕长江, 黄海杰. 2018. 社交媒体、投资者信息获取和解读能力与盈余预期: 来自“上证 e 互动”平台的证据. 经济研究, 53(1): 153-168.

窦超, 姚潇, 陈晓. 2021. 政府背景大客户与债券发行定价: 基于供应链视角. 管理科学学报, 24(9): 59-78.

冯硕. 2021. “互联网+”背景下海底捞公司成本控制研究. 中国集体经济, (20): 68-69.

葛家澍. 2002. 关于财务会计基本假设的重新思考. 会计研究, (1): 5-10, 64.

顾雷雷, 郭建鸾, 王鸿宇. 2020. 企业社会责任、融资约束与企业金融化. 金融研究, (2): 109-127.

何慧华, 方军雄. 2021. 监管型小股东的治理效应: 基于财务重述的证据. 管理世界, 37(12): 176-195.

何贤杰, 肖土盛, 陈信元. 2012. 企业社会责任信息披露与公司融资约束. 财经研究, 38(8): 60-71, 83.

何雁, 孟庆玺, 李增泉. 2020. 保代本地关系网络的违规治理效应: 来自 IPO 的经验证据. 会计研究, (11): 71-84.

何瑛, 赵映寒, 杨琳. 2022. 海底捞价值链成本管控分析. 会计之友, (4): 25-31.

黄世忠. 2020. 新经济对财务会计的影响与启示. 财会月刊, (7): 3-8.

黄溢，徐龙炳，刘国洁，等. 2020. 物联网生态平台管理会计的创新实践：海尔集团的第四张报表. 第十一届“全国百篇优秀管理案例（重点案例）”.

李春涛, 闫续文, 宋敏, 等. 2020. 金融科技与企业创新: 新三板上市公司的证据. 中国工业经济, (1): 81-98.
李丹, 王丹. 2016. 供应链客户信息对公司信息环境的影响研究: 基于股价同步性的分析. 金融研究, (12): 191-206.
李宏江. 2006. 知识经济时代下的会计基本假设. 会计之友(中旬刊), (8): 85-86.
李欢, 李丹, 王丹. 2018. 客户效应与上市公司债务融资能力: 来自我国供应链客户关系的证据. 金融研究, (6): 138-154.
李岩琼, 姚颐. 2020. 研发文本信息: 真的多说无益吗？——基于分析师预测的文本分析. 会计研究, (2): 26-42.
李增泉. 2017. 关系型交易的会计治理: 关于中国会计研究国际化的范式探析. 财经研究, 43(2): 4-33.
刘光军, 彭韶兵, 王浩. 2016. 网络经济环境对会计理论的影响研究. 财会月刊, (25): 3-7.
刘意, 谢康, 邓弘林. 2020. 数据驱动的产品研发转型: 组织惯例适应性变革视角的案例研究. 管理世界, 36(3): 164-183.
马慧, 靳庆鲁, 王欣. 2021. 大数据与会计功能: 新的分析框架和思考方向. 管理科学学报, 24(9): 1-17.
明媚. 2019. 大智移云背景下的成本管理创新: 以海底捞为例. 湖北经济学院学报(人文社会科学版), 16(8): 71-73.
年荣伟, 顾乃康. 2022. 股票流动性与企业社会责任. 管理科学学报, 25(5): 89-108.
潘红波, 余明桂. 2014. 集团内关联交易、高管薪酬激励与资本配置效率. 会计研究, (10): 20-27, 96.
曲晓辉. 2009. 会计改革若干基本理论问题探讨. 财会通讯, (1): 6-9.
任宏达, 王琨. 2019. 产品市场竞争与信息披露质量: 基于上市公司年报文本分析的新证据. 会计研究, (3): 32-39.
孙亮, 刘春. 2022. 监管科技化如何影响企业并购绩效？——基于证监会建立券商工作底稿科技管理系统的准自然实验. 管理世界, 38(9): 176-196.
王春飞, 吴溪, 曾铁兵. 2016. 会计师事务所总分所治理与分所首次业务承接: 基于中国注册会计师协会报备数据的分析. 会计研究, (3): 87-94, 96.
王之煜. 2021. 钢铁企业工厂数据平台的构建与应用. 数字技术与应用, 39(3): 158-161.
王子清, 陈佳. 2021. 企业数字化转型与价值创造: 以三一重工为例. 国际商务财会, (13): 76-82, 92.
吴水澎. 2021. 论第四次新技术革命环境下会计变革方法: 基于会计前沿视角. 财会月刊, (1): 3-6.
武恒光, 张龙平, 马丽伟. 2020. 会计师变更、审计市场集中度与内部控制审计意见购买: 基于换“师”不换“所”的视角. 会计研究, (4): 151-182.
杨善林, 周开乐. 2015. 大数据中的管理问题: 基于大数据的资源观. 管理科学学报, 18(5): 1-8.
易加斌, 张梓仪, 杨小平, 等. 2022. 互联网企业组织惯性、数字化能力与商业模式创新. 南开管理评论, 22(5): 29-42.
张俊瑞, 危雁麟. 2021. 数据资产会计: 概念解析与财务报表列报. 财会月刊, (23): 13-20.
张倩倩, 周铭山, 董志勇. 2017. 研发支出资本化向市场传递了公司价值吗？. 金融研究, (6): 176-190.
张庆龙. 2021. 智能财务七大理论问题论. 财会月刊, (1): 23-29.
张为国. 2019. 大数据时代的会计准则：最新发展与研究机会. 上海财经大学第一届“英贤”跨学科学术论坛主题演讲. 上海.
张为国. 2021. 应否确认更多自创无形资产，以更好地反映新经济企业的价值. 西南财经大学会计学院主题讲座. 成都.
郑国坚, 张超, 谢素娟. 2021. 百股义士: 投服中心行权与中小投资者保护: 基于投服中心参与股东大会的研究. 管理科学学报, 24(9): 38-58.
郑军, 林钟高, 彭琳. 2013. 高质量的内部控制能增加商业信用融资吗？——基于货币政策变更视角的检验. 会计研究, (6): 62-68, 96.
Abbott L J, Parker S, Peters G F, et al. 2007. Corporate governance, audit quality, and the sarbanes-oxley act: evidence from internal audit outsourcing. The Accounting Review, 82(4): 803-835.
Ahmad N, van de Ven P. 2018. Recording and measuring data in the system of national accounts, meeting of the OECD

Informal Advisory Group on Measuring GDP in a digitalised economy. https://unstats.un.org/unsd/nationalaccount/aeg/2018/M12_3c1_Data_SNA_asset_boundary.pdf[2024-03-18].

Allee K D, Baik B, Roh Y. 2021. Detecting financial misreporting with real production activity: evidence from an electricity consumption analysis. Contemporary Accounting Research, 38(3): 1581-1615.

Amit R, Zott C. 2012. Creating value through business model innovation. MIT Sloan Management Review, 53(3): 41-49.

Arya A, Ramanan R N V. 2022. Disclosure to regulate learning in product markets from the stock market. The Accounting Review, 97(3): 1-24.

Balachandran S, Mohanram P. 2011. Is the decline in the value relevance of accounting driven by increased conservatism? . Review of Accounting Studies, 16(2): 272-301.

Bali T G, Demirtas K O, Levy H, et al. 2009. Bonds versus stocks: investors' age and risk taking. Journal of Monetary Economics, 56(6): 817-830.

Bao Y, Ke B, Li B, et al. 2020. Detecting accounting fraud in publicly traded U.S. firms using a machine learning approach. Journal of Accounting Research, 58(1): 199-235.

Barth M E, Clement M B, Foster G, et al. 1998. Brand values and capital market valuation. Review of Accounting Studies, 3(1): 41-68.

Benmelech E, Frydman C. 2015. Military CEOs. Journal of Financial Economics, 117(1): 43-59.

Bertomeu J. 2020. Machine learning improves accounting: discussion, implementation and research opportunities. Review of Accounting Studies, 25(3): 1135-1155.

Bertomeu J, Cheynel E, Floyd E, et al. 2021. Using machine learning to detect misstatements. Review of Accounting Studies, 26(2): 468-519.

Bushman R M, Smith A J. 2001. Financial accounting information and corporate governance. Journal of Accounting and Economics, 32(1/2/3): 237-333.

Campello M, Gao J. 2017. Customer concentration and loan contract terms. Journal of Financial Economics, 123(1): 108-136.

Cen L, Dasgupta S, Elkamhi R, et al. 2016. Reputation and loan contract terms: the role of principal customers. Review of Finance, 20(2): 501-533.

Cesarini D, Johannesson M, Lichtenstein P, et al. 2010. Genetic variation in financial decision-making. The Journal of Finance, 65(5): 1725-1754.

Chang Y, Kong L, Jia K J, et al. 2021. Chinese named entity recognition method based on BERT. Dalian: 2021 IEEE International Conference on Data Science and Computer Application: 294-299.

Chapman C S, Kihn L A. 2009. Information system integration, enabling control and performance. Accounting, Organizations and Society, 34(2): 151-169.

Chen P, Zhang G C. 2007. How do accounting variables explain stock price movements? Theory and evidence. Journal of Accounting and Economics, 43(2/3): 219-244.

Chiang Y M, Hirshleifer D, Qian Y M, et al. 2011. Do investors learn from experience? Evidence from frequent IPO investors. The Review of Financial Studies, 24(5): 1560-1589.

Commerford B P, Dennis S A, Joe J R, et al. 2022. Man versus machine: complex estimates and auditor reliance on artificial intelligence. Journal of Accounting Research, 60(1): 171-201.

Cui X, Wang P P, Sensoy A, et al. 2022. Green credit policy and corporate productivity: evidence from a quasi-natural experiment in China. Technological Forecasting and Social Change, 177: 121516.

Da Z, Huang D Y, Yun H Y. 2017. Industrial electricity usage and stock returns. Journal of Financial and Quantitative

Analysis, 52(1): 37-69.

Davenport T H, Barth P, Bean R. 2012. How “Big Data” is different. MIT Sloan Management Review, 54(1): 22-24.

de Angelis T, Tankov P, Zerbib O D. 2023. Climate impact investing. Management Science, 69(12): 7669-7692.

Dhaliwal D S, Li O Z, Tsang A, et al. 2011. Voluntary nonfinancial disclosure and the cost of equity capital: the initiation of corporate social responsibility reporting. The Accounting Review, 86(1): 59-100.

Ding K X, Lev B, Peng X, et al. 2020. Machine learning improves accounting estimates: evidence from insurance payments. Review of Accounting Studies, 25(3): 1098-1134.

Drake M S, Quinn P J, Thornock J R. 2017. Who uses financial statements？ A demographic analysis of financial statement downloads from EDGAR. Accounting Horizons, 31(3): 55-68.

Dwyer P D, Gilkeson J H, List J A. 2002. Gender differences in revealed risk taking: evidence from mutual fund investors. Economics Letters, 76(2): 151-158.

Fisher I E, Garnsey M R, Hughes M E. 2016. Natural language processing in accounting, auditing and finance: a synthesis of the literature with a roadmap for future research. Intelligent Systems in Accounting, Finance and Management, 23(3): 157-214.

Geng Z Q, Zhang Y H, Han Y M. 2021. Joint entity and relation extraction model based on rich semantics. Neurocomputing, 429: 132-140.

Glaeser S A, Landsman W R. 2021. Deterrent disclosure. The Accounting Review, 96(5): 291-315.

Green T C, Huang R Y, Wen Q, et al. 2019. Crowdsourced employer reviews and stock returns. Journal of Financial Economics, 134(1): 236-251.

Hales J, Moon Jr J R, Swenson L A. 2018. A new era of voluntary disclosure？ Empirical evidence on how employee postings on social media relate to future corporate disclosures. Accounting, Organizations and Society, 68: 88-108.

Hambrick D C. 2007. Upper echelons theory: an update. Academy of Management Review, 32(2): 334-343.

Hansen R S. 2015. What is the value of sell-side analysts？ Evidence from coverage changes: a discussion. Journal of Accounting and Economics, 60(2/3): 58-64.

Holmstrom B. 1989. Agency costs and innovation. Journal of Economic Behavior & Organization, 12(3): 305-327.

Hoopes J L, Merkley K J, Pacelli J, et al. 2018. Audit personnel salaries and audit quality. Review of Accounting Studies, 23(3): 1096-1136.

Huang J K. 2018. The customer knows best: the investment value of consumer opinions. Journal of Financial Economics, 128(1): 164-182.

Huang K, Li M, Markov S. 2020. What do employees know？ Evidence from a social media platform. The Accounting Review, 95(2): 199-226.

Jian M, Wong T J. 2010. Propping through related party transactions. Review of Accounting Studies, 15(1): 70-105.

Kahneman D. 1973. Attention and Effort. Englewood Cliffs: Prentice-Hall.

Klaus H, Rosemann M, Gable G G. 2000. What is erp？. Information Systems Frontiers, 2(2): 141-162.

Kumar K, van Hillegersberg J. 2000. Enterprise resource planning: introduction. Communications of the ACM, 43(4): 22-26.

Larcker D F, Zakolyukina A A. 2012. Detecting deceptive discussions in conference calls. Journal of Accounting Research, 50(2): 495-540.

Lev B, Gu F. 2016. The End of Accounting and the Path Forward for Investors and Managers. New York: John Wiley & Sons.

Lev B, Zarowin P. 1999. The boundaries of financial reporting and how to extend them. Journal of Accounting Research,

37(2): 353-385.

Li C C, Li N Z, Zhang F. 2023. Using economic links between firms to detect accounting fraud. The Accounting Review, 98(1): 399-421.

Li H T, Zhang X Y, Zhao R. 2011. Investing in talents: manager characteristics and hedge fund performances. Journal of Financial and Quantitative Analysis, 46(1): 59-82.

Liu M. 2022. Assessing human information processing in lending decisions: a machine learning approach. Journal of Accounting Research, 60(2): 607-651.

Liu Z H, Xu Y, Yu T Z, et al. 2021. CrossNER: evaluating cross-domain named entity recognition. Proceedings of the AAAI Conference on Artificial Intelligence, 35(15): 13452-13460.

Masulis R W, Wang C, Xie F. 2012. Globalizing the boardroom: the effects of foreign directors on corporate governance and firm performance. Journal of Accounting and Economics, 53(3): 527-554.

McAfee A, Brynjolfsson E. 2012. Big data: the management revolution. Harvard Business Review, 90(10): 60-66, 68, 128.

Morgeson F V III, Hult G T M, Mithas S, et al. 2020. Turning complaining customers into loyal customers: moderators of the complaint handling: customer loyalty relationship. Journal of Marketing, 84(5): 79-99.

Nambisan S, Wright M, Feldman M. 2019. The digital transformation of innovation and entrepreneurship: progress, challenges and key themes. Research Policy, 48(8): 103773.

Nini G, Smith D C, Sufi A. 2012. Creditor control rights, corporate governance, and firm value. The Review of Financial Studies, 25(6): 1713-1761.

Ohlson J A. 1995. Earnings, book values, and dividends in equity valuation. Contemporary Accounting Research, 11(2): 661-687.

Ramponi A, van der Goot R, Lombardo R, et al. 2020. Biomedical event extraction as sequence labeling. https://aclanthology.org/2020.emnlp-main.431.pdf[2024-03-18].

Ritter T, Pedersen C L. 2020. Digitization capability and the digitalization of business models in business-to-business firms: past, present, and future. Industrial Marketing Management, 86: 180-190.

Roy A, Pan S M. 2021. Incorporating medical knowledge in BERT for clinical relation extraction. https://aclanthology.org/2021.emnlp-main.435.pdf[2024-03-18].

Rozario A M, Vasarhelyi M A, Wang T W. 2023. On the use of consumer tweets to assess the risk of misstated revenue in consumer-facing industries: evidence from analytical procedures. Auditing: A Journal of Practice & Theory, 42(2): 207-229.

Ryan H E, Wang L L. 2012. CEO mobility and the CEO-firm match: evidence from CEO employment history. SSRN 1772873.

Sambamurthy V, Bharadwaj A, Grover V. 2003. Shaping agility through digital options: reconceptualizing the role of information technology in contemporary firms. MIS Quarterly, 27(2): 237-263.

Schubert R, Brown M, Gysler M, et al. 1999. Financial decision-making: are women really more risk averse?. American Economic Review, 89(2): 381-385.

Shiller R J. 2003. From efficient markets theory to behavioral finance. Journal of Economic Perspectives, 17(1): 83-104.

Shiller R J. 2015. Irrational Exuberance. Princeton: Princeton University Press.

Su S, Qu J, Cao Y, et al. 2022. Adversarial training lattice LSTM for named entity recognition of rail fault texts. IEEE Transactions on Intelligent Transportation Systems, 23(11): 21201-21215.

Wang J N, Xu W J, Fu X Y, et al. 2020. ASTRAL: adversarial trained LSTM-CNN for named entity recognition. Knowledge-Based Systems, 197: 105842.

Yang H, Sui D B, Chen Y B, et al. 2021. Document-level event extraction via parallel prediction networks. https://aclanthology.org/2021.acl-long.492.pdf[2024-03-18].

Yang J Y, Yu Y X, Zheng L. 2021. The impact of shareholder litigation risk on equity incentives: evidence from a quasi-natural experiment. The Accounting Review, 96(6): 427-449.

Zhang G C. 2000. Accounting information, capital investment decisions, and equity valuation: theory and empirical implications. Journal of Accounting Research, 38(2): 271-295.

Zhu C. 2019. Big data as a governance mechanism. The Review of Financial Studies, 32(5): 2021-2061.

Zimmerman J L. 2015. The role of accounting in the twenty-first century firm. Accounting and Business Research, 45(4): 485-509.

第 9 章　大数据时代的管理研究新范式：以 CEO 解聘问题为例①

9.1　引　言

近年来，以云计算、移动互联网、人工智能技术为代表的新兴信息技术正在深刻改变人们的工作和生活方式，也成为推动中国经济与实现社会可持续发展的重要手段。人们的经济活动和社会生活轨迹都被以数字化的形式记录下来，形成了具有超规模、高维度、跨领域、重时效等特点的大数据，这些大数据在推进我国向数字经济时代迈进的同时，也为各领域学者提供了一个催生重大理论创新成果的“富矿”（陈国青等，2021，2018）。

理论创新是衡量科学研究贡献的重要标准。社会科学理论分为宏大理论、细微理论和中层理论（Merton，1968）。宏大理论是抽象的，包括一组相互联系、涉及诸多情境现象的命题或假设；细微理论非常具体，只包括涉及有限情境下少数现象的概念；中层理论则介于两者之间，可解释复杂现象背后的一般规律（陈昭全等，2023）。管理现象是高度情境化的（徐淑英和张志学，2005），很多因素会影响组织管理实践。学者通常只能研究有限的变量，导致探讨同一话题的研究往往有不同的结论，且所建立的众多细微理论缺乏对管理实践的解释力。为此，管理学学者需要建立中层理论，以便解释及预测复杂的管理现象。

要实现细微理论向中层理论的迈进，需要对已有研究中涉及的概念或变量进行分析，找出最具解释力的概念或变量，从而为建立中层理论打下基础。为此，学者多采用元分析（meta-analysis）方法（Glass，1976）对现有文献中报告的统计指标进行再分析，然后提出一系列命题或者有关某个现象的新理论框架。然而，这类分析性文章仍然受限于作者的理论视角，带有较大的主观性。那么，是否存在一种类似元分析的方法，能够对已有研究进行相对客观的整理和总结，找出与现象最相关的因素或变量，从而为建立更具整合性和解释力的中层理论提供指导呢？

---

①本章作者：王聪（北京大学光华管理学院）、易希薇（北京大学光华管理学院）、张志学（北京大学光华管理学院）。通讯作者：王聪（wangcong@gsm.pku.edu.cn）。基金项目：国家自然科学基金资助项目（92146003；71802007；72101007）。本章内容原载于《管理科学学报》2023 年第 5 期。

本章认为基于大数据训练的机器学习方法就是一种重要的解决方案。具体而言，传统的管理研究关注在特定场景下“小数据”样本内的拟合能力，形成适用于特定场景的细微理论，但因忽略了对样本外情境的泛化能力，难以形成可解释及预测相对复杂现象的中层理论。若要试图构建中层理论，需对某一管理现象进行深入调研，提炼出多维度、跨领域的“大数据”进行分析，并同时追求样本内的解释力及样本外的泛化能力。机器学习方法的优势正在于此。其一，自然语言处理、图像处理、语音识别等方法可从多个途径提取并分析管理场景中海量的结构化及非结构化数据，构建出传统管理研究中无法测量的新变量。其二，基于机器学习方法训练而成的模型可用于探测变量间多种类型的组合关系。其三，机器学习算法可通过训练集及测试集的划分兼顾解释能力与泛化能力。其四，新兴的可解释性机器学习框架可用于分析各因素的预测能力，进而为理论构建提供有效借鉴。因此，利用大数据和机器学习技术开展管理研究，将为打通传统管理学研究中的宏观和微观的壁垒，整合企业的战略、组织和行为并建立新的理论提供有效的手段。

本章将以战略学者长期研究的 CEO 解聘这一话题为例，详细阐释机器学习方法在组织与战略管理领域研究中实现理论创新的具体应用。首先，通过机器学习方法处理数据库中的结构化数据和与 CEO 及公司相关的文本等大量非结构化数据，提炼出众多可能影响 CEO 解聘的变量。随后，根据问题特点训练预测 CEO 解聘的机器学习模型，进而在分析不同类型因素对模型预测能力影响的基础上，对影响 CEO 解聘的众多因素进行排序，为理论构建提供必要线索。

9.2　文 献 回 顾

9.2.1　机器学习方法在战略管理领域的应用

战略管理研究多依赖于对财务报表、市场价格、销量等结构化数据的分析，忽略了社会、经济、市场、产品、人员相关信息的非结构化数据（George et al.，2014，2016；陆瑶等，2020）。自然语言处理、图像处理、语音识别等人工智能技术的发展，使原本无法分析的数据和无法测量的变量变得可测可获，大大拓宽了战略管理研究的范围。

自然语言处理方法的一些典型应用，如情感分析、文本分类等已被应用于战略管理研究中，能够实现对以往无法测量的变量进行测量，从而可以探讨过去无法研究的新问题。例如，Gans 等（2021）通过对客户推文的情绪分析预测企业行为；Barlow 等（2019）应用自然语言处理方法衡量 App 相似程度，以帮助 App 开发者进行市场定位，从而获得竞争优势。此外，传统研究中一些测量起来复杂烦琐的变量，也可以借助机器学习方法进行简化。例如，Harrison 等（2019）通过机器学习方法分析了上市公司季度电话会议文本材料，提供了测量 CEO 大五人格的方法。Yi 等（2020）使用文本分析方法分析了新任 CEO 与证券分析师的季度电话会议内容，发现对前任 CEO 的奉承减少了前任 CEO 留任董事会对新任 CEO 早期解聘的消极影响。除了构建新变量及新测量方法外，机器学习方法也可用于构建更为复杂的多层次、非线性的模型以用于分析海量、非结构化的数据，从而为战略管理研究提供新的范式（Guo，2017）。

9.2.2 CEO 解聘文献回顾

过往研究认为 CEO 的被动离职是由董事会推动的公司治理机制的重要环节之一。当 CEO 难以胜任或对企业绩效、声誉等造成负面影响时，代表股东利益的董事会将解聘 CEO。过往研究将关于 CEO 解聘的影响因素分为企业绩效下降、企业违规行为、公司治理结构、CEO 个人背景特征以及经营环境特征五大类。

1. 企业绩效下降

早期研究认为企业绩效下降是导致 CEO 解聘的主要原因。公司业绩是反映 CEO 能力和努力程度的有效信号，也是利益相关者评价 CEO 表现的标准。早期研究表明公司业绩越差，CEO 离职的可能性越大。具体来说，公司规模越大、资产负债率越高、现金比率越低、多元化程度越高，CEO 解聘率越高（Wowak et al.，2011）。

2. 企业违规行为

企业的违规行为会使企业失去重要利益相关者的支持。企业会通过解聘 CEO 恢复合法性。现有文献对企业违规行为导致 CEO 解聘的现象进行了深入、系统的探讨，发现财务重述（Peterson，2012；Arthaud-Day et al.，2006）、受到美国证券交易委员会（Securities and Exchange Commission，SEC）调查（Wiersema and Zhang，2013）等违规事件会显著提高 CEO 解聘的概率。这一观点弥补了之前文献只从经济学视角讨论 CEO 解聘的不足，强调 CEO 的重要责任之一就是建立和维持企业的合法性，当企业的违规行为破坏了企业的合法性时，可以通过解聘 CEO 隔离违规行为对企业的影响（Arthaud-Day et al.，2006）。

3. 公司治理结构

公司治理结构主要包括所有权结构、董事会组成、CEO 权力和第三方利益相关者，这些都是影响 CEO 是否会被解聘的重要机制。

第一，所有权结构包括所有权集中度、股东类型以及股权性质等。早期文献强调当公司股权较为集中时，大股东具有监督 CEO 的强烈动机以及决定 CEO 去留的权力，这加大了 CEO 因绩效下降被解聘的可能性（Renneboog，2000）。还有研究关注股东类型对 CEO 解聘的影响，机构投资者具有雄厚的资本和有效的信息来参与公司的治理活动，可以很好地监督 CEO 的行为，这提高了 CEO 在企业绩效下降时被解聘的概率（Chhaochharia et al.，2012）。

第二，董事会是公司治理的重要组成部分。早期文献探讨了董事会规模对 CEO 解聘的影响，随着董事会规模的扩大，CEO 因企业绩效下降而被解聘的概率会降低（Lau et al.，2009；Deutsch，2005）。此外，围绕董事会的监督作用对 CEO 解聘的影响，多数文献认为董事会独立性越高，CEO 的解聘率越高（Deutsch，2005；Knyazeva et al.，2013）。近期文献开始探讨女性董事对公司治理的影响，相关研究认为女性董事比例的增加能够提升企业对女性 CEO 的包容性，降低其离职风险（Zhang and Qu，2016）。

第三，CEO 拥有的权力为自身提供了保护伞。首先，CEO 双元性、CEO 任命董事的比例以及 CEO 与董事的任期重叠均象征着 CEO 在董事会中的影响力。研究表明，CEO 拥有两职合一的职位头衔会降低其被解聘的概率，此外，经 CEO 推荐的董事会成员任职比例越高或者 CEO 与董事的任职期间重叠越高，CEO 被解聘的概率越低（Khanna et al.，2015）。其次，CEO 薪酬、CEO 股权也代表着 CEO 权力的大小。CEO 的薪酬越高、持有公司的股权越高，其在公司中的权力相对越大，被解聘的风险越低（Fredrickson et al.，1988）。

第四，企业的第三方利益相关者也扮演了重要的监督角色。股票分析师通过从公司报告、业绩说明会等收集相关信息来分析公司的业绩和未来前景，其建议会对投资者的决策进而对公司的股价产生重大影响（Wiersema and Zhang，2011）。现有文献关注了分析师数量、分析师评级等对 CEO 解聘的影响，分析师数量越多、分析师评级越高，CEO 被解聘的风险越低（Wiersema and Zhang，2011）。

4. CEO 个人背景特征

CEO 个人背景特征也是影响 CEO 解聘的重要因素。过往研究主要聚焦于 CEO 的性别、职业经历等背景特征对 CEO 解聘的影响。研究表明，女性 CEO 容易受到性别偏见的影响，与男性 CEO 相比具有更高的解聘率（Gupta et al.，2020）。

与内部擢升的 CEO 相比，外部遴选的 CEO 的继任过程往往包含更多的信息不对称性，因而董事会做出错误选择的可能性更高，相应地，外部 CEO 通常面临着更高的解聘风险（Zhang，2008）。CEO 上任之前作为继承人的身份意味着其能力经受住了董事会的考验，因而具有较低的解聘率（Zhang and Rajagopalan，2004）。此外，CEO 过往在其他企业担任 CEO 的经历赋予了他们管理企业的必要知识和经验，会降低其被解聘的概率（Graffin et al.，2013）。

5. 经营环境特征

企业所在的行业环境特征也会对 CEO 解聘产生影响。复杂的经营环境对 CEO 的能力提出了挑战，而丰裕的环境为 CEO 的战略决策落实提供了支援（Chatterjee and Hambrick，2007）。Barlow 等（2019）提出，环境变化是导致 CEO 能力不再胜任原职的重要原因，主要表现为行业环境动态性。

9.2.3 CEO 解聘文献评述

现有研究为 CEO 解聘前因提供了丰富见解，但存在两点不足。第一，在 CEO 个人背景特征对其解聘风险的影响上，现有研究聚焦于 CEO 职业经历等背景特征的影响（Gupta et al.，2020；Zhang，2008；Zhang and Rajagopalan，2004；Graffin et al.，2013），忽视了 CEO 的人格、关注焦点、领导风格等在其中发挥的作用。第二，过往研究倾向于将 CEO 视为解聘决策中的被动接受者，较少关注 CEO 如何通过语言沟通主动管理与组织重要利益相关者的关系进而降低解聘风险的行为。这两类变量之所以较少被研究，主要是因为它们需要基于非结构化的文本、音频、视频等数据进行测量，而在大样本的前提下处理此类非结构化数据十分困难。

随着文本分析和机器学习等方法的进步，CEO 的人格特征以及语言行为开始受到研究者的关注。首先，学者开始探究 CEO 的人格特征如何影响企业的各类战略决策，包括并购、战略变革、创新创业、企业社会责任等。在并购方面，Chatterjee 和 Hambrick（2007）的研究表明，自恋型 CEO 偏好通过大胆行动来博取他人的关注，因此会给企业带来巨大的盈利或亏损。Malhotra 等（2018）发现，外向型 CEO 更擅长寻找、发现收购机会，积极看待这类机会，并将其转化为集体行动。因而，他们更有可能参与收购，且收购规模更大、更容易获得成功。Gamache 等（2015）发现，CEO 的促进焦点（对收益的敏感性以及对进步和成长的渴望）会提升企业并购的数量和价值，而预防焦点（对损失的敏感性以及对稳定和安全的渴望）会降低并购的数量和价值。在战略变革方面，Herrmann 和 Nadkarni（2014）发现，CEO 发起战略变革与提升变革绩效所需的大五人格特质存在差异。在创新创业方面，Simsek 等（2010）发现，具有高核心自我评价的 CEO 对公司创业有着积极的影响。此外，在社会责任方面，Tang 等（2018）发现自恋型 CEO 更关心企业社会责任，而自大型 CEO 则不太关心企业社会责任。当自恋型 CEO 观察到同行公司比自己的公司更多地履行企业社会责任时，他们往往会反其道而行之。

此外，CEO 的语言行为也开始受到关注。CEO 经常通过语言行为表达自己的战略主张，以期与重要的利益相关者建立良好的关系。Ocasio 等（2018）提出 CEO 与利益相关者之间的交流沟通可以引导利益相关者的注意力，进而影响他们对战略变革的理解。Fanelli 等（2009）发现，CEO 的魅力性愿景表达有利于提升股票分析师对公司的推荐，使得不同分析师的评级趋于一致，但也会提高分析师对公司未来业绩预测错误的风险。Yi 等（2020）发现，CEO 在季度收益电话会议的公开发言中表现出对前任 CEO 的迎合，可以降低前任 CEO 留任董事会主席对其地位的威胁。Park 等（2021）提出，CEO 经常对企业良好的业绩表现进行内部归因，宣称良好的业绩归功于他们的战略选择。然而，这种内部归因给财务分析师创造了一种期望，即在该 CEO 的领导下，良好的绩效结果会持续存在。因而，当企业绩效下降时，财务分析师也会做出内部归因，认为 CEO 的战略决策是导致绩效下降的原因。

考虑到 CEO 的人格特征和语言行为在塑造战略决策、维持利益相关者关系中所扮演的重要角色，本章计划通过机器学习的方法，来探究 CEO 的人格特征以及语言行为是否以及如何影响其解聘风险。本章将探究这些影响的程度相较于传统研究所发现的因素而言，是否值得进一步探索以及有无构建新的中层理论的可能。

本章的创新性如下。第一，过往文献通常采用大样本回归方法检验研究假设，受制于样本规模及测量方法，研究结论的准确性难以保证。本章采用机器学习的方法对海量数据进行分析，能够更加准确地把握与现象最有关联的影响因素，进而建立更具解释力的理论。第二，受数据来源所限，过往研究对于 CEO 解聘前因的探讨多基于结构化数据。本章提出文本数据作为重要的非结构化数据来源，与结构化数据相比涵盖数量更多、范围更广的信息，进而能够为该研究问题提供更为丰富的见解。第三，过往研究仅关注了 CEO 的个人背景特征对其解聘的影响，本章通过对文本数据的挖掘，探究了 CEO 的人格特征和领导风格等特征对其解聘风险的影响。与个人职业背景特征相比，人格特征和领导风格等特点会更为直接地影响 CEO 的战略决策偏好及其与利益相关者关系的处理模式，从而能够实现对 CEO 解聘风险更为准确的预测。第四，过往研究将 CEO 作为解聘的被动接受者，忽视了其主观能动性。本章探究了 CEO 特定的语言特征如何影响其自身地位和解聘风险，极大地弥补了过往研究的不足。

9.3　数据来源及变量提取

根据文献回顾，本章将影响 CEO 解聘的因素划分为结构变量、CEO 人格变量、CEO 语言变量三方面。通过汇总多源数据，建立一个包含 5484 位 CEO（年度数据有重复计算人数）的多维度数据集，其中有 868 位 CEO 曾被解聘（数据中存在同一 CEO 被多次解聘的情况），占比 15.8%。数据集描述性统计信息如表 9-1 所示。

表 9-1　数据集描述性统计

年份	企业数量/个	CEO 数量/人	解聘 CEO 数量/人
2002	1849	1849	62
2003	1906	1906	43
2004	1859	1859	55
2005	1781	1781	56
2006	1937	1937	62
2007	2253	2253	75
2008	2176	2176	73
2009	2147	2147	49
2010	2113	2113	50
2011	2072	2072	56
2012	2034	2034	55
2013	2002	2002	43
2014	1970	1970	70
2015	1894	1894	54
2016	1789	1789	67

以下是对三个维度变量的数据来源及提取方式的详细介绍。

9.3.1　结构变量

企业绩效下降、企业违规行为构成了 CEO 解聘的重要原因。为此，本章引入与企业绩效状况相关的变量。企业规模通过公司总资产的自然对数衡量。资产负债率通过公司总负债与总资产的比值计算得到。现金比率通过公司现金及现金等价物与流动负债的比值计算得到。多元化程度通过 1 减去赫芬达尔-赫希曼指数

（Herfindahl-Hirschman index，HHI）计算得到，该指数的计算方法为业务部门销售额占比的平方和。相关数据均来源于 Compustat 数据库。此外，本章考虑了企业违规的两种情形：企业违反会计准则所造成的财务重述以及企业受到 SEC 的调查。具体来说，企业违规-财务重述为虚拟变量，若公司存在违反会计规则的重述行为则取值为 1，反之则为 0。企业违规-SEC 调查为虚拟变量，若公司存在被 SEC 调查则取值为 1，反之则为 0。为了综合考虑以上两种违规行为的影响，本章进一步引入企业违规-总和这一变量，若公司存在上述两种违规行为中的至少一种，则该变量取值为 1，反之则取值为 0。相关数据来源于 Audit Analytics（审计分析）数据库。

公司治理结构是影响 CEO 解聘的重要原因之一。在所有权结构层面，本章考虑了机构投资者的影响。股权集中度通过股权占比的 HHI 指数计算。机构投资者股权占比通过机构投资者持有本公司的股份与公司已发行股份的比值计算得到。上述数据来源于 ISS（Institutional Shareholder Services，机构股东服务）数据库。在董事会方面，引入了董事会规模、独立董事以及女性董事占比情况。董事会规模通过董事会中董事的数量衡量。独立董事占比通过董事会中独立董事的数量与所有董事数量的比值计算得到。女性董事占比通过董事会中女性董事的数量与所有董事数量的比值计算得到。相关数据来源于 BoardEx 数据库。在 CEO 权力层面，本章引入了 CEO 双元性、CEO 薪酬、CEO 股权、CEO 任命董事占比以及 CEO-董事任期重叠。CEO 双元性为虚拟变量，若 CEO 同时担任董事会主席则取值为 1，反之则取值为 0，数据来源于公司公开信息、新闻报道等。CEO 薪酬由 CEO 年度工资、奖金、被授予的限制性股票总价值及股票期权总价值、长期激励等加总得到。CEO 股权通过 CEO 持有本公司的股份与公司已发行股份的比值计算得到。以上数据来源于 Execucomp（Executive Compensation，高管薪酬）数据库。CEO 任命董事占比即 CEO 所任命的董事数量与董事会总人数的比值，而 CEO-董事任期重叠通过 CEO 与董事会成员任期重叠的平均年数衡量。数据来源于 BoardEx 数据库。此外，本章还考虑了股票分析师的影响。股票分析师作为企业重要的外部监督力量，为其他外部利益相关者了解企业经营状况进而监督企业提供了重要的借鉴。为此，本章引入了分析师数量和评级两个变量。分析师数量通过本年度关注本公司的分析师平均数量来衡量。分析师评级通过本年度分析师对本公司的平均评级来衡量。原始评级采用五点量表，1 代表强烈建议买入（strong buy），5 代表强烈建议卖出（strong sell），分数越高代表推荐程度越低。为便于解释，本章通过从 6 中减去原始评级进行反向编码，以使得分数越高代表推荐程度越高。相关数据来源于机构经纪人评估系统（Institutional Brokers' Estimate System，I/B/E/S）数据库。

本章还控制了 CEO 的背景特征。其中，CEO 性别为虚拟变量，若 CEO 为男性则取值为 1，为女性则取值为 0。CEO 年龄为连续变量。外部 CEO 为虚拟变量，若 CEO 从公司外部继任则取值为 1，从公司内部继任则取值为 0。过往 CEO 经历为虚拟变量，若 CEO 在继任前曾有在其他公司担任 CEO 的经历则取值为 1，反之则为 0。内部指定继任人经历为虚拟变量，若 CEO 在继任前曾作为本公司指定的继任人则取值为 1，反之则为 0。上述背景信息收集于 Execucomp 数据库、公司公开信息以及新闻报道等。

此外，本章控制了不同的行业类型，并引入了行业复杂度、行业丰裕度和行业动态性三个行业特征变量。行业虚拟变量通过公司所在行业的四位标准工业分类码（standard industrial classification codes）衡量。行业复杂度通过行业销售集中度指数衡量。本章将公司所在行业过去 5 年，即(t−4, t)年的销售收入对年份进行回归，用回归系数来衡量行业丰裕度。而行业动态性则通过过去 5 年内公司所在行业销售增长的标准差衡量。相关数据来源于 Compustat 数据库。

9.3.2　CEO 人格变量

CEO 大五人格数据通过机器学习算法对美国上市公司季度收益电话会议的文本进行分析得到。本章沿用 Harrison 等（2019）采用的对 CEO 大五人格的测量方法，基于以下步骤使用机器学习算法对 CEO 大五人格进行测量：①文本向量化；②模型训练及选择；③人格得分预测。

CEO 内部焦点和 CEO 外部焦点。CEO 内部焦点表示 CEO 对公司内部事务的关注，CEO 外部焦点表示 CEO 对公司外部环境的关注。本章选择了企业季度收益电话会议文本作为测量数据源。参照先前研究，本章挑选了 CEO 公开发言环节的文本进行分析（Yi et al.，2020）。在操作中，本章使用 DICTION 7.0 软件进行文本分析。DICTION 是一个带有内置字典的单词计数软件，亦可通过用户自定义词典实施计数。该软件通过搜索文本中与预设词典一致的单词，计算匹配数量并转化为标准化分数。DICTION 已在先前的战略和组织研究中得到广泛应用，被证明内部可靠且外部有效（Craig et al.，2013；Short and Palmer，2008）。通过使用 DICTION 7.0 软件，参照 Yadav 等（2007）开发的词典对企业季度收益电话会议中 CEO 的公开发言进行文本分析，从而得到 CEO 空间焦点的得分。

CEO 促进焦点和 CEO 预防焦点。CEO 促进焦点表示 CEO 对收益的敏感性及对进步和成长的渴望，CEO 预防焦点表示 CEO 对损失的敏感性以及对稳定和安全的渴望。本章通过使用 DICTION 7.0 软件，参照 Gamache 等（2015）开发的词典，对企业季度收益电话会议中 CEO 的公开发言部分进行文本分析，得到 CEO 调节焦点的得分。

类似地，CEO 魅力型领导、CEO 自信以及创业导向均通过使用 DICTION 7.0

软件分析企业季度收益电话会议中 CEO 的公开发言文本测量。衡量 CEO 魅力型领导的词典由 Fanelli 等（2009）开发，包括三个维度——否定过去、目标明确以及实现途径，三个维度得分加总得到最终得分。衡量 CEO 自信的词典由 Loughran 和 McDonald（2011）开发。衡量创业导向的词典由 Short 等（2010）开发，包括五个维度——进攻性、自主性、创新性、主动性、冒险性，五个维度得分加总得到最终得分。此外，CEO 认知复杂性通过使用 DICTION 7.0 软件分析企业收益电话会议中的问答环节来测量，词典由 Graf-Vlachy 等（2020）开发，包含思维差异性、细微性、比较性三个维度，三个维度得分标准化后取平均值得到最终得分。

9.3.3　CEO 语言变量

借助 DICTION 7.0 软件对 CEO 在季度收益电话会议公开发言中的语言表达特征进行分析，可以得到下述变量，具体如表 9-2 所示。

表 9-2　CEO 语言变量及其测量

CEO 语言变量	测量
总分析词数	CEO 发言文本的总词数
CEO 语义独特性	使用独特性术语的频率
CEO 语义数量化	使用数字、数字运算和其他定量术语的频率
CEO 语义犹豫性	使用表示犹豫或不确定的术语的频率
CEO 语义自我性	使用包含自我特征的术语的频率
CEO 语义整体性	使用包含整体特征的术语的频率
CEO 语义集体性	使用忽略个体差异、建立完整感和保证感的术语的频率
CEO 语义绝对性	使用与类别有关的术语的频率
CEO 语义肯定性	使用表示对某个人、团体或抽象实体肯定的术语的频率
CEO 语义积极性	使用与积极的情感状态、娱乐、胜利以及关怀相关的术语的频率
CEO 语义道德性	使用与可取的道德品质、有吸引力的个人品质以及社会和政治理想相关的术语的频率
CEO 语义邪恶性	使用表示社会性不恰当和邪恶的名词，以及表示不幸和意外变迁的形容词的频率
CEO 语义困难性	使用表示自然灾害、敌对行为、可谴责的人类行为以及令人讨厌的政治结果的术语的频率
CEO 语义攻击性	使用描述人类竞争和暴力行动的术语的频率
CEO 语义完成性	使用表达任务完成和有组织的人类行为的术语的频率
CEO 语义沟通性	使用表示沟通交流的术语的频率
CEO 语义认知性	使用表示功能性和想象性的认知过程的术语的频率

续表

CEO 语言变量	测量
CEO 语义消极性	使用表示妥协、顺从、停止、惰性、不感兴趣的术语的频率
CEO 语义普遍性	使用常用介词、代词、助词和连词的频率
CEO 语义空间性	使用表示地理实体、物理距离和测量模式的术语的频率
CEO 语义时间性	使用与时间相关的术语频率
CEO-现时导向	使用推断现在时态的一般性及抽象性术语的频率
CEO-过去导向	使用推断过去时态的一般性及抽象性术语的频率
CEO 语义人性化	使用与人及其活动相关的术语的频率
CEO 语义具体性	使用表示有形性和物质性的术语的频率
CEO 语义制度性	使用表示制度规律或关于核心价值的实质性协议的术语的频率
CEO 语义亲和性	使用描述人群之间态度相似性的术语的频率
CEO 语义互动性	使用表示行为互动的术语的频率
CEO 语义多元性	使用描述与规范不同的个人及群体的术语的频率
CEO 语义排他性	使用描述社会孤立的来源和影响的术语的频率
CEO 语义自由性	使用描述个人选择最大化和拒绝社会习俗的术语的频率
CEO 语义负面性	使用标准的否定词汇、否定功能词和指定空集的术语的频率
CEO 语义动态性	使用表示人类运动、物理过程、旅程、速度以及交通方式的术语的频率
CEO 语义重复性	统计所有出现 3 次及以上的名词或名词衍生形容词，并按照公式——(重复出现的词数×出现次数)/10 计算得分
CEO 语义修饰性	通过计算形容词与动词的比值得到
CEO 语义词汇多样性	计算段落中不同单词的数量与段落总单词数的比值得到
CEO 语义复杂性	通过计算每个单词的平均字符数得到

9.4 模型构建及预测效果

9.4.1 深度学习模型构建

CEO 解聘问题可视为一个基于 CEO 在职近 T 年的相关特征对其面临解聘的可能性进行预测的问题。模型输入为 CEO 在职近 T 年的结构、人格及语言特征，而模型输出为 CEO 在第 T 年是否被解聘（0/1）。由于 CEO 在职近 T 年的特征可以视为一种时序型的输入，本章采用机器学习中常用于处理时序数据的 LSTM 模型对相关特征进行嵌入表示处理。由于 CEO 被解聘常常与其当年的表现高度相关，本章考虑在模型中单独引入最近一年的相关特征，经全连接模型处理后与经 LSTM 处理形成的嵌入表示连接，再经由全连接模型处理，进而经 Softmax 层得到模型输出。具体模型架构如图 9-1 所示。

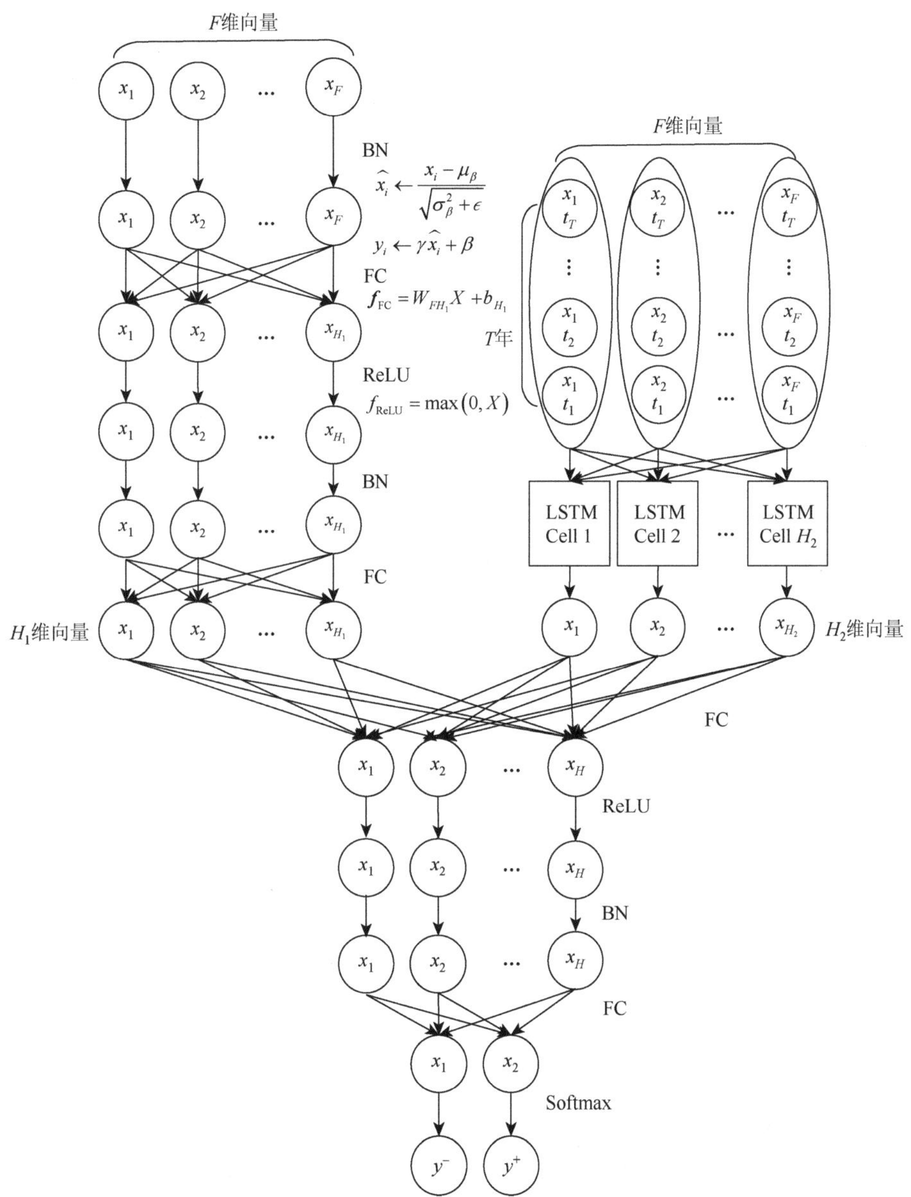

图 9-1　深度学习模型架构

BN 是 batch normalization 的缩写，即批归一化层；FC 是 fully connected 的缩写，即全连接层；ReLU 是 rectified linear unit 的缩写，即线性修正单元层

在图 9-1 中，LSTM Cell 表示一个典型的 LSTM 单元，包含输入门 i_t、遗忘门 f_t、输出门 o_t 和记忆单元 C_t。通过拟合式（9-1）所示的遗忘函数可以得到 f_t，其值越接近于 0 越表示要遗忘，反之则越是要保留。

$$f_t = \text{sigmoid}(V_f h_{t-1} + W_f a_t + b_f) \tag{9-1}$$

其中，V_f 和 W_f 表示权重矩阵；b_f 表示偏置参数；h_{t-1} 表示上一时刻的状态变量；a_t 表示输入数据。f_t 将被作为遗忘系数和上一时刻留下的信息 C_{t-1} 经过 Hadamard 乘积后作为上一时刻遗留表示信息，与当前时刻的信息 $i_t \circ C'_t$ 相加后得到该层的信息 C_t，用来输出到下一时刻，如式（9-2）～式（9-4）所示。

$$i_t = \text{sigmoid}(V_i h_{t-1} + W_i a_t + b_i) \tag{9-2}$$

$$C'_t = \tanh(V_c h_{t-1} + W_c a_t + b_c) \tag{9-3}$$

$$C_t = f_t \circ C_{t-1} + i_t \circ C'_t \tag{9-4}$$

最后计算表示向量 h_t 作为输出，其表达式如式（9-5）、式（9-6）所示。

$$o_t = \text{sigmoid}\left(V_o h_{t-1} + W_o a_t + b_o\right) \tag{9-5}$$

$$h_t = o_t \circ \tanh(C_t) \tag{9-6}$$

本章中所采用的全连接模型是深度学习模型中常用的一类网络结构，其中 BN 层主要用于对数据进行归一化处理，加速神经网络收敛速度，并提升模型稳定性。具体数学表示如式（9-7）～式（9-10）所示。

$$\mu_\beta \leftarrow \frac{1}{m}\sum_{i=1}^{m} x_i \tag{9-7}$$

$$\sigma_\beta^2 \leftarrow \sum_{i=1}^{m}\left(x_i - \mu_\beta\right)^2 \tag{9-8}$$

$$\widehat{x_i} \leftarrow \frac{x_i - \mu_\beta}{\sqrt{\sigma_\beta^2 + \epsilon}} \tag{9-9}$$

$$y_i \leftarrow \gamma \widehat{x_i} + \beta \tag{9-10}$$

其中，μ_β 和 σ_β^2 分别表示每批数据的均值和方差；$\widehat{x_i}$ 表示经规范化处理后的输入，进而经过缩放及平移得到本层输出 y_i。

FC 层，其作用为对前一层的输入进行加权求和，如式（9-11）所示：

$$f_{\text{FC}} = W_{FH_1} X + b_{H_1} \tag{9-11}$$

其中，W_{FH_1} 表示权重系数；b_{H_1} 表示偏移量。

ReLU 层采用如式（9-12）所示的激活函数，减少参数间的依存关系，从而防止模型过拟合。

$$f_{\text{ReLU}} = \max(0, X) \tag{9-12}$$

9.4.2　模型训练及预测

本节将数据划分为 80%和 20%两部分，其中 80%的数据用于对模型进行训练，而余下的 20%则用于对模型预测效果进行测试。模型训练过程中采用 5 折交叉验证的方式在训练集上对模型参数进行充分调优，最终参数的最优取值如表 9-3 所示。

表 9-3　最优参数取值

参数	最优取值
T	10
F	88
H_1	32
H_2	32
Learning rate	0.001
Batchsize	64

注：其中 F、H_1、H_2 分别表示模型中的向量维数，Learning rate 表示学习率，Batchsize 表示批次样本数量

为衡量模型预测准确度，本节选取受试者操作特征（receiver operating characteristic，ROC）曲线下面积（area under curve，AUC）及预测准确度（Accuracy）两种常用指标。其中 Accuracy 衡量的是模型对样本进行正确分类的比例，AUC 则可理解为，对随机选出的两个标签分别为正、负的样本，分类器对前者给出的分数高于后者的概率。由两者的描述可见，若分类问题存在样本不均衡问题，Accuracy 指标可能无法衡量模型的分类效果，而 AUC 指标则不受影响。CEO 解聘预测是个二分类问题，解聘样本比例约为 15.8%，即存在类别不平衡问题，因而 AUC 指标可更好地衡量模型预测效果。

本章同时采用了常用于分类预测的三种机器学习模型作为基准模型，分别是逻辑回归（logistic regression，LR）模型及两种集成学习模型——RF 及梯度提升决策树（gradient boosting decision tree，GBDT）。四个模型的预测效果如表 9-4 所示。可见本章中提出的基于 LSTM 方法的模型在预测准确度上相较于基准模型具有更优的预测效果。

表 9-4 模型预测效果

模型	AUC	Accuracy
LSTM	0.818	0.882
LR	0.655	0.845
RF	0.684	0.856
GBDT	0.712	0.854

为评估对序列数据和最后一年数据进行融合建模的合理性，本节进一步尝试对两类数据进行分别建模。对图 9-1 展示的双塔结构的两侧进行拆分，分别为输入仅包含时间序列数据的 LSTM 模型和仅包含最后一年数据的模型，两个模型的预测效果及其与全模型的对比（不同年度数据消融实验）结果如表 9-5 所示。可见，对两类数据进行分别建模的效果均弱于对两者进行综合建模的全模型，说明综合考虑时间序列数据及最近年度数据进行建模效果更佳。

表 9-5 不同年度数据消融实验结果

模型	AUC	Accuracy
仅时间序列数据的模型	0.796	0.859
仅最后一年数据的模型	0.799	0.848
全模型	0.818	0.882

9.4.3 不同类特征预测能力比较

为进一步评估上文总结的三类主要变量的预测能力，本章还通过消融实验分别探究了不同类特征及其组合对预测准确率的影响（表 9-6）。在三类变量中，结构变量对于 CEO 解聘预测作用较大，而 CEO 性格及语言特征在单独使用时预测效果较差。将 CEO 性格或语言特征与结构特征进行融合均取得了更优的预测效果，其中语言特征的影响又比性格特征影响更大。将三类特征全部融合取得了最佳预测效果，说明在构建 CEO 解聘的理论时，不应仅聚焦于传统的结构变量，还应充分考虑 CEO 的语言及性格特征，及其与传统结构特征间的关系。

表 9-6 不同类特征及其组合对预测准确率的影响

变量类型	AUC	Accuracy
结构特征	0.782	0.867
性格特征	0.670	0.721

续表

变量类型	AUC	Accuracy
语言特征	0.683	0.758
结构特征+性格特征	0.785	0.872
结构特征+语言特征	0.805	0.873
性格特征+语言特征	0.699	0.804
结构特征+性格特征+语言特征	0.818	0.882

9.5　模型可解释性分析

机器学习算法因为“黑箱”问题而备受诟病，其可解释性近来受到了广泛关注，相关可解释性框架为深入理解输入变量对预测结果的解释力度提供了可能性。本节希望从上文构建出的预测模型入手，分析各输入特征对 CEO 解聘的影响，从而为形成相关理论创新奠定基础。为全面考虑各特征对于最终预测结果的贡献率，本节采用 Lundberg 和 Lee（2017）提出的 SHAP（Shapley additive explanations，夏普利值可加性解释）框架计算每个特征对最终预测结果的贡献率。其主要原理为基于博弈论而提出的 Shapley 值可用于衡量各特征分别对于模型预测效果的作用（Shapley，2016），具有较大的绝对 Shapley 值的特征相对更为重要。本章对数据中每个特征的绝对 Shapley 值进行平均，并按照重要性由高到低对特征进行排序，以展示不同特征对 CEO 解聘预测的重要性，结果如图 9-2 所示。

由图 9-2 可知，结构变量中的 CEO-董事任期重叠、CEO 年龄、CEO 薪酬为影响 CEO 解聘的重要因素，这与以往研究相一致，但难以提供新理论构建的必要依据。而 CEO 的语言使用情况，如 CEO 语义整体性、CEO 语义邪恶性等都会对 CEO 解聘产生重要影响，甚至一度超过了许多传统研究中常用的结构化变量的影响。此外，CEO 的性格变量，如 CEO 开放性、CEO 尽责性、CEO 宜人性等对预测效果的影响高于部分语言变量。可见基于机器学习方法，从多领域、跨模态的大数据中提炼的新变量可为分析管理问题提供新的视角，为拓宽原有理论的边界提供新的可能性。

为进一步分析上述主要语言特征变量对 CEO 解聘的影响，本章进一步分析了历史语言行为变量及当前语言行为变量对 CEO 解聘的影响，对 CEO 主要语言特征变量的历史贡献及当前贡献进行了对比，具体如图 9-3 所示。历史贡献度及当前贡献度的比例对照表明，相较于其他语言特征而言，CEO 在当期使用更多的犹豫词汇、肯定词汇及消极词汇会对其当期被解聘产生较大的预测影响力。相比

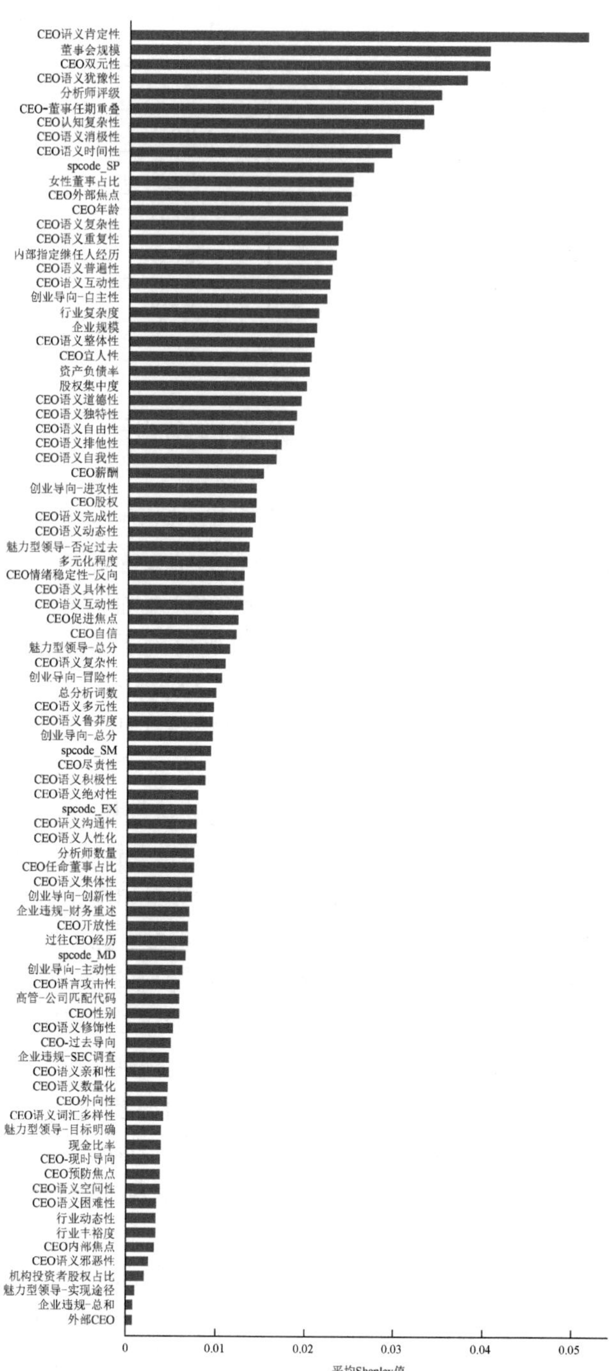

图 9-2　不同特征对 CEO 解聘预测的重要性

spcode_SP=S&P 500 index（标准普尔 500 指数），spcode_SM=S&P Smallcap index（标准普尔小型股指数），spcode_EX=not on a major S&P index (不在主要标准普尔指数中)，spcode_MD=S&P Midcap index（标准普尔中型股指数）

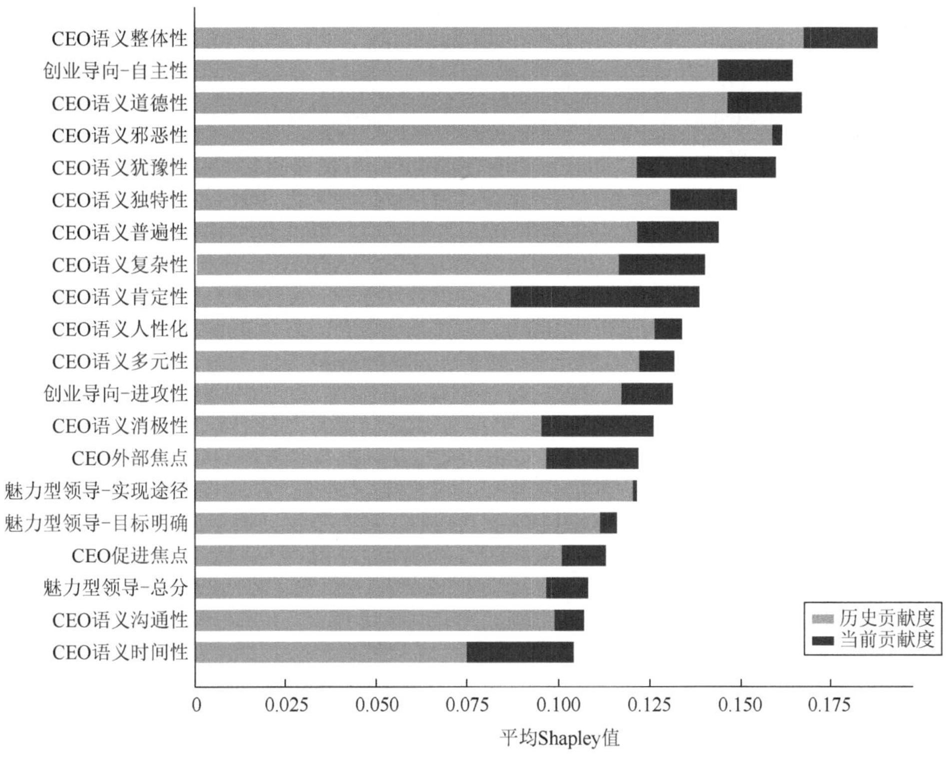

图 9-3　CEO 主要语言特征变量对其解聘预测的历史贡献及当前贡献对比

之下，对于 CEO 语义邪恶性而言，历史的表现贡献了 CEO 被解聘的绝大部分。这一发现表明从印象管理视角分析 CEO 的语言特征对其解聘的影响颇有潜力。机器学习模型提供的细颗粒的发现，有助于学者思考造成过去和当前言语行为解释力出现显著差别的机理。

为进一步探究 CEO 语言特征变量对其解聘影响的方向性，本章采用 SHAP 框架下的散点图将各样本表示在二维平面上，如图 9-4 所示。其中，纵轴为各变量，取值大小由颜色深浅表示；横轴表示 Shapley 值，即变量对模型输出的影响，由此可表示变量取值与其对模型影响的大小，进而可揭示其对模型预测的方向性影响。大部分 CEO 语言特征变量对结果并没有明显的方向性影响，这表明不能仅关注此类语言类变量与 CEO 解聘之间的线性关系。这也与现实情况相符，即 CEO 的语言特征与其被解聘之间的关系，受到其所处行业、公司营收状况、公司治理情况等因素的综合影响。因而，在试图基于此类变量构建理论时，应着重思考语言变量与其他变量之间的交互作用对 CEO 解聘的影响。

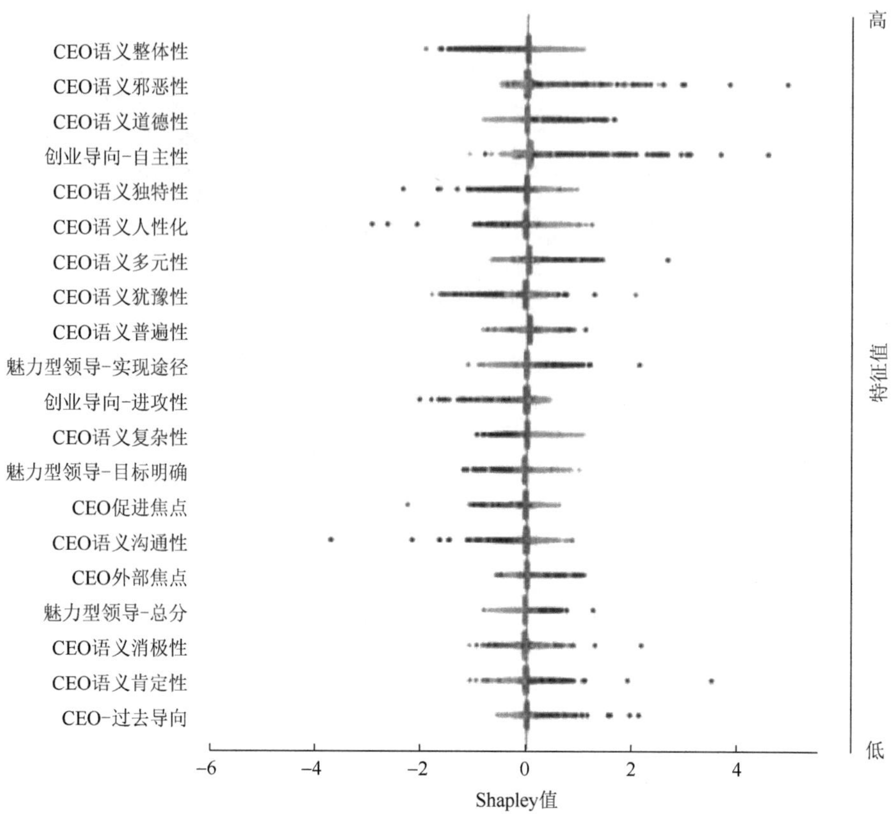

图 9-4　CEO 语言特征变量对其解聘影响的方向性

9.6 结 束 语

本章通过机器学习方法对原本难以直接测量的 CEO 行为变量进行了分析，在此基础上构建了 CEO 解聘的预测模型，通过可解释性机器学习框架发现了预测 CEO 解聘的重要变量。然而，仅通过机器学习方法本身输出的结果无法确切知道这些变量是通过什么途径影响 CEO 被解聘的概率的。有了机器学习的发现，学者可以通过回溯推理的方法搜集定性和定量的数据，揭示某些重要变量与 CEO 被解聘之间的关系。例如，为什么 CEO 的某种语言特征与被解聘之间的关系方向并不明朗？可能的原因可能是 CEO 工作不称职导致公司业绩持续下滑，也有可能是由于 CEO 背后还有一位强有力的前任存在。通过回溯推理的方法从事研究或许可以发现，在前一种情况下 CEO 的某类语言特征与被解聘是正向关系，而后一种情况则是负向关系。由此可见，预测型研究可对传统的基于心理测量和计量分析的组织战略领域的研究提供必要的补充，并提供新的视角。学者可以在机器学习发现的基础上，更为精准地明确下一步探索的方向，从而建立有解释力的中层理论。因此，机器学习方法可以为研究者提供新颖而可靠的观察，有助于学者基于数据建立更好的假设，并通过归纳或者溯因的方式建立新的理论（Choudhury et al.，2021；Shrestha et al.，2021）。

通过本章的分析可以预见，人力资源会是大数据分析应用最具前景的领域之一。传统人力资源的选、育、用、留的四大职能在企业组织中还会存在。然而，由于传统企业是由管理者或者相关人员履行这几大职能，而人由于受到动机和认知的原因很容易出现判断偏差，导致选、育、用、留的精准度不高。尽管领域内的学者已经从理论视角上分析了解决该问题的方法，但由于无法全面地获取客观的数据，人力资源的工作没有实质的进展。但是，随着企业数字化系统的完善及大数据采集、存储技术的进步，传统企业人力资源领域的多种数据日益可测可获，可为大数据分析提供丰富的原材料，进而借助机器学习、人工智能等方法解决选、育、用、留中的绝大部分问题。例如，通过分析面试官与申请人的面试记录，结合申请人进入企业后的业绩表现，可以反推面试官的评估和决策是否合适。又如，对于人员流转率高的行业，结合以往有关人员离职前因分析的文献及员工在工作中的多维数据，可构建机器学习模型对员工离职可能性及主要影响因素进行预测，进而提前对相关因素进行干预，降低人员的离职率。

但大数据分析在人力资源领域发挥价值也存在几个方面的挑战。一是企业实现人力资源过程数字化的挑战。只有实现了人力资源过程的数字化，才能够获得有关人力资源工作的大数据，而目前真正实现过程数字化的企业凤毛麟角。二是已有理论与大数据分析技术实现有机融合的挑战。即便有了人力资源过程的大数据，仅通过暴力计算找到合理的选、育、用、留模式也是不可取的，是对资源的巨大浪费。借鉴本章的思路，可以基于已有的文献，更精准地开展大数据分析，从而提升工作效率和精准性。所以，公司内部从事大数据的人员与人力资源专家之间能否做到相互欣赏和合作，是个重要的组织问题。三是数据价值与隐私保护之间的权衡取舍挑战。随着《中华人民共和国数据安全法》、《中华人民共和国个人信息保护法》等法律法规的出台，企业应该在多大程度上采集与员工行为有关的数据，并且在多大程度上可以去分析这些数据是相关政策制定者及企业需要回答的重要问题，回答这个问题需要了解大数据在人力资源工作中的应用，以及对于科学和工作伦理有深入思考的专家的持续探索。

本章回应了早期学者对于人工智能方法的判断。Simon（1973）曾指出，“没有什么能够有效地替代问题解决者，后者在任何特定问题情境下知道实证场景中有效的假定是什么”。从这个意义上说，人工智能只是模仿了人类的认知过程，却不具备人类的灵活性、适应性和生成性。随着人工智能技术应用的推进，人与机器之间是替代还是补充的关系成为讨论的热点，争论的核心是人工智能以更高效的自动化方式取代人，还是人与机器互动后获得增强的判断。本章认为，这二者之间虽然存在冲突，但在组织和管理场景下，自动化和增强的判断是相互依赖与加强的。如果说，在工作场景下将很多智慧外包给机器既达不到预定的效果、在道德上也不正确（von Krogh，2018），那么，人类则可以借助机器学习更好地提升自己的专长。计算机科学家和管理学者可以整合各自不同的观点、理论和方法，共同研究人工智能在管理中的应用。本章在知识创造或者理论建构领域，回应了这个重大的争论，也希望能够启迪同行如何利用机器学习的发现来实现对于复杂管理现象的认识。

参 考 文 献

陈国青, 吴刚, 顾远东, 等. 2018. 管理决策情境下大数据驱动的研究和应用挑战: 范式转变与研究方向. 管理科学学报, 21(7): 1-10.

陈国青, 张瑾, 王聪, 等. 2021. “大数据—小数据”问题: 以小见大的洞察. 管理世界, 37(2): 203-213, 14.

陈昭全, 张志学, 沈伟. 2023. 管理研究中的理论建构//陈晓萍, 沈伟. 组织与管理研究的实证方法. 4 版. 北京: 北京大学出版社: 55-80.

陆瑶, 张叶青, 黎波, 等. 2020. 高管个人特征与公司业绩: 基于机器学习的经验证据. 管理科学学报, 23(2): 120-140.

徐淑英, 张志学. 2005. 管理问题与理论建立: 开展中国本土管理研究的策略. 南大商学评论, (7): 1-18.

于李胜, 蓝一阳, 王艳艳. 2021. 盛名难副: 明星 CEO 与负面信息隐藏. 管理科学学报, 24(5): 70-86.

Arthaud-Day M L, Certo S T, Dalton C M, et al. 2006. A changing of the guard: executive and director turnover following corporate financial restatements. Academy of Management Journal, 49(6): 1119-1136.

Barlow M A, Verhaal J C, Angus R W. 2019. Optimal distinctiveness, strategic categorization, and product market entry on the Google Play app platform. Strategic Management Journal, 40(8): 1219-1242.

Chatterjee A, Hambrick D C. 2007. It’s all about me: narcissistic chief executive officers and their effects on company strategy and performance. Administrative Science Quarterly, 52(3): 351-386.

Chhaochharia V, Kumar A, Niessen-Ruenzi A. 2012. Local investors and corporate governance. Journal of Accounting and Economics, 54(1): 42-67.

Choudhury P, Allen R T, Endres M G. 2021. Machine learning for pattern discovery in management research. Strategic Management Journal, 42(1): 30-57.

Craig R, Mortensen T, Iyer S. 2013. Exploring top management language for signals of possible deception: the words of Satyam’s chair Ramalinga Raju. Journal of Business Ethics, 113(2): 333-347.

Deutsch Y. 2005. The impact of board composition on firms’ critical decisions: a meta-analytic review. Journal of Management, 31(3): 424-444.

Fanelli A, Misangyi V F, Tosi H L. 2009. In charisma we trust: the effects of CEO charismatic visions on securities analysts. Organization Science, 20(6): 1011-1033.

Fredrickson J W, Hambrick D C, Baumrin S. 1988. A model of CEO dismissal. Academy of Management Review, 13(2): 255-270.

Gamache D L, McNamara G, Mannor M J, et al. 2015. Motivated to acquire? The impact of CEO regulatory focus on firm acquisitions. Academy of Management Journal, 58(4): 1261-1282.

Gans J S, Goldfarb A, Lederman M. 2021. Exit, tweets, and loyalty. American Economic Journal: Microeconomics, 13(2): 68-112.

George G, Haas M R, Pentland A. 2014. Big data and management. Academy of Management Journal, 57(2): 321-326.

George G, Osinga E C, Lavie D, et al. 2016. Big data and data science methods for management research. Academy of Management Journal, 59(5): 1493-1507.

Glass G V. 1976. Primary, secondary, and meta-analysis of research. Educational Researcher, 5(10): 3-8.

Graffin S D, Boivie S, Carpenter M A. 2013. Examining CEO succession and the role of heuristics in early-stage CEO evaluation. Strategic Management Journal, 34(4): 383-403.

Graf-Vlachy L, Bundy J, Hambrick D C. 2020. Effects of an advancing tenure on CEO cognitive complexity. Organization Science, 31(4): 936-959.

Guo G R. 2017. Demystifying variance in performance: a longitudinal multilevel perspective. Strategic Management Journal, 38(6): 1327-1342.

Gupta V K, Mortal S C, Silveri S, et al. 2020. You're fired！ Gender disparities in CEO dismissal. Journal of Management, 46(4): 560-582.

Harrison J S, Thurgood G R, Boivie S, et al. 2019. Measuring CEO personality: developing, validating, and testing a linguistic tool. Strategic Management Journal, 40(8): 1316-1330.

Herrmann P, Nadkarni S. 2014. Managing strategic change: the duality of CEO personality. Strategic Management Journal, 35(9): 1318-1342.

Khanna V, Kim E H, Lu Y. 2015. CEO connectedness and corporate fraud. The Journal of Finance, 70(3): 1203-1252.

Knyazeva A, Knyazeva D, Masulis R W. 2013. The supply of corporate directors and board independence. The Review of Financial Studies, 26(6): 1561-1605.

Lau J, Sinnadurai P, Wright S. 2009. Corporate governance and chief executive officer dismissal following poor performance: Australian evidence. Accounting & Finance, 49(1): 161-182.

Loughran T, McDonald B. 2011. When is a liability not a liability? Textual analysis, dictionaries, and 10-ks. The Journal of Finance, 66(1): 35-65.

Lundberg S M, Lee S I. 2017. A unified approach to interpreting model predictions. Long Beach: The 31st International Conference on Neural Information Processing Systems.

Malhotra S, Reus T H, Zhu P C, et al. 2018. The acquisitive nature of extraverted CEOs. Administrative Science Quarterly, 63(2): 370-408.

Merton R K. 1968. Social Theory and Social Structure. New York: Free Press.

Ocasio W, Laamanen T, Vaara E. 2018. Communication and attention dynamics: an attention-based view of strategic change. Strategic Management Journal, 39(1): 155-167.

Park S H, Chung S H, Rajagopalan N. 2021. Be careful what you wish for: CEO and analyst firm performance attributions and CEO dismissal. Strategic Management Journal, 42(10): 1880-1908.

Peterson K. 2012. Accounting complexity, misreporting, and the consequences of misreporting. Review of Accounting Studies, 17(1): 72-95.

Raisch S, Krakowski S. 2021. Artificial intelligence and management: the automation-augmentation paradox. Academy of Management Review, 46(1): 192-210.

Renneboog L. 2000. Ownership, managerial control and the governance of companies listed on the Brussels Stock Exchange. Journal of Banking & Finance, 24(12): 1959-1995.

Shapley L S. 2016. A Value for N-person Games. Richmond: Research Triangle Institute and National Center for Health

Statistics.

Short J C, Ketchen D J Jr, Combs J G, et al. 2010. Research methods in entrepreneurship: opportunities and challenges. Organizational Research Methods, 13(1): 6-15.

Short J C, Palmer T B. 2008. The application of DICTION to content analysis research in strategic management. Organizational Research Methods, 11(4): 727-752.

Shrestha Y R, He V F, Puranam P, et al. 2021. Algorithm supported induction for building theory: how can we use prediction models to theorize?. Organization Science, 32(3): 856-880.

Simon H A. 1973. The structure of ill structured problems. Artificial Intelligence, 4(3/4): 181-201.

Simsek Z, Heavey C, Veiga J F. 2010. The impact of CEO core self-evaluation on the firm's entrepreneurial orientation. Strategic Management Journal, 31(1): 110-119.

Tang Y, Mack D Z, Chen G L. 2018. The differential effects of CEO narcissism and hubris on corporate social responsibility. Strategic Management Journal, 39(5): 1370-1387.

von Krogh G. 2018. Artificial intelligence in organizations: new opportunities for phenomenon-based theorizing. Academy of Management Discoveries, 4(4): 404-409.

Wiersema M F, Zhang Y. 2011. CEO dismissal: the role of investment analysts. Strategic Management Journal, 32(11): 1161-1182.

Wiersema M F, Zhang Y. 2013. Executive turnover in the stock option backdating wave: the impact of social context. Strategic Management Journal, 34(5): 590-609.

Wowak A J, Hambrick D C, Henderson A D. 2011. Do CEOs encounter within-tenure settling up? A multiperiod perspective on executive pay and dismissal. Academy of Management Journal, 54(4): 719-739.

Yadav M S, Prabhu J C, Chandy R K. 2007. Managing the future: CEO attention and innovation outcomes. Journal of Marketing, 71(4): 84-101.

Yarkoni T, Westfall J. 2017. Choosing prediction over explanation in psychology: lessons from machine learning. Perspectives on Psychological Science, 12(6): 1100-1122.

Yi X W, Zhang Y A, Windsor D. 2020. You are great and i am great (too): examining new CEOs' social influence behaviors during leadership transition. Academy of Management Journal, 63(5): 1508-1534.

Zhang Y. 2008. Information asymmetry and the dismissal of newly appointed CEOs: an empirical investigation. Strategic Management Journal, 29(8): 859-872.

Zhang Y, Qu H Y. 2016. The impact of CEO succession with gender change on firm performance and successor early departure: evidence from China's publicly listed companies in 1997–2010. Academy of Management Journal, 59(5): 1845-1868.

Zhang Y, Rajagopalan N. 2004. When the known devil is better than an unknown god: an empirical study of the antecedents and consequences of relay CEO successions. Academy of Management Journal, 47(4): 483-500.

第 10 章 大数据驱动的决策范式转变——以个性化 O2O 即时物流调度为例[①]

10.1 引 言

移动互联网、人工智能等新兴技术的发展和普及催生了大量新的商业模式。这些新模式面临高度不确定的环境，决策颗粒度和时效性要求极高，传统的模型驱动的决策范式不再适用，基于数据分析的决策逐渐成为主流（陈国青等，2018）。决策范式的转变主要体现在四个方面。第一，决策所涵盖的信息范围从单一领域向跨域融合转变；第二，决策者与受众的角色逐渐交互融合；第三，决策的理念假设从经典假设向宽假设，甚至无假设转变；第四，决策流程从线性、分阶段过程向非线性过程转变（陈国青等，2020）。本章以 O2O 即时服务这种新型商业模式为背景，聚焦跨域融合和宽假设这两个维度的转变，研究大数据驱动的新决策范式下的 O2O 即时物流调度模型。

O2O 即时服务是利用互联网使线下商品（或服务）与线上融合，线上生成订单，线下即时完成交付（通常需在半小时到一小时内送达）的一种新型商业模式（Dai et al.，2020；Alnaggar et al.，2021）。基于庞大的国内消费市场和广泛普及的移动互联网，中国已在 O2O 商业模式上走在世界前列。以 O2O 外卖领域为例，2020 年中国 O2O 用户规模达 4.56 亿人，市场规模达 6646.2 亿元（艾瑞智库，2020），是我国经济主战场之一。

目前，在 O2O 即时服务的物流实践中，主流的平台采用系统派单模式，例如美团外卖平台上的美团专送服务（Dai and Liu，2020；Dai et al.，2021）。平台决定订单的分派和配送路线的规划，统筹考虑所有配送员的位置、待配送订单数目和所有订单的时间限制，以降低系统的总体成本为目标，完成订单分派。但目前基于现有配送算法的 O2O 即时物流的精细化管理水平还有待提升，物流配送的成本较高。比如，2021 年美团外卖骑手配送成本支出达约 682 亿元，占外卖收入比

---

① 本章作者：代宏砚（中央财经大学商学院）、陶家威（清华大学工业工程系）、姜海（清华大学工业工程系）、周伟华（浙江大学管理学院）。通讯作者：陶家威（taojw17@tsinghua.org.cn）。项目：国家自然科学基金资助项目（91646125；72172169；72192823）、中央高校基本科研业务费专项资金资助项目。本章内容原载于《管理科学学报》2023 年第 5 期。

例达 71%[①]。目前业界 O2O 即时物流精细化管理水平较低的瓶颈体现在供需之间在空间和时间上的不匹配，具体体现在以下两个方面。

（1）在供给端，现有调度系统对于数据维度的使用不充分，只利用了订单维度数据，没有充分利用配送员维度的数据，从而导致决策不精准。

现有调度系统在优化订单分派时，多从订单这一个维度出发进行优化，而没有充分考虑配送员差异化配送速度的影响。Xu 等（2023）研究发现，在 O2O 即时物流场景中，众包配送员个人的能力、经验、行为不同，对于外部环境、平台激励机制的反应也不同，例如评级较高的配送员对于收入激励的敏感性较低，评级较低的配送员对于收入激励的敏感性较高。不考虑人和环境差异化的决策使得供需匹配不准确，一方面浪费能力强的配送员的配送能力，降低效率；另一方面增加能力较差的配送员的配送压力，造成更多的延误订单。因此建模时有必要同时考虑订单和配送员两个维度。然而现有研究通常假设将同一订单分配给不同配送员时，其需要的配送时间是一样的（慕静等，2018；杨东林和荣鹰，2019；Archetti et al.，2016；Arslan et al.，2019；Voccia et al.，2019；陈萍和李航，2016；丁秋雷等，2014；饶卫振等，2019；余海燕等，2021；Dong and Ibrahim，2020）。尽管部分研究也考虑配送速度受时间、路况天气或配送员类型的影响，及其对于订单分派的决策带来的挑战（周鲜成等，2019；Tao et al.，2020；Huang et al.，2017）。例如，周鲜成等（2019）考虑车辆不同出发时刻对行驶时间的影响，分析车辆时变速度、载重与碳排放率之间的关系，但仍假设不同配送员（或车辆）的速度是一致的，即不同配送员（或车辆）配送同一订单所花费的时间是一致的。这些研究的决策没有充分考虑人的维度的影响。因此 O2O 即时物流决策需要新的算法将配送员维度的特点也纳入建模考量，实现精准匹配配送员和订单，增加决策精准度，降低系统成本。

（2）在需求端，现有调度系统大多没有考虑未来订单集的时空属性，从而无法进行全局优化。

现有调度系统大多只考虑当前已经出现的订单，没有考虑未来订单。然而在 O2O 即时物流场景中，由于订单的数目和分布随时间波动性高，低估未来的订单数目而将所有的运力都分配给当前的订单，可能造成未来的运力不足和更多的延误；高估未来的订单数目而保留部分目前的运力以等待未来的订单，则可能造成运力的浪费和当前订单的延误。因此在 O2O 即时物流场景中考虑未来的需求非常必要。此外，O2O 即时物流的需求不仅与订单的数目和时间分布有关，也与订单的空间分布强相关。因此建模时有必要同时考虑未来订单集的时间和空间两个维度。然而现有研究大多没有考虑未来需求（慕静等，2018；杨东林和荣鹰，2019；Archetti et al.，2016；Arslan et al.，2019；Voccia et al.，2019；陈萍和李航，2016；丁秋雷等，2014；

① https://media-meituan.todayir.com/20220419164002405410215762_en.pdf。

饶卫振等，2019；余海燕等，2021；Dong and Ibrahim，2020；周鲜成等，2019；Tao et al.，2020；Huang et al.，2017；Liu et al.，2016；Carlsson et al.，2018），部分研究考虑未来需求时，假设未来需求服从特定的先验分布。例如，Dayarian 和 Savelsbergh（2020）考虑未来订单和顾客到达的概率信息对决策的帮助；Voccia 等（2019）通过考虑未来订单的统计信息，给出了车辆是否应该继续在仓库等待的判断标准；Ulmer 等（2019）构建价值函数估计方法去预测每个区域产生订单的概率，并整合到动态规划模型中。但上述这些基于先验分布假设的研究方法并未考虑需求的空间属性，无法适用 O2O 即时物流场景。因此，O2O 即时物流决策需要新的方法来预测未来订单集的时空分布，否则决策是短视且不精准的。

由此可知，O2O 即时物流优化决策问题和现有的物流配送问题有所不同（张朋等，2022）。本章旨在借助新的技术和方法，转变决策范式，构建大数据驱动的 O2O 即时物流调度新决策模型，解决 O2O 即时配送面临的上述挑战，实现精细化运营。

10.2　大数据背景下 O2O 即时物流调度的决策范式转变

本章提出的大数据背景下 O2O 即时物流调度的决策范式的转变具有四个核心要素：宽假设、全景式数据、同时考虑预测点估计及其不确定性、预测与决策同步。下面逐一具体介绍。

首先，新决策范式下的 O2O 即时物流调度模型实现假设转变，将决策假设从历史的、静态的假设转变为宽假设。传统的物流决策大多在供给端假设配送时间一致，在需求端假设需求分布函数已知（图 10-1）。然而如前分析，这两个假设与 O2O 即时物流决策环境中的实际情况不符，导致决策的精准性下降。因此，新决策范式下的调度模型将原假设转变为宽假设：在供给端，假设每个配送员在不同情况下配送不同订单的配送时长是不一致的；在需求端，假设需求具有时空属性，需要同时考虑未来订单集的时间和空间两个维度来进行决策。

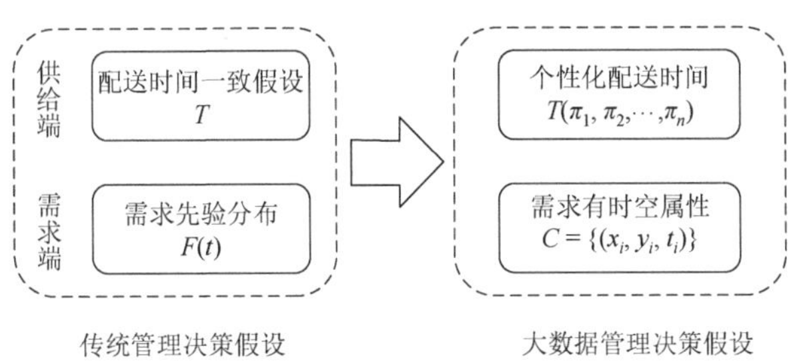

图 10-1　新决策范式下的 O2O 即时物流调度模型的假设转变

其次，新决策范式下的 O2O 即时物流调度模型实现跨域转变，将模型的数据输入由仅考虑物流相关数据转变为考虑物流、运营、企业外部等多维全景式数据（图 10-2）。要放宽配送时间一致的假设，需要了解众包配送员个人的能力、经验、行为，以及其对外部环境、平台激励机制的反应，否则无法准确预测个性化的配送时间。此外，要放宽需求先验分布的假设，考虑未来订单集的时空分布，则需要了解企业促销、App 展示、消费者评价、库存信息等，以及外部的天气、交通路况、众包分布等信息。这说明要实现宽假设，进行精细化管理，需要考虑内外部多维数据。近年来，随着人工智能、大数据等技术的突破式发展，配送平台拥有庞大的交易量，凭借“互联网+智能手机”沉淀了海量数据，不仅包括内部物流部门的数据，还包括其他运营部门的数据，以及外部的数据。这为解决此问题提供了契机。新决策范式下的调度模型利用企业沉淀下的海量数据（Dai et al.，2020；Alnaggar et al.，2021；艾瑞智库，2020），将物流部门、其他运营部门、外部信息整合起来，进行跨界关联，构建全景式数据集合来支持决策。

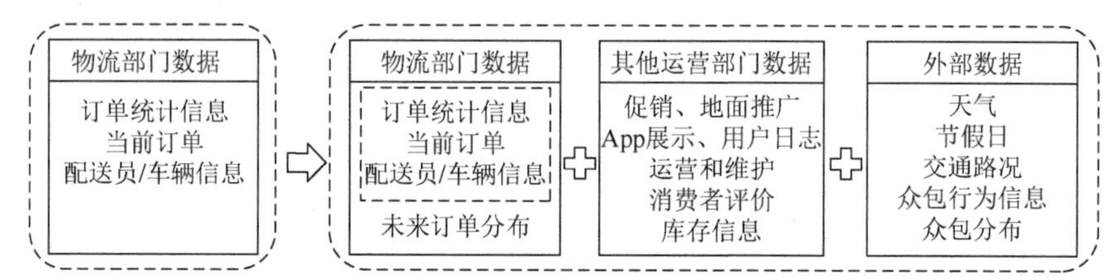

图 10-2　新决策范式下的 O2O 即时物流调度模型的跨域转变

在上述两个假设转变的基础上，本章构建预测和决策两类模型，并进行有机融合。预测层面，首先，充分利用订单、配送员和外部环境等多个维度的数据，基于机器学习的算法建立个性化众包配送时间预测模型，预测众包配送员个性化的配送时间。其次，利用历史订单时空分布和外部环境两个维度的数据，构建订单集时空相似性度量方法，据此建立数据驱动的需求场景预测算法来预测未来订单集。决策层面，考虑未来订单集时空预测结果，并将个性化配送时间预测结果一起整合到配送决策模型中，实现精准的个性化决策。

在融合预测模型的配送决策模型的构建过程中，需要同时考虑预测点估计及其不确定性。在配送决策模型的求解过程中，需同步预测和决策求解算法，具体如下。

O2O 配送管理极高的时效性要求使得对配送时长的估计需要非常准确，而个性化配送时间受到内外部多维因素的影响，设计的特征集合可能无法穷尽所有的影响因素，这些无法刻画的因素会使得预测模型的点估计存在偏差。预测结果的不确定性进而会影响派单和路径规划模型的决策质量。例如，某一订单需要在 30 分钟内完成配送，基于预测模型对配送员 A 和配送员 B 完成该订单时间的点估计，二者都将会在 28 分钟内完成。但配送员 A 和配送员 B 的预测结果的不确定性不同，即配送员 A 在[25, 30]分钟内完成，配送员 B 在[24, 34]分钟内完成。基于此信息，平台应该选择配送员 A。因为该决策一方面可以充分利用配送员 A 的服务能力，实现精准匹配；另一方面，可以降低配送员 B 的配送压力，减少延误概率，提高配送效率。然而，目前的配送决策缺乏系统性的方法来同时考虑配送时长预测的点估计及其不确定性。因此，本章提出一个预测不确定性的估计方法，并将预测的点估计及其不确定性合并到优化模型中。

将新决策范式下的数据驱动的预测模型融入 O2O 即时物流调度模型中时，预测模型和决策模型深度耦合，对模型求解提出了新的挑战。目前的配送模型采用异步的方式进行决策，即在进行配送决策之前，预测模型就已经计算出了所有订单需要的配送时间（Bertsimas and Mišić，2015；Ferreira et al.，2016；Mao et al.，2022）。而在 O2O 即时物流调度模型中，异步的思路是不可行的（饶卫振等，2021；Oroojlooyjadid et al.，2020；Ban and Keskin，2021；Liu et al.，2021）。这是因为配送员需要的配送时间具有高度不确定性，与配送员的类型、订单的数目、订单之间的距离等多个因素直接相关，而这些特征由派单和路径规划决策决定，因此在给出具体的物流决策方案之前，预测模型无法给出每个配送员需要的配送时间，而决策模型通过最小化成本给出决策，配送员的配送时间会直接影响订单的配送时效，进而影响决策的成本。因此新范式从预测和决策异步进行转变为将预测和决策统一在同一框架下同步进行。

以上是大数据背景下 O2O 即时物流调度的决策范式转变的要素，如图 10-3 所示。下文将具体介绍新决策范式下的 O2O 即时物流调度模型，以阐述上述决策范式的转变是如何实现的。

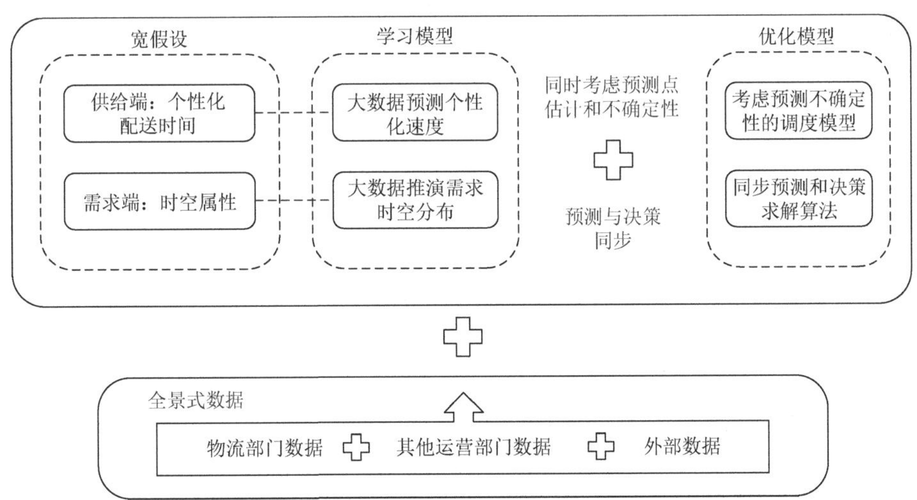

图 10-3　大数据背景下 O2O 即时物流调度的决策范式转变要素

10.3　新决策范式下的 O2O 即时物流调度模型

在 O2O 即时物流场景中，需求端订单的数目和位置存在高度不确定性，供给端的众包配送员服务订单的配送时间存在高度不确定性。针对供需两端的不确定性，一方面，本章基于历史订单数据、历史物流日志、环境信息以及平台反馈的订单特征、轨迹特征等，建立个性化众包配送时间预测模型，给出个性化的配送时间。另一方面，本章基于订单集时空相似性的需求场景预测算法，通过比较当前场景和历史场景的相似性，从历史数据中选择合适的场景作为未来订单集的预测。通过将两个预测模型融入调度决策模型，建立新决策范式下的考虑预测不确定性的 O2O 即时物流调度模型。

10.3.1 节介绍 O2O 即时物流调度问题的定义，10.3.2 节介绍个性化众包配送时间预测模型，10.3.3 节介绍基于订单集时空相似性的需求场景预测算法，10.3.4 节介绍考虑预测不确定性的 O2O 即时物流调度模型。

10.3.1　O2O 即时物流调度问题定义

O2O 即时物流系统中，平台会不断地收到用户的新订单。每隔一段时间，平台需要根据新收到的订单和当前的配送员信息将订单分派给不同的配送员并规划他们的路径。因此，该调度问题可以被描述为一个动态的派单和路径规划问题，通常以一天的工作时间 T 为一个运营周期，例如早上 8 点至晚上 11 点。在一个运营周期 $[0,T]$ 内，顾客通过在线平台实时下单，每隔一个固定的时间段 T_d，如 5 分钟，平台会执行一次派单和路径规划决策，将订单分派给合适的配送员并让配送员按给定的配送顺序完成订单的配送，这个过程被称为一个调度周期。假设 T 是 T_d 的倍数，则一个运营周期包含的调度周期可以表示为 $\Gamma=\{1,2,\cdots,T/T_d\}$。对于 Γ 中的每个调度周期 t，平台需要将订单分派给配送员，并为每个配送员找到最优的配送路线。

本章通过建立基于订单集时空相似性的需求场景预测算法，同时考虑未来订单集的数目和空间分布，从而提高决策的精准度。在每个调度周期的优化决策中，需要考虑三种类型的订单。第一种类型是已分派但未完成的订单，它们在调度周期 t 之前已经生成，在之前的调度周期中分派给配送员，但配送员尚未完成这些订单的配送，平台无法调整这些订单的分派，但应该调整这些订单的配送次序。第二种类型是当前订单，它们是在调度周期 t 中创建的。第三种类型是未来订单，通过建立模型来预测未来的订单分布，可以避免调度决策陷入短视。

本节使用$O_a^t=\{1,\cdots,n_a^t\}$，$O_c^t=\{n_a^t+1,\cdots,n_a^t+n_c^t\}$，$O_f^t=\{n_a^t+n_c^t+1,\cdots,n_a^t+n_c^t+n_f^t\}$，$D_a^t=\{n_a^t+n_c^t+n_f^t+1,\cdots,2n_a^t+n_c^t+n_f^t\}$，$D_c^t=\{2n_a^t+n_c^t+n_f^t+1,\cdots,2n_a^t+2n_c^t+n_f^t\}$和$D_f^t=\{2n_a^t+2n_c^t+n_f^t+1,\cdots,2n_a^t+2n_c^t+2n_f^t\}$分别代表三种类型订单的起点和终点集合，其中$n_a^t$、$n_c^t$和$n_f^t$分别表示已分派、当前和未来的订单数目，$n^t=n_a^t+n_c^t+n_f^t$代表总订单数目。每个订单$c_i$包含一个起点$i$和一个终点$i+n^t$。

本章用有向图$G^t=(N^t,A^t)$代表 O2O 即时物流调度问题的网络，其中$N^t=O_a^t\cup O_c^t\cup O_f^t\cup D_a^t\cup D_c^t\cup D_f^t\cup\{0\}$代表所有地点的集合，其中$\{0\}$为添加的虚拟节点。$A^t$代表所有地点之间的路径的集合。对于任意$(i,j)\in A^t$，令$d(i,j)$代表从节点$i$到节点$j$的距离，两个实际节点之间的距离$d(i,j)$由高德 API（application programming interface，应用程序接口）计算，虚拟节点与其他任意节点的距离为 0。对于每个节点i，令q_i代表节点的类型：当$q_i=1$时，代表节点i是出发点；当$q_i=-1$时，代表节点i是目的地。对于每个节点i，均有时间窗$[e_i,l_i]$代表可行的时间，其中e_i为对应订单生成的时间，$l_i=e_i+T_{\max}$，$T_{\max}$为平台承诺的订单配送时间的上限。$O_h^t\cup D_h^t$和$\{[e_i,l_i]\}$（$i\in O_h^t\cup D_h^t$）分别代表三种类型订单集C_h^t（$h=a,c,f$）的空间和时间信息。当订单的完成配送时间大于l_i时，会产生额外的延误成本。

本章定义$K^t=\{1,\cdots,m^t\}$代表调度周期t所有可用的配送员的集合，其中m^t代表可用的配送员的数目。他们在调度周期t时的初始位置$O_k^t=\{2n^t+1,\cdots,2n^t+m^t\}$。对于每个配送员$k$，本章使用$Q_k^\tau$代表每个配送员的配送能力。

10.3.2　个性化众包配送时间预测模型

为了放松配送时间一致这个假设，需要构建个性化配送时间预测模型。该预测模型构建的挑战在于预测精度和颗粒度之间的矛盾。O2O 即时物流场景中，众包配送员的服务能力存在差异（艾瑞智库，2020），因此在建立众包配送时间预测模型时，一方面，针对所有配送员训练一个预测模型，预测颗粒度太大，会造成预测模型无法刻画配送员的个性化特点；另一方面，针对每一个配送员训练一个配送时间预测模型，虽然可以得到更加符合每个配送员个人特征的预测结果，但在现实环境中，部分众包配送员由于工作时间短、服务订单数少等原因，产生的订单数据较少。对这些配送员，预测模型的训练样本少，会使得预测模型欠学习，导致预测精度差，影响后续精准建模。

为解决预测精度和颗粒度之间的矛盾，本章提出基于聚类的配送员个性化配送时间预测的算法，通过聚类，将个人能力、经验、偏好相似的配送员合并到同一个集合中，利用集合内所有配送员的数据完成配送时间预测模型的训练，以解决训练数据样本不足的问题。本章提取 $\{F_k\}_{k \in K}$ 作为配送员的聚类特征，包括配送员的工作时间、接单数、绩效、延误率等指标。构建该聚类模型的挑战在于如何确定聚类的类目数量。聚类的类目数量太多则可能存在有些类目包含的样本量少，无法解决预测欠学习的问题；聚类的类目数量太少则会使不同类型的配送员样本混合在同一类中，导致每一类配送员的行为偏差变大，个性化预测能力降低。

本章通过建立同步聚类和预测的模型来确定聚类的类目数量，即设定优化目标为：寻找最优的类目数量 L 和聚类方案，使得全部配送员的配送时间模型预测误差最小。具体如式（10-1）所示。

$$\min_L \min \sum_{k \in K} e_k = \min_L \min \sum_{l=1}^{L} \sum_{k \in K_{l,L}} \left\| g_{l,L}(\Pi_k) - T_k \right\| \tag{10-1}$$

其中，K 表示全部配送员的集合；e_k 表示配送员 k 的配送时间预测误差；T_k 表示配送员 k 从一个地点到另一个地点的实际配送时间；Π_k 表示预测函数的特征矩阵；L 表示聚类的类目总数；l 表示聚类后的第 l 个配送员集合；$K_{l,L}$ 表示聚类的类目总数为 L 时，第 l 个配送员集合中的全部配送员；$g_{l,L}(\cdot)$ 表示将集合 $K_{l,L}$ 中全部配送员的样本输入机器学习算法得到的配送时间预测模型，将配送员 k 的配送时间特征矩阵 Π_k 代入模型中即可得到配送员 k 对应配送时间的预测值 $g_{l,L}(\Pi_k)$。

预测模型的特征选取对于预测的精度至关重要，Dai 等（2021）和 Tao 等（2023）针对影响配送员的配送意愿的相关因素展开了实证研究，基于已有研究和对 O2O 企业运营的调研，本章跨域融合配送员的个人能力、经验、偏好、历史参与、天气、节假日、取送点属性、需求分布等信息，构建全景式数据，从中挖掘多个维度的与配送时间相关的特征，具体如下。

（1）与轨迹相关的特征：通过接单数、总距离等特征刻画配送员从门店出发到配送完成所有订单的一趟完整轨迹。

（2）与配送员相关的特征：通过连续工作天数、历史延误订单数等特征刻画配送员的个人能力、经验、偏好、历史参与。

（3）与区域相关的特征：通过配送员访问该区域的次数等特征刻画配送员对不同区域的熟悉程度。

（4）与外部环境相关的特征：通过天气、节假日等特征刻画配送员工作环境的变化。

基于上述多维度的特征，可以更好地刻画配送员的配送时间受个人能力、经验、行为、外部环境等因素的影响。

本节建立的同步聚类和预测的配送员个性化配送时间预测算法不依赖于预

测函数 $g_{l,L}(\cdot)$ 的具体形式。在 10.4 节的数值实验部分，本章将采用 LASSO（least absolute shrinkage and selection operator，最小绝对收缩和选择算法）、RF、支持向量回归（support vector regression，SVR）等多种基本的预测算法进行训练，并比较不同算法的预测精度。式（10-1）的求解过程如表 10-1 所示。将全部配送员依据聚类特征分成 L 类，并对每一类配送员进行预测，计算预测误差总和，选择使得所有配送员的预测误差总和最小的类目数量 $\hat{L}$。通过同步处理聚类和预测，该算法可以针对所有配送员找到合适的聚类类目数量，以保证每一个类目下的配送员行为特点相似，且有足够的训练样本以避免欠学习的情况发生。

表 10-1　基于聚类的配送员个性化配送时间预测算法

输入：	全部配送员的聚类特征 $\{F_k\}_{k\in k}$，配送时间-特征矩阵 $\{T_k,\Pi_k\}_{k\in k}$，聚类的类目数量上限 $L_{\max}$，聚类迭代步数 $I_{\max}$
输出：	聚类结果和预测模型
1：	for $L=1;L\leqslant L_{\max},L++$ do
2：	随机选择 L 个配送员作为初始配送员集合 $\{K_{l,L}\}_{l\in L}$
3：	for $i=1;i\leqslant I_{\max};i++$ do
4：	对于每个配送员集合 l，计算配送员集合质心 $u_{l,L}=\sum_{k\in K_{l,L}}F_k/\lvert K_{l,L}\rvert$
5：	对于每个配送员，计算配送员 k 与每个配送员集合 $K_{l,L}$ 质心的距离 $\mathrm{dis}_{k,l,L}=\lVert F_k-u_{l,L}\rVert$
6：	选取距离最小的集合 $K_{l^*,L}$，即 $l^*=\arg\min_l \mathrm{dis}_{k,l,L}$
7：	将配送员 k 分配到配送员集合 $K_{l^*,L}$
8：	end for
9：	对于每个配送员集合，基于基础预测算法用配送员集合 $K_{l,L}$ 的全部样本训练配送时间模型
10：	利用验证集计算配送员集合 $K_{l,L}$ 的预测误差 $e_{K_{l,L}}=\lVert g_{l,L}(\Pi_k)-T_k\rVert$
11：	计算所有配送员的预测误差总和 $\sum_{l=1}^{L}e_{K_{l,L}}$
12：	end for
13：	选取使得所有配送员的预测误差总和最小的 $\hat{L}$
14：	记录聚类的类目数量为 $\hat{L}$ 时的配送员配送时间预测模型

10.3.3 基于订单集时空相似性的需求场景预测算法

要实现考虑未来订单时空分布这个宽假设，需要构建一个预测算法，以实现对未来订单集的时间-空间属性的预测，然而目前没有一个针对需求时间-空间属性的预测算法。在传统决策中，通常假设未来的需求服从先验分布，从而实现对未来需求的预测。但在 O2O 即时物流场景中，订单出现的位置是高度不确定的，因此订单的数目和空间分布都会影响订单的分派决策，这给未来订单集的预测带来了极大的挑战。基于先验分布假设的研究方法通常仅考虑需求的数目，没有考虑需求的空间属性。通常考虑数目和空间属性的方法是估计每一个消费者的购买概率或每个区域的订单出现概率，基于这些规律随机生成未来的订单（Hvattum et al.，2006；Schilde et al.，2011）。但在 O2O 即时物流场景中，其配送规模很大，拥有数量庞大的商家和消费者，通常在一个 5 千米×5 千米的配送区域内，拥有超过 100 个商家、近万名的消费者，组成一个大规模的配送网络，但对于一个调度周期，配送区域内的 5 分钟的订单数目一般不到 100 个，配送网络的连接非常稀疏。对于大规模的稀疏网络，消费者的购买概率非常小，从消费者或订单个体层面来预测订单集会产生较大偏差，是不可行的。

目前有部分研究通过场景推演的思路来预测未来需求的时空分布，如 Li 等(2019)选取历史场景片段的订单集作为未来的需求场景，改善调度决策的精准性。现有的场景推演算法直接选取之前若干天的历史场景片段，未考虑场景变化的规律。但在 O2O 即时物流场景中，不同场景的变化很大。选择不合适的场景时，由于订单的数目和分布与真实情况存在较大的偏差，会使得平台无法给出精准的决策，甚至使决策的绩效低于仅考虑当前订单的决策。例如，给决策模型输入的未来订单集显示未来的订单数目较少，因此平台优先保障当前订单的配送任务，将尽可能多的运力用于完成当前的订单，而实际上未来的订单数目较多，这就会造成平台在未来承担更多的延误。因此对于场景推演算法，核心的挑战是如何找到与当前场景最相似的历史场景，从而实现更精准的预测。

为解决该挑战，本节提出了基于订单集时空相似性的需求场景预测算法（表 10-2）。该算法融合内外部跨域信息，考虑了外部和内部两大类特征。首先计算当前场景与历史场景外部和内部特征的距离 $\mathrm{dis}_1^{t,s}$ 和 $\mathrm{dis}_2^{t,s}$，然后计算当前时刻与历史场景库中不同场景的加权时空距离 $D^{t,s}=\sum_{i=1}^{n}\rho_i\mathrm{dis}_i^{t,s}$，$n=2$。选取最小的加权时空距离所对应的场景 s^*，将场景 s^* 往后时长 τ^s 的订单集作为预测的未来订单集 C_f^t，订单集中的每个订单 c_i 应包括起点 o_i、终点 d_i 和时间窗 $[e_i,l_i]$，以期实现对未来需求场景准确的时空分布预测。

表 10-2　基于订单集时空相似性的需求场景预测算法

输入：	调度周期 t，调度决策周期时长 τ^a，场景片段时长 τ^s，历史场景库 S
输出：	与当前调度场景最相似的场景所包含的订单集 C_f^t
1：	提取调度周期 t 的场景特征集 $\hat{F}^t=\{F_1^t,\cdots,F_n^t\}$，场景特征集由若干类不同维度的特征组成
2：	for $s\in S$ do
3：	对于场景 s，提取场景的特征集 $\hat{F}^s==\{F_1^s,\cdots,F_n^s\}$
4：	计算调度时刻 t 的场景与场景 s 的特征子集 F_i^t与F_i^s 之间的距离 $\mathrm{dis}_i^{t,s}$，$i=1,\cdots,n$
5：	调度时刻 t 的场景与场景 s 的距离是多维特征的距离的加权平均，$D^{t,s}=\sum_{i=1}^n\rho_i\mathrm{dis}_i^{t,s}$，其中 $\sum_{i=1}^n\rho_i=1$
6：	选取与当前场景距离最小的场景 s^*，其中 $s^*=\min_s D^{t,s}$，$s\in S$
7：	提取场景 s^* 往后时长 τ^s 的订单集作为预测的未来订单集 C_f^t
8：	end for

该算法的重点是如何计算 $\mathrm{dis}_1^{t,s}$ 和 $\mathrm{dis}_2^{t,s}$，具体阐述如下。

（1）外部特征距离 $\mathrm{dis}_1^{t,s}$。Huang 等（2018）和 Dai 等（2021）对影响即时物流系统的订单数目的相关特征进行了研究，本节基于已有研究和对企业运营的调研，挖掘物流部门之外其他运营部门的信息，以及外部信息，构建外部特征集 $F_1^t=[f_{1,1}^t,\cdots,f_{1,m}^t]$，具体包括天气、节假日、交通路况等 m 个特征，对于历史场景 s，提取场景 s 的外部环境特征 $F_1^t=[f_{1,1}^s,\cdots,f_{1,m}^s]$。对所有特征做归一化处理后，采用余弦距离计算当前时刻与场景 s 的外部特征距离，即

$$\mathrm{dis}_1^{t,s}=\frac{\sum_{i=1}^m f_{1,i}^t\cdot f_{1,i}^s}{\sqrt{\sum_{i=1}^m f_{1,i}^{t\,2}}\cdot\sqrt{\sum_{i=1}^m f_{1,i}^{s\,2}}} \tag{10-2}$$

（2）内部特征距离 $\mathrm{dis}_2^{t,s}$。基于物流部门积累的历史订单信息，可以分析订单场景的演变规律。对于调度周期 t，提取 $t-p,\cdots,t-1$ 时刻的订单集 $C_{t-p},\cdots,C_{t-1}$。对于过去的备选场景 s 对应的时刻 t'，同样可以得到订单集 $C_{t'-p},\cdots,C_{t'-1}$。通过分析两个时刻过去的订单集之间的时空相似性，可以比较两个时刻的场景相似性。

订单集之间的时空相似性度量 $D^{CC}(C_{t-i},C_{t'-i})$ 是该算法设计的难点。本节参考余海燕等（2021）和张朋等（2022），进一步考虑订单数目、订单的时间-空间分布关系，提出的订单集时空相似性度量计算过程具体如下。

首先，定义订单 c_i 和 c_j 之间的距离为

$$D^{CC}(c_i,c_j)=\frac{d(i,j)+d(i+n,j+n)}{\overline{\upsilon}}+|e_i-e_j| \tag{10-3}$$

其中，$\overline{\upsilon}$ 表示所有配送员的平均配送速度。式（10-3）的含义是将一个订单变动为另一个订单时，变动订单起点和终点所需的空间距离与变动订单生成时间的距离的加权和。

其次，定义订单 c_i 和订单集 C_j 之间的时空相似性为

$$D^{cC}(c_i,C_j)=\min_{c_k\in C_j}D^{CC}(c_i,c_k) \tag{10-4}$$

式（10-4）的含义为订单 c_i 与订单集 C_j 中的每个订单的距离 $D^{CC}(c_i,c_k)$（$\forall c_k\in C_j$）的最小值。

最后，本节给出两个订单集 C_i、C_j 之间的距离度量公式，定义为每个订单集中的每个订单 c_k 到另一订单集的距离 $D^{cC}(c_i,C_j)$（$\forall c_k\in C_i$）的平均值，如式（10-5）所示：

$$D^{CC}(C_i,C_j)=\frac{\sum_{c_k\in C_i}D^{cC}(c_k,C_j)+\sum_{k\in C_j}D^{cC}(c_j,C_i)}{|C_i|+|C_j|} \tag{10-5}$$

基于式（10-3）～式（10-5），通过分析一个订单集变动为另一个订单集需要的移动距离，可以得到衡量两个订单集时空相似性的度量指标 $D^{CC}(C_i,C_j)$。基于该度量，则两个场景的订单集时空相似性度量为过去 p 个订单集的时空相似性的均值，即

$$\mathrm{dis}_2^{t,s}(t,t')=\frac{\sum_{i=1}^{p}D^{CC}\left(C_{t-i},C_{t'-i}\right)}{p} \tag{10-6}$$

基于式（10-2）和式（10-6），可得到不同场景的内外部特征的距离度量。

10.3.4 考虑预测不确定性的 O2O 即时物流调度模型

在众包配送员的配送时间存在差异的情况下，需要在配送决策过程中，实时预测某个订单/订单集分派给不同配送员需要的配送时间，并基于未来订单集的时空预测结果，给出符合配送员个人配送能力的订单分派和路径规划方案，提高决策精准度。

具体来讲，O2O 即时物流调度模型的优化目标为最小化延误成本和旅行成

本。优化的决策包括：配送员 k 是否经过从节点 i 到节点 j 的边 x_{ijk}^t（0-1 变量，$x_{ijk}^t=1$ 代表配送员 k 经过从节点 i 到节点 j 的边，否则 $x_{ijk}^t=0$）；订单 i 是否被分配给配送员 k 完成配送 y_{ik}^t（0-1 变量，$y_{ik}^t=1$ 代表订单 i 被分配给配送员 k，否则 $y_{ik}^t=0$）。

将个性化众包配送时间预测模型和基于订单集时空相似性的需求预测场景算法纳入即时物流调度模型，给出优化的目标函数为

$$\min_{X,Y}\sum_{i\in D_a^t\cup D_c^t\cup D_f^t}\hat{c}_p(\tilde{B}_i^t-l_i^t)^+ +\sum_{k\in K^t}\hat{c}_d\overline{L}_k^t \tag{10-7}$$

其中，$\tilde{B}_i^t$ 表示订单 i 的配送完成时间；l_i^t 表示订单 i 的最晚送达时间；$\overline{L}_k^t$ 表示配送员 k 的总旅行时间；$\hat{c}_p$ 和 $\hat{c}_d$ 分别表示延误时间和旅行时间的单位成本。

由于存在未被刻画的特征、随机性因素的影响，与预测模型的预测结果相比，真实的配送时间存在不确定性，因此 $\tilde{B}_i^t$ 不是一个确定值，与预测模型的预测不确定性相关。因此，本节基于预测函数 $g_{l,\hat{L}}(\cdot)$，计算配送员完成每个订单时的配送时间预估值，并与数据集中记录的真实值 T_k 进行比较，得到配送时间的预测误差。记录数据集中的所有预测误差集合 $\{T_k-g_{l,\hat{L}}(\varPi_k)\,|\,k\in K\}$，可以得到误差的累积密度函数 $F_{l,\hat{L}}(x)$。$F_{l,\hat{L}}(x)$ 代表预测误差小于 x 的概率，由预测误差集合中小于 x 的元素比例得到，如式（10-8）所示，据此可以度量配送时间预测模型的不确定性。

$$F_{l,\hat{L}}(x)=\frac{|\{T_k-g_{l,\hat{L}}(\varPi_k)<x\,|\,k\in K\}|}{|\{T_k-g_{l,\hat{L}}(\varPi_k)\,|\,k\in K\}|} \tag{10-8}$$

基于个性化众包配送时间预测模型的预测残差分布，计算出订单 i 的配送完成时间的概率分布 $p_{ik}^t(y)=p_{ik}^t(y-1<B_i^t+\varepsilon<y)=F_{l,\hat{L}}(y-B_i^t)-F_{l,\hat{L}}(y-1-B_i^t)$，从而可以得到完整的模型为

$$\min_{X,Y}\sum_{i\in D_a^t\cup D_c^t\cup D_f^t}\sum_{y}p_{ik}^t(y)\hat{c}_p(y-l_i^t)^+ +\sum_{k\in K^t}\hat{c}_d\overline{L}_k^t \tag{10-9}$$

s.t.

$$\sum_{j\in N^t,j\neq i}x_{ijk}^t=y_{ik}^t,\quad \forall i\in O_c^t\cup O_f^t,\quad k\in K^t \tag{10-10}$$

$$\sum_{k\in K^t}y_{ik}^t=1,\quad \forall i\in O_c^t \tag{10-11}$$

$$\sum_{k\in K^t}y_{ik}^t\leqslant 1,\quad \forall i\in O_f^t \tag{10-12}$$

$$\sum_{j\in N^t, j\neq i} x_{ijk}^t - \sum_{j\in N^t, j\neq i} x_{i+n^t, jk}^t = 0, \quad \forall i \in O_c^t \cup O_f^t, \quad k \in K^t \tag{10-13}$$

$$\sum_{j\in N^t, j\neq i} x_{ijk}^t = \min\{1-\hat{z}_{ik}^t, \hat{y}_{ik}^t\}, \quad \forall i \in O_a^t, \quad k \in K^t \tag{10-14}$$

$$\sum_{j\in N^t} x_{i+n^t, jk}^t = \hat{y}_{ik}^t, \quad \forall i \in O_a^t, \quad k \in K^t \tag{10-15}$$

$$\sum_{j\in N^t} x_{2n^t+k, jk}^t = \sum_{j\in N^t} x_{jOk}^t = 1, \quad \forall k \in K^t \tag{10-16}$$

$$\sum_{j\in N^t, j\neq i} x_{jik}^t - \sum_{j\in N^t, j\neq i} x_{ijk}^t = 0, \quad \forall i \in N^t, \quad k \in K^t \tag{10-17}$$

$$B_j^t \geqslant \left[B_i^t + g_{l,\hat{L}}\left(\Pi(x,y)\right)\right]\left(\sum_{k\in K^t} x_{ijk}^t\right), \quad \forall i,j \in N^t, \quad i \neq j \tag{10-18}$$

$$B_i^t \geqslant e_i, \quad \forall i \in N^t \tag{10-19}$$

$$L_j^t \geqslant \left[L_i^t + g_{l,\hat{L}}\left(\Pi(x,y)\right)\right]\left(\sum_{k\in K^t} x_{ijk}^t\right), \quad \forall i,j \in N^t, \quad i \neq j \tag{10-20}$$

$$\overline{L}_k^t \geqslant L_i^t x_{iOk}^t, \quad \forall i \in N^t, \quad k \in K^t \tag{10-21}$$

$$Q_{jk}^t \geqslant (Q_{jk}^t + q_j) x_{ijk}^t, \quad \forall i,j \in N^t, \quad i \neq j, \quad k \in K^t \tag{10-22}$$

$$Q_{2n^t+k,k}^t \geqslant Q_k, \quad \forall k \in K^t \tag{10-23}$$

$$\max\{0, q_i\} \leqslant Q_{ik}^t \leqslant \min\{Q_k, Q_k + q_i\}, \quad \forall i \in N^t, \quad k \in K^t \tag{10-24}$$

$$x_{ijk}^t \in \{0,1\}, \quad \forall i,j \in \hat{N}^t, \quad i \neq j, \quad k \in K^t \tag{10-25}$$

$$y_{ik}^t \in \{0,1\}, \quad \forall i \in O_c^t \cup O_f^t \tag{10-26}$$

$$B_i^t \geqslant 0, \quad \forall i \in \hat{N}^t \tag{10-27}$$

$$L_i^t \geqslant 0, \quad \forall i \in \hat{N}^t \tag{10-28}$$

$$Q_{ik}^t \geqslant 0, \quad \forall i \in \hat{N}^t \tag{10-29}$$

其中，约束（10-10）～约束（10-13）为订单唯一性约束，保证每个订单只由一个配送员完成配送服务；约束（10-14）和约束（10-15）为已分配订单约束，为针对在调度决策时刻 t 之前已经被分配给配送员但尚未完成的订单的路径规划决策约束；约束（10-16）和约束（10-17）为配送员的路径流量平衡约束，保证配送员的路径的连续性以及每个节点只到达一次；约束（10-18）～约束（10-21）为配送时间约束，构建派单和路径规划决策与每个订单的完成时间、配送员的总旅行时间之间的关系；约束（10-22）～约束（10-24）为容量约束，保证配送员的接单数不超过其服务能力限制；约束（10-25）～约束（10-29）为符号定义域约束，确定每个决策变量的取值范围。

上述新决策范式下的调度模型和现有多数调度模型的差异主要体现在以下几个方面。

（1）放宽未来需求服从先验分布的假设，跨域融合企业内外部多维数据，基于订单集时空相似性的需求场景预测算法得到预测订单集合 C_f^t，将这部分订单纳入模型，增加了调度决策模型中考虑的订单总数，问题规模变大，增加了求解复杂度。

（2）放宽配送时间一致的假设，将跨域融合多维数据构建的个性化的配送时间预测模型纳入考量［约束（10-18）和约束（10-20）中的 $g_{l,\hat{L}}\left(\Pi(x,y)\right)$］，支持精准决策，对不同决策方案进行评估时，需要基于个性化的配送时间预测模型给出每个配送员完成订单需要的配送时间，与固定的配送时间相比，增加了评估不同决策方案的复杂度。

（3）通过历史数据计算预测模型的残差分布函数 $F_{l,\hat{L}}(\cdot)$，计算配送员完成订单需要的配送时间的概率分布 $p_{ik}^t(\cdot)$，实现延误成本的准确估计。这将预测模型的点估计及其不确定性同时纳入决策模型，但增加了计算不同决策方案下目标函数的复杂度。

（4）个性化预测模型的融合使得传统的先预测再决策的异步求解方法（即先将特征值代入预测模型得到预测值，再将预测值代入优化模型中）失效。因为个性化配送时间预测模型的特征 $\Pi(x,y)$ 受模型决策变量的影响。例如，接单数、轨迹距离等特征，受到派单决策的影响，无法在给出决策方案前获得个性化配送时间预测模型的特征的具体值。因此将预测模型融合到目标函数中后，预测特征和决策方案的耦合，使得无法在优化决策制定前完成预测。

上述特点对求解算法提出了挑战，本节基于禁忌搜索的算法思路（Dai et al.，2020；Alnaggar et al.，2021），建立同步预测和决策的算法来进行求解，让二者在统一框架下同步完成，实现预测和决策深度融合，如表 10-3 所示。算法首先生成一个初始决策方案作为当前决策方案，然后通过移动一个订单的分派关系来寻找当前决策方案的邻域集，对于邻域集中的每一个决策方案，计算预测模型对应的特征，基于预测模型得到每个订单的配送时间，然后得到每一个决策方案的绩效，将邻域集中最优的决策方案作为下一个决策方案，并将原方案加入禁忌列表。通过该算法可以首先生成决策方案，再结合预测模型来评估决策方案，并通过搜索来寻找更优的决策方案，从而解决了同步预测和决策的难点。

表 10-3　同步预测和决策的配送决策求解算法

输入：	订单集 C^t，配送员集合 K^t，最大迭代步数 L，禁忌列表中的决策方案被禁止选择的迭代步数 θ
输出：	订单分派决策 y_{ik}^t，路径规划决策 x_{ijk}^t
1：	生成一个可行的初始决策方案作为当前决策方案 (X_0,Y_0)
2：	将当前决策方案 (X_0,Y_0) 作为最优方案 (X_b,Y_b)
3：	for $l=1;l\leqslant L;l++$ do
4：	通过调整一个订单的分派或配送次序，建立当前决策方案的邻域决策方案集合 S_l
5：	检查 S_l 中的每一个决策方案，移除无法满足容量约束和在禁忌列表中的决策方案
6：	针对决策方案集合中的每一个方案 $(X_i,Y_i)\in S_l$，通过计算预测模型的特征 $\Pi(x,y)$、每个订单的配送时间，得到总成本 f_i
7：	选择决策方案集合 S_l 中的最优决策方案 $i^*=\arg\min_i f_i$
8：	如果决策方案 $\left(X_{i^*},Y_{i^*}\right)$ 优于最优决策方案 (X_b,Y_b)，即 $f_{i^*}<f_b$，则选择决策方案 $\left(X_{i^*},Y_{i^*}\right)$ 作为最优决策方案 (X_b,Y_b)，即 $(X_b,Y_b)\leftarrow\left(X_{i^*},Y_{i^*}\right)$
9：	将当前决策方案 (X_0,Y_0) 加入禁忌列表，并将禁忌列表中已保留 θ 次迭代的决策方案移除
10：	选择 $\left(X_{i^*},Y_{i^*}\right)$ 作为新的当前决策方案，即 $(X_0,Y_0)\leftarrow\left(X_{i^*},Y_{i^*}\right)$
11：	end for
12：	输出 (X_b,Y_b) 作为最终决策方案

10.4　数 值 实 验

本节基于真实的订单数据来验证本章提出的 O2O 即时物流调度决策模型的有效性，以及放宽假设和跨域融合对于 O2O 即时物流调度决策的影响。

10.4.1　数据集简介

本章使用的数据集来自全国最大的 O2O 商超配送平台之一。数据集为北京市某区域（14.25 千米×13.63 千米）的运营数据，包含该区域的 26 家门店从 2016 年 7 月 14 日至 2019 年 4 月 12 日的运营信息，涵盖订单、用户、仓储、促销、App 运营维护、物流、配送员等多维度，比如优惠券面值、发券数量、收货地址经纬度、商户和平台补贴、应付运费、商品评分、评价内容、商品可用库存、订单金额、下单时间、拣货时间、送达时间、配送员 ID、配送距离等，共包含 8 530 185 条原始记录。

数据集时间段内，共有消费者 52 984 人、配送员 9026 人、订单 1 230 624 个。

配送平台的工作时间为每天早上 8 点至晚上 12 点。每 5 分钟，平台对订单进行一次分派和路径规划决策。基于平台实际运营的成本估计，设置单位延误成本 $\hat{c}_p$ 为 0.4 元/分钟，单位旅行成本 $\hat{c}_d$ 为 0.1 元/分钟，作为调度模型的参数输入。

10.4.2　个性化众包配送时间预测模型数值实验结果

模型的训练集选取 2016 年 7 月 14 日至 2018 年 10 月 31 日的数据，测试集选取 2018 年 11 月 1 日至 2018 年 12 月 31 日的数据。选取两个评价指标：平均绝对误差（mean absolute error，MAE）和平均绝对百分比误差（mean absolute percentage error，MAPE）。

本节基于真实数据，跨域融合物流部门、其他运营部门、外部信息，分析不同信息对配送时间的影响，挖掘了与配送时间相关的特征共 94 个，包括：①与轨迹相关的特征共 34 个，如轨迹总距离、订单数、门店数等；②与配送员相关的特征共 51 个，包括配送员连续工作天数、历史配送速度、历史延误订单数等；③与区域相关的特征共 3 个，包括配送员是否访问过该区域、配送员访问该区域的次数等；④与外部环境相关的特征共 6 个，包括最高最低气温、天气、风速等。

基于表 10-1 的算法，本节选取多种不同的基础预测算法，包括线性回归、LASSO、弹性网络、RF、线性 SVR、高斯核 SVR 等预测模型。基于真实数据集，本节提取出 1 063 046 趟配送轨迹，一趟配送轨迹代表配送员从一个地点到另一个地点真实花费的时间，地点包括商店和订单所在的位置。根据训练集训练得到的模型，不同的基础预测算法在测试集中的预测精度结果如表 10-4 所示。

表 10-4　不同的基础预测算法在测试集中的预测精度

基础预测算法	MAE	MAPE
线性回归	5.31	26.04%
LASSO	5.09	24.60%
弹性网络	5.08	24.56%
RF	4.87	23.49%
线性 SVR	5.02	26.01%
高斯核 SVR	5.30	26.01%

通过表 10-4 可以验证，本章提出的算法选取的基础预测算法都能得到稳定的

预测结果，具有较好的普适性。在所有的基础预测算法中，RF 的预测误差最小，因此在后续的 O2O 即时物流调度模型中，将选取 RF 作为基础预测算法。

进一步地，本节将提出的个性化众包配送时间预测模型与 Liu 等（2021）提出的预测模型进行了比较，由于 Liu 等（2021）的预测模型是针对从商店出发到完成所有订单的配送的完整配送轨迹的预测，且每趟轨迹至少包括两个订单，因此本章从数据集中提取出 80 900 条完整轨迹，比较两个预测模型的预测精度，结果如表 10-5 所示。

表 10-5 不同的预测模型对预测精度的影响

预测模型	MAE	MAPE
Liu 等（2021）提出的模型	8.24	37.90%
个性化众包配送时间预测模型	7.15	24.62%

结果显示本章提出的个性化众包配送时间预测模型能够显著提升预测的精度，这主要有以下两个方面的原因。

（1）相比 Liu 等（2021）仅考虑与轨迹相关的特征，本章充分分析了配送员、外部环境等多维度的特征，对影响配送时间的因素进行了充分挖掘。

（2）本章采用基于聚类的预测算法，通过聚类将具有相似行为模式的配送员分到同一类目进行模型训练，避免了过拟合和欠拟合的情况，提高了预测模型的精度。

10.4.3 考虑预测不确定性的 O2O 即时物流调度模型数值实验结果

本节基于 C 语言实现 O2O 即时物流调度模型，选取 2019 年 1 月 1 日至 2019 年 3 月 31 日的真实数据进行调度模型的数值仿真实验。针对每一天的调度决策，本节重复进行了 20 次数值实验，并计算结果的均值，得到调度模型的绩效。考虑到 O2O 即时物流场景的特点，本节选取了三个指标。①延误订单数。O2O 即时物流最大的特点就是高时效性，因此延误订单数的多少是目前所有 O2O 企业绩效考核的最重要的指标，减少延误订单数可以提高消费者对服务的满意度。②平均配送时间。一方面，O2O 企业会向消费者承诺订单送达的时间范围，如果订单的平均配送时间更短，意味着企业可以承诺订单在更短的时间内送达，有利于提高其竞争力；另一方面，更短的平均配送时间意味着配送员可以更快地返回商店服务下一个订单，提高了系统的效率。③成本。目前 O2O 企业的物流配送成本高企，因此控制成本也是企业的重要发展指标。

表 10-6 展示了新决策范式下的调度模型和现有文献中的 O2O 即时物流调度模型的绩效对比。现有文献选取了即时物流领域有代表性的两篇文章。Arslan 等（2019）针对众包配送员参与的最后 1 千米问题进行研究，提供了一种动态派单算法，是基于众包的最后 1 千米配送领域最早的研究之一。该方法没有考虑配送时间预测和未来订单集，也没有考虑个性化配送决策。Liu 等（2021）在最后 1 千米问题的派单决策中，考虑了基于机器学习的配送距离预测，但没有考虑个性化派单和未来订单。本章基于此两篇文章的思路，将其方法在该场景下应用，并在同一数据集中进行仿真实验，以对比新决策范式下的调度模型的绩效。

表 10-6　不同方法下 O2O 即时物流调度模型的绩效

方法	延误订单数/个	平均配送时间/分钟	成本/元
Arslan 等（2019）提出的方法	365.37	30.97	4858.9
Liu 等（2021）提出的方法	257.52（29.52%）	31.12（−0.48%）	3314.9（31.78%）
新决策范式下的调度模型	81.26（68.45%）	23.76（23.65%）	2074.6（37.42%）

注：括号中的数值（除第一列外）代表该方法相比上一行中的方法的指标提升百分比

比较表 10-6 的结果可以发现，Liu 等（2021）通过订单的分布特征，构建了配送时间的预测模型，相比 Arslan 等（2019）降低了系统的延误订单数和成本。本章提出的新决策范式下的调度模型通过引入跨域多维特征、考虑个性化预测模型的点估计及其不确定性、未来订单集的预测，相比 Liu 等（2021）提出的方法，在系统的延误订单数、平均配送时间和成本三个指标上，均有显著的降低。这说明本章所提出的新决策范式下的调度模型在满足 O2O 即时调度的特定要求方面有明显优势。

为进一步分析新范式是如何带来绩效提升，本节对新决策范式下的调度模型的要素进行拆解，比较分析不同要素如何影响绩效指标。本节以 Arslan 等（2019）的调度结果为基准模型，即模型 1（不考虑个性化众包配送时间预测模型和未来订单集，即假设所有配送员的配送时间是一致的，不考虑未来订单集），对比了四种模型和其的区别。表 10-7 汇总了不同调度模型的特点。模型 2 相比模型 1，多考虑了个性化配送时间预测模型的点估计及其不确定性。模型 3、模型 4 和新决策范式下的调度模型在模型 2 的基础上，进一步考虑了未来订单集的影响。但这三种模型对未来订单集的预测方式不同，模型 3 选择前一天的订单数据作为未来的订单集的预测结果（Li et al.，2019）；模型 4 和模型 5 采用基于相似度度量的方式来预测，其中模型 4 仅考虑天气、节假日等外部数据来预测，新决策范式下的调度模型同时考虑内部和外部的全景式数据来进行预测。

表 10-7 不同调度模型的特点

模型	考虑个性化配送时间		考虑未来订单集		
	假设配送时间一致	同时考虑预测点估计及其不确定性	直接采用前一天	考虑外部特征	考虑内部特征
模型 1	√	×	×	×	×
模型 2	×	√	×	×	×
模型 3	×	√	√	×	×
模型 4	×	√	×	√	×
新决策范式下的调度模型	×	√	×	√	√

表 10-8 总结了考虑不同个性化配送时间预测方法和不同未来订单集预测方法对调度模型绩效的影响结果。

表 10-8 不同的个性化配送时间预测方法和未来订单集预测方法对调度模型绩效的影响

研究内容	模型	延误订单数/个	平均配送时间/分钟	成本/元
个性化配送时间假设转变的价值	模型 1	365.37	30.97	4858.9
	模型 2	95.14（73.96%）	24.66（20.37%）	2303.7（53.59%）
需求时空属性假设转变的价值	模型 3	103.26（−8.53%）	25.32（−2.68%）	2512.8（−9.08%）
	模型 4	88.27（14.52%）	24.11（4.78%）	2193.6（12.70%）
	新决策范式下的调度模型	81.26（7.94%）	23.76（1.45%）	2074.6（5.42%）

注：括号中的数值代表该模型相比上一行中的模型的指标提升百分比

表 10-8 中模型 1 和模型 2 的对比，聚焦于是否有配送时间预测的比较，体现了个性化配送时间假设转变的价值。模型 3、模型 4 和新决策范式下的调度模型的对比，聚焦于未来订单集的不同预测方法的比较，体现了需求时空属性假设转变的价值。具体价值实现路径分析如下。

（1）个性化配送时间假设转变的价值。比较模型 1 和模型 2 的结果可以发现，通过将本章提出的个性化众包配送时间预测模型的点估计及其不确定性纳入 O2O 即时物流调度模型，可以将延误订单数降低 73.96%、平均配送时间降低 20.37%、成本降低 53.59%。个性化配送时间假设转变对系统绩效的提升主要有两个原因。

首先，通过结合个性化众包配送时间预测模型，订单分派和路径规划模型可以更高效地匹配配送员与订单。如果平台不能准确预测配送时间，可能会将紧急的订单分配给没有经验的配送员，从而造成更多的延误；或将不紧急的订单分配给经验丰富的配送员，造成运力的浪费，并可能导致未来有更多的订单产生延误。

其次，预测模型存在误差会影响订单分派和路径规划模型的决策质量。依据个性化众包配送时间预测模型，系统将订单分配给可以按时完成订单的配送员，但在真实环境中存在随机因素的影响，可能会造成未被预测到的配送时间变化。将预测模型的不确定性融入决策模型，可以使决策能够适应动态变化的场景，降低订单延误的概率。

（2）需求时空属性假设转变的价值。比较模型 2 和模型 3 的结果可以发现，在考虑未来需求时，如果方法不适合，比如直接利用前一天的订单信息作为未来订单信息的模拟，反而会降低系统的绩效，造成延误订单数、平均配送时间和系统总成本均增加。这是因为不同天之间的订单分布规律存在较大差异，如果选取了差异较大的场景，会对物流决策模型造成误导。因此需要选取合适的场景作为未来订单集的模拟。

模型 4 相比于模型 3，降低了 14.52%的延误订单数和 12.70%的系统成本，说明基于本章提出的订单集时空相似性度量方法，可以更好地选择与当天实际情况更为相似的订单集作为未来订单集的模拟，从而提升系统的绩效。此外，新决策范式下的调度模型进一步降低了 7.94%的延误订单数和 5.42%的系统成本。这说明采用全景式数据，考虑的特征维度更丰富，能够更好地挖掘不同场景之间的信息，选择与当前更相似的场景，从而在物流调度中给出更好的决策，有效地提升系统绩效。需求时空属性假设转变对系统绩效的提升主要有两个原因。

首先，通过考虑未来需求，系统可以根据当前的配送员数目、当前的需求和未来的需求进行统筹决策。当未来的需求数目高、空间分布广时，系统可以保留部分配送员以应对未来的需求；当未来的需求数目低、空间分布小时，系统可以让更多的配送员参与到完成当前的需求的任务中。通过更好地匹配配送员与需求，可以提高配送员的利用率，降低订单的延误。

其次，通过基于订单集时空相似性的需求场景预测算法，可以获取未来需求的时空分布，提升决策精准度。比如，在系统进行配送决策时，可以让配送员提前前往需求数目较高的区域等待，从而提高配送员服务未来需求的能力，降低未来订单的延误。

10.5　结　束　语

本章通过分析 O2O 即时物流调度问题的特点，应用新的决策范式，将分散在不同领域、不同系统的数据整合起来，将配送时间一致和订单服从先验分布的假设转变为个性化的配送时间和考虑订单的时空属性的宽假设，并建立个性化配送时间预测模型和基于订单集时空相似性的需求场景预测算法。结合这两个基于大数据的预测模型，本章建立了个性化的 O2O 即时物流调度模型，该模型将配送员的个性化配送时间和未来订单集的时空分布纳入考量。更进一步，本章将个性化配送时间预测模型的点估计及其不确定性同时融入优化函数，通过最小化期望延误成本和旅行成本来优化派单与路径规划决策。个性化的模型使得 O2O 即时物流调度模型的约束数量增加，同时数据和模型的深度融合需要同步处理配送时间的预测与派单及路径规划决策的优化，增加了问题的复杂度。本章设计了同步预测和决策的启发式算法来对模型进行求解。

本章与中国最大的 O2O 商超平台之一合作，基于真实数据集进行分析，验证了考虑预测不确定性的 O2O 即时物流调度模型的有效性；并通过比较不同方法下的系统绩效，验证了新决策范式下的调度模型的有效性。通过考虑个性化众包配送时间预测模型和基于订单集时空相似性的未来需求场景预测算法，可以提高系统绩效，降低 77.76%的延误订单数、23.28%的平均配送时间和 57.30%的成本［本章提出的模型相比模型 1（基准模型）改善的比例］。基于本章的研究结果，可以给 O2O 平台提供一些管理启示。

（1）不同众包配送员的工作意愿是不同的，且会受到平台提供的收入、评级和惩罚的交互影响。不同的众包配送员在完成订单时，需要的配送时间是存在差异的，订单的配送时间不仅与众包配送员的个人经验和需要完成的订单集相关，也与外部环境相关，且不同的配送员对于环境的反应也是不同的。因此本章指出，在 O2O 即时物流决策中需要同时考虑人和订单两个维度，需要对众包配送员进行分类，将具有相似行为模式的配送员分为一类，对同类的配送员建立配送时间预测模型，可以避免过拟合和欠拟合的情况，提高预测精度。

（2）在平台进行订单分派和路径规划决策时，应该考虑不同配送员完成订单配送时不同的配送时间，以及预测模型的预测误差，这可以让平台提供更精准化的决策，避免运力的浪费和订单的延误。

（3）对于平台的决策，考虑未来订单集的时空分布是有意义的，但需要对选取的场景进行相似性分析。随机选取的场景如果与当前场景差异较大，反而会降低决策的质量。通过挖掘不同场景之间的时空相似性，可以选取合适的场景，给出更优的决策。

本章基于决策范式转变的理念，对 O2O 即时物流调度问题进行了研究，但本章的模型也有一定的局限性。首先，分析个性化的配送时间时，本章没有考虑目的地的小区布局、楼层等因素对配送时间的影响，这些因素可以更好地帮助预测配送时间；其次，本章考虑了需求端订单数目和分布的不确定性，以及运力端配送时间的不确定性对物流调度问题的影响，但没有讨论运力供给端配送员数目和分布的不确定性对物流调度问题带来的影响。这些都有待在以后的工作中继续完成。

参考文献

艾瑞智库. 2020. 中国外卖行业市场发展状况及消费行为研究数据. https://data.iimedia.cn/data-classification/theme/44275772.html[2022-01-08].

陈国青, 吴刚, 顾远东, 等. 2018. 管理决策情境下大数据驱动的研究和应用挑战: 范式转变与研究方向. 管理科学学报, 21(7): 1-10.

陈国青, 曾大军, 卫强, 等. 2020. 大数据环境下的决策范式转变与使能创新. 管理世界, 36(2): 95-105, 220.

陈萍, 李航. 2016. 基于时间满意度的 O2O 外卖配送路径优化问题研究. 中国管理科学, 24(S1): 170-176.

丁秋雷, 胡祥培, 姜洋. 2014. 基于前景理论的物流配送干扰管理模型研究. 管理科学学报, 17(11): 1-9, 19.

慕静, 杜田玉, 刘爽, 等. 2018. 基于即时配送和收益激励的众包物流运力调度研究. 运筹与管理, 27(5): 58-65.

饶卫振, 徐丰, 朱庆华, 等. 2021. 依托平台协作配送成本分摊的有效方法研究. 管理科学学报, (9): 105-126.

饶卫振, 朱庆华, 金淳, 等. 2019. 协作车辆路径成本分摊问题的 B-T Shapley 方法. 管理科学学报, 22(1): 107-126.

杨东林, 荣鹰. 2019. 在 O2O 情景下的送取货集成决策. 管理工程学报, 33(2): 205-210.

余海燕, 唐婉倩, 吴腾宇. 2021. 带硬时间窗的 O2O 生鲜外卖即时配送路径优化. 系统管理学报, 30(3): 584-591.

张朋, 谢云东, 吴强, 等. 2022. 我国管理科学与工程学科研究热点及演化趋势. 管理科学学报, (5): 1-12.

周鲜成, 刘长石, 周开军, 等. 2019. 时间依赖型绿色车辆路径模型及改进蚁群算法. 管理科学学报, 22(5): 57-68.

Alnaggar A, Gzara F, Bookbinder J H. 2021. Crowdsourced delivery: a review of platforms and academic literature. Omega, 98: 102139.

Archetti C, Savelsbergh M, Speranza M G. 2016. The vehicle routing problem with occasional drivers. European Journal of Operational Research, 254(2): 472-480.

Arslan A M, Agatz N, Kroon L, et al. 2019. Crowdsourced delivery: a dynamic pickup and delivery problem with ad hoc drivers. Transportation Science, 53(1): 222-235.

Ban G Y, Keskin N B. 2021. Personalized dynamic pricing with machine learning: high-dimensional features and heterogeneous elasticity. Management Science, 67(9): 5549-5568.

Barreto S, Ferreira C, Paixão J, et al. 2007. Using clustering analysis in a capacitated location-routing problem. European Journal of Operational Research, 179(3): 968-977.

Bertsimas D, Mišić V. 2015. Data-driven assortment optimization. Cambridge: Massachusetts Institute of Technology Sloan School.

Carlsson J G, Behroozi M, Mihic K. 2018. Wasserstein distance and the distributionally robust TSP. Operations Research, 66(6): 1603-1624.

Dai H Y, Ge L, Li C, et al. 2022. The interaction of discount promotion and display-related promotion on on-demand platforms. Information Systems and e-Business Management, 20: 285-302.

Dai H Y, Ge L, Liu Y L. 2020. Information matters: an empirical study of the efficiency of on-demand services. Information Systems Frontiers, 22(4): 815-827.

Dai H Y, Liu P. 2020. Workforce planning for O2O delivery systems with crowdsourced drivers. Annals of Operations Research, 291(1): 219-245.

Dai H Y, Liu Y L, Yan N N, et al. 2021. Optimal staffing for online-to-offline on-demand delivery systems: in-house or crowd-sourcing drivers?. Asia-Pacific Journal of Operational Research, 38(1): 2050037.

Dai H Y, Xiao Q, Yan N N, et al. 2022. Item-level forecasting for e-commerce demand with high-dimensional data using a two-stage feature selection algorithm. Journal of Systems Science and Systems Engineering, 31(2): 247-264.

Dayarian I, Savelsbergh M. 2020. Crowdshipping and same-day delivery: employing in-store customers to deliver online orders. Production and Operations Management, 29(9): 2153-2174.

Dong J, Ibrahim R. 2020. Managing supply in the on-demand economy: flexible workers, full-time employees, or both?. Operations Research, 68(4): 1238-1264.

Ferreira K J, Lee B H A, Simchi-Levi D. 2016. Analytics for an online retailer: demand forecasting and price optimization. Manufacturing & Service Operations Management, 18(1): 69-88.

Huang W Y, Xiao Q, Dai H Y, et al. 2018. Sales forecast for O2O services-based on incremental random forest method. Hangzhou: The 2018 15th International Conference on Service Systems and Service Management.

Huang Y X, Zhao L, van Woensel T, et al. 2017. Time-dependent vehicle routing problem with path flexibility. Transportation Research Part B: Methodological, 95: 169-195.

Hvattum L M, Løkketangen A, Laporte G. 2006. Solving a dynamic and stochastic vehicle routing problem with a sample scenario hedging heuristic. Transportation Science, 40(4): 421-438.

Li D H, Antoniou C, Jiang H, et al. 2019. The value of prepositioning in smartphone-based vanpool services under stochastic requests and time-dependent travel times. Transportation Research Record: Journal of the Transportation Research Board, 2673(2): 26-37.

Liu J M, Sun L L, Chen W W, et al. 2016. Rebalancing bike sharing systems: a multi-source data smart optimization. San Francisco: The 22nd ACM SIGKDD International Conference on Knowledge Discovery and Data Mining.

Liu S, He L, Max Shen Z J. 2021. On-time last-mile delivery: order assignment with travel-time predictors. Management Science, 67(7): 4095-4119.

Mao W Z, Ming L, Rong Y, et al. 2022. On-demand meal delivery platforms: operational level data and research opportunities. Manufacturing & Service Operations Management, 24(5): 2535-2542.

Muelas S, LaTorre A, Peña J M. 2015. A distributed VNS algorithm for optimizing dial-a-ride problems in large-scale scenarios. Transportation Research Part C: Emerging Technologies, 54: 110-130.

Oroojlooyjadid A, Snyder L V, Takáč M. 2020. Applying deep learning to the newsvendor problem. IISE Transactions, 52(4): 444-463.

Schilde M, Doerner K F, Hartl R F. 2011. Metaheuristics for the dynamic stochastic dial-a-ride problem with expected return transports. Computers & Operations Research, 38(12): 1719-1730.

Tao J W, Dai H Y, Chen W W, et al. 2023. The value of personalized dispatch in O2O on-demand delivery services. European Journal of Operational Research, 304(3): 1022-1035.

Tao J W, Dai H Y, Jiang H, et al. 2020. Dispatch optimisation in O2O on-demand service with crowd-sourced and in-house drivers. International Journal of Production Research, 59(20): 6054-6068.

Ulmer M W, Goodson J C, Mattfeld D C, et al. 2019. Offline-online approximate dynamic programming for dynamic vehicle routing with stochastic requests. Transportation Science, 53(1): 185-202.

Voccia S A, Campbell A M, Thomas B W. 2019. The same-day delivery problem for online purchases. Transportation Science, 53(1): 167-184.

Xu Y Q, Lu B L, Ghose A, et al. 2023. The interplay of earnings, ratings, and penalties on sharing platforms: an empirical investigation. Management Science, 69(10): 6128-6146.

第四篇　大数据分析技术

第 11 章 “大数据-小数据”问题：以小见大的洞察[①]

11.1 引　　言

随着大数据、人工智能、物联网、5G、云计算、区块链等新兴科技与社会经济、产业生态、企业管理、用户生活的深入融合，数字经济正逐渐成为一种重要的经济形态。尤其是在新冠疫情给经济发展带来的巨大冲击和不确定性背景下，数字经济呈现了巨大的发展韧性，从一个特定角度诠释了“百年未有之大变局”的独特内涵。数字经济发展的核心动力为科技创新。在数字经济时代，科技的快速迭代使经济、社会、生活等各个领域发生了日新月异的变革，经济社会的形态、企业管理的场景、人们生活的方式都正在或即将在数字空间重构。数字空间中的数字场景产生了大量的数据，如虚拟化生产中的数字组装日志、智能交通中的参与者时空轨迹、用户直连制造（customer to manufacturer，C2M）中的需求订单、信息服务平台上的企业组织流程、电子商务活动中的消费者评论、社交媒体上的多媒体内容动态等。据 IDC（International Data Corporation，国际数据公司）研究显示，2025 年全球所产生的数据总量将扩展至 175ZB（ZB 表示泽字节，$1\text{ZB} = 2^{70}\text{B}$），相当于 2016 年所产生 16.1ZB 数据的十倍（Reinsel et al.，2017）。

可以看到，基于数据的决策逐渐成为研究和应用的主流（徐宗本等，2014），变成触及产业与经济发展的基础性机制以及经济与管理决策的基本形式，也引发了各国政府推出不同的研究规划以应对随之而来的深层次挑战，如欧盟在 2014 年发布的《数字驱动经济战略》，美国在 2016 年推出的《联邦大数据研究与开发战略计划》等。我国在 2015 年提出实施“国家大数据战略”，国务院印发《促进大数据发展行动纲要》（国发〔2015〕50 号）；2019 年，第十三届全国人民代表大会第二次会议强调要深化大数据、人工智能等研发应用，为制造业转型升级赋能，壮大数字经济；2020 年发布的《中共中央 国务院关于构建更加完善的要素市场化配置体制机制的意见》，将数据与土地、劳动力、资本、技术等传统要素并列为生产要素之一。

---

① 本章作者：陈国青（清华大学经济管理学院）、张瑾（中国人民大学商学院）、王聪（北京大学光华管理学院）、卫强（清华大学经济管理学院）、郭迅华（清华大学经济管理学院）。通讯作者：张瑾（zhangjin@rmbs.ruc.edu.cn）。基金项目：国家自然科学基金资助项目（91846000；72072177；71772177；92046021）。本章内容原载于《管理世界》2021 年第 2 期。

数字经济的发展使得具有超规模、富媒体、低密度、流信息特征的大数据（冯芷艳等，2013；Hilbert and López，2011）及其应用成了赋能和创新的重要原动力。在此环境下，领域情境、决策主体、理念假设、方法流程等决策要素受到冲击，导致决策范式正在发生着深刻转变，催生了新型决策范式，即大数据决策范式（陈国青等，2020）。从决策诉求的角度看，大数据驱动的管理决策寻求对于多维因素的关联模式和因果关系的揭示，以期获得决策情境的全局视图（陈国青等，2018）。这就要求决策者能够获得对于大数据决策场景全貌的洞察。然而，在现实中虽然获得大数据（数据集合全体）已成为可能，但是在很多应用场景中，受数据的可获得性及获得成本、时间，乃至人们的认知能力、阅读心理等相关因素影响，人们面对或者能够直接处理的数据往往是有限的、部分的。也就是说，人们的许多决策是基于小数据（数据集合全体的子集）的。例如，消费者只有有限的时间和耐心阅读全部产品评论中的一小部分；关键词搜索者只可能浏览海量查询结果的前几页条目；企业管理者只能利用有限的时间和精力从所有企业博客或微信群发帖中看到部分的内容；财务审计师囿于时间和成本只能从海量的内外部数据中阅读有限的报表与文本信息；政府决策者限于能力和时间可能只了解到所有受众诉求与舆情中的局部细节；等等。这里，值得一提的是，虽然通过机器学习工具的广泛应用，生成数据集合全体的概括汇总和特征表示等信息成为可能（如文本概要、评论极性、统计均值、话题标签等），并且其发挥着积极的决策支持作用，但是人们对于心理和人格的刻画、对于个体和组织的了解、对于事件和活动的诠释、对于模式和因果的解构等通常需要具象的、丰富的、细节的、情境化的体验和感知。换句话说，实例子集是认识和反映全集的不可忽视的重要方面，在决策中可以通过实例子集帮助人们以局部看整体，达到见微知著的效果。

上述讨论引出了一个重要问题，即基于小数据的决策与基于大数据的决策在效果上取决于小数据与大数据之间的信息不对称程度。在此，我们将该问题称为“大数据-小数据”问题。“大数据”是指相关数据全体，“小数据”是相关数据全体的一个子集，小数据通过部分数据反映大数据在特定方面的语义（semantics）内容。从集合概念的角度出发，作为相关数据全体的“大数据”对应着“大集合”，而作为相关数据全体之子集的“小数据”对应着“小集合”。在这个意义上讲，“大数据-小数据”问题也可以表达为“大集合-小集合”问题。进而，“大数据-小数据”问题可以表示为小数据集合反映大数据集合的问题。这里的“反映”是指语义反映，即小数据所携载的语义与大数据所携载的语义之间的异同关系（如距离或相近性）。如果给定大数据集合（即大集合），对于“大数据-小数据”问题的求解则是寻求一个小数据集合（即大数据集合的子集——小集合），使得小数据集合的语义与大数据集合的语义尽可能相近。这里，根据应用情境的不同，对于小数据集合的规模通常有特定约束。一般来说，小数据集合的规模远远小于大数据集合的规模。

11.2 “大数据-小数据”问题的形式化定义

在“大数据-小数据”问题中，大数据集合（大集合）和小数据集合（小集合）分别用D和D'表示，D'是D的子集。具体说来，设$\mathbb{A}=\{A_1,A_2,\cdots,A_q\}$是$D$的属性集合，$U_j$是属性$A_j$的论域（$j=1,2,\cdots,q$）。对于属性向量$(A_1,A_2,\cdots,A_q)$，其对应的论域空间为$\mathbb{U}=U_1\times U_2\times\cdots\times U_q$。给定大集合$D=\{d_1,d_2,\cdots,d_n\}$和整数$k$（$k\ll n$），“大数据-小数据”问题旨在寻求一个小集合$D'=\{d_1',d_2',\cdots,d_k'\}$，$D'\subset D$，使得小集合的语义$s(D')$尽可能接近大集合的语义$s(D)$，即

$$\max_{D'\subset D} 1-\left(s(D)\ominus s(D')\right) \tag{11-1}$$

其中，$s(D)$表示从$\mathbb{U}$的高阶论域空间$\mathbb{U}^p$到语义空间$\mathbb{V}$的映射，即$\mathbb{U}^p\to\mathbb{V}$，$p\geqslant 1$；$s(D')$表示从$\mathbb{U}$的高阶论域空间$\mathbb{U}^{p'}$到语义空间$\mathbb{V}$的映射，即$\mathbb{U}^{p'}\to\mathbb{V}$，$p\geqslant p'\geqslant 1$；$\ominus$表示超减法运算，是从$\mathbb{V}\times\mathbb{V}$到$[0,1]$的映射，即$\mathbb{V}\times\mathbb{V}\to[0,1]$。也就是说，语义是通过映射关系及其映射到$\mathbb{V}$上的结果（像）表示的。超减法运算优化的核心是度量小集合D'与大集合D之间的语义偏差，语义偏差越小则说明小集合的语义能够反映大集合的语义。

这里，对于任一数据集合X，其语义总体$S(X)$是X中元素的属性特征或X元素关系的含义集合表示。在不同的情境、视角和认识条件下，X的语义有着不同的体现，反映X的数据在相关属性上的取值及其模式（如结构、类别、关系等）。如$s(X)$就是语义的某一特定体现，即$s(X)\in S(X)$。在“大数据-小数据”问题中，$X=D$时，有$s(D)\in S(D)$。同样，$X=D'$时，有$s(D')\in S(D')$。以$X=D$为例，D的元素间相似关系体现了D的一个语义，是$\mathbb{U}\times\mathbb{U}$到$[0,1]$的映射，即$s(D):\mathbb{U}^p\to[0,1]$，$p=2$。再如，$D$的均值也体现了$D$的一个语义，即$s(D):\mathbb{U}^p\to\mathbb{U}$，$p=|D|=n$；类似地，$D'$的均值亦体现$D'$的一个语义，即$s(D'):\mathbb{U}^{p'}\to\mathbb{U}$，$p'=|D'|=k$。

从表达的层次来看，语义可以分为显式的语义和隐式的语义。显式的语义比较直接，通常可以直接观察到，而隐式的语义则可能需要进一步揭示或者表达。例如，最直观的一种显式语义表述的就是D的一种存在或者是D中元素d的一种存在。换句话说，d在属性A_j（$j=1,2,\cdots,q$）上的取值$d(A_1),d(A_2),\cdots,d(A_q)$刻画了$d$的一种存在，即

$$d=d(A_1),d(A_2),\cdots,d(A_q) \tag{11-2}$$

$$D=\{(d_i(A_1),d_i(A_2),\cdots,d_i(A_q))\,|\,d_i(A_j)\in U_j;\ i=1,2,\cdots,n;\ j=1,2,\cdots,q\} \tag{11-3}$$

举例说来，假设公司的客户关系管理（customer relationship management，

CRM）系统中记录的数据如表 11-1 所示，其中包含所有客户的基本注册信息以及购物信息。

表 11-1　CRM 系统中的客户数据示例

客户 ID	姓名	手机号	性别	年龄/岁	上次购物时间	……
1	Tom	138####1235	男	24	2020-12-01 17:34	……
2	Jane	138####3336	女	40	2020-11-30 12:10	……
3	Marry	184####8789	女	45	2020-11-27 08:45	……
4	Claudia	139####0109	女	32	2020-10-19 21:13	……
5	Justin	135####4662	男	19	2020-12-02 19:34	……
……	……	……	……	……	……	……

表 11-1 中的每一条记录通过在属性上的取值构成了一个存在实例，体现出其关于这些属性特征的语义内涵。所有这些记录数据则反映了客户全体的存在以及相关属性上的语义。给定表 11-1，其中的记录在属性上的取值就是语义的一种显性表示。

进一步，如果决策过程需要了解所有客户的年龄构成，那么则需要对表 11-1 中的所有记录在年龄属性上的取值情况进行分析，得到如图 11-1 所示的客户年龄分布模式。这里，客户年龄分布是客户记录在“年龄”属性上的取值模式，其作为一种语义并没有显式地呈现在表 11-1 中，而是隐式地体现在年龄取值关系中。其他隐式语义还包括属性取值的统计特征、顺序特征、类别特征、结构特征等，主要通过属性取值关系模式体现（包括前面相似关系和均值的例子）。隐式语义特别是复杂模式常常不易直接观察得到，需要通过数据分析手段进行挖掘予以揭示。

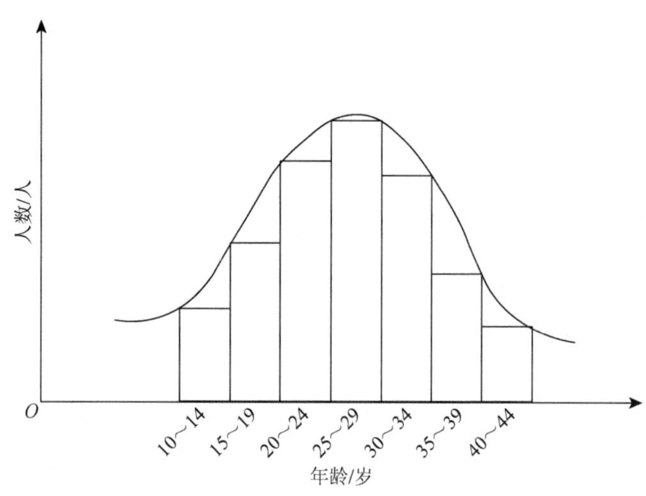

图 11-1　CRM 系统中的客户年龄分布模式

此外，在大数据环境下，数据呈现多模态、富媒体特点。表 11-1 作为 CRM 系统中的原始记录集合，属于结构化数据，而现实中还存在着更大规模的非结构化数据，如文本、图像等。对于这类非结构化数据，当前的主流技术应用是通过表示学习来获得非结构化数据的特征向量集合，即通过数据在这些属性特征上的取值来获得基本的语义内容。例如，产品评论是一类非结构化的自由格式的文本，通过特征提取方法可以将其转换成在特征向量上的取值，以结构化的形式来表示这些文本的基本语义内容。这里，产品评论是观测到的、作为显式存在的原始数据实例，而其在相关属性（特征）上的取值则是揭示出的一种隐式语义内容。进一步，这些评论数据在属性特征上的取值模式也是一种需要深层次揭示的语义内容。通常，文本、图像等富媒体数据的语义表示相对复杂，需要借助数据挖掘和机器学习技术与应用的发展成果。

综上所述，大数据集合的语义在不同的情境、视角和认识情形下存在不同的表示，并具有显式和隐式特点。下面我们将从语义反映的角度出发，讨论“大数据-小数据”问题的三种典型类型（即代表性语义反映、一致性语义反映和多样性语义反映）及其可能的组合形式，并结合作者团队近年来的系列研究创新，阐述相关的领域情境、概念内涵、问题建模、求解路径以及管理决策意义。

11.3　代表性语义反映

在决策场景中，人们常常需要了解大数据中的不同内容或者不同数据元素的存在，即希望通过数据实例这种显式语义来形成对于数据内容的具体印象和直观认识。代表性语义反映是“大数据-小数据”问题的一种类型，旨在从上述显式语义的视角获得一个数据实例的小集合，以求尽可能地反映数据实例全体的内容语义。例如，当需要从所有搜索结果中浏览一小部分条目时，当需要从所有企业博文中读取一小部分文章时，当需要从所有客户反馈中阅看一小部分评论时，当需要从所有舆情专报中审视一小部分报告时……林林总总，人们遇到了依据小数据（子集）认识全局进行决策的情形。此时，小数据通过部分具体的数据实例内容来反映大数据的数据实例内容，这种“反映”称为代表性语义反映。

代表性语义反映的概念内涵主要体现的是大数据 D 与小数据 D' 在元素内容上的对应关系，这种对应关系可以通过元素实例之间的相似关系来度量。例如，对于 $d \in D$ ，$d' \in D'$ ，二者的相似度 $\mathrm{sim}(d,d')$ 测量了二者之间的内容异同，反映了 d 代表（或覆盖）d' 内容的程度，也反映了 d' 代表（或覆盖）d 内容的程度。这里，相似度测度 $\mathrm{sim}(\cdot)$ 通常设定具有自反性和对称性，且 $\mathrm{sim}(d,d') \in [0,1]$ 。换句话说，代表性的含义是通过元素内容间的相似关系体现的，也体现了小数据 D'

在内容上对大数据 D 的覆盖情况，即代表性具有内容覆盖（content coverage）的意味。

需要指出的是，由于代表性是通过显式数据实例之间的相似关系来刻画的，那么数据相似度（或差异性）测量决定着大数据与小数据间的“反映”关系，也影响着生成小数据集合的思路逻辑。

如图 11-2 所示，首先，D' 中的 d' 在内容上对 D 中的 d 代表的程度通过相似度 $\text{sim}(d',d)$ 表示，则从子集 D' 的角度来看，可将 D' 中与 d 相似度最大的那个元素 d'^{*} 和 d 的相似程度视为整个 D' 代表 d 的程度，即 $\text{sim}(D',d)=\max\text{sim}(d',d)$，这也是对整个 D' 从内容上代表 d 的一个表达。进而，D 被 D' 代表的势（cardinality）是所有 D 中 d 被 D' 代表的程度之和，即 $\sum_{d\in D}\text{sim}(D',d)$，也就是 D' 在内容上对于 D 的覆盖“量”，可视作 $s(D')$，即

$$s(D')=\sum_{d\in D}\text{sim}(D',d) \tag{11-4}$$

而 D 的势（总量 $|D|$）可视作 $s(D)$。若将语义转换为 0～1 的量（即占总量的比例，或内容覆盖程度），则 $s(D)$ 为1，且

$$s(D')=\frac{1}{|D|}\sum_{d\in D}\text{sim}(D',d) \tag{11-5}$$

这样，给定 D 和 k，代表性语义反映的求解问题可以表达为

$$\max_{D'\subset D,|D'|=k}\left[1-|s(D')\ominus s(D)|\right]=\max_{D'\subset D,|D'|=k}\frac{1}{|D|}\sum_{d\in D}\text{sim}(D',d) \tag{11-6}$$

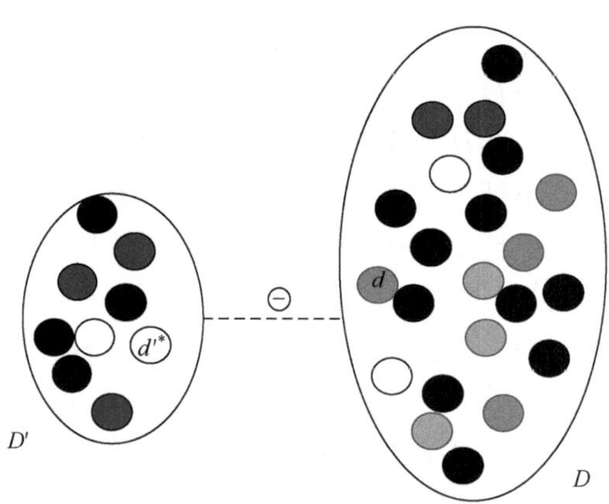

图 11-2 代表性语义反映示意

虽然从前面的讨论中可以看到该问题的提出和求解对于决策支持具有重要意义，但是其求解难度是一个挑战，因为此问题是一个 NP-难问题（Ma et al., 2017）。

这对于方法创新提出了高要求，特别是需要设计出新颖有效的优化策略和启发式方法。再者，如何确保启发式方法的寻优效果也是此问题求解的一个难点。鉴于此，相关研究证明了该问题具有一个重要性质，即子模性（submodularity）。子模性表明，对于该问题，如果 D 有两个子集 D_1' 和 D_2'，存在 $D_1' \subset D_2'$ 关系，那么可以得到

$$s(D_1'+d)-s(D_1') \geqslant s(D_2'+d)-s(D_2'),\ d \in D-D_2' \tag{11-7}$$

子模性的一个直观的经济学含义是其满足边际收益递减的原则。也就是说，对于 D 的一个相对较大的子集 D_2' 而言，增加一个新的元素 d 所带来的 D_2' 对 D 的语义反映增益要小于 D_1' 对 D 的语义反映增益。重要的是，子模性保证了即使采用直接的贪心启发式方法，得到的代表性语义反映的子集会以 $(1-\mathrm{e}^{-1})$ 的近似程度逼近最优解（Ma et al.，2017）。

此外，有一类数据情形值得关注，体现在数据元素之间的差异性方面。如果数据本身具有类别标签，或者数据集合中存在较多相似的数据实例可以进行类别划分，则可以采用一个不同的求解策略，即构造式策略。基本思路是从大数据集合 D 的每一个类别中提取一个代表元素，以此来构造生成小数据集合 D'（图 11-3）。

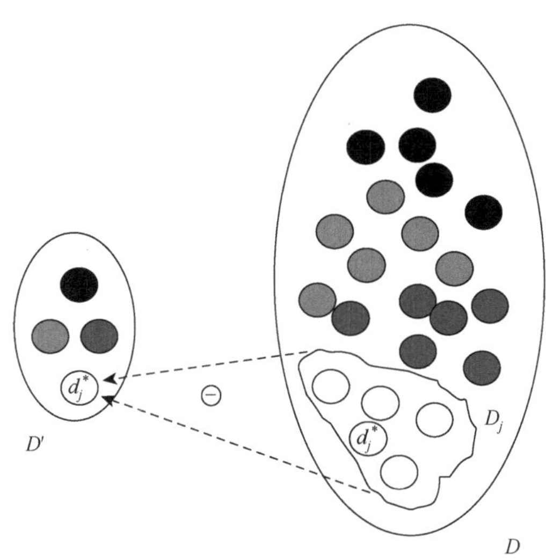

图 11-3 类别划分情形的代表性语义反映示意

具体来说，设 H 为 D 的一个划分，即 $H=\{D_1,D_2,\cdots,D_k\}$，且 $D=\bigcup_{j=1}^{k}D_j$，D_j 为划分的一个群簇。群簇内的数据元素是相似的（或具有超过阈值标准的强相似程度），而群簇间的数据元素是不相似的（或具有低于阈值标准的弱相似程度）。因此，可以通过选取群簇内的某一个元素来代表该群簇的其他相似元素，这个元素就被视为该群簇的代表元素。记 d_j^* 为 D_j 的代表元素，则 D_j 被 d_j^* 代表的势为

$\sum_{d^{\circ}\in D_j}\mathrm{sim}(d_j^*,d^{\circ})$。进而，$D=\bigcup_{j=1}^{k}D_j$ 被 $D'=\{d_1^*,d_2^*,\cdots,d_k^*\}$ 代表的势（内容覆盖“量”）为 $\sum_{j=1}^{k}\sum_{d^{\circ}\in D_j}\mathrm{sim}(d_j^*,d^{\circ})$，可视作 $s(D')$，即

$$s(D')=\sum_{j=1}^{k}\sum_{d^{\circ}\in D_j}\mathrm{sim}(d_j^*,d^{\circ}) \tag{11-8}$$

而 D 的势（D 的总量 $|D|$）可视为 $s(D)$。同样，若将语义转换为 0～1 的量（即占总量的比例，或内容覆盖程度），则 $s(D)$ 为 1，且

$$s(D')=\frac{1}{|D|}\sum_{j=1}^{k}\sum_{d^{\circ}\in D_j}\mathrm{sim}(d_j^*,d^{\circ}) \tag{11-9}$$

此时，给定 D 和 k，代表性语义反映问题可表示为

$$\max_{D'\subset D}\left[1-|s(D')\ominus s(D)|\right]=\max_{D'=\{d_j^*|d_j^*\in D_j,j=1,2,\cdots,k\}\subset D}\frac{1}{|D|}\sum_{j=1}^{k}\sum_{d^{\circ}\in D_j}\mathrm{sim}(d_j^*,d^{\circ}) \tag{11-10}$$

如果原始数据本身没有类别划分，则该问题求解的一个核心难点是如何获得相应的类别划分，以保证形成的群簇内部的数据元素之间的相似度较高，同时群簇之间的数据元素差异较大。惯常的类别划分方法可以通过聚类实现，如划分式聚类、凝聚式聚类、基于密度的聚类、基于网格的聚类等不同形式（Han et al.，2011）。不同的聚类方法适用于不同类型的数据，如划分式聚类和凝聚式聚类就比较常应用于文本数据（Steinbach et al.，2000）。

进一步地，虽然代表性语义反映问题一般具有小数据集合的规模约束，如 $|D'|=k$，但是，在实际应用中，k 的设置经常是变化的，会随着决策者的需要或偏好不断调整。比如，在购物过程中，先看 10 条产品评论（即 $k_1=10$），之后又想看 10 条评论（即 $k_2=10$）；在审阅舆情报告时，先看 8 份报告（即 $k_1=8$），随后又看 7 份（即 $k_2=7$），然后再看 5 份（即 $k_3=5$）。一般说来，每次 k 值的设置都意味着重新进行一次问题求解，比如先用 K-means（K-均值）方法在大数据集合 D 中进行聚类，再从各群簇中进行代表元素提取以构成小数据集合 D'。一个可行的思路是采用凝聚式聚类方法，通过构建多个层次不同粒度的聚类结果来应对类别数变化的情况。然而，传统的凝聚式聚类存在一个局限，即在凝聚过程中只考虑局部信息（任何两个数据或者两个簇之间的相似性），忽略了全局信息，因此容易在边缘点处产生错误划分进而影响聚类质量。鉴于此，相关研究提出了一种新颖有效的代表元素生成方法 REPSET（representative set，代表性集合），其中的新型层次聚类模块，设计了一个回溯机制来动态修正类别凝聚过程中的错误划分，同时通过一次聚类迭代生成多个层次不同粒度的聚类结果（Guo et al.，2017）。该聚类模块的基本流程如图 11-4 所示。

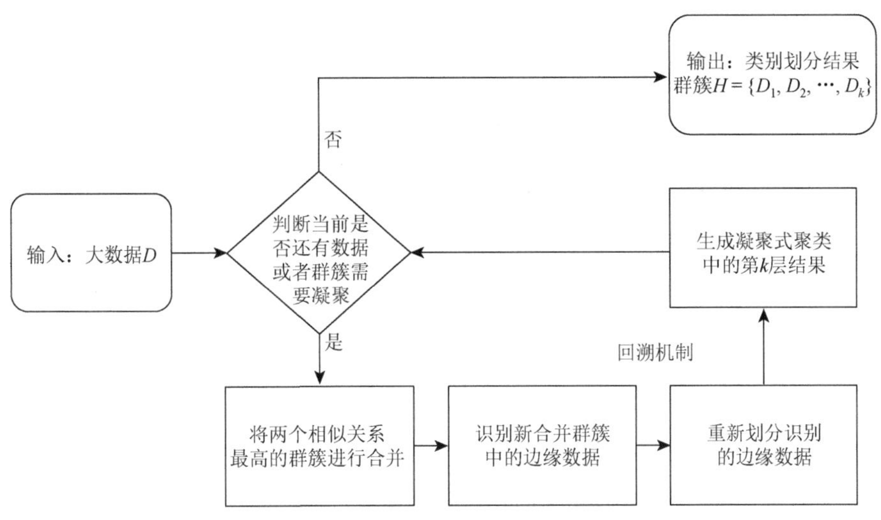

图 11-4 新型层次聚类模块的基本流程

在此基础上，群簇中元素的平均相似度最高的元素为该群簇的代表元素，即

$$d_j^* = \max_{d \in D_j} \left\{ \frac{1}{|D_j|} \sum_{d^\circ \in D_j} \text{sim}(d, d^\circ) \right\} \tag{11-11}$$

每个群簇的代表元素合并生成小数据集合 $D' = \{d_1^*, d_2^*, \cdots, d_k^*\}$。REPSET 方法与其他相关方法比较存在显著优势。同时，REPSET 方法也在大型企业的员工博客平台上进行了检验应用，获得了良好的管理决策支持效果（Guo et al.，2017）。

概括说来，代表性语义反映作为“大数据-小数据”问题的一类情形，体现了大数据环境下管理决策的新挑战，其应对策略对于在数据实例和内容覆盖层面上的以小见大的洞察具有重要决策支持意义。相关求解方法在丰富的场景中不断创新和应用，可以有效帮助解决基于数据决策中的大小数据间内容语义的信息不对称性，进而更好地为各领域的价值创造进行大数据驱动的决策赋能。

11.4 一致性语义反映

在决策场景中，人们常常需要在了解大数据全貌的同时获得有温度的具象感知，即希望通过大数据集合的概括性语义（如属性特征的统计汇总）和小数据集合的实例语义来形成对于数据内容及其含义的认识。一致性语义反映是“大数据-小数据”问题的一种类型，旨在从隐式语义的视角获得一个数据实例的小集合，以求小集合在特定属性特征下反映的概括性语义与大数据集合的概括性语义尽可能地一致。例如，在线上购物环境中，消费者可以方便地看到平台提供的每个产品所有评论在相关属性特征上的极性分布情况（如正负面评论分别在价格、质量、颜色、服务等特征上的占比），同时也可以浏览每个产品的具体评论内容。前者是汇总信息，概括性强且相对抽象；后者是实例型的具体数据内容，临场感强且相对具象。由于消费者通常只是阅看所有评论中的一小部分评论（如显示在第一页的评论），所以，阅看的评论在特定属性特征上的极性分布（如 10 条评论中“服务”的正面评论有 3 条，负面评论有 7 条）就可能与汇总信息显示的极性分布情况不同（如“服务”的正负评论比例是 80%∶20%）。无疑，这会使消费者产生困惑，从而产生有偏的决策。类似的场景很常见，如企业口碑的详略画像、受众声音的宏微聆听、媒体报道的点面呈现、政策分析的繁简要义等。解决这种在大数据集合语义与小数据集合语义之间的信息不对称性具有重要意义。此时，语义反映强调小数据集合在相关属性特征（如“服务”）上的取值模式与大数据集合的一致性，这种“反映”称为一致性语义反映。

一致性语义反映的概念内涵是小数据集合 D' 在相关属性上的取值模式与大数据集合 D 在这些属性上的取值模式相一致。取值模式一般是对于数据实例属性取值的深层次刻画，所以一致性语义反映属于隐式语义反映的范畴。一致性语义反映如图 11-5 所示，大数据集合 D 在属性特征上的取值模式为其在各属性特征 (A_1, A_2, A_3, A_4) 上的取值分布，即语义 $s(D)$。一致性是指对于子集 D'，其元素在部分属性特征［如 (A_1, A_3)］上的取值模式 $s(D')$ 与 D 在这些属性上的取值模式 $s(D)$ 相一致。通常，子集 D' 的非空取值属性特征个数远小于全集 D 的属性特征个数。以产品评论为例，所有产品评论涉及的属性特征可能很多，涵盖产品从内在到外延属性特征的方方面面。然而，就一个评论而言，其可能只涉及客户购买/使用体验的个别方面，如价格和物流，而没有提及其他方面。对于消费者浏览的小集合评论而言，其通常提及的属性特征个数也是有限的。

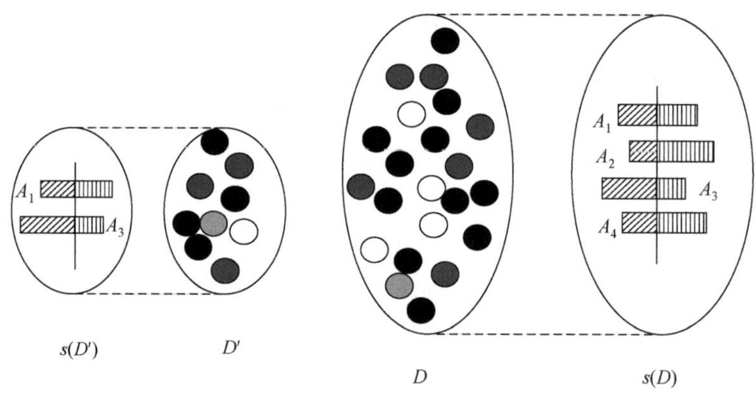

图 11-5　一致性语义反映示意

由于取值模式作为隐式语义存在多种形态，这里围绕取值分布形态讨论一致性语义反映问题的形式化表示。令 D 表示大数据集合，D' 表示小数据集合，$\mathbb{A}_{D'}$ 表示 D' 上所有特征 A 的集合（即 $A \in \mathbb{A}_{D'}$），D_A 表示 D 中包含属性 A 的数据所形成的集合。不失一般性地，假设每个属性特征的值域为二值集合 $\{x, y\}$（如评论极性取值）。对于属性特征 A，取值为 x 的数据在 D_A 上的占比（取值分布）为 $\frac{|D_A'^x|}{|D_A'|}$，类似地，其在 D 上的占比为 $\frac{|D_A^x|}{|D_A|}$。这里，就分别对应着 D_A' 和 D_A 的语义，即 $s(D_A') = \frac{|D_A'^x|}{|D_A'|}$，$s(D_A) = \frac{|D_A^x|}{|D_A|}$。进一步，考虑所有属性特征，可以得到 D' 和 D 的语义，即 $s(D') = \sum_{A \in \mathbb{A}_{D'}} s(D_A')$，$s(D) = \sum_{A \in \mathbb{A}_{D'}} s(D_A)$，则给定 D 和 k，一致性语义反映问题可表示为

$$\max_{D' \subset D, |D'|=k} \left[1 - (|s(D') \ominus s(D)|)\right] = \max_{D' \subset D, |D'|=k} \sum_{A \in \mathbb{A}_{D'}} \left(1 - \left|\frac{|D_A'^x|}{|D_A'|} - \frac{|D_A^x|}{|D_A|}\right|\right) \quad (11\text{-}12)$$

如果希望体现不同属性特征的重要性，可以引入属性特征权重 $w_A = \frac{|D_A|}{|D|}$。此时，求解问题可以表示为

$$\max_{D' \subset D, |D'|=k} \sum_{A \in \mathbb{A}_{D'}} w_A \left(1 - \left|\frac{|D_A'^x|}{|D_A'|} - \frac{|D_A^x|}{|D_A|}\right|\right) \quad (11\text{-}13)$$

值得一提的是，因为这里表述的是二值属性的占比，所以大小数据集合在一致性上的语义差异最终体现在属性的一个取值上面。当然，如果属性的取值更多，则可以相应地做进一步扩展。

对于上述一致性语义反映问题的求解存在难点。首先，该问题具有高的复杂度，因此会给求解带来挑战。相关研究证明，该问题是一个 NP-难问题（Zhang et al.，2016）。这就使得问题求解难以采用传统优化方法，而需要进行方法创新以研发有效的启发式策略。这就又带来了一个新的挑战，即如何提出有效的启发式方法。相关研究提出了一种新颖的求解方法 eSOP（enhanced stepwise optimization procedure，增强步长寻优过程），通过设计增强型逐步寻优策略（具体流程见图 11-6），从而在求解精度和效率上具有优势（Zhang et al.，2016）。

具体而言，在求解方法逐次迭代进行小数据集合扩展时，不是保留具有最高一致性得分的数据，而是通过引入一个参数 $\alpha \in [0,1]$ 来控制一致性得分的阈值，以生成一个一致性得分在区间 $[\min\text{Value} + \alpha \times (\max\text{Value} - \min\text{Value}), \max\text{Value}]$ 的候选集合供后续一致性子集使用。当 $\alpha = 1$ 时，相当于仅保留具有最大一致性得

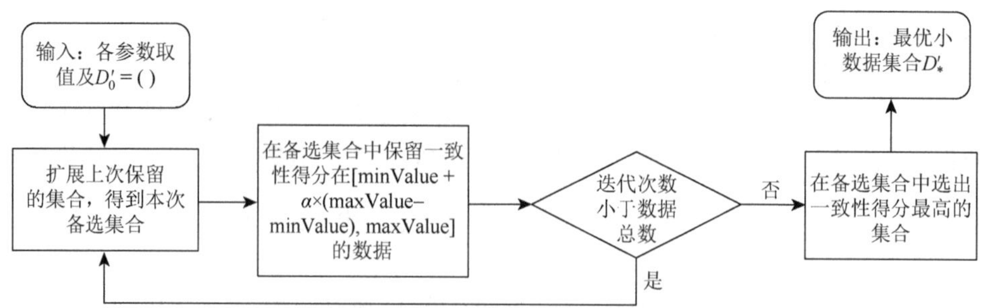

图 11-6　增强型逐步寻优策略具体流程

分的数据进入后续迭代中，即求解方法退化为贪心方法；而当$\alpha=0$时，相当于保留一致性得分在[minValue, maxValue]的数据作为候选集合，即求解方法退化为穷举法。因而，通过控制α的取值，可以调节方法的寻优空间及求解效率。

围绕产品评论情境，大量的数据实验表明，eSOP 方法与其他相关方法比较存在显著优势。同时，eSOP 方法在大型线上购物平台上进行的检验应用也获得了良好的决策支持效果（Zhang et al.，2016）。此外，近年相关研究针对问题的不同视角和情境进行了扩展。例如，Zhang 等（2016）从消费者行为学角度，刻画消费者可能在不同位置的评论处停止的行为，引入消费者在第i条评论处阅读停止的概率p_i，进而将求解问题转化为优化期望意义下的一致性，即$\max\sum p_i\sum_{A\in\mathbb{A}_{D'}} w_A\left(1-\left|\frac{|D_A'^x|}{|D_A'|}-\frac{|D_A^x|}{|D_A|}\right|\right)$。Wang 等（2018）针对消费者对在线评论发布时间的关注，引入时间衰减函数对在线评论进行赋权，进而形成考虑评论时效性的一致性语义反映问题，并在寻优方法中引入优先队列结构和剪枝策略，在保证优化效果的同时进一步优化了求解效率。Chen 等（2018）进一步考虑了在线评论质量因素，设计了结合评论质量评估框架的语义衡量方法，进而形成考虑评论质量的一致性语义反映问题，在寻优方法中结合了深度优先搜索方法和贪心策略，从而兼顾了求解效率及精度。

概括说来，一致性语义反映作为“大数据-小数据”问题的一类情形，体现了大数据环境下管理决策的新挑战，即如何兼顾和协同大数据与小数据传递语义信息的一致性，使大小数据传递同频声音，进而帮助管理者做出精准决策。建模和求解方法的不断创新，可以为大数据驱动的决策赋能，对于在取值模式（如分布一致性）层面上的以小见大的洞察具有重要决策支持意义。

11.5　多样性语义反映

在决策场景中，人们常常需要从多样性的角度来观察世界，即希望通过小数据集合来体现大数据集合的多样性特点。多样性语义反映是“大数据-小数据”问题的一种类型，旨在从隐式语义的视角获得一个数据实例的小集合，以使小集合在特定属性下反映的结构性语义与大数据集合尽可能地相近。例如，浏览新闻时，人们期待多角度的报道；了解舆情时，人们期待不同的诉求；竞品搜索时，人们期待提供丰富的选择；政策制定时，人们期待面向各类人群；等等。此时，语义反映强调小数据集合反映大数据集合的类别多样性。

多样性语义反映的概念内涵是指小数据集合 D' 对于大数据集合 D 的相应类别结构 $H=\{D_1,D_2,\cdots,D_k\}$ 的覆盖程度。相对于 D'，D 的元素在特定属性（如形状）上的取值存在某种模式（如类别：圆形、矩形、多边形、梯形），即构成了 D 上的一个语义 $s(D)$。取值模式一般是语义的深层次刻画，所以多样性语义反映属于隐式语义反映的范畴。多样性语义反映如图 11-7 所示，显示出大小数据集合语义在类别上的对应。

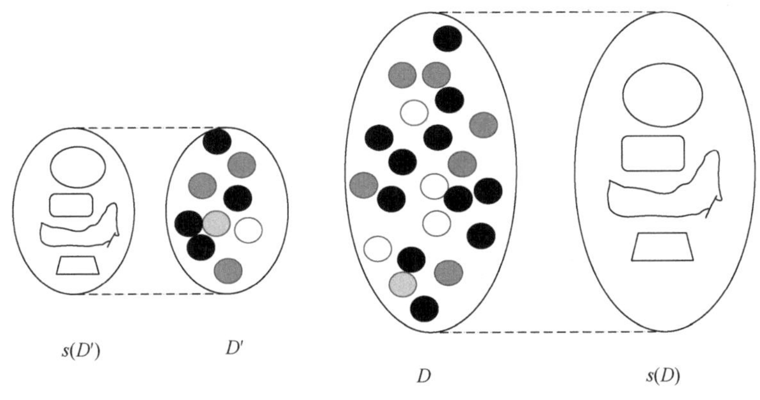

图 11-7 多样性语义反映示意

给定大数据集合 D，多样性语义反映问题是寻找规模为 k 的子集 D'，使得 D' 在 H 的框架下（即 D 的类别结构下）对于 D 的覆盖最大。换句话说，多样性语义反映具有结构覆盖的意味。计算结构覆盖程度的一个思路是通过信息熵（Shannon，1948）来计算 H 的“信息载量”。具体而言，对于 D 的子集 D'（$|D'|=k$），假设 D' 中的每一个元素 d'_j 对应一个 D 的子类 D_j（$j=1,2,\cdots,k$，或将 d'_j 看作 D_j 的类别标签），进而，对于 D 中的任一元素 d，按照与 D' 中每一个元素 d'_j 的相似程度高低，确定其类别归属。也就是说，元素 d 属于 D_j 的程度（隶属度）为 d 与 d'_j 的相似度 $\text{sim}(d,d'_j)$，当 d 与 d'_j 相似度最大时，d 的类别划分为 D_j。基于此，可以得到集合 D 的类别划分 $D_1,D_2,\cdots,D_k$。相应地，D_j 的势 $n_j^v=\sum_{d\in D_j}\text{sim}(d'_j,d)$ 表示以 d'_j 为

类标签的类别 D_j 中元素的隶属度的和，构成了 d'_j 与 D_j 的对应。$\sum_{j=1}^{k} n_j^{\nu} = n^{\nu}$ 则是 D' 关于 D 的对应。通过 D' 中元素与 D 中不同类别的对应，可以进一步计算 D 的“信息熵”，以体现 D' 在类别划分 $D_1, D_2, \cdots, D_k$ 的框架下对于 D 的多样性反映。这样，D' 对于 D 的多样性语义为

$$s(D') = -\frac{1}{\log_2 k}\sum_{j=1}^{k}\frac{n_j^{\nu}}{n^{\nu}}\log_2\left(\frac{n_j^{\nu}}{n^{\nu}}\right), \quad k > 1 \tag{11-14}$$

当 $k=1$ 时，令 $s(D')=1$。类似地，有 $s(D)=1$。由此，多样性语义反映问题可以表示为

$$\max_{D'\subset D, |D'|=k}[1-|s(D')\ominus s(D)|] = -\frac{1}{\log_2 k}\sum_{j=1}^{k}\frac{n_j^{\nu}}{n^{\nu}}\log_2\left(\frac{\nu_j^{\nu}}{n^{\nu}}\right) \tag{11-15}$$

多样性语义反映问题同样具有 NP-难的性质（Ma et al.，2017），通常也需要采用启发式方法进行求解。然而单一的启发式方法容易陷入局部最优，会影响问题的求解精度，因而可采用多种启发式方法进行组合寻优的方式来提升效果。相关研究提出一个融合方法，通过贪心算法和模拟退火算法的组合策略，以获得良好的寻优效果和算法效率（Ma et al.，2017）。图 11-8 给出了模拟退火随机搜索策略的具体流程。

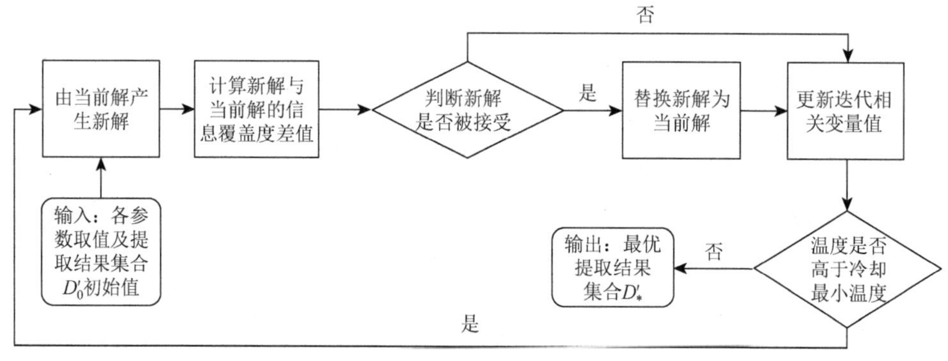

图 11-8　模拟退火随机搜索策略的具体流程

图 11-8 中展示的流程是一个迭代的过程，其中包含两个主要步骤。①计算新解与当前解的信息覆盖度差值。这一步需要计算当前结果集合和可能的新结果集合的多样性语义反映，并计算新解带来的增益（负值表示减少值）。这里计算的增益，一方面用来决定是否使用新解代替当前解，另一方面对后续“接受概率”的产生起作用。②判断新解是否被接受。这一步是模拟退火随机搜索策略的核心内

容。如果出现新解没能改进多样性语义反映的效果，并不一定放弃新解，而是以一定的“接受概率”接受无改进的新解。这种“接受概率”会受到新解的多样性语义反映增益以及当前冷却温度的双重影响。如果当前“接受概率”大于随机概率，则接受新解代替当前解，否则仍保留当前解。当新解与当前解测度值相同时，仍然坚持使用新解代替当前解，这也是为了鼓励算法进行更多寻优，避免停留在某个局部最优值附近。围绕信息搜索服务场景，大量的数据实验表明，与其他相关方法比较，图 11-8 所示的融合方法能够获得更好的多样性反映效果。此外，该融合方法也在谷歌搜索平台上进行了检验应用，显著提升了平台的信息服务效果（Ma et al.，2017）。

概括说来，多样性语义反映作为“大数据-小数据”问题的一类情形，体现了大数据环境下管理决策的新挑战，即如何缩减大数据与小数据在特定属性下的结构性语义差异，让小数据以棱镜的方式折射出大数据中的不同颜色，进而帮助决策者掌握大数据中的结构语义，做出全面性判断。建模和求解方法的不断创新，可以为大数据驱动的决策赋能，对于在取值模式（如结构覆盖）层面上的以小见大的洞察具有重要决策支持意义。

11.6 其他相关工作

代表性、一致性、多样性是“大数据-小数据”问题的三类典型情形，体现了语义反映的不同视角和对小数据集合的不同获取策略。这里，有两个相关的问题值得一提。一个相关问题是 Top-k 问题（Fagin，1999；Fagin et al.，2003；Zhang et al.，2020）。Top-k 问题亦是旨在从大数据集合中提取一个规模为 k 的子集。但是，它与“大数据-小数据”问题存在着显著不同。Top-k 问题寻求的子集具有高偏序特征（根据排序策略含义），而“大数据-小数据”问题寻求的子集具有高语义相近性（根据语义反映含义）。例如，对于整数数据集 $D=\{1,2,\cdots,80,81\}$，如果 $k=9$，那么对于两个子集 $D_1=\{81,80,\cdots,74,73\}$ 和 $D_2=\{5,14,23,32,41,50,59,68,77\}$ 而言，Top-k 将获得 D_1。显然，以中值、均值、标准差来衡量，和 D_2 相比，D_1 对 D 的语义反映较差，而采用本章的代表性方法思路可以获得与 D_2 类似的结果。此外，另一个相关问题是随机抽样，其属于代表性内容覆盖的范畴。给定 k，可以在 D 上抽取一个规模为 k 的随机样本来构成 D'。然而，由于随机偏差（Heckman，2010），一次随机抽样获得的 D' 通常难以保证在内容覆盖意义上的寻优，即 D 中的 d 被 D' 中的 d' 代表的程度一般低于 d 被 d''^{*} 所代表的程度，用公式表达即 $\mathrm{sim}(d''^{*},d)>\mathrm{sim}(d',d)$，可参考图 11-2；而且，$k$ 越小（相对于 $|D|=n$，$k\ll n$），则随机偏差导致的内容覆盖语义偏离越严重。

此外，在复杂的决策场景中，视角融合以及特定目标诉求等需要对于问题建模和求解路径进行新的探索，进而引出了组合式语义反映、小数据质量优化等相关问题。

如果关注代表性与多样性的视角融合，可以考虑在前面提到过的内容覆盖和结构覆盖含义下的组合式语义反映。相关研究通过小数据集合同时在内容实例层面和类别结构层面反映大数据集合相关语义的形式，将“大数据-小数据”问题（$\max_{D'\subset D,|D'|=k}[1-|s(D')\ominus s(D)|]$）表示为

$$\max_{D'\subset D,|D'|=k}\left(\frac{1}{|D|}\sum_{d\in D}\mathrm{sim}(D',d)\right)\times\left(-\frac{1}{\log_2 k}\sum_{j=1}^{k}\frac{n_j^{\nu}}{n^{\nu}}\log_2\left(\frac{\nu_j^{\nu}}{n^{\nu}}\right)\right) \quad (11\text{-}16)$$

即为内容覆盖度 $\mathrm{Cov}_C(D',D)$ 与结构覆盖度 $\mathrm{Cov}_S(D',D)$ 的乘积（Ma et al., 2017）。

从前面的讨论可以得到，这一组合式语义反映问题同样具有 NP-难的复杂度。在求解过程中除了考虑多种启发式方法的组合外，还可以结合问题的特点设计特定的剪枝策略，以对求解空间进行合理的收缩，在不牺牲求解精度的情况下尽量提升求解效率。相关研究提出了有效的启发式方法及其近似策略，比如候选集合生成策略、精简寻优空间迭代策略等（Ma et al.，2017）。

再者，“大数据-小数据”问题可以根据特定目标的需求并结合其他语义表述和测度进一步优化小数据提取结果。例如，一类语义约束测度可以作用于小数据集合以提升集合本身的质量，如紧凑度、冗余度等（Zhang et al., 2012; Ma and Wei, 2012；Ma et al.，2017）。这样，可以在求解“大数据-小数据”问题前/后进一步凝练小数据，增强以小见大的洞察质量。例如，在小数据集合 D' 中，任意元素 d' 对集合 D' 的冗余度的定义为

$$\mathrm{Red}(d',D')=1-\frac{1}{\sum_{d\in D'}\mathrm{sim}(d',d)} \quad (11\text{-}17)$$

其中，$\sum_{d\in D'}\mathrm{sim}(d',d)$ 表示 d' 与 D' 中元素的总相似度之和。进而集合 D' 的冗余度可表示为

$$\mathrm{Red}(d',D')=\frac{\sum_{d_1\in D'}\mathrm{Red}(d',D')}{|D'|}=\frac{1}{|D'|}\times\sum_{d'\in D'}\left(1-\frac{1}{\sum_{d\in D'}\mathrm{sim}(d',d)}\right) \quad (11\text{-}18)$$

该测度可以通过前剪枝或后剪枝的形式作用于“大数据-小数据”问题的求解，将冗余度较高的元素滤除，使得获取的小数据集合具有简明高效的特点，更好地支持基于数据的管理决策。

11.7 总 结

现代科学技术正深刻改变着人类的思维、生产、生活和学习方式，也正在以数字的方式重构着个人、组织、社会与政府的管理决策，催生出大数据驱动的新型决策范式。在此背景下，一方面，大数据为具有全局视图的管理决策提供了可能；另一方面，数据可获得性、获得成本和时间以及人们对于大量数据的接收和消化能力使得在许多应用场景中，人们只能基于有限的小数据进行决策。这种决策信息的不对称性，使得提出“大数据-小数据”问题以寻求小数据更好地反映大数据的语义对于科学决策来讲变得尤为关键，具有重要的理论和实践意义。鉴于此，本章提出了“大数据-小数据”问题及其概念内涵，并从代表性、一致性、多样性的视角出发，讨论了小数据反映大数据语义的形式和问题求解路径，呈现了“大数据-小数据”的多种应用场景和方法创新。

在数字经济中，随着数据要素和数智化作用的日益显现，也将出现更多的“大数据-小数据”问题的应用场景和有效实践。进一步的研究可在本章的基础上，继续探索在新场景下“大数据-小数据”问题的建模、求解及其赋能的不同形式，洞察和解构大数据中的深层次语义，提升大数据驱动的管理决策和价值创造水平。

参 考 文 献

陈国青, 吴刚, 顾远东, 等. 2018. 管理决策情境下大数据驱动的研究和应用挑战: 范式转变与研究方向. 管理科学学报, 21(7): 1-10.

陈国青, 曾大军, 卫强, 等. 2020. 大数据环境下的决策范式转变与使能创新. 管理世界, 36(2): 95-105, 220.

冯芷艳, 郭迅华, 曾大军, 等. 2013. 大数据背景下商务管理研究若干前沿课题. 管理科学学报, 16(1): 1-9.

徐宗本, 冯芷艳, 郭迅华, 等. 2014. 大数据驱动的管理与决策前沿课题. 管理世界, (11): 158-163.

Chen G Q, Wang C, Zhang M Y, et al. 2018. How “small” reflects “large” ?—Representative information measurement and extraction. Information Sciences, 460(C): 519-540.

Fagin R. 1999. Combining fuzzy information from multiple systems. Journal of Computer and System Sciences, 58(1): 83-99.

Fagin R, Lotem A, Naor M. 2003. Optimal aggregation algorithms for middleware. Journal of Computer and System Sciences, 66(4): 614-656.

Guo X H, Wei Q, Chen G Q, et al. 2017. Extracting representative information on intra-organizational blogging platforms. MIS Quarterly, 41(4): 1105-1127.

Han J W, Kamber M, Pei J. 2011. Data Mining : Concepts and Techniques. 3rd ed. Burlington: Morgan Kaufmann.

Heckman J J. 2010. Selection bias and self-selection//Durlauf S N, Blume L E. The New Palgrave Economics Collection. London: Palgrave Macmillan: 242-266.

Hilbert M, López P. 2011. The world’s technological capacity to store, communicate, and compute information. Science,

332(6025): 60-65.

Ma B J, Wei Q. 2012. Measuring the coverage and redundancy of information search services on e-commerce platforms. Electronic Commerce Research and Applications, 11(6): 560-569.

Ma B J, Wei Q, Chen G Q, et al. 2017. Content and structure coverage: extracting a diverse information subset. INFORMS Journal on Computing, 29(4): 660-675.

Nemhauser G L, Wolsey L A, Fisher M L. 1978. An analysis of approximations for maximizing submodular set functions: I. Mathematical Programming, 14: 265-294.

Reinsel D, Gantz J, Pydning J. 2017. Data Age 2025: the Evolution of Data to Life-Critica. Boston: Internet Data Center.

Shannon C E. 1948. A mathematical theory of communication. The Bell System Technical Journal, 27(3): 379-423.

Steinbach M, Karypis G, Kumar V. 2000. A comparison of document clustering techniques. Minneapolis: University of Minnesota Twin Cities.

Wang C, Chen G Q, Wei Q. 2018. A temporal consistency method for online review ranking. Knowledge-Based Systems, 143: 259-270.

Zhang J, Chen G Q, Tang X H. 2012. Extracting representative information to enhance flexible data queries. IEEE Transactions on Neural Networks and Learning Systems, 23(6): 928-941.

Zhang W X, Deng Y, Lam W. 2020. Answer ranking for product-related questions via multiple semantic relations modeling. Xi'an: The 43rd International ACM SIGIR Conference on Research and Development in Information Retrieval.

Zhang Z Q, Chen G Q, Zhang J, et al. 2016. Providing consistent opinions from online reviews: a heuristic stepwise optimization approach. INFORMS Journal on Computing, 28(2): 236-250.

第 12 章　大数据情境下的数据完备化：挑战与对策①

12.1　引　　言

随着移动互联环境下新兴技术的快速发展，来自公共管理、电子商务、金融服务、医疗健康等应用领域的大数据不断涌现，深刻地改变了社会经济生活的面貌，推动着我们所处的社会向数字经济时代迈进。随着移动互联技术、数据采集和存储技术的飞跃发展，具有超大规模、超高维度、多源异构、流式产生特点的大数据日益可测可获，基于数据的管理决策逐渐成为科学研究和应用的主流（徐宗本等，2014）。近年来，对大数据的开发应用已上升至国家战略高度，2020 年发布的《中共中央 国务院关于构建更加完善的要素市场化配置体制机制的意见》，将数据与土地、劳动力、资本、技术等传统要素并列为生产要素之一。在这一环境下，领域情境、决策主体、理念假设、方法流程等决策要素受到冲击，催生了大数据决策范式的诞生（陈国青等，2020）。

数据作为大数据决策范式下的重要生产要素，其本身的完备与质量关系着后续决策效果。通过多种渠道采集而成的大数据尽管体量很大，但往往具有非常高的缺失比例，从而对利用其进行管理决策提出了新的挑战。比如，在在线购物场景中，推荐系统常用于为用户推荐感兴趣的商品或服务，以辅助其后续购物决策。用户历史评分数据常被用作推荐系统的输入，用于预测消费者对尚未购买商品的评分。然而，由于商品数量众多而用户接触到的商品非常有限，用户历史评分数据呈现高度缺失的特点。著名的在线视频公司 Netflix 曾举办过一个数据挖掘比赛，该比赛提供给选手的电影评分数据集具有大量缺失值（Feuerverger et al.，2012），如图 12-1 所示。该评分数据中共包含约 48 万观影者和 18 000 部电影。然而每位观影者平均仅对约 200 部电影给出了评分，其他评分都是缺失的，缺失比例高达 98.8%。

若直接使用具有超高缺失比例的数据训练推荐系统，则难以对用户的真实偏好做出准确的预测，甚至会产生严重有偏差的推荐结果。这不仅会误导用户的购

---

① 本章作者：陈松蹊（北京大学光华管理学院）、毛晓军（复旦大学大数据学院）、王聪（北京大学光华管理学院）。通讯作者：王聪（wangcong@gsm.pku.edu.cn）。项目：国家自然科学基金资助项目（92046021；71532001；12001109；72101007）、上海市青年科技英才扬帆计划项目（19YF1402800）、上海市“科技创新行动计划”社会发展科技攻关项目（20dz1200600）。本章内容原载于《管理世界》2022 年第 1 期。

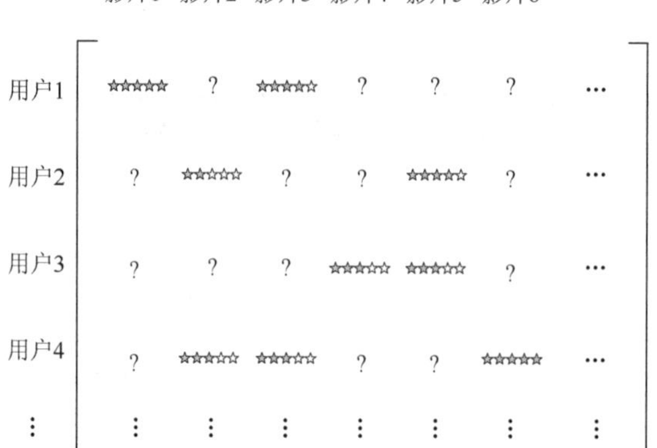

图 12-1　在线观影系统用户评分矩阵示例

? 代表评分缺失，星级代表评分高低

物决策，长此以往还会破坏用户对平台的信任（Kleinberg et al.，2018）。如能将该评分矩阵有效地进行补充，尽可能地恢复数据的原貌和内在结构，就可将该完整评分数据作为推荐系统模型的输入，进而为构建实时推荐系统，以及进行深层分析提供有效的准备。

超大规模的数据缺失问题，也给统计学研究带来了新的挑战。大量缺失数据的存在使得数据整体的不确定性增加，确定性成分更难把握。在小规模数据缺失的场景中，常对缺失数据进行删除处理，如 Little 和 Rubin（2019）中介绍的完全信息分析。然而统计学已有的在小数据集上的研究表明，缺失数据往往伴随着选择偏差或隐性偏差，直接删除有缺失的数据，会造成数据资源的浪费，更可能加重上述选择偏差所产生的估计偏差。对于超大规模缺失的大数据而言，数据删除方法会导致 90%以上的数据被删除，显然是不可行的。因而，对大数据中的缺失数据进行完备化，尽可能地还原其固有的结构是大数据分析及进一步在其基础上进行管理决策的一个重要步骤。

尽管处理缺失数据填补是近 30 年统计学一个活跃的研究方向，已经形成了一套相关方法（Rubin，2004；Little，1988；Little and Rubin，1989；Allison，2000；Zhang，2003；Ibrahim et al.，2005；Reiter and Raghunathan，2007；Durrant，2009；Little and Rubin，2019），但这些方法所能处理的缺失率鲜有能随着数据维度的变化而变化的，无法处理超大规模量级的缺失数据。此外，由于大数据具有超高维度、多源异质、流式产生等特点，这对大数据完备化方法设计提出了挑战。因此，在对缺失数据进行完备化的过程中，需充分考虑数据情境特点及其中的数据缺失机制，以设计简洁有效的数据完备化方法。本章将首先介绍数据完备化问题的一般性形式，进而考虑不同情境特点下的数据完备化方法设计问题，并给出在管理学的应用场景。

12.2　数据完备化问题的形式化定义

我们首先介绍大数据完备化问题的一般框架，再对不同数据缺失机制下的数据完备化方法进行梳理，并针对大数据的超高维度、多源异质、时空关联场景的特点分别展开探讨。由于大数据常常以矩阵形态存在，不失一般性地，本节首先以矩阵形态考虑数据完备化问题，之后再扩展到更一般的流数据情况。

矩阵完备化研究的问题是如何根据较少的观测值精确地对原始矩阵进行还原。整个问题可以视为一个带有结构性假设的优化问题。在常见的矩阵完备化方法中，通常采用低秩结构假设，即高维矩阵的行或列是由少量行或列隐含生成的。以上述 Netflix 电影评分高维矩阵为例，在低秩结构的假设下，可认为该矩阵只是由少量与电影类型及用户类型有关的隐变量生成的。下面我们给出矩阵完备化的数学框架。

令 $A_0=(a_{0,ij})_{n_1\times n_2}$ 表示不可观测的真实矩阵，其具有 n_1 行、n_2 列。假设其具有低秩性质，即矩阵 A_0 的秩 $\mathrm{rank}(A_0)$ 是一个比较小的整数。令 $Y=(y_{ij})_{n_1\times n_2}$ 是 A_0 加上均值为 0 的噪声之后的可观测数据矩阵。在实际中，Y 只有小部分的元素可被观测到，其他为缺失元素。Y 的每个 y_{ij} 都可以写成 $y_{ij}=a_{0,ij}+\epsilon_{ij}$，其中 $a_{0,ij}$ 表示 A_0 对应位置的元素，ϵ_{ij} 表示均值为 0 的干扰噪声。矩阵完备化问题的核心任务就是通过适当的完备化方法来得到真实矩阵 A_0 的估计矩阵 $\hat{A}$。一般来说，$\hat{A}$ 可以通过求解如式（12-1）所示的优化问题来获得：

$$\hat{A}=\mathrm{argmin}_{A\in\mathcal{A}}\left\{L(A,Y)+R(A)\right\} \tag{12-1}$$

其中，$\mathcal{A}$ 表示由 A_0 的可能解构成的解空间集合；argmin_A 表示关于 A 的极小化。人们通常假设矩阵问题的解被限定在用无穷范数表示的球内，也就是说 $\mathcal{A}=\left\{\|A\|_\infty\leqslant a\right\}$，其中 $\|A\|_\infty=\max\limits_{i,j}\left\{|a_{ij}|\right\}$ 代表矩阵的无穷范数。$L(A,Y)$ 表示一个损失函数，即用于衡量矩阵 A 与 Y 的差异的函数，通常取平方损失函数或者绝对值损失函数形式。惩罚项 $R(A)$ 为一正则化项，用于对矩阵 A 的结构进行一定的规约，比如对高秩的解进行惩罚，鼓励低秩的解，并解决一些参数的过拟合问题等。

在上述优化问题中，损失函数是用来评价模型的预测值和真实值的差异程度的函数。通常情况下损失函数越小，模型的性能越好。其中常见的一类损失函数是平方损失函数，经常应用于回归问题。最小化平方损失函数又称最小二乘法，其几何意义是高维空间中的一个向量在低维子空间的投影。与此同时，对于常见的正态分布参数估计，通过极大似然估计求解也可以等价于一个最小化平方损失函数的问题。

惩罚项是对损失函数的补充调节，为了使得填充后的高维矩阵具有低秩结构，一个自然的想法是直接使用矩阵的秩本身作为惩罚函数，即将矩阵的秩，也就是将矩阵中非 0 奇异值的个数纳入上述优化函数的正则化项中。然而已有研究表明，这样的方式是 NP-难的（Chistov and Grigoriev，1984），难以在多项式时间内得到有效的计算结果。Candès 和 Recht（2009）及 Recht（2011）提出了用核范数 $\|A\|_*$ 作为惩罚函数来解决矩阵完备化问题。具体而言，核范数是矩阵奇异值的和。在数学意义上，矩阵的秩本身是非凸的，而核范数则是矩阵的秩的凸近似，是凸的。因此使用 $\|A\|_*$ 会使得整个优化问题变得更容易计算，不再是 NP-难，能够在多项式时间内进行求解。

在实际中，我们需要通过已有的数据来构造损失函数 $L(A,Y)$ 。若所有数据的观测值直接可得，则对于平方损失函数而言，一个直接的选择是 $L(A,Y)=\dfrac{1}{n_1 n_2}\|Y-A\|_F^2$ ，其中 $M_F=\text{trace}(MM^{\text{T}})$ 表示矩阵的 Frobenius 范数。然而，由于 Y 中仅有部分数据可被观测到，我们无法直接使用以上的 $L(A,Y)$ 形式，而需要结合问题的特点，构建损失函数的形式。

如上所述，矩阵数据完备化问题可表示为如式（12-1）所示的一个优化问题。由于不同场景下造成大数据缺失的机制不尽相同，数据缺失呈现不同的形态，需结合问题特点进行分析并采用有针对性的数据完备化方式加以解决。以下我们将从大数据的三个典型特点（即超高维度、多源异质、时空关联）出发，讨论在这三种情境下数据完备化问题的特点及对应的挑战，并结合作者近年来的研究，阐述相关的领域情境、概念内涵、问题建模、求解路径以及管理决策意义。

12.3 超高维度缺失数据完备化问题

超高维度是大数据的一个突出特点。比如，在电子商务环境中，常常有上亿级别的用户及商品，从而使得用户商品评分矩阵呈现超高维度的特点，但是用户所接触及评论的商品数量非常有限，因此会产生大量缺失的点评数据。为实现超高维度缺失数据的完备化工作，需对数据缺失机制进行分析以具体化式（12-1）中的损失函数 $L(A,Y)$ 及惩罚项 $R(A)$ 的形式设定。

对于 $R(A)$ 而言，为了使得填充后的高维矩阵具有低秩结构，通常情况下我们使用核范数 $\|A\|_*$ 作为惩罚函数来解决矩阵完备化问题。对于 $L(A,Y)$ 而言，由于在高维缺失的情况下，有大量的数据无法被观测到，需要构建一个只由 0/1 元素组成的观测示性矩阵 $T=(t_{ij})$ ，其中如果 $t_{ij}=1$ ，则 y_{ij} 可被观测到，反之则

令 $t_{ij}=0$。对于示性矩阵 T，假设其对应的观测概率矩阵为 $\Theta=(\theta_{ij})$，其中 θ_{ij} 代表 t_{ij} 取 1 的概率，则 t_{ij} 服从以 θ_{ij} 为“成功”观测到的概率的伯努利分布。原始矩阵、示性矩阵、观测概率矩阵的具体示例如图 12-2 所示。

$$\begin{bmatrix} -1 & -1 & ? & ? & ? \\ ? & +1 & -1 & ? & ? \\ +1 & ? & +1 & ? & ? \\ ? & ? & ? & -1 & +1 \\ ? & ? & ? & +1 & ? \end{bmatrix} \longrightarrow \begin{bmatrix} 1 & 1 & 0 & 0 & 0 \\ 0 & 1 & 1 & 0 & 0 \\ 1 & 0 & 1 & 0 & 0 \\ 0 & 0 & 0 & 1 & 1 \\ 0 & 0 & 0 & 1 & 0 \end{bmatrix} \longrightarrow \begin{bmatrix} \theta_{11} & \theta_{12} & \theta_{13} & \theta_{14} & \theta_{15} \\ \theta_{21} & \theta_{22} & \theta_{23} & \theta_{24} & \theta_{25} \\ \theta_{31} & \theta_{32} & \theta_{33} & \theta_{34} & \theta_{35} \\ \theta_{41} & \theta_{42} & \theta_{43} & \theta_{44} & \theta_{55} \\ \theta_{51} & \theta_{52} & \theta_{53} & \theta_{54} & \theta_{55} \end{bmatrix}$$

原始矩阵　　　　示性矩阵 T　　　　观测概率矩阵 Θ

图 12-2　原始矩阵、示性矩阵、观测概率矩阵的具体示例

原始矩阵中的“？”代表缺失值

根据不同的数据缺失机制，θ_{ij} 的表示形式各不相同，从而使得 $L(A,Y)$ 的设定形式不尽相同，以下将分别就完全随机缺失、随机缺失、非随机缺失机制下的数据矩阵完备化问题的特点、优化问题设定及求解方法进行介绍。

12.3.1　完全随机缺失机制

在完全随机缺失的情况下，一个元素是否被观测到的概率与 y_{ij} 以及数组中观测到的任何其他变量都无关，其中均匀缺失机制是一种特殊情形。在均匀缺失机制下，Y 中每个元素具有相同的边缘缺失概率，即 Θ 矩阵中所有的 $\theta_{ij}\equiv\theta$。这曾经是高维矩阵完备化中常采用的一种缺失机制假设，在数据矩阵完备化的最早文献中普遍使用（Candès and Recht，2009；Keshavan et al.，2010；Recht，2011；Rohde and Tsybakov，2011；Koltchinskii et al.，2011）。在均匀缺失机制下，即使具体的观测概率 θ 未知，也可以使用 $L(A,Y)=\dfrac{1}{n_1n_2}\|T\circ(A-Y)\|_F^2$ 作为损失函数，其中 $\circ$ 表示 Hadamard 算子，用于表示矩阵对应位置元素相乘所得到的新矩阵。此时，对式（12-1）中的损失函数和惩罚项部分进行替换，可以得到用于刻画数据完备化的优化问题：

$$\hat{A}=\operatorname{argmin}_{\|A\|_\infty\leqslant a}\left\{\frac{1}{n_1n_2}\|T\circ(A-Y)\|_F^2+\lambda\|A\|_*\right\} \tag{12-2}$$

其中，λ 表示一个调节参数，用于平衡损失函数与促进低秩的正则化项之间的相对权重。

在均匀随机缺失下，Candès 和 Recht（2009）在观测值没有噪声的情况下给出了如下经典的理论结果：对于一个 $n_1 \times n_2$ 的秩为 r 的矩阵 A_0，当该矩阵满足特定的不连贯条件（incoherence condition）且在数据均匀缺失机制下，人们只需观测到 $c(n_1+n_2)r\log^2(n_1+n_2)$ 个矩阵元素就可以以接近 1 的概率对高维矩阵进行完备化。当观测值有噪声的时候，Candès 和 Plan（2010）与 Koltchinskii 等（2011）研究了在不同噪声情形下具有均匀缺失机制的高维矩阵完备化问题，对于填充数据矩阵误差的上界及最优收敛速度进行了分析。Mazumder 等（2010）设计了针对式（12-2）进行优化求解的 softImpute 算法并且提供了相应的 R 语言包[①]可供研究者直接使用。我们将 softImpute 算法应用到维度高达 480 000×18 000 的 Netflix 比赛数据上，该算法可仅用 3.3 个小时左右的时间拟合得到一个秩为 95 的矩阵，对应的均方误差（mean square error，MSE）仅为 0.9497，可达到较好的完备化效果。然而，均匀缺失机制通常不能反映实际问题中的缺失机制，很多时候我们需要考虑其他的数据缺失机制情形。

12.3.2　随机缺失机制

第二类常用的数据缺失机制是随机缺失机制，即 y_{ij} 是否被观测到的概率只与一些可观测到的协变量有关，而与其具体取值 y_{ij} 无关，即观测概率矩阵 Θ 中的元素可表示为协变量 x_{ij} 的函数，用数学化语言表达就是 $\theta_{ij}=\theta\left(x_{ij}\right)$。在随机缺失机制下，可采用 $L(A,Y)=\dfrac{1}{n_1 n_2}\left\|T \circ \Theta^{\circ(-1/2)} \circ (A-Y)\right\|_F^2$ 作为损失函数，其中 $\Theta^{\circ(-1/2)}=\left(\theta_{ij}^{-1/2}\right)$。由随机缺失机制的性质可得，此时损失函数 $L(A,Y)$ 是 $E\|Y-A\|_F^2$ 的无偏估计。

在实际构建矩阵完备化优化问题时，数据矩阵重构的具体形式又与观测概率矩阵 Θ 是否已知有关。在绝大多数情况下，观测概率矩阵 Θ 的先验知识并不可得。换言之，我们需先构建 Θ 的估计 $\hat{\Theta}$，再将其代入上述损失函数 $L(A,Y)$ 中。此时数据完备化优化问题可表示为

$$\hat{A}=\operatorname{argmin}_{\|A\|_\infty \leqslant a}\left\{\frac{1}{n_1 n_2}\left\|T \circ \hat{\Theta}^{\circ(-1/2)} \circ (A-Y)\right\|_F^2+\lambda\|A\|_*\right\} \tag{12-3}$$

由此可见，对 $\hat{\Theta}$ 建模的质量直接决定了最终可得的矩阵 $\hat{A}$ 的性质。下面我们将总结几类常见的对 $\hat{\Theta}$ 建模的方法，包括结合协变量信息的 Logistic 模型、低秩模型、不依赖具体模型设定的非参数模型。

---

① 具体可参考 https://cran.r-project.org/web/packages/softImpute/index.html。

1. 结合协变量信息的 Logistic 模型

在协变量信息 X 已知的情况下，可将数据观测概率 θ_{ij} 表示为协变量的函数，即 $\theta_{ij}=\Pr(t_{ij}=1\mid x_{ij})=\theta(x_{ij})$。以电影推荐场景为例，若用户及电影的特征已知，如已知用户性别、年龄、职业等，同时知晓电影类型、导演等信息，则用户评分是否可以被观测到可表示为这些协变量的函数。具体而言，可采用 Logistic 模型对观测概率矩阵 Θ 进行建模（Mao et al.，2019），即

$$\theta_{ij}=\Pr(t_{ij}=1\mid X)=\frac{\mathrm{e}^{x_i^{\mathrm{T}}\gamma_j}}{1+\mathrm{e}^{x_i^{\mathrm{T}}\gamma_j}} \tag{12-4}$$

其中，$\gamma=(\gamma_j)$ 表示协变量 X 的系数向量。对于这里的参数 γ_j，我们可以通过极大似然估计来做参数估计。

在得到 Θ 的估计 $\hat{\Theta}$ 后，我们可进一步对评分矩阵 A_0 建立列空间分解的半参数模型 $A_0=X\beta_0+B_0$ 来改变式（12-3）的形式，其中 B_0 是一个低秩矩阵。为了满足模型的可识别性，Mao 等（2019）假设协变量 X 的列空间与低秩矩阵 B_0 的列空间正交。通过使用额外的协变量 X 和这个正交性质，Mao 等（2019）把通常使用的迭代算法变成了只需要求解具有解析解的奇异值分解（singular value decomposition，SVD）算法，从而大大地降低了计算复杂度。与此同时，该研究也给出了完备化矩阵的 MSE 的上界，并分析了使用额外协变量 X 所带来的理论优势。具体的奇异值分解算法可以参考 Cai 等（2010）。Mao 等（2019）将该方法应用于实际数据集 MovieLens 100K[①]进行完备化。该数据包含由 943 个影评人对 1682 部电影给出的 100 000 个评分，以及额外的影评人和电影协变量信息。通过使用额外的协变量信息，模型完备化效果可得到一定的提升。

2. 低秩模型

在缺少协变量信息对 θ_{ij} 建模的情况下，也可考虑以低秩缺失机制实现对 Θ 的稳健估计（Mao et al.，2021），即假设缺失机制矩阵 Θ 具有低秩性质，Θ 可由一个高维低秩的隐矩阵 $M=(m_{ij})$ 经过连接函数族 $\mathcal{F}=\{f\}$ 映射得到，即 $\Theta=f(M)$。这时候对于观测到的矩阵 Y 可以分解出两个低秩矩阵，具体见图 12-3。其中，A_0 代表完整的真实评分矩阵，具有低秩性；T 为 0-1 示性矩阵，连接函数 f 背后的隐矩阵 M 也具有低秩性。

① 具体可参考 https://grouplens.org/datasets/movielens/100k/。

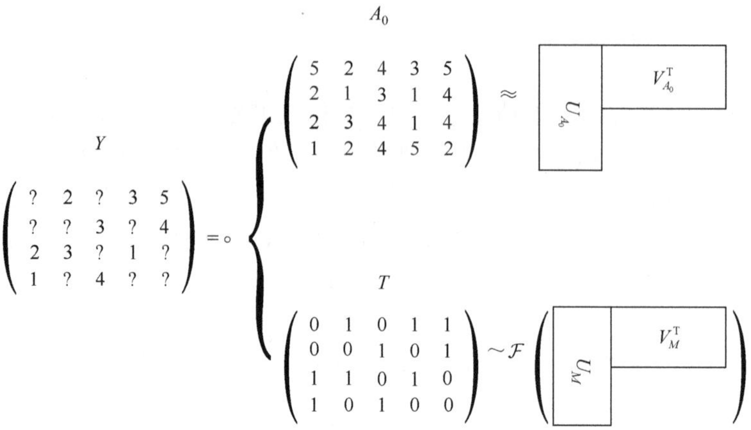

$$\overset{Y}{\begin{pmatrix} ? & 2 & ? & 3 & 5 \\ ? & ? & 3 & ? & 4 \\ 2 & 3 & ? & 1 & ? \\ 1 & ? & 4 & ? & ? \end{pmatrix}} = \circ \begin{cases} \overset{A_0}{\begin{pmatrix} 5 & 2 & 4 & 3 & 5 \\ 2 & 1 & 3 & 1 & 4 \\ 2 & 3 & 4 & 1 & 4 \\ 1 & 2 & 4 & 5 & 2 \end{pmatrix}} \approx U_{A_0} V_{A_0}^{\mathrm{T}} \\ \overset{T}{\begin{pmatrix} 0 & 1 & 0 & 1 & 1 \\ 0 & 0 & 1 & 0 & 1 \\ 1 & 1 & 0 & 1 & 0 \\ 1 & 0 & 1 & 0 & 0 \end{pmatrix}} \sim \mathcal{F}\left(U_M V_M^{\mathrm{T}} \right) \end{cases}$$

图 12-3　低秩缺失机制示例

? 代表缺失值

对于缺失机制 Θ 的低秩估计 $\hat{\Theta}$ ，可通过对隐矩阵 M 做均值分解的方法来克服可能存在的概率高估问题（Mao et al.，2021）。具体而言，首先对 M 做均值分解 $M = \mu J + Z$ ，其中 μ 是 M 的所有元素的均值，J 是元素全为 1 的矩阵，而 Z 是剩下的元素和为 0 的矩阵。

进一步地，在特定的约束条件下，最大化如下带核范数惩罚的似然函数问题：

$$f(\mu, Z \mid \lambda) = \sum_{i,j} \left\{ t_{ij} \log\left(f(\mu + z_{ij}) \right) + (1 - t_{ij}) \log\left(1 - f(\mu + z_{ij}) \right) \right\} - \lambda Z_*$$

从而可以同时得到 μ 和 Z 的估计量 $\hat{\mu}$ 和 $\hat{Z}$ 。这里我们可以采用 Chen 等（2016）提出的交替方向乘子法（alternating direction method of multipliers，ADMM）来完成。在同时获得 $\hat{\mu}$ 和 $\hat{Z}$ 之后，就可以分别得到 M 和 Θ 的估计，即 $\hat{M} = \hat{\mu} J + \hat{Z}$ 和 $\hat{\Theta} = \mathcal{F}(\hat{M})$ 。通过进一步结合一些截短方法，我们可以使最终得到的观测概率矩阵的估计 $\hat{\Theta}$ 更加光滑，避免出现一些极小值。将 $\hat{\Theta}$ 代入式（12-3）中可以进一步得到最终的评分矩阵 $\hat{A}$ 的估计。理论研究表明，在真实缺失机制为均匀缺失的情况下，即便我们通过低秩模型做了缺失概率矩阵估计 $\hat{\Theta}$ ，最终我们的目标矩阵估计 $\hat{A}$ 依然可以得到以概率 1 的最优收敛速度；此外，在非均匀缺失的低秩模型下，只要最小缺失概率 $\theta_L = \min\left\{ \theta_{ij} \right\}$ 满足一定条件，我们依旧可以对评分矩阵估计 $\hat{A}$ 的误差上界得到以概率 1 的最优估计。对于最终的评分矩阵 $\hat{A}$ 的估计的目标函数式（12-3），可以采用 Beck 和 Teboulle（2009）提出的快速迭代收缩阈值算法（fast iterative shrinkage-thresholding algorithm）。Mao 等（2021）将该方法应用到实际数据集 Yahoo Webscope 上。该数据集包含了由 15 400 个乐评人对 1000 首歌曲给出的 300 000 个评分。通过引入低秩缺失机制，该方法相较于采用均匀缺失机制的完备化方法，效果提升了约 25%。

3. 非参数模型

尽管上述对 Θ 的估计方式可在对应缺失假设下取得一定的效果，但其对数据矩阵完备化的效果严重依赖于缺失模型的假设是否正确，其在实际应用中难以被验证。对于最终完成高维矩阵完备化这个目标来说，并不需要一定给出正确的缺失概率 Θ 。这是因为最终我们是通过优化式（12-1）来得到 A_0 的估计，而缺失概率 Θ 的估计只是中间的一个副产品。如果我们找到一个合适的权重矩阵 W 来替代 $\Theta^{\circ(-1)}$ ［这里 $\Theta^{\circ(-1)}=(\theta_{ij}^{-1})$ ］，使得 $\hat{W}$ 和 $\Theta^{\circ(-1)}$ 在总体上的误差足够接近，以至于对于最终估计 A_0 带来的概率矩阵部分的误差可以忽略不计，那么我们还是可以得到好的 A_0 的估计。理想情况下，若示性矩阵 T 的缺失概率 $\Theta=(\theta_{ij})$ 已知，则只需要直接选取权重矩阵为 $W=(\theta_{ij}^{-1})$ 即可。在缺失概率 Θ 未知的情况下，通过观察，我们有 $E\left(T\circ\Theta^{\circ(-1)}\right)=J$ ，其中 J 是一个所有元素全部为 1 的矩阵。Wang 等（2021）考虑找到合适的权重矩阵 W 使得度量 $T\circ W-J$ 足够小。进一步，为了克服权重矩阵 W 总共有 n_1n_2 个参数带来的过拟合问题，Wang 等（2021）通过求解如式（12-5）所示的带有约束的优化问题来求解矩阵 W ：

$$\min_{W\geqslant 1} T\circ W-J+\kappa T\circ W_F^2 \tag{12-5}$$

其中，κ 表示一个调节参数。由此可得估计的权重矩阵 $\hat{W}$ 。这里得到的权重矩阵 $\hat{W}$ 不仅不依赖于缺失机制，甚至不依赖于观测矩阵 Y 。所以该方法比较稳健。在得到权重矩阵 $\hat{W}$ 之后，类似于式（12-3），可通过如式（12-6）所示的风险函数对高维矩阵 A_0 进行填充：

$$\hat{A}=\operatorname{argmin}_{\|A\|_\infty\leqslant a}\left\{\frac{1}{n_1n_2}\left\|T\circ\hat{W}^{\circ(1/2)}\circ(A-Y)\right\|_F^2+\lambda\|A\|_*\right\} \tag{12-6}$$

对于上述问题，也可采用 Beck 和 Teboulle（2009）提出的快速迭代收缩阈值算法进行求解。Wang 等（2021）将该方法应用到实际数据集 Coat Dataset 和 Yahoo Webscope 上。Coat Dataset 包含了由 290 个用户对 300 种商品给出的约 7000 个评分信息。通过引入不依赖于缺失机制的非参数模型，该方法与采用均匀缺失机制和一些特殊的秩 1 缺失机制的完备化方法相比，效果都有所提升。

12.3.3　非随机缺失机制

第三类常见的数据缺失机制为非随机缺失，即数据缺失与否取决于其具体取值 y_{ij}，这有违于之前所描述的随机缺失机制。例如，雅虎进行的一项调查显示，在 5400 名参与者中，有 64.85%认为他们对歌曲的喜好程度会影响他们公开评分的意愿，即用户评分矩阵的缺失情况并不是随机于 y_{ij} 的值，而是依赖于 y_{ij}。在此情境下为实现对 Y 的无偏估计，可采用逆倾向性得分（inverse propensity score，IPS），即 $P_{ij}=\dfrac{1}{E(\theta_{ij}\mid y_{ij})}$ 对每一维观测值进行逆概率加权（Schnabel et al.，2016），进而数据完备化问题可表示为

$$\hat{A}=\arg\min_{\|A\|_\infty\leqslant a}\left\{\frac{1}{n_1n_2}\left\|\frac{T\circ(A-Y)}{P}\right\|_F^2+\lambda\|A\|_*\right\}\tag{12-7}$$

由此，非随机缺失机制下的数据完备化方法可以分为以下两个步骤，其一是估计逆倾向性得分矩阵 P，其二是根据估计出的逆倾向性得分进行数据完备化。在逆倾向性得分估计准确的情形下，对 Y 的还原可视为是无偏的。然而逆倾向性得分是否无偏本身在实际应用中无法进行验证，而且尽管逆倾向性得分统计量具有无偏性，其在实际应用中常表现出较大的方差变异。由此，相关研究进一步设计了双稳健统计量用于对缺失数据矩阵进行加权（Wang et al.，2019）。

上述不同缺失机制下的超高维度大数据完备化方法可应用于电子商务、内容服务等诸多领域。比如，在电子商务情境下，推荐系统预测用户偏好以实现个性化推荐的重要方式来预测用户对商品的评分，即可视为对用户评分矩阵的完备化问题。由于用户及产品都呈现超高维度的特点，在进行矩阵完备化过程中需根据不同的缺失机制设计相应的优化问题，以实现对用户偏好的还原，进一步展开个性化推荐。

12.4　多源异质场景下的数据完备化问题

多源异质是大数据的第二个突出特点。体量庞大的大数据通常由多种来源的数据汇集而成，不同源的数据的概率分布或模型极有可能是不同的，因而汇集而成的大数据呈现出异质性的特点。在这种情况下的缺失数据完备化问题需充分考虑数据的多源异质特点。比如，在智慧城市监测过程中，由于传感器记录时间粒度不够精细、仪器故障等问题，常常会出现数据缺失问题。此外，由于数据是由多地部署的传感器采集汇集而成的，数据具有很强的多源异质特点，在处理其数据缺失时应格外关注。具体而言，数据的多源异质性既包含数据分布相同但参数不同的情形，也包含数据分布不同的情形。以下我们将分别对两种多源异质情形进行讨论。

12.4.1　数据分布相同但参数不同的情形

这是一种较为温和的多源异质情形，即不同来源的数据具有相同的分布族，

但不同源的参数值会不同。在现实中，一种常见的数据场景是二元数值问题，以视频推荐系统和新闻推荐系统为例，通常观众对于特定视频或者新闻可以表达“点赞”或者“踩”的态度，这类数据可以抽象成二元数值数据$\{1,-1\}$，其所对应的推荐系统也就是二元的推荐系统。其他的二元数值数据场景还包括政治选举数据和市场调查数据等。Davenport 等（2014）在式（12-1）的框架下研究了观测值 y_{ij} 是二元数值$\{1,-1\}$的情形下的矩阵完备化问题，其考虑的二元数值模型为

$$y_{ij}=\begin{cases}1, & 以 f(a_{0,ij})的概率\\ -1, & 以 1-f(a_{0,ij})的概率\end{cases} \tag{12-8}$$

其中，$a_{0,ij}$ 表示观测概率矩阵对应的参数矩阵 A_0 中的元素，每一维的 $a_{0,ij}$ 取值可以各不相同，从而反映出数据异质性特点。这时我们所关心的真实矩阵等价于参数矩阵 A_0。注意到真实的参数矩阵 A_0 跟最终的观测值 Y 通过一个连接函数 f 来联系。如 12.3 节所示，常见的连接函数 f 可以取成 Logit 函数或者 Probit 函数。进一步地，我们考虑以对应的负对数似然函数作为损失函数 $L(A,Y)$，即

$$L(A,Y)=\sum_{(i,j)}t_{ij}\left\{I_{[y_{ij}=1]}\log\left(f(a_{ij})\right)+I_{[y_{ij}=-1]}\log\left(1-f(a_{ij})\right)\right\} \tag{12-9}$$

其中，$T=(t_{ij})$ 表示对应的示性矩阵，I 表示 0-1 示性函数，对应的惩罚项同样使用核范数 $R(A)=\|A\|_*$，以使得结果具有低秩性。Davenport 等（2014）将该方法应用到实际数据集 MovieLens 100K 上，为了使得观测到的评分变成二元数值，Davenport 等（2014）根据已有评分的均分 3.5 作为划分，大于或等于 3.5 的评分映射成 + 1，小于 3.5 的评分映射成−1，从而形成二元数值$\{1,-1\}$。通过采用上述的最小化损失函数和核范数惩罚，相较于经典的均匀缺失机制下的矩阵完备化方法，该方法将准确率从 60%提升到了 73%。

更一般地，Fan 等（2019）在式（12-1）的框架下提出了广义高维迹回归模型（generalized high dimensional trace regression model）。对应地，他们考虑使用指数分布族对应的负对数似然函数来作为损失函数 $L(A,Y)$。具体而言，在式（12-1）的框架下，基于指数族分布特征构建损失函数，即

$$L(A,Y)=\frac{1}{N}\sum_{(i,j)}t_{ij}\left\{b(a_{ij})-y_{ij}a_{ij}\right\} \tag{12-10}$$

其中，$N=\sum t_{ij}$ 表示观测到的元素个数；$b(\cdot)$ 表示一个已知的跟具体分布函数有关的连接函数。比如，对于常见的高斯分布，根据其对应的指数族分布的表达式，我们有 $b(a_{ij})=\sigma^2 a_{ij}^2/2$，其中 σ^2 是已知的方差常数；对于取值为 0 或 1 的伯努利分布，有 $b(a_{ij})=\log\left(1+\exp(a_{ij})\right)$；对于泊松分布，有 $b(a_{ij})=\exp(a_{ij})$。在 Fan 等（2019）的工作里，他们使用同样的核范数惩罚 $R(A)=\|A\|_*$ 来使得最终的参数矩阵

$\hat{A}$ 具有近似低秩的性质。Fan 等（2019）将该方法应用到标准普尔 500 指数的股票收益率预测和图像分类的经典数据集 CIFAR-10 上。在标准普尔 500 指数的股票收益率预测问题上，该方法采用核范数作为惩罚项，普遍比不带惩罚项的方法得到的效果好。在图像分类问题上，该方法采用了 CNN + 核范数惩罚的方法，效果比对应的 CNN 加上 L1 范数惩罚项更好。

12.4.2 数据分布不同的情形

这是一种更一般的刻画数据多源异质性的情形，即各来源数据的概率分布与模型各不相同。比如，我们在多任务学习的框架下想要同时解决分类问题和回归预测问题，其中分类问题的数据可以来自条件伯努利分布，回归预测问题则可以来自高斯分布。比如，连续值数据可以用高斯分布，0/1 取值数据可以用伯努利分布或 Logistic 模型，多值离散数据可以用多元概率比分布模型等条件分布。

Alaya 和 Klopp（2019）考虑了基于指数分布族的损失函数 $L(A,Y)$ 构建。他们假设观测到的矩阵 Y 的数据元素来自 S 个不同的概率分布，即数据 Y 和其对应的真实参数矩阵 A_0 可以分成 S 块，分别记为 $Y=\left[Y^{(1)},\cdots,Y^{(S)}\right]$ 和 $A_0=\left[A_0^{(1)},\cdots,A_0^{(S)}\right]$，其中 $A_0^{(s)}=\left(a_{0,ij}^{(s)}\right)$，$s=1,\cdots,S$。具体来说，假设每个数据 $y_{ij}^{(s)}$ 属于参数可取不同值的指数分布。在该模型的假设下，实际场景里的数据可以来自不同的来源和任务。针对每个分布，即便分布形式一样，其中的具体参数也可以完全不同，比如同样都是高斯分布，不同的任务可以有不同的均值 μ 和方差 σ^2。基于这一前提假设，Alaya 和 Klopp（2019）考虑以加权平均方式的损失函数来同时完成 S 个不同任务，基于指数分布族的特征构建矩阵完备化问题的损失函数，即

$$L(A,Y)=\frac{1}{N}\sum_{s=1}^{S}\sum_{(i,j)}t_{ij}^{(s)}\left\{b_s\left(a_{ij}^{(s)}\right)-y_{ij}^{(s)}a_{ij}^{(s)}\right\} \tag{12-11}$$

其中，每个 s 表示不同的任务和数据来源；$T^{(s)}=\left(t_{ij}^{(s)}\right)$ 表示每个不同来源的数据分别对应的示性矩阵；$N=\sum t_{ij}^{(s)}$ 表示总的观测值。此时，数据异质性可通过不同的连接函数 $b_s(\cdot)$ 体现，即代表不同的数据的分布及任务。对于不同源数据之间共享的特征，则是通过公共的惩罚项 $R(A)=\|A\|_*$ 来约束进行同步学习，使得多源异质数据 A_0 能够共享低秩的结构信息。在这个框架下，Alaya 和 Klopp（2019）建立了预测误差的上界。Alaya 和 Klopp（2019）将该方法应用到模拟数据集上，该方法比分别单独估计每个来源的矩阵完备化的准确率都要更高。

Robin 等（2020）同样也考虑了上述的问题框架，更具体地，他们对于具体参数矩阵 A_0 进行了更加细致的建模，类似于 Mao 等（2019）的思路，将 A_0 分解

成主效应和相互效应两个部分，即 $A_0 = \alpha U + L$ 。对应地，用来约束多源异质数据 A_0 的惩罚项 $R(A)$则变为

$$R(A) = |\alpha|_0 + \|L\|_* \tag{12-12}$$

进一步，可通过求解整体优化问题来寻求最优完备化方式。

多源异质情境下的数据完备化方法可以广泛应用于多个领域。比如，面向制造企业车间执行层的生产信息化管理系统整合了包括射频识别（radio frequency identification，RFID）、条码设备、传感器等多种渠道采集的数据。由于不同采集设备的数据分布形态各不相同，且可能以不同的频率产生故障，从而造成采集的数据中的缺失情况呈现多源异质的特点。应用上述数据完备化方式可对其中蕴含的多源异质特点进行充分建模，从而实现更优的数据完备化效果以供后续分析决策使用。

12.5　时空关联场景下的缺失数据完备化问题

流式产生是大数据的第三个突出特点，即大数据以一定的时间颗粒度产生并被记录下来。若在此情境下发生数据缺失问题将具有强时空关联性的特点。比如，在金融大数据领域，常见的数据来源包括股价、交易记录、高频交易信息、分析师预测、新闻、社交媒体用户情绪数据等，而机构/散户对于某一公司/股票的关注常常并不连续，造成大量信息缺失。但这些缺失信息之间呈现出强时序性的特点。在设计相关数据完备化方法时，应对其特点充分加以考虑。

在此类数据完备化问题中，为实现对时空维度的刻画，通常在二维矩阵表示的数据形态中引入新的用于表征时间或空间的维度，从而形成张量（tensor）数据。张量指的是多维（或者 K 维）阵列数据。特别地，一维张量（ $K=1$ ）对应的是向量数据；二维张量（ $K=2$ ）对应的是矩阵数据。通常人们将 $K\geqslant 3$ 的张量称为高阶张量。比如，在考虑时间动态性的推荐系统里，除了已有的用户-商品的二维评分矩阵，还会考虑额外的时间标签信息。又如，对于一些交通网络数据，也能获得额外的时间或者空间信息形成张量形式。相应地，在观测值带有缺失的情况下，我们需要考虑张量完备化来完成对应的高维数据完备化。为了符号简洁和讨论方便，本节只对三阶张量形态的数据完备化进行介绍，更高阶的张量模型可以做类似推广。如果不对张量的维度做特殊的结构假设，我们可以将矩阵完备化方法直接推广到张量完备化中。

常用的张量分解方法为 Kiers（2000）给出的 CANDECOM/PARAFAC 分解，简称 CP 分解；其中 CANDECOM 是 canonical decomposition（典型分解）的缩写，该方法由 Carroll 和 Chang（1970）提出；PARAFAC 是 parallel factors（平行因子）

的缩写，由 Harshman（1970）提出。对于秩为 r 的张量 A_0，根据张量秩的定义，我们可以将它表示成 r 个秩为 1 的张量之和，即

$$A_0 = [\![U_0, V_0, W_0]\!] = \sum_{i=1}^{r}(u_{0i} \circ v_{0i} \circ w_{0i}) \tag{12-13}$$

其中，$U_0 = [u_{01}, u_{02}, \cdots, u_{0r}] \in \mathbb{R}^{n_1 \times r}$；$V_0 = [v_{01}, v_{02}, \cdots, v_{0r}] \in \mathbb{R}^{n_2 \times r}$；$W_0 = [w_{01}, w_{02}, \cdots, w_{0r}] \in \mathbb{R}^{n_3 \times r}$；$[\![\cdots]\!]$为 CP 分解的表示符号，具体如图 12-4 所示。

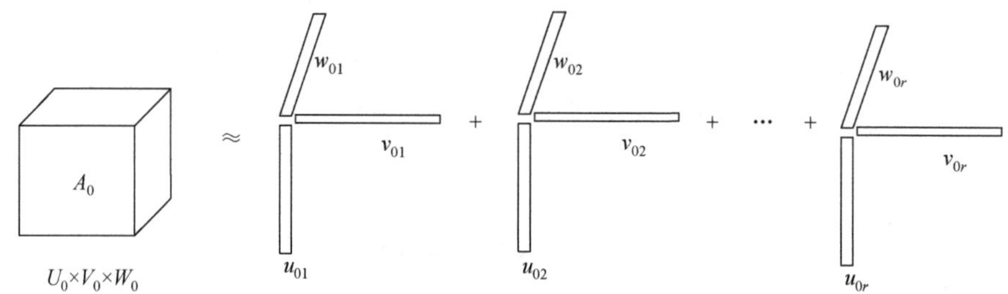

图 12-4　CP 分解示意图

对于观测到的带有缺失值的流数据，我们能对应地产生一个由$\{0,1\}$元素组成的指示符张量$T = (t_{ijk})$，其中t_{ijk}是y_{ijk}的缺失指示，即$t_{ijk} = 0$表示缺失，$t_{ijk} = 1$表示非缺失。进而可以直接将矩阵数据完备化问题的形式推广到张量形式。在一般的情况下，损失函数和正则化项部分可分别表示为

$$L(A, Y) = \frac{1}{n_1 n_2 n_3}\left\| T \circ \left([\![U, V, W]\!] - Y\right)\right\|_F^2 \tag{12-14}$$

$$R(A) = \lambda\left(\|U\|_F^2 + \|V\|_F^2 + \|W\|_F^2\right) \tag{12-15}$$

在张量完备化问题中，为了减少计算的复杂度，我们通常假设要完备化的张量的秩（r）是已知的。对于带有时空属性的维度的张量，Zhou 等（2015）考虑在惩罚项 $R(A)$ 的基础上继续加上一些带有时空属性的特殊结构约束。特别地，他们考虑如式（12-16）所示的惩罚项：

$$\lambda\left(\|U\|_F^2 + \|V\|_F^2 + \|W\|_F^2\right) + \alpha\left([\![FU, V, W]\!] + [\![U, GV, W]\!] + [\![U, V, HW]\!]\right) \tag{12-16}$$

其中，F 和 G 表示空间约束矩阵；H 表示时间约束矩阵；λ 和 α 表示两个不同的调节参数。不同于矩阵完备化问题，在张量完备化中，需对具有时空属性的维度做特殊的结构约束［如自回归模型、Toeplitz（特普利茨）矩阵等］，使得该完备化不是简单的矩阵完备化的拓展，而是得到一个具有时空性质的张量。

考虑时空关联性的数据完备化方法在管理实践中具有广阔的应用前景。如在

对大气环境进行长期监测以应用于宏观政策分析时，监测数据中的缺失情形呈现出时空关联的特点，需在完备化过程中加以考虑。通过加入上述对特殊时空属性的结构约束，可保证数据完备化结果体现时空关联情形，更好地保障完备化效果，以供后续环境政策分析决策使用。

12.6　讨论与总结

随着移动互联环境下新兴技术的快速发展，多维度、跨领域的大规模数据日益可测可获，不仅深刻地改变了社会经济生活的面貌，也孕育着管理决策理论与方法的重大变革，推动管理决策研究向大数据驱动范式转变。然而，超高比例的数据缺失现象常常制约着数据价值挖掘及后续管理决策的进行。为提升数据质量及完备性，需结合问题情境特点设计精准高效的数据完备化方法。

在实际应用中根据问题特点选择合适的方法进行数据完备化对后续分析及管理决策制定至关重要。在进行方法选择时，可从以下两方面考虑。一方面，我们可以从实际数据特点出发。如果实际数据是维数大于等于三维的张量数据，则优先考虑流式数据完备化方法；进一步地，如果一些数据维度有特定的信息，比如包含时间或者空间等信息，则可以考虑应用具有时空性质的流数据完备化方法。如果是一般的矩阵数据，则应先对数据分布进行判断。比如，对二元数据，可以采用二元数值矩阵完备化方法；对于连续型数据，可以采用平方损失函数的矩阵完备化方法。如果数据来自不同的分布，则可以应用指数分布族等混合型分布的矩阵完备化方法。另一方面，选择不同完备化方法的主要影响因素是数据缺失机制。在实际应用中相对比较难以验证实际的缺失机制是否符合模型假设，因而我们建议可分别采取比较经典的缺失机制，如完全随机缺失机制中的均匀缺失、随机缺失机制中的低秩缺失机制来得到初步结果。如果初步结果相差不大，则可以采用这些得到的结果；如果结果差别很大，说明缺失机制较为复杂，建议可以采用非参数模型的缺失机制，通过构建平衡权重的方法来完成矩阵完备化。

关于完备化后的数据矩阵的统计学性质及在管理实践中的应用也是统计学领域近期的关注方向。其一，完备化好的矩阵可直接用于管理决策。比如，在电子商务、内容推荐等领域广泛应用的推荐系统，在对用户–商品评分矩阵进行补全后，可直接采用对完备化后的评分值进行排序的方式展开 Top-*N* 推荐（Kang et al., 2016）。其二，可对完备化好的矩阵进行后续统计推断、机器学习等任务。比如，Chen 等（2019）分别对采用凸和非凸的方法进行完备化后的矩阵构造了对应的纠偏统计量，使得纠偏后的矩阵能够对缺失数据和低秩因子等构建置信区间与置信区域。Xia 和 Yuan（2021）通过数据分裂构建了具有渐近正态性质的矩阵估计，从而对线性形式的参数提供了置信区间的估计和假设检验。通过这些方法，在对矩阵完成完备化后，我们可以进一步地针对完备化好的矩阵应用一些传统统计方法进行推断。

综上，本章在系列工作的基础上对大数据情境下的数据完备化问题进行了梳理。针对大数据时代数据所呈现的超高维度、多源异质、时空关联的三类典型情境，分别总结了其情境特点、数据完备化挑战、求解思路及管理意义。后续研究可进一步探索融合多种情境特点的大数据完备化问题的建模形式、求解路径，并进一步思考相关方法在管理实践中的具体应用及价值测算。

参 考 文 献

陈国青, 吴刚, 顾远东, 等. 2018. 管理决策情境下大数据驱动的研究和应用挑战: 范式转变与研究方向. 管理科学学报, 21(7): 1-10.

陈国青, 曾大军, 卫强, 等. 2020. 大数据环境下的决策范式转变与使能创新. 管理世界, 36(2): 95-105, 220.

徐宗本, 冯芷艳, 郭迅华, 等. 2014. 大数据驱动的管理与决策前沿课题. 管理世界, (11): 158-163.

Alaya M Z, Klopp O. 2019. Collective matrix completion. Journal of Machine Learning Research, 20(148): 1-43.

Allison P D. 2000. Multiple imputation for missing data: a cautionary tale. Sociological Methods & Research, 28(3): 301-309.

Beck A, Teboulle M. 2009. A fast iterative shrinkage-thresholding algorithm for linear inverse problems. SIAM Journal on Imaging Sciences, 2(1): 183-202.

Cai J F, Candès E J, Shen Z W. 2010. A singular value thresholding algorithm for matrix completion. SIAM Journal on Optimization, 20(4): 1956-1982.

Candès E J, Plan Y. 2010. Matrix completion with noise. Proceedings of the IEEE, 98(6): 925-936.

Candès E J, Recht B. 2009. Exact matrix completion via convex optimization. Foundations of Computational Mathematics, 9(6): 717-772.

Carroll J D, Chang J J. 1970. Analysis of individual differences in multidimensional scaling via an n-way generalization of “Eckart-Young” decomposition. Psychometrika, 35(3): 283-319.

Chen C H, He B S, Ye Y Y, et al. 2016. The direct extension of ADMM for multi-block convex minimization problems is not necessarily convergent. Mathematical Programming, 155(1/2): 57-79.

Chen Y X, Fan J Q, Ma C, et al. 2019. Inference and uncertainty quantification for noisy matrix completion. Proceedings of the National Academy of Sciences, 116(46): 22931-22937.

Chistov A L, Grigorev D Y. 1984. Complexity of quantifier elimination in the theory of algebraically closed fields//Chytil M P, Koubek V. Mathematical Foundations of Computer Science. Berlin: Springer-Verlag: 17-31.

Davenport M A, Plan Y, van den Berg E, et al. 2014. 1-Bit matrix completion. Information and Inference, 3(3): 189-223.

Durrant G B. 2009. Imputation methods for handling item-nonresponse in practice: methodological issues and recent debates. International Journal of Social Research Methodology, 12(4): 293-304.

Fan J Q, Gong W Y, Zhu Z W. 2019. Generalized high-dimensional trace regression via nuclear norm regularization. Journal of Econometrics, 212(1): 177-202.

Feuerverger A, He Y, Khatri S. 2012. Statistical significance of the netflix challenge. Statistical Science, 27(2): 202-231.

Harshman R A. 1970. Foundations of the PARAFAC procedure: models and conditions for an 'explanatory' multimodal factor analysis. Los Angeles: UCLA Working Papers in Phonetics.

Ibrahim J G, Chen M H, Lipsitz S R, et al. 2005. Missing-data methods for generalized linear models: a comparative review. Journal of the American Statistical Association, 100(469): 332-346.

Kang Z, Peng C, Cheng Q. 2016. Top-N recommender system via matrix completion. Phoenix: The 30th AAAI Conference on Artificial Intelligence.

Keshavan R H, Montanari A, Oh S. 2010. Matrix completion from noisy entries. The Journal of Machine Learning Research, 11: 2057-2078.

Kiers H A L. 2000. Towards a standardized notation and terminology in multiway analysis. Journal of Chemometrics, 14(3): 105-122.

Kleinberg J, Lakkaraju H, Leskovec J, et al. 2018. Human decisions and machine predictions. The Quarterly Journal of Economics, 133(1): 237-293.

Koltchinskii V, Lounici K, Tsybakov A B. 2011. Nuclear-norm penalization and optimal rates for noisy low-rank matrix completion. The Annals of Statistics, 39(5): 2302-2329.

Little R J A. 1988. Missing-data adjustments in large surveys. Journal of Business & Economic Statistics, 6(3): 287-296.

Little R J A, Rubin D B. 1989. The analysis of social science data with missing values. Sociological Methods & Research, 18(2/3): 292-326.

Little R J A, Rubin D B. 2019. Statistical Analysis with Missing Data. 3rd ed. Hoboken: Wiley.

Mao X J, Chen S X, Wong R K W. 2019. Matrix completion with covariate information. Journal of the American Statistical Association, 114(525): 198-210.

Mao X J, Wong R K W, Chen S X. 2021. Matrix completion under low-rank missing mechanism. Statistica Sinica, 31: 2005-2030.

Mazumder R, Hastie T, Tibshirani R. 2010. Spectral regularization algorithms for learning large incomplete matrices. Journal of Machine Learning Research, 11: 2287-2322.

Recht B. 2011. A simpler approach to matrix completion. Journal of Machine Learning Research, 12: 3413-3430.

Reiter J P, Raghunathan T E. 2007. The multiple adaptations of multiple imputation. Journal of the American Statistical Association, 102(480): 1462-1471.

Robin G, Klopp O, Josse J, et al. 2020. Main effects and interactions in mixed and incomplete data frames. Journal of the American Statistical Association, 115(531): 1292-1303.

Rohde A, Tsybakov A B. 2011. Estimation of high-dimensional low-rank matrices. The Annals of Statistics, 39(2): 887-930.

Rubin D B. 2004. Multiple Imputation for Nonresponse in Surveys. Hoboken: Wiley.

Schnabel T, Swaminathan A, Singh A, et al. 2016. Recommendations as treatments: debiasing learning and evaluation. New York: The 33rd International Conference on International Conference on Machine Learning.

Steck H. 2010. Training and testing of recommender systems on data missing not at random. Washington: The 16th ACM SIGKDD International Conference on Knowledge Discovery and Data Mining.

Wang J Y, Wong R K W, Mao X J, et al. 2021. Matrix completion with model-free weighting. Vienna: The 38th International Conference on Machine Learning.

Wang X J, Zhang R, Sun Y, et al. 2019. Doubly robust joint learning for recommendation on data missing not at random. Long Beach: The 36th International Conference on Machine Learning.

Xia D, Yuan M. 2021. Statistical inferences of linear forms for noisy matrix completion. Journal of the Royal Statistical Society (Series B: Statistical Methodology), 83(1): 58-77.

Zhang P. 2003. Multiple imputation: theory and method. International Statistical Review, 71(3): 581-592.

Zhou H B, Zhang D F, Xie K, et al. 2015. Spatio-temporal tensor completion for imputing missing internet traffic data. Nanjing: The 2015 IEEE 34th International Performance Computing and Communications Conference.

第 13 章　面向大数据管理决策的知识关联分析与知识大图构建[①]

13.1　引　　言

大数据技术的快速发展极大地改变了人们生活的方式、经济社会的形态、管理决策的场景。大数据的有效利用和价值发现已经成为产业及经济发展的原动力之一（陈国青等，2021）。大数据的价值源于其中蕴含的事物之间广泛存在的各种关联，这些关联位于不同角度、不同层次，对这些事物间的关联进行分析将进一步发现新的关联，可以应用于生产生活实践中以产生更多的价值。

管理决策模型方法的发展经历了“小数据”“小知识”“大数据”“大知识”四个阶段（McDowell，2021）。在“小数据”阶段，根据研究内容提出假设，并对样本数据进行统计分析来验证假设，由于数据规模的限制，模型和方法具有局限性；在“小知识”阶段，依赖于专家构建知识库，知识库规模有限，仅能对知识进行浅层的表示，因此只能支撑基于规则或简单推理的应用；在“大数据”阶段，研究对象变为全样本，数据驱动建模，关注异常点而非因果关系。然而，深度学习等大数据建模的方法在管理决策的重要场景中并没有得到充分应用，主要原因是深度学习模型缺乏对结果的解释，难以帮助决策者理解过程和因果关系（陈国青等，2018）。近几年，“大知识”的概念开始出现，以应对从复杂的大数据中挖掘海量知识的挑战（Lu et al.，2019）。“大知识”既可以实现知识驱动的自动建模，也可以帮助决策者对结果进行理解和解释。“大知识”的本质是全局的知识关联，能够形成决策智能化的认知背景，是数据驱动跨越到知识驱动管理决策的重要基础（Buyalskaya et al.，2021）。

知识关联是指人们在创造和利用知识的活动中，因某种内在或外在的联系而使其显示关联的行为及状态。可见知识关联是基于知识的关联，而非基于数据或信息的关联（李旭晖和凡美慧，2019）。知识关联是语义信息上的多角度、多层次的关联，反映了知识代表事物本身存在的某种关联，与知识本身所具有的特征对应。

---

① 本章作者：洪亮（武汉大学信息管理学院）、马费成（武汉大学信息管理学院）。通讯作者：马费成（fchma@whu.edu.cn）。基金项目：国家自然科学基金资助项目（91646206）。本章内容原载于《管理世界》2022 年第 1 期。

知识关联也分为显性关联或隐性关联，需要通过挖掘去发现隐性关联。我们通常接触到的知识关联本身是显式的，即能够被明确认知和描述。知识之间的隐性关联，只有被发现、认知和描述后才能成为知识关联。知识关联使得知识转变为智慧，实际上是一种动态行为，反映了知识间的联系从隐性到显性的演化过程。上述特征使得知识关联具有可描述、可计算、可演化的特征。知识关联的可描述即知识单元之间的关联可以通过具象的数据载体来进行知识的表示，不同的知识表示可以有不同的描述方法，如基于本体的知识表示等（Brewster and O'Hara，2004）。知识关联的可计算即通过描述知识的数据载体的变化产生或创建知识关联，可以通过算法产生并且有可量化的计算过程。知识关联的可演化即随着客观世界的发展与思维的不断加深，知识关联的广度和深度也会随之发生改变，每个阶段的知识计算过程组成了知识演化的基本单元，从时间序列上看，则是一个知识系统的自组织、自演化过程。

从知识关联的角度对大数据的价值进行分析，其方法、模型和手段因领域而异。在信息管理领域，知识关联的思维模式可以促进信息管理领域学科与计算机、人工智能技术的交叉融合，从而达到跨学科的共同开发与协同建设（马费成和李志元，2020）。通过主题建模、关联规则挖掘、共词分析等相结合，研究检索结果文献中的知识关联问题，可以有效揭示文献中知识之间的知识关联（阮光册和夏磊，2017）。在金融科技领域，金融大数据中存在多角度、多层次的知识关联，促进了知识的发现、组织和利用。唐旭丽等（2019）总结分析了金融领域的四种典型知识关联——分类关联、时空关联、统计关联、事件关联，并将各类关联模式归类于静态本体、动态本体和社会本体中，且复用现有的金融商业本体（financial industry business ontology，FIBO）实现了金融知识关联的表示。Ouyang 等（2018）聚焦于金融股权知识大图的关联查询问题，面对多源异构的挑战，提出了两个及多个节点之间的关联路径查询算法，为金融领域价值分析提供了关联路径知识计算服务。Liang 等（2020）通过知识关联推理进一步挖掘企业关联的隐式知识，支持多视角和跨领域决策信息的智能融合。在疫情应急领域，Jia 等（2020）将人口流动数据与全国的疫情确诊病例的计数和地理位置进行关联，不仅准确预测了确诊病例的时空分布，而且能在早期阶段识别出高风险地区。Williamson 等（2020）探讨了新冠病毒导致死亡的因素，通过知识关联分析计算了各个因素的关联强度。

综上，可以看出，从价值密度稀疏且缺乏关联的大数据中分析知识关联，构建知识大图，形成管理决策“大知识”，存在一定的挑战。首先，现有的知识组织和表示模型方法，如概念层次模型、知识图谱等，无法有效地表达大数据中多角度、多层次的知识关联；其次，知识关联分析和知识大图构建没有统一框架和体系化方法；最后，现有研究缺乏知识大图的应用场景，难以体现知识大图在解决大数据管理决策问题时的优势。针对以上挑战，本章利用大数据技术获取和融合大数据中蕴含的知识，并建立知识之间的关联，形成系统化的全局知识视图，从而缓解大数据存在的价值稀疏问题，从价值密度较高的知识信息中进行价值分析、发现和创造活动。本章的主要贡献如下。

（1）形式化定义知识关联和知识大图的概念，利用多重语义蕴涵关系有效地表示多角度、多层次的知识关联，提高知识大图的表达能力。

（2）提出面向大数据管理决策的知识关联分析和知识大图构建的统一框架与体系化方法，为大数据价值分析、发现与创造提供解决方案。

（3）给出金融和疫情知识大图的典型应用场景，通过知识关联将管理决策问题转化为知识大图的计算和演化，实现管理决策由数据驱动到知识驱动的跃迁。

13.2　知识关联分析与知识大图构建问题的形式化定义

定义 13.1（知识关联）：令知识单元节点和关联边的有限集合分别为 V 和 E，节点 $s,o\in V$，关联 $r\in E$，三元组 (s,r,o) 为关联知识，表示 s 和 o 之间的知识关联；$r\in R\subseteq E$，其中 R 为 s,o 存在的关系的集合，允许 $|R|\geqslant 1$；$\exists s,s'\in V$，$s\vDash s'$，即 s 语义蕴涵 s'；$\exists r,r'\in E$，$r\vDash r'$，即 r 语义蕴涵 r'；Prop 为属性集合，映射函数 $\phi:(V\cup E)\times \text{Prop}\rightarrow \text{val}$ 为顶点或边关联属性，对于 $s\in V$（或 $r\in E$），$\phi(s,p)=\text{val}$［或 $\phi(r,p)=\text{val}$］，其中 $p\in\text{Prop}$，$p=\text{val}$。

从定义 13.1 可知，首先，允许 $|R|\geqslant 1$ 表达了知识单元之间可能存在不同角度的关联。其次，知识单元及其关联在语义上是不同层次的，知识大图利用语义蕴涵来表达语义的上下位关系。上下位关系是指：如果知识单元 s_i 语义蕴涵 s_j，则当使用 s_j 时，s_i 可以没有歧义地使用；同理，如果关系 r_i 语义蕴涵 r_j，则当使用 r_j 时，r_i 可以没有歧义地使用。

如图 13-1（a）所示，“金融机构”为“银行”的上位知识单元，“金融机构”和“工商企业”之间同时存在“质押”和“股东”的关系；“质押”语义蕴涵“股权质押”，即“质押”为“股权质押”的上位关系。知识关联利用多重语义蕴涵对客观世界的事物及其之间被认知的联系进行了多角度、多层次的表达。“多角度”体现在知识单元节点之间可以存在多种关联，是横向的关联；“多层次”体现在知识关联之间存在上下位层次关系，是纵向的关联。

定义 13.2（知识大图）：知识大图是一个有向多重语义蕴涵图 $G(V,E)=\{(s,r,o)\}\subseteq V\times E\times V$，即关联知识 (s,r,o) 的集合。

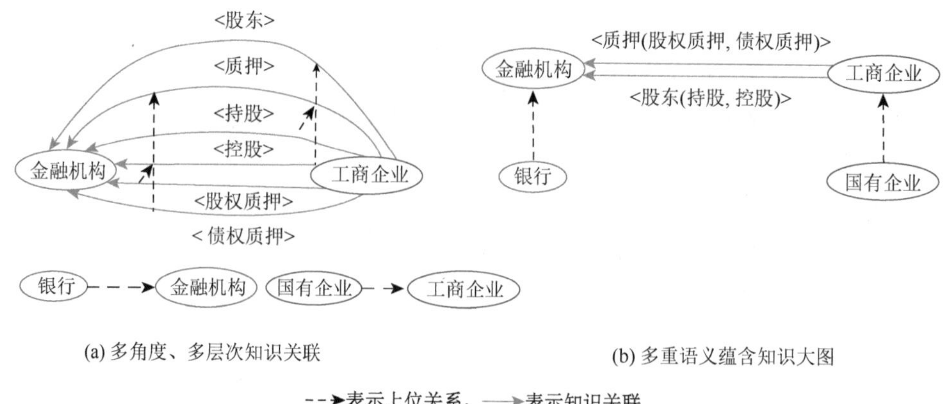

(a) 多角度、多层次知识关联　　(b) 多重语义蕴含知识大图

图 13-1　知识关联与知识大图示例

如图 13-1（b）所示，知识及其关联可以自然地表示为一个以知识单元为节点、以关联为边的多重语义蕴涵图，即知识大图。知识单元之间存在多重异质的边，表达了多角度的知识关联；边上的语义标签表达了多层次的语义蕴涵。比如，<股东(持股,控股)>表示“股东”语义蕴涵“持股”和“控股”。知识单元可以分为类和实例，类描述领域内的实际概念，既可以是实际存在的事物，也可以是抽象的概念，如金融机构、医院等；实例则表示某个类的实际存在，如招商银行是金融机构的一个实例。类、子类和实例处于不同的语义层次。知识关联也处于不同语义层次，包括类之间、实例之间、类和实例之间的关联。类之间存在部分和整体的关联，如父类和子类的关联等。类之间存在的多层次的知识关联构成了知识大图的本体；类和实例之间的知识关联提供了实例的分类信息，并通过类的属性对实例进行了约束，提高了知识表示的准确性。

目前已经存在一些基于图模型的构建知识数据集的方法，如基于资源描述框架的知识图谱构建（王鑫等，2019），但大多是针对同种类型数据的知识图谱的构建，无法应对大数据具有的多种类、多层次、跨应用的特点（陈国青等，2020）。传统的概念层次模型依赖于树结构对知识进行组织，树中同层次的节点之间不允许存在边，难以表示知识单元之间普遍存在的知识关联；现有的知识图谱一般使用简单图进行知识的表示（Hogan et al.，2021），只能表示知识单元之间存在的单一的知识关联，而知识大图则可以利用多重语义蕴涵图对多层次、多角度的知识关联进行准确的组织和表示。相比于知识图谱，知识大图拓展了对于知识关联的角度与层次的表示，实现了知识的全局关联，在表达能力和规模上有大幅提升。

定义 13.3（知识关联分析）：给定数据集 D，知识关联分析是从 D 中发现关联知识集合 $A=\{(s,r,o)\}\subseteq V\times E\times V$，使得 $\psi(A)\geqslant\tau$，其中 $\psi:V\times E\times V\to R$ 为评分函数，其评分 $\psi(A)\in R$ 衡量 A 对 D 中事实表示的准确和全面程度，τ 为阈值。

由定义 13.3 可知，知识关联分析需要依据评价指标指定评分函数，利用自然语言处理等技术从多源异构大数据中抽取关联知识，对客观世界被认知的事实予以准确表达。比如，在金融股权知识大图中，分析大图中的关键股权路径，能够发现金融机构之间的股权控制关系。

定义 13.4（知识大图构建）：给定知识关联集合 $A=\{(s,r,o)\}\subseteq V\times E\times V$，知识大图构建是找到知识大图 $G\subseteq A$，使得 $\forall(s,r,o),(s',r',o')\in G$，且 $\text{sim}\left((s,r,o),(s',r',o')\right)\leqslant\varphi$，其中 $\text{sim}(\cdot)$ 表示关联知识的语义相似度，φ 表示相似度的阈值。

从定义 13.4 可知，构建知识大图需要在知识统一组织与表示的基础上对关联知识进行语义上的融合。知识大图构建是一个动态演化的过程，通过知识关联发现新的关联，从而不断扩展和完善知识大图。

传统的基于知识库的管理信息系统是一种典型的“小知识”应用。在实际的管理决策应用中，知识是普遍关联的，如在金融股权知识大图中，知识关联不仅体现在银行、保险、基金等跨领域金融机构与企业之间的股权关联上，还体现在系统性金融风险与股权、舆情事件之间的复杂关联上。如果要实现深度的知识关联分析和智能知识服务，显然任何知识库预设的知识边界都很容易被突破。在大数据时代，管理决策过程中产生的海量数据和快速发展的大数据技术，使得自动化或者协同构建知识大图成为可能，从而形成“大知识”（Lu et al.，2019）。

知识关联可描述、可计算、可演化的特征决定了基于知识关联的知识大图将进一步促进管理决策由数据驱动转为知识驱动。首先，知识大图将释放现有管理决策模型的效能。一方面，知识大图能够对现有模型进行知识引导，帮助现有模型提高精确率和智能化程度。现有的管理决策模型的效果已经接近“天花板”，如统计分析模型根据股权比例计算金融机构之间的控制关系，难以发现通过同事、朋友等社交关系建立的隐性控制关系，而这种隐性控制关系是一种知识关联，可以利用知识大图进行揭示。另一方面，知识大图突破了现有管理决策模型的知识规模瓶颈，由知识的量变带来模型效用的质变。其次，知识大图作为管理决策的背景知识，可以对发现的新现象、新事实进行解释，增强决策者认知。知识大图支撑可解释智能应用对于管理决策尤其重要：知识大图对于现象和事实的解释进一步促进了大数据管理决策应用的落地，克服了传统大数据模型的“黑盒子”问题，使得知识驱动成为管理与决策的主要方式。最后，知识大图也成为管理与决策的重要知识资源，为大数据管理决策赋能。

13.3　知识关联分析

知识关联分析是大数据价值发现的第一步，关键问题是从大数据中发现候选知识单元及其之间的关联。对于数据集 D，知识关联分析既要能够准确地发现 D 中的知识关联，同时也要尽可能地找全知识关联，以尽可能准确地反映数据集 D 记录的全部事实。

精确率 Precision 的定义如式（13-1）所示（Chinchor and Sundheim，1993），表示被正确发现的关联知识占总体被评估的关联知识的比率，即

$$\text{Precision} = \frac{\text{TP}}{\text{TP} + \text{FP}} \tag{13-1}$$

其中，TP 表示知识关联分析发现的正确的关联知识的数量；FP 表示发现的错误的关联知识的数量。

召回率 Recall 表示 D 中被正确分析出来的关联知识占总体关联知识的比率，即

$$\text{Recall} = \frac{\text{TP}}{\text{TP} + \text{FN}} \tag{13-2}$$

其中，FN 表示没有发现的正确的关联知识。

在管理决策场景中，单纯以精确率或召回率作为度量标准会带来应用上的偏差。比如，在流行病筛查中，如果以精确率作为唯一度量标准，那么将只对严格的密切接触者进行检验，以提高查出阳性的精确率，但这样做的最大问题是遗漏了次密接者（密接的密接）、一般接触者等，加大了流行病传播的风险。

目前常用的度量标准为 F1 值，其兼顾了精确率和召回率。因此，知识关联分析的目标可以表达为

$$\psi(A) = \text{F1} = \frac{2 \times \text{Precision} \times \text{Recall}}{\text{Precision} + \text{Recall}} \geqslant \tau \tag{13-3}$$

ROC/AUC 是另一类同时考虑精确率和召回率的度量标准。在正负样本分布极不均匀的情况下，即负样本比正样本多很多（或者相反）的情况下，F1 值比 ROC/AUC 能够更好地度量分析结果的优劣；反之，在正负样本均衡的情况下，应多采用 ROC/AUC 指标（Davis and Goadrich，2006）。在实际数据集 D 中，通常情况下正负样本分布并不平衡，一般选择 F1 值作为知识关联分析的评分函数。

为了计算 $\psi(A)$，需要将分析出的关联知识与黄金标准数据集中的关联知识进行比对，进行正确性判断；该数据集包含通过人工验证正确性的关联知识（Brank et al.，2005）。本章采用人在环路（human-in-the-loop）的机制对置信度较低的关联知识进行迭代式的人工协同标注，对这些关联知识进行验证和修正。

基于以上评分函数，知识关联分析在知识大图概念层和实例层的分析方法有所不同。由于概念之间的语义粒度不同，概念层知识关联分析方法需要准确发现概念的语义关系并完整覆盖领域概念体系；实例层知识关联分析方法则侧重于如何准确并完整地揭示管理决策大数据中的知识及其之间的隐性关联。

13.3.1　概念层知识关联分析

概念及其之间的关联是领域内不同主体之间进行交流的语义基础。概念层知识关联分析发现的关联知识(s,r,o)中，s和o均为概念，即经过经验或者规则提炼的形式化知识。

目前概念层知识关联分析主要有三种方法。第一种是领域专家人工分析。这种方法中，$\psi(A)$由人工分析的准确率和覆盖率决定，优点是准确率较高，缺点是对于大数据的覆盖率偏低，且人工标注代价较大。第二种是数据驱动的分析，利用规则和统计特征发现概念层的关联知识，包括发现频繁模式、约束和路径，计算概念之间的相似度等。数据驱动的分析可扩展性较强，可以支持大规模的本体构建，然而因为缺乏领域知识的引导，分析得到的关联知识集合A的$\psi(A)$值一般较低。第三种是人机协同的分析，这种方法兼顾了可扩展性和分析的质量，根据领域专家少量的人工分析结果发现规则和统计特征，从而自动分析出概念层的关联知识，并在分析过程中基于专家的反馈不断优化迭代，直至$\psi(A)\geqslant\tau$。

在决策场景中，概念层知识关联分析的一般步骤如下。

（1）概念发现，即从大数据中找出概念层的知识单元。比如，对文本数据进行预处理，从中过滤出概念相关词组；并借助领域专家或者外部词典对概念进行匹配和识别；合并表述不同但语义相同的概念，过滤不准确的概念表述，进一步对概念进行语义增强与优化。

（2）概念关系抽取，即分析出概念之间的关联知识。概念层知识关联分析主要抽取概念之间直接的语义蕴涵，即上下位关系。目前上下位关系抽取的方法分为三类：基于模板的方法（Wu et al.，2012）、基于语料库的方法（Suchanek et al.，2007）和基于嵌入的方法（Wang et al.，2019）。基于模板的方法使用句法模板从文本中抽取上下位关系；基于语料库的方法从相对结构化的语料库，如 WordNet 和 HowNet 中抽取上下位关系；基于嵌入的方法将单词或短语映射到一个隐式的向量空间，然后基于这些向量发现上下位关系。可以根据具体的知识关联分析目标对以上方法进行选择。比如，在对抽取精度要求较高、专业性较强的垂直领域，可以采用基于模板的方法以提高抽取的精确率；在需要兼顾精确率和召回率的开放领域，可以采用基于嵌入的方法以提高$\psi(A)$。

（3）概念关系层级建立，根据定义 13.1，发现概念关系的语义蕴涵，建立概念关系的层级，是知识关联分析的重要步骤。例如，对于抽取出的概念关系——(企业,股东,金融机构)、(企业,控股,金融机构)，可以发现语义蕴涵“股东$\vDash$控股”，从而可以分析出(企业,股东$\vDash$控股,金融机构)的多层次关联知识。语义蕴涵的发现可以通过训练表示学习模型来实现（Hosseini et al.，2018），主要方法是利用语料库中已有的语义蕴涵关系，考虑概念的类型，建立表示学习模型，并通过计算向量相似度发现更多的语义蕴涵关系。在管理决策应用中，语料库包含的显式的语义蕴涵关系较为稀疏，需要根据语义和结构的相似性扩展语义蕴涵关系的数据集。比如，从“股东是股份制公司的出资人”语料中可知“股东”和“出资人”语义相似，因此可以扩展语义蕴涵为“出资人⊨控股”。

13.3.2　实例层知识关联分析

实例层的知识关联分析，需要根据数据的结构采用不同的分析方法。对于结构化数据，则在概念层定义的本体规约下，建立结构化数据和知识关联的映射关系，根据映射关系进行转化。对于半结构化和非结构化的数据，首先需要抽取知识单元s和o，即命名实体识别；其次抽取实体之间的关系r。对于关联知识(s,r,o)的抽取，问题转化为预测$\psi(s,r,o)$是否大于或等于τ。例如，在“病患 2 于 1 月 22 日到中心医院就诊，后到市立医院进一步检查，目前病情稳定”语料中进行实体识别，得到“病患 2”“中心医院”“市立医院”三个实体。实体抽取得到一系列离散的知识单元，进一步抽取关系“就诊”“检查”，得到关联知识“(病患 2,就诊,中心医院)”“(病患 2,检查,市立医院)”。最后，抽取出实体的属性信息，即知识单元与属性的关联，如可以从上述语料中得到时间属性为“1 月 22 日”。

将概念层的关联知识表示为(s_1,r_1,o_1)、实例层的关联知识表示为(s_2,r_2,o_2)。知识关联分析还需要发现概念层与实例层的知识关联，即发现s_2与s_1、o_2与o_1之间的上下位关系。目前主要使用分类算法（Rafiei and Adeli，2017）对实例层的知识单元进行分类，建立实例层知识单元与概念层知识单元的分类关联。

从以上步骤可知，抽取实体之间的关系，是实例层知识关联分析的难点。大数据环境下，目前通常使用基于学习的方法，根据实体的属性和上下文等知识信息，学习实体的低维向量表示，然后将实体关系抽取转化为表示模型的简单向量操作。然而，在决策场景中，人们通常需要从大数据集合的概括性语义和小数据集合的实例语义来形成对于数据内容及其含义的认识（陈国青等，2018）。具体到实例层知识关联分析的场景，基于学习的方法虽然能够给出分析的结果，但是缺乏对结果的具象解释，使得结果的有效性难以得到感知和证明。而规则在提高关系抽取的质量的同时，能够揭示大数据中的隐性关联的概括性语义。此外，考虑到决策场景通常具有样本稀疏或者样本不平衡的问题，基于规则对关系进行抽取可以有效缓解以上问题，提升大数据环境下基于学习的方法的有效性。

具体而言，我们将关系抽取规则定义为 rule.BODY→rule.TAG，其中 BODY 表

示一个文本模式 $p = [w, @s\text{-type}, w, @o\text{-type}, w]$，这里的 s-type、o-type 分别表示实体 s 和 o 的类型，词序列 $w \in \{W\} \cup \{\text{None}\}$表示 s 和 o 出现的上下文，TAG 表示关系的标签。如果语料与规则 rule 匹配，则 s 和 o 的关系 r 会被标注 rule.TAG 标签。

关系抽取规则基于实体类型和上下文的语义特征对关系进行抽取。因为知识大图中的知识及其关联均具有层次化的上下位关系，所以关系抽取规则有以下性质。

定理 13.1（关系的向下兼容性）：给定关联知识(s,r,o)，如果$s \vDash s'$且$o \vDash o'$，则存在关联知识(s',r,o')。

证明：根据上下位关系的定义，如果$s \vDash s'$且$o \vDash o'$，则当使用 s 和 o 时，s' 和 o' 可以没有歧义地使用。因此，可以推出存在(s',r,o')。

定理 13.2（规则的向上兼容性）：给定 rule.BODY→rule.TAG，rule.BODY = [w, @s-type, w, @o-type, w]，如果 rule. TAG′⊨rule.TAG，则 rule.BODY→rule. TAG′。

证明：根据上下位关系的定义，如果 rule. TAG′⊨rule.TAG，则当使用 rule.TAG 时，rule. TAG′可以没有歧义地使用。因此，可以推出 rule.BODY→rule. TAG′。

定理 13.3（规则的向下兼容性）：给定 rule_1.BODY→rule_1.TAG，rule_1.BODY = [w, @s-type_1, w, @o-type_1, w]，rule_2.BODY = [w, @s-type_2, w, @o-type_2, w]，如果 s-$\text{type}_1 \vDash s$-type_2 且 o-$\text{type}_1 \vDash o$-type_2，则 rule_2.BODY→rule_1.TAG。

证明：根据定理 13.1，如果 s-$\text{type}_1 \vDash s$-type_2 且 o-$\text{type}_1 \vDash o$-type_2，则当 s-type_1 和 o-type_1 存在关系 rule_1.TAG 时，s-type_2 和 o-type_2 也存在关系 rule_1.TAG。因此，可以推出 rule_2.BODY→rule_1.TAG。因为语义蕴涵具备自反性，当 s-$\text{type}_1 = s$-type_2 或 o-$\text{type}_1 = o$-type_2 时，定理 13.3 仍然成立。

我们从已经标注好的小数据集合中使用频繁模式挖掘等方法挖掘出初始规则，对于零样本的场景，可以由领域专家指定初始规则。结合定理 13.2、定理 13.3 从大数据中迭代式挖掘更多的规则，并优化产生的规则集合。初始规则可以认为是小数据集合的实例语义，而通过迭代产生的更大的规则集合则已经转化为大数据集合的概括性语义。关系抽取规则在这里扮演了“桥梁”的角色，支撑了决策场景中对于知识关联的具象感知与解释，同时也进一步揭示了大数据中的隐性关联，使之成为显性的知识关联。

算法 13.1 总结了知识关联分析的详细过程：输入管理决策数据集 D、关系抽取规则集合 R、机器学习模型集合 M 和外部语料库 C，算法 13.1 将输出关联知识集合 A。如果 D 为结构化数据，根据映射关系将 D 转化为 A（1～2 行）。对于非结构化和半结构化数据集，概念层使用外部语料库识别概念，实例层使用命名实体识别（named entity recognition，NER）模型识别实体，分别形成概念集 Concepts 和实体集 Entities（3～5 行）。对于所有概念和实例，先使用机器学习模型抽取关系，然后使用抽取规则对实例层的关系进行抽取，并将分析出的关联知识(s,r,o)

加入 A（6～14 行）。最后，对于概念，基于语义蕴涵建立知识及其关联的层次关系；对于实例，则分析出实例的分类关联（15～21 行）。

算法 13.1：KnowAnalyze (D,R,M,C)

```
Input   D: Data set, R: Set of extraction rules, M: Set of learning models, C: Corpus
Output  A: Association knowledge set
1 if D is structured data
2    Convert D to A with mapping relations
3 else for each  d ∈ D
4             Concepts ← Match d with the corpus C
5             Entities ← Extract d with NER models from M
6 for each  s,o ∈ Concepts + Entities
7        for each model  md ∈ M
8            if (s,r,o)  can be extracted with md
9               A ← A+(s,r,o)
10 for each  s,o ∈ Entities
11         for each  rule ∈ R
12              if rule.BODY can be applied to d
13                   r ← rule.TAG
14                   A ← A+(s,r,o)
15 for each  (s,r,o),(s',r',o') ∈ A
16       if  r ⊨ r'                    //Build hierarchy
17           r' is sub-relation of r
18       if  s ⊨ s' ,  o ⊨ o'  and  s' , o'  are concepts
19            A ← A+(s',subclassof,s) ;  A ← A+(o',subclassof,o)
20       if  s ⊨ s' ,  o ⊨ o'  and  s' , o'  are entities
21            A ← A+(s',instanceof,s) ;  A ← A+(o',instanceof,o)
22 Return A
```

13.4 知识大图构建

知识大图构建是一个动态演化的过程，如图 13-2 所示。知识关联分析从多源异构数据中对关联知识进行抽取和转化，然后再经过关联知识的融合和发现，迭代式地构建知识大图。

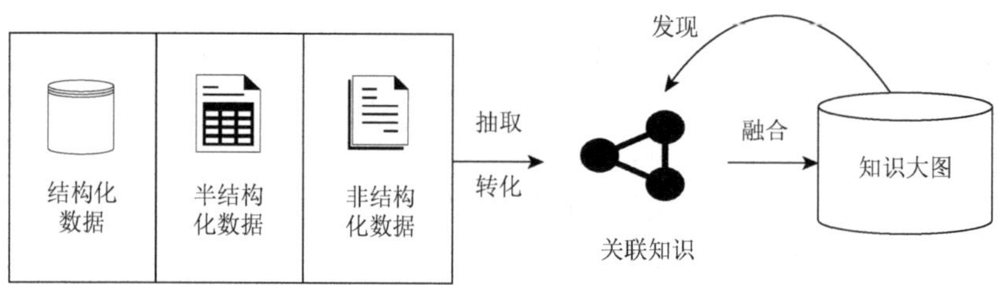

图 13-2　知识大图构建框架

13.4.1　关联知识融合

关联知识融合可以减少知识大图中的知识冗余，确保关联知识指向的准确性与一致性，并将关联知识集合转化为知识大图。从定义 13.4 可知，给定关联知识(s,r,o)和(s',r',o')，首先需要解决的问题是计算语义相似度$\mathrm{sim}\big((s,r,o),(s',r',o')\big)$，以确定关联知识是否可以融合。

由于表达的多样性，知识单元（实体）s,o,s',o'可能会存在指称项（即词或词组）不同但指向同一实体，或者指称项相同却并不指向同一实体的问题。由于受到本体的约束，关系r和r'一般不存在以上问题。因此，计算$\mathrm{sim}\big((s,r,o),(s',r',o')\big)$可以转化为计算实体对的语义相似度，即$\mathrm{sim}(s,s')$、$\mathrm{sim}(s,o')$、$\mathrm{sim}(o,s')$和$\mathrm{sim}(o,o')$。

如果以上相似度不小于阈值φ，则可以将两个关联知识进行融合。比如$\mathrm{sim}(s,s')\geqslant\varphi$，则认为$s$和$s'$指向同一实体，可以创建链接，融合为知识子图$\{(s,r,o),(s,r',o')\}$，其中每条关联知识是知识子图中的一条边，拥有共同的知识单元s。反之，如果$\mathrm{sim}(s,s')<\varphi$，则$s$和$s'$并不指向同一实体。在$\mathrm{sim}(s,s')\geqslant\varphi$且$\mathrm{sim}(o,o')\geqslant\varphi$的情况下，即两个关联知识相对应的实体在语义上是相同的，如果$r=r'$，则(s',r',o')为冗余的关联知识，否则如果$r\neq r'$，则s和o之间存在多种知识关联。

如图 13-3 所示，判断两个指称项“张三”是否指向同一个知识单元，则分别从两段文本中抽取与“张三”这一实体相关的属性值，如出生年月、籍贯等。计算得到的语义相似度小于阈值，即两个“张三”不是同一知识单元，不能进行关联知识融合。

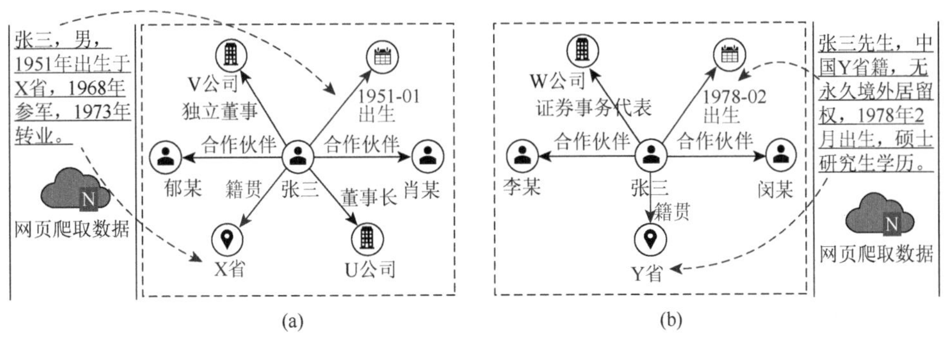

图 13-3　关联知识融合示例

13.4.2 关联知识发现

给定知识大图 G，关联知识发现是利用已有的关联知识集合 $G=\{(s,r,o)\}$，发现关联知识 (s',r',o')，$(s',r',o')\notin G$。目前关联知识发现常用的方法是知识大图推理，主要方法是对多个已有关联知识的间接关联进行建模，即对多步关系的传递性约束进行建模。以两步推理为例：s 和 o 存在关系 r_1，o 和 p 存在关系 r_2，该两步路径对应的直接关系是 s 和 p 存在关系 r_3。

知识大图的推理方法分为基于规则的推理、基于分布式表示的推理、基于神经网络的推理以及混合推理（官赛萍等，2018）。目前管理决策较多采用简单经验知识或统计特征，或者更复杂的以传递性约束为主的规则进行推理。规则的产生一般由领域专家进行定义或者从知识大图中挖掘得到。专家制定规则的代价较高，很难达到足够广的覆盖率，而挖掘的规则会引入噪声和冲突，降低了推理的准确度。更为重要的是，规则挖掘的算法难以实现复杂规则的挖掘，难以保证规则的可靠性和可解释性。

根据定理 13.1，可以通过已有的关联知识，以及知识单元的上下位关系发现更多的概念关系；根据语义蕴涵的传递性（Berant et al.，2011），即给定 $r,r',r''\in E$，语义蕴涵 $r\vDash r'$，$r'\vDash r''$，则 $r\vDash r''$，可以推理出关联知识之间的层次关系，发现潜在的知识关联，对知识大图进一步补全。比如，已知(商业银行,父类,银行)、(银行,类型,金融机构)，可以推理出(商业银行,类型,金融机构)。

在决策场景中，知识单元之间可能会发现多种关联，通常需要对每一个候选关联知识 (s,r,o) 计算其评分函数 $\psi(s,r,o)$，并确定阈值 τ，当且仅当 $\psi(s,r,o)\geqslant\tau$ 时，(s,r,o) 为真。在特定领域中，如果仅允许知识单元存在一种关联，则 $(s,r,o)=\mathrm{argmax}_{r\in \mathrm{rels}}\psi(s,r,o)$，其中 rels 表示候选关联的集合。

13.4.3 迭代式构建

知识关联可演化的特征决定了知识大图需要进行迭代式构建，即领域专家、知识、数据等多个价值创造主体进行决策协同和知识协同，对关联知识迭代式地融合与发现。决策协同指的是协调各主体决策并获得群体决策，知识协同指的是协调各个主体之间的知识交换。与传统主体协同不同的是，在知识关联的支持下，主体在协同过程中通过知识协同迅速获得范围更广、效用更高的新知识从而影响自身决策，形成多主体迭代式构建的计算过程。

从知识大图角度来看，多主体的价值创造将体现为知识子图在预定义知识目标框架下的聚集和融合过程。设计适合知识目标框架的任务分解方法和知识融合方法，以此为基础建立基于众包激励机制的迭代式构建模型。具体来说，在迭代式构建的群体决策过程中，各主体根据观察对关联知识进行标注，需要对各主体的标注进行聚合，以得到最终的标注结果。目前，标注的聚合通常使用多数投票（majority voting）机制（Tao et al.，2019）。给定 n 个观察和 m 个主体，每个主体对于每个观察将会从标签集合 L 中选择一个标签，并对相应的关联知识进行标注。主体具备的不同的能力水平决定了该主体的标注在最终结果中的权重。因此，对于第 i 个观察，协同决策后的关联知识的标注 a_i 为

$$a_i = \arg\max_{l \in L} \sum_{j=1}^{m} w_j I(a_i = l) \tag{13-4}$$

其中，w_j 表示赋给第 j 个主体的权重，用来表示该主体的能力水平；$I(\cdot)$ 表示指示函数，仅当 $a_i = l$ 为真时，$I(a_i = l)$ 为 1，否则为 0。

针对知识关联分析、融合、发现等环节可能出现的错误、冲突等问题，通过以上人在环路的众包协同过程，对知识大图中关联知识的融合与更新进行外部知识增强，从而不断优化构建质量。

算法 13.2 总结了知识大图的迭代式构建过程：输入管理决策数据集 D、关系抽取规则集合 R、机器学习模型集合 M、外部语料库 C、知识关联分析目标函数 ψ，关联知识相似度阈值 φ、知识关联分析质量阈值 τ、关联知识观察个数 n 和参与协同标注的主体个数 m；输出知识大图 $G(V,E)$。首先，调用算法 13.1 进行知识关联分析，返回关联知识集合 A（第 1 行）；其次，在知识大图构建目标 $\psi(A) < \tau$ 时（第 2 行），对于关联知识集合 A 中 n 个质量低于阈值的关联知识，进行多主体协同标注，通过投票确定关联知识的标签（3～5 行）；再次，对于 A 中的关联知识进行融合和基于推理的关联知识发现（6～11 行）；最后，通过相同知识单元的链接，将 A 转化为知识大图 $G(V,E)$ 并输出（12～13 行）。

算法 13.2：IterativeConstruct ($D, R, M, C, \psi, \varphi, \tau, n, m$)

Input　D: Data set, R: Set of extraction rules, M: Set of learning models, C: Corpus, ψ : Objective function, a similarity threshold φ , a quality threshold τ , the number of observations n, and the number of agents m

Output　$G(V,E)$: Big knowledge graph

1　$A \leftarrow \text{KnowAnalyze}(D,R,M,C)$　　//Knowledge association analysis

2 while　$\psi(A) < \tau$

3　　for each　$a_i \in A$

4　　　　$a_i = \arg\max_{l \in L} \sum_{j=1}^{m} w_j I(a_i = l)$

5　　　if ($\psi(a_i) < \tau$　and $i < n$)　　//Collaborative Tagging

6　　for each　$(s,r,o),(s',r',o') \in A$

7　　　if　$\text{sim}\left((s,r,o),(s',r',o')\right) \geqslant \varphi$　　//Knowledge fusion

```
            Fuse (s,r,o) and (s',r',o')
        else if infer((s,r,o),(s',r',o')) → (s",r",o")        //Knowledge discovery
                if ψ(s",r",o") ⩾ τ
                    A ← A+(s",r",o"); Continue
Convert A to G(V,E)
Return G(V,E)
```

13.5 知识大图应用场景

13.5.1 应用场景 1：股权知识大图穿透式监管

股权网络是系统性金融风险的微观成因和传导途径（Huang et al.，2016），建立股权知识大图可以支撑系统性金融风险的穿透式监管。穿透复杂的金融股权知识大图，有效识别隐藏在复杂股权之后的实际控股股东，是金融风险监管的迫切需求。

股权网络规模庞大、结构复杂且包含丰富的语义信息。目前的基于复杂网络的系统性金融风险研究（Huang et al.，2016）难以支持监管部门和领域专家在如此大规模且语义信息丰富的股权网络中进行穿透，或发现实际控制人、实际控股股东等影响系统性金融风险的关键知识关联。主要原因在于：首先，目前还没有一个包含全量股权数据的股权知识大图对金融机构和企业之间多角度、多层次的股权知识关联进行组织和表示；其次，现有工作是基于小数据建立的模型，无法对大规模股权网络进行有效穿透，揭示隐藏在层层股权之后的知识关联；最后，现有工作仅关注股权的实际比例，忽略了股权的语义信息，影响了穿透的准确性（比如，即使股权比例相同，“控股”和“持股”关系对于系统性金融风险的重要性有着本质的区别；“持股”“股权质押”属于不同角度的知识关联，在穿透时需要同时考虑）。

本节将构建亿级股权知识大图，对股权网络中的“控股”“持股”“股权质押”等多角度、多层次知识关联进行组织和表示，实现股权知识的全局关联，以揭示大规模股权网络中的复杂股权风险结构。我们所设计的股权知识大图穿透算法，能够实现亿级知识大图的秒级穿透。比如，以 T 银行为中心进行股权知识大图穿透，最大穿透层数达到了 42 层，穿透时间为 115 秒，揭示了隐藏在 42 层之外的实际控股股东与 T 银行的股权知识关联。这种复杂的股权知识关联在缺乏语义的小规模股权网络中是难以发现的。

股权知识大图构建过程如下。

（1）股权数据收集和整理。本节收集和整理了七大系统（银行、保险、证券、期货、租赁、信托、基金)，总共 1432 家金融机构（总资产占全国所有金融机构资产的 99%）的精确股权数据。将金融机构的股权数据与全国 4200 万家以上工商注册企业的基本面信息和股东信息进行融合，建立全量的大规模股权网络数据集。

（2）知识关联分析。在概念层采用人机协同的知识关联分析，建立如图 13-4 所示的股权知识本体。首先，基于算法 13.1，由领域专家建立领域语料库，识别出概念层的关联知识，如(自然人,股东,企业)、(自然人,控股,企业)、(自然人,持股,企业)；其次，采用基于语料库抽取概念之间的多角度上下位关系，如(金融机构,父类,企业)、(工商企业,父类,企业)等；最后，训练表示模型，并建立概念关系的层级。

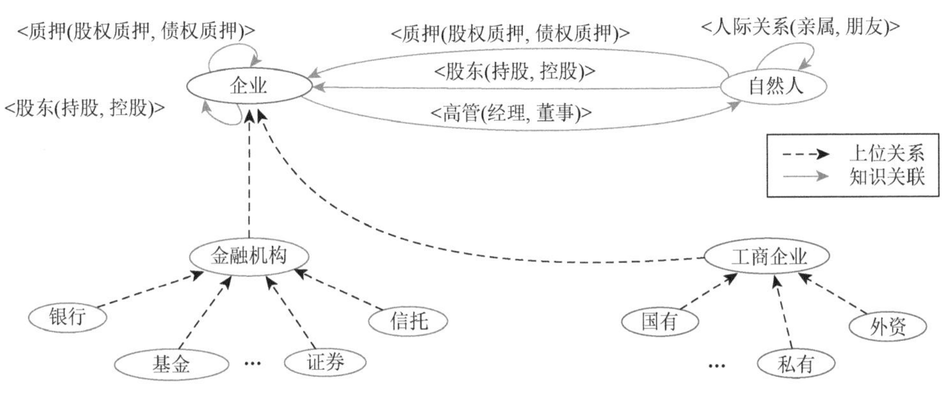

图 13-4　股权知识本体

在实例层，持股数据为结构化数据，首先设定映射关系将持股数据进行转化。比如，将（企业名称，股东名称，持股比例）数据根据股东的类型，转化为（金融机构，持股，企业）、（企业，持股，企业）或者（自然人，持股，企业）的关联知识。股东的最终持股比例隐藏在层层股权网络之后，为了发现股权网络中知识单元节点 v_i 、v_c 之间的“控股”语义关系，需要根据公式（13-5）计算出 v_i 对 v_c 的最终持股比例 δ_{ic} ，即

$$\delta_{ic}=\sum\nolimits_{p_{ic}\in P_{ic}}\prod\nolimits_{e_{jk}\in p_{ic}}\delta(e_{jk}) \tag{13-5}$$

其中，P_{ic} 表示 v_i 到 v_c 的股权路径集合；p 表示股权路径集合中的一条路径；$\delta(e_{jk})$ 表示节点 v_j 、 v_k 间的股权比例。

对非结构化数据进行知识抽取后，可以得到关联知识集合 $A=\{(s,r,o)\}\subseteq V\times E\times V$ 。然后，基于股权知识本体，从金融大数据中挖掘出关系抽取规则，如［自然人,入股,企业］→股东,［自然人,成为,企业,最大股东］→控股。调用算法 13.1，抽取出知识单元之间的关系，发现关联知识。

（3）股权知识大图构建。关联知识融合利用词嵌入算法将关联知识 (s,r,o) 和 (s',r',o') 中的实体及其属性转化为连续向量，并计算实体对的语义相似度 $\mathrm{sim}(s,s')$、$\mathrm{sim}(s,o')$、$\mathrm{sim}(o,s')$ 和 $\mathrm{sim}(o,o')$，确定是否可以融合。同时，根据领域专家设计的知识推理规则，发现新的关联知识。比如，基于“控股”知识关联的传递性，发现股权网络中大量的隐性控制关系，揭示控制群体的资本系。调用算法 13.2，通过迭代式构建，最终得到知识单元数为 60 599 124、关联边数为 103 330 303 的股权知识大图。

2019 年，中国银行保险监督管理委员会（2023 年改为国家金融监督管理总局）对 X 银行实行接管，X 银行破产事件对整个金融行业产生了较大的冲击，究其原因，是某资本系通过多层的股权网络，隐藏了对 X 银行的控股路径和持股比例。

以 X 银行为中心点进行金融股权知识大图的时序穿透，如图 13-5（a）所示，2005 年的 X 银行的直接股东有 B 公司、C 公司等，其中 B 公司的持股比例 14.88%为最大，符合单一控股股东比例不得超过 20%的监管规定。然而，以 X 银行为中心进行穿透可以发现，最外层的股东 Z 公司通过控制 F 公司，而 F 公司又通过控股 B 公司进而控制 I 公司，从而实现对 X 银行的实际控股。以 Z 公司为中心进行穿透可以发现，肖某通过赵六等亲属 100%控股 Z 公司，从而对 X 银行的实际控股比例为 29.01%。肖某通过直接或者间接的方式拥有 X 银行超过 20%的股权，规避了监管机构的监管。

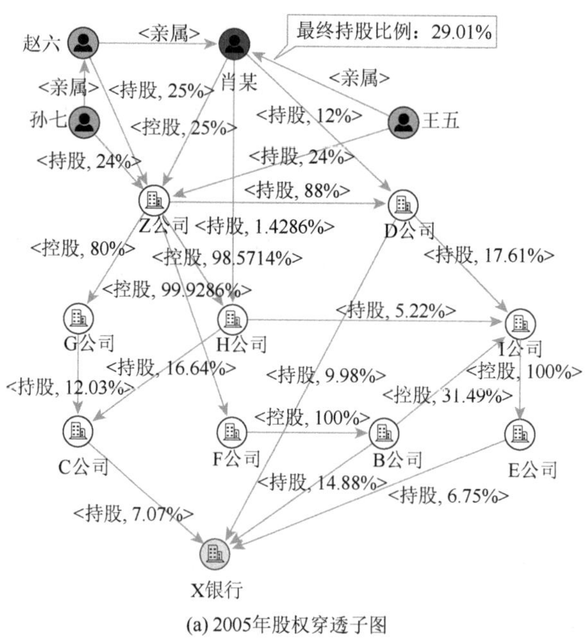

(a) 2005年股权穿透子图

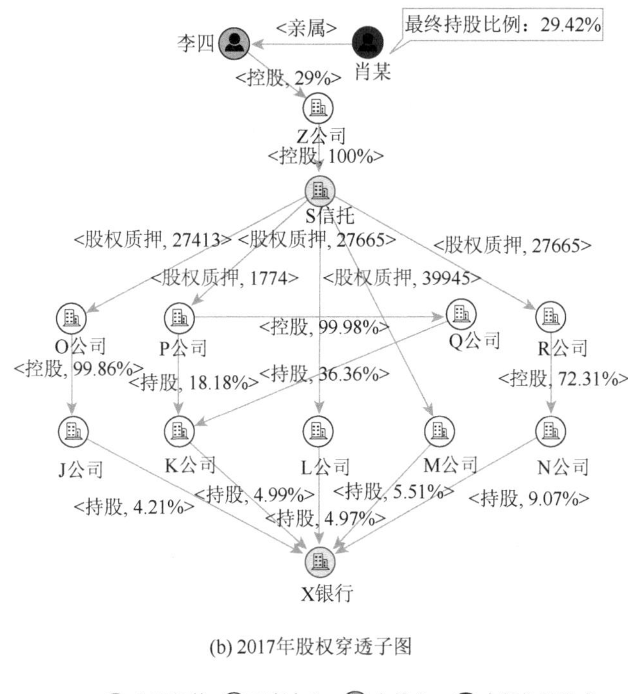

(b) 2017年股权穿透子图

图 13-5　以 X 银行为中心对股权知识大图进行时序穿透

图 13-5（b）为 X 银行的 2017 年股权穿透子图，可以发现，Z 公司公开控制的企业逐渐退出 X 银行的股权穿透子图，最外层股东之间无特殊的持股或控股关系。由于知识大图包含另一角度的知识关联“股权质押”，对其穿透可以发现，Z 公司对 S 信托有控制关系，并通过股权质押关系控股 O 公司、P 公司、R 公司等。最终，肖某对 X 银行的持股比例为 29.42%，为实际控股股东。

13.5.2　应用场景 2：疫情知识大图精准溯源

疫情暴发的根本原因是病毒通过人群之间的亲属关系、朋友关系等复杂关联进行快速传播。重点人群及其相关病例、轨迹、人口网格、城市交通路网等大量的多源异构数据中蕴含着复杂的知识关联。构建疫情知识大图，在知识层面上建模和分析多角度、多层次的复杂关联及其对疫情传播与发展的影响，可以有效地支撑实时的疫情精准溯源与预警。

图 13-6（a）是河南省公布的 2020 年 1～2 月确诊患者的流行病学调查数据，包括病例的时空轨迹、亲属朋友等数据，根据以上数据可以构建疫情知识大图，如图 13-6（b）所示。

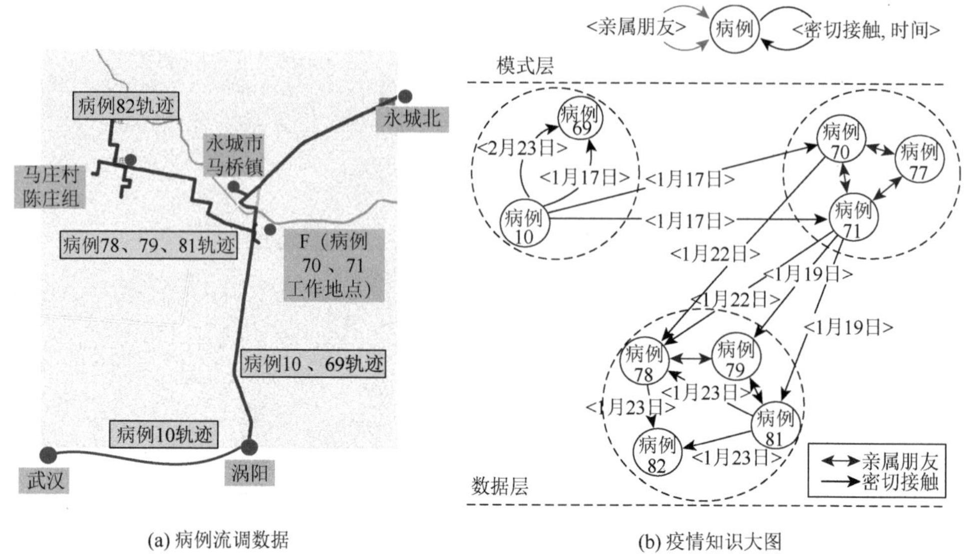

(a) 病例流调数据　　(b) 疫情知识大图

图 13-6　基于疫情知识大图的精准溯源

（1）知识关联分析：概念层知识本体根据数据情况和精准溯源的应用目标，采用人工建立的方式。实例层根据领域先验知识进行知识关联分析。首先利用文本处理和抽取的模型，生成轨迹抽取规则，基于算法 13.1 从调查报告中分析病例的轨迹、属性和亲属朋友关系等多角度知识关联。例如，抽取规则“[病例,经过,地点] →轨迹点”可以从文本中发现病例的轨迹点。根据国家相关规定，与确诊病例出现前两天内的轨迹有重合的人员为密切接触关系。然后，将相关规定转化为基于一阶谓词逻辑的密切接触关系判定公式，即

$$\forall u_i\left(\text{IsDiagnose}(u_i)\wedge\text{IsIntersect}(\text{tr}_i,\text{tr}_j)\wedge\text{IsShort}(\text{tr}_i,\text{tr}_j)\right)\rightarrow\text{IsContact}(u_i,u_j) \tag{13-6}$$

其中，$\text{IsDiagnose}(u_i)$ 表示病例 u_i 确诊；$\text{IsIntersect}(\text{tr}_i,\text{tr}_j)$ 和 $\text{IsShort}(\text{tr}_i,\text{tr}_j)$ 分别表示病例 u_i 与人员 u_j 轨迹有重合和时间接近；$\text{IsContact}(u_i,u_j)$ 表示 u_j 是 u_i 的密接者。

根据公式（13-6），可以通过轨迹的时空关联发现潜在的密切接触关系。

（2）疫情知识大图构建：基于分析出的“亲属朋友”“密切接触”知识关联，使用词嵌入算法进行关联知识的融合，包括病例姓名、地名、时间的歧义和共指的消解。基于算法 13.2，通过迭代式构建，形成疫情知识大图，从而揭示以确诊病例为中心的多层级密切接触关系。

如图 13-6（b）所示，对疫情知识大图中永城市 82 号确诊病例进行传播溯源，以病例 82 为起点，按照边上的时间戳逆时序遍历病例节点，可以快速找到潜在疫情传播路径，并通过路径“病例 82 → 病例 78 → 病例 70 → 病例 10”找出疫情源头病例 10。查询流调数据发现该病例有武汉旅行史，即该地区本轮疫情源头为武

汉返乡人员。同时，可根据病例节点的介数中心性来衡量该病例在疫情传播中的重要性。介数中心性是指经过该病例节点的潜在疫情传播路径的条数。通过计算介数中心性，发现病例 71 为疫情传播中的关键节点，该病例的工作地点 F 也是疫情传播的关键场所。

13.6　总　　结

本章从知识关联视角系统性地介绍了知识大图的概念、方法和领域应用。知识大图反映了大数据中蕴含的多层次、多角度的知识关联，为管理决策提供了全局知识视图，将进一步提升管理决策的智能水平，具有重要的理论和实践意义。

首先，基于语义蕴涵关系，本章定义了纵向的多层次知识关联，对于已有工作中横向的多角度知识关联进行了拓展，实现了多角度、多层次知识关联的形式化定义，并在此基础上定义知识大图为多重语义蕴含图，以描述管理决策大数据中蕴涵的丰富语义信息。其次，提出面向大数据管理决策的知识关联分析和知识大图构建统一框架与体系化方法，实现了多主体协同的迭代式知识大图构建，提高了构建的质量。最后，将所提出的方法应用于股权和疫情知识大图的构建，分别支撑了系统性金融风险的穿透式监管和疫情精准溯源。

考虑到典型的大数据管理决策场景中存在高频交易数据、实时轨迹数据等时序数据，进一步研究可以在本章的基础上，继续探索知识关联的时序分析和时序知识大图的构建，以支撑实时的管理决策场景。同时，针对不同应用场景的共性和个性化需求，将知识大图理论和方法迁移到新的领域中。

参 考 文 献

陈国青, 吴刚, 顾远东, 等. 2018. 管理决策情境下大数据驱动的研究和应用挑战: 范式转变与研究方向. 管理科学学报, 21(7): 1-10.

陈国青, 曾大军, 卫强, 等. 2020. 大数据环境下的决策范式转变与使能创新. 管理世界, 36(2): 95-105, 220.

陈国青, 张瑾, 王聪, 等. 2021. “大数据-小数据”问题: 以小见大的洞察. 管理世界, 37(2): 203-213, 14.

官赛萍, 靳小龙, 贾岩涛, 等. 2018. 面向知识图谱的知识推理研究进展. 软件学报, 29(10): 2966-2994.

李旭晖, 凡美慧. 2019. 大数据中的知识关联. 情报理论与实践, 42(2): 68-73, 107.

马费成, 李志元. 2020. 新文科背景下我国图书情报学科的发展前景. 中国图书馆学报, 46(6): 4-15.

阮光册, 夏磊. 2017. 基于词共现关系的检索结果知识关联研究. 情报学报, 36(12): 1247-1254.

唐旭丽, 马费成, 傅维刚, 等. 2019. 知识关联视角下的金融知识表示及风险识别. 情报学报, 38(3): 286-298.

王鑫, 邹磊, 王朝坤, 等. 2019. 知识图谱数据管理研究综述. 软件学报, 30(7): 2139-2174.

Berant J, Dagan I, Goldberger J. 2011. Global learning of typed entailment rules. Portland: The 49th Annual Meeting of the Association for Computational Linguistics: Human Language Technologies.

Brank J, Grobelnik M, Mladenic D. 2005. A survey of ontology evaluation techniques. Lisbon: The Conference on Data

Mining and Data Warehouses.

Brewster C, O'Hara K. 2004. Knowledge representation with ontologies: the present and future. IEEE Intelligent Systems, 19(1): 72-81.

Buyalskaya A, Gallo M, Camerer C F. 2021. The golden age of social science. Proceedings of the National Academy of Sciences, 118(5): e2002923118.

Chinchor N, Sundheim B M. 1993. MUC-5 evaluation metrics. Baltimore: The Fifth Message Understanding Conference.

Davis J, Goadrich M. 2006. The relationship between Precision-Recall and ROC curves. Pittsburgh: The 23rd International Conference on Machine Learning.

Hogan A, Blomqvist E, Cochez M, et al. 2021. Knowledge graphs. ACM Computing Surveys, 54(4): 1-37.

Hosseini M J, Chambers N, Reddy S, et al. 2018. Learning typed entailment graphs with global soft constraints. Transactions of the Association for Computational Linguistics, 6: 703-717.

Huang W Q, Zhuang X T, Yao S, et al. 2016. A financial network perspective of financial institutions' systemic risk contributions. Physica A: Statistical Mechanics and Its Applications, 456: 183-196.

Jia J S, Lu X, Yuan Y, et al. 2020. Population flow drives spatio-temporal distribution of COVID-19 in China. Nature, 582(7812): 389-394.

Liang Z Q, Pan D, Deng Y. 2020. Research on the knowledge association reasoning of financial reports based on a graph network. Sustainability, 12(7): 2795.

Lu R Q, Jin X L, Zhang S M, et al. 2019. A study on big knowledge and its engineering issues. IEEE Transactions on Knowledge and Data Engineering, 31(9): 1630-1644.

McDowell K. 2021. Storytelling wisdom: story, information, and DIKW. Journal of the Association for Information Science and Technology, 72(10): 1223-1233.

Ouyang X F, Hong L, Zhang L J. 2018. Query associations over big financial knowledge graph. Beijing: The First International Conference.

Rafiei M H, Adeli H. 2017. A new neural dynamic classification algorithm. IEEE Transactions on Neural Networks and Learning Systems, 28(12): 3074-3083.

Suchanek F M, Kasneci G, Weikum G. 2007. Yago: a core of semantic knowledge. Banff: The 16th International Conference on World Wide Web.

Tao D P, Cheng J, Yu Z T, et al. 2019. Domain-weighted majority voting for crowdsourcing. IEEE Transactions on Neural Networks and Learning Systems, 30(1): 163-174.

Wang C Y, He X F, Zhou A Y. 2019. Improving hypernymy prediction via taxonomy enhanced adversarial learning. Honolulu: The Thirty-Third AAAI Conference on Artificial Intelligence and Thirty-First Innovative Applications of Artificial Intelligence Conference and Ninth AAAI Symposium on Educational Advances in Artificial Intelligence.

Williamson E J, Walker A J, Bhaskaran K, et al. 2020. Factors associated with COVID-19-related death using OpenSAFELY. Nature, 584(7821): 430-436.

Wu W T, Li H S, Wang H X, et al. 2012. Probase: a probabilistic taxonomy for text understanding. Scottsdale: The 2012 ACM SIGMOD International Conference on Management of Data.

第 14 章　面向复杂决策场景的认知图谱构建与分析①

14.1　引　言

随着大数据、计算能力的快速发展以及多学科交叉融合范式的兴起，社会科学研究正迈向黄金时代（Buyalskaya et al.，2021），管理决策的过程和方式得到重塑，逐步向大数据决策范式转变（陈国青等，2020）。其中在线平台数据治理也成为新型决策范式的重点应用场景。以在线新闻、社交媒体等为代表的网络化平台将物理空间、虚拟空间和个体认知空间的信息与决策行为交织融合，在此背景下虚实混淆、负面事件的冲击极大程度地影响着用户的认知与行为，因此对于不同类别事件的识别和影响分析，在数据治理、营造数字生态治理新环境等方面具有重要意义。与此同时，越来越多的信息系统、信息传播等复杂场景中嵌入了多种认知、心理过程以辅助可解释建模研究（陈国青等，2022；Goldenberg and Gross，2020）。民众、群体乃至国家等层面的认知观念逐渐呈现出数字化的趋势（Stella，2022），为研究复杂决策场景中的认知现象提供了机遇，同时也带来了挑战。探究认知要素信息演化及关联性建模，为衡量心理动态演变规律（Ashokkumar and Pennebaker，2021）、信息传播过程建模（Notarmuzi et al.，2022）以及网络数字公共空间中的平台治理（Brady et al.，2021）等奠定了重要基础。

在复杂社会系统的集体行为中，个体多是依据前期信息的积累和整合过程进行顺序决策，认知信念在个体之间传递，同时情绪常与社会性认知及选择相耦合，影响着群体互动过程中的决策行为（Heffner and FeldmanHall，2022）。为了刻画复杂决策场景中实体和事件的演变规律，知识图谱结构依靠实体概念及概念语义关系的形式进行组织（刘峤等，2016），其主要通过在知识层面上建模来分析实体（概念等）及它们之间的语义关系网络，但却难以表示网络化场景中个体的认知知识以及关联性。为此，本章所提出的认知图谱与知识图谱具有不同的关注点，其主要通过对复杂社会系统中主体之间的认知关系进行建模，来探究事件演进过程中的

---

① 本章作者：郑晓龙（中国科学院自动化研究所复杂系统管理与控制国家重点实验室、中国科学院大学人工智能学院）、白松冉（中国科学院自动化研究所复杂系统管理与控制国家重点实验室）、曾大军（中国科学院自动化研究所复杂系统管理与控制国家重点实验室、中国科学院大学人工智能学院、中国科学院大学经济与管理学院）。通讯作者：曾大军（dajun.zeng@ia.ac.cn）。项目：科技创新 2030—“新一代人工智能”重大项目（2020AAA0108401）、国家自然科学基金资助项目（72225011；91646000；92146006；71621002）。本章内容原载于《管理世界》2023 年第 5 期。

认知现象，如情感趋同、两极分化等。认知图谱可以看作是一种特殊的知识图谱，其中实体仅限于客观存在的系统主体，抽象概念则不在范围内；关系则限于主体之间的认知关系，如支持/反对、立场倾向相似性等。以股市中的违规曝光事件为例，当我们关注事件本身的发展历程时，利用知识图谱中实体和关系抽取技术可以从相关报道和文件中构建出事件中主要人物、公司等实体及其关系的发展脉络，包括如<人物 A,持股,公司 B>等三元组形式，为管理决策提供全局知识视图；而当我们关注事件中用户之间在认知维度上的关联性以及在宏观层面的社群交互结构时，则需利用认知要素抽取和认知关联分析技术从文本特征与时序交互网络中构建认知图谱。我们借鉴以心理学和认知科学为基础的语言模型，深度融合基于复杂网络和基于认知的语言计算理论，探索面向复杂决策场景的认知图谱构建与分析方法，通过认知图谱提供个体、主题、情感等有价值的关联知识，完成从知识到决策的转换过程。与知识图谱相比（表 14-1），认知图谱能够有效表征复杂决策场景中研究对象之间认知域的关联关系，真实刻画复杂系统的动态演化规律和内在交互模式。

表 14-1　知识图谱和认知图谱的异同

<table>
<tr><td rowspan="2">项目</td><td>相同点</td><td colspan="3">不同点</td></tr>
<tr><td>构建流程</td><td>研究对象</td><td>关联关系</td><td>侧重的应用场景</td></tr>
<tr><td>知识图谱</td><td rowspan="2">从非结构化数据中挖掘图式化关联结构</td><td>客观实体</td><td>实体之间的所属等确定性语义关系</td><td>基于知识图谱进行知识推理、查询等操作</td></tr>
<tr><td>认知图谱</td><td>个体、群体</td><td>个体之间的情感倾向、立场倾向等动态认知层面关系</td><td>基于认知图谱进行话题、事件、关系演化分析</td></tr>
</table>

本章主要贡献如下。①提出面向复杂决策场景的认知要素抽取和认知关联分析的框架与方法，构建认知图谱，支撑大数据价值分析。②分别选取中国股票市场中的三个复杂场景，基于认知图谱进行演化分析，实现特定上下文场景中的认知表征与决策推断过程。从信息扩散的角度出发，识别虚实信息的传播和影响，是数据治理和市场监管的重要内容。例如，低估信息（如虚假信息传播场景中利空政策谣言的传播）损害了投资者利益，披露信息（如负面新闻曝光）场景中上市公司因被曝违规操纵市场而受到监管部门调查，高估信息（如热点概念炒作）场景中上市公司因在网络平台上热度激增而致使其股价异常波动。本章从东方财富网的股吧平台中爬取三个事件期内的用户行为数据及股价相关数据，构建融合网络结构、交互行为和情感信息的异构认知图谱，并基于认知图谱中个体/群体间的认知关系，实现网络中用户关系的演化分析，探究其与事件走向的内在联系。这将帮助我们从不同视角研究复杂决策场景的认知图谱构建与具体分析过程，探索不同场景下认知图谱共性构建方法与决策支持策略。本章脉络框架如图 14-1 所示。

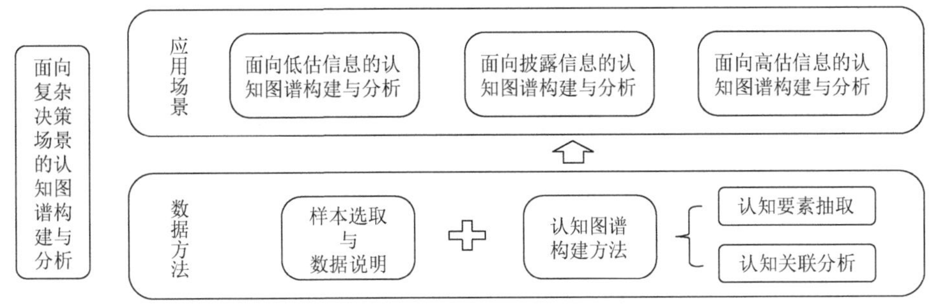

图 14-1　本章脉络框架图

14.2　国内外研究现状

图 14-2 展示了在线社会网络中个体和群体认知研究的主要内容。数字化认知由多维度衡量（Zheng et al.，2021），在网络化的社会联系中传播。为此我们将抽取认知要素，并将对个体之间的认知要素进行关联分析而形成的图式化结构定义为认知图谱结构。

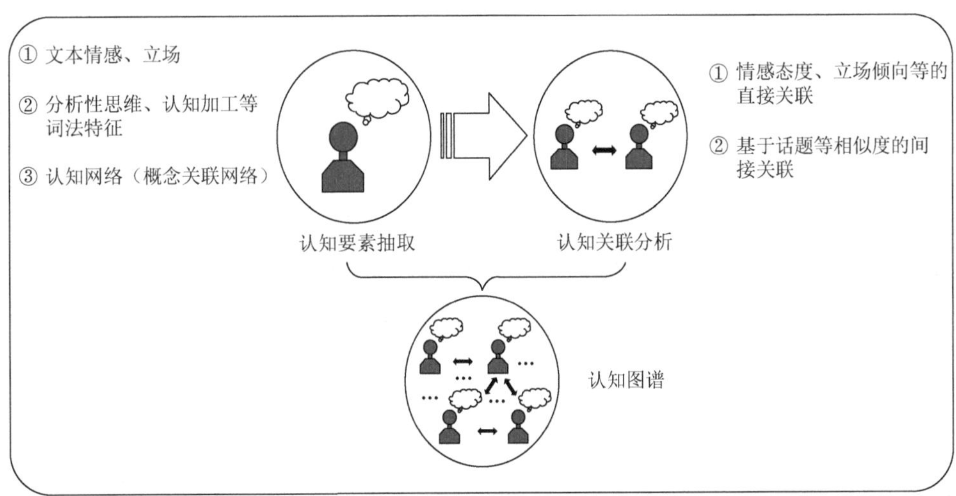

图 14-2　在线社会网络中个体和群体认知研究的主要内容

14.2.1　复杂决策场景中的认知要素抽取

近年来从大量语言文本中挖掘人类认知模式的研究受到重点关注。Box-Steffensmeier 和 Moses（2021）以社交媒体信息的若干认知偏见和语气来衡量特定群体的认知表达模式，探究其在传染病流行期间对信息传播和公众反应中的介导作用。Ashokkumar 和 Pennebaker（2021）使用 LIWC（Linguistic Inquiry and Word Count，语言检索与词汇统计）2015 词典衡量传染病流行期间消极情绪和积极情绪的动态演变过程，发现大流行期间的消极情绪激增而积极情绪处于较低水平。通过分析社交媒体中分析性思维的代表词性（如冠词、介词）以及认知加工代表用词（如“因为”“理解”“也许”等）的比例特征揭示了人们分析思维能力（“系统二”）的下降以及直觉思维（“系统一”）的主导地位。特别地，以概念关联表示为核心的认知网络通过嵌入在新闻、帖子等社交媒体内容中的知识结构，表征了特定群体的语义性质。例如，Stella 等（2018）通过构建标签共现网络，识别其中具有高中心性的重要概念。除社交媒体文本外，Carrasco-Farré（2022）以在线新闻为研究对象，细粒度地探究了不同类别错误信息的语法及词汇特征、情感极性和社会认同，进而衡量了其中的认知能力、情绪和道德内容。由此看出，在复杂决策场景中可以基于文本特征，从多维视角（如认知偏误和语气、情绪表达、语法词汇特征以及概念关联等）衡量其中的认知现象。

14.2.2　复杂决策场景中的认知关联分析

除文本中隐含的认知信息维度，社会信息亦会影响个体的情绪、思想和行为，个体决策中的认知与行为通常由直接或间接相关的社会网络塑造（Brady et al., 2017）。为了对复杂决策场景中个体之间的认知关联进行建模，Stella 等（2018）利用社会行为的网络结构与情感强度之间的系统作用构建了公众事件中人类和机器人内部以及之间的情感互动图谱，发现机器人在该社会系统中处于外围中心地位，并采取人类中心导向的活动策略，通过人机之间的情绪认知互动揭示出机器人增加了特定负面信息的放大作用。此种直接关联的方式将形成包含积极和消极关系的网络结构。Cinelli 等（2021）从微观层面量化了社交媒体用户对特定话题的立场倾向以及用户之间的社交互动，根据用户的立场倾向和相邻用户的平均立场倾向之间的相关性研究认知关联并发现了回音室效应。由此看出，在复杂决策场景中可以基于社交互动特征，以直接关联或间接关联的方式探究认知传染现象，其中直接关联即直接量化某一个体对相邻个体的情感、立场倾向等；间接关联则以个体之间对于话题倾向的相似度为基础。

14.3　样本选取与数据说明

14.3.1　样本选取说明

在社会系统的复杂决策场景中，参与多模式社会行动的社会主体在微观层面产生互动，进而呈现出各种全局的社会现象，如信息传播、回音室效应、情感趋同等。社会性事件常与此种现象相互耦合，较为集中地反映着复杂决策场景中主体的交互行为，是一种适用于研究社会复杂系统微观行为及宏观涌现的典型案例。以事件为背景展开分析，也成为计算社会科学的一种基本研究范式。与此同时，随着数字技术和信息网络的广泛应用，社会系统呈现出“网络-物理-社会”相耦合的复杂动态特性，社交媒体上人们的积极参与塑造了新型的生产、访问和消费信息的方式，人机物交互融合，影响着社会系统的演化（Notarmuzi et al.，2022）。越来越多的研究将在线社交平台中的互动与现实世界的行为相融合，利用大规模在线行为数据集研究现实社会现象的模式，为数字化社会治理提供了机遇，也带来了挑战。

为此，我们选择东方财富网股吧平台的三种类型社会性事件作为具体的研究案例。东方财富网的股吧讨论区[①]作为一种流行的金融社交媒体网站，为投资者提供发表和交换意见的公开平台，使我们能够获得对特定话题事件下民众心理变化的可靠估计。与此同时，近几年用户的广泛参与也使得在线网络中涌现出诸多类型的金融事件。根据金融领域股票市场相关理论和研究，股价及其波动通常受到公众关注和期望的影响（Sun et al.，2020），而不同类型的公众信息和媒体扩散将不同程度地影响公众关注与期望，因此识别不同类型信息的影响作用和传播路径，对于构建规范有序的网络环境、提升数字生态治理能力具有重要意义。该案例具有代表性意义的原因主要有两点。①微观行为数据集的丰富性：股市中的低估、披露和高估信息事件促进了用户在金融社交媒体网站上进行广泛讨论与交互，产生了文本、交互网络、时间序列等大量多源异构数据。②在线平台参与和现实行为的耦合性：将股价与在线网络行为相结合，可以系统分析“网络-物理-社会”复杂系统的动态演化与关联特性。

本章将公司的相关信息匿名化，分别以公司 A、公司 B、公司 C 作为代称，事件期用 $T,T+1,T+2,\cdots,T+n$ 来表示，其中 n 表示时间窗口的大小。对于低估信息事件，我们选取在线网络平台上传播的关于公司 A 的虚假利空政策，该误导信息致使公司 A 当日市值蒸发，投资者利益受损；对于披露信息事件，我们选取在线媒体曝光的公司 B 违规操纵市场案件，监管部门因此立案调查；对于高估信息事件，我们选取在线网络平台上获得广泛关注的公司 C，该公司虽发布澄清公告，但依旧出现股价走势异常的涨停情况。上述三个场景中用户之间的关系都具有短期时变性及关联复杂性，因此传统的知识图谱无法全面刻画用户关系，需挖掘认知要素，构建认知图谱进行认知关联分析。

① 股吧是东方财富信息股份有限公司旗下的股票投资者交流投资心得的互动社区，社区涵盖个股、主题、概念三大板块，同时还设有话题、问董秘等模块，用户可通过多种形式进行互动，其主页是 http://guba.eastmoney.com/。

14.3.2　数据描述性统计

我们使用爬虫程序从东方财富网的股吧上收集了三个场景在事件期内的所有讨论帖和评论内容，经数据清洗以及统计后，数据分布情况如表 14-2 至表 14-4 所示。

表 14-2　低估信息事件期内的发帖和评论数据分布

项目	总天数/天	总数量/个	数量日平均值/个	数量标准差/个	数量偏度	数量峰度
发帖	61	8773	143.82	236.21	3.91	17.73
评论	61	17805	291.89	421.03	3.60	14.24

资料来源：东方财富网股吧

表 14-3　披露信息事件期内的发帖和评论数据分布

项目	总天数/天	总数量/个	数量日平均值/个	数量标准差/个	数量偏度	数量峰度
发帖	67	9813	146.46	448.09	4.21	17.60
评论	67	37859	565.06	1998.86	4.56	21.55

资料来源：东方财富网股吧

表 14-4　高估信息事件期内的发帖和评论数据分布

项目	总天数/天	总数量/个	数量日平均值/个	数量标准差/个	数量偏度	数量峰度
发帖	61	4176	68.46	213.75	6.29	40.95
评论	61	8651	141.82	350.43	5.57	33.18

资料来源：东方财富网股吧

从表 14-2 至表 14-4 中可以看出，低估信息和高估信息事件中评论数量的偏度和峰度都要小于发帖数量的偏度和峰度，即评论数量分布的右偏程度更小，且评论数量的分布比发帖数量的分布更平滑，反之用户发帖数量的分布则更陡峭和右偏，存在极端值（大量发帖）的可能性更高，相较而言评论数量在事件期间更稳定，这在一定程度上反映了低估信息和高估信息事件更容易引起用户的即时关注，同时热度也容易下降，这也与股民对新兴事件的猎奇心理和事件本身的属性相符，而披露信息则在股市中更为常见。

14.4　认知图谱构建方法

在本章的三个场景中，认知图谱的构建方法主要包含认知要素抽取和认知关联分析两部分，构建方法的架构如图 14-3 所示。

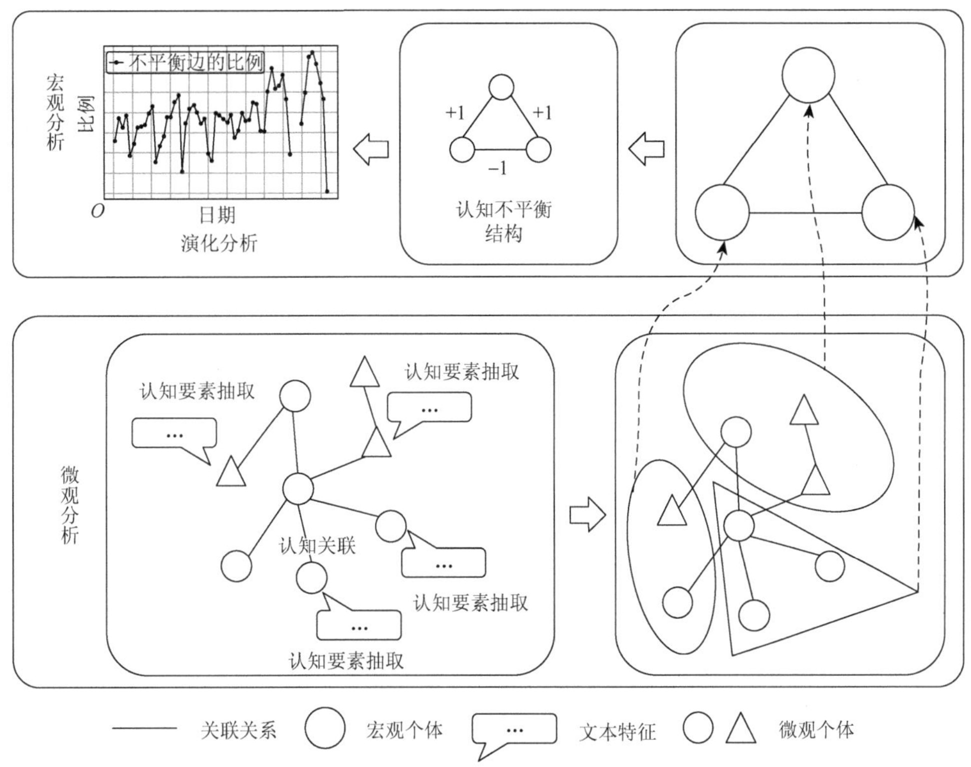

图 14-3　认知图谱构建方法的框架

14.4.1　认知要素抽取

本章中认知要素是指存在于文本中的话题、情感、立场或词法等特征，它们从语言的角度反映了个体内在的认知、思维（Alshaabi et al.，2021）。具体的认知要素需要结合具体场景的特点进行选择，但最终形式化后会以离散或连续值的形式存在，如我们可以将话题要素视为离散变量（如 c 个类别表示 c 个话题），将情感要素视为连续变量（如在 $[-1,+1]$ 之间取值）。不同形式的变量以不同形式进行要素关联，如离散值可以直接关联，连续值可以通过计算相似度实现间接关联或离散化后直接关联。本章我们主要针对三个场景中的话题和情感倾向进行要素抽取分析。其中 BERTopic 方法（Grootendorst，2022）是一种深度话题模型，利用预训练语言模型进行文档嵌入，借助 UMAP（uniform manifold approximation and projection，统一流形逼近与投影）降维方法和 HDBSCAN（hierarchical density-based spatial clustering of applications with noise，带噪声的基于密度的层级空间聚类应用）方法创建相似语义文档的集合，最后基于类的 TF-IDF 方法进行主题提取。我

们计算了整个时间窗口中所有文档的话题分布情况，因此会将每一个帖子/评论都分配到特定话题，即

$$\text{Topic}(t,i) = c_j \tag{14-1}$$

其中，$\text{Topic}(t,i)$ 表示第 t 天的第 i 个帖子/评论的话题；c_j 表示所有话题中的第 j 个话题。将所有的帖子/评论按时间顺序排列，并计算每一天各个话题的数量便可得到话题矩阵 $T^{c\times T}$，矩阵中的每个元素值为

$$T_{ij} = \sum_{k=1}^{N_j} I\left(\text{Topic}(j,k) = c_i\right) \tag{14-2}$$

其中，

$$I\left(\text{Topic}(j,k) = c_j\right) = \begin{cases} 1, & \text{Topic}(j,k) = c_i \\ 0, & \text{Topic}(j,k) \neq c_i \end{cases} \tag{14-3}$$

即计数第 j 天话题为 c_i 的样本数。至此便可得到话题随时间的演变规律。

同时，在这三个场景中，用户相关的评论内容存在较大的情绪化和传染性，为准确衡量文本中的情感要素值，同时提升认知图谱框架的通用性，本章以 FinBERT-Base 预训练模型①为基础，在金融领域的大规模语料（包括金融财经类新闻、研报/上市公司公告、金融类百科词条等）上完成预训练任务；而后在股吧讨论帖数据上进行微调以适应下游情感分析任务。其中，训练集和测试集是在股吧讨论帖数据上标注以后单独划分的，采用了 10 折交叉验证的方式，每次训练集占据 80%，剩余为 10%的验证集和 10%的测试集，保证三个数据集没有重复，然后进行多次重复实验以获得相对稳定的模型。利用该预训练模型进行情感分析后，会得到文本属于积极、消极、中立情感的概率值，我们以积极和消极情感的概率值作为情感要素的衡量指标进行分析，并将分析结果作为后续认知关联分析的基础。通过上述要素抽取方式，我们可以对场景中的每个个体、群体赋予特定类型的离散或连续认知要素值。

14.4.2 认知关联分析

本章中认知关联是指根据抽取到的认知要素进行关联，其中认知要素之间存在直接和间接关联两种形式，如某些场景中个体 a 对个体 b 的表达可能会直接蕴含情感、立场，以此来表现个体之间的认知关系，此时可将情感/立场值离散化为

① FinBERT 是国内首个在金融领域大规模语料上训练的开源中文 BERT 预训练模型，其开源地址是 https://github.com/valuesimplex/FinBERT。

正面、中立、负面等形式，将社交互动和认知关系相融合，得到认知图谱结构。反之，其他情况下可能并不存在直接关联，而是两者在话题内容、表达方式或思维逻辑上等具有相似的形式，此时可基于相似度计算的方式为个体之间建立加权关系边。在本案例中，我们主要以情感认知关联分析为主，从微观和宏观两个层面展开。相较于单层网络，多层网络是针对单一事件或场景下社会系统不同尺度的分析，不同尺度之间存在着映射关系，宏观层面发现的群体现象可溯源至微观个体的行为。

微观层面上，我们构建了帖子和评论之间的情感认知交互关系图谱，其中异质节点包括发帖和评论，以评论内容和帖子之间的正面/负面评论关系进行关联，表达用户之间的支持/反对关系。具体地，若评论i回复发帖j（或评论j），则网络中的信息流由发帖j（或评论j）到评论i；反之亦然。微观层面的分析可以挖掘出最具影响力的帖子/评论（Zheng et al.，2012），并从底层的视角甄别事件中真正处于讨论核心的内容或个体，直接定位事件中心。此时对于微观场景中的每一个个体（帖子、评论等），其自身情感要素可以形式化表示为式（14-4），关联情感要素可以形式化表示为式（14-5）。

$$\mathrm{cog}_{i\text{-micro}} = \mathrm{sentiment}(\mathrm{text}_i) \tag{14-4}$$

$$\widetilde{\mathrm{cog}}_{ji\text{-micro}} = \mathrm{sentiment}(\mathrm{text}_{ji}) \tag{14-5}$$

其中，$\mathrm{cog}_{i\text{-micro}}$表示帖子/评论$i$的情感要素，根据文本情感计算得到；$\widetilde{\mathrm{cog}}_{ji\text{-micro}}$表示帖子/评论$i$的关联情感要素，即评论$j$回复帖子/评论$i$的情感倾向。

宏观层面上，我们假设社交关系/社交互动是认知要素可能流动的基础（Cinelli et al.，2021），如在社交媒体上用户i关注用户j，则用户i可以看到用户j生成的内容，从而可能会产生认知要素交互，同时，如评论、提及或转发之类的行为可能会传达类似的信息流。在某些情况下，两个用户之间的认知要素交互无法体现在历史数据中，这种关系不在我们的考虑范围之内。此外，为了在宏观层面仍保持可解释的社交互动，我们忽略场景中帖子的视角，而是将属于同一用户的帖子的媒体聚合为新的节点，以用户之间交互的平均情绪值作为关联关系，这样既能保持用户之间的社交互动，又能依据历史交互记录计算出平均的交互情感强度（Stella et al.，2018），构建认知图谱进行结构分析。宏观层面的分析则直接描述个体之间的平均认知关联，此时的图结构会形成许多具有正/负关系的连边，进而出现平衡/不平衡的群体结构（Zheng et al.，2015）。在此基础上形成的认知图谱反映了个体之间的认知关联特点，如图谱中的某些社群结构内部多以正边连接、组间多以负边连接，这样的认知结构在一定程度上反映了个体之间的隐含群体关系。

14.5 认知图谱案例研究

14.5.1 研究结论 1：不同类别事件下情绪演化的异质性

1. 低估信息事件

在低估信息事件传播期间，公司 A 所在论坛中用户产生的发帖和评论数量随时间呈现出先快速增长后缓慢稳定的趋势［图 14-4（a）］，且在 $T+3$ 至 $T+35$ 时间段内处于谣言传播期，大量的用户受到不实信息的影响而关注该股，这期间真实和虚假的信息交织，用户难以做出准确判断；从 $T+35$ 日之后该谣言得到正式澄清，监管部门、律所等介入以维护股东合法权益。背后存在的标志性事件是 $T+3$ 日公众平台上传出未经核实的不实利空政策，该政策与公司 A 直接相关，诱发众多用户的话题讨论和协同行为演化。

为衡量低估信息事件中用户的认知及演化，我们从用户发帖和评论文本的话题及情感维度进行分析。通过 BERTopic（Grootendorst，2022）的主题建模方法，发现在事件传播期间，大量用户相信未经证实的利空政策，呼吁出售该股，认为公司股价跌停与此直接相关，甚至存在少数帖子感谢谣言发布者帮助自己规避风险，与此同时也有少部分用户持相反态度，呼吁抄底持股、理性分析，并怀疑存在恶意做空行为。从用户发帖和评论的情感演化分析［图 14-4（b）、图 14-4（c）］可以发现，无论是发帖还是评论中，事件传播期内的前五天，正面情感指数呈现下降的趋势，同时负面情感指数呈现上涨的趋势，这表明用户在听闻该虚假利空政策后，短期内对该股的消极情绪持续上涨，然而此后正面和负面情感指数呈现

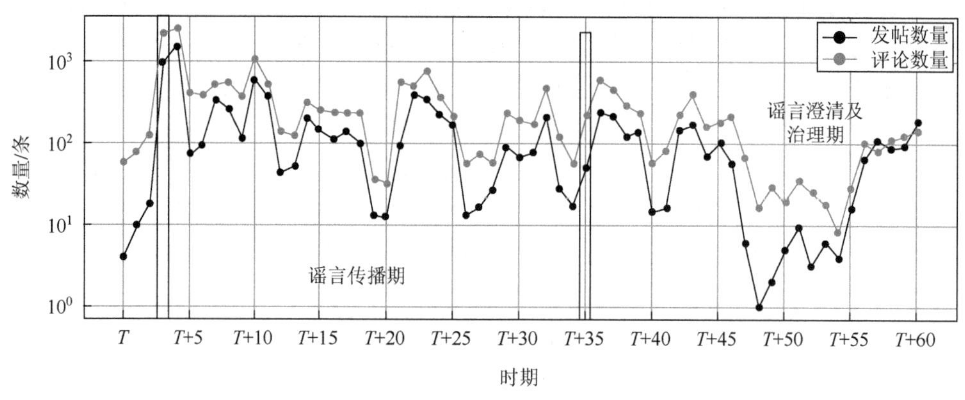

(a) 用户参与度演化

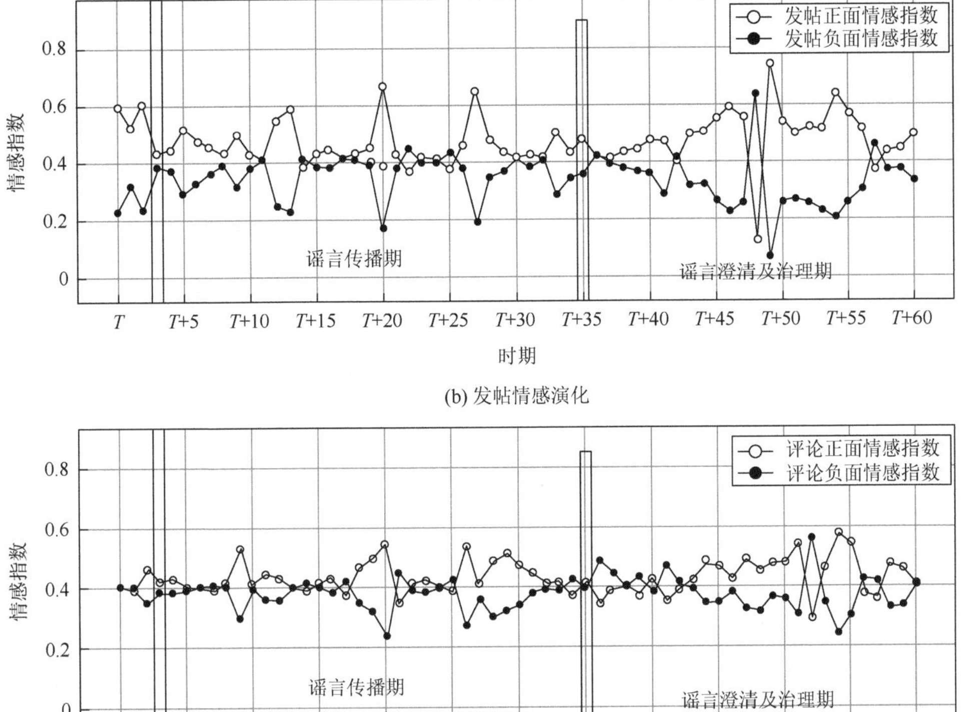

(b) 发帖情感演化

(c) 评论情感演化

图 14-4　公司 A 低估信息事件的认知要素演化

资料来源：东方财富网股吧

交替变化的趋势，表明在未经官方澄清时，持多方观点的用户各抒己见，呈分歧状态；而在谣言澄清及治理期发帖和评论的正面情感指数出现持续上涨趋势，这也体现了及时监管对于市场情绪的积极影响。

2. 披露信息事件

在公司 B 的披露信息事件期间，用户产生的发帖和评论数量随时间呈现出先爆炸式增长后下降恢复的趋势［附图 14-1（a）］，且在 $T+3$ 至 $T+13$ 时间段内处于振荡发酵期，大量的用户涌入并关注和讨论该事件，而后又逐渐恢复平稳。背后存在的标志性事件是 $T+3$ 日社交媒体的曝光以及监管机构发布的核实要求，公众人物和机构的发声也使得更多的用户参与其中，诱发了一系列的话题讨论、情绪传染和协同行为演化。

为抽取披露信息事件中用户的认知要素，我们从发帖和评论的话题及情感维度进行分析，重点关注T至$T+66$时间段内用户发帖的讨论话题以及整个时间窗口中的情感演化。结果表明，在振荡发酵期，随着事件的披露，越来越多的用户对此违规操作事件感到震惊，呼吁散户出售该股，认为公司会因此被特别处理，股价也会因此跌停。同时也有许多用户关注该事件，以“围观”帖、“吃瓜”帖的形式参与讨论。随着事件热度的上涨，逐渐出现少部分用户呼吁继续增加该股热度，甚至提出抄底、涨停的观点。从用户发帖和评论的情感演化分析可以发现，无论是发帖还是评论的情感演化，振荡发酵期内正面情感指数呈现增加的趋势，同时负面情感指数呈现下降的趋势，这也表明用户的讨论逐渐从对公司的负面评论向支持披露和核查、提升热度、呼吁抄底等正面内容转变［附图 14-1（b）、附图 14-1（c）］。相反在平稳发酵期，在调查结果还未正式通报期间，评论和发帖的情感指数呈现交替变化的趋势，多方观点交织融合。

3. 高估信息事件

在公司 C 高估信息事件期间，用户产生的发帖和评论数量随时间呈现出短时间快速增长后又快速下降并恢复的趋势［附图 14-2（a）］，且从$T+6$到$T+11$时间段处于快速的炒作发酵期，大量的用户涌入并关注和讨论该事件，而后又很快退出。背后存在的标志性事件是$T+6$日该公司在社交媒体上迅速走红，吸引了大量投资者的关注。

为衡量高估信息事件场景中用户的认知及演化，我们从用户发帖和评论文本的话题及情感维度进行分析，发现在事件期间，大量用户发帖呼吁不断提高该股热度，甚至以“梭哈”等表达方式进行炒作，预测该股即将涨停；与此同时，小部分用户呼吁要理性看待、怀疑存在非法荐股的行为，对 A 股市场此种不成熟的跟风行为表达反对立场。从用户发帖和评论的情感演化分析可以发现，无论是发帖还是评论中，从$T+6$日热点开始到$T+8$开盘日，整个讨论帖的正面情感指数持续处于高位，但随之而来的反对立场用户也逐渐增多，使得正面情感指数在此期间呈现缓慢下降的趋势；在平稳恢复期，负面情感指数开始出现上涨的趋势，这也表明用户开始反思盲目的跟风炒作行为，许多用户也因亏损而不断表达自己的负面情绪［附图 14-2（b）、附图 14-2（c）］。

14.5.2 研究结论 2：高影响力用户及情绪要素影响事件传播

1. 低估信息事件

通过计算发帖情感指数和其对应的评论情感指数之间的联合分布概率值，发现在帖子-评论交互关系中，正面情感的帖子（正面情感指数在 0.5～0.8）以及少数负面情感的帖子（正面情感指数在 0.1 附近）更多地存在于交互关系中，反观在评论-

评论关系中，用户的评论更倾向于在极其负面的评论下回复［图 14-5（b）、图 14-5（c)］。此认知交互特点反映出，对于低估信息事件，大部分积极口吻的发帖内容、少量负面的发帖和评论内容是传播过程的主要途径，股民对于传播期间负面情绪较

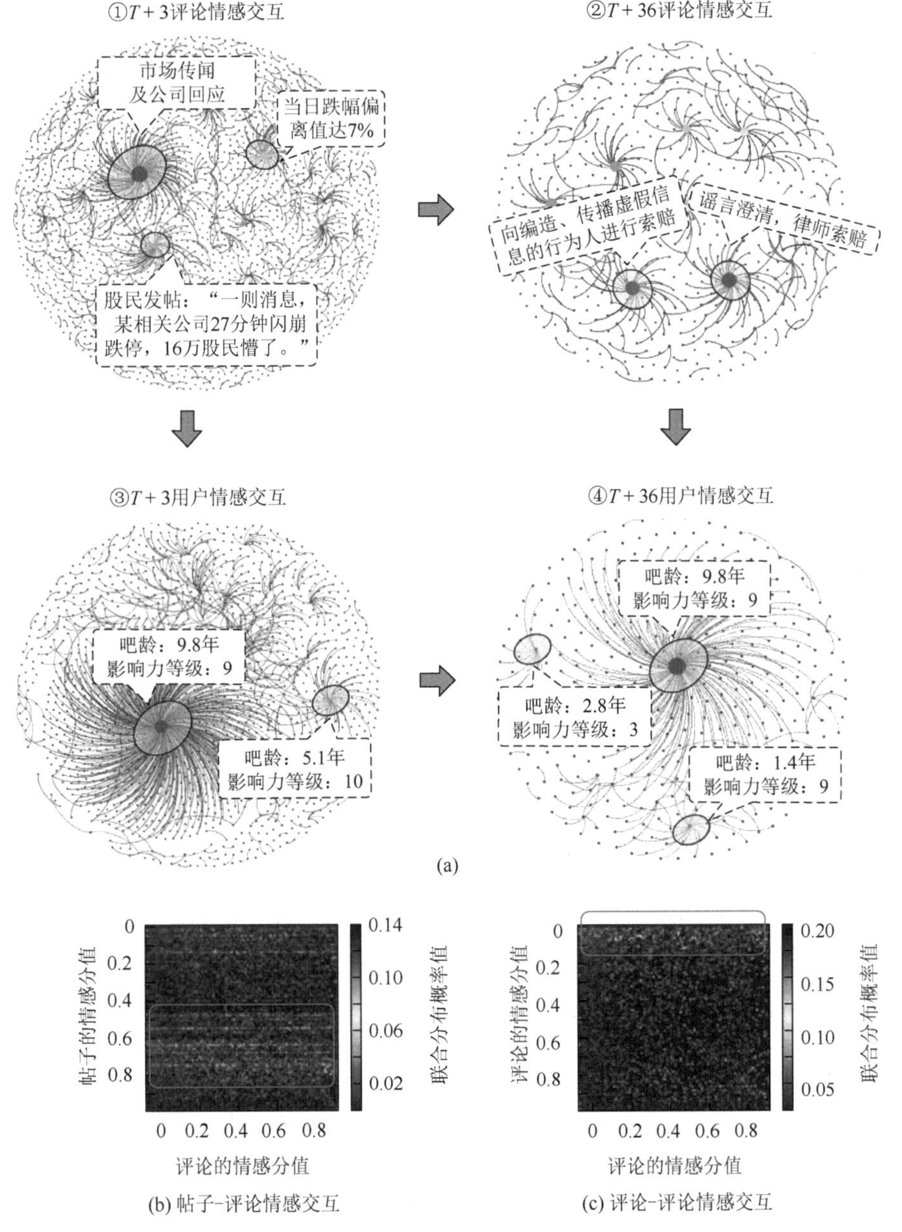

图 14-5　低估信息事件的认知图谱分析

资料来源：东方财富网股吧

高的发帖关注度较低，反而以相对中立或积极口吻阐述观点的帖子更容易获得回复，这也促进了用户之间的认知协同。

上述讨论基于整个时间窗口，为了细化分析用户认知关系的动态演化过程，我们根据预训练语言模型的分类结果将情感交互关系离散化为正面、负面、中立三种关系，对每个时间节点的认知交互网络进行动态建模。由于中立性的评论更多的是事实陈述而非表达情感立场，因此我们将网络结构简化为以发帖和评论为节点，以交互评论的情感极性（+1 或−1）为边的符号网络，此时的符号网络可以直观地体现帖子/评论、用户或群体之间的符号化认知关系。从图 14-5（a）中可以观察到在事件期内，大多数用户都是从吧龄或影响力等级较高的用户发帖中获取事件的相关信息并发表自己的评论，影响力等级较高的用户的发帖内容直接关系着股民的情绪值。

2. 披露信息事件

通过计算发帖情感指数和其对应的评论情感指数之间的联合分布概率值，我们发现在帖子-评论交互关系中，正面情感很强的帖子（正面情感指数范围为 0.7～0.8）大量存在于交互关系中，但与低估信息事件中的不同之处在于，对该类帖子持正面情感态度的评论内容的比例相对更高，这也反映了披露信息事件中积极的表达方式更容易引起股民的关注，负面情感指数较高的帖子并不会对用户的认知交互关系产生很大影响。与低估信息事件类似，在评论-评论关系中，用户的评论更倾向于在极其负面的评论下回复［附图 14-3（b）、附图 14-3（c）］。此认知交互特点反映了在披露信息事件中，积极口吻的发帖内容占据事件传播的主导地位，与此同时，以极其负面的情绪进行评论促进了事件中用户之间的认知协同，形成级联的态势。

我们选取三个演化过程的时间节点（$T+3$、$T+6$、$T+30$）分别构建交互网络［附图 14-3（a）］，图中节点的颜色越深、形状越大则代表度中心性越大。因此在振荡发酵期内，关于披露信息事件的进展及官方公告一直处于被各高影响力用户报道的核心地位，且网络中消极语气占据更大的比例；而在平稳发酵期，随着披露信息事件的热度下降，股民对该股的观点和态度开始占据主导地位，且网络中消极语气占据更大的比例。

3. 高估信息事件

通过计算发帖情感指数和其对应的评论情感指数之间的联合分布概率值，我们发现在帖子-评论交互关系中，相对正面的帖子（正面情感指数在 0.7 附近）大量存在于交互关系中，这也反映了在高估信息事件中积极情绪起到的传染性作用。同样在评论-评论关系中，用户的评论更倾向于在极其负面的评论下回复［附图 14-4（b）、附图 14-4（c）］。此认知交互特点反映了在高估信息事件中，积极口吻的发帖内容和极其负面的评论内容是传播过程的主要途径。

我们选取两个演化过程的时间节点（$T+8$、$T+11$），从微观和宏观的角度分别构建交互网络［附图 14-4（a）］，图中节点的颜色越深、形状越大则代表度中心性越大。因此在高估信息事件期内，关于公司 C 的热点事件，以及上市公司和上海证券交易所采取的措施一直处于被各高影响力用户报道的核心地位，且网络中积极语气占据更大的比例；而在平稳恢复期，随着高估信息事件的热度下降，股民对该股的观点和态度开始占据主导地位，且网络中消极语气占据更大的比例。

14.5.3　研究结论 3：情绪要素与股价之间协同关联

1. 低估信息事件

在符号网络中，具有偶数个负边的三元组被认为是平衡的，即“正正为正”“负负为正”“正负为负”等。若一个网络是平衡的，则其可以分为两个对立的组，组内关系为正，而组外关系为负。平衡结构的出现可以解释许多风险决策中的表现（Askarisichani et al.，2019）。为了衡量符号网络的结构平衡性，Facchetti 等（2011）提出利用伊辛模型来计算不平衡度，优化目标函数识别不平衡边。我们通过计算网络中不平衡边的数量和比例随时间的动态演化过程，发现相较谣言澄清及治理期，在谣言传播期用户认知交互网络中不平衡边的比例变化比较平稳［图 14-6（a）］，且整体比例较小，网络结构的不平衡程度较低预示着用户之间的认知交互关系的平衡化，即网络更有可能划分为组内正向连接、组间负向连接的结构，这有助于网络中局部共识的形成，这也表明在谣言传播期内，大部分用户仍对公司 A 形成了消极的共识。

为验证认知图谱中抽取的认知要素以及认知结构的可靠性，探究其对事件走向的影响，本节以公司 A 的日收盘价和日涨跌幅作为被解释变量，以情感指数与认知交互不平衡度作为解释变量（附表 14-1），运用普通最小二乘法（ordinary least square method，OLS）进行回归［图 14-6（b）、图 14-6（c）］，结果表明发帖正面情感指数与日收盘价呈正向相关性，认知交互不平衡度与日涨跌幅呈正向相关性（附表 14-2）。进一步，我们衡量上述变量之间的格兰杰因果关系，来探究不同的时间延迟下用户认知变量与公司股价之间是否可以互相预测。结果表明发帖负面情感指数是日收盘价的格兰杰原因（附表 14-3），发帖正面情感指数和认知交互不平衡度是日涨跌幅的格兰杰原因（附表 14-4）。因此在此低估信息事件中，用户在谣言澄清前情绪易处于波动趋势，消极情绪在初期不断扩散，而用户之间的认知结构相对平衡，易形成局部的反对共识；与此同时，用户也是理智的，其更倾向于评论影响力较高的其他用户的发帖以及情绪更中立或正面的发帖，对于负面情绪较高的发帖关注度较低，这也从用户发帖的数量、情感、认知交互等角度为虚假信息的治理提供了思路，要及时维护市场信息的发布与传播秩序。用户在社交媒体中的发帖讨论、情感交互

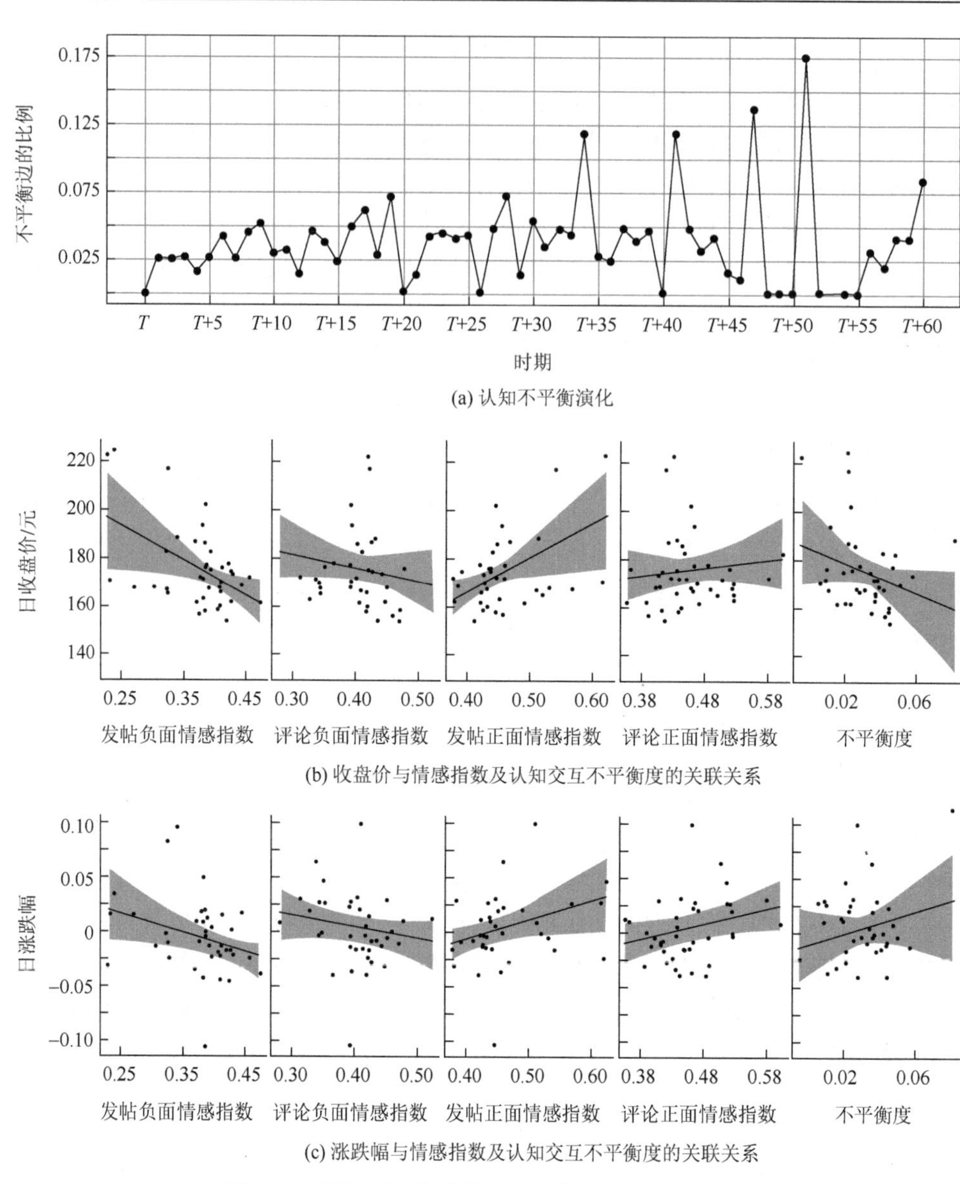

(a) 认知不平衡演化

(b) 收盘价与情感指数及认知交互不平衡度的关联关系

(c) 涨跌幅与情感指数及认知交互不平衡度的关联关系

图 14-6 认知不平衡演化以及相关要素的关联关系

资料来源：东方财富网股吧

以及形成的认知结构在一定程度上会对股价产生协同影响，情绪与股价相关联，用户之间认知交互的不平衡度也与股价的日涨跌幅相关联。

2. 披露信息事件

在该场景中，通过计算网络中不平衡边的数量和比例随时间的动态演化过程，我们发现相较平稳发酵期，在振荡发酵期，用户认知交互网络中不平衡边的比例变化比较平稳［附图 14-5（a）］，且整体比例较低，网络结构的不平衡程度较低预示着用户之间的认知交互关系的平衡化，即网络更有可能划分为组内正向连接、组间负向连接的结构，这有助于网络中局部共识的形成，与振荡发酵期用户整体对于公司 B 的负面情绪相符。

为验证认知图谱中抽取的认知要素以及认知结构的可靠性，探究其对事件走向的影响，我们选择公司 B 股票的日收盘价和日涨跌幅作为被解释变量，选择情感指数与认知交互不平衡度作为解释变量进行 OLS 回归［附图 14-5（b）、附图 14-5（c）］，结果表明认知交互不平衡度越大，公司 B 股票的日涨跌幅越高（附表 14-5）。进一步，我们衡量披露信息事件中用户认知变量与公司 B 股价之间的格兰杰因果关系，来探究不同的时间延迟下用户认知变量与公司 B 股价之间是否可以互相预测。结果表明，两者之间不存在显著的因果性（附表 14-6、附表 14-7）。因此在此披露信息事件中，用户在振荡发酵初期负面情绪占多数，而短时间内随着事件的报道，积极情绪小幅上涨，支持披露、提升热度、呼吁抄底的声音逐渐增多，而用户之间的认知结构相对平衡，易形成局部的共识；且网络中高影响力用户对事件的及时报道和梳理对于用户观点的走势具有重要意义，这也从用户发帖的数量、情感、认知交互以及影响力等角度为披露信息的监管提供了思路，要及时对可能存在的市场操纵或内幕交易等行为进行监测、甄别和查处。

3. 高估信息事件

最后，为验证认知图谱中抽取的认知要素以及认知结构的可靠性，探究其对事件走向的影响，我们选择公司 C 股票的日收盘价和日涨跌幅作为被解释变量，选择情感指数与认知交互不平衡度作为解释变量进行 OLS 回归［附图 14-6（b）、附图 14-6（c）］，结果表明评论负面情感指数越大，公司 C 的收盘股价就越高；发帖负面情感指数越大，公司 C 股价的日涨跌幅就越大（附表 14-8）。进一步，我们衡量热点炒作事件中用户认知变量与公司 C 股价之间的格兰杰因果关系，来探究不同的时间延迟下用户认知变量与公司 C 股价之间是否可以互相预测。结果表明，评论情感指数是日收盘价的格兰杰原因（附表 14-9）。因此在此高估信息事件中，用户在事件发酵初期正面情绪占多数，而随着社交媒体及公司的澄清，消极情绪逐渐上涨，反思自己行为的声音逐渐增多，这也体现了我国股市成熟理性的特点，热点炒作的高估信息对市场影响的延续性不长，然而短期内的股价异常涨停也需引起监管部门重视，这也从用户发帖的数量、情感、认知交互等角度为高估信息的监管提供了思路，要警惕如 GameStop 空头挤压事件的追捧行为。

14.6 总结及未来展望

随着社交媒体及通信技术的成熟，个体在社会事件中扮演了更加重要的角色，甚至在近年来由个体情绪的变化引起的群体效应正在各种重大社会事件中成为决定性因素。这给社会治理和突发性事件的预警带来了极大的困难。在此背景下，本章提出了一种面向复杂场景中的个体认知演变建模方法，通过利用认知图谱对个体的认知信息及个体间的关联认知变化进行全面的刻画。此外，还对个体认知进行了时空演化分析，我们可以有效地观察到网络虚实事件中个体认知的变化及其与事件传播的关联关系，这对于数据治理和市场监管具有十分重要的意义，该建模方法具有较强的实际应用价值。

同时，本章在低估信息事件（如利空谣言）、披露信息事件（如曝光新闻）、高估信息事件（如热点炒作）中，验证了个体认知、情感交互与事件走向有较强的关联关系。三种事件的发展历程、个体认知及行为等具有异质性，但个体的情感指数以及个体之间正面/负面的情感表达与其购入/卖出股票的行为直接相关，进而体现在股价的涨/跌趋势中。通过度量事件演化过程中个体参与者的平均情绪及认知结构的平衡性两个要素，本章证明了事件的演化与个体认知演变有较强的关联关系，对个体认知变化的量化和时空分析可以有效地为社会治理和化解社会风险提供技术支持。

在此基础上，在未来工作中我们将继续从三个方面扩展我们的模型。首先是认知图谱的构建方法层面，本章的认知图谱构建方法是基于个体之间的社交互动和情感信息构建的，而随着深度学习中网络表示学习方法的进步，个体可以抽象表示为实值空间中的向量，可以实现多种认知要素的多源异构融合，如话题、立场倾向等，以此种方式表示的认知图谱结构可以利用更丰富的数据进行认知关联分析；其次是基于认知图谱的认知推理层面，在复杂决策场景中，许多隐性的认知交互行为是无法通过直接的社交互动观察到的，如浏览过同一条帖子的用户很可能会受到帖子中观点的潜移默化影响，因此需要对网络化空间中任意两个个体之间是否会出现认知交互进行推理，以发现潜在的风险；最后是基于认知图谱的隐藏群体发现层面，以数字网络空间为背景的许多现实社会事件中，存在多方势力干扰操纵网络中的舆情发展，甚至出现极化的现象，并且随着对抗伪装技术的进步，许多用户会故意地删除或连接其他用户，以逃避恶意群体发现工具的检测，在此情况下分析用户之间的隐性认知关联具有十分重要的意义。未来我们会在上述三个层面分别开展研究工作，将认知图谱更好地用于分析复杂决策场景。

参考文献

陈国青，任明，卫强，等. 2022. 数智赋能：信息系统研究的新跃迁. 管理世界，38(1): 180-196.

陈国青, 曾大军, 卫强, 等. 2020. 大数据环境下的决策范式转变与使能创新. 管理世界, 36(2): 95-105, 220.

刘峤, 李杨, 段宏, 等. 2016. 知识图谱构建技术综述. 计算机研究与发展, 53(3): 582-600.

Alshaabi T, Adams J L, Arnold M V, et al. 2021. Storywrangler: a massive exploratorium for sociolinguistic, cultural, socioeconomic, and political timelines using Twitter. Science Advances, 7(29): eabe6534.

Ashokkumar A, Pennebaker J W. 2021. Social media conversations reveal large psychological shifts caused by COVID-19's onset across U.S. cities. Science Advances, 7(39): eabg7843.

Askarisichani O, Lane J N, Bullo F, et al. 2019. Structural balance emerges and explains performance in risky decision-making. Nature Communications, 10(1): 1-10.

Box-Steffensmeier J M, Moses L. 2021. Meaningful messaging: sentiment in elite social media communication with the public on the COVID-19 pandemic. Science Advances, 7(29): eabg2898.

Brady W J, McLoughlin K, Doan T N, et al. 2021. How social learning amplifies moral outrage expression in online social networks. Science Advances, 7(33): eabe5641.

Brady W J, Wills J A, Jost J T, et al. 2017. Emotion shapes the diffusion of moralized content in social networks. Proceedings of the National Academy of Sciences, 114(28): 7313-7318.

Buyalskaya A, Gallo M, Camerer C F. 2021. The golden age of social science. Proceedings of the National Academy of Sciences, 118(5): e2002923118.

Carrasco-Farré C. 2022. The fingerprints of misinformation: how deceptive content differs from reliable sources in terms of cognitive effort and appeal to emotions. Humanities and Social Sciences Communications, 9(1): 162.

Cinelli M, de Francisci Morales G, Galeazzi A, et al. 2021. The echo chamber effect on social media. Proceedings of the National Academy of Sciences, 118(9): e2023301118.

Facchetti G, Iacono G, Altafini C. 2011. Computing global structural balance in large-scale signed social networks. Proceedings of the National Academy of Sciences, 108(52): 20953-20958.

Goldenberg A, Gross J J. 2020. Digital emotion contagion. Trends in Cognitive Sciences, 24(4): 316-328.

Grootendorst M. 2022. BERTopic: neural topic modeling with a class-based TF-IDF procedure. https://arxiv.org/pdf/2203.05794.pdf[2022-03-03].

Heffner J, FeldmanHall O. 2022. A probabilistic map of emotional experiences during competitive social interactions. Nature Communications, 13(1): 1718.

Notarmuzi D, Castellano C, Flammini A, et al. 2022. Universality, criticality and complexity of information propagation in social media. Nature Communications, 13(1): 1308.

Stella M. 2022. Cognitive network science for understanding online social cognitions: a brief review. Topics in Cognitive Science, 14(1): 143-162.

Stella M, Ferrara E, de Domenico M. 2018. Bots increase exposure to negative and inflammatory content in online social systems. Proceedings of the National Academy of Sciences, 115(49): 12435-12440.

Sun Y, Liu X, Chen G Y, et al. 2020. How mood affects the stock market: empirical evidence from microblogs. Information & Management, 57(5): 103181.

Zheng X L, Wang X, Li Z P, et al. 2021. Donald J. Trump's presidency in cyberspace: a case study of social perception and social influence in digital oligarchy era. IEEE Transactions on Computational Social Systems, 8(2): 279-293.

Zheng X L, Zeng D, Wang F Y. 2015. Social balance in signed networks. Information Systems Frontiers, 17(5): 1077-1095.

Zheng X L, Zhong Y G, Zeng D, et al. 2012. Social influence and spread dynamics in social networks. Frontiers of Computer Science, 6(5): 611-620.

附 录

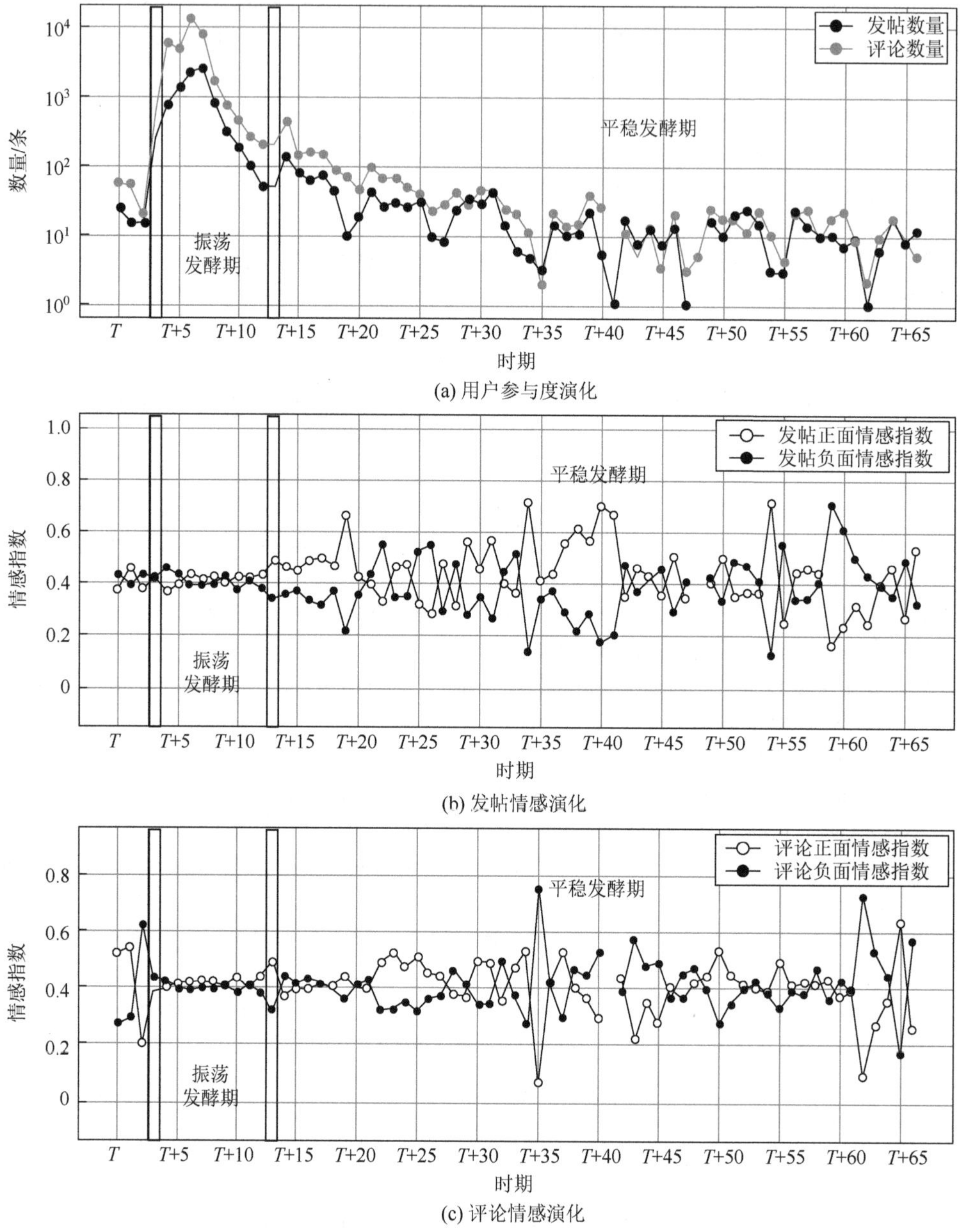

(a) 用户参与度演化

(b) 发帖情感演化

(c) 评论情感演化

附图 14-1 公司 B 披露信息事件的认知要素演化

资料来源：东方财富网股吧

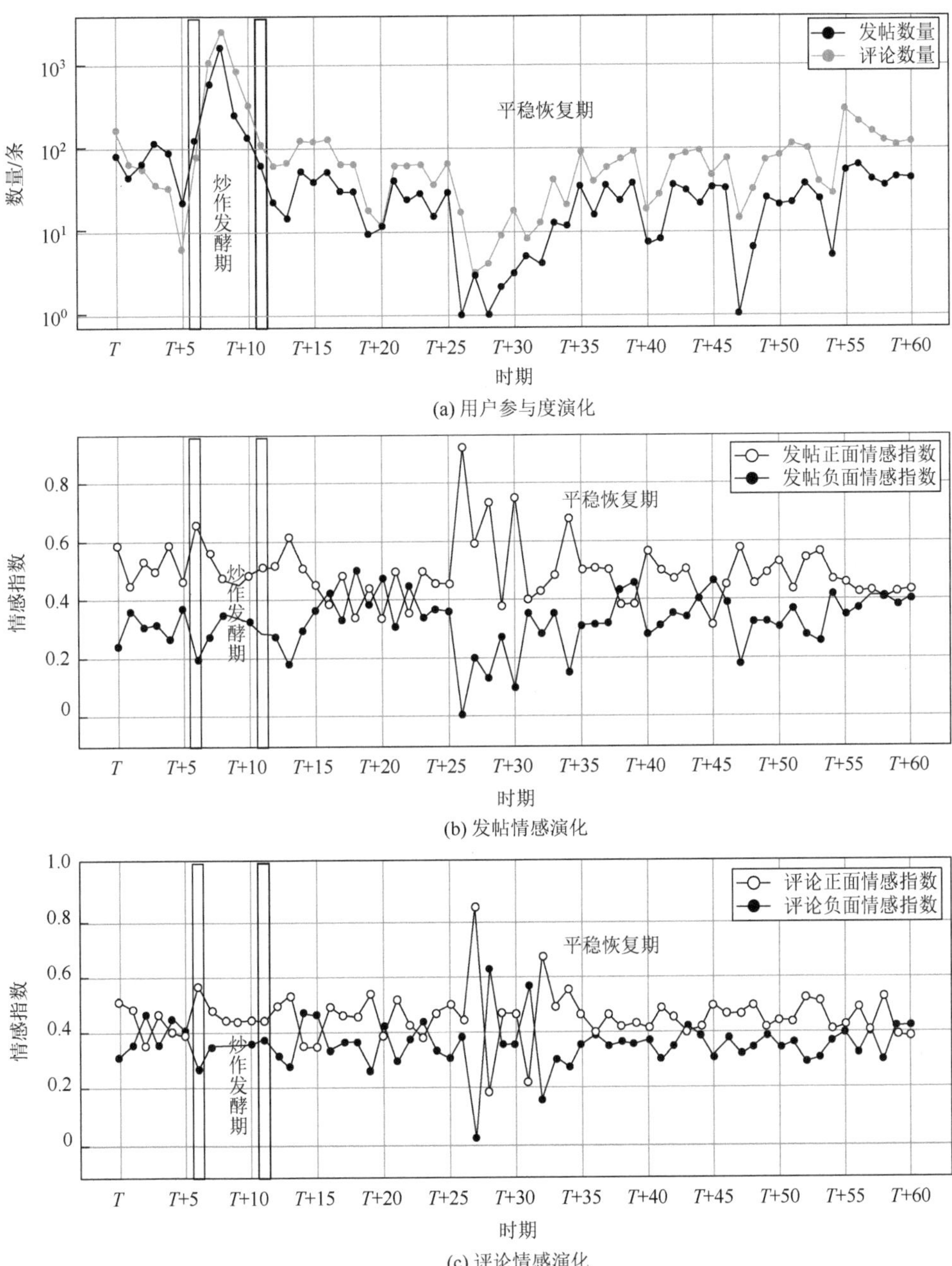

附图 14-2　公司 C 高估信息事件的认知要素演化

资料来源：东方财富网股吧

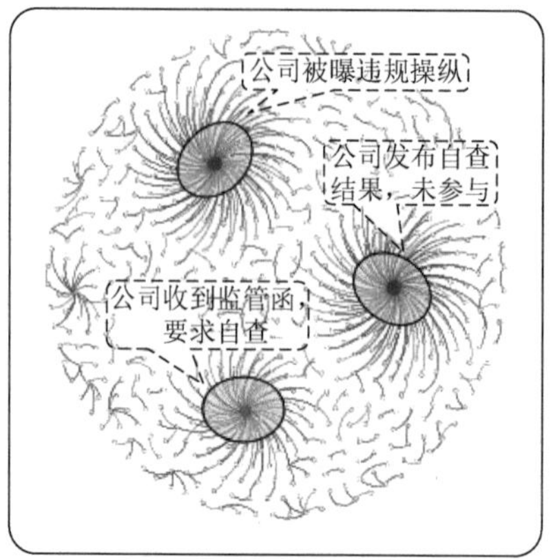

$T+3$评论情感交互

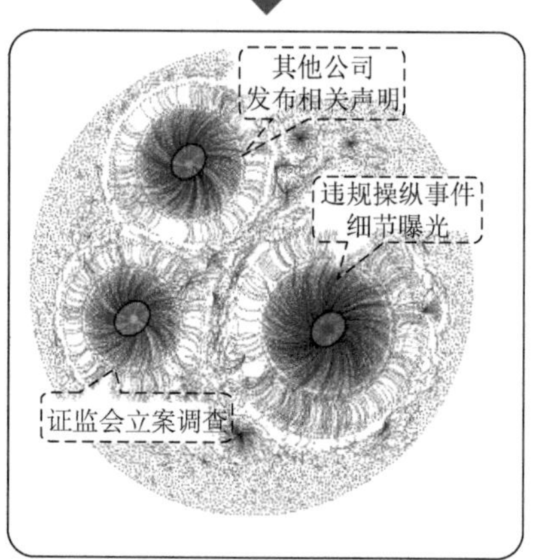

$T+6$评论情感交互

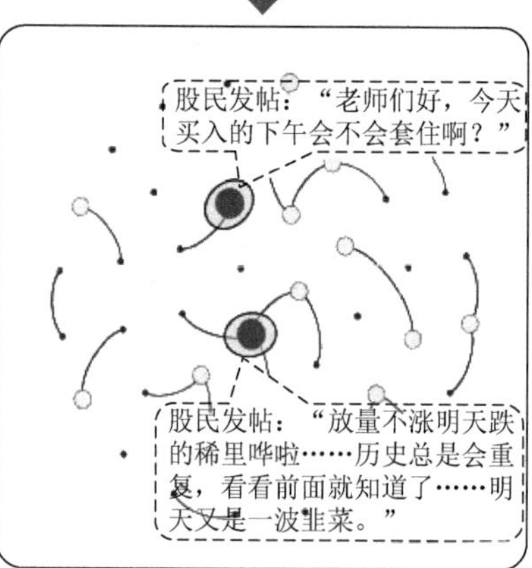

$T+30$评论情感交互

(a)

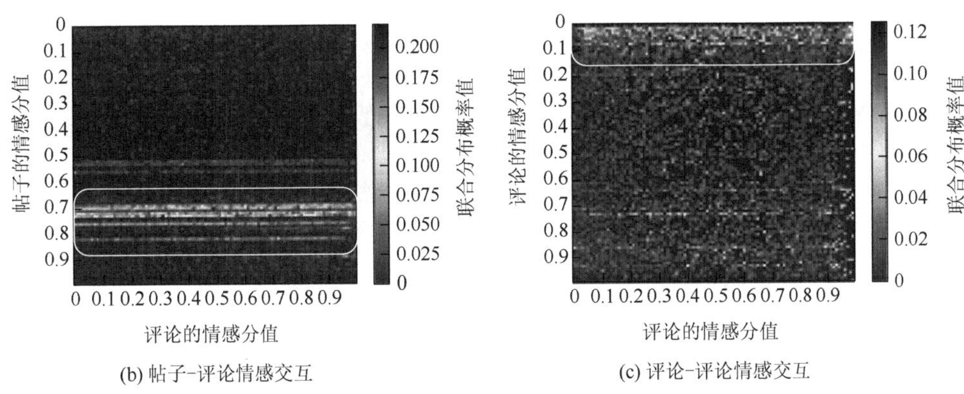

(b) 帖子-评论情感交互　　(c) 评论-评论情感交互

附图 14-3　披露信息事件的认知图谱分析

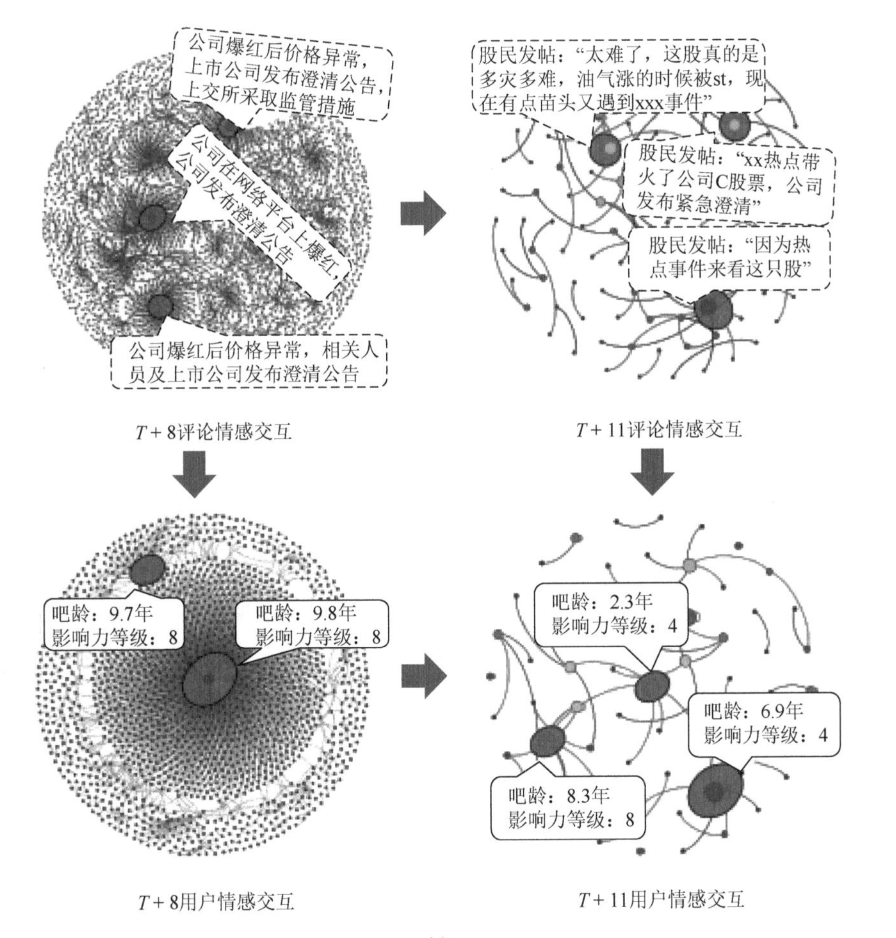

资料来源：东方财富网股吧

(a)

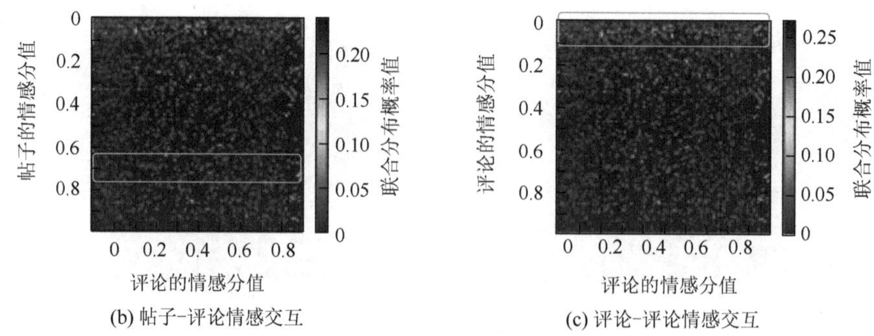

(b) 帖子-评论情感交互　　(c) 评论-评论情感交互

附图 14-4　高估信息事件的认知图谱分析

资料来源：东方财富网股吧

不平衡边的比例

时期

(a) 认知不平衡演化

日收盘价/元

发帖负面情感指数　评论负面情感指数　发帖正面情感指数　评论正面情感指数　不平衡度

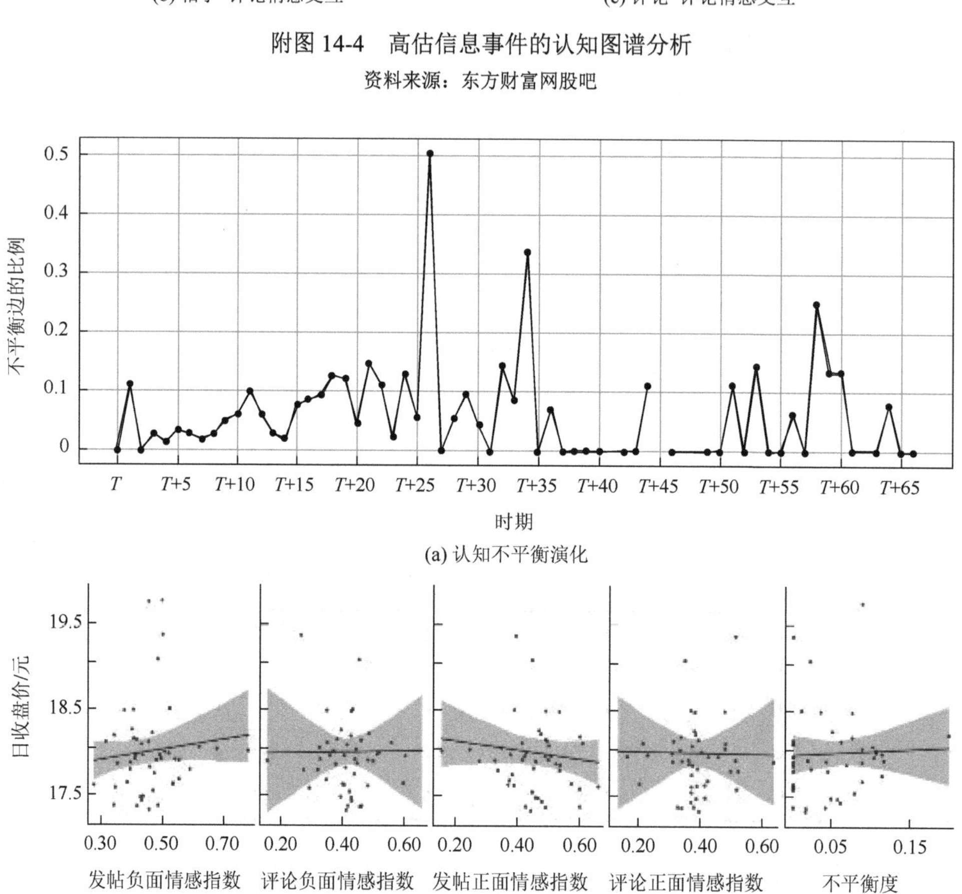

(b) 收盘价与情感指数及认知交互不平衡度的关联关系

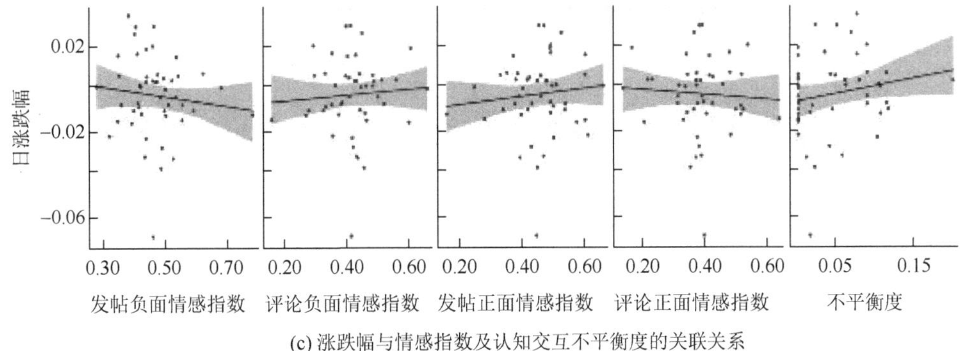

(c) 涨跌幅与情感指数及认知交互不平衡度的关联关系

附图 14-5　披露信息事件的收盘价/涨跌幅与情感演化、认知不平衡度的关联关系

资料来源：东方财富网股吧

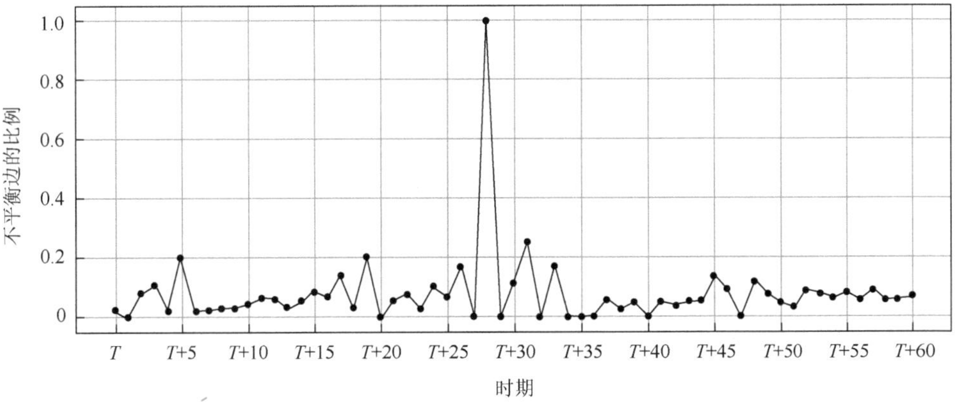

(a) 认知不平衡演化

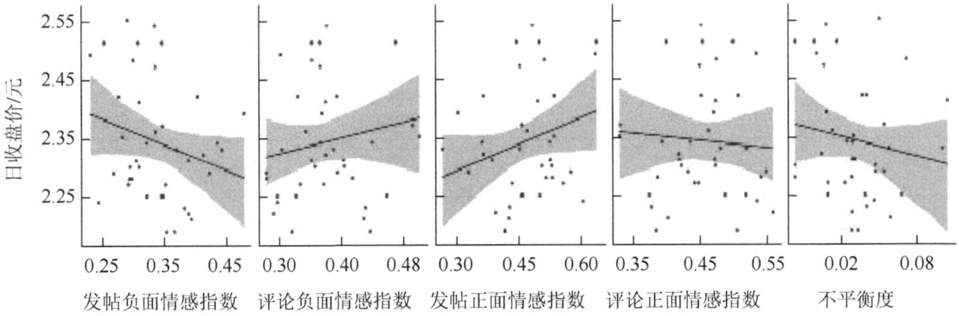

(b) 收盘价与情感指数及认知交互不平衡度的关联关系

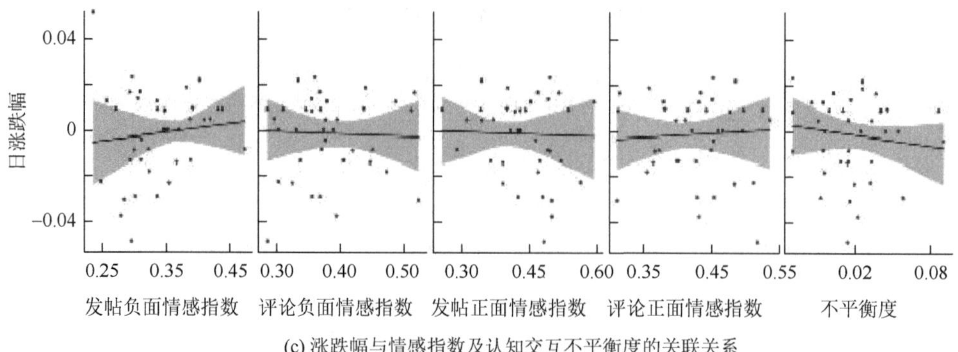

(c) 涨跌幅与情感指数及认知交互不平衡度的关联关系

附图 14-6　高估信息事件的收盘价/涨跌幅与情感演化、认知不平衡度的关联关系

资料来源：东方财富网股吧

附表 14-1　主要变量定义

变量	变量名	度量方式
被解释变量	日收盘价	股票每日的收盘价格
	日涨跌幅	(股票当日收盘价−股票前一日收盘价)/股票前一日收盘价×100%
解释变量	发帖负面情感指数	公司讨论区每日所有发帖的负面情感指数的平均值，范围为[0, 1]
	评论负面情感指数	公司讨论区每日所有评论的负面情感指数的平均值，范围为[0, 1]
	发帖正面情感指数	公司讨论区每日所有发帖的正面情感指数的平均值，范围为[0, 1]
	评论正面情感指数	公司讨论区每日所有评论的正面情感指数的平均值，范围为[0, 1]
	认知交互不平衡度	公司讨论区每日用户交互符号网络中不平衡边比例，范围为[0, 1]

附表 14-2　公司 A 日收盘价和日涨跌幅与情感指数、认知交互不平衡度的 OLS 结果

项目	日收盘价	日涨跌幅
发帖负面情感指数	−271.8679 (244.842)	−0.1712 (0.555)
评论负面情感指数	−464.3299* (249.471)	−0.7855 (0.565)
发帖正面情感指数	395.8566* (227.270)	0.0579 (0.515)
评论正面情感指数	427.3145* (236.965)	0.7885 (0.537)
认知交互不平衡度	−156.3211 (159.295)	0.7655** (0.361)
调整 R^2	0.303	0.142
F 检验统计量	4.302***	2.254*
样本数	61	61

资料来源：东方财富网股吧

注：括号内的数值代表标准误差，表示模型参数估计值的波动性

*、**、***分别表示显著性水平为 0.1、0.05、0.01

附表 14-3　公司 A 日收盘价与情感指数、认知交互不平衡度的格兰杰因果关系

原假设	F 检验统计量	F 检验 p 值	结论
发帖负面情感指数不是日收盘价的格兰杰原因	2.825	0.020	拒绝**
发帖正面情感指数不是日收盘价的格兰杰原因	0.097	0.756	接受
评论负面情感指数不是日收盘价的格兰杰原因	1.299	0.258	接受
评论正面情感指数不是日收盘价的格兰杰原因	0.323	0.572	接受
认知交互不平衡度不是日收盘价的格兰杰原因	1.012	0.318	接受

资料来源：东方财富网股吧

**表示显著性水平为 0.05

附表 14-4　公司 A 日涨跌幅与情感指数、认知交互不平衡度的格兰杰因果关系

原假设	F 检验统计量	F 检验 p 值	结果
发帖负面情感指数不是日涨跌幅的格兰杰原因	1.042	0.429	接受
发帖正面情感指数不是日涨跌幅的格兰杰原因	3.484	0.066	拒绝*
评论负面情感指数不是日涨跌幅的格兰杰原因	0.274	0.602	接受
评论正面情感指数不是日涨跌幅的格兰杰原因	0.015	0.904	接受
认知交互不平衡度不是日涨跌幅的格兰杰原因	4.311	0.042	拒绝**

资料来源：东方财富网股吧

*、**表示显著性水平为 0.1、0.05

附表 14-5　公司 B 日收盘价和日涨跌幅与情感指数、认知交互不平衡度的 OLS 结果

项目	日收盘价	日涨跌幅
发帖负面情感指数	0.8134 （3.875）	−0.1124 （0.124）
评论负面情感指数	0.2533 （4.755）	0.0396 （0.152）
发帖正面情感指数	−0.1544 （3.897）	0.0720 （0.125）
评论正面情感指数	−0.0970 （4.706）	−0.0486 （0.150）
认知交互不平衡度	0.0177 （1.706）	0.0881* （0.055）
调整 R^2	−0.110	−0.037
F 检验统计量	0.089	0.6697
样本数	67	67

资料来源：东方财富网股吧

注：括号内的数值代表标准误差，表示模型参数估计值的波动性

*表示显著性水平为 0.1

附表 14-6　公司 B 日收盘价与情感指数、认知交互不平衡度的格兰杰因果关系

原假设	F 检验统计量	F 检验 p 值	结论
发帖负面情感指数不是日收盘价的格兰杰原因	1.818	0.169	接受
发帖正面情感指数不是日收盘价的格兰杰原因	1.887	0.158	接受
评论负面情感指数不是日收盘价的格兰杰原因	0.869	0.354	接受
评论正面情感指数不是日收盘价的格兰杰原因	0.410	0.524	接受
认知交互不平衡度不是日收盘价的格兰杰原因	0.467	0.628	接受

资料来源：东方财富网股吧

附表 14-7　公司 B 日涨跌幅与情感指数、认知交互不平衡度的格兰杰因果关系

原假设	F 检验统计量	F 检验 p 值	结果
发帖负面情感指数不是日涨跌幅的格兰杰原因	0.087	0.769	接受
发帖正面情感指数不是日涨跌幅的格兰杰原因	0.002	0.961	接受
评论负面情感指数不是日涨跌幅的格兰杰原因	0.867	0.354	接受
评论正面情感指数不是日涨跌幅的格兰杰原因	0.442	0.508	接受
认知交互不平衡度不是日涨跌幅的格兰杰原因	0.161	0.852	接受

资料来源：东方财富网股吧

附表 14-8　公司 C 日收盘价和日涨跌幅与情感指数、认知交互不平衡度的 OLS 结果

项目	日收盘价	日涨跌幅
发帖负面情感指数	−0.6846 （1.196）	0.4730** （0.223）
评论负面情感指数	2.4127* （1.210）	−0.0775 （0.225）
发帖正面情感指数	0.4251 （1.173）	−0.4271* （0.218）
评论正面情感指数	−2.0931* （1.174）	0.1369 （0.219）
认知交互不平衡度	−0.5617 （0.522）	−0.0470 （0.097）
调整 R^2	0.053	0.020
F 检验统计量	1.424	1.151
样本数	61	61

资料来源：东方财富网股吧

注：括号内的数值代表标准误差，表示模型参数估计值的波动性

*、**分别表示显著性水平为 0.1、0.05

附表 14-9 公司 C 日收盘价与情感指数、认知交互不平衡度的格兰杰因果关系

原假设	F 检验统计量	F 检验 p 值	结论
发帖负面情感指数不是日收盘价的格兰杰原因	0.205	0.652	接受
发帖正面情感指数不是日收盘价的格兰杰原因	0.066	0.797	接受
评论负面情感指数不是日收盘价的格兰杰原因	5.385	0.001	拒绝***
评论正面情感指数不是日收盘价的格兰杰原因	4.621	0.002	拒绝***
认知交互不平衡度不是日收盘价的格兰杰原因	0.721	0.399	接受

资料来源：东方财富网股吧

***表示显著性水平为 0.01

附表 14-10 公司 C 日涨跌幅与情感指数、认知交互不平衡度的格兰杰因果关系

原假设	F 检验统计量	F 检验 p 值	结果
发帖负面情感指数不是日涨跌幅的格兰杰原因	0.005	0.942	接受
发帖正面情感指数不是日涨跌幅的格兰杰原因	0.011	0.918	接受
评论负面情感指数不是日涨跌幅的格兰杰原因	0.273	0.603	接受
评论正面情感指数不是日涨跌幅的格兰杰原因	0.774	0.382	接受
认知交互不平衡度不是日涨跌幅的格兰杰原因	0.460	0.500	接受

资料来源：东方财富网股吧

第 15 章　数据驱动下共享出行资源配置的双层博弈问题研究①

15.1　背 景 意 义

现代移动通信技术与互联网的日益革新不断推动“互联网＋”新业态与社会经济深度融合，数字经济与共享经济逐步取代传统商业模式，共享出行新模式应运而生，网约车、分时租赁、共享单车、合乘等共享出行服务模式大量涌现，掀起了新时代互联网交通出行领域的新浪潮，催化居民出行方式的转变（荣朝和，2018）。共享出行实现了对车辆的多维度共享，如使用时间、合乘空间以及车辆使用权，在有效分配人车资源、满足多样化的出行需求等方面发挥着不可或缺的作用，成为城市智慧交通的重要组成部分。

共享出行行业的主要利益相关者或参与者有政府、企业和出行者，具有不同目标的参与者之间形成了高度互联的相关关系。该行业的正常运作与政府合理的治理措施息息相关，政府从宏观层面基于顶层设计实施智慧治理，综合运用法律法规、经济、技术等多种方式指导市场价格、控制市场总量，发挥在市场经济中“有形的手”的作用，以制约市场主体的各种不正当行为，如为抢占区域优势企业无序投放车辆造成资源浪费、发展初期为增强用户黏性而低价恶性竞争、企业并购加速平台垄断等市场失灵现象。共享出行企业以提高经济利润为目标，在遵循政府约束的前提下，从供给侧提供多样化服务以最大化匹配不同类型的需求，同时寻求竞争与合作的平衡，挖掘自身可持续的竞争优势，提高市场占有率。出行者则追求具有低成本、安全性、灵活性及舒适性的出行体验。由此可见，共享出行中的管理决策涉及具有不同利益诉求的多层级利益主体，是一个多方博弈的演化过程。

在兼顾各方需求的同时，为共享出行行业多主体复杂决策机制建立模型驱动优化框架，对于保证该行业正常运转具有重要意义。共享出行行业内存在的

---

① 本章作者：孙会君（北京交通大学系统科学学院）、杨爽（北京交通大学系统科学学院）、吕莹（北京交通大学系统科学学院）、高自友（北京交通大学系统科学学院）。通讯作者：孙会君（hjsun1@bjtu.edu.cn）。项目：国家自然科学基金资助项目（91846202；72288101；B2007）、交通系统科学与工程创新引智基地项目（B20071）。本章内容原载于《管理世界》2023 年第 4 期。

决策问题复杂多样，如车辆调度、补贴优惠力度、站点选址等，凭经验尽管可以快速制订方案，但科学性差、个体依赖性强，在实际应用中具有一定局限性；而基于数学模型的优化方法推理严谨，可统筹系统各要素，以获得对政府、企业和出行者三方均有利的最优解。现有的模型驱动方法，如组合优化、线性规划、非凸优化等已被广泛地应用于共享出行行业不同的优化问题，但是该方法对于时效性强、不确定性高的场景应用效果不是特别让人满意。比如，网约车司乘匹配问题中，空闲车辆动态变化，乘客可以随时进入和离开系统，订单请求具有不确定性，对未来情形的精准研判是实现高效动态匹配的重要前提，而仅依靠传统数学模型难以实现。大数据的可获得性和人工智能技术的普及，在一定程度上可以弥补传统模型驱动的弊端（黄先海和宋学印，2021）。海量的共享出行数据中包括订单轨迹、用户基本信息、车辆实时状态等，蕴含着丰富的微观主体行为动态信息。借助数据驱动方法，能够以全景性视角研究这些细粒度、大体量、多种类的实时数据，揭示多维因素的关联关系。通过对出行需求和外部影响因子的多维数据的分析，企业可实现短时出行预测，提前干预调度等实时性运营活动，提升服务效率。此外，模型驱动是在分析客观对象的基础上，通过某些基本假设描述主体的偏好和行为，如事先假设部分参数的性质和函数表达式，实现对复杂现实系统的高度概括与简化，但是所提假设往往缺乏用以佐证的数据支撑，这也是造成决策偏差的重要原因之一（洪永淼和汪寿阳，2020，2021）。如前所述，在共享出行系统中，共享出行管理决策中涉及的各主体具有不同的特征性质，且存在相互制约的关联关系，模型的假设会在一定程度上偏离真实相关关系的刻画。面对共享出行系统中现存问题的复杂性，模型驱动与数据驱动相结合往往能达到更显著的实用效果，提高决策机制的科学性、稳健性及精准度。政府通过多维全景数据监测，能够合理量化共享出行需求潜力及供给限制；企业基于多维数据挖掘，能够掌握出行规律，最大限度还原变量相关关系。基于数据驱动的参数和目标函数形式能够使模型最优解发挥最大实用价值。

鉴于现实需求，本章综合运用运筹学、博弈论和管理学等学科理论，重点研究共享出行行业中的战略规划及运营优化问题，提出多主体数智决策方法，实现大数据环境下共享出行资源管理的智能优化。主要贡献体现在三个方面：一是探讨共享出行市场中竞合博弈的内涵及形态，对竞合行为进行建模，为企业提供市场策略选择建议；二是以定量刻画变量相关关系见长的运筹优化方法与擅长揭示变量隐含逻辑关系的数据驱动方法相结合，提高管理决策的精准化及政企决策的科学性；三是以全景性视角构建共享出行行业多主体决策交互过程中的双层规划模型，为多主体管理决策提供新的研究范式。

15.2　研 究 回 顾

如何推动具有不同目标的多主体之间达到均衡或帕累托最优状态是复杂交通运输系统中的关键科学问题，解决该问题的核心在于明晰各主体的行为及其相互作用机制（关伟等，2020）。因此，本节将对共享出行中企业供给侧的资源配置优化、政府的智慧监管和多主体作用机制三个方面的相关研究进行重点阐述，并加以总结分析，以期深入界定本章的研究内容。

15.2.1　共享出行中企业供给侧的资源配置优化

共享出行企业的运营重点在于通过精益管理平衡市场上的出行供需以最大化收益。在现有文献中，研究内容主要分为两类，一是基于模型驱动在战略、运营层面等优化研究，二是融合数据分析技术与优化建模方法为企业的运营活动出谋划策。在基于模型的驱动优化方面，研究者从不同的切入视角推进，研究重点包含司乘匹配、智能调度、车队规模及站点布局等资源配置优化内容。

高效的匹配和调度策略对于提升共享出行的服务质量至关重要，不少学者提出了高效的匹配和调度模型。比如，Yang 等（2020）指出匹配时间间隔和匹配半径是优化网约车在线司乘匹配系统的两个关键控制变量，继而构建了相应的数学模型刻画匹配过程，并对这两个变量进行联合优化以适应不同的供需水平，从而在乘客等待时间、车辆利用率和匹配率等方面提高了系统运行效率。为缓解共享汽车中的供需失衡状况，企业会派专人进行车辆调度。在此背景下，如何依据系统中的车辆分布和用户需求调度车辆是学者的热点议题，尽管现有文献的模型侧重点及形式各异，但一般都会将调度与其他运营决策内容联合优化，其中经典的是 de Almeida Correia 和 Antunes（2012）提出的混合整数规划模型，用以决策确定需求下的共享汽车调度、站点选址及容量、车队规模等。“双碳”目标下共享汽车行业深入推广共享电动汽车，随之而来则是里程焦虑问题，此时在车辆调度中要兼顾车辆电量及充电过程，Zhao 等（2018）利用时空网络刻画了车辆及调度员的时空路径并对车辆电量进行追踪，以企业运营成本最小化为目标决策车队规模、调度员数量、车辆调度及充电时间。

此外，企业从需求管理入手，通过折扣、补贴等经济激励手段改变用户行为，使得用户自发地完成调度活动，从而改变车辆分布状态。Chen 等（2020）与王宁等（2018）发现动态定价和激励措施有助于共享汽车供需平衡调控以及服务效能提升，使得系统不平衡指数下降。利用折扣及补贴经济手段刺激用户，鼓励用户自身完成行程的同时调度车辆，可以减少系统的车辆再平衡费用（di Febbraro et al.,

2019）。考虑到价格对用户选择行为有重要影响，Xu 等（2018）和 Jorge 等（2015）通过构造需求弹性函数，提出了基于动态定价调控需求的时空分布模型。

随着互联网和车联网技术的发展，共享出行运营商能够实现对系统内所有车辆状态的实时监控，也就产生了高速性、规模性的大数据。大数据蕴含丰富的潜在信息，具备商业价值。鉴于此，借助于大数据、人工智能等技术深入对共享汽车运营管理优化的研究应运而生。尽管模型优化与数据驱动的结合具有多种形式，如 Chang 等（2021）将预测模型的预测值作为优化模型的输入参数；Elmachtoub 和 Grigas（2022）提出在预测模型中考虑优化模型的性质，根据预测参数下优化模型的目标函数值误差构建预测模型的损失函数。但是，目前在共享出行领域，主要聚焦于通过数据驱动实现短时预测，进而为模型驱动提供动态需求信息的方法。企业根据预测结果优化车辆调度及匹配方案，推荐优化路线，实现区域供需平衡。Stokkink 和 Geroliminis（2021）在解决如何利用折扣、补贴等经济手段激励用户自主调度的问题中，基于用户个人的历史数据应用机器学习算法预测需求偏好，动态调整激励措施。陈植元等（2022）基于时空聚类预测每个区域集群的共享单车装（卸）量，然后将预测结果输入调度路径模型。Repoux 等（2019）将用户的预约信息与马尔可夫链动力学结合，预测由于资源短缺而造成的需求流失，在此基础上决策调度。经分析发现，应用预测技术的智能调度方法表现性能更优。由此可见，数据与模型相结合有助于运营商提供精准的服务，提升乘客出行体验，合理调度区域内的资源，促进供需平衡。

综上，已有研究在共享出行企业运营管理方面的理论与方法均取得了丰富成果，为开展后续研究奠定了坚实的基础。但现有研究多针对垄断市场中单一企业的运营策略进行优化研究，对共享出行市场上多家企业之间竞合博弈策略的讨论较为少见。社会对共享出行的关注持续升温，不断有新企业进入提供同质化服务争夺市场份额，企业若脱离市场博弈环境片面地制定运营管理策略将面临被迫退出市场的风险。对于共享出行市场中每个主体企业而言，面对激烈的市场博弈环境，应该采取何种运营管理策略才能保持足够的竞争优势是值得思考与研究的。

15.2.2　共享出行中政府的智慧监管

共享出行行业的健康发展离不开政府的监管，但是政府的监管决策也是一个复杂工程。政府既要保障社会福利，又不能过度监管抑制共享出行企业的活力。在信息化背景下，采用创新灵活、数据驱动型的监管策略，更有助于政府精准引导市场合理配置资源，发挥规制作用（陈喜群，2021）。然而，现有研究侧重于从制度与法律层面提出市场监管建议（宋心然，2017；薛志远，2016），仅有少量定量研究。赵道致和杨洁（2019）研究了网约车提供高端服务与低端服务两种情境下的定价问题，同时考虑政府在不同策略目标下的价格管制策略，并比较分析了管制严格程度对市场的影响，为网约车发展制定政策提供了理论借鉴。Li 和 Szeto（2021）基于排队均衡模型，分析了司机最低工资、车辆规模限定及交通拥堵税等政府约束政策对网约车平台的影响。梁玉秀和吴丽花（2021）揭示了不同市场准入规制政策下网约车平台定价的机理，研究发现平台定价与规制力度呈负相关关系。政府作为“守夜人”，对市场的监管需把握力度，高强度的监管会抑制行业及企业的进步，低强度的监管则无法引导市场健康有序发展。雷丽彩等（2020）借助演化博弈理论，探讨了政府部门的调控力度对平台运营的影响，分析表明缺乏政府有效监管的网约车市场将陷入网约车平台消极管理而司机非法运营的不合理境地，政府监管部门应通过落实补偿举措和加大惩罚力度实现对市场的激励与管控。罗清和和潘道远（2015）以专车进入市场后与传统出租车的博弈为切入点，探讨了不同的准入规制和价格规制政策组合下的市场均衡，分析表明质量规制监管手段效果最优。Li 和 Ma（2019）分析了网约车对传统出租车的压力、公共交通的发展水平、道路拥堵状况和出行需求对政府管制措施的影响，指出较低的公共交通发展水平和严重的道路拥堵下政府会对网约车采取严格的管控手段。

目前对于政府监管方面的研究较为薄弱，基于定量分析的实证研究多利用高度简化的均衡数学模型讨论不同政府监管策略的影响，对实际问题刻画有限，削弱了模型的实际应用价值。如何通过数学模型精准刻画政府行为和决策内容是一个亟待解决的关键问题。同时，数字政府建设强调数字技术在政府治理领域的深度运用与融合，因此，充分挖掘大数据的潜在价值，是提高政府对共享出行行业监管智慧化程度的必然要求。

15.2.3　共享出行中的多主体作用机制

厘清系统中各主体之间的信息流向与相互制约关系，使之形成有机的整体，是实现系统高效运行的有效方法。对于共享出行中的各参与主体，目前学者多基于博弈论，尤其是双层规划对其相关关系进行解析与建模，且以共享出行企业为主导核心探讨主体之间的相互作用。共享出行行业的产生对传统出行方式产生了巨大冲击，Lu 等（2021）考虑共享汽车在与私家车竞争的环境下，通过构建双层规划模型刻画了企业与用户之间的交互行为，上层是企业决策自身的车队规模、定价及调度，下层刻画出行者的交通方式选择行为，企业根据出行者的选择调整自身的定价策略，两者在相互的信息传递中达到均衡。共享出行企业不仅面对外部环境的竞争压力，还有来源于同行的竞争，Yang 等（2022）构建的双层规划中，上层是多家共享汽车企业的纳什均衡，企业在考虑竞争对手与用户的反应下决策自身的调度和定价，下层为出行者的随机用户均衡模型。Nair 和 Miller-Hooks（2014）针对共享汽车网络设计问题，对企业与出行者之间的互动进行了建模优化，双层规划的上层模型中，企业决策站点选址和容量，下层中出行者基于给定的网络设计方案以最小化旅行时间和等待时间为目标决策自身路径选择。在网约车市场中，平台是供需双方的连接"桥梁"，研究平台在系统中的作用机理具有一定的实际价值。Lin 等（2021）通过构建程式化模型，研究了租车企业、网约车平台、乘客和司机四方利益的相互影响机制，结果发现平台倾向于与租车企业合作，并且在佣金率较高时，平台、司机与乘客之间更容易实现三方共赢的局面。Zhong 等（2019）考虑了平台雇佣两种类型司机（固定司机和兼职司机）的情况，平台支付固定司机工资，给予兼职司机一定的补贴，基于供需函数，讨论了不同市场结构对网约车平台、司乘双方以及社会剩余价值的影响。

在共享出行多主体相互作用机制的研究中，大多数都以企业为决策主导者，局限于对企业的行为和特征的探究，而对其他主体的行为描述较为简单或者直接忽略，缺乏对多主体互动的系统分析。在这个多主体系统中，各主体既自主决策又相互影响。各企业主体从最初的状态开始，通过获取信息制定博弈策略，逐渐达到一个均衡状态。当政府进行干预时会暂时打破主体之间的这种均衡，各企业主体为应对变化又重新采取有利于自身的理性策略，由此可见，共享出行市场的演化就是各参与主体之间重复交互作用的结果。对共享出行多主体博弈机制的剖析及策略决策方法的制定有待进一步探索，本章力求为该领域的实践提供借鉴和启示。

15.3　研究方法

本章所研究的多层级管理优化问题具有递阶结构，其主要特点为不同的决策者处于不同的层级，高一层级的决策者对下一层级具有控制及引导作用，下一层级的决策者基于上一层级的决策信息，在自己的管理范围内做出利己的理性方案，同时将结果反馈给上一层级，为上一层级调整策略提供参考信息。多层规划理论正是针对此类问题提出的，该方法能够明确各层级的决策顺序，体现优化过程中多主体之间的相互作用，因此在多层级多主体管理决策问题上，多层规划比单层规划更具有优势。双层规划是最为常见的一类多层规划，具有主从两层递阶结构，且大多数情形下，多层决策问题可以描述为若干个复合的双层规划问题，因此双层规划的应用较为广泛（Gao et al.，2005；高自友等，2000；Sinha et al.，2018）。

本章所研究的问题中，共享出行政府管理部门处于决策主导地位，各个企业处于从属地位，政府与企业存在互动决策，政企之间既有利益冲突，决策结果又相互影响，因此双层规划模型适用于解决此问题。共享出行企业面对不断变化的外部环境及出行需求，对供给侧进行适应性调整，不断优化自身资源，如不同类型车辆的投放量规划、智能调度等从属决策，从而提高企业盈利能力并满足出行者需求。但是在企业谋求自身利润最大化的过程中，容易产生不良竞争行为，因此占据决策主导地位的政府管理部门通常会出台相关政策对市场进行监管，在考虑社会整体福利的基础上，从不同维度对共享出行行业进行管控，比如政府为避免企业定价过低造成市场恶性竞争或定价过高损害消费者权益，制定最低和最高限价。为既不影响社会正常运转又能保障居民用车便利，政府为企业划定车辆停放区域，其典型案例为共享车辆的电子围栏。为控制企业通过大量投放车辆而“野蛮生长”的行为，政府管控整个市场的车辆规模等，从而实现调节市场秩序、优化资源配置的目的。在政策约束下，市场资源在各企业之间逐步配置均衡，但当政府以最大化社会公共利益为基本目标进一步调整监管策略导致约束条件发生变化时，各企业将及时调整自身行为，市场规律也由此发生转变，再次形成新的均衡。与此同时，政府会对市场环境的变化重新进行科学客观评判，权衡是否继续调整政策及战略。这个过程重复多次，直至达到政府及企业共同满意的稳定状态。

值得注意的是，市场中往往多家企业共存，对于每个企业而言，既要在政府规定的范围内合理规划，又需要考虑同行业其他企业的反应策略。企业在不断的博弈制衡中更新与发展，其博弈形式主要有合作博弈与竞争博弈（非合作博弈）。各方可通过制定有约束力的协议，以共享信息与资源的方式进行合作，合理利用外部资源满足自身需求，弥补自身车辆或者停车空间不足的缺陷，达到双赢的目的。竞争博弈的市场中各企业之间没有协商，按照各自最优策略行事，但是在独立决策过程中会权衡其他企业的决策对自身的影响。

本章共享出行双层规划模型的上层模型表示政府通过限价、规定车辆规模、优化站点布局等管控措施对市场资源进行合理配置的问题；下层中多个企业主体通过竞争或合作，决策自身调度、进行需求匹配等以实现自身利润最大化。该双层规划模型如式（15-1）～式（15-5）所示。

上层政府调控模型为

$$\max_{X} \ F(X,Y) \tag{15-1}$$

$$\text{s.t.} \quad G(X,Y)\leqslant 0 \tag{15-2}$$

下层企业运营管理模型为（上层政府调控模型中的 Y 由式（15-3）～式（15-5）求得）

$$\max_{y_p} \ f_p(x_p, y_p, y_{-p}) \tag{15-3}$$

$$\text{s.t.} \quad g_1(x_p, y_p)\leqslant 0 \tag{15-4}$$

$$g_2(y_p, y_{-p}) \leqslant 0 \tag{15-5}$$

其中，上层决策变量矩阵 X 表示政府监管决策内容，如政府指导价格、共享车辆总体规模、站点数量及区域设置等；Y 表示下层企业影响政府决策的变量，上层将其作为确定参数，表示政府在制定管控策略时会考虑下层各个企业的反应。由于下层中多个共享出行企业并存，需对各个参与企业分别进行建模优化，因此每个企业都有其相应的决策变量。下层中的决策向量 y_p 是 Y 的一个分量，表示企业 p 的控制量，决策内容可包括站点选址、服务定价、车辆调度、不同服务类型车辆规模等，y_{-p} 表示除了企业 p 之外的其他企业的决策量；x_p 是上层决策 X 中与管控企业 p 相关的变量，作为固定值传入下层。F 为上层目标函数，表示政府追求最大化整体服务效益或社会福利，下层目标函数 f_p 一般为在给定的政府约束条件下企业 p 最大化自身利润。上层中的 G 表示在适应市场总体需求的前提下政府如何配置资源、调控市场的约束集，如资源公平分配约束、最高车辆投放量约束、最高限价约束、布局规划合理约束等。下层的约束集 g_1 包含企业在政府的约束 x_p 下合理优化自身内部运营的约束，如流量守恒、车辆数量限制、调度匹配等，而约束集 g_2 描述的是企业之间竞争或合作的博弈行为。为争取更多收益，业务范围重叠的共享出行企业之间不可避免地会成为竞争对手，各方均期望自身掌握市场份额优势。同时，具有竞争关系的共享出行企业之间决策相互影响，如当某一企业决策自身站点布局时，既要充分考虑市场需求分布与自身资源限制，又要考虑竞争对手的布局策略，以捕获对方短板服务区域，凸显自身优势。然而，当企业之间的物质资本和人力资本具有互补性时，共享出行企业通过资源共用和信息分享等途径达成合作后，往往可以获得理想收益。此外，共享出行企业还可通过合作实现区域协同调度，如共用调度员，以此降低人力成本。

在上层政府的规划中，信息不对称、信息缺失等问题容易导致政府的介入产生负面效应，在模型中则具体表现为输入参数及变量相关关系函数的选取不当。若仅凭经验定性决定，则会导致监管效果差之千里。为定量指导企业运营，有效减少政策偏差，政府需通过大量的数据采集和科学的数据分析使宏观调控量的决策富有精准性、预见性和科学性。运用大数据技术赋能政府监管时，政府首先需要对城市内的居民特征及交通状况进行分析，获取常住人口数量、居民出行特征、居民消费能力、交通出行总量、交通方式分担率及出行方式结构等数据信息。其次，需要通过对历史数据的分析处理，测算出行需求总量上限，这是政府管控决策的基础数据。依据人口流动、聚集状态识别城市热点区域，并通过机器学习中的无监督学习对城市空间区域及区域出行模式进行精准分类，在空间尺度上对出行特征进行细化。最后，需要根据共享出行的时空特征及其他宏观特征，进一步得到各区域总投放量、定价上限等参数值。

数据不仅是数字经济条件下新的生产要素，同时也是企业关键的决策依据。目前共享出行企业依托于互联网通信技术，可实时获取用户信息，若能充分利用运营数据和外部环境数据，实现基于预测的在线智能调度，一方面可提高调度的实时性及智能化程度，另一方面亦能提高资源利用率及用户服务效率。为实现精准预测，首先要准确全面把握需求信息，企业只有清楚地了解用户的使用偏好，才能在提升使用率方面有针对性地决策。用户的使用意愿会受到主观及客观因素的多重交叉影响，如个人收入、天气状况、企业服务质量等，可采用多源数据融合技术从繁杂数据中提取有效信息，辨识出行者出行规律及影响因素。其次，基于深度学习捕获参数模型无法刻画的非线性相关关系，构建出行需求预测模型，将不同服务类型的预测需求量作为车辆调度决策的数据支撑。需要强调的是，本章假设所应用的数据驱动方法是在数据隐私保护的基础上进行的，因为只有在合法合规的隐私保护下，数据驱动和模型驱动有机结合才能切实发挥作用。

15.4 双层博弈模型

15.3 节所提到的大数据与优化模型相结合的建模方法是一般性研究框架，对于刻画共享出行系统多主体决策交互机理具有普适性。为加深对模型的理解，本节以共享出行行业中分时租赁共享汽车系统为研究范例，针对不同类型车辆规模的配置决策，构建共享汽车资源配置双层规划模型。

15.4.1 基于双层规划模型的共享汽车车辆资源配置决策

分时租赁共享汽车一般是由运营企业给公众提供车辆并派专人维护，用户仅拥有车辆的使用权，企业按照里程或者使用时长收费。企业多采取重资产运营模式，即企业搭建停车与充电网点、自主购买汽车并负责汽车运维工作。缴纳注册费的用户通过网络提前或即时预约车辆，利用手机程序可实时查看各网点的空闲车辆并预约，预约时需提供取车网点、车辆类型与使用时间等必要信息。整个运营过程中，企业利用互联网技术对车辆进行实时监控，用户通过手机通信技术在网点自助取还车。取还车模式有两种，一种是同一网点取还车，另一种是取还车可在不同网点。第一种运营管理相对容易，用户用车却不便利，因此现有企业多采取第二种模式，但在这种模式下极易出现供需不平衡的问题，需要企业通过车辆调度来缓解该问题。考虑到乘客的异质性以及出行需求的多样性，企业会提供不同类型的共享汽车以供出行者选择。另外，市场上一般是多家运营公司共存且有服务交叉区域，因此企业必然会采取多种手段争夺市场。尤其在发展前期，企业普遍会通过大量投入车辆增强用户使用黏性，挤压竞争对手生存空间，以此扩大自身市场份额，但容易产生资源浪费、过度占用公共设施等问题。此时，政府需要统筹调控市场上的车辆投放规模，保障市场良好运行。在本实例研究中，主要考虑政府通过数量管控举措控制市场上的总体共享汽车投放规模，各个企业在总量约束下配置自身每种类型的车辆数量并依据供需状态决策调度活动的问题。

为解决上述问题，本章构建了政企交互的双层规划模型。上层模型中政府在兼顾公平的前提下最大化整体服务效率，根据企业的服务水平管控各家企业投放车辆规模；下层模型为给定配置水平条件下的企业自身运营管理优化问题。企业除了决策车辆调度活动，由于不同车型的需求量及成本存在差异，还需权衡自身不同类型车辆的配置，其决策过程受到政府监管和竞争对手动态调整策略的双重影响。具体的车辆资源配置模型如式（15-6）～式（15-15）所示。

上层模型为

$$\max\min\left\{\frac{z_p}{\sum\limits_{i,j,t,k} x_{ijtk}^p},\ \forall p\in P\right\} \tag{15-6}$$

$$\text{s.t.}\quad \sum_p z_p \leqslant \min\left\{Q_{\max}, \sum_{p,k}\hat{n}_k^p\right\} \tag{15-7}$$

其中，上层决策变量 z_p 表示企业 p 被分配的车辆总数上限；$Q_{\max}$ 表示投放量上限；x_{ijtk}^p 表示企业 p 满足的从时间 t 出发由 i 地到 j 地使用车辆类型 k 的需求量；$\hat{n}_k^p$ 表示企业 p 投放的类型 k 的车辆数量。目标函数（15-6）在最大化服务效率的同时兼顾考虑公平性要求以尽可能缩小各企业之间的服务效率差距，体现了政府的公共管理职能。为求解方便，此目标函数使用服务效率 $\sum\limits_{i,j,t,k} x_{ijtk}^p \Big/ z_p$ 的倒数 $z_p\Big/\sum\limits_{i,j,t,k} x_{ijtk}^p$ 表示。约束（15-7）限制了所有企业投放的总车辆规模上限，通过目标函数（15-6）及约束（15-7）体现政府的调控作用，即公平配置车辆，限制过度投放，避免资源浪费。

对于固定的 z_p，下层企业 p 的决策模型为

$$\max \sum_{i,j,t,k}\kappa_k^p\tau_{ij}x_{ijtk}^p - \sum_{i,j,t,k}\gamma_k^p\tau_{ij}y_{ijtk}^p - \sum_{i,k}\mu_k^p n_{i0k}^p \tag{15-8}$$

$$\text{s.t.}\quad \sum_{i,k} n_{i0k}^p \leqslant z_p \tag{15-9}$$

$$n_{i(t+1)k}^p = n_{itk}^p - \sum_j x_{ijtk}^p - \sum_j y_{ijtk}^p + \sum_j \tilde{x}_{jitk}^p + \sum_j \tilde{y}_{jitk}^p,\ \forall i\in I,\ t\in T,\ k\in K \tag{15-10}$$

$$x_{ijtk}^p = \tilde{x}_{ij(t+\tau_{ij})k}^p,\ \forall i\in I,\ j\in I,\ t\in T,\ k\in K \tag{15-11}$$

$$y_{ijtk}^p = \tilde{y}_{ij(t+\tau_{ij})k}^p,\ \forall i\in I,\ j\in I,\ t\in T,\ k\in K \tag{15-12}$$

$$n_{itk}^{p} \geqslant \sum_{j} x_{ijtk}^{p} + \sum_{j} y_{ijtk}^{p}, \ \forall i \in I, \ t \in T, \ k \in K \tag{15-13}$$

$$x_{ijtk}^{p} \leqslant \frac{\mathrm{e}^{n_{itk}^{p}}}{\sum_{p'} \mathrm{e}^{n_{itk}^{p'}}} d_{ijtk}, \ \forall i \in I, \ j \in I, \ t \in T, \ k \in K \tag{15-14}$$

$$\hat{n}_{k}^{p} = \sum_{i} n_{i0k}^{p}, \ \forall k \in K \tag{15-15}$$

其中，参数κ_k^p表示企业p车辆类型k的单位行程时间收入；γ_k^p表示企业p车辆类型k的单位调度时间成本；μ_k^p表示企业p购置车辆类型k的单位成本；τ_{ij}表示站点i和站点j之间的最短行程时间；d_{ijtk}表示在时间t出发使用车辆类型k由站点i去往站点j的需求量，此参数利用大数据分析和深度学习技术可获知，具体方法将在 15.4.2 节介绍；变量x_{ijtk}^p表示企业p满足的于时间t由站点i出发去往站点j使用车辆类型k的需求量；$\tilde{x}_{ijtk}^p$表示企业p满足的由站点i出发，于时间t到达站点j使用车辆类型k的需求量；y_{ijtk}^p和$\tilde{y}_{ijtk}^p$分别表示企业p调度的于时间t出发由站点i去往站点j的类型k的车辆数、由站点i出发于时间t到达站点j的类型k的车辆数；n_{itk}^p表示企业p于时间t初停放在i地的类型k的车辆数；$\hat{n}_k^p$表示企业p投放的类型k的车辆总数。

下层模型中包含多个企业，每个企业有自身的目标函数与约束，目标函数（15-8）表示最大化每个企业的收益，收益包括共享车辆租赁收入、车辆调度成本、车辆购置成本等。约束（15-9）表示企业遵从上层政府决策的分配量上限限制，自主决策自身投放车辆规模。约束（15-10）为车辆流量守恒约束。约束（15-10）表示两个连续时间段的初始时刻停放在站点的车辆数之间的数量关系：$t+1$时间段初（模型中的时间均是时间段，一般设定每个时间段时长为 15 分钟或者 20 分钟，如时间段 1 表达的是 9:00～9:15，时间段 1 初即 9:00）停放在站点i的车辆数量等于t时间段初停在站点i的车辆数减t时间段内被用户借走的车辆数与被调走的车辆数，加上t时间段内用户还车还到站点i的车辆数与通过调度调到站点i的车辆数。约束（15-11）和约束（15-12）是流量传播方程，流量传播时间通过变量$\tilde{x}_{ij(t+\tau_{ij})k}^p$和$\tilde{y}_{ij(t+\tau_{ij})k}^p$的下标$\tau_{ij}$，即站点之间的最短行程时间表示。约束（15-11）保证了在时间段t由站点i出发去往站点j的使用车辆类型k的用户于时间$t+\tau_{ij}$将车还到站点j，即从借车到还车的传播过程；约束（15-12）表示于时间段t出发由站点i去往站点j的被调度车辆于时间段$t+\tau_{ij}$到达站点j，从而保证了调度车辆数量守恒。约束（15-13）限制了每个时间段初可被利用的空闲车辆数量不高于站点的车辆停放量。

本章考虑政府、企业、用户三个层级之间的交互关系，由于三层模型过于复杂，目前尚未有高效求解方法，因此，本章在兼顾用户行为刻画和模型可求解性的前提下，通过约束（15-14）的 Logit 函数呈现用户的选择行为，并借此体现企业之间的竞争关系。$\mathrm{e}^{n_{itk}^{p}} \Big/ \sum_{p'} \mathrm{e}^{n_{itk}^{p'}}$ 表示企业 p 被选择的概率，则投放量更多的企业有较高的被选择的概率，本章将 Logit 函数中表示随机偏好的参数设为 1（Jiang et al.，2020）。约束（15-15）用来计算企业 p 投放的每种类型的车辆总数。

事实上，竞争的企业之间也存在合作的可能，比如建立在异质性资源基础上的合作。当共享出行企业之间进行合作时，可将合作者作为一个整体进行运营优化，则下层仅存在一个模型，合作各方存在共同目标，即联合体利益最大化，共同决策联合体的资源总量并分配到各个企业。

15.4.2　基于数据分析的参数取值及定量表示

尽管上述双层规划模型能够体现多主体互动决策行为，模型结果可在一定程度上提供决策指导，但是应该强调的是，模型结果可能会对参数的取值较为敏感，若取值不妥，将不能充分发挥优化模型在实际应用中的效果。因此，本章中上层模型的 $Q_{\max}$ 并非单纯定性给定，而是立足于公众出行需求及社会资源治理，通过数据统计分析，以科学合理的方式给出定量结果。政府在车辆投放管理过程中，需要考虑公众使用需求，保障需求的满足率。基于出行需求估算车辆投放规模上限时，首先需对研究区域的交通出行总量进行测算，进而利用统计分析得到的共享汽车的分担率和周转率等指标进一步得到车辆投放量上限的估计值。具体的估计公式为

$$Q_1 = \frac{N\theta\lambda}{\xi} \tag{15-16}$$

其中，N 表示城市的常住人口规模；θ 表示城市的人均每日出行次数；λ 表示共享汽车的出行分担率；ξ 表示日均共享汽车周转率。值得注意的是，式（15-16）中共享汽车周转率和分担率是政府利用已知的多源数据信息大致估算的结果。获取这两个参数有多种统计方法，比如可以参考已经投入运营的共享汽车且具有相似人口和地域特征的省区市的统计结果，或者通过交通方式问卷调查结果，利用多项 Logit 模型计算。此外，若研究区域内已经投放共享汽车，政府可以以目前总体运营统计量为依据获取周转率。

下层中各家企业为了避免可能出现的供需不平衡现象、提高服务能力，可借助于历史及实时数据，实现基于需求预测的滚动式调度决策，即在有限的时域内根据设定的周期进行滚动优化。基于当前状态和系统模型，随着时间推移来动态更新未来调度周期内的预测信息和车辆运行状态，根据式（15-8）～式（15-15）动态决策调度方案。如图 15-1 所示，每次滚动优化的优化域中包含滚动窗口的已知需求信息和预测域窗口的预测需求信息，根据这两种需求数据及当前的车辆状态信息动态调整调度方案。

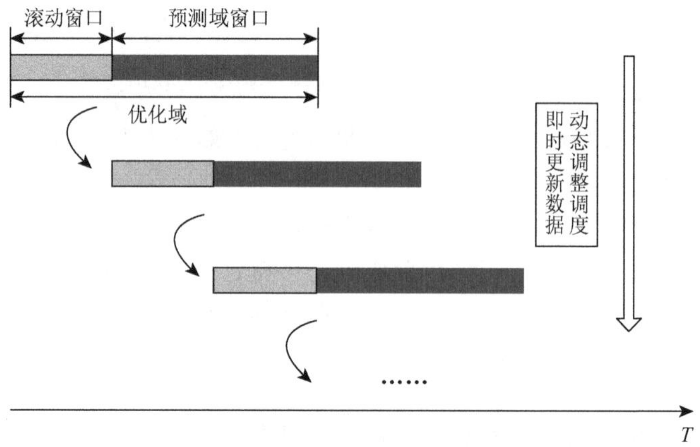

图 15-1　基于需求预测的滚动式调度决策示意图

为充分利用共享出行的时空特征准确预测共享汽车的短时需求（Chang et al.，2021；张荣花等，2022），本章采用融合 CNN 和 LSTM 的组合神经网络模型。CNN 和 LSTM 神经网络的结合兼顾了出行需求的空间拓扑关系与时间依赖关系，CNN 的卷积算子负责捕捉供需值的局部空间特征，LSTM 神经网络负责学习数据的短时变化特征和长期依赖周期特征。其中 LSTM 神经网络的记忆单元包括输入门、输出门和遗忘门。输入门用来控制当前时刻的候选状态有多少信息需要保存；遗忘门用来控制上一个时刻内部状态需要遗忘多少信息，在候选状态中蕴含多维因素对需求量的长期累积影响信息；输出门用来控制当前时刻的内部信息有多少信息需要输出给外部状态。考虑到出行需求受到人们生产生活、地区功能属性、天气情况等诸多因素的影响，因此本章预测模型的输入信息不仅包含共享汽车的历史使用数据，还涵盖了天气、城市区域兴趣点种类和数量、人口分布等外部指标。组合神经网络状态更新公式为

$$v_t = \sigma\left(W_v * J_t + U_v * h_{t-1} + b_v\right) \tag{15-17}$$

$$m_t = \sigma\left(W_m * J_t + U_m * h_{t-1} + b_m\right) \tag{15-18}$$

$$o_t = \sigma\left(W_o * J_t + U_o * h_{t-1} + b_o\right) \tag{15-19}$$

$$C_t = v_t \circ C_{t-1} + m_t \circ \tanh\left(W_c * J_t + U_c * h_{t-1} + b_c\right) \tag{15-20}$$

$$h_t = o_t \circ \tanh\left(C_t\right) \tag{15-21}$$

其中，$*$表示卷积算子；$\circ$表示 Hadamard 乘积；σ表示激活函数；tanh 表示双曲正切函数；W_v、W_m、W_o、W_c、U_v、U_m、U_o、U_c表示权重；b_v、b_m、b_o、b_c表示偏置项；J_t、C_t分别表示当前时间步的输入和当前时刻的状态值；v_t、m_t、o_t分别表示遗忘门、输入门和输出门。

综上，基于数据驱动的共享汽车政企博弈决策优化框架图如图 15-2 所示。

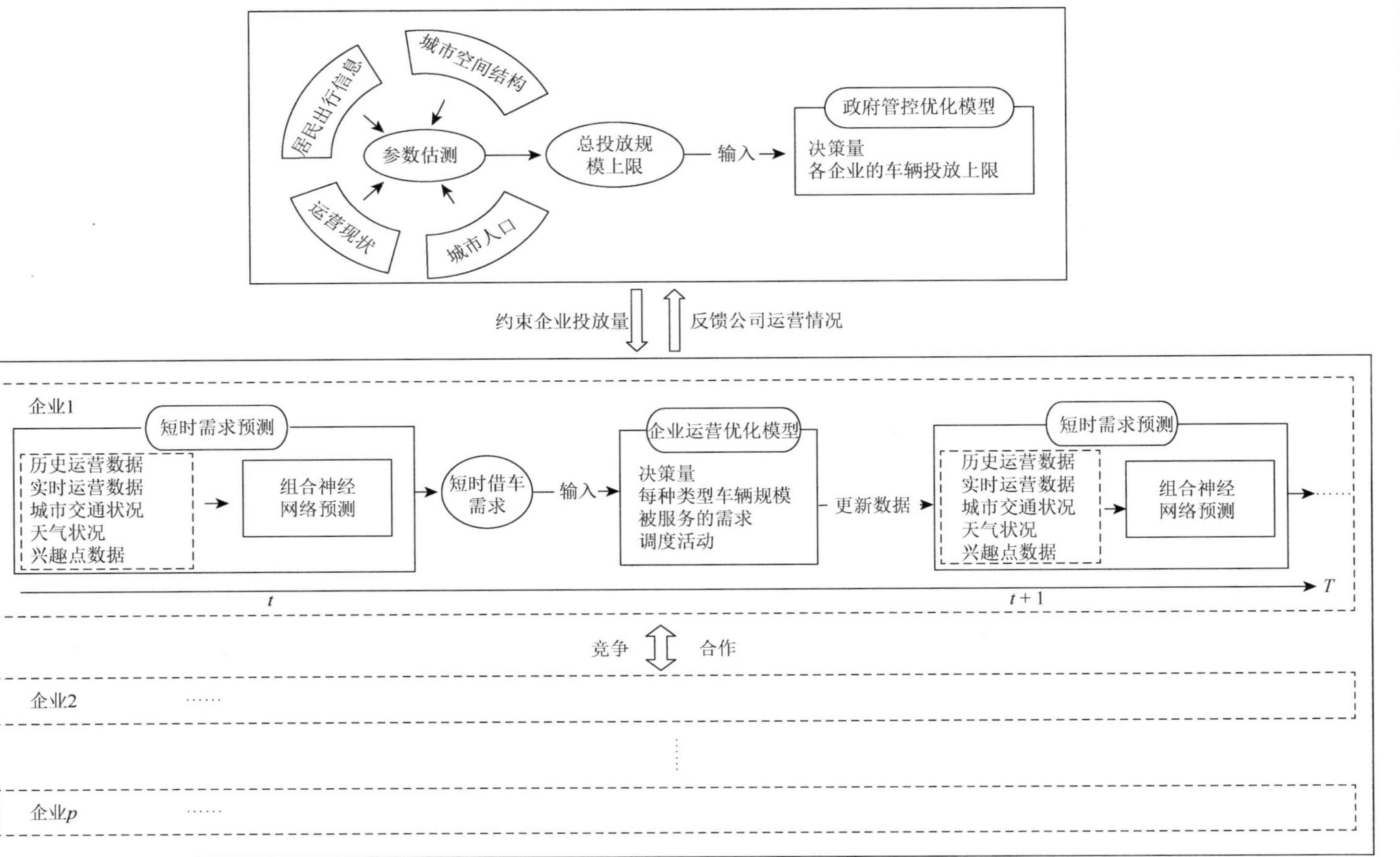

图 15-2　基于数据驱动的共享汽车政企博弈决策优化框架图

由于本节所构建的模型具有非凸、非线性特征，是典型的 NP-难问题，形式结构复杂，并且企业运营优化问题具有动态性，因此，本章基于对角化算法［具体可参考 Asadabadi 和 Miller-Hooks（2018）］和滚动时域算法，提出了同时求解动态模型主从博弈均衡解和纳什均衡解的算法。将规划时域划分为若干个子时域后，依次求解每个子时域中静态问题的均衡解，在求解下一时域的静态问题时，上一时域的决策量将作为下一时域模型的输入参数。求解静态问题的主要求解步骤如下。

（1）给定初始值。上层中结合数据统计分析方法给定每个公司的投放规模上限初始值。

（2）依次求解下层各个企业的运营管理模型。给定其他企业的运营量，各企业基于需求预测优化自身得到的车辆规模等决策变量并更新自身决策值，而后作为其他企业的输入参数，遍历所有企业，直至所有企业均更新决策值。

（3）重复步骤（2），直至任何一家企业都不会单方面改变自身的车辆投放策略，此时企业之间达到稳定状态。

（4）将下层计算结果反馈给上层，求解上层模型。若上层计算结果与上一次迭代中上层决策值的差距在给定的阈值范围内，算法停止；否则，返回步骤（2）。

本节提出的政企博弈决策模型是具有一主多从特征的双层规划模型，上述算法过程体现了各主体之间的博弈交互机制。步骤（2）和步骤（3）体现了下层模型中多个跟随者（共享出行企业）之间的纳什均衡博弈，由于企业竞争相同的出行需求市场，每个企业的决策在一定程度上依赖于其他企业的策略，当没有任何单独一方可以通过改变策略增加收益时，企业之间达到均衡。步骤（1）和步骤（4）展现了上下层政府与企业之间的主从博弈均衡过程，企业根据政府的规模限制决策做出反应，将自身服务效率反馈给上层，上下层之间不断迭代直至均衡。除此之外，该算法既满足了实时问题的求解要求，又兼具有效性，能在可接受时间内获得满意的均衡解，适合于求解本章构建的模型。

15.5 算例分析

为评估在 15.4 节针对政府监管下共享汽车车辆资源配置问题所提出的模型及方法的有效性，本节选取福建省某市两家主流的新能源电动汽车分时租赁企业（企业 A 和企业 B）为研究对象进行案例分析，两家企业均提供高端车和普通车两种类型的车辆及服务。本节通过对有无政府监管、企业不同竞合策略、不同外部市场需求及不同企业利润差等情形下企业运营指标的对比分析，验证双层博弈模型在多层级多主体资源配置问题中的可行性。

15.5.1 数据收集及处理

本案例涉及多维度多源数据，除了公司运营过程中产生的车辆轨迹、订单信息及站点地理位置等企业内部运营数据，还包含城市兴趣点数据、路网数据、居民出行信息和天气数据等，下面对数据的获取渠道分别介绍。

从运营平台后台能够导出企业的海量运营数据，订单数据是其中一类非常重要的分析数据。它记录了用户实时的车辆使用信息，其属性字段包含订单类型、车辆类型、车牌号、取车时间、还车时间、取车网点、还车网点等信息。城市兴趣点数据是城市地理信息、空间结构、土地利用性质和地区经济的体现，目前许多互联网电子地图服务提供商都已开放数据接口，基本可以满足应用需求。从政府官方网站可获取人口统计以及区域经济数据，开展居民出行调查，可获取居民出行特征，比如出行频次、交通方式等，以便于计算交通分担率。由于天气对于出行者具有显著影响，为了更准确预测需求，本节还选择了风速、气温、降水量三个主要天气指标，利用爬虫程序从官方天气监测网站获取相关信息。

由于数据信息量庞大，在数据采集过程中，不可避免地会受各种不确定因素的影响，导致采集的数据和真实数据存在差异。为了保证数据实验的准确度与可信度，需对采集的数据集进行清洗、处理噪声、检验平稳性以及标准化等处理工作。

掌握共享汽车出行特征是对其进行短时需求预测的重要前提。本节首先对两家公司的共享汽车历史使用数据进行数学统计，从时间维度和空间维度观察使用特征。图 15-3 展示了企业 A 的部分数据统计结果。本案例对该市城区依据主干道进行了区域划分，图 15-3（a）统计了 10 个不规则子区域从早 7 点至晚 23 点的每间隔 1 小时取车量的变化，可以很明显地发现不同区域的高峰时段有所差异，区域 10 处于该城市的核心地带，它包含了商业区及办公区等不同用地属性，因此该区域共享汽车的使用较为密集；图 15-3（b）体现了某一区域不同类型车辆在 2018 年 3 月份每天使用量的变化，尽管普通车需求量较高，但是每种类型车辆使用量的长期变化趋势相同，周末使用量保持在较低水平。

本节选取两家公司 2017 年 11 月至 2018 年 6 月的使用数据作为训练测试集，每个时间片长度为 1 小时。在训练模型时，为评估预测模型精度，选取 MAE 和均方根误差作为判定指标。利用网格搜索法对组合神经网络的超参数进行调优，最终网络结果设计为卷积层数取值为 2，卷积核大小分别为 5×5 和 3×3，激活函数是 ReLU，学习率是 0.001，优化算法为 Adam。验证集的需求量预测的 MAE 为 0.37，均方根误差为 0.46。图 15-4 展示了 5 个区域在 3 月 21 日至 3 月 27 日一周内 168 个时间片的预测结果，其中深灰色线代表样本中的真实数据、浅灰色线代表预测的数据。由图 15-4 可知，预测数据的拟合效果较好，说明预测模型性能良好。

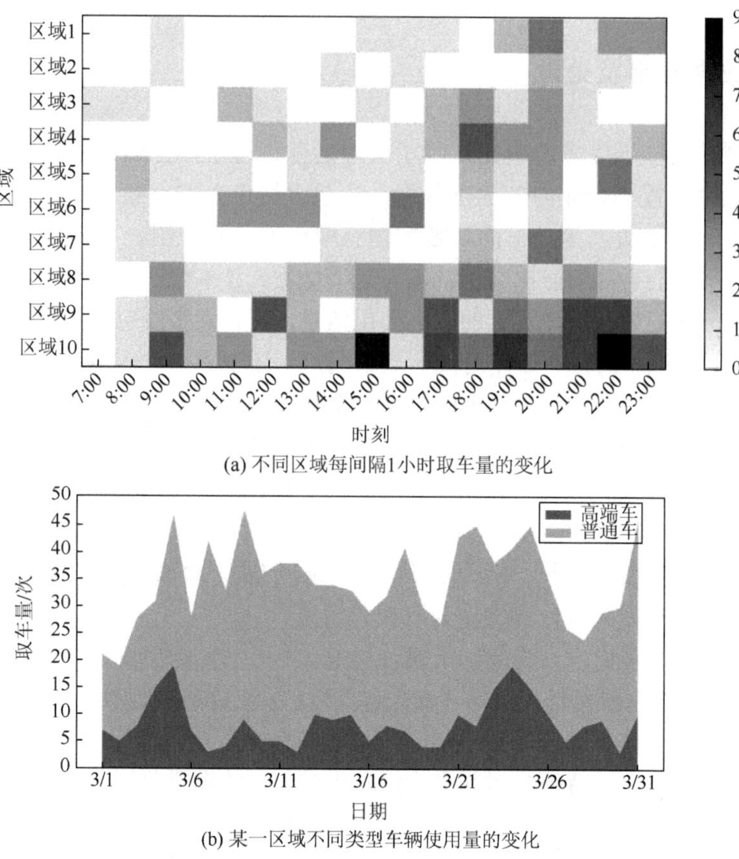

(a) 不同区域每间隔1小时取车量的变化

(b) 某一区域不同类型车辆使用量的变化

图 15-3　企业 A 共享汽车历史使用数据的时空特征统计

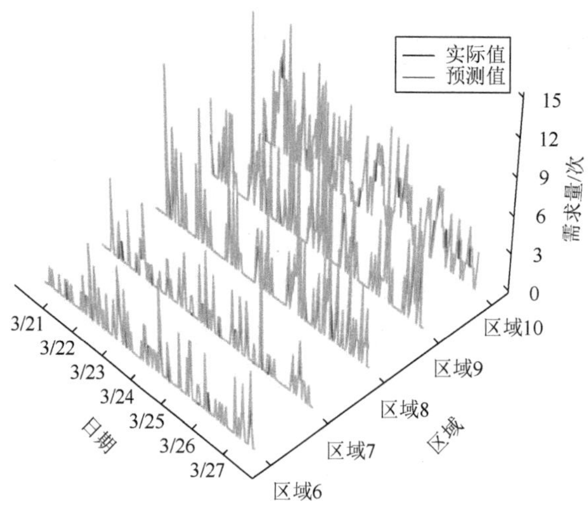

图 15-4　5 个区域在 3 月 21 日至 3 月 27 日的预测拟合图

15.5.2　研究结果分析

1. 政府监管的作用分析

为了具体展现政府监管在市场中发挥的作用，本节对有无监管两种情形下的结果进行比较分析。有监管的模型为式（15-6）～式（15-15）；当不存在政府监管时，两家企业将会完全自主决策各自的车辆投放量，模型为包含式（15-8）、式（15-10）～式（15-15）的单层博弈模型，即企业之间是完全竞争的。图 15-5 为不同需求下，相比于无监管状态，政府监管环境下车辆平均周转次数、平均收益和企业 B 的市场占有率的增加情况。为保证计算结果的鲁棒性、避免随机性，我们对每种情形下的算例重复计算了 20 次，图 15-5 的箱形图展现了 20 次的统计结果，其中横坐标表示市场对共享汽车的总需求，即需要被服务的总取车次数，每个箱盒的上、下边缘分别是非异常范围内的最大值和最小值。由图 15-5 可知，当存在政府监管时，两家企业的车辆平均周转次数及平均收益都有所增加，两个指标增加量分别集中于[0.05, 0.2]和[2, 4]两个区间。此外，我们还分析了无政府监管环境下，两家企业的车辆投放量。结果表明，无政府监管环境相较于有政府监管时车辆投放量有所增加，但资源使用效率却明显下降。这说明，单纯地增加车辆投放量，很可能会因资源过度投放而导致效率降低。因此，政府监管的作用显得尤为重要，它不仅能够控制车辆投放量，还能在优化资源配置和提高资源利用率方面发挥积极作用。企业 B 本身是小规模企业，在无政府监管下，企业 B 的市场占有率会进一步被大规模的企业 A 所挤占，企业 B 的市场占有率平均损失 8.57%。在后期进一步演变过程中，企业 B 极有可能被迫退出市场。研究结果表明，政府监管对于防止资本无序扩张、防范市场垄断发挥了积极作用。

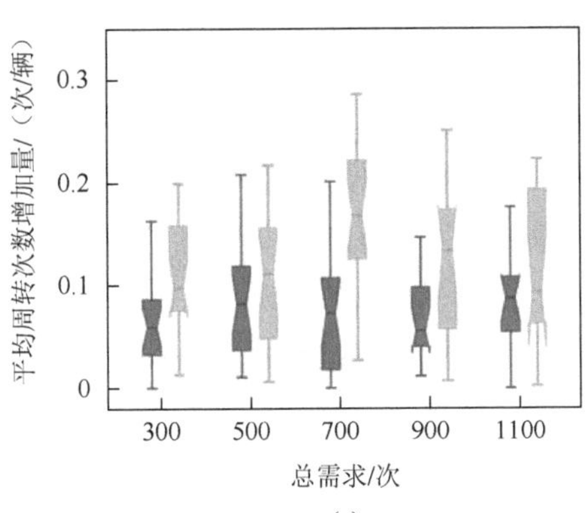

(a)

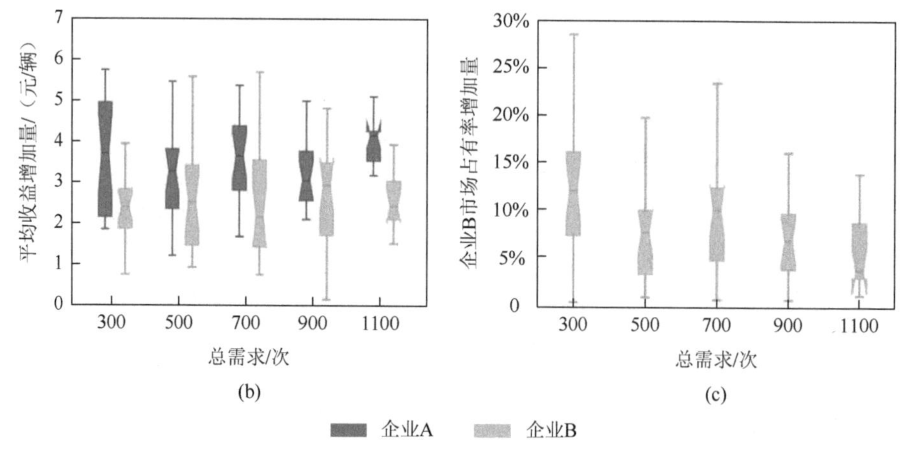

图 15-5　政府监管环境下各项指标的变化

2. 企业之间竞争与合作策略的效果比较

本节分析不同需求总量下，当两家共享汽车企业分别处于竞争与合作的关系时，系统性能的变化情况。竞争是市场经济中的基本特征，在企业对市场的竞争中，共享汽车企业决策各自的车辆规模以最大化自身利益，竞争背景下的具体模型已在 15.3 节给出。当彼此合作时，企业共享部分运营数据，如定价、日常车辆维护成本及市场需求信息等，从而集中决策车辆调度和车辆投放量。在合作条件下，由于企业选择何种博弈方式对于政府决策并不会产生影响，因此相比于竞争情形，上层模型不变，此时的下层仅存在一个包含竞争情形下所有企业运营约束的决策优化模型，其目标函数为最大化所有合作者的收益之和，即

$$\max \sum_{p,i,j,t,k} \kappa_k^p \tau_{ij} x_{ijtk}^p - \sum_{p,i,j,t,k} \gamma_k^p \tau_{ij} y_{ijtk}^p - \sum_{p,i,k} \mu_k^p n_{i0k}^p \tag{15-22}$$

如前所述，本案例仅考虑服务于高体验诉求乘客的高端车与低价便捷的普通车两种车辆类型，为了体现两家企业的差异性优势，在本算例中设置企业 A 的高端车业务比普通车业务能够带来更高利润，而企业 B 则相反。图 15-6 与图 15-5 横坐标含义一致，展示了两家企业由竞争转变为合作关系后，收益和服务效率分别的提升情况。尽管总需求会发生变化，但是市场对于高端车和普通车的需求占比保持不变。如图 15-6 所示，当两家企业处于合作状态时，尽管企业的服务效率并非都得到了提高，但两个企业的收益在不同的市场需求总量下都有显著提升。在不同的需求水平下，企业各自的收益及整体收益提高百分比平均值均在 2%以上。合作将导致两家企业车辆投放配置的调整，企业 A 的高端车和企业 B 的普通车在各自企业的占比均达到 95%以上。由于高端车购置成本相对较高，所以企业

A 在合作之前自身高端车的占比低于企业 B 的普通车占比，由此造成了企业 A 合作后高端车的投放量增加幅度高于企业 B 的普通车，因而企业 A 的收益增加量总体上略高于企业 B。车辆的投放配置朝着利益增加的方向调整，这也势必对企业所能服务完成的需求量产生影响，如企业 A 服务完成的高端车需求量明显提高，但是服务的普通车需求量大幅下降；两者一增一减，是引起总体服务完成的需求量不规律变化的主要原因。由此可见，本案例中车辆类型互补型的共享汽车企业之间通过合作可以使参与者充分发挥各自优势，在一定程度上降低运营成本、提高规模经济效益。

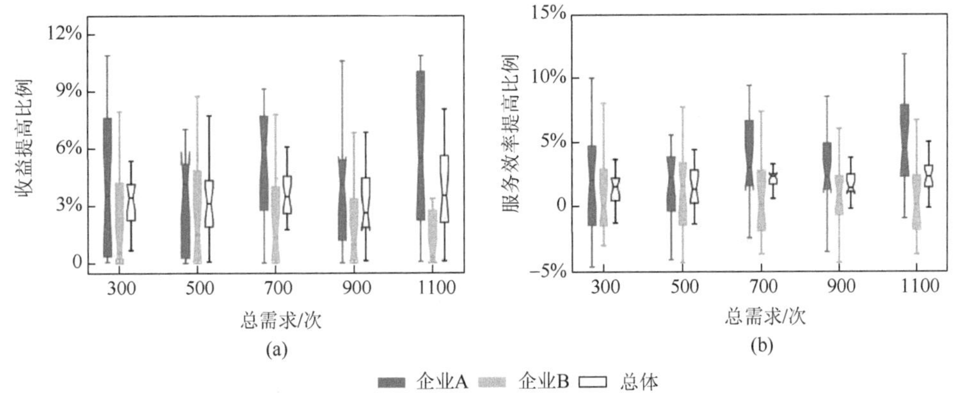

图 15-6　企业由竞争转为合作后各指标的变化情况

3. 竞争情况下外部市场的变化

企业以盈利为导向，以服务市场需求为中心，对市场需求准确识别是企业决策和资源配置活动的基础。面对外部市场环境中的变动需求，企业也需要及时对自身资源进行整合和重构。为了探究外部市场变化对不同运营侧重点企业的影响，本节首先通过设定企业之间不同的价格和成本参数以体现企业的差异。企业 A 注重服务质量及出行体验，企业 B 倾向于开发有着低价便捷特性的出行市场，由此，设定企业 A 的定价和成本均高于企业 B。其次，改变市场中不同类型车辆的需求占比，以此表征市场的变动。

图 15-7 显示了两家竞争企业在不同的市场需求结构下的收益及服务效率变化情况，横坐标表示高端车需求占比，即需要被服务的高端车取车次数与需要被服务的总取车车次数的比值。由图 15-7 可知，当高端车需求比例增加时，成本高的企业 A 受益更大，其总收益提高了 151%。究其原因，随着高端车需求占比的增加，企业 A 的车辆投放量也在增加，市场占有率从 33.7%提高至 56.8%。此外，

企业 A 投放策略向高端车倾斜，其高端车投放占比也高于市场对高端车的需求比例，造成了企业 A 普通车的服务效率下降的现象。随着高端车需求的增多，企业 B 的规模不断减小，其服务效率和收益会相应降低。由此可见，成本高的企业倾向于高投入高回报的运营方式，选择投放较多的高端车，旨在服务有着较高出行体验要求的乘客；由于成本低的企业 B 对于低成本出行人群更有吸引力，高端车出行需求增加会对其产生不利影响。因此，企业在辨别市场需求的同时，要明确自身定位，依据自身特征进行资源配置和调整，满足差异化需求，以此提高环境适应性与竞争性优势。

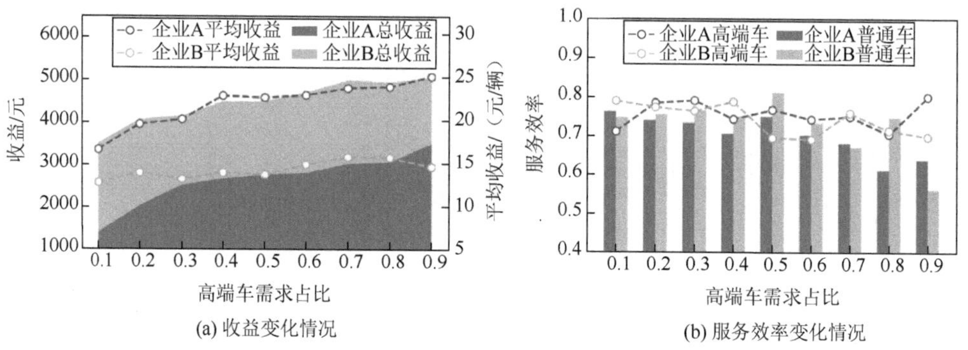

(a) 收益变化情况

(b) 服务效率变化情况

图 15-7　两家竞争企业在不同的市场需求结构下的指标变化

4. 利润差对企业的影响分析

为探究竞争条件下企业利润差（即单位定价与单位成本的差值）的变化对各个公司的影响，本节采取改变公司 B 的成本，而公司 A 的成本与价格和公司 B 的价格保持不变的参数控制方法进行研究，结果如图 15-8 所示。横坐标表示公司 B 单位成本与公司 B 单位定价的比值。由图 15-8 可知，当公司 B 成本逐渐增加时，公司 B 的总收益、平均收益及车辆利用率明显呈现下降趋势，而公司 A 则表现向好态势。公司 B 的总收益对于自身成本的变化表现更为敏感，当成本与价格的比值由 0.2 变化至 0.9 时，公司 A 的总收益增加了 55.51%，而公司 B 的总收益下降了 73.03%。由此表明，当某个公司利润差变化时，整个市场会由此波动，而利润差发生改变的公司变动最为显著。此外，图 15-8 显示，当公司 B 的成本与定价比值在 0.6 时，各指标发生了骤变。可见，成本变动对市场的影响存在临界点，若企业成本变动不超过临界点，则整个系统的变化幅度较低。因此，企业在致力于降低成本的同时，还应关注临界点，权衡降低成本的创新、技术等投入与收益的提升量，确保自身经济效益最大化。

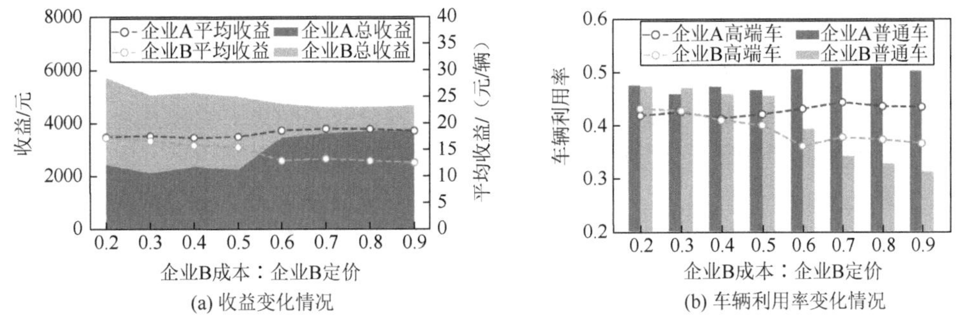

(a) 收益变化情况

(b) 车辆利用率变化情况

图 15-8　两家竞争企业在不同利润差下的指标变化情况

15.6　结论与展望

15.6.1　理论贡献

共享出行服务渗透率日益增加的同时，也会诱发一系列管理问题，开展对共享出行的相关研究工作是保障共享出行市场有序发展的现实需要。本章聚焦共享出行系统中参与者之间的互联关系，提出数据驱动下的共享出行多主体资源配置优化方法，从以下四个方面丰富了共享出行的理论研究内容。首先，本章通过双层博弈模型，为竞合市场下的共享出行资源配置问题提供了解决方案。其次，采用多学科融合的集成理论方法，解构共享出行系统中多主体交互行为，直观呈现了多主体间的抽象相关关系。再次，提出了基于数据驱动的建模优化方法，充分挖掘了共享出行行业大数据的潜在价值，为决策方法赋予了智能化的新时代特征；此外，还利用数据驱动方法科学地为优化模型确定了参数取值和函数关系形式，从而避免决策主观性。最后，强化了大数据和优化方法在政府监管中的应用，基于多维数据分析了政府不仅可以掌握共享出行市场的整体形势，还可实时监管易产生市场失灵的行业，保障市场秩序，对于推动政府从传统治理走向智慧治理具有重要意义。

15.6.2　局限性及展望

尽管本章对多主体的共享出行系统进行了理论建模和实证分析，并取得了一定效果，但仍存在以下局限。首先，本章采用的数据与模型融合的方法还较为传统，在实际中作为重要参考依据的值是优化模型的决策结果，因此，下一步应注重预测结果的偏差对于优化模型结果的影响，深度融合数据驱动与模型驱动，考虑将预测模型的损失函数的构建与优化模型的结果误差相关联（Elmachtoub and

Grigas，2022）；其次，未充分考虑出行者的选择行为，实际中出行者的效用函数构造不仅与企业的车辆投放量有关，还应包括定价等其他因素；再次，企业之间的竞争和合作存在多种模式，本章仅设定了平台企业之间集中资源互补合作的可行性，而并没有考虑平台分散参与合作的个体理性约束和激励约束，需在未来研究中做进一步分析；最后，本章构建的双层规划模型并未完全精细刻画共享出行市场中多主体之间的复杂联系，精细程度受到多方面因素影响（如数据规模及种类、变量数量及其函数关系等），所以精细的模型往往包含繁杂的变量和复杂的函数关系，求解难度随之增加，在今后的研究中，应注重在保证建模精度的同时提高算法效率，进一步完善本章所提出的方法论。

参 考 文 献

陈喜群. 2021. 网约共享出行研究综述. 交通运输系统工程与信息, 21(5): 77-90.

陈植元, 林泽慧, 金嘉栋, 等. 2022. 基于时空聚类预测的共享单车调度优化研究. 管理工程学报, 36(1): 146-158.

高自友, 宋一凡, 四兵峰. 2000. 城市交通连续平衡网络设计: 理论与方法. 北京: 中国铁道出版社.

关伟, 吴建军, 高自友. 2020. 交通运输网络系统工程. 交通运输系统工程与信息, 20(6): 9-21.

洪永淼, 汪寿阳. 2020. 数学、模型与经济思想. 管理世界, 36(10): 15-27.

洪永淼, 汪寿阳. 2021. 大数据如何改变经济学研究范式?. 管理世界, 37(10): 40-56, 72.

黄先海, 宋学印. 2021. 赋能型政府: 新一代政府和市场关系的理论建构. 管理世界, 37(11): 41-55, 4.

雷丽彩, 高尚, 蒋艳. 2020. 网约车新政下网约车平台与网约车司机的演化博弈分析. 管理工程学报, 34(1): 55-62.

梁玉秀, 吴丽花. 2021. 市场准入规制政策对网约车平台定价的影响研究. 价格理论与实践, (2): 127-131.

罗清和, 潘道远. 2015. "专车"进入后的出租车市场规制策略研究. 长安大学学报(社会科学版), 17(4): 34-41.

荣朝和. 2018. 互联网共享出行的物信关系与时空经济分析. 管理世界, 34(4): 101-112.

宋心然. 2017. 中国网约车监管政策变迁研究: 以倡议联盟框架为分析视角. 中国行政管理, (6): 103-107.

王宁, 舒雅静, 唐林浩, 等. 2018. 基于动态定价的共享汽车自适应调度策略. 交通运输系统工程与信息, 18(5): 12-17, 74.

薛志远. 2016. 网约车数量管制问题研究. 理论与改革, (6): 108-113.

张荣花, 赵磊, 王文斌, 等. 2022. 共享汽车选择行为影响因素分析. 公路交通科技, 39(3): 143-151.

赵道致, 杨洁. 2019. 考虑不同监管目标的网约车服务价格管制策略研究. 系统工程理论与实践, 39(10): 2523-2534.

Asadabadi A, Miller-Hooks E. 2018. Co-opetition in enhancing global port network resiliency: a multi-leader, common-follower game theoretic approach. Transportation Research Part B: Methodological, 108(C): 281-298.

Chang X M, Wu J J, Sun H J, et al. 2021. Relocating operational and damaged bikes in free-floating systems: a data-driven modeling framework for level of service enhancement. Transportation Research Part A: Policy and Practice, 153: 235-260.

Chen X Q, Zheng H Y, Ke J T, et al. 2020. Dynamic optimization strategies for on-demand ride services platform: surge pricing, commission rate, and incentives. Transportation Research Part B: Methodological, 138(3): 23-45.

de Almeida Correia G H, Antunes A P. 2012. Optimization approach to depot location and trip selection in one-way carsharing systems. Transportation Research Part E: Logistics and Transportation Review, 48(1): 233-247.

di Febbraro A, Sacco N, Saeednia M. 2019. One-way car-sharing profit maximization by means of user-based vehicle relocation. IEEE Transactions on Intelligent Transportation Systems, 20(2): 628-641.

Elmachtoub A N, Grigas P. 2022. Smart "predict, then optimize". Management Science, 68(1): 9-26.

Gao Z Y, Wu J J, Sun H J. 2005. Solution algorithm for the bi-level discrete network design problem. Transportation Research Part B: Methodological, 39(6): 479-495.

Jiang Z T, Lei C, Ouyang Y F. 2020. Optimal investment and management of shared bikes in a competitive market. Transportation Research Part B: Methodological, 135(C): 143-155.

Jorge D, Molnar G, de Almeida Correia G H. 2015. Trip pricing of one-way station-based carsharing networks with zone and time of day price variations. Transportation Research Part B: Methodological, 81: 461-482.

Li B C, Szeto W Y. 2021. Modeling and analyzing a taxi market with a monopsony taxi owner and multiple rentee-drivers. Transportation Research Part B: Methodological, 143: 1-22.

Li Y W, Ma L. 2019. What drives the governance of ridesharing? A fuzzy-set QCA of local regulations in China. Policy Sciences, 52(4): 601-624.

Lin X G, Sun C Y, Cao B, et al. 2021. Should ride-sharing platforms cooperate with car-rental companies? Implications for consumer surplus and driver surplus. Omega, 102: 102309.

Lu R Q, de Almeida Correia G H, Zhao X M, et al. 2021. Performance of one-way carsharing systems under combined strategy of pricing and relocations. Transportmetrica B: Transport Dynamics, 9(1): 134-152.

Nair R, Miller-Hooks E. 2014. Equilibrium network design of shared-vehicle systems. European Journal of Operational Research, 235(1): 47-61.

Repoux M, Kaspi M, Boyacı B, et al. 2019. Dynamic prediction-based relocation policies in one-way station-based carsharing systems with complete journey reservations. Transportation Research Part B: Methodological, 130: 82-104.

Schmöller S, Weikl S, Müller J, et al. 2015. Empirical analysis of free-floating carsharing usage: the Munich and Berlin case. Transportation Research Part C: Emerging Technologies, 56: 34-51.

Sinha A, Malo P, Deb K. 2018. A review on bilevel optimization: from classical to evolutionary approaches and applications. IEEE Transactions on Evolutionary Computation, 22(2): 276-295.

Stokkink P, Geroliminis N. 2021. Predictive user-based relocation through incentives in one-way car-sharing systems. Transportation Research Part B: Methodological, 149: 230-249.

Xu M, Meng Q, Liu Z Y. 2018. Electric vehicle fleet size and trip pricing for one-way carsharing services considering vehicle relocation and personnel assignment. Transportation Research Part B: Methodological, 111: 60-82.

Yang H, Qin X R, Ke J T, et al. 2020. Optimizing matching time interval and matching radius in on-demand ride-sourcing markets. Transportation Research Part B: Methodological, 131: 84-105.

Yang S, Wu J J, Sun H J, et al. 2022. Integrated optimization of pricing and relocation in the competitive carsharing market: a multi-leader-follower game model. Transportation Research Part C: Emerging Technologies, 138: 103613.

Zhao M, Li X P, Yin J T, et al. 2018. An integrated framework for electric vehicle rebalancing and staff relocation in one-way carsharing systems: model formulation and Lagrangian relaxation-based solution approach. Transportation Research Part B: Methodological, 117: 542-572.

Zhong Y G, Lin Z Z, Zhou Y W, et al. 2019. Matching supply and demand on ride-sharing platforms with permanent agents and competition. International Journal of Production Economics, 218: 363-374.

第五篇　大数据资源治理

第 16 章　全景式大数据质量评估指标框架构建研究[①]

16.1　引　言

在新一轮科技革命和产业变革的背景下，数字经济成了各国经济增长的主要贡献来源；数字社会成了人民生活的新常态；数字政府成了各国政府发展建设的主要趋势。作为数字经济、数字社会、数字政府的基础要素，大数据成了推动可持续发展、提升数字技术创新能力和促进经济社会高质量发展的关键要素、新动能和新引擎。在国际上，发达国家早已把数据质量视为数字经济发展的重要保障并将其写进法令中。例如，欧盟《通用数据保护条例》（General Data Protection Regulation）要求数据处理者按照数据标准保证数据质量；美国 1974 年实施的《隐私法案》包含了关于数据“准确性、相关性、及时性和完整性”的数据质量要求，2001 年通过了《数据质量法案》（Data Quality Act）；此外，经济合作与发展组织的统计发展战略、加拿大《个人信息保护和电子文件法》（Personal Information Protection and Electronic Documents Act）均对数据质量做出了明确要求。在我国，政府大数据质量评估成为部分地区数字政府和大数据发展的重要工作任务。2016 年 10 月 25 日，《深圳市促进大数据发展行动计划（2016—2018 年）》明确提出“研究建立政府数据质量评价和管理制度，规范政府数据采集、共享交换、信息发布等行为，保障政府数据的质量和可用性”。2019 年 5 月 17 日，贵州省人民政府办公厅印发的《贵州省“一网通办”暂行办法》第二十八条提到“省政府办公厅对全省‘一网通办’工作定期开展调查评估，调查评估可以委托第三方专业机构，围绕网上政务服务能力、政府数据质量、共享开放程度、云服务质量、网络安全等方面进行”。2021 年 12 月，《“十四五”国家信息化规划》指出要“推进数据标准规范体系建设……提高数据质量和规范性。建立完善数据管理国家标准体系和数据治理能力评估体系”。大数据质量及其评估工作和标准化研究的重要

---

① 本章作者：安小米（中国人民大学信息资源管理学院、数据工程与知识工程教育部重点实验室、中国人民大学智慧城市研究中心）、黄婕（中国人民大学信息资源管理学院、中国人民大学智慧城市研究中心）、许济沧（中国人民大学信息资源管理学院、中国人民大学智慧城市研究中心）、王丽丽（中国人民大学信息资源管理学院、中国人民大学智慧城市研究中心）、洪学海（中国科学院计算技术研究所、中国科学院计算机网络信息中心）、王志强（中国标准化研究院）、韩新伊（中国人民大学信息资源管理学院）。通讯作者：黄婕（huangjie2018@ruc.edu.cn）。项目：国家重点研发计划资助项目（2022YFF0610004）、国家自然科学基金资助项目（72241434；92046017）。本章内容原载于《管理科学学报》2023 年第 5 期。

性愈发凸显。在通过大数据治理提升国家综合竞争力的背景下，国家自然科学基金委员会于2015年9月启动了“大数据驱动的管理与决策研究”重大研究计划，对大数据管理决策、大数据关联、大数据交易、政府数据开放等重要议题进行了研究（陈国青等，2020）。大数据质量与价值评估作为大数据资源管理与决策中的前沿课题之一（徐宗本等，2014），与大数据的“用”和“造”密切相关，尚有较大研究空间。

当前，数据赋能、数字赋能、数智赋能成为数字化转型的重要内容（陈国青等，2022），大数据质量保证是数字经济、数字社会、数字政府高质量发展的前提，大数据质量的评估规则构建已经成为信息化建设、“十四五”规划和2035年基本实现社会主义现代化远景目标，以及标准化建设中规则制度建设的重要内容。在“十四五”时期“推动高质量发展”的主题下，要推动大数据相关产业的高质量发展，加快建立完善大数据质量评估制度。在实践中，源头数据质量低、质量问题发现和修复困难、数据建设成果评价困难、难以满足监管要求等各种与大数据质量相关的问题依然存在，这些问题影响着大数据的共享与利用进程，也给大数据治理带来了困扰，同时当前大数据质量评估的研究仍未得到足够的重视（Ramasamy and Chowdhury，2020）。因此，要重视大数据质量评估这一关键环节，通过大数据质量评估工作检查大数据源头质量、检验大数据应用成效、指导大数据工作改进，从而进一步推动高质量和标准化的公共数据共享开放、推动数字基础设施高质量共建共用、提高数字化服务效能，有利于更好地引领数字治理工作高质量发展，推动数字治理流程再造和模式优化，提高决策科学性和服务效率。

从可行性而言，数据质量测度已经在工业数据、地理信息、汽车工业、软件工程等领域有一定的基础和方案，这些实践为大数据质量评估工作的开展提供了参考。但目前尚未形成统一的大数据质量概念，也缺少大数据质量评估指标框架。本章拟构建一个全景式大数据质量评估指标框架，面向大数据治理与决策提供大数据质量评估方面的支持，进一步促进大数据资源治理、共享开放和综合利用。

16.2 文献述评

16.2.1 概念界定

大数据具有多种理解和定义，根据国家标准《信息技术 大数据 术语》（GB/T 35295—2017），“大数据”是指具有体量巨大、来源多样、生成极快且多变等特征并且难以用传统数据体系结构有效处理的包含大量数据集的数据。大数据的定义体现了其具有规模性（volume）、多样性（variety）、高速性（velocity）、多变性（variability）、价值稀疏性（value）等特征（“5V”特征）。本章采纳该定义并尝试分析大数据特征与大数据质量的关系。

关于大数据质量的定义，目前学界尚未达成统一的认识。根据《软件工程：软件产品质量要求与评估 数据质量模型》（ISO/IEC 25012: 2008），最常用的数据质量的定义是“适合使用”。数据质量被视为适合数据用户使用的数据标准（Abdallah et al.，2020）。国家标准《信息技术 数据质量评价指标》（GB/T 36344—2018）采纳了《系统和软件工程：系统和软件质量要求和评估 数据质量测度》（ISO/IEC 25024: 2015）中的定义，将数据质量界定为“在指定条件下使用时，数据的特性满足明确的和隐含的要求的程度”。可见，数据质量本身是一种标准或度量的结果。在一定程度上，“大数据”质量会继承部分“小数据”质量的属性特征（Ramasamy and Chowdhury，2020；刘冰和庞琳，2019）。莫祖英（2018）将大数据质量理解为“大数据中适合于进行数据分析、处理、预测等使用过程并满足用户需求的特征”。本章将“大数据质量”定义为在多元主体的大数据相关使用活动过程中，大数据能够满足各主体明确和隐含的要求的程度。同时，大数据质量在大数据“5V”特征的共同作用下，相应地也受到数据的规模、来源、时效、变化和价值密度的影响，大数据质量评估工作要适应大数据规模大、涉及人员多、变化快、价值效用测度难的挑战，全方位多角度地评估大数据质量。

16.2.2　相关研究

目前研究主要以数据质量评估为主，关于大数据质量评估的相关文献较少。刘心报等（2022）针对新一代信息技术环境下质量管理的新需求、新挑战，提出了全生命周期质量管理体系，该体系包含的基于证据推理和产品全生命周期数据挖掘的全生命周期质量评价法，对大数据质量的评估具有借鉴意义。在目前大数据相关问题的分析视角方面，陈国青等（2018）提出了管理决策情境下的大数据全景式 PAGE 框架，对大数据粒度缩放、跨界关联和全局视图三大问题特征进行了分析。其中，大数据粒度缩放特征的质量问题主要指在不同粒度层级间进行缩放时的数据质量问题，与数据感知、连接和采集过程、能力相关；跨界关联特征的质量问题主要指在空间外拓和融合时遇到的数据质量问题，与数据治理视角相关；全局视图特征的质量问题主要强调对整体情境下数据质量的管控。

本节从核心文献中梳理了大数据质量的相关问题，总结出大数据质量的相关问题和涉及场景，如表 16-1 所示。从管理过程论和管理要素论的视角出发，目前大数据质量相关问题涉及的场景包括用户服务、安全治理、组织治理、业务融合、数据治理、数据融合、IT 治理、技术融合等八大场景。如果大数据质量得不到保证，“脏数据”会对大数据决策产生误导，不利于大数据的有效利用和价值实现，甚至会造成决策失误、成本浪费或经济损失的后果。

表 16-1　大数据质量相关问题及涉及场景

大数据质量问题分析特征维度	问题描述	相关问题示例	涉及场景
粒度缩放特征维度	指在不同粒度层级间进行缩放时的数据质量问题，与数据感知、连接和采集过程、能力相关	①价值分析质量影响用户服务质量（Taleb et al.，2021；Lee，2019；Immonen et al.，2015；Haryadi et al.，2016）；②数据不一致性（Ramasamy and Chowdhury，2020；Lee，2019；王宏志，2014）；③算法对数据分析的准确性（Abdallah et al.，2020；Juddoo et al.，2018；Firmani et al.，2016）；④数据并行计算空间和速度（Ramasamy and Chowdhury，2020）	● 用户服务 ● 数据治理 ● 数据融合 ● IT 治理 ● 技术融合
跨界关联特征维度	指在空间外拓和融合时遇到的数据质量问题，与数据治理视角相关	①用户需求自定义（Ramasamy and Chowdhury，2020；莫祖英，2018；Immonen et al.，2015）；②质量报告（Taleb et al.，2021）；③数据收集问题（王力和周晓剑，2018）；④数据转换问题（王力和周晓剑，2018）；⑤数据服务扩展性问题（王力和周晓剑，2018）；⑥数据转变问题（王力和周晓剑，2018）；⑦大数据提取难度大（Immonen et al.，2015；钱学森等，1990）；⑧大数据计算困难（王宏志，2014）；⑨大数据错误混杂（王宏志，2014）	● 用户服务 ● 组织治理 ● 业务融合 ● 数据治理 ● IT 治理 ● 技术融合
全局视图特征维度	主要强调对整体情境下数据质量的管控	①用户需求和感知考虑（Ramasamy and Chowdhury，2020；莫祖英，2018）；②数据可信度和保密性考虑（Ramasamy and Chowdhury，2020）；③大数据质量监控缺失（Taleb et al.，2021）；④大数据价值密度低（莫祖英，2018；Haryadi et al.，2016；Firmani et al.，2016）；⑤衡量软硬件的综合型质量模型的需求（Abdallah et al.，2020）；⑥缺少知识处理劣质数据查询（Lee，2019；王宏志，2014）	● 用户服务 ● 安全治理 ● 业务融合 ● 数据治理 ● IT 治理 ● 技术融合

文献调查结果显示，目前关于大数据质量的研究缺少大数据质量内涵和本质的系统挖掘和全面揭示，也缺少对质量体系诸方面核心思想的提炼与凝结，基于国家层面和战略层面的技术、人文、管理与大数据相融合的大数据质量研究是重要的研究趋势之一（刘冰和庞琳，2019）。大数据质量是动态的，其评估工作要与具体的应用目标相结合，而现实中的研究往往忽略了大数据质量与大数据价值实现的关系（Firmani et al.，2016；王力和周晓剑，2018）。管理数据质量贯穿大数据生命周期的每个阶段，并且需要进行持续的质量控制和监控，以避免生命周期的所有阶段中的质量失败，大数据质量评价关注的是性能、价值和成本等属性。因此，构建大数据质量评估指标框架不仅要重视大数据的特征，更要关注大数据质量自身的动态性、复杂性和应用目标，更加注重管理、技术、人文思想。在大

数据质量管理中要贯穿以人为本的用户服务意识，树立注重安全与隐私的安全治理观，通过组织治理和业务融合场景的不同手段提升大数据质量；在数据治理和数据融合场景中要提高大数据质量特性，通过 IT 治理和技术融合场景中的新技术、新方法保障大数据质量。

16.3 研究设计

16.3.1 研究目的与研究问题

本章基于大数据质量的重要性和大数据质量评估指标框架及其标准化制度缺乏的现状，通过补充标准化文本研究大数据质量评估指标，构建大数据质量指标框架，为大数据治理工作提供质量保障和标准化路径，为数字要素的治理提供支持。具体研究问题包括：①构建大数据质量评估指标框架；②分析大数据质量评估指标框架的构成要素及关系。

16.3.2 理论基础与分析框架

当数据不仅作为被管理的对象存在，通过新技术和方法可以使数据主动赋能时，大数据质量评估既要包括对大数据本身的质量评估，又要体现为大数据赋能过程中对大数据管理过程、大数据新技术与人文环境结合等原则方面的评估。潘云鹤（2019）认为，人机融合领域是机器人技术发展的重要方向之一，有助于推动我国科技跨越式发展、产业优化升级、生产力整体跃升。李国杰和徐志伟（2017）认为以智能万物为主要特征的人机物三元计算智能技术是推动新经济最有引领性的新技术，通过信息变换可以优化物理世界的物质运动和能量运动以及人类社会的生产消费活动，提供更高品质的产品和服务，使得生产过程和消费过程更加高效、更加智能，从而促进经济社会的数字化转型。运筹学和系统工程专家顾基发通过“物理-事理-人理”综述了综合集成方法论思想，为复杂系统环境下的大数据治理提供了系统工程、管理科学和人文科学多学科视角的大数据管理决策目标价值实现及方法论的启发（顾基发等，2007）。可见，大数据与复杂系统环境密不可分，具备技术要素、生产要素和管理要素等特征，对大数据质量的评估应紧紧围绕大数据的要素特征，建立全景式的大数据质量评估指标框架。在数字化转型背景下，大数据质量评估离不开数字经济、数字社会和数字政府建设的利用需求（黄婕等，2021），因此大数据质量评估要特别保障大数据作为数字经济生产要素的“信度”源头治理需求、作为数字社会基础设施要素的“效度”精准治理需求，以及作为数字政府业务要素的“尺度”依法治理需求，同时关注反映利益观、价值观“温度”的安全治理需求（安小米等，2021）。

大数据质量评估场景往往应用于复杂巨系统中。钱学森等（1990）指出，综合集成方法论是解决开放的复杂巨系统问题的唯一方法论。综合集成方法论在理论研究层面呈现出综合性、整体化的发展趋势，在技术及工程实践中，对综合集成方法论的应用则形成了复杂巨系统工程及其实体领导部门。在数字时代背景下，综合集成方法论通过发挥大成智慧、通过协同创新，能极大地落实科学发展观，并促进科学技术的创新及其在应用领域中的扩展，以解决人文社会中大数据治理的发展与创新问题（安小米等，2018）。本章以综合集成方法论为依据，围绕大数据质量评估的价值观、业务观、数据观和技术观，充分考虑数字经济、数字社会和数字政府建设中的大数据质量评估需求，创新性地提出“人理-事理-数理-机理”（human-business-data-artifact，HBDA）四个视角，构建有机融合的大数据质量评估指标框架，以评促建，促进社会的高质量发展和智慧城市的可持续发展，促进数字政府、数字经济和数字社会的创新发展。其中，“人理”视角指人的主观意识、素养、价值观对大数据质量的影响，在基于数据赋能的治理基础上，对数据利用的利益观、价值观进行评估，关注大数据安全治理的“温度”。“事理”视角指业务活动及过程对大数据质量的影响，包括大数据采集、加工、存储、利用及标准化过程中的质量管控，关注大数据依法治理的“尺度”。“数理”视角指对数据本身及属性特征进行质量评估，关注大数据源头治理的“信度”。“机理”视角指大数据基础设施、设备、环境、算法和技术对大数据质量的影响，基于精准治理对数据技术基础设施进行评估，关注大数据 IT 治理和技术融合的“效度”。

当前大数据连通了丰富的主体、客体、业务活动和场景，使得大数据质量评估具有整体性和交互性。因此，HBDA 视角的提出不仅覆盖了大数据应用中的人类社会和数字空间，同时创新性地在数据社会中重视“流动的数据”，促使社会“人理”和物理“机理”在业务“事理”中产生协同效应，发挥“数据”作为资源、资产的价值，在业务活动过程中连通了主体、客体和场景，体现了协同性和自适应性。同时，基于国家战略中对大数据质量评估标准化的重视及目前大数据质量评估研究中对相关标准的考虑较少这一现状，本章拟以标准化的思想作为理论补充，具体体现在以标准化文本作为指标的重要来源之一，以弥补当前研究的不足。根据《国家标准化发展纲要》，“标准是经济活动和社会发展的技术支撑，是国家基础性制度的重要方面。标准化在推进国家治理体系和治理能力现代化中发挥着基础性、引领性作用。新时代推动高质量发展、全面建设社会主义现代化国家，迫切需要进一步加强标准化工作”。基于国际标准、国家标准和核心文献提炼相关指标，建立指标架构，采用标准化的工作思维，是面向国际和人机交互的未来进行架构的质量评估指标框架思路，具有先进性。

与大数据质量有关的国内外主要标准，为大数据质量的 HBDA 视角提供了依据。本节将对各维度的大数据质量评估指标进行举例和场景说明，为大数据质量评估指标编码工作提供总体工作指南。HBDA 视角的大数据质量评估指标分析框架如表 16-2 所示。

表 16-2　HBDA 视角的大数据质量评估指标分析框架

大数据质量评估视角	属性特征分类依据	标准依据	示例	场景
人理（H）	指人的主观意识、素养、价值观对大数据质量的影响，在基于数据赋能的治理基础上，对数据利用的利益观、价值观进行评估，关注大数据安全治理的“温度”	《信息技术 数据质量评价指标》（GB/T 36344—2018）	有用性、易于理解性	用户服务、安全治理
事理（B）	指业务活动及过程对大数据质量的影响，包括大数据采集、加工、存储、利用及标准化过程中的质量管控，关注大数据依法治理的“尺度”	①《数据管理能力成熟度评估模型》（GB/T 36073—2018）；②《数据质量管理：过程测度》（ISO 8000-63: 2019）	数据质量管理目标、数据质量管理机制	组织治理、业务融合
数理（D）	指对数据本身及属性特征进行质量评估，关注大数据源头治理的“信度”	《信息技术 数据质量评价指标》（GB/T 36344—2018）	规范性、一致性	数据治理、数据融合
机理（A）	指大数据基础设施、设备、环境、算法和技术对大数据质量的影响，基于精准治理对数据技术基础设施进行评估，关注大数据 IT 治理和技术融合的“效度”	①《信息技术 大数据 大数据系统基本要求》（GB/T 38673—2020）；②《信息技术：组织的 IT 治理》（ISO/IEC 38500: 2024）；③《软件工程：软件产品质量要求和评估 数据质量模型》（ISO/IEC 25012: 2008）；④《系统和软件工程：系统和软件质量要求和评估 数据质量测度》（ISO/IEC 25024: 2015）	可恢复性	IT 治理、技术融合

16.3.3　研究方法与技术路线

1. 数据来源

用于确定大数据质量评估指标的文献，既要包含国内外关于大数据质量评估的前沿研究，也要覆盖目前指导大数据质量评估的标准化文件。本章选取的评估指标来源为与大数据质量评估相关的国内外标准和文献，标准数据库检索范围为 ISO（https://www.iec.ch/homepage）、IEC（https://www.iec.ch/homepage）、ITU-T（https://www.itu.int/en/ITU-T/Pages/default.aspx）三大国际标准库和国家标准全文公开系统（http://openstd.samr.gov.cn/bzgk/gb/），文献检索范围为 Web of Science、Scopus 数据库和中国知网数据库。此外，本章将大数据质量评估相关领域的信息化和标准化专家推荐的文献作为补充数据来源。根据相关性原则对相关文献进行筛选，共选出与“大数据质量”相关的核心文献 26 篇，核心文献覆盖了与大数据质量高度相关的国内外研究和标准。

2. 框架构建准则

在对核心文献进行筛选后，进一步对核心文献中的指标进行选取。在评估指标框架构建的过程中，需遵循以下原则。

（1）科学性原则。主要体现在研究方案、评估指标和评估方法的科学性。一方面，构建评估指标框架以综合集成方法论为理论基础，要设计科学的研究方案，尽量减少主观因素的干扰。另一方面，评估指标的选取要兼顾理论层学术研究文献和实践层标准化文件的大数据质量评估指标。

（2）系统性原则。大数据质量评估是多方面的综合评估，也是嵌入大数据管理过程的评估活动，因此指标框架应该具备系统性。该指标框架应包含大数据质量评估的四个视角，并且呈现出清晰、合理、相互关联的层次结构。为保证评估指标体系具有可信度，在构建时要依据指标间的关联，慎重选择指标并对其进行聚类，尽可能地覆盖评估对象的各个方面，体现出全景式 HBDA 大数据质量评估指标框架的系统性。

（3）可操作性原则。全景式 HBDA 大数据质量评估指标框架最终的落脚点在于使用，因此，构建的指标体系要具备可操作性，尤其要明晰评估指标的定义，对指标的解释要清晰易懂，确保操作人员能够准确把握。

3. 指标选取过程及编码有效性保证

本节通过开放式编码从核心文献中析出指标共 296 个（Abdallah et al.，2020；国家市场监督管理总局和国家标准化管理委员会，2018；莫祖英，2018；Lee，2019；Juddoo et al.，2018；Firmani et al.，2016；王力和周晓剑，2018；马一鸣，2016；洪学海等，2017；程豪，2016；仲苏阳，2017；宋朋波等，2021；周艳红，2021；任照博，2019；熊兴江，2019；漆源等，2019；赵冰等，2018；Wahyudi et al.，2018；Abdallah，2019；ISO，2015，2019），发现指标主要强调“数理”方面对数据的评估，但也有文献提及对数据管理活动、数据价值观和数据技术条件等方面的评估。

在进行指标概念编码的过程中，需要对编码过程进行科学设计和控制，以保障编码的有效性。本章的编码有效性保证措施主要有：①由三名具有定性研究和编码经验的编码人员从与大数据质量相关的核心文献中完成二级评估指标的编码提取，并进行 Krippendorff 编码信度检验；②由两名具有定性研究和编码经验的编码人员完成一级指标的聚类与编码；③所有人员均进行编码培训，遵循 HBDA 视角大数据质量评估指标分析框架，并随机挑取部分指标进行试编码，对比编码结果进行讨论，完善编码标准，达成统一共识；④在正式编码时，编码人员独立完成编码工作，在完成编码工作后共同交流编码结果，对意见不一致的地方进行讨论，最后得出采纳指标，保证编码信度。

接着，对指标内容进行分析，归纳出“人理”“事理”“数理”“机理”四个视角，通过 3 名有大数据治理研究背景的编码人员独立编码并对每一个指标的 HBDA 视角进行标注，将不同文献中关于大数据质量相同含义的指标进行合并，得到 167 个二级指标及其类别。上述编码过程的 Krippendorff's alpha 系数为 0.8856，说明得到的划分结果信度较好。最后，从“人理”“事理”“数理”“机理”视角出发，合并名称相近的二级指标为一级指标，总结同一视角的同一指标的指标描述，得到 HBDA 视角下的 56 个一级指标及其描述，构成全景式大数据质量评估指标框架（篇幅原因，如有需要，可向作者索取）。

4. 研究路线

本章所采用的研究方法是内容分析法、编码分析方法和案例研究法。在国内外与大数据质量相关的标准和研究的基础上，本章首先借鉴《术语工作：原理和方法》（ISO 704: 2022）的方法，通过内容分析法对大数据质量的核心概念和特征进行提取；其次，基于 HBDA 视角，对大数据质量的评估指标进行编码分析，归纳出二级指标，提炼出一级指标，以构建全景式大数据质量评估指标框架；最后，通过案例研究验证框架和修正指标。

本章的研究路线（图 16-1）分为以下步骤：第一步，搜集与大数据质量相关的国内外标准与文献，根据大数据管理与决策全景式 PAGE 框架的三大问题特征，对文献中大数据质量相关问题进行梳理，总结出大数据质量相关问题出现的八大场景；第二步，运用综合集成方法论，以大数据质量相关标准为依据，从大数据质量评估的价值观、业务观、数据观和技术观中归纳出 HBDA 视角，提出 HBDA 视角大数据质量评估指标分析框架；第三步，对大数据质量国内外标准与文献进行文本内容分析，使用 Glaser 与 Strauss 方法对文献中的大数据质量评估指标进行开放式编码，提取核心概念和内涵特征；第四步，基于 HBDA 视角，初步进行二级指标分类，并进行 Krippendorff 编码信度检验；第五步，进一步研究和分析大数据质量评估指标之间的关系，进行一级指标聚类，构成全景式大数据质量评估指标框架；第六步，采用案例研究法，通过数字经济、数字社会、数字政府领域的实践案例对全景式大数据质量评估指标框架的正确性和可用性进行验证。

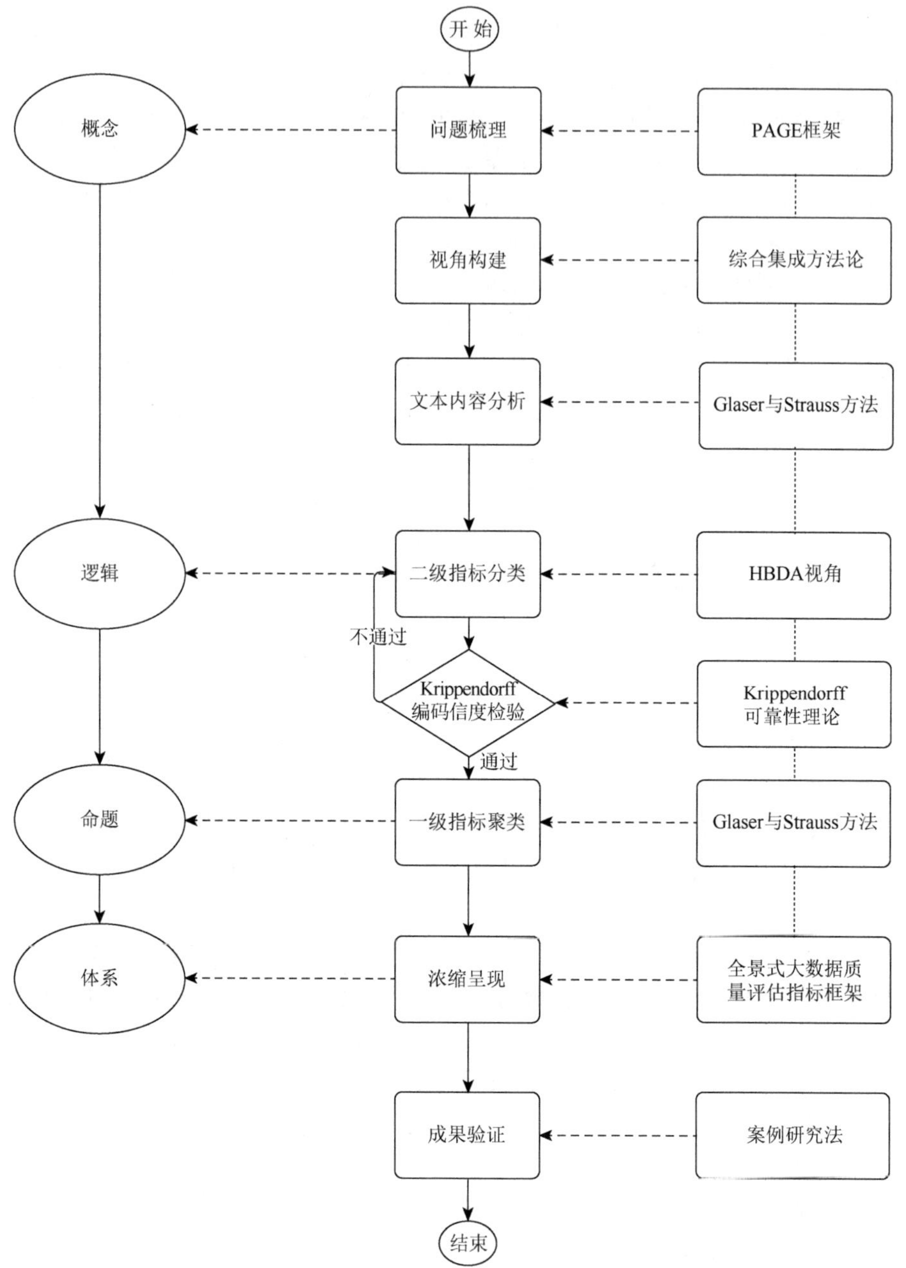
开始
概念
问题梳理
PAGE框架
视角构建
综合集成方法论
文本内容分析
Glaser与Strauss方法
逻辑
二级指标分类
HBDA视角
不通过
Krippendorff
编码信度检验
Krippendorff
可靠性理论
通过
命题
一级指标聚类
Glaser与Strauss方法
体系
浓缩呈现
全景式大数据质
量评估指标框架
成果验证
案例研究法
结束

图 16-1　研究路线

16.4　研究过程与发现

16.4.1　全景式大数据质量评估指标框架的构成要素及关系

数据质量全面提升的 HBDA 全景式大数据质量评估框架与全景式 PAGE 框架相呼应，HBDA 视角与理论范式（P）研究方向相关联，强调各个视角要素的多元共治和大数据质量评估；“数理”和“机理”与分析技术（A）研究方向相关联，强调基于数据的大数据质量分析方法和支撑技术；“事理”“数理”“机理”与资源治理（G）研究方向相关联，既关注大数据质量的机制设计评估，也关注大数据、大数据技术资源的协同管理；“人理”“机理”与使能创新（E）研究方向相关联，重点关注高质量大数据带来的价值创造与模式创新，以及大数据通过特有的技术优势赋能质量保障和创新。在要素内容方面，该框架的构成要素可直接映射到大数据三大问题特征的质量相关问题，也可对大数据质量的相关工作进行指导。全景式大数据质量评估指标框架具体如下（图 16-2）。

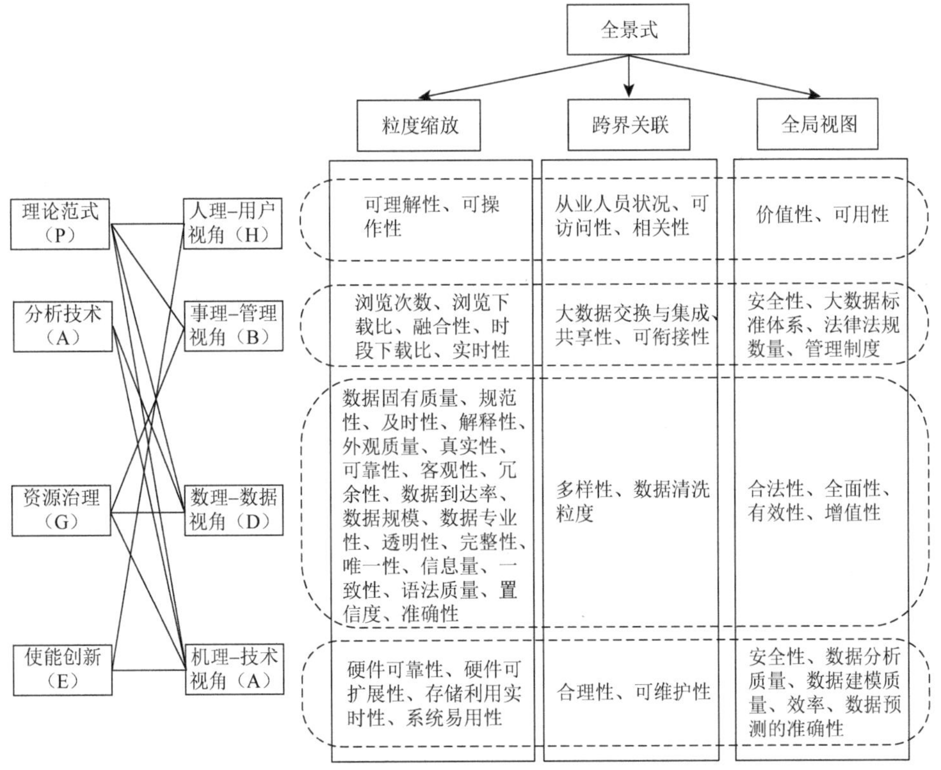

图 16-2　全景式大数据质量评估指标框架

“人理-粒度缩放”评估一级指标包括可理解性和可操作性，强调从用户视角关注大数据质量的数据化；“人理-跨界关联”评估一级指标包括从业人员状况、可访问性和相关性，强调用户与大数据治理环境中其他要素的相互作用；“人理-全局视图”评估一级指标包括价值性和可用性，强调大数据质量管控过程中对用户的价值观和利益观的考虑。

“事理-粒度缩放”评估一级指标包括浏览次数、浏览下载比、融合性、时段下载比和实时性，强调大数据质量管理活动指标的数据化；“事理-跨界关联”评估一级指标包括大数据交换与集成、共享性和可衔接性，强调大数据管理活动中与其他要素相关联的指标；“事理-全局视图”评估一级指标包括安全性、大数据标准体系、法律法规数量和管理制度，强调大数据业务活动中影响全局的标准、规章、制度等指标。

“数理-粒度缩放”评估一级指标包括数据固有质量、规范性、及时性、解释性、外观质量、真实性、可靠性、客观性、冗余性、数据到达率、数据规模、数据专业性、透明性、完整性、唯一性、信息量、一致性、语法质量、置信度、准确性，强调数据本身的可以在不同属性之间进行缩放粒度的指标；“数理-跨界关联”评估一级指标包括多样性和数据清洗粒度，强调数据要素与其他要素相关联的评估指标；“数理-全局视图”评估一级指标包括合法性、全面性、有效性和增值性，强调数据要素在全局视域中产生影响的指标。

“机理-粒度缩放”评估一级指标包括硬件可靠性、硬件可扩展性、存储利用实时性和系统易用性，强调数据技术基础设施的粒度指标；“机理-跨界关联”评估一级指标包括合理性和可维护性，强调大数据技术环境与算法及其他要素的关联性指标；“机理-全局视图”评估一级指标包括安全性、数据分析质量、数据建模质量、效率和数据预测的准确性，强调能够对大数据质量全局产生影响的要素指标。

16.4.2 全景式大数据质量评估指标框架案例研究

1. 案例研究设计

案例研究是社会科学研究的典型方法之一。当需要回答“是什么”“怎么样”“为什么”的问题，或研究者几乎无法控制研究对象，或关注的重心是当前现实生活中的实际问题时，适合采用案例研究法开展研究（罗伯特，2004）。为了进一步探讨所构建的全景式 HBDA 大数据质量评估指标框架的正确性和可用性，本章对数字经济、数字社会、数字政府三大领域下的大数据质量评估进行深入探索，开展案例研究。

在案例样本选择方面，本章遵循相关性、针对性、必要性、典型性和便利性原则，考虑数字经济、数字社会、数字政府领域的可用性验证，以及全景式大数据质量评估框架在实践中的正确性和有效性验证，选取北京国际大数据交易所（以下简称北数所）、北京市城市管理综合行政执法局和北京市大数据中心的大数据质量管理评估应用开展案例研究。

在案例数据收集方面，研究团队以三个机构的网络调查资料（包括来自官方网站的政策文件、新闻报道等）、田野调查资料（2021 年 12 月 9 日、2023 年 4 月 6 日在北京市大数据中心开展实地调研，2021 年 12 月 22 日在北京市城市管理综合行政执法局开展实地调研）、座谈交流资料（2022 年 5 月 23 日、2022 年 11 月 8 日与北数所负责人员开展座谈交流）为主要数据来源。

2. 数字经济领域：北数所大数据质量评估案例分析

北数所（https://www.bjidex.com/）于 2021 年 3 月 31 日成立，是政府与企业、企业与企业、境内与境外的数据流通桥梁和服务平台，是中国首家基于“数据可用不可见，用途可控可计量”新型交易范式的数据交易所。北数所的高质量数据开放运营带来了巨大的社会经济效益，大大提高了小微企业办理相关业务的效率，间接支撑了实体经济，在数字经济领域具有典型代表性。

从“事理”视角来看，北数所在全局视图方面表现出色。①在大数据标准体系方面，《北京数据交易服务指南》作为北数所的重要标准规范文件和特色规则保障，在大数据交易的数据管理、交易机制、交易环节、跨境数据流动和交易安全管理都做了详细的规定。《北京数据交易服务指南》以《信息技术 数据质量评价指标》（GB/T 36344—2018）、《信息技术 数据交易服务平台 交易数据描述》（GB/T 36343—2018）、《信息技术 数据交易服务平台 通用功能要求》（GB/T 37728—2019）、《信息安全技术 数据交易服务安全要求》（GB/T 37932—2019）和《信息安全技术 个人信息安全规范》（GB/T 35273—2020）作为重要的规范参考，体现了大数据质量标准化协同。②在管理制度上，划定了参与主体的职责，国际大数据交易的交易供方和其他衍生服务供方均需要保障数据的质量，或提供数据质量认证，平台方、运营机构在数据治理的过程中会对交易主体和数据质量进行认证，明确规范和标准。③在安全性管理上，严格遵守交易安全可控原则，确保交易主体可信赖，数据质量可靠，交易目的特定明确，数据流通使用可控，交易记录可查，并搭建了数据安全事件预警和响应机制，确保数据安全和交易安全。

为了保障作为公共产品属性的数据的质量评估的中立性、权威性和可信性，北数所作为数据交易供方，在北京市金融公共数据专区聘请了专门的机构进行数据质量评估，定期发布《北京市金融公共数据专区数据质量评价报告》。数据质量评估机构作为数据中介服务体系建设的一部分，在大数据质量评估和保障中发挥了重要作用。

从“数理”视角来看，北数所中有一类重要数据是“经过质量认证的数据”，需要保障数据的真实性、完整性、准确性和有效性，确保数据可信、可用。例如，北京市金融公共数据专区汇聚了金融机构开展信贷业务所“亟须、特需”的工商、司法、税务等多维数据 25 亿余条，覆盖 14 个部门机构、240 余万市场主体，公共数据汇聚质量和更新效率均处于全国领先水平，实现了全国首个公共数据授权运营模式落地。北数所引入专门的第三方评估机构对金融公共数据专区的数据进行评估，评估指标包括“准确性、一致性、完整性、规范性、时效性和可访问性”。

从“机理”视角来看，北数所曾推出“数字交易合约”，利用区块链技术整合数字身份、价值标定、溯源追踪等能力，利用多方安全计算技术、隐私加密技术等，为数据主体签发证书，在数据确权登记、访问、分析、计算、交易过程中，将完整操作过程上链存储，保障数据的来源可追溯、内容防篡改、主权可确认、利益可分配，大大提升了大数据质量。

3. 数字社会领域：北京市城市管理综合行政执法局大数据质量评估案例分析

北京市城市管理综合行政执法局（https://cgj.beijing.gov.cn/）基于城市管理与综合执法数字化转型构建了符合中国城市特点的城市治理体系，以城市管理综合执法大数据平台建设为契机，再造大数据条件下的综合执法流程并重塑基层城市治理新格局，开创了北京市数字化综合执法与智慧城市治理新模式。

从“人理”视角来看，北京市城市管理综合行政执法局以提升大数据可访问性、价值性和可用性为出发点，注重与市民开展合作，通过“市民城管通”App获得可及、可得的社会数据。

从“事理”视角来看，北京市城市管理综合行政执法局自 2021 年 1 月起，参考国家标准、行业标准、地方标准、其他委办局的标准、百度地图等产品的标准，制定了核心元数据、数据目录标准、数据元素标准、代码集、数据交换规范、资源目录、数据标识规范和数据仓库标准，但缺少参考标准映射表和通用术语标准。数据质量的评估反馈机制应与业务结合。作为数据使用方，北京市城市管理综合行政执法局在使用数据过程中会对数据质量核对校验，为保障感知设备采集的社会数据的质量，制定了数据采集业务过程的数字基础设施的数据质量标准，并将标准转换为机器可读的程序，植入感知设备中。此外，北京市城市管理综合行政执法局不仅依靠巡查录入的业务模式，实现了数据的持续更新，保障了数据质量的准确性、时效性，还将数据质量的评估反馈机制与业务结合，建立了包含“支撑业务率”的指标体系，评估从北京市大数据平台中获取的数据的质量，并反馈质量问题到相应责任部门。

从“数理”视角来看，北京市城市管理综合行政执法局的大数据多样性体现在其包含历史执法数据、热线举报数据、专项执法工作数据、物联感知数据及社会共享数据等多种数据。在可衔接性上，其通过数字化流程规范与再造、物联网传感器保证数据可追溯。

从“机理”视角来看，北京市城市管理综合行政执法局重点打造“一库一图一网一端”（综合执法信息库、执法动态图、执法协同网和移动执法终端）的市区街一体化综合执法大数据平台，实现了整合、分析、服务、监管、指挥五项功能。

4. *数字政府领域：北京市大数据中心大数据质量评估案例分析*

北京市大数据中心是北京市经济和信息化局下的公益性事业单位。为了辅助决策，北京市大数据中心基于政府、社会侧等不同来源的数据，开展了数据治理和加工分析，有效解决了数据更新不及时、字段缺失、非结构化数据转化难等数据质量低下问题，保障了数据可信、有用。

从“事理”视角来看，北京市大数据中心侧重于大数据质量管理活动和管理制度方面的管理。北京市大数据中心作为数据平台方，其数据由北京市各政府部门归集至北京市大数据平台。在大数据交换与集成方面，实施数据质量全过程监控，具体表现为政府数据在北京市大数据平台进行流转时，对更新变化全程留痕，形成数据血缘。系统的全过程质量监控机制保障了动态数据的可追溯性和在静态时点上的可信性，并记录了不同业务系统数据质量的提升过程。在共享性和可衔接性方面，针对具有质量问题的原始数据，北京市大数据平台不仅保留原始数据，还在原始数据下，形成“具体质量问题说明、质量评价规则及修改说明”，并反馈给数据形成方（业务部门），由数据形成方进行修改。在大数据标准体系和法律法规方面，北京市大数据中心主要以《政务数据汇聚共享规范》（DB11/T 1919—2021）为依据制定了数据质量稽核规则。在管理制度方面，北京市大数据中心开展了数据质量检测，对问题数据进行三副本存储，生成经过多重检验的数据质量评估报告，系统实时更新各委办局业务系统的数据质量排名；此外，还建立了月度评估、季度评估等评估反馈机制，以此激励委办局进行数据质量管理。

从“数理”视角来看，北京市大数据中心关注了粒度缩放、跨界关联和全局视图三方面的问题。在粒度缩放方面，《政务数据汇聚共享规范》（DB11/T 1919—2021）对业务部门数据的可读性、完整性、准确性、一致性、时效性做出了具体要求，数据形成方负责数据形成、汇聚共享过程的数据质量，北京市大数据中心在数据一致性、及时性、完整性、规范性等方面给予客观评价考核。在跨界关联的数据清洗方面，北京市大数据平台依据可定制的数据质量稽核规则，对汇聚后的各业务系统的数据进行清洗，检测质量问题，形成质量报告。北京市大数据平台通过目录区块链系统对原始数据进行标准化处理后，通过融合分析形成主题层，将高质量的数据资源根据主题进行分类后，提供给数据利用者，提高了大数据的有效性和增值性。

从“机理”视角来看，北京市大数据中心在技术互操作性上采用全集约方式，在大数据平台上提供数据资源、工具和整体性解决方案。北京市大数据中心具有上链数据的质量监督权，在技术方面，利用区块链技术和数据质量检测追踪等技术全过程监督数据质量，并将由多方多重检验的数据质量评估报告传输到业务系统，再由数据形成方下载质量评估报告，从源头修正数据质量问题。在硬件可靠性、硬件可扩展性和系统易用性方面，2021 年，随着北京市大数据工作向“智慧城市 2.0”建设推进，在领导驾驶舱建设的基础上，北京市大数据中心有序开展“京智”规划建设，把“京智”与“京办”“京通”和“七通一平”作为北京市智慧城市建设的基础设施一盘棋部署、一体化推进。此外，《2022 年市政府工作报告重点任务清单》中明确提出要“持续推进‘京通’‘京办’‘京智’三类智慧终端的功能完善和推广使用”“深化‘一网慧治’，采用领导驾驶舱架构，面向不同层级用户提供云服务”。

16.4.3 全景式大数据质量评估框架验证

案例研究表明，HBDA 视角下的全景式大数据质量评估框架在以下方面具有正确性和可用性：①大数据质量管理问题的发现；②大数据质量管理成功经验的总结；③大数据质量管理标准化协同有效路径的揭示；④大数据质量管理工作的持续改进。

1. 大数据质量管理问题的发现

通过全景式大数据质量评估发现，当前数字经济、数字社会和数字政府建设中的大数据质量管理在 HBDA 视角的分析下存在一些问题。具体表现为：①“人理”视角下，在大数据利用实际需求方面对用户的可理解性、价值性、可用性方面的关注较少，在从业人员和团队的素质、能力和意识方面缺乏明确的要求；②“事理”视角下，大数据标准存在但体系不够完善，大数据标准协同机制尚未确立，当同一业务涉及多家单位数据时，出现多家单位内部制定的数据标准不同、统计数据口径不一致的问题；③“数理”视角下，存在数据准确性、真实性等质量问题；④“机理”视角下，数据分析质量、数据建模质量、数据预测的准确性没有得到足够的关注。

2. 大数据质量管理成功经验的总结

16.4.2 节三个案例中的大数据质量管理评估结果在 PAGE 框架方面提供了先进经验和相关启示，具体如下。在理论范式（P）方面，鼓励从 HBDA 各个视角实现多元共治保障大数据质量的方式；在分析技术（A）方面，从“数理”和“机理”视角出发，鼓励积极开发大数据质量分析和保障技术，促进大数据平台技术创新，通过区块链、联邦计算、隐私计算等算法创新应用，促进数据融合和技术融合，实现数据治理和 IT 治理协同推进；在资源治理（G）方面，从“事理”、“数理”和“机理”视角出发，鼓励建立健全大数据质量评估机制，包括质量评估分析机制、反馈机制、绩效机制等，整合大数据资源有效利用的人力、数据和技术资源，形成协同化的资源治理格局；在使能创新（E）方面，从“人理”和“机理”视角出发，鼓励以人为中心，重视大数据的可理解性和价值性等，不断创新大数据释放价值的模式，同时推动技术变革。

3. 大数据质量管理标准化协同有效路径的揭示

在 16.4.2 节的三个案例中，北京市大数据中心是北数所和北京市城市管理综合行政执法局的数据提供方之一，在实际的数据利用过程中，北京市城市管理综合行政执法局反哺北京市大数据中心，将大数据质量报告返回给大数据中心。北数所则会委托第三方数据质量评估机构开展数据质量和价值评估。这三个机构的大数据质量评估结果表明，在 HBDA 视角下，它们不再仅仅关注数据本身的质量，而是更加关注大数据质量在用户视角、管理视角和技术视角方面的保障要素，丰富了复杂性环境下的数据治理，关注了跨层级、跨领域、跨场景、跨平台的大数据质量协同治理问题。

4. 大数据质量管理工作的持续改进

根据案例评估结果，全景式的大数据质量管理在将来应更加重视数字经济、数字社会和数字政府领域的应用需求，进一步推进大数据价值释放，推动大数据质量管理向纵向深发展。在“人理”视角方面，应充分重视大数据运营、大数据应用服务、大数据治理等方面的利益相关者需求；在“事理”视角方面，应通过大数据的浏览量、下载量、融合性等微观指标侧面反映大数据质量，通过大数据交换、共享与集成等优化过程质量评估；在“数理”视角方面，应更加注重数据本身的增值性考虑；在“机理”视角方面，应关注技术应用的数据分析质量、数据预测的准确性等整体效益指标。

16.5 结　束　语

16.5.1 研究结论

本章在大数据管理与决策背景下，提出了 HBDA 视角下全景式大数据质量的评估框架。与已有的数据质量评估框架相比，该框架为大数据质量改进提供了“人理-事理-数理-机理”多维度标准化协同的路径，为满足用户服务、安全治理、组织治理、业务融合、数据治理、数据融合、IT 治理、技术融合等多种应用场景下的大数据质量评估需求提供了大数据质量全景式、全方位的评估指标及框架。此外，数字经济、数字社会、数字政府建设中的大数据质量评估案例研究揭示出该框架在大数据质量管理问题的发现、大数据质量管理成功经验的总结、大数据质量管理标准化协同有效路径的揭示和大数据质量管理工作的持续改进四方面具有广阔的应用前景。

16.5.2 未来研究方向及应用前景

HBDA 视角下的大数据质量评估多维标准化路径发现和全景式 PAGE 框架在大数据质量评估多场景中的应用验证方面存在进一步探索空间，在案例样本数量和案例场景类型方面有待进一步丰富与完善。

未来研究将持续改进所提出的 HBDA 视角下全景式大数据质量评估指标框架，丰富全景式 PAGE 框架在大数据质量评估更多场景中的应用；发现大数据质量评估多维标准化协同的更多路径及规律；明晰其对数字经济、数字社会和数字政府建设中的大数据质量整体提升的政策指引和制度规则要求，提出其对增强数字国家的数据治理能力、大数据驱动的管理与决策能力的技术合规要求。相关研究应用前景广阔，对统筹数字经济、数字社会和数字政府建设中的大数据质量管理政策与标准具有战略意义，对建立健全大数据质量评估制度和标准体系、通过保障大数据质量增强国家的数据治理能力和大数据驱动的管理与决策能力具有现实意义。

参考文献

安小米, 马广惠, 宋刚. 2018. 综合集成方法研究的起源及其演进发展. 系统工程, 36(10): 1-13.

安小米, 王丽丽, 许济沧, 等. 2021. 我国政府数据治理与利用能力框架构建研究. 图书情报知识, 38(5): 34-47.

陈国青, 任明, 卫强, 等. 2022. 数智赋能: 信息系统研究的新跃迁. 管理世界, 38(1): 180-196.

陈国青, 吴刚, 顾远东, 等. 2018. 管理决策情境下大数据驱动的研究和应用挑战: 范式转变与研究方向. 管理科学学报, 21(7): 1-10.

陈国青, 曾大军, 卫强, 等. 2020. 大数据环境下的决策范式转变与使能创新. 管理世界, 36(2): 95-105, 220.

程豪. 2016. 何为大数据质量评估框架: 《Measurement Data Quality for Ongoing Improvement》. 中国统计, (6): 18-19.

顾基发, 唐锡晋, 朱正祥. 2007. 物理-事理-人理系统方法论综述. 交通运输系统工程与信息, (6): 51-60.

国家市场监督管理总局, 国家标准化管理委员会. 2018. 信息技术 数据质量评价指标(GB/T 36344—2018). http://c.gb688.cn/bzgk/gb/showGb?type=online&hcno=D12140EDFD3967960F51BD1A05645FE7[2022-12-10].

洪学海, 王志强, 杨青海. 2017. 面向共享的政府大数据质量标准化问题研究. 大数据, 3(3): 44-52.

黄婕, 安小米, 许济沧, 等. 2021. 基于国际标准的“数据利用”核心概念及概念体系研究. 图书情报知识, 38(5): 48-62.

李国杰, 徐志伟. 2017. 从信息技术的发展态势看新经济. 中国科学院院刊, 32(3): 233-238.

刘冰, 庞琳. 2019. 国内外大数据质量研究述评. 情报学报, 38(2): 217-226.

刘心报, 胡俊迎, 陆少军, 等. 2022. 新一代信息技术环境下的全生命周期质量管理. 管理科学学报, 25(7): 2-11.

罗伯特 K. 2004. 案例研究方法的应用. 周海涛, 等译. 重庆: 重庆大学出版社.

马一鸣. 2016. 政府大数据质量评价体系构建研究. 长春: 吉林大学.

莫祖英. 2018. 大数据质量测度模型构建. 情报理论与实践, 41(3): 11-15.

潘云鹤. 2019. AI 及机器人的新方向. 机器人技术与应用, (4): 19-20.

漆源, 王非函, 高洪美, 等. 2019. 基于层次分析法的公共安全大数据质量评估研究. 现代信息科技, 3(3): 139-141, 144.

钱学森, 于景元, 戴汝为. 1990. 一个科学新领域: 开放的复杂巨系统及其方法论. 自然杂志, (1): 3-10, 64.

任照博. 2019. 航空经济大数据质量评价指标体系研究. 郑州: 郑州航空工业管理学院.

宋朋波, 刘伊生, 郑旺. 2021. 基于 ISM 的公共建筑大数据质量影响因素研究. 河南科学, 39(6): 1025-1032.

王宏志. 2014. 大数据质量管理: 问题与研究进展. 科技导报, 32(34): 78-84.

王力, 周晓剑. 2018. 大数据质量评估的标准及过程研究. 经营与管理, (4): 84-88.

熊兴江. 2019. 医疗大数据质量评价指标体系构建研究. 武汉: 华中科技大学.

徐宗本, 冯芷艳, 郭迅华, 等. 2014. 大数据驱动的管理与决策前沿课题. 管理世界, (11): 158-163.

赵冰, 李平, 代明睿. 2018. 铁路大数据质量评估与优化方法研究. 中国铁路, (2): 63-67.

仲苏阳. 2017. 基于 MMTD 的大数据质量评价方法研究. 南京: 南京邮电大学.

周艳红. 2021. 电商大数据质量评价模型的建立及实证研究. 重庆: 重庆工商大学.

Abdallah M. 2019. Big data quality challenges. Pointe aux Piments, Mauritius: The 2019 International Conference on Big Data and Computational Intelligence.

Abdallah M, Muhairat M I, Althunibat A, et al. 2020. Big data quality: factors, frameworks, and challenges. Compusoft, 9(8): 3785-3790.

Firmani D, Mecella M, Scannapieco M, et al. 2016. On the meaningfulness of “big data quality” (invited paper). Data Science and Engineering, 1(1): 6-20.

Haryadi A F, Hulstijn J, Wahyudi A, et al. 2016. Antecedents of big data quality: an empirical examination in financial service organizations. Washington D.C.: The 2016 IEEE International Conference on Big Data.

Immonen A, Pääkkönen P, Ovaska E. 2015. Evaluating the quality of social media data in big data architecture. IEEE Access, 3: 2028-2043.

ISO. 2015. Data quality: part 8: information and data quality: concepts and measuring. https://www.iso.org/standard/60805.html[2022-10-21].

ISO. 2019. Data quality: part 61: data quality management: process reference model. https://www.iso.org/standard/63086.html[2022-10-21].

Juddoo S, George C, Duquenoy P, et al. 2018. Data governance in the health industry: investigating data quality dimensions within a big data context. Applied System Innovation, 1(4): 43.

Lee D. 2019. Big data quality assurance through data traceability: a case study of the national standard reference data program of Korea. IEEE Access, 7: 36294-36299.

Ramasamy A, Chowdhury S. 2020. Big data quality dimensions: a systematic literature review. Journal of Information Systems and Technology Management, 17: e202017003.

Taleb I, Serhani M A, Bouhaddioui C, et al. 2021. Big data quality framework: a holistic approach to continuous quality management. Journal of Big Data, 8(1): 76.

Wahyudi A, Kuk G, Janssen M. 2018. A process pattern model for tackling and improving big data quality. Information Systems Frontiers, 20(3): 457-469.

第 17 章　隐私规避的网络调查与间接估计方法[①]

17.1　引　　言

全面准确地了解管理对象是有效制定管理方案、科学进行管理决策的重要基础。抽样调查由于具有调查费用低、调查周期短、时效性强等特点，在公共卫生、科学研究、心理学、商业和社会管理等领域得到了广泛应用（粟芳等，2020）。然而，在大多数的社会调查实践中，管理决策经常涉及一些隐私或敏感性问题，即具有私人机密性或大多数人认为不便在公开场合表态及陈述的问题（Shahzad et al.，2022）。例如，收入状况、职场关系、离职意向、价值取向、疾病状况、不当行为等（Rehm et al.，2021；Hart et al.，2021）。针对敏感性问题的调查能够为政府、企业、学校等提供关于社会政治、经济和生活等方面的重要管理决策信息，但由于牵涉被调查者的隐私或者利益，在调查过程中往往会引起调查对象的难堪或抵触心理，进而不配合调查或者给出不真实的回答，产生无应答偏倚（Hart et al.，2021）或社会期望偏倚（Kwak et al.，2021）等，影响调查结果的真实性和可靠性，这给通过样本来进行总体推断带来了极大挑战。与此同时，在促进数字经济的发展中，数据治理对于营造良好环境具有重要作用（陈国青等，2021，2022），进而对数据的质量与完备性以及数据隐私保护提出了更高要求（陈松蹊等，2022）。因此，在保护个体隐私的前提下鼓励调查对象提供敏感性问题的真实回答，设计开发隐私规避的统计方法以提高调查对象的应答率、降低和消除不真实回答的影响，具有重要理论和应用价值。

针对隐私或敏感性问题的统计调查方法主要从敏感人群抽样设计和敏感问题应答设计两方面开展。一方面，对于天然具有隐私和敏感属性的一些社会群体，如被社会忽视或极少关注、被主流社会和文化所排斥的边缘人群等，他们具有较难接触、隐匿性等特点，由于没有抽样框，传统的随机抽样、分层抽样等方法很难实施，因此主要通过非概率抽样方法对其进行研究（陈收等，

---

① 本章作者：吕欣（国防科技大学系统工程学院）、刘楚楚（国防科技大学系统工程学院、新加坡国立大学计算机学院）、蔡梦思（国防科技大学系统工程学院）、陈洒然（盲信号处理国家重点实验室）。通讯作者：吕欣（xin_lyu@sina.com）。基金项目：国家自然科学基金资助项目（91846301；72025405）、国家社会科学基金资助重大项目（22ZDA102）。本章内容原载于《管理科学学报》2023 年第 5 期。

2021）。非概率抽样包括便利抽样、目的抽样、配额抽样、滚雪球抽样等。非概率抽样方法的最简单形式是便利抽样，包括采访朋友、商场拦截采访、访问最近的家庭样本、网站招募参与者等方式。其中，基于设施的抽样广泛应用于研究与特定疾病相关的高危人群（Magnani et al.，2005）。目的抽样是一种“更严格”的非概率抽样过程（Topp et al.，2004），是指在选择受访者时要牢记研究目的并寻找满足要求的人，其变体包括异质性抽样、专家抽样、关键信息人抽样等，通常被用于研究极端或异常情况，如杰出成就或重大失败、极端事件或危机等（Etikan，2016）。配额抽样类似于分层抽样，不同的是研究人员可以自行设置配额（个体的入样概率）。滚雪球抽样是最著名的链式抽样方法之一，通过招募若干个参与者作为种子，再要求参与者推荐他们所认识的人来进行进一步招募，从而形成一个“滚雪球”样本（Dosek，2021）。此外，目标抽样、时间-地址抽样等方法及其变体也被广泛用于研究难接触人群（de Brier et al.，2022；Karon and Wejnert，2012）。

另一方面，为调查研究对象的隐私或敏感信息，统计学家开发了一系列应答技术来规避受访者的隐私泄露问题。其中，随机化回答技术（randomized response technique，RRT）是指通过采用特定的随机化装置（如掷骰子或抽卡片），使被调查者以一个预定的基础概率 p 从两个或两个以上的问题中选择一个问题进行回答，除被调查者以外的所有人（包括调查者）均不知道被调查者回答的是哪一个问题，最后根据概率论知识计算出敏感问题特征在人群中的真实分布情况。例如，最早的 Warner 模型包含了两个互为对立面的陈述：具有敏感特征 A（例如，是病毒携带者）或不具有敏感特征 A（例如，不是病毒携带者）。在 Warner 模型的基础上，发展出了 Simmons 不相关问题模型（Horvitz et al.，1967）、Greenberg 双无关问题模型（Greenberg et al.，1969）、Mangat 模型（Mangat，1994）、混合随机化回答模型（Kim and Warde，2005）、无关联问题随机化回答模型、两阶段随机化回答模型等，进一步提高了调查结果的保密性和准确性。值得一提的是，随机化回答技术多次被荷兰政府用于社会福利欺诈行为调查研究。非随机化回答技术（non-randomized response technique，NRRT）则在敏感信息搜集过程中不使用任何随机化装置，使被试者能够更容易理解调查机制并给出真实答案，最终提高调查结果的真实性和有效性。典型的非随机化回答技术包括十字交叉模型［Warner 模型的非随机化版本，可参考 Yu 等（2008）］、三角模型（Yu et al.，2008）、对角模型（Groenitz，2014）、平行模型（Groenitz，2014）等，在特定行为相关的敏感信息搜集中得到了验证与应用（Tian，2014）。负调查重构方法（江浩，2019）是指利用负调查让参与者提供与自身类别不同的类别，再通过特定的统计学方法（重构方法）从负调查结果中重构出所有参与者的敏感信息分布。该方法可以在保护个人隐私的前提下完成敏感信息搜集，被用于用户位置信息、传感器网络数据等的收集任务（方舒，2019）。此外，非匹配计数技术（unmatched count technique，UCT）、条目计数技术（item count technique，ICT）、三卡片法（three-card method，TCM）等也被用于敏感性问题调查。

尽管上述方法在提高受访者如实报告的意愿等方面更为有效（Yan，2021；Nuno and st John，2015），但在实施过程中仍存在很大的局限性。例如，随机化回答技术设计复杂、实施难度较高，不仅需要对调查者进行严格培训，而且容易使受访者难以理解调查机制；与此同时，随机化回答技术的方差在许多情况下至少是常规估计方差的四倍（Fisher and Flannery，2023）。由于难接触人群具有较强的敏感性和隐匿性，大部分传统的概率抽样方法无法实施，便利抽样、滚雪球抽样等非概率抽样方法虽然一定程度上解决了难接触的问题，但针对样本的结论仍然无法推广到总体，不能实现对总体的无偏估计，这也是非概率抽样的最大局限性。此外，大部分方法在本质上难以解决错误回答或回答不完整等现实问题。

随着社交网络抽样与统计推断问题的提出，同伴驱动抽样（respondent driven sampling，RDS）成为一类极具前景的难接触人群抽样调查方法，在针对特殊人群的调查研究中得到了广泛应用，其实证研究遍布 120 多个国家（Raifman et al.，2022；Lu et al.，2012）。RDS 在总体构成的社交网络上执行链式抽样，并依据每个节点的入样概率去校正总体估计的误差，具有完备的样本获取和统计推断理论，不仅操作简单便利，而且能设计基于样本数据的总体无偏估计量，从而提高群体特征估计的精度（Salganik and Heckathorn，2004）。例如，在估计目标人群中具备某个特征的人员组成时，研究人员可以招募若干该人群样本（入样节点）参加调查，并让入样节点推荐其认识的其他此类人群成员来参与调查，通过直接获取当前入样节点的相关属性信息进行统计推断，进而实现对目标人群中具备被关心特征的人群比例的无偏估计。

然而，在包含敏感性问题的调查中，上述抽样策略访问的样本均不可避免地会出现样本属性信息“缺失”或“不可信”的问题；甚至有可能会出现入样节点属性都“不可信”或“未知”的极端情况。针对该问题，本章借鉴基于社交网络的抽样推断方法思路，探索一种基于中心网络的抽样推断方法，并创新性地把网络抽样中获取样本节点信息扩展到获取样本节点的邻居节点信息，从而有效解决了敏感人群自报告数据的不完整或不真实的问题。研究表明，人们更愿意谈论朋友的敏感特征，而不是自己的敏感特征，并且他们可以对这些朋友的具体数量提供可靠的回答（Fishburne，1980；Rossier，2010）。因此，在敏感人群的朋友信息相对容易获取的前提下，去收集邻居节点的相关信息，并利用潜在的网络节点去进行统计推断可能更能实现对总体的无偏估计。

17.2 模 型 方 法

在敏感信息抽样调查中，目标是估计总体中具备某类敏感特征（属性）A 的人群比例 $P(A)$。在概率抽样条件下，以完全随机抽样为例，可根据抽样个体（受访者）提供的自身属性信息（A 或非 A，非 A 可用 B 表示），对该总体参数 $P(A)$ 进行估计，即 $\hat{P}(A)=S_A/S$。其中 S_A 为样本中自报告属性为 A 的个体数量，S 为样本规模。但是，在抽样实践过程中，让受访者提供自身敏感属性信息往往存在较大难度，同时，受访者为了保护自身隐私，提供的属性信息往往存在“不可靠”的问题。

为解决上述问题，本章提出中心网络抽样方法（ego-centric network sampling method，ECM），依托调查对象的社交网络，不直接收集样本的自报告信息（self-reported information），转而收集样本的中心网络信息（ego-centric network information），然后利用网络潜在结构去得到总体参数 $P(A)$（如特定人群比例、特定行为发生率等）的估计 $\hat{P}(A)$。ECM 主要包括两个步骤：①隐私规避的中心网络抽样，即抽取一定数量的样本节点，获取样本节点的度和其邻居的目标属性；②总体特征间接估计，即利用样本节点报告的邻居属性信息对该属性的总体值进行估计。此外，本章还提出基于 bootstrap 的置信区间估计方法，实现对总体估计结果的可信度评估。

17.2.1 隐私规避的中心网络抽样

基于隐私规避的中心网络抽样的基本思想是：在由目标总体的朋友/熟人等关系构成的社交网络上，通过受访者（网络中心节点）对其邻居节点关于敏感属性 A 的间接报告，根据网络结构的数学性质构建总体参数 $P(A)$ 的估计量。具体实施过程如图 17-1 左侧所示，首先通过随机采样或链式采样的方式获取样本节点（敏感属性信息未知），然后获取这些样本节点的中心网络中邻居节点（敏感属性信息已知）的数量。由此，可以得到若干个中心网络，属性未知的样本节点便是这个中心网络的中心，收集到属性信息的节点便是这个中心的邻居。在没有抽样框的条件下，可以采用链式抽样的方式，通过随机游走抽样、同伴驱动抽样等方法采集链路上每个节点的邻居信息，这在复杂的难接触人群抽样场景与限制措施较多的网络爬虫数据获取场景中都能灵活适用（Lu，2013a）。

需要注意的是，该抽样方法建立在邻居信息已知的前提下。实际上，在很多场景下，相比于直接获取研究对象自身信息，获取研究对象邻居（或朋友）的信息会更加容易。例如，在社会学中，对于隐私性强、敏感性高的个体，难以直接获取其自身的特定信息，但可以利用社交网络来获取其敏感性较低的“朋友”的

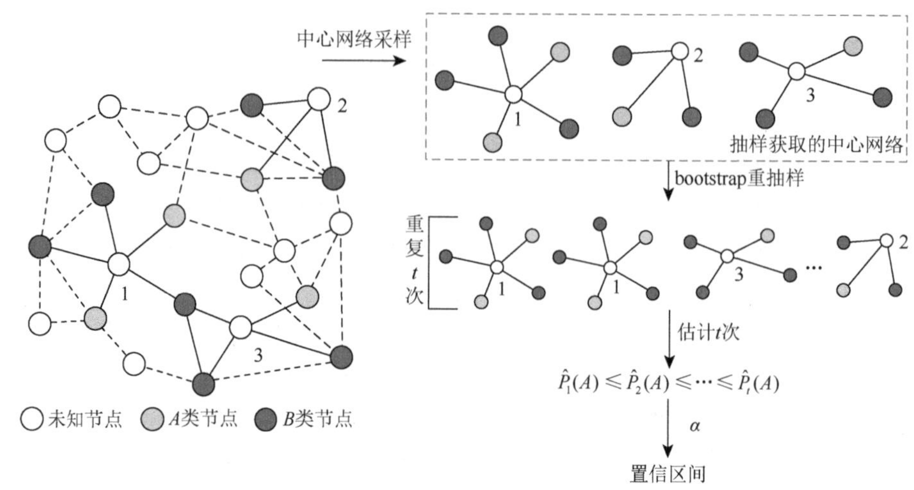

图 17-1　中心网络抽样方法示意图

相关信息；在网络数据爬取中，虽然无法直接获取设置了隐私保护的用户敏感信息，但可以爬取此类用户的朋友（如粉丝）的这些信息。相比之下，这种不泄露被调查者自身信息的方式会更加容易收集到有价值的信息。许多研究表明，收集社交网络中中心网络信息的方式在实际操作中具有较高的可行性（Krivitsky and Morris，2017；Krivitsky et al.，2022），这是有信心进行中心网络抽样的重要依据。收集中心网络信息可通过询问受访者两个问题予以实现，即“在受访群体中你的好友（或者熟人）的数量是多少？”（获取受访个体在总体社交网络中的度）和“好友（或熟人）中拥有 A 类属性的数量是多少？”（获取受访个体中心网络中 A 类属性邻居的数量）；注意，两个问题都是“匿名”问题且只关乎数量信息，不需要受访者提供具体的“邻居”名单。

17.2.2　总体特征间接估计

由于入样概率无法提前设计，一般条件下非概率抽样方法无法根据所得样本对总体情况进行无偏的统计推断。基于中心网络的隐私规避抽样方法巧妙地利用网络中边相等的原则来建立估计量方程，从而得到了对总体参数 $P(A)$ 的间接估计 $\hat{P}(A)$。

设抽样总体的社交网络 $G=\{V,E,Z\}$ 为无向连通图，其中 $V=\{v_1,v_2,\cdots,v_N\}$ 表示网络中的节点集合，$E=\{e_{ij}\}\subseteq V\times V$ 表示 N 个节点间的边集合，并且 $e_{ij}=1$ 表示 v_i 与 v_j 之间存在边（如朋友/熟人关系），否则 $e_{ij}=0$。令 $\mathbb{Z}=\{\alpha_1,\alpha_2,\cdots,\alpha_N\}$ 表示节点属性 A（非 A 的属性记为 B）的集合，若节点 i 的属性为 A，则 $a_i=1$，否则（即属性为 B）$a_i=0$。

在此基础上，利用中心网络抽样得到的受访者 i（即中心网络的中心节点）的邻居信息可以表示为：①受访者在网络中的邻居数量，即节点 i 的度 $k_i = \sum_j e_{ij}$；②受访者在网络中的 A 类属性邻居数量，即 $k_i^A = \sum_{e_{ji}=1} \alpha_j$。

由于 G 是无向网络，$\forall 1 \leqslant i, j \leqslant N$，有 $e_{\overline{y}} = e_{\overline{y}}$，进而网络中由 A 类属性节点（以下简称 A 类节点）出发指向 B 类属性节点（以下简称 B 类节点）的边数量 E_{AB} 应该与由 B 类节点指向 A 类节点的边数量 E_{BA} 相等，即

$$E_{AB} = E_{BA} \tag{17-1}$$

令 $P_A(k_i)$、$P_B(k_i)$ 分别表示度为 k_i 的节点是 A 类、B 类节点的概率，k_i^A、k_i^B 分别表示度为 k_i 的节点的邻居中 A 类节点和 B 类节点的数量，则 E_{AB}、E_{BA} 的期望值分别为

$$E\left(E_{AB}\right) = \sum_{i=1}^{N} P_A(k_i) k_i^B \tag{17-2}$$

$$E\left(E_{BA}\right) = \sum_{i=1}^{N} P_B(k_i) k_i^A \tag{17-3}$$

由式（17-1）、$P_A(k_i) + P_B(k_i) = 1$ 和 $k_i^A + k_i^B = k_i$ 可得

$$\sum_{i=1}^{N} P_A(k_i)(k_i - k_i^A) = \sum_{i=1}^{N} (1 - P_A(k_i)) k_i^A \tag{17-4}$$

化简式（17-4），可得

$$\sum_{i=1}^{N} P_A(k_i) k_i = \sum_{i=1}^{N} k_i^A \tag{17-5}$$

由此，对于所有度为 k 的节点，有

$$n_k P_A(k) k = \sum_{k_i = k} k_i^A \tag{17-6}$$

其中，$P_A(k)$ 表示度为 k 的节点为 A 类节点的概率；n_k 表示 G 中度为 k 的节点数量。

A 类节点数 N_A 的期望值可表示为

$$E(N_A) = \sum_{k=K_{\min}}^{K_{\max}} P_A(k) n_k \tag{17-7}$$

其中，$K_{\min}$ 和 $K_{\max}$ 分别表示网络中节点度的最小值和最大值，则 G 中 A 类节点的比例 $P(A)$ 可表示为

$$P(A) = \frac{\sum_{k=K_{\min}}^{K_{\max}} \sum_{k_i = k} k_i^A / k}{N} \tag{17-8}$$

当中心网络节点为随机抽样样本时，样本总量 S 中 A 类节点的比例 $\hat{P}(A)$ 即为 $P(A)$ 的无偏估计，即

$$\hat{P}(A)=\frac{\sum_{k=k_{\min}}^{k_{\max}}\sum_{k_i=k}k_i^A/k}{S} \tag{17-9}$$

其中，$k_{\max}$ 和 $k_{\min}$ 分别表示随机抽样样本中的最大度和最小度。由此，我们完成了利用中心网络信息对总体参数 $P(A)$ 的估计。在抽样调查过程中，只需收集中心节点的度信息以及中心节点各属性的邻居数量这两个简单的信息，就能够根据上述估计量有效计算和推断出总体参数 $P(A)$ 的真实值。

在实际操作过程中，由于获取中心网络的全部邻居信息在一些场景下仍然是较难完成的，如在在线社交网络中，用户的好友（或关注）数量可能非常多，对应中心网络的规模（即中心节点的度）也很大，但多数网络平台对爬虫的访问频率都有严格的限制，因此很多情况下通过爬虫往往只能得到中心网络的部分邻居信息。针对这种情况，本节采用选取中心网络中部分邻居的策略进行统计推断。对于抽取到的中心节点 i，若从它的全部邻居中随机选择 k_r 个邻居（或仅 k_r 个邻居信息已知），则可将式（17-9）转化为

$$\hat{P}_R(A)=\frac{\sum_{r=1}^{S}k_r^A/k_r}{S} \tag{17-10}$$

其中，k_r^A 表示选择的 k_r 个邻居中 A 类节点的数量。通过式（17-10)，能够在只选取部分邻居信息或在只有部分邻居信息已知的场景下，实现对总体参数的有效估计。

17.2.3 基于 bootstrap 的置信区间估计方法

由于网络抽样方法通常受网络度分布、节点异质性等许多因素的影响，其方差估计的求解通常是不可行的。为此，本节采用非概率抽样方法中置信区间估计较为通用的 bootstrap 方法，构造中心网络抽样估计值 $\hat{P}(A)$ 的置信区间，主要步骤如下（图 17-1 右侧）。

（1）对抽样获取的中心网络（包括中心和邻居）进行有放回的 bootstrap 重抽样，得到一个重抽样中心网络集合 B_1。

（2）根据 B_1 获取的中心网络信息，利用 17.2.2 节提出的总体特征间接估计方法计算总体参数的估计值 $\hat{P}_1(A)$。

（3）重复步骤（1）、步骤（2）t 次，分别得到 t 个总体参数的估计值，即 $\hat{P}_1(A),\hat{P}_2(A),\cdots,\hat{P}_t(A)$。

（4）将 $\hat{P}_1(A),\hat{P}_2(A),\cdots,\hat{P}_t(A)$ 按照由小到大的顺序排列，可以得到序列 $\hat{P}_1^{\text{in}}(A),\ \hat{P}_2^{\text{in}}(A),\cdots,\hat{P}_t^{\text{in}}(A)$。

（5）若置信水平为 $1-\alpha$，则最终由百分位数法得到的置信区间为 $\left[\hat{P}^{\text{in}}_{\frac{\alpha}{2}t}(A),\hat{P}^{\text{in}}_{\left(1-\frac{\alpha}{2}\right)t}(A)\right]$。

17.3　大规模社交网络实验

17.3.1　网络数据

为了验证本章提出的 ECM 的有效性，我们分别在仿真网络和真实网络上对该方法进行检验。首先，通过设置不同总体比例的仿真网络，分别对隐私规避的中心网络抽样方法的总体特征间接估计方法、基于 bootstrap 的置信区间估计方法的真实性能进行检测。此外，在某大规模难接触人群的真实在线社交网络上，本节将对其中多种类型的个体比例进行估计，并与真实数据进行对比，以验证 ECM 在真实社交网络上的可行性与可靠性。

在仿真实验部分，主要通过生成三种不同的模型网络——分别为 ER（Erdős-Rényi）网络（Liu et al.，2020）、BA（Barabási-Albert）无标度网络（Berx，2022；Kojaku et al.，2021）以及 KOSKK（Kumpula-Onnela-Saramäki-Kaski-Kertész）网络（Toivonen et al.，2009）来验证本章所提出方法的性能。ER 网络模型是经典的随机网络模型，由于节点之间随机连边，所以网络中大部分节点的度都与平均度接近。BA 网络模型则是通过优先连接的生长过程生成网络，即拥有更多边的节点更易与新节点产生连接。虽然 ER 和 BA 这两个网络模型与真实的社会网络结构仍然存在较大差异，但常用于测试实验模型或算法在网络上的性能。作为模型网络的重要补充，本章将广泛应用的 KOSKK 网络也应用于实验测试中。KOSKK 网络能够生成与真实社会网络相似的网络结构，被认为是可以模拟真实社交关系的最好模型之一。在本章的仿真实验中，生成的 ER 网络、BA 网络和 KOSKK 网络都包含 10 000 个节点和 100 000 条边，并在各网络中分别随机选取比例为 10%、20%、30%和 40%的节点，将其属性设置为 A。也就是说，对于每一种网络模型，$P(A)$ 分别为 0.1、0.2、0.3 和 0.4。

除仿真网络以外，本节还将在匿名的真实社交网络上验证所提出方法的性能。该社交网络由某难接触人群社交平台上用户之间的“相互关注”关系形成（Huang et al.，2019；Cai et al.，2021），共包含 556 627 个节点，以及 16 963 498 条无向边。其中每个节点具有三种特征，分别为年龄（是否小于 30 岁）、所在国家（是否在中国)、所在洲(是否在亚洲)。统计得到这三种特征在总体中的比例分别为 0.477、0.614 和 0.793，且该网络的度分布是极度不均匀的，网络节点平均度为 30.5，但其中 80% 节点的度小于 28，即 80%以上的用户只有少于 28 个相互关注的好友。

17.3.2 实验设计

在每次实验中，随机选取实验网络中 10%的节点，并收集这些节点相应的中心网络信息，包括节点的度信息（邻居数量）以及其邻居中具有 A 属性的节点数量。然后应用上文中的估计方法，通过收集到的中心网络信息对总体比例 $P(A)$ 进行估计。对于每个网络，将重复仿真实验 500 次以消除随机误差的影响。本节通过计算中心网络推断方法的估计值与真实比例间的差值来衡量该抽样方法的性能，即

$$\text{Bias} = \left|\hat{P}(A) - P(A)\right| \tag{17-11}$$

Bias 越小，则表明估计值与真实值间的偏差越小，该方法的推断效果越好。对于 M 次重复实验的估计结果 $\hat{P}_m(A)$ ， $m = 1, 2, \cdots, M$ ，则用每次偏差的平均值来衡量最终的估计效果，即

$$\overline{\text{Bias}} = \frac{\sum_{m=1}^{M}\left|\hat{P}_m(A) - P(A)\right|}{M} \tag{17-12}$$

此外，为了对 17.2.3 节提出的基于 bootstrap 的置信区间估计方法进行验证，本节将利用具有不同总体比例配置的三个模型网络（ER、BA 和 KOSKK）进行测试实验。对于具有不同比例的 $P(A)$的网络，首先抽取其中 10%的节点，采集它们的中心网络作为样本。按照基于 bootstrap 的置信区间估计方法计算出 95%置信度水平的置信区间，即将抽取的中心网络作为总体，进行重抽样，每次重抽样获取 1000 个中心网络，然后根据这 1000 个中心网络的信息估计得到置信水平为 95%的置信区间。重复该过程 1000 次，得到 1000 个置信区间，然后计算总体变量的真实值［即真实比例 $P(A)$］落在构建的置信区间内的比率 Ω ，也称为覆盖度。

除了考虑不同网络类型（BA、ER、KOSKK）及不同 A 类节点比例（0.1、0.2、0.3、0.4）以外，本节主要从以下四个方面进一步探索影响 ECM 性能的因素。

1. 网络密度

网络密度（density）用于刻画网络中节点连接的紧密程度，其定义为

$$\Psi = 2L / [N(N-1)] \tag{17-13}$$

其中，L 表示网络中实际存在的连边数；N 表示网络中的节点个数。

为了评估网络密度对 ECM 性能的影响，根据已生成的 BA 网络（$\Psi = 0.002$），采取随机加边策略，得到$0.004 \leqslant \Psi \leqslant 0.012$的 10 个 BA 网络。具体地，在已生成的 BA 网络上，随机选择两个节点v_i和v_j，若v_i和v_j之间没有边相连，则将v_i和v_j相连接；重复上述过程，直至达到设定的网络密度为止。

2. 聚集系数

聚集系数（clustering coefficient）用于刻画网络中各个节点聚集成团的程度，即聚集性。某个节点v_i的聚集系数C_i可以定义为

$$C_i = \frac{\text{包含}v_i\text{的三角形的数目}}{\text{以}v_i\text{为中心的连通三元组的数目}} \tag{17-14}$$

对于整个网络，可用平均聚集系数C_{avg}来刻画网络的聚集性，即

$$C_{\text{avg}} = \sum_{i=1}^{N} C_i / N \tag{17-15}$$

为了评估网络聚集性对 ECM 性能的影响，根据已生成的 BA 网络（$C_{\text{avg}} = 0.007$），采取随机加边策略，得到$0.008 \leqslant C_{\text{avg}} \leqslant 0.017$的 10 个 BA 网络。具体地，在已生成的 BA 网络上，随机选择任意节点 v_i，得到其邻居节点集合；从 v_i 的邻居节点集合中，随机选择邻居节点 v_j 和 v_k，若 v_j 和 v_k 之间没有边相连，则将 v_j 和 v_k 相连接；重复上述过程，直至达到设定的平均聚集系数为止。

3. 同质性

同质性（homophily）用于刻画网络中的节点与其属性相同的节点相连的特性，若该属性为A，则同质性h_A可定义为

$$h_A = 1 - s_{AB} \big/ \big(1 - P(A)\big) \tag{17-16}$$

其中，$s_{AB} = L_{AB} \big/ \big(L_{AB} + L_{AA}\big)$表示网络中$A$属性节点指向$B$属性节点的连边占所有$A$属性节点连边的比例。

为了评估同质性对 ECM 性能的影响，根据已生成的 BA 网络（$h_A \approx 0.0$），采取断边重连的策略，得到$0.02 \leqslant h_A \leqslant 0.2$的 10 个 BA 网络。具体地，在已生成的 BA 网络上，随机选择两条边(v_i, v_j)和(v_k, v_l)，其中v_i、v_k的属性为A，v_j、v_l的属性为B（非A属性）；而后将(v_i, v_j)和(v_k, v_l)断开，分别将v_i和v_k、v_j和v_l相连，得到边(v_i, v_k)和(v_j, v_l)；重复上述过程，直至达到设定的同质性为止。

4. 活跃系数

活跃系数（activity ratio）用于量化不同属性节点网络平均度的系统性差异，

定义为不同属性节点平均度的比值，即

$$\mathrm{AR}=\frac{\sum_{i\in A}k_i/N_A}{\sum_{j\in B}k_j/N_B} \tag{17-17}$$

其中，N_A 和 N_B 分别表示属性为 A 和属性为 B 的节点数量。如果 AR = 1，则表明节点属性与节点中心网络的规模无关。

为了评估活跃系数对 ECM 性能的影响，根据已生成的 BA 网络（AR ≈ 1.0），采取属性交换策略，得到 0.5≤AR≤0.9 和 1.1≤AR≤1.5 的共 10 个 BA 网络。具体地，在已生成的 BA 网络上，若需要生成网络的活跃系数小于已生成的 BA 网络，则随机选择属性为 A 的节点 v_i 和属性为 B 的节点 v_j，如果 v_i 的度 k_i 大于 v_j 的度 k_j，则交换 v_i 和 v_j 的属性，即将 v_i 的属性设置为 B，将 v_j 的属性设置为 A，重复上述过程，直至达到设定的活跃系数为止；若需要生成网络的活跃系数大于已生成的 BA 网络，则随机选择属性为 A 的节点 v_i 和属性为 B 的节点 v_j，如果 v_i 的度 k_i 小于 v_j 的度 k_j，则交换 v_i 和 v_j 的属性，即将 v_i 的属性设置为 B，将 v_j 的属性设置为 A，重复上述过程，直至达到设定的活跃系数为止。

17.3.3 实验结果

针对 BA 模型，分别随机抽取 1 到 1000 个中心网络（即样本），并在 $P(A)$ 分别取 0.1、0.2、0.3 和 0.4 的情况下进行仿真实验（重复 500 次），得到的结果如图 17-2 所示。可见，在不同的 $P(A)$下，ECM 得到的总体变量的均值估计总是接近总体真实值 $P(A)$，并且，随着样本规模的增大，ECM 估计值的波动越来越小，并很快稳定在真实值附近。

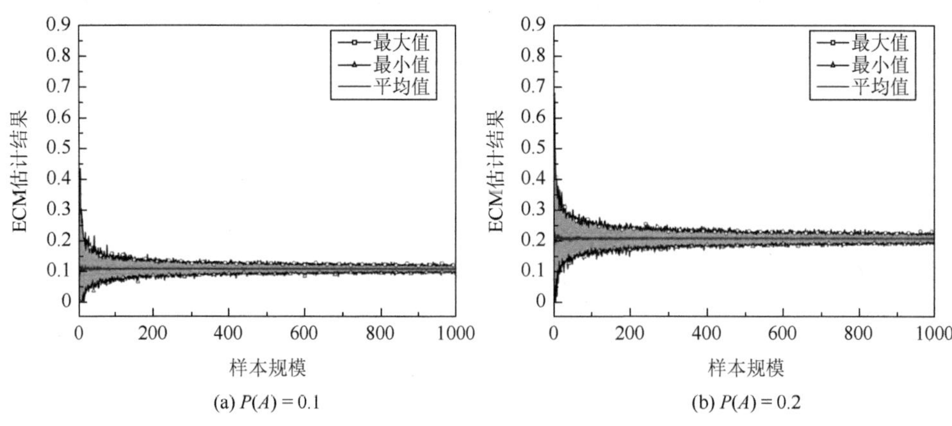

(a) $P(A)=0.1$　　(b) $P(A)=0.2$

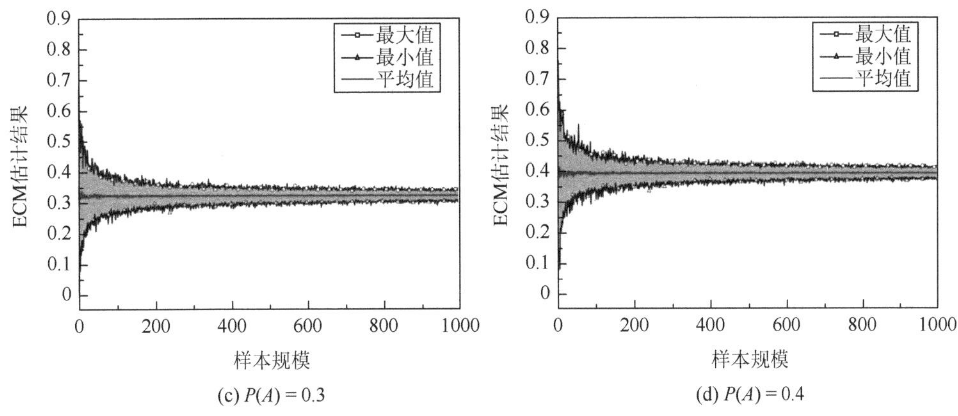

(c) $P(A)=0.3$　(d) $P(A)=0.4$

图 17-2　ECM 样本规模与估计结果

进一步在不同 $P(A)$配置的 ER、BA 和 KOSKK 这三种不同类型的模型网络上对 ECM 的性能进行仿真实验，结果如表 17-1 所示。可以看出，ECM 得出的估计值基本都分布在真实值附近，即 Bias 都位于 0 附近（图 17-3）。当 ECM 采集所有样本的邻居信息时，$P(A)$在所有场景下的误差均小于 0.001，且在多次仿真实验中，每次 $P(A)$的估计值波动都不大，总体变量均值估计的最大误差都小于 0.015。当 ECM 仅采集样本中心节点的 3 个或 5 个邻居节点信息时，使用式（17-8）得到的总体估计值 $\hat{P}_{n3}(A)$ 和 $\hat{P}_{n5}(A)$ 产生的最大误差也不超过 0.004，展示了该方法极强的鲁棒性和操作过程的灵活性。

表 17-1　ECM 在仿真网络上的实验结果

网络模型	$P(A)$	$\hat{P}(A)$	$\hat{P}_{n3}(A)$	$\hat{P}_{n5}(A)$
ER	10.0%	9.9%	9.9%	9.8%
	20.0%	20.1%	20.1%	20.1%
	30.0%	29.9%	30.0%	29.9%
	40.0%	39.9%	39.9%	39.8%
BA	10.0%	10.3%	10.4%	10.4%
	20.0%	20.0%	19.9%	20.0%
	30.0%	29.9%	29.7%	29.8%
	40.0%	39.9%	40.3%	39.8%
KOSKK	10.0%	10.0%	9.9%	10.1%
	20.0%	20.1%	20.3%	20.1%
	30.0%	30.0%	29.9%	29.9%
	40.0%	40.1%	40.0%	40.1%

注：$\hat{P}_{n3}(A)$ 和 $\hat{P}_{n5}(A)$ 为只随机选取中心节点 3 个或 5 个邻居节点信息时的 ECM 估计值

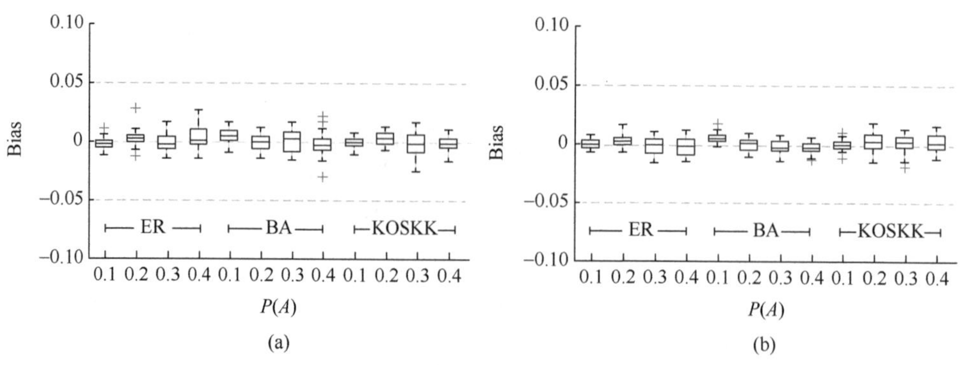

图 17-3　ECM 在仿真网络上的估计偏差

表 17-2 展示了在这三类模型网络中对 17.2.3 节提出的基于 bootstrap 的置信区间估计方法验证的结果。虽然在 $P(A) = 0.1$ 的 BA 网络上估计得到的 95%置信区间的覆盖度最小，但也接近 90%（88.5%）。在其他不同总体变量配置的网络中，得到的置信区间的覆盖度均超过了 90%，且其中 6 个的覆盖度超过了 95%。值得注意的是，在大量其他网络抽样技术中使用 bootstrap 方法进行置信区间估计的覆盖度仅能达到 60%～80%（Baraff et al.，2016），显然，ECM 的置信区间估计更加有效。

表 17-2　基于 bootstrap 的 95%置信区间估计覆盖度 Ω

$P(A)$	ER 网络	BA 网络	KOSKK 网络
0.1	93.0%	88.5%	95.5%
0.2	93.0%	97.0%	94.5%
0.3	94.5%	96.0%	95.5%
0.4	97.0%	93.0%	97.5%

ECM 对真实在线社交网络中三个属性的节点组成情况的估计结果如图 17-4 所示。可以看出，该方法对每个属性的总体比例的估计结果都与真实值高度一致，每个特征的估计偏差都很小。其中，对“年龄”这一特征的估计偏差为 0.033，对“所在国家”这一特征的估计偏差为 0.031，对“所在洲”这一特征的估计偏差为 0.030。这一结果表明，本章提出的 ECM 能够对各类人群比例进行可靠的估计，即使在真实社交网络上也仍然有效。

综上，不论是仿真网络实验还是真实网络实验，都很好地证明了 ECM 的性能，即使在总体比例不同、网络结构不同的模型网络中该方法仍然十分可靠，在复杂的真实社交网络结构上也同样能够取得很好的结果。

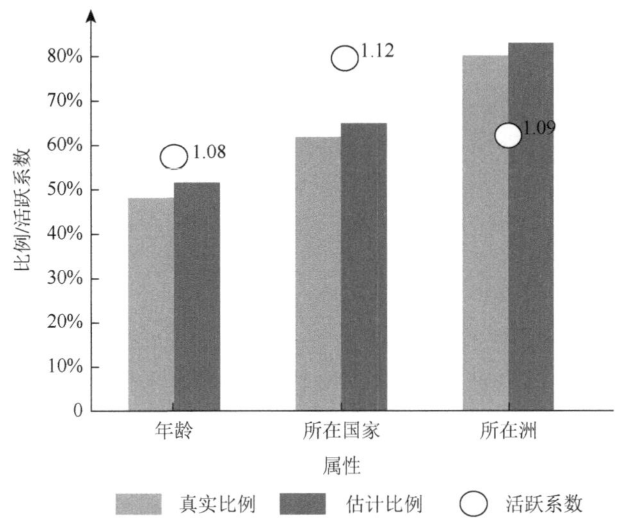

图 17-4　ECM 对真实在线社交网络中三个属性的节点组成情况的估计结果

进一步，为验证不同网络结构对 ECM 抽样和估计方法的影响，本节测试了在不同网络密度、平均聚集系数、节点同质性以及活跃系数下 ECM 估计结果的变化情况，如图 17-5、附图 17-1～附图 17-4 所示。显然，在不同 $P(A)$设置下，ECM 估计对网络密度、平均聚集系数的变化非常鲁棒，当网络密度从 0.002 增大至 0.012、平均聚集系数从 0.007 增大至 0.017 时，ECM 估计值并未呈现显著变化，均能得到总体变量的较好估计结果。由于 $h_A > 0$，表明网络中 A 类节点更倾向于与同类节点产生连接，即其邻居网络中将有更多同属性节点，根据式（17-7），ECM 的估计将偏大。但总的来说，这种偏差并不大，在 h_A 从 0 增大到 0.20 的所有实验中，$\hat{P}(A)$ 的误差均小于 4%，说明 ECM 依然可以得到较好的总体变量估计结果。

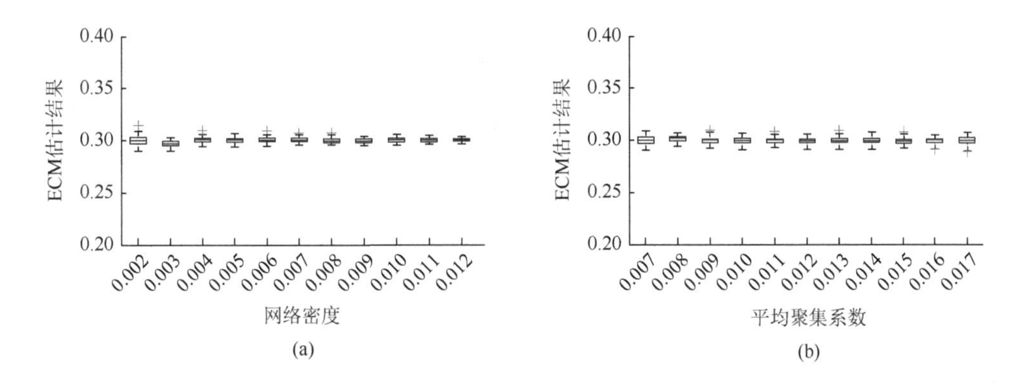

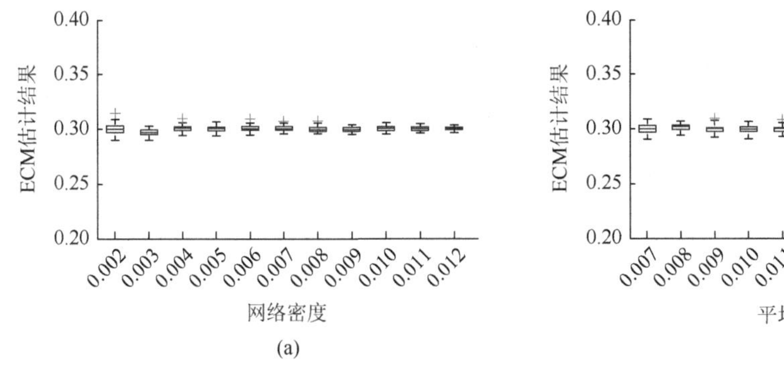

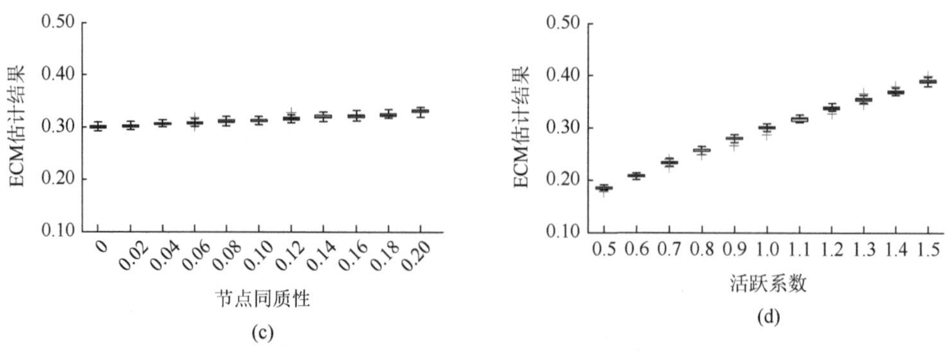

图 17-5　网络结构特征对 ECM 估计结果的影响［ $P(A)=0.3$ ］

由于活跃系数直接度量了不同属性节点网络规模的系统性差异，当活跃系数等于 1 时，ECM 的估计结果与总体变量的真实值差距很小。当活跃系数小于 1 或者大于 1 时，ECM 的估计结果会逐渐偏离总体变量的真实值。当活跃系数大于 1 时，ECM 得到的估计结果会偏大，而当活跃系数小于 1 时，其估计的结果会偏小。但是，在活跃系数并不极端的范围内，ECM 依然能取得较好的估计结果：在 $P(A)=0.1$ 、 $P(A)=0.2$ 和 $P(A)=0.3$ 的设置下，当活跃系数处于[0.9,1.1]的区间时，ECM 估计的相对误差在 10%以内；在 $P(A)=0.4$ 的设置下，当活跃系数处于[0.9,1.2]的区间时，ECM 估计的相对误差仍在 10%以内（附图 17-4）。

17.4　实 证 研 究

17.4.1　调查目的与问卷设计

在企业运营过程中，薪酬待遇、职场关系、员工职业规划、企业文化认同等成为不容回避和忽视的人力资源管理问题（Kwak et al.，2021；王磊，2012）。为了在真实人群的抽样调查中验证 ECM 的可行性和可靠性，本节选取广西某个拥有 40 余家连锁店面的家具企业，以该企业某区域店面的所有基层员工及管理层为调查对象，对职员的婚姻状况、学历、工龄、职位类型、税前年薪、薪酬满意度、职业成长、职场关系、离职倾向等一般和隐私性问题进行了问卷调查。通过设计自报告和他报告问卷，对受访者发放包含敏感问题及非敏感问题的匿名纸质问卷，并使用本章提出的间接估计方法实现对该群体的总体估计，实证调查的具体流程如图 17-6 所示。

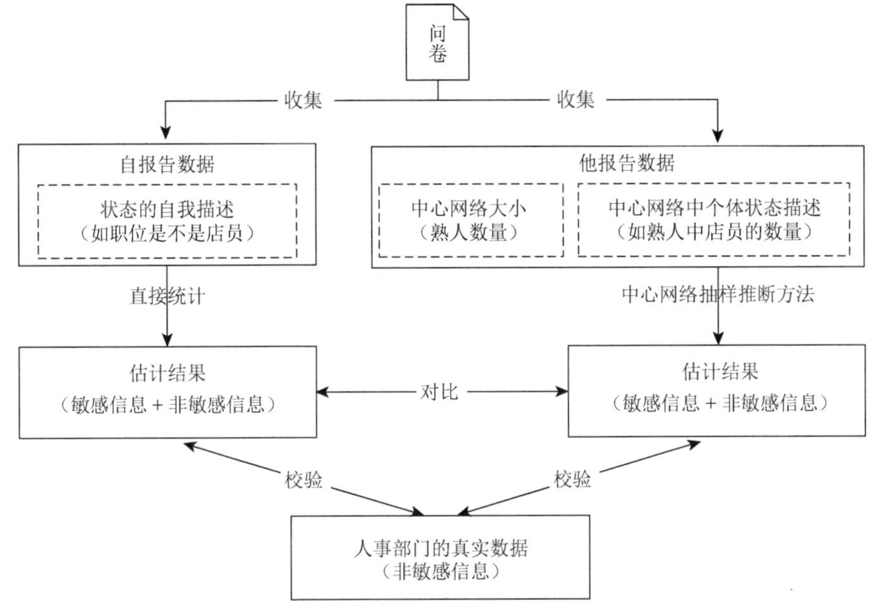

图 17-6　实证调查的具体流程

问卷一共包含两个部分。第一部分主要通过自报告的方式对个体自身信息进行采集，即直接询问受访者的自身信息，包括婚姻状况（是不是已婚）、学历（是不是高中以下）、工龄（是不是少于 5 年）、职位类型（是不是店员）、税前年薪（是不是在 4 万以内）、薪酬满意度（对薪水是否满意）、职业成长（上司是否栽培）、职场关系（同事关系是否融洽）、离职倾向（是否有离职意向）。第二部分则是通过他报告的方式对个体中心网络的信息进行采集，即询问受访者熟人或者朋友的总数量（对应为社交网络中的度），以及具有上述特征的朋友数量。本节在问卷上对“朋友”进行了详细的定义，以避免因个体对“朋友”的理解误差对实验结果造成干扰（附件 17-1）。另外，从该单位人事部门获取受访者的非敏感属性，即婚姻状况、学历、工龄、职位类型的真实值，将其与用户自报告信息的估计结果和 ECM 的估计结果进行校验，检验用户自报告数据的准确性以及 ECM 的性能。

为了鼓励受访者参与，并提高响应率和数据的可靠性，我们在调查实施时采取的措施如下。首先，受访者会被告知，数据分析人员不参与数据收集。其次，问卷是匿名填写的，以保护受访者的隐私。再次，在问卷实施前对调查方法进行科普，进一步明确将只会收集受访者朋友的数量信息，并不会涉及任何身份信息。最后，我们会给受访者提供一本关于调查总体的名册，以确保在问卷填写过程中受访者能够计算出相对准确的社交网络规模。

17.4.2　样本数据分析

数据采集之后，对存在明显错误的问卷进行剔除，然后利用收集的自报告信息和中心网络信息分别计算出含有各特征的总体比例，将自报告直接统计方法和中心网络抽样推断方法对总体比例的估计结果进行对比。一共发放了 52 份问卷，其中有效返回且无数据填写错误的共 42 份，回收率为 80.8%。问卷收集的 42 个受访者的中心网络如图 17-7 所示。计算发现，受访者中心网络的平均度（即网络平均大小）为 10.8，并且其中一些受访者的“朋友”网络明显大于大多数受访者的“朋友”网络，符合网络科学的“朋友悖论”（Bong et al.，2020；Cantwell et al.，2021），即朋友的好友平均数总是大于自身的好友数量。但是，受访者的度分布并没有呈现出异质或“胖尾”的特征，这与一般的实证社交网络的特性有所不同。造成此种结果的主要原因很有可能是这个封闭群体的社会性很高，个体之间经常会产生联系。

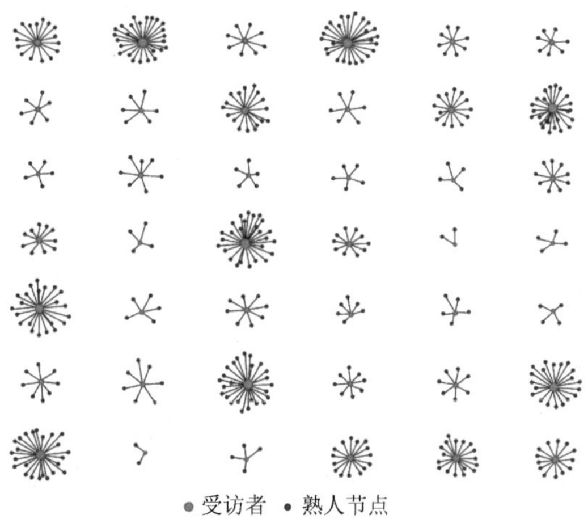

图 17-7　问卷收集的 42 个受访者的中心网络

17.4.3　预测结果及比较

统计采集到的自报告信息，利用 ECM，可以得出问卷中这九个变量的总体比例估计（表 17-3）。对于非敏感特征（婚姻状况、学历、工龄、职位类型）而言，可以看出自报告估计结果和 ECM 的估计结果与真实比例都十分接近。其中，自报告对四个非敏感特征总体比例的估计与真实比例的差值（绝对值）分别为 0.013、0.011、0.010 和 0.027，偏差非常小。这说明对于个体非敏感信息而言，受访者往往会愿意提供自身真实信息。利用中心网络信息对“学历”和“工龄”的推断结果虽然准确率略逊于自报告的估计结果，但其对真实比例的拟合度仍十分可观，估计偏差分别为 0.028 和 0.013。利用中心网络信息对“婚姻状况”和“职位类型”的估计偏差分别为 0.013 和 0.007，它们则持平于或更优于自报告的估计结果。

表 17-3　总体真实值与自报告及 ECM 估计结果的对比

项目	婚姻状况	学历	工龄	职位类型	税前年薪
真实比例	84.6%	55.8%	53.8%	71.1%	—
自报告	83.3%	54.7%	54.8%	73.8%	66.7%
ECM 估计	85.9%	53.0%	55.1%	70.4%	54.1%
95%置信区间	[84.8%, 86.9%]	[51.5%, 54.7%]	[53.4%, 56.7%]	[69.3%, 71.4%]	[52.6%, 55.4%]
项目	薪酬满意度	职业成长	职场关系	离职倾向	
真实比例	—	—	—	—	
自报告	78.6%	83.3%	92.8%	14.3%	
ECM 估计	80.4%	83.4%	86.8%	14.2%	
95%置信区间	[79.3%, 81.4%]	[82.4%, 84.4%]	[85.9%, 87.8%]	[13.1%, 15.2%]	

对于敏感特征（税前年薪、薪酬满意度、职业成长、职场关系、离职倾向），由于这些信息的真实比例事先无法得知，因此对自报告估计结果和 ECM 的推断结果进行一个综合比较。可以发现，对于“职业成长”和“离职倾向”这两个属性，ECM 估计结果与自报告估计结果基本一致。对于“薪酬满意度”，ECM 估计结果略高于基于自报告的估计结果。对于“税前年薪”和“职场关系”，ECM 估计结果均低于自报告的估计结果。这在一定程度上说明，即使受访者的隐私得到了充分保证，但在调查过程中，面对有关经济状况或社会认可性的问题时（如“税前年薪”“职场关系”），受访者的自报告往往偏向“过表达”，而问及隐私性较强或不易于公开表露的特征时（如“薪酬满意度”），受访者偏向于“欠表达”。

为了提高估计比例的可信度，本节还计算了 ECM 的总体估计量的 95%置信区间。总体来看，各属性总体比例的置信区间都相对较窄。对于非敏感特征，虽然 ECM 估计结果较自报告估计结果的偏差稍大，但与真实比例的差距甚小。其中在“婚姻状况”特征上，95%置信区间与真实值的差距只有 0.002；在“学历”特征上，差距为 0.011。而对于敏感性特征，虽然没有真实比例作为参考，但可以看出，ECM 的点估计结果都位于 95%的置信区间以内。

上述结果表明，基于受访者中心网络信息的隐私规避调查与推断方法可以在实际抽样调查中有效应用，且能保证对总体比例进行可靠的推断和估计。中心网络抽样过程中采集的受访者“朋友”信息比以自报告形式收集的自身属性信息更准确，采集过程也相对更加容易。同时，将中心网络与实际抽样调查过程相结合操作简单，只需要加入两个简单的小问题就能轻松实现。另外，实证结果也印证了受访者对于个体正向信息会倾向于提供“过表达”的答案，而对于个体负面信息会倾向于提供“欠表达”的答案。

17.5 结 束 语

在管理决策中，管理对象的真实状态往往因涉及隐私、敏感等问题导致自报告数据质量不高，数据采集难以大规模开展，进而难以掌握目标对象的真实情况，对管理政策的制定和实施等带来极大挑战。与此同时，数字经济和数字治理格局的发展对数据隐私保护提出了更高要求。在此背景下，隐私规避的统计推断方法成为保障调查数据可靠性和隐私性的重要技术途径。针对敏感问题自报告数据难获取、可靠性低且非概率抽样方法无法实现对总体的无偏估计等问题，本章提出了 ECM，实现了在不考虑中心节点（管理对象）属性信息的情况下，依靠中心节点的邻居信息来间接推断总体参数，并在模型网络和真实网络上进行了可行性和有效性验证。

ECM 实施简单，可对调查对象进行随机采样或实施普查，除采集样本的自报告数据外，同时采集每个样本是密切社交对象的报告数据，可避免管理对象自身因敏感原因等不愿提供数据或提供不真实数据的问题。同时，在进行相对苛刻的数据获取时（如抽样调查），该方法也优于一般的自报告方法，能够简单高效地适用于调查成本高昂、调查内容涉及隐私或敏感问题的调查场景。此外，尽管 ECM 对总体的估计误差不易受网络密度、网络聚集性等结构特征的影响，在统计推断过程中应密切关注目标群体特征是否与个体网络存在交互作用，当个体的社交关系存在较强的同质性或不同属性节点的平均度存在较大差异时，即中心网络的组成和规模不独立于属性 A 时，应该谨慎地使用 ECM 的总体估计结果。

本章的研究可以为有效收集敏感性问题的调查结果提供技术支撑，从而更好地服务经济、公共卫生等社会领域的管理决策制定。这种“间接”依靠中心网络信息去解决问题的思路还可应用于在线社交媒体分析、舆情商情分析、网络重构等方面。后续工作可围绕上述方面开展进一步的实证研究，通过网络爬虫结合中心网络抽样推断方法来具体实施。

参 考 文 献

陈国青, 任明, 卫强, 等. 2022. 数智赋能: 信息系统研究的新跃迁. 管理世界, 38(1): 180-196.

陈国青, 张瑾, 王聪, 等. 2021. “大数据—小数据”问题: 以小见大的洞察. 管理世界, 37(2): 203-213, 14.

陈收, 蒲石, 方颖, 等. 2021. 数字经济的新规律. 管理科学学报, 24(8): 36-47.

陈松蹊, 毛晓军, 王聪. 2022. 大数据情境下的数据完备化: 挑战与对策. 管理世界, 38(1): 196-207.

方舒. 2019. 基于负调查的保护位置隐私的评论模型. 武汉: 武汉理工大学.

江浩. 2019. 基于负调查的敏感信息收集方法及其应用研究. 合肥: 中国科学技术大学.

刘洋. 2014. 关于敏感性问题调查技术的研究. 北京: 首都经济贸易大学.

刘寅, 田国梁. 2019. 敏感性问题的抽样调查中非随机化响应技术的新进展. 应用概率统计, 35(2): 200-217.

粟芳, 邹奕格, 韩冬梅. 2020. 中国农村地区互联网金融普惠悖论的调查研究: 基于上海财经大学 2017 年“千村调查”. 管理科学学报, 23(9): 76-94.

王磊. 2012. 多分类敏感问题 RRT 模型下整群抽样调查的统计方法及其效度信度模拟评价. 苏州: 苏州大学.

王宗润, 汪武超, 陈晓红, 等. 2012. 基于 BS 抽样与分段定义损失强度操作风险度量. 管理科学学报, 15(12): 58-69.

Andrade C. 2021. The inconvenient truth about convenience and purposive samples. Indian Journal of Psychological Medicine, 43(1): 86-88.

Baraff A J, McCormick T H, Raftery A E. 2016. Estimating uncertainty in respondent-driven sampling using a tree bootstrap method. Proceedings of the National Academy of Sciences, 113(51): 14668-14673.

Berx J. 2022. Hierarchical deposition and scale-free networks: a visibility algorithm approach. Physical Review E, 106: 064305.

Bong K W, Utreras-Alarcón A, Ghafari F, et al. 2020. A strong no-go theorem on the Wigner's friend paradox. Nature Physics, 16: 1199-1205.

Cai M S, Huang G, Kretzschmar M E, et al. 2021. Extremely low reciprocity and strong homophily in the world largest MSM social network. IEEE Transactions on Network Science and Engineering, 8(3): 2279-2287.

Cantwell G T, Kirkley A, Newman M E J, et al. 2021. The friendship paradox in real and model networks. Journal of Complex Networks, 9(1): 1-15.

de Brier N, van Schuylenbergh J, van Remoortel H, et al. 2022. Prevalence and associated risk factors of HIV infections in a representative transgender and non-binary population in Flanders and Brussels (Belgium): protocol for a community-based, cross-sectional study using time-location sampling. PLoS One, 17(4): e0266078.

Dosek T. 2021. Snowball sampling and facebook: how social media can help access hard-to-reach populations. PS: Political Science & Politics, 54(4): 651-655.

Droitcour J A, Larson E M. 2002. An innovative technique for asking sensitive questions: the three-card method. Bulletin of Sociological Methodology, 75(1): 5-23.

Etikan I. 2016. Comparison of convenience sampling and purposive sampling. American Journal of Theoretical and Applied Statistics, 5(1): 1.

Fishburne P M. 1980. Survey techniques for studying threatening topics: a case study on the use of Heroin. Ann Arbor: University of Michigan.

Fisher J C D, Flannery T J. 2023. Designing randomized response surveys to support honest answers to stigmatizing questions. Review of Economic Design, 27(3): 635-667.

Gile K J, Handcock M S. 2010. Respondent-driven sampling: an assessment of current methodology. Sociological Methodology, 40(1): 285-327.

Greenberg B G, Abul-Ela A L A, Simmons W R, et al. 1969. The unrelated question randomized response model: theoretical framework. Journal of the American Statistical Association, 64(326): 520-539.

Groenitz H. 2014. A new privacy-protecting survey design for multichotomous sensitive variables. Metrika, 77(2): 211-224.

Hart E, VanEpps E M, Schweitzer M E. 2021. The (better than expected) consequences of asking sensitive questions. Organizational Behavior and Human Decision Processes, 162: 136-154.

Hedt B L, Pagano M. 2011. Health indicators: eliminating bias from convenience sampling estimators. Statistics in

Medicine, 30(5): 560-568.

Horvitz D G, Shah B V, Simons W R. 1967. The unrelated question ranmomized response model. Richmond: Research Triangle Institute and National Center for Health Statistics.

Huang G, Cai M S, Lu X. 2019. Inferring opinions and behavioral characteristics of gay men with large scale multilingual text from blued. International Journal of Environmental Research and Public Health, 16(19): 3597.

Karon J M, Wejnert C. 2012. Statistical methods for the analysis of time-location sampling data. Journal of Urban Health: Bulletin of the New York Academy of Medicine, 89(3): 565-586.

Kim J M, Warde W D. 2005. A mixed randomized response model. Journal of Statistical Planning and Inference, 133(1): 211-221.

Kojaku S, Hébert-Dufresne L, Mones E, et al. 2021. The effectiveness of backward contact tracing in networks. Nature Physics, 17: 652-658.

Krivitsky P N, Morris M. 2017. Inference for social network models from egocentrically sampled data, with application to understanding persistent racial disparities in HIV prevalence in the US. The Annals of Applied Statistics, 11(1): 427-455.

Krivitsky P N, Morris M, Bojanowski M. 2022. Impact of survey design on estimation of exponential-family random graph models from egocentrically-sampled data. Social Networks, 69: 22-34.

Kwak D H A, Ma X, Kim S. 2021. When does social desirability become a problem? Detection and reduction of social desirability bias in information systems research. Information & Management, 58(7): 103500.

Liu Y Y, Sanhedrai H, Dong G G, et al. 2020. Efficient network immunization under limited knowledge. National Science Review, 8(1): nwaa229.

Lu X. 2013a. Linked ego networks: improving estimate reliability and validity with respondent-driven sampling. Social Networks, 35(4): 669-685.

Lu X. 2013b. Respondent-driven sampling: theory, limitations and improvements. Stockholm: Karolinska Institutet.

Lu X, Bengtsson L, Britton T, et al. 2012. The sensitivity of respondent-driven sampling. Journal of the Royal Statistical Society (Series A: Statistics in Society), 175(1): 191-216.

Magnani R, Sabin K, Saidel T, et al. 2005. Review of sampling hard-to-reach and hidden populations for HIV surveillance. AIDS, 19(Suppl 2): S67-S72.

Mangat N S. 1994. An improved randomized response strategy. Journal of the Royal Statistical Society (Series B: Methodological), 56(1): 93-95.

Narjis G, Shabbir J. 2023. An improved two-stage randomized response model for estimating the proportion of sensitive attribute. Sociological Methods & Research, 52(1): 335-355.

Nuno A, st John F A V. 2015. How to ask sensitive questions in conservation: a review of specialized questioning techniques. Biological Conservation, 189: 5-15.

Raifman S, DeVost M A, Digitale J C, et al. 2022. Respondent-driven sampling: a sampling method for hard-to-reach populations and beyond. Current Epidemiology Reports, 9(1): 38-47.

Rehm J, Kilian C, Rovira P, et al. 2021. The elusiveness of representativeness in general population surveys for alcohol. Drug and Alcohol Review, 40(2): 161-165.

Rossier C. 2010. The anonymous third party reporting method//Singh S, Remez L, Tartiglione A. Methodologies for Estimating Abortion Incidence and Abortion-related Morbidity: A Review. New York: Guttmacher Institute and International Union for thc Scientific Study of Population: 99-106.

Salganik M J, Heckathorn D D. 2004. Sampling and estimation in hidden populations using respondent-driven sampling. Sociological Methodology, 34(1): 193-240.

Shahzad U, Ahmad I, Al-Noor N H, et al. 2022. Särndal approach and separate type quantile robust regression type mean estimators for nonsensitive and sensitive variables in stratified random sampling. Journal of Mathematics, 2022: 1430488.

Spira C, Raveloarison R, Cournarie M, et al. 2021. Assessing the prevalence of protected species consumption by rural communities in Makira Natural Park, Madagascar, through the unmatched count technique. Conservation Sciencc and Practice, 3(7): e441.

Tian G L. 2014. A new non-randomized response model: the parallel model. Statistica Neerlandica, 68(4): 293-323.

Toivonen R, Kovanen L, Kivelä M, et al. 2009. A comparative study of social network models: network evolution models and nodal attribute models. Social Networks, 31(4): 240-254.

Topp L, Barker B, Degenhardt L. 2004. The external validity of results derived from ecstasy users recruited using purposive sampling strategies. Drug and Alcohol Dependence, 73(1): 33-40.

Wullenkord M C, Tröger J, Hamann K R S, et al. 2021. Anxiety and climate change: a validation of the Climate Anxiety Scale in a German-speaking quota sample and an investigation of psychological correlates. Climatic Change, 168(3): 1-23.

Yan T. 2021. Consequences of asking sensitive questions in surveys. Annual Review of Statistics and Its Application, 8: 109-127.

Yu J W, Tian G L, Tang M L. 2008. Two new models for survey sampling with sensitive characteristic: design and analysis. Metrika, 67(3): 251-263.

Zahl-Thanem A, Burton R J F, Vik J. 2021. Should we use email for farm surveys? A comparative study of email and postal survey response rate and non-response bias. Journal of Rural Studies, 87: 352-360.

附　　录

附件 17-1　隐私规避的中心网络抽样方法实证研究中的问卷设计

员工职场状态匿名调查问卷

尊敬的同事您好，这是一份关于企业员工职场状态的匿名调查问卷，旨在了解当代“打工人”对于工作、生活的真实想法和状态，为帮助企业了解公司员工现况和愿望、改善管理水平、提高关爱水平等提供相关依据。**本次问卷完全匿名且仅用于研究目的，我们将对内容严格保密**，请您协助我们，根据您自身情况如实作答。再次感谢您的支持和配合，您的参与十分重要！

1. 婚姻情况：

A、已婚　　　　　B、未婚

2. 学历：

A、高中以下　　　　B、高中以上

3. 工龄：

A、<5 年　　　　　B、≥5 年

4. 职位类型：

A、管理层（含店长）　B、店员

5. 每年税前薪水（从企业获取的总收入，包括基本工资、年终奖等）：

A、4 万元以内　　　　B、超过 4 万元

6. 我所获得的报酬与我所付出的工作基本相符：

A、是　　　　B、否

7. 我的直属上司花了很多心血培养我：

A、是　　　　B、否

8. 我跟单位内的同事都能以朋友融洽相处：

A、是　　　　B、否

9. 我未来三年有离开企业的想法（辞职、跳槽等）：

A、是　　　　B、否

10.（a）您所在的公司中，您的熟人有___人。

[**熟人**是指过去半年内与您通过电话、微信、邮件等方式有过联系的个体，以及一同出游、约会、学习、分享信息等经历的个体。]

10.（b）请填写您熟人中具备表格中相应描述的数量：[请填入数字]：

已婚	
学历高中以下	
工龄 5 年以内	
店员	
每年薪水 4 万元以内	
对当前薪水满意	
直属上司花精力培养	
跟同事都能以朋友对待	
未来三年有离职的想法	

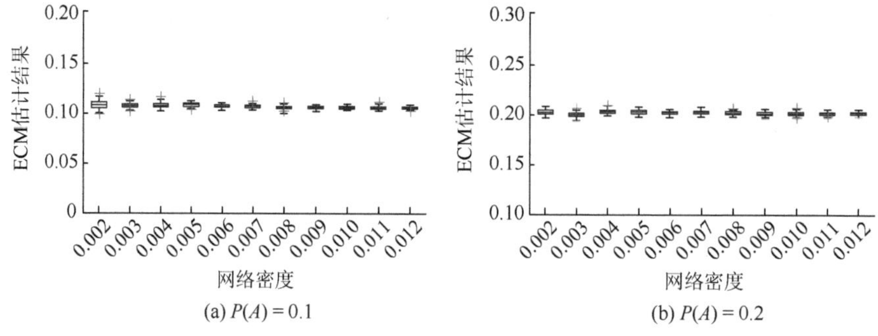

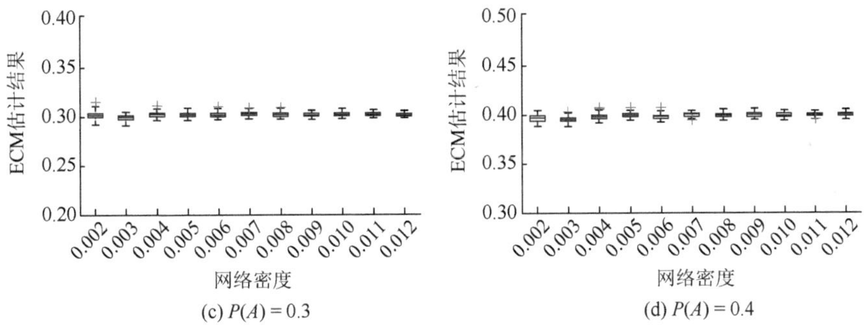

(c) $P(A) = 0.3$　　(d) $P(A) = 0.4$

附图 17-1　不同网络密度下 ECM 的估计结果

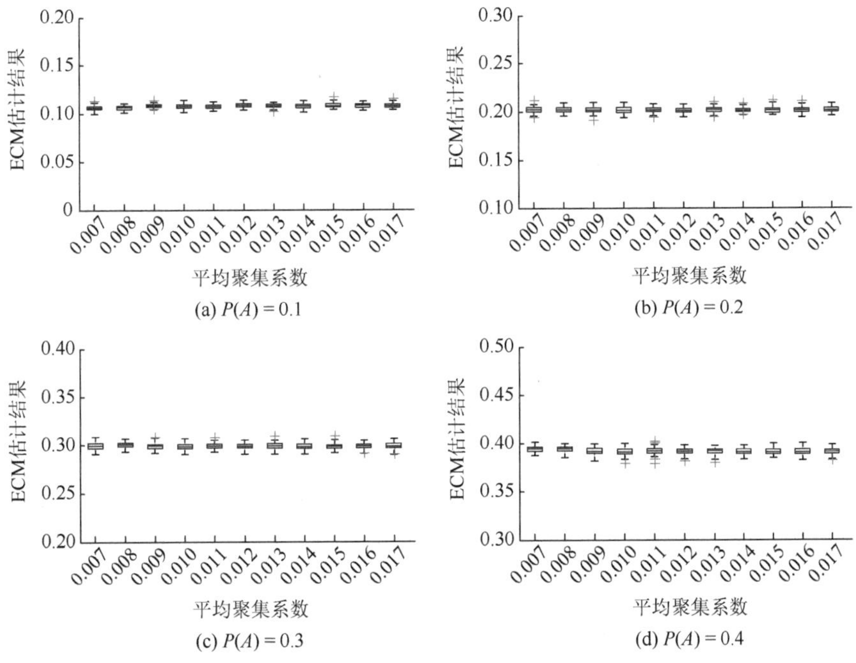

(a) $P(A) = 0.1$　　(b) $P(A) = 0.2$

(c) $P(A) = 0.3$　　(d) $P(A) = 0.4$

附图 17-2　不同平均聚集系数下 ECM 的估计结果

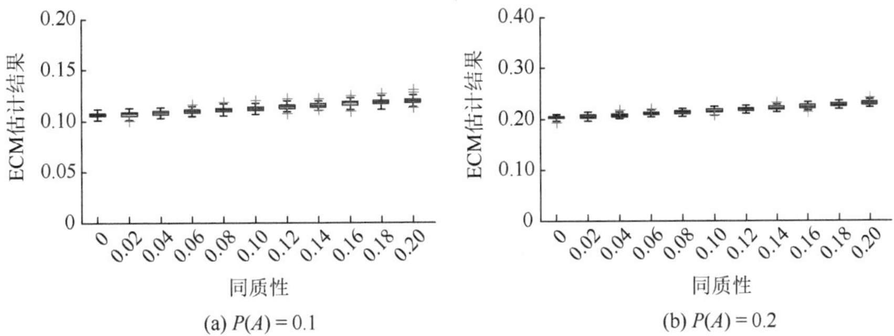

(a) $P(A) = 0.1$　　(b) $P(A) = 0.2$

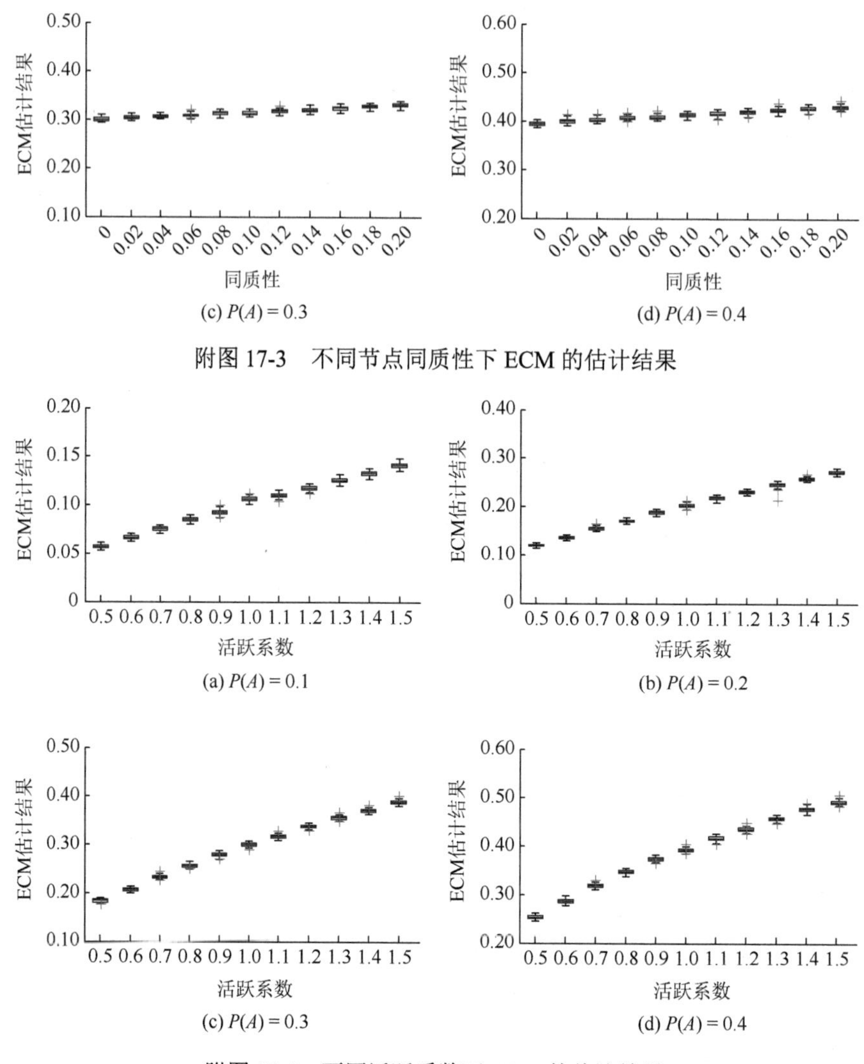

(c) $P(A) = 0.3$　　(d) $P(A) = 0.4$

附图 17-3　不同节点同质性下 ECM 的估计结果

(a) $P(A) = 0.1$　　(b) $P(A) = 0.2$

(c) $P(A) = 0.3$　　(d) $P(A) = 0.4$

附图 17-4　不同活跃系数下 ECM 的估计结果

第18章　大数据环境下我国未来区块链碳市场体系设计[①]

18.1　引　　言

气候变化是人类面临的共同挑战。我国作为负责任和有影响力的大国，在碳减排方面一直在付出努力并取得了显著成效（Jotzo et al.，2018；Wang and Wang，2017），积极推动"双碳"目标的达成。碳排放权交易（简称碳交易[②]）是实现这一目标的重要方式（张希良等，2021；Gallagher et al.，2019），因此，建设统一高效的碳排放权交易市场（简称碳市场）受到国家有关部门的重视。2021年7月，我国在原有的七个区域性试点碳市场基础上启动了全国统一碳市场，并力争在"十四五"期间碳市场覆盖八个重点高能耗行业。

我国当下的碳市场以企业级的碳交易[③]为主，市场建设以一种"自上而下"的方式（即以控制在能源消耗上游的碳排放为主要目的）进行。国家主管部门通过适当的分配原则将碳排放配额分配给企业，企业根据自身所处行业、技术、管理方式等特征，制定减排目标与计划。减排高效的企业可以将剩余的碳排放配额（简称碳配额，即相关部门规定的二氧化碳排放指标）出售给减排困难或者减排成本高的企业，通过市场化配置推进企业的低碳转型（Caro et al.，2013；Chen et al.，2011；Zhao et al.，2010）。但目前的碳市场还没有覆盖到个体层面的碳排放。研究表明，个人和家庭直接或间接导致的碳排放约占全球碳排放总量的72%（Hertwich and Peters，2009）。在国家层面上，中国35%的碳足迹与家庭碳消费行为有关（Tian et al.，2014）；新加坡约有1/4的碳排放量由居民生活行为产生（Su et al.，2017）；美国归因于消费者需求的碳排放总量占国家碳排放总量的80%以上（Jones and Kammen，2014）。因此，个人层面的碳减排对于高效达成"双碳"目标意义重大。

---

① 本章作者：叶强（哈尔滨工业大学经济与管理学院）、高超越（哈尔滨工业大学经济与管理学院）、姜广鑫（哈尔滨工业大学经济与管理学院）。通讯作者：姜广鑫（gxjiang@hit.edu.cn）。基金项目：国家自然科学基金资助项目（91846301；71850013；72121001）。本章内容原载于《管理世界》2022年第1期。

② 国际定义为温室气体排放权交易的统称，指对相关温室气体进行排放总量控制，从而使之具备商品属性。本章以二氧化碳排放权交易为例进行说明。

③ 企业级碳交易指企业之间为了满足履约要求所进行的碳配额、中国核证自愿减排量（Chinese Certified Emission Reduction，CCER）、碳普惠核证自愿减排量（Puhui Certified Emission Reductions，PHCER）交易。

个人级碳交易是指通过量化个人碳排放量并进行交易从而达到碳减排效果的政策形式，是一种“自下而上”的方式（即以控制在能源消耗下游的碳排放为主要目的）。个人级碳交易形式的选择是各国政府面临的难题。欧洲市场的相关经验表明，强制性的个人级碳交易在落地过程中存在分配不均衡和监督执行等方面的困难（Fawcett and Parag，2010）。相比之下，以激励形式引导公民自愿参与碳减排的碳普惠制度[①]更加适用于我国国情（Tan et al.，2019）。因此，本章提到的个人级碳交易主要指自愿性个人级碳交易，碳普惠制度是自愿性个人级碳交易的一种政策形式。目前，我国部分地方政府和企业初步探索了一些个人级碳交易形式，多以区域性项目的方式运行，如广东省的碳普惠项目等。这些项目虽然对个人的碳减排起到了一定的促进作用，但距离形成完善的个人级碳市场还有一定的差距。

无论是目前运行的企业级碳市场还是正在探索的个人级碳市场，在实际运行中都存在一定的问题。企业级碳市场主要依托中心化交易所进行交易，存在诸如数据造假、虚假交易、监管不透明、管理部门核查成本高等中心化交易的弊端（Csóka and Herings，2018），并且在大数据管理中，过于中心化会导致数据安全性差和管理成本较高等问题。个人级碳交易体系的建设也存在一些关键问题，包括激励方式的设计、用户隐私保护和不同商家的数据资产共享等。其中，制约个人级碳交易全国推广的主要障碍是海量个人碳资产[②]数据的管理成本问题。快速发展的区块链技术（Chod et al.，2020；Olsen and Tomlin，2020）为解决上述问题提供了新思路。区块链可以记录碳配额的发放、上报和履约等全过程数据，其不可篡改和可追溯的特性将会降低企业瞒报排放量、个人或者数据管理机构篡改数据等行为发生的概率，降低虚假数据、虚假交易产生的可能性，极大降低政府部门的核查成本（张宁等，2016）；区块链的可编程特性，即智能合约，可以满足不同区域、不同场景下的碳普惠政策推行，完善的智能合约可以自动运行，无须维护，将极大减少碳普惠建设过程中的数据统计、碳积分发放与回收等工作的管理成本（吉斌等，2021）。通过区块链的侧链扩容技术，还可以将“自上而下”和“自下而上”建设的企业级和个人级碳市场有机整合为统一的碳市场。

本章面向未来企业级和个人级碳市场的统一建设需求，提出了在未来大数据环境特征下，利用区块链技术手段设计的碳市场体系。大数据环境的管理问题将会激发决策范式转变与业务模式创新（陈国青等，2020）。本章拟利用公链技术及

---

① 碳普惠制度是政府相关部门对小型企业、居民社区、家庭和个人的低碳行为数据进行收集和量化，通过积分制度赋予其价值认证，且允许该价值认证在社区生态、碳市场流通的正向引导机制。

② 碳资产是可交易二氧化碳排放指标的统称，包括碳配额、CCER、PHCER、碳普惠生态中的碳积分。碳积分指个人通过低碳减排行为获取的可交易碳减排量数据记录。个人碳资产特指碳积分。

其侧链扩容技术设计满足企业级碳交易与个人级碳交易性能需求的交易体系架构，利用公链的去中心化、可追溯、不可篡改、数据公开透明和可编程等特性保证企业级碳交易的真实可信，降低管理成本，并通过侧链聚合个人碳资产，将小额、高频的个人级碳交易转移到交易吞吐量更大的侧链中进行。进而根据主链与侧链的耦合关系，利用经济学模型对侧链中流通的个人级碳交易进行合理定价，并利用模拟数据说明交易体系、定价模型的合理性。本章的主要贡献体现在以下三个方面。①论述了个人级碳交易的重要性，并面向未来提出了融合企业级和个人级碳交易的统一碳市场建设思路。②面向未来大数据环境下的碳市场，提出了公链 + 侧链的区块链碳市场体系设计方案。公链上实现企业节点与区域生态运营节点之间的交易，侧链上实现区域生态中的个人碳资产的产生与交易，利用区块链技术形成了融合企业级与个人级碳交易的统一碳市场。③建立了区块链碳市场中个人碳资产价格驱动机制模型，通过分析侧链生态中个人碳资产价格与重要参数之间的关系，阐释价格变动机理，为政府部门进行政策调控给出了建议。

本章整体结构如下：在 18.2 节中，我们首先分析我国碳市场的演变过程，指出建立企业级与个人级统一碳市场的趋势与必要性；在 18.3 节中，我们考虑面向未来大数据的场景，根据市场需求分析、技术范式分析进行市场体系设计，提出公链 + 侧链技术的方案；在 18.4 节中，我们考虑侧链生态中碳价格机制设计，建立了生态流通碳价格的定价模型，并做了相应的数据模拟分析，说明模型的用途和有效性；18.5 节进行了总结与展望。

18.2　我国未来碳市场发展趋势分析

18.2.1　我国企业级碳交易现状及趋势分析

碳交易的快速发展始于 1997 年 12 月通过的《京都议定书》。在 2005～2015 年期间，分布在四个不同大洲的 17 个碳市场建设完成。我国碳交易的开展可以追溯到 2005 年，其发展历程可以分为三个阶段：①2005 年开始参与国际清洁发展机制（Clean Development Mechanism，CDM）项目[①]；②2013 年开始建设碳交易试点市场，涵盖北京、上海、天津、重庆、湖北、广东、深圳、福建八个省市；③2021 年开始建设统一的全国碳市场，首批纳入 2225 家发电企业。当前我国统

① CDM 起源于《京都议定书》约定的碳抵销机制体系，该体系包括国际排放贸易（International Emissions Trading，IET），即发达国家之间碳排放指标的交易；联合履约（Joint Implementation，JI），即发达国家之间通过项目级的合作实现碳排放指标的转让；以及 CDM 项目。CDM 主要是由发达国家为发展中国家提供技术和资金，在发展中国家建设清洁能源项目，再通过一定的费用购买清洁能源项目产生的核证减排量（certified emission reduction，CER）用以抵销本国碳排放量。

一碳市场和试点碳市场并存运营，试点碳市场采用碳配额交易和 CCER 抵销机制并存的方式。

整体来讲，我国碳市场的碳价格和交易活跃度相比国际碳市场较低。参照欧盟等成熟碳市场的发展历程，未来我国碳市场的覆盖范围将进一步扩大，免费配额将逐渐被有偿分配取代，CCER 将广泛进入碳市场，CCER 抵销比例将进一步扩大，从而增加可交易减排量。但是 CCER 项目的审批需要符合一定的国家标准，未来的审批标准会进一步严格，仅有部分符合标准的行业和达到一定体量的企业可以获得审批资格。然而，我国经济结构体系近年来对碳密集行业的依赖性较强（Guan et al.，2014），且 2020 年碳排放总量为 120 亿吨，即使未来企业级碳市场成熟之后可以覆盖 60%～70%的比例，要实现“双碳”目标，可能也存在一定的压力。因此，补充发展企业级碳交易之外的接受度高、成本有效的政策工具，是未来我国碳市场发展的重要趋势。

18.2.2 个人级碳交易的现状及发展趋势

个人级碳交易作为一种“自下而上”的碳减排政策，引起了多国政府关注，但是由于早期强制性的个人级碳交易社会接受度较低、管理成本过高等原因，并没有进行大规模推广。然而，相关学者认为个人级碳交易并不是一个超前的概念，是高质量实现碳减排的有效途径之一（Fawcett，2010）。相关研究指出，虽然在个人级碳交易政策下，个人碳排放额度的平均分配存在一定的不公平性（Burgess，2016），但是其可以有效地改变个体的行为决策，提高低碳意识（Li et al.，2018）。在中国进行的一个案例研究表明，个人和家庭参与的碳市场可以分别减少 45.5%乡村地区的碳排放和 28.1%城市地区的碳排放，节约的碳减排成本达到 13.60%～14.01%（An et al.，2021）。

由于个人级碳交易的巨大潜力，当前已经有多个政府机构和相关企业结合我国国情发起了多个碳普惠实践项目，比如广东省的碳普惠项目、支付宝蚂蚁森林等。如表 18-1 所示，此类项目通过以金钱或者荣誉激励为主的形式，鼓励公民自愿参与碳市场，避开了强制性个人级碳交易存在的一些推广障碍（自然资源保护协会，2021）。但是目前推行碳普惠试点的城市或者公司，大都是针对绿色出行场景，由于数据限制，难以覆盖居民生活全场景，而且运行状况良好的项目大都引入市场外部激励机制。低碳行为数据折合成碳积分到碳市场进行交易获利的模式，比单独政策引导或发放优惠券的模式运行更为出色，证实了市场化激励反馈的积极作用。此外，蚂蚁森林的案例说明了公民的低碳行为意愿强烈，在数据可以通过平台自动收集的前提下，仅通过合理的荣誉激励，便有如此巨大的用户群体和显著的减排效果。

表 18-1　碳普惠相关项目的运行模式及问题

项目名称	项目概况	存在的问题
碳宝包（武汉）	运行期间市民可以通过公交、共享单车或者步行的方式兑换碳币，碳币可以用于兑换电影票和团购券等	操作的便捷性低，市民需要单独上传小票等证明；兑换产品不符合市民期望值
碳账户（深圳）	通过机动车自愿停止驾驶、使用特定充电桩充电和使用塑料回收机三个活动，鼓励居民获取碳积分。积分可以兑换生活用品和各种消费券	存在的问题与武汉的碳宝包类似
碳普惠（广东省）	小微企业和居民家庭的减碳行为可以被量化，兑换为碳币。碳普惠平台的特色是与碳交易平台对接，自愿行为可以通过核证转化为 PHCER，在碳市场上进行交易获利。截至 2021 年底，已经有碳减排项目 20 个，会员 2 万多人，累计减碳量近 1.7 万吨	用户数据难以获得，仅政府控制的公交、水电气等系统可以与碳普惠平台打通，其他企业将用户的行为数据看作一种资产，不愿意与碳普惠平台进行共享
我的南京（南京）	用户通过绿色低碳出行等方式获得绿色积分，可以直接在绿色商城兑换实物奖励，也可以在当地的苏果超市抵扣现金。项目获得碳减排量可以在北京碳市场交易，交易获得资金用于系统运转	存在的问题与广东省碳普惠项目类似，部分企业数据难以接入
我自愿每周再少开一天车（北京）	用户手动上传停驶车辆照片，审核通过后可以获得停驶减排量，获得与在北京碳市场交易对应的收益	用户操作成本高，无法直接获得停驶数据
绿色出行碳普惠（北京）	用户只要在采用绿色出行方式时使用高德地图和百度地图进行导航，便可获得碳能量。由高德地图、百度地图汇总用户碳能量在碳市场进行交易，交易所得按用户贡献比分发给用户	难以统一覆盖用户生活的各个方面，难以建立统一的碳账户
蚂蚁森林（支付宝）	蚂蚁森林自 2016 年上线以来，通过统计支付宝用户的低碳行为折算成绿色能量，并捐赠累计能量进行公益活动。借助支付宝广大的用户基础，通过精神激励的方式，提升了用户的低碳行为方式选择意愿	尚未与碳市场进行对接
绿普惠（绿普惠网络科技有限公司）	绿普惠通过与保险公司、车企等合作，使用车联网减排设备记录个人停驶行为，并将个人停驶行为进行量化，给予碳积分奖励。碳积分可以在碳市场进行交易，也可以直接与保险公司兑换现金奖励	推广程度较差，碳积分总数较少，价值较低

根据目前地方政府和企业的实际试点情况，碳普惠制度的推广还存在一定问题，主要体现在以下四个方面。①数据规模过于庞大，管理效率需要提高。在我国推行碳普惠制度，小微企业、社区、家庭、个体节点数目过多，全面推广之后将面临规模庞大的数据和高昂的管理成本。②数据真实性、安全性、可追溯性需要增强。虽然移动互联网的普及使个人数据的收集变得便捷，但是涉及数据的真实性与隐私性的尺度较难把握，且数据溯源的难度较大。③数据认定与激励兑换的方法学不完善。诸多低碳行为比如公共交通、步行、植树等行为如何兑换成碳积分，其换算方法尚未成熟。④不同企业的个体行为大数据难以共享，存在“数据孤岛”问题。大数据时代下，企业用户数据是企业的核心资产，如果不能在安

全可靠的前提下实现数据的共享，便难以全面、便捷地统计量化低碳行为数据。因此，如何处理上述问题是碳普惠制度推广的关键。

18.2.3　未来碳市场的演变趋势分析

根据 18.2.2 节分析，在“双碳”目标的驱动下，我国碳市场未来在“自上而下”推进企业级碳交易的同时，需要兼顾“自下而上”的个人级碳交易的推广与实施。从现行阶段到未来全民参与的统一碳市场，还要经过一段时间的建设和迭代。图 18-1 展示了未来碳市场演变过程的四个主要阶段。

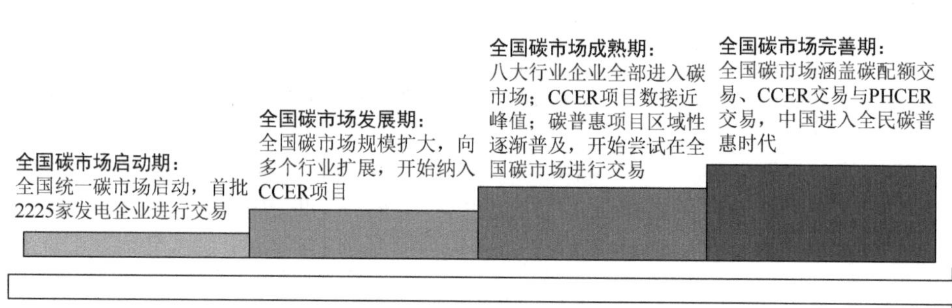

图 18-1　未来碳市场演变过程阶段图

第一阶段：全国碳市场启动期。

启动初期，首批 2225 家发电企业进行碳配额交易，与地方性试点市场并存运行。本阶段的主要任务是实现全国统一碳市场的平稳运行，使碳价稳中有进。同时，逐步实现地方碳市场企业到全国统一碳市场的过渡，逐步扩大八大行业纳入统一碳市场的规模。

第二阶段：全国碳市场发展期。

碳市场覆盖规模向多个行业扩展，开始纳入 CCER 项目。八大重点控排行业（发电、石化、化工、建材、钢铁、有色金属、造纸和国内民用航空）共有企业数目 7000～8000 家，绝大部分进入全国碳市场。截至 2021 年 4 月，国家发展和改革委员会公示的 CCER 审定项目累计 2871 个，备案项目 861 个，进行减排量备案的项目 254 个。因此，本阶段预计将有千余个 CCER 项目在市场上进行交易。全国碳市场节点数目将达到万级。碳普惠项目在各地区开始试点，暂不列入全国碳市场节点计数。

第三阶段：全国碳市场成熟期。

企业级碳市场趋于成熟，个人级碳市场协同补充。八大行业企业全部进入碳市场；CCER 项目数接近峰值；碳普惠项目区域性逐渐普及，开始尝试在全国碳市场进行交易；考虑碳普惠项目节点数目，以北京市的公交出行为例，2019 年全市每天的公交出行人数约为 610 万人，假设以某个区为试点，个人碳资产账户数目至少在百万级别，所以该阶段全市场节点数目达到百万到千万级。

第四阶段：全国碳市场完善期。

全国碳市场涵盖碳配额交易、CCER 交易与 PHCER 交易，中国进入全民碳普惠时代。在这一阶段全市场节点数可以参考蚂蚁森林数据进行估计。蚂蚁森林 2016 年 8 月上线，2017 年 1 月用户规模达到 2 亿人，于 2019 年 11 月用户规模突破 5 亿人，约占支付宝用户总数的 50%左右。蚂蚁森林相关的数据均以个人自愿减排为前提，碳普惠制度不但可以满足个体的环保意愿，还起到了经济激励的作用，所以预估参与用户占总人口比例会高于蚂蚁森林用户数占支付宝账户数目比例。因此，预测未来企业级碳账户与个人级碳账户数目将达到 10 亿级。假设个人级碳账户每天有一笔数据更新，平均每人每天发起一笔交易，平均每天的交易量在 20 亿笔以上。未来的碳市场建设将面临个人碳资产大数据的管理压力。

18.3 基于区块链技术的未来碳市场系统架构设计

根据 18.2 节分析，未来我国碳市场的完善建设过程中将面临大数据的管理问题。长期视角下我国能源转型需要以创新驱动为引领，并基于数字技术进行商业运营模式的改进（范英和衣博文，2021）。区块链技术具有解决未来大数据环境下我国碳市场面临的系统运行效率、管理成本、数据资产安全和虚假交易等问题的优势。因此，本节将引入区块链技术进行未来我国碳市场系统架构设计。

18.3.1 大数据环境下传统区块链技术方案的应用前景分析

区块链技术是通过去中心化和去信任的方式集体维护一个可靠数据库的技术方案，具有匿名性、自治性、开放性、可编程性、可追溯性和不可篡改等优良特性（邵奇峰等，2018；袁勇和王飞跃，2016）。根据信息的公开程度、节点的权限和去中心化程度，区块链技术主要分为公链（公有链）、联盟链和私有链三种。公链是所有人都可以读取数据、发送交易、参与共识的区块链，其去中心化程度最高，数据安全性最高，但是交易速度最慢。联盟链是由多个组织机构共同参与、共同管理的区块链网络，其中数据的读写只对链中的各个组织机构开放，其交易速度较快，但是去中心化程度和数据安全性较差（李芳等，2019）。私有链是一个私有的区块链数据库，中心化程度高，数据访问权限通常仅对中心机构认证的用户开放，其数据处理速度最快，但是数据安全性最差。

表 18-2 是基于不同的区块链技术方案与中心化交易所的碳市场特性对比。其中私有链和中心化交易所类似，均是由中心机构主导，数据安全性和公开性在区块链技术方案中最差，但是私有链相比中心化交易所，在数据可追溯方面有明显的优势。公链方案的问题主要是交易速度和管理成本，交易速度受限于其共识机制导致的区块确认速度，管理成本来自碳普惠时代全部节点上链后带来的交易成本和运营成本。相比公链，联盟链虽然有运行效率方面的相对优势，但是其中心化程度较高，数据安全性和公开性较差，也无法满足企业级碳交易和个人级碳交易的数据公开性差异需求。

表 18-2　基于不同的区块链技术方案与中心化交易所的碳市场特性对比

特性	中心化交易所	公链	联盟链	私有链
中心化程度	中心化	去中心化	半中心化	中心化
交易速度可以满足未来碳市场演变过程阶段的要求	第四阶段	视公链性能：第二或者第三阶段	视联盟链性能：第三或者第四阶段	第四阶段
数据安全性	差	优	良	差
可追溯性	无	有	有	有
数据公开性	不公开	公开	半公开	不公开
管理成本	高	高	高	高

面向未来碳市场建设的大数据场景，区块链技术的商业模式应用可以极大地降低企业进行数据篡改、虚假信息操纵的可能性（龚强等，2021）。然而，新场景引出了诸多新挑战，未来碳市场需要在保证系统运行效率的同时，兼顾企业交易数据透明可监督和个人数据资产隐私需求，还需要控制系统的管理运营成本。区块链技术发展至今，存在“不可能三角”的问题，即去中心化程度、交易速度和数据安全性不可兼具。公链、联盟链与私有链均各有侧重，但均无法同时满足大数据场景下碳市场建设的复杂需求。

18.3.2　大数据环境下区块链碳市场系统结构的分层设计方案

大数据环境下公链技术方案的运行效率瓶颈问题在比特币和以太坊等公链的交易场景中早有体现。随着区块链技术的普及，传统公链的吞吐量无法满足爆炸式增长的交易需求，因此出现了多种区块链扩容技术。侧链技术作为其中的一种分层解决方案（Wang et al.，2021），具备独立区块账本、共识机制与定制化智能合约，通过与主链（侧链的锚定链，比如比特币、以太坊等）的双向锚定，既可以满足数据资产的跨链需求，又可以在内部进行独立的金融创新与技术创新，更重要的是可以缓解大数据环境下主链的拥堵问题。例如，Loom[①]作为一种基于以太坊的侧链协议，通过 DPOS（delegated proof of stake，代理权益证明）的共识机制实现了高性能吞吐量，并可以使数据资产在 Loom 与以太坊之间安全跨链转移，由此小额交易可以在 Loom 侧链上进行，提高了网络吞吐量且为用户降低了手续费。同时，Loom 支持智能合约的定制化部署，每条 Loom 侧链可以有不同的智能合约，支持面向多场景的模式创新。

当前侧链技术较多地应用于比特币和以太坊的跨链资产转移，基于侧链技术的应用模式创新较少。针对大数据环境下我国未来碳市场的建设，尚无区块链技术角度的研究探讨。根据 18.2 节中碳市场的发展趋势分析，本节认为主侧链结合的技术方案与我国未来碳市场建设需求紧密契合。主侧链分别支撑企业级碳交易和个人级碳交易，有以下几点优势。①提高系统运行效率。企业级碳交易有大额、低频的特性，个人级碳交易有小额、高频的特性。小额、高频的个人级碳交易在高吞吐量的侧链中进行，可以极大地提高系统运行效率。②降低系统管理成本。主侧链智能合约的自动化执行可以减少政府管理部门的工作量。③数据安全需求分层满足。企业级碳交易对交易安全性和稳定性要求较高，个人级碳交易对个人和数据服务提供商的数据资产安全要求较高，主侧链分层制定智能合约可以满足不同的数据安全需求。④多样低碳场景需求定制化满足。一条主链可以与多条侧链双向锚定，所以可以面向不同区域的不同低碳场景、不同行为数据折算方式，定制不同的智能合约，灵活应对多样化需求。同时区域性侧链的实施还可以聚合区域小额个人碳资产，降低运营管理成本。

侧链技术在扩容方面的发展主要面向公链，但是也不乏对多类型链之间进行链接的技术方案出现（李芳等，2019）。私有链由于牺牲去中心化程度获得了高吞吐量，并无扩容需求，不直接采用私有链技术的原因已在 18.3.1 节中进行了阐述。联盟链虽然牺牲了部分中心化，但是其吞吐量仍然难以满足大数据框架下的高并发需求，比如 Hyperledger Fabric 区块链的吞吐量为不到 2000 TPS（transaction per second，每秒系统处理的数量）（邵奇峰等，2018）。所以本节的主侧链方案主要是在“公链＋侧链”和“联盟链＋侧链”之间进行分析选择。面向未来的大数据环境下碳市场的企业级碳交易建设需求，公链和联盟链的特性对比如下。①数据公开程度。公链的数据面向全网络公开，联盟链只面向联盟中的节点。数据公开透明可以使企业交易数据面向大众接受监督，极大程度地降低虚假数据、虚假交易的可能性。针对本章中的场景，在网络建设初期企业节点较少时，如果采用联盟链的架构，由于各个企业节点均存在利益关系，存在不同节点之间进行合谋的隐患。联盟链中交易监管只能依赖网络中的监管节点，依然难以解决监管效率低

① https://loomx.io/。

下，监管不彻底等问题。②交易速度需求。根据我国试点碳市场和全国统一碳市场的交易节点数目和交易情况，同时考虑到未来碳市场企业级节点的数目，当前公链的吞吐量完全可以支撑企业级节点（八大行业企业节点、CCER 项目节点和碳普惠项目节点）之间的交易。③可实施性。当前的联盟链技术尚没有统一标准，存在 Hyperledger Fabric、JPMorgan Quorum 和 R3 Corda 等解决方案，具体行业统一框架的形成还需要一定的时间。基于当前行业发展现状，打造一个国家级应用的联盟链需要的时间成本和其他成本巨大。而公链已经有以比特币、以太坊为代表的多种成熟开源技术方案，可实施性相对更强。

18.3.3　基于公链和侧链技术的区块链碳市场结构设计

通过 18.3.2 节的分析，本节基于公链和侧链技术提出如图 18-2 所示的区块链碳市场生态结构。其中公链的业务节点主要是各大企业节点、交易所节点、CCER 项目节点和碳普惠项目节点。核查登记节点为政府相关部门，拥有核查同意相关申请的权限。各业务节点之间可以协议交易，协议交易的数据均记录在区块链中。各业务节点也可以将自己的碳资产充值到交易所，在交易所中进行挂单交易，交易所中的交易记录在交易所的侧链中。各业务节点与交易所节点之间的充/提碳资产操作记录在公链上。上述模式保证了公链仅记录企业级业务节点之间的交易，保证了公链的处理效率。

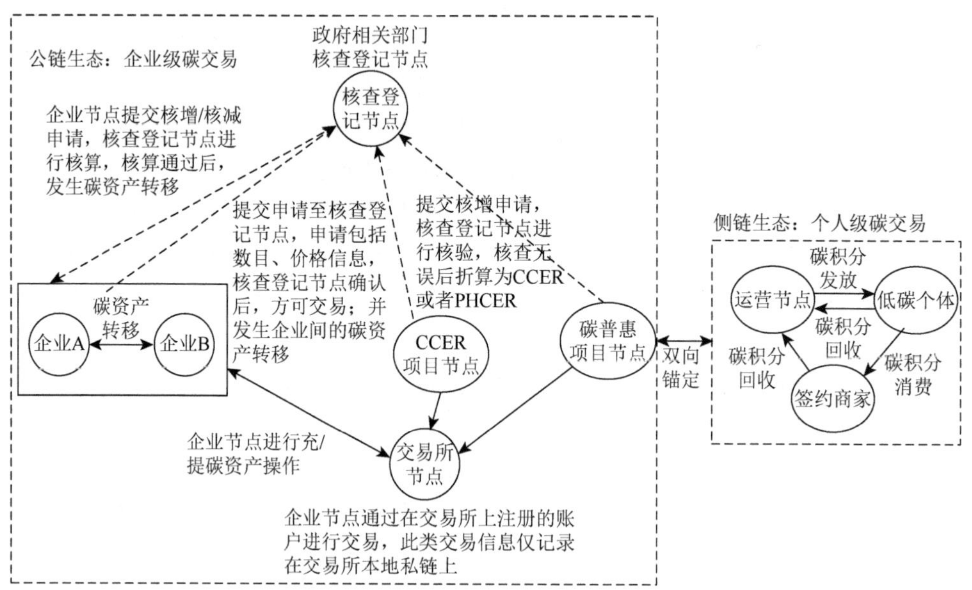

图 18-2　基于公链和侧链技术的区块链碳市场生态结构图

侧链生态的碳积分认证可以设置一套基本办法，生态运行方可以根据该办法灵活设置运行政策，编写智能合约。智能合约通过国家的认证后，生态中的碳积分便可以依据合约规则在区域侧链生态中流通。碳普惠项目节点回收聚合管理区域的个人碳资产，聚合之后到企业级碳市场进行交易，从下至上层次化管理，减少了管理成本。以某区域绿色出行减排项目为例，侧链生态运行方可以根据区域内的实际情况，制定绿色出行兑换碳积分的规则。该规则通过国家相关部门认证之后，区域的碳普惠项目便可以依据智能合约开始运营。生态中有三种不同节点，分别拥有不同的权限和功能，生态运营方根据区域内个体的绿色出行行为发放碳积分，然后根据公链上 PHCER[①]的价格设置收购价格回购碳积分，最后聚合碳积分申请国家认证兑换为 PHCER 在主链上进行交易。个人节点的功能主要是通过低碳行为获得碳积分、利用碳积分在生态中换取商家的服务或者直接出售碳积分。生态中的商家可以以服务或者资金的形式收购碳积分，再将碳积分卖给生态运行方。

图 18-3 是传统中心化交易模式与“公链 + 侧链”模式的对比。侧链除提供了智能合约编写的灵活性之外，还承担了绝大部分小额、高频的交易量，最终实现了个人碳资产聚合到生态运行节点，相比统一管理的模式，极大地降低了成本，保证了公链上主要发生大额交易，提高了公链的运行效率。而且侧链通过限制普通用户节点的权限，保证了用户数据的隐私性。智能合约还可以保护提供个体行为数据的企业的数据资产权益，实现用户低碳行为全方位的聚合，同时接入平台的数据提供方不用担心企业数据资产泄露的问题。

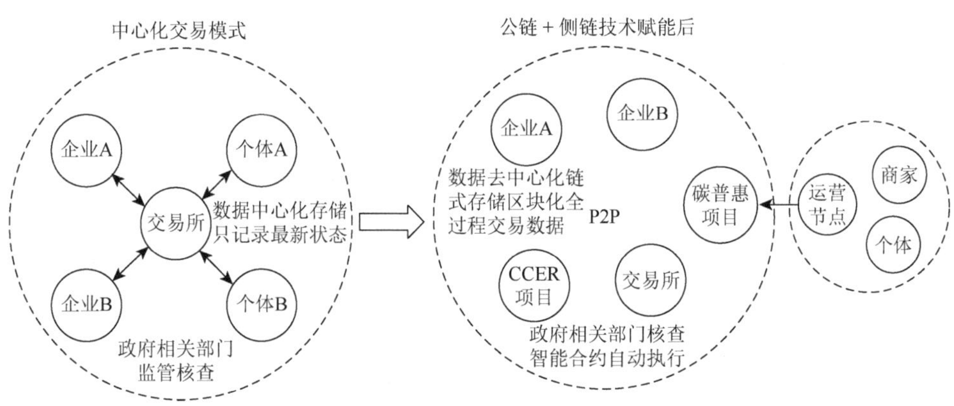

图 18-3　传统中心化交易模式与“公链 + 侧链”模式的对比

P2P：peer to peer，伙伴对伙伴

① CCER 与 PHCER 的产生途径有所差异，但是在企业清缴配额时作用相同。在政策规定的抵销比例范围内，1 吨二氧化碳当量的 CCER 或 PHCER 可抵销 1 吨碳排放量。

图 18-4 为本节提出的“区块链 + 侧链”碳市场系统架构图。其中主链进行企业节点、CCER 项目节点与碳普惠节点之间的交易，数据去中心化链式存储，安全可追溯且公开便于监管。基于高效的共识机制搭建侧链生态，交互层兼容移动设备、城市一卡通和 Web 客户端等，实现个人低碳数据的全方位记录。智能合约可以保护用户与数据提供商的数据资产安全，同时实现自动高效的个人碳资产数据聚合。

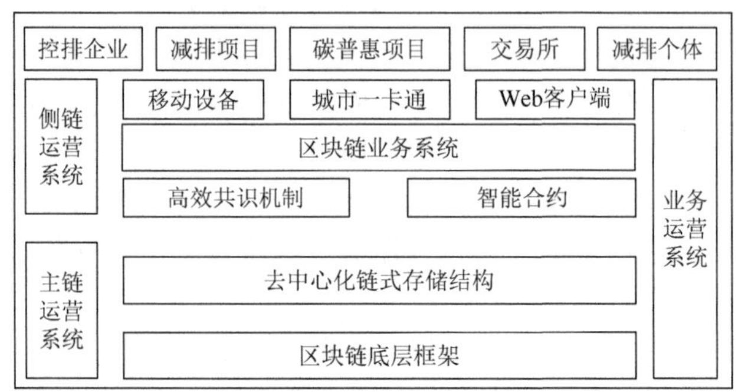

图 18-4　“区块链 + 侧链”碳市场系统架构图

图 18-5 为本节设计的区块链碳市场业务流程图。主链可以实现碳配额发放、碳排放记录、碳交易和碳履约的企业级碳交易全过程记录，利用智能合约提高交

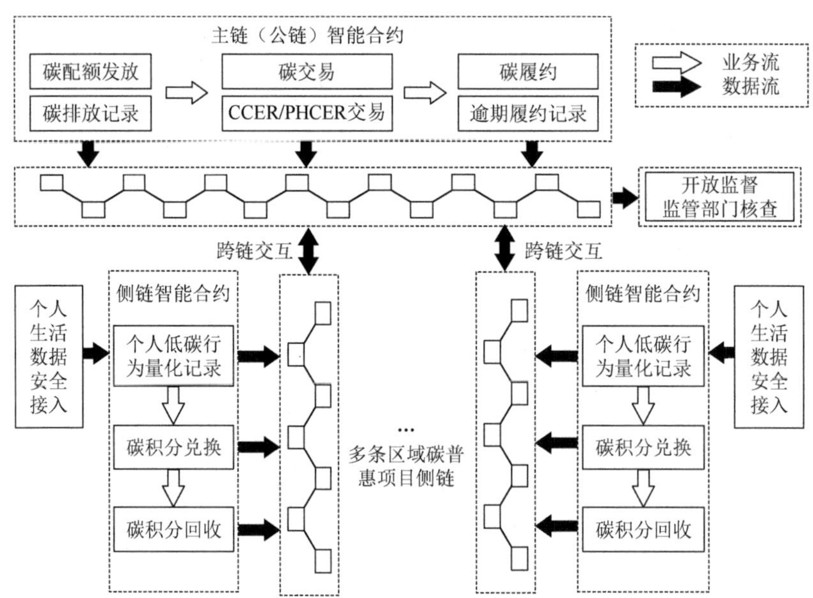

图 18-5　区块链碳市场业务流程图

易效率、降低管理成本，并实现交易数据公开、透明、易监督。侧链记录小额、高频的个人级碳交易业务数据，实现全过程数据可追溯，并可以通过智能合约实现个人数据的隐私保护与企业的数据资产安全保护。

18.3.4　实验结果对比分析

以太坊作为区块链 2.0 时代的技术代表，提供了一个可以便捷构建各种区块链应用的平台。因此，本章基于该平台构建了一个区域碳普惠生态运行示例。示例项目主要使用 React 作为前端开发技术栈，配合 Redux 作为中心数据管理，后端采用 Express 提供接口服务，搭建交易平台的基本框架，完成基本的假定用户需求（Antonopoulos and Wood，2018）。合约相关的功能有碳积分的发放、交易、绿色出行里程与碳积分的兑换、法币的充值与提现、余额查询等。

关于侧链的实际运行效率，我们做了进一步实验。表 18-3 是本章构建的智能合约分别在以太坊和 Loom 上的运行效率对比表。上文中提到 Loom 是一种以太坊侧链拓展解决方案，采用 DPOS 共识机制，其可以实现侧链 DAPP（decentralized application，去中心化应用）的构建、侧链中的高并发交易、侧链与主链的锚定交互等，而且其 DAPP 构建完全支持以太坊 Solidity 合约，迁移比较方便，因此本章选择该侧链方案作为测试场景。以太坊网络的吞吐量是 15 TPS 左右，Loom 侧链内部的吞吐量为百万级 TPS。为了尽量模拟真实的以太坊网络，我们基于以太坊的测试网络 Ropsten 进行测试。由于有其他交易同时存在，难以直接对比全负荷吞吐量，因此本节对比连续逐笔交易确认时间来说明公链和侧链运行效率的差异。从图 18-6 中可以看出，侧链中构建碳普惠 DAPP 的运行效率远高于以太坊主链中直接构建 DAPP。

表 18-3　智能合约分别在以太坊和 Loom 上的运行效率对比表

交易笔数/笔	以太坊网络交易时间/秒	Loom 侧链交易时间/秒
100	1 620.034	40.686
200	5 603.421	87.531
300	8 253.675	128.428
400	11 613.331	175.560
500	14 250.958	226.610

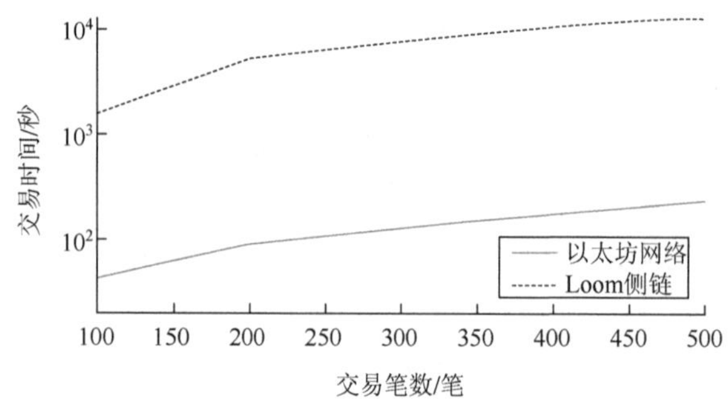

图 18-6　碳普惠生态 DAPP 以太坊网络运行和 Loom 侧链运行的效率对比

18.4　侧链生态个人碳资产价格驱动机制模型

通过上文的分析，基于“公链 + 侧链”的技术模式一方面可以满足海量交易的需求，另一方面也能保留区块链技术诸多的优势。在本节中，我们讨论在侧链生态中碳积分的定价问题。这里我们假设在主链上的碳价格是由市场因素（考虑政府排放许可限制、企业排放需求、含碳产品定价等因素）确定的，而侧链生态中的碳价格则需要根据主链上的碳价格和生态内的交易逻辑、供需关系来确定，该价格可为政府相关部门制定政策提供决策参考依据。

18.4.1　基本假设

图 18-7 描述了碳市场中碳配额、CCER、PHCER 与碳积分的价格关系。在企业级碳市场中，假设存在三类节点：企业节点、CCER 或者碳普惠项目节点（对应侧链中的运营节点）、侧链生态中的低碳减排个体或者签约商家。其中侧链生态

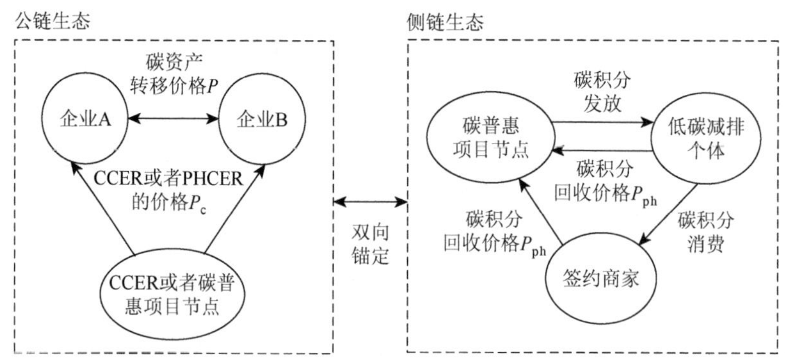

图 18-7　碳市场中价格关系示意图

中的低碳减排个体或者签约商家将碳积分以一定的价格出售给碳普惠项目节点，碳普惠项目（CCER 项目）节点将 PHCER（CCER）出售给减排企业，用于碳排放量的抵销。基于此，做出如下假设。

假设 18.1：市场中碳配额的单位价格为P；碳普惠项目（CCER 项目）节点出售给企业的 PHCER（CCER）价格为P_{c}；侧链生态中流通的单位碳减排量的价格为P_{ph}（即生态运营方的回购价格）。

假设 18.2：市场中所需的碳排放量总额为N，国家规定可以用 CCER 或 PHCER 抵销的比例为δ。

假设 18.3：生态中的低碳减排个体效用为u_i，即

$$u_i=(P_{\mathrm{ph}}-\theta_i e)D_i \tag{18-1}$$

其中，θ_i表示个体感知系数，服从均匀分布，即$\theta_i \sim U(0,1)$；e表示个体获得单位碳积分付出成本的价值度量；D_i表示个体的碳减排量。若$u_i \geqslant 0$，则低碳减排个体加入市场，即

$$\theta \leqslant \theta^* \triangleq \frac{P_{\mathrm{ph}}}{e} \tag{18-2}$$

假设 18.4：整个市场供需平衡，即

$$D_{\mathrm{all}}=N\delta \tag{18-3}$$

其中，D_{all}表示生态中个人可交易碳积分的总和，国家规定可以用 CCER 或 PHCER 抵销碳排放量的比例为δ。

假设 18.5：生态中个体总数为W，所有个体减排量均值为D，则生态中的减排总量D_{all}为

$$D_{\mathrm{all}}=\sum_{i=0}^{W}D_i=W\int_0^{\theta^*}D\mathrm{d}\theta=\frac{P_{\mathrm{ph}}}{e}DW \tag{18-4}$$

18.4.2　均衡分析

当低碳减排个体加入市场，则生态运营方的运营收益π为

$$\pi(P_{\mathrm{ph}})=(P_{\mathrm{c}}-P_{\mathrm{ph}}-c)D_{\mathrm{all}}=\frac{DW}{e}(P_{\mathrm{c}}-P_{\mathrm{ph}}-c)P_{\mathrm{ph}} \tag{18-5}$$

其中，c表示生态运营方的单位运营成本。从运营方的角度，其通过对生态中流通的碳积分价格P_{ph}进行调整，来最大化运营收益，即求解

$$\max_{P_{\mathrm{ph}}}\frac{DW}{e}(P_{\mathrm{c}}-P_{\mathrm{ph}}-c)P_{\mathrm{ph}}$$

解此最优化问题，并将结果结合式（18-3）和式（18-4），得到命题 18.1。

命题 18.1：使碳普惠项目运营方利润最大化的最优价格P_{ph}^*与相应的P_{c}分别为

$$P_{\text{ph}}^{*}=\frac{1}{2}(P_{\text{c}}-c),\ \ P_{\text{c}}=\frac{2N\delta e}{DW}+c$$

由命题 18.1 可以看出，国家根据市场条件和个人减排效用情况，可以通过设定 CCER 或 PHCER 抵销比例 δ 来调节市场价格，从而调节生态中碳积分的价格。DW 反映了区域碳普惠项目供给量，$N\delta$ 为碳市场对于 PHCER 的总需求量，价格随需求增加而提高。

同时，根据上述假设和命题 18.1，可分别得出生态中的减排者效用剩余和生态运营方的社会福利

$$U=\sum_{i=0}^{W}u_i=\int_0^{\theta^*}(P_{\text{ph}}-\theta e)DW\mathrm{d}\theta=\frac{eN^2\delta^2}{2DW} \tag{18-6}$$

$$\pi+U=\frac{3eN^2\delta^2}{2DW} \tag{18-7}$$

根据生态运行方的社会福利表达式可知，CCER 或 PHCER 抵销比例 δ 越大，社会福利越大。但是由于市场上碳配额的价格一般高于 CCER 或 PHCER 的价格，履约企业会优先配置 CCER 或 PHCER，抵销比例 δ 越大，通过减排节约碳配额的企业获取的福利效用越低，所以进一步将减排企业的效益考虑进模型中，有

$$\pi_b=(P-c_1)N(1-\delta) \tag{18-8}$$

其中，c_1 表示节约单位的碳配额付出的减排成本，π_b 表示减排企业的社会效益。

假设 18.6：假设碳市场中减排企业付出的单位减排成本与节约的碳配额之间是线性关系，即 $kc_1=N(1-\delta)$。其中，k 越大，减排越容易；k 越小，减排越难。

则整个生态网的社会福利为

$$\begin{aligned}\pi_b&=\left(P-\frac{N(1-\delta)}{k}\right)N(1-\delta)+\frac{3eN^2\delta^2}{2DW}\\&=\left(\frac{3eN^2}{2DW}-\frac{N^2}{k}\right)\delta^2+\left(\frac{2N^2}{k}-PN\right)\delta-\frac{N^2}{k}+PN\end{aligned} \tag{18-9}$$

根据式（18-9），减排企业的社会效益 π_b 是关于 δ 的二次函数，因此，在满足一定的条件下，才会存在 δ 在 $(0,1)$ 之间的局部最优解，即命题 18.2。

命题 18.2：政策制定者应该控制配额的发放，使其满足下列条件。

条件一：$k<\min\left(\frac{2N}{P},\frac{2DW}{3ek}\right)$。

条件二：$N<\frac{DWP}{3e}$。

从而保证最优 δ^* 满足 $0<\delta^*<1$，使全市场节点福利最大化。否则，当 $\delta^*=0$ 时，

市场中的减排企业会偏向于将全部碳排放量用碳配额抵销；当$\delta^*=1$时，则倾向于将全部排放量用 CCER 或者 PHCER 抵销。以上两种情况均难以实现市场均衡健康发展。

18.4.3　数据模拟

我国碳市场起步较晚，数据与定价中的关键参数统计不足，因此根据上述的定价模型，我们进行数据模拟分析。首先，我们考虑碳配额的单位价格。根据全国碳市场与各试点市场的碳价情况，设定“十四五”初期的碳价格为 50 元/吨（约为 8 美元/吨），并考虑在“十四五”末可能达到 64 元/吨（约 10 美元/吨）。根据中国碳价调查的预测趋势和欧盟的碳价格发展趋势，预测我国在 2030 年后碳价格达到 90 元/吨，在 2060 年后翻倍，达到 180 元/吨。其次，我们考虑碳排放总额。目前，发电行业重点排放单位被纳入全国碳市场，年覆盖排放总额 45 亿吨，未来纳入钢铁、建材、石油等工业行业，年覆盖排放总额约 70 亿吨。按配额发放略低于企业排放总量计算，假设全国碳市场开通初始一段时间纳入企业的排放总量为 40 亿吨，“十四五”末达到 60 亿吨。根据成熟碳市场的覆盖比例，同时考虑未来中国的经济增速，预计 2030 年后纳入排放总量可达 100 亿吨，2060 年后可达 120 亿吨。再次，我们考虑人均碳减排量。根据中国绿色碳汇基金会公布的碳足迹数据，2015 年中国人均碳足迹为 6.23 吨/年，我们假设人均每年可以减排 1 吨二氧化碳，到“十四五”末，碳普惠方法学相对完善，人们碳减排意识增强，人均每年可以减排 1.2 吨二氧化碳。2030 年后碳普惠进一步覆盖，预计可以减排 1.5 吨，2060 年后全面覆盖后，预计人均碳减排可达 2 吨。对于其他参数，我们做如下假定：根据 18.3 节的分析，假设个人级碳账户数目随时间的推移将阶梯式达到$W=6$亿个的规模；生态运营方的单位运营成本c和个体实现单位减排付出的成本e均为 10 元/吨，即中国全经济尺度的边际减排成本为 40 元/吨（约为 7 美元/吨）的四分之一；抵销比例δ随着市场对交易量的需求增长进一步扩大，2060 年后达到 20%。

综上，未来我国碳市场不同阶段模拟参数设定如表 18-4 所示，碳价格的静态数值模拟结果和动态数值模拟结果分别如图 18-8 和图 18-9 所示。理论公式和数值模拟结果表明，生态运营方可以以较低的价格聚合个人碳减排量，并以相对较高的价格接入到主链上的碳市场，因此生态运营方有持续运营的动力。但该价格低于碳配额价格，因此企业有动力去购买 CCER 或 PHCER 所带来的碳减排量。个人碳减排的单位收益大于单位减排成本，因此个人有动力参与碳普惠项目。这样的机制设定有助于整个“公链 + 侧链”生态的持续发展。随着时间的增长和碳普惠项目的逐渐普及，个体参与低碳行为会从激励导向转变为习惯导向。此时，由于参与者增多，个体减排量增多，市场上 PHCER 增多，其价格会有一定程度的下降。因此本章数值模拟结果预测未来 P_c 和 P_{ph} 达到一定高度后会有所下降。此外，碳普惠时代中，对个人单位减排量的付出成本和生态运行节点的单位减排成本进行合理估算是十分必要的，并且政府可以通过调控 CCER 或 PHCER 的抵销比例来调控市场价格，引导市场良性发展。

表 18-4　未来我国碳市场不同阶段模拟参数设定

模拟时间	N/亿吨	D/吨	W	c/(元/吨)	e/(元/吨)	δ
模拟阶段 1："十四五"初	40	1	1	10	10	5%
模拟阶段 2："十四五"末	60	1.2	2			10%
模拟阶段 3：2030 年后	100	1.5	4			15%
模拟阶段 4：2060 年后	120	2	6			20%

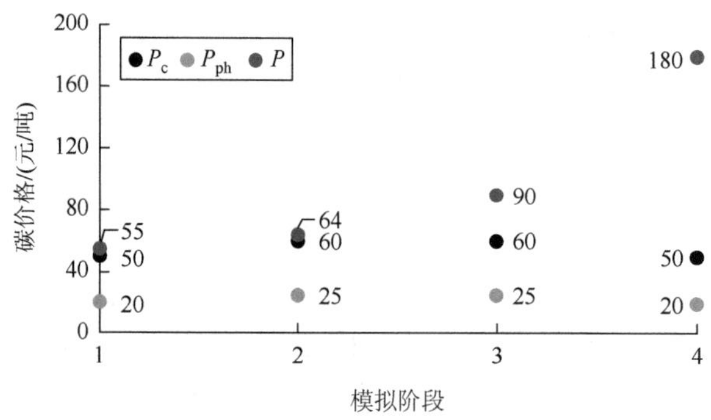

图 18-8　未来碳市场不同阶段碳价格静态数值模拟图

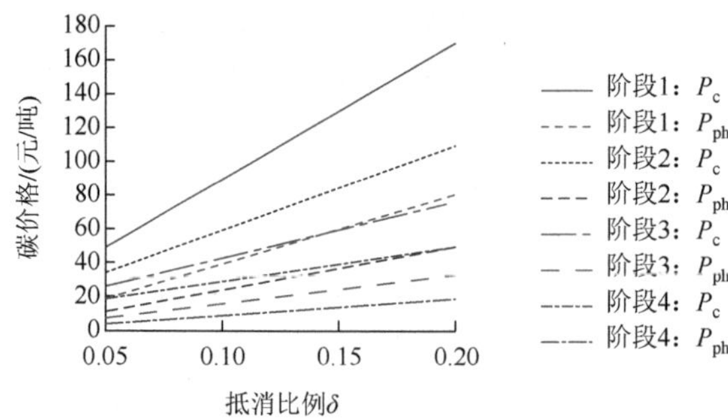

图 18-9　未来碳市场不同阶段碳价格动态数值模拟图

18.5　总结与展望

本章通过分析我国未来碳市场的发展趋势，指出了建设融合企业级和个人级碳交易的碳市场是我国快速实现“双碳”目标的重要途径。根据各试点碳市场和全国统一碳市场的建设现状，碳交易的过程中存在监管难度大和管理成本高等突出问题。同时，一些地区开展的碳普惠相关的试点项目也突出地体现了个人级碳交易过程中存在的数据体量大、管理成本高和“数据孤岛”等问题。面向未来大数据的场景，本章提出了基于“公链＋侧链”技术的碳市场体系设计方案，说明了公链和侧链技术应用到碳市场中的独特优势。该方案可以保证公链节点交易数据的真实可靠、可追溯与不可篡改。同时通过侧链技术解决海量个人碳资产数据导致的主链拥堵问题，实现个人碳资产数据的聚合，降低管理成本。侧链的智能合约可以根据区域特色定制化执行，保证灵活性的同时还可以解决“数据孤岛”问题。本章还展示了基于以太坊构建的智能合约运行示例，实验结果说明了侧链的运行效率。最后对侧链生态中的碳价格进行了价格驱动机制模型分析，分析结果为政府部门进行宏观政策调控提供了参考依据。本章的主要创新之处在于：①面向未来大数据场景，构建了碳市场区块链系统架构设计方案；②针对区块链系统侧链中流通的个人碳资产，提出了价格驱动机制模型。

本章基于未来碳市场的海量交易数据视角提出并分析了区块链在实际应用中的技术方案，这是区块链赋能实际应用的一方面。从区块链技术角度来看，其技术本身的发展也存在诸多的研究机会，例如，建立自主创新的区块链基础理论体系，开发区块链系统构建共性关键技术，建设自主可控区块链软硬件平台，提出区块链安全技术与监控方法，以及开展在金融、能源、智慧城市建设等重点领域的示范应用。参照“把区块链作为核心技术自主创新重要突破口”[①]的重要指示，新的区块链技术可以促进重要产业技术转型，帮助企业寻找新的商业运营模式，从而助力国民经济发展。

参 考 文 献

陈国青, 曾大军, 卫强, 等. 2020. 大数据环境下的决策范式转变与使能创新. 管理世界, 36(2): 95-105, 220.

范英, 衣博文. 2021. 能源转型的规律、驱动机制与中国路径. 管理世界, 37(8): 95-105.

龚强, 班铭媛, 张一林. 2021. 区块链、企业数字化与供应链金融创新. 管理世界, 37(2): 3, 22-34.

吉斌, 昌力, 陈振寰, 等. 2021. 基于区块链技术的电力碳排放权交易市场机制设计与应用. 电力系统自动化, 45(12): 1-10.

---

①《习近平在中央政治局第十八次集体学习时强调 把区块链作为核心技术自主创新重要突破口 加快推动区块链技术和产业创新发展》，http://politics.people.com.cn/n1/2019/1025/c1024-31421401.html[2019-10-25]。

李芳，李卓然，赵赫. 2019. 区块链跨链技术进展研究. 软件学报, 30(6): 1649-1660.

邵奇峰，金澈清，张召，等. 2018. 区块链技术：架构及进展. 计算机学报, 41(5): 969-988.

袁勇，王飞跃. 2016. 区块链技术发展现状与展望. 自动化学报, 42(4): 481-494.

张宁，王毅，康重庆，等. 2016. 能源互联网中的区块链技术：研究框架与典型应用初探. 中国电机工程学报, 36(15): 4011-4023.

张希良，张达，余润心. 2021. 中国特色全国碳市场设计理论与实践. 管理世界, 37(8): 80-95.

自然资源保护协会. 2021. 政府与企业促进个人低碳消费的案例研究. http://www.nrdc.cn/Public/uploads/2021-04-27/60877b755f8db.pdf[2022-11-01].

An K X, Zhang S H, Huang H, et al. 2021. Socioeconomic impacts of household participation in emission trading scheme: a computable general equilibrium-based case study. Applied Energy, 288: 116647.

Antonopoulos A M, Wood G. 2018. Mastering Ethereum: Building Smart Contracts and Dapps. Sevastopol: O'reilly Media.

Burgess M. 2016. Personal carbon allowances: a revised model to alleviate distributional issues. Ecological Economics, 130: 316-327.

Caro F, Corbett C J, Tan T, et al. 2013. Double counting in supply chain carbon footprinting. Manufacturing & Service Operations Management, 15(4): 545-558.

Chen Y, Liu A L, Hobbs B F. 2011. Economic and emissions implications of load-based, source-based, and first-seller emissions trading programs under California AB32. Operations Research, 59(3): 696-712.

Chod J, Trichakis N, Tsoukalas G, et al. 2020. On the financing benefits of supply chain transparency and blockchain adoption. Management Science, 66(10): 4378-4396.

Csóka P, Herings P J J. 2018. Decentralized clearing in financial networks. Management Science, 64(10): 4681-4699.

Fawcett T. 2010. Personal carbon trading: a policy ahead of its time？. Energy Policy, 38(11): 6868-6876.

Fawcett T, Parag Y. 2010. An introduction to personal carbon trading. Climate Policy, 10(4): 329-338.

Gallagher K S, Zhang F, Orvis R, et al. 2019. Assessing the policy gaps for achieving China's climate targets in the Paris Agreement. Nature Communications, 10(1): 1-10.

Guan D B, Klasen S, Hubacek K, et al. 2014. Determinants of stagnating carbon intensity in China. Nature Climate Change, 4: 1017-1023.

Hertwich E G, Peters G P. 2009. Carbon footprint of nations: a global, trade-linked analysis. Environmental Science & Technology, 43(16): 6414-6420.

Jones C, Kammen D M. 2014. Spatial distribution of U.S. household carbon footprints reveals suburbanization undermines greenhouse gas benefits of urban population density. Environmental Science & Technology, 48(2): 895-902.

Jotzo F, Karplus V, Grubb M, et al. 2018. China's emissions trading takes steps towards big ambitions. Nature Climate Change, 8: 265-267.

Li W B, Long R Y, Chen H, et al. 2018. Effects of personal carbon trading on the decision to adopt battery electric vehicles: analysis based on a choice experiment in Jiangsu, China. Applied Energy, 209: 478-488.

Olsen T L, Tomlin B. 2020. Industry 4.0: opportunities and challenges for operations management. Manufacturing & Service Operations Management, 22(1): 113-122.

Su B, Ang B W, Li Y Z. 2017. Input-output and structural decomposition analysis of Singapore's carbon emissions. Energy Policy, 105: 484-492.

Tan X P, Wang X Y, Ali Zaidi S H. 2019. What drives public willingness to participate in the voluntary personal carbon-trading scheme？ A case study of Guangzhou Pilot, China. Ecological Economics, 165: 106389.

Tian X, Chang M, Lin C, et al. 2014. China's carbon footprint: a regional perspective on the effect of transitions in consumption and production patterns. Applied Energy, 123: 19-28.

Wang C J, Wang F. 2017. China can lead on climate change. Science, 357(6353): 764.

Wang Z N, Jiang G X, Ye Q. 2021. On fair designs of cross-chain exchange for cryptocurrencies via Monte Carlo simulation. Naval Research Logistics, 69(1): 144-162.

Zhao J Y, Hobbs B F, Pang J S. 2010. Long-run equilibrium modeling of emissions allowance allocation systems in electric power markets. Operations Research, 58(3): 529-548.

第六篇　大数据使能创新

第 19 章 医疗健康大数据驱动的知识发现与知识服务方法①

19.1 引 言

以习近平同志为核心的党中央始终“把保障人民健康放在优先发展的战略位置”②。党的十九大报告提出“实施健康中国战略”③，国家“十四五”规划为“全面推进健康中国建设”制定了详细的实施方案，最终目标是“为人民提供全方位全生命期健康服务”。但我国由于高质量的医疗健康服务需求不断增长与优质医疗资源总量不足、分布不平衡、城乡差距较大间的矛盾尚未得到有效解决，部分地区依然存在大医院“门庭若市”、基层医疗机构“门可罗雀”的现状，优质医疗资源难以下沉，分级诊疗制度落地面临诸多挑战。

大数据驱动医疗健康知识服务创新不仅是提升医院管理决策水平、推进分级诊疗制度和提高资源利用效率的重要途径，还将对我国现有的医疗健康管理与服务体系产生前所未有的重要影响，关乎 14 亿人民的健康福祉。医疗健康大数据开发利用水平在很大程度上决定了医疗健康知识服务的效率和质量。2003～2023 年，全球范围内的医疗健康数据呈爆炸式增长。不断推进的医疗信息化、数字化、智慧化以及在线健康社区的快速发展（Bhattacharyya et al.，2020）、可穿戴设备的广泛使用（Pan et al.，2019），使得医院、社区卫生服务中心、体检机构、医疗 IT 企业等与医疗健康相关的组织积累了大量的医疗健康数据，可用于分析的数据量惊人（Benkner et al.，2010）。这些数据细化了医疗健康服务过程的感知粒度，为医疗健康知识组织与服务创新提供了契机。随着连接广度和深度的不断提升，数据规模和复杂度进一步提升，界定医疗健康大数据的边界成为分析利用医疗健康大数据的基础性任务。医疗健康大数据是由人、物、

① 本章作者：杨善林（合肥工业大学管理学院）、丁帅（合肥工业大学管理学院）、顾东晓（合肥工业大学管理学院）、李霄剑（合肥工业大学管理学院）、刘业政（合肥工业大学管理学院）。本章内容原载于《管理世界》2022 年第 1 期。

② 《习近平：高举中国特色社会主义伟大旗帜 为全面建设社会主义现代化国家而团结奋斗——在中国共产党第二十次全国代表大会上的报告》，https://www.gov.cn/xinwen/2022-10/25/content_5721685.htm[2022-10-25]。

③ 《习近平：决胜全面建成小康社会 夺取新时代中国特色社会主义伟大胜利——在中国共产党第十九次全国代表大会上的报告》，https://www.gov.cn/zhuanti/2017-10/27/content_5234876.htm[2017-10-27]。

信息等泛在医疗健康资源整合与协同的数据集合体，包括生物医学传感器收集的生理指标数据、诊疗康复数据、基因组数据、诊疗支付及医疗保险数据、社交媒体数据等，从资源视角、开发视角、风险视角看，医疗健康大数据包含三个层面不断递进的内涵：①它是一类能够提高医院诊疗水平和运作效率、促进医疗健康服务均等化的资源（杨善林和周开乐，2015；杜少甫等，2013）；②具有多源异构性、关联复杂性、潜在价值性、质量差异性等特征（徐宗本等，2014；Aminpour et al.，2020）；③极易造成医源性风险和隐私泄露（Kohli and Tan，2016）。通过大数据治理和深度挖掘，能够发现服务个人、组织和社会的高价值知识（刘业政等，2020）。

医疗健康事关人民生命健康安全，对经验和知识依赖性强，对服务的精准性（Warnat-Herresthal et al.，2021）要求高，单纯依靠数据获得的解决方案往往存在较高的风险，需要医疗健康领域知识的支撑。在医疗健康领域，常见三种不同类型的知识：第一类是诸如医典、医学书籍、诊疗指南、临床路径等的通用医学知识；第二类是蕴含丰富专家知识的医疗健康案例知识；第三类是通过各种智能算法挖掘而获取的医疗健康推理知识。只有综合运用通用医学知识、医疗健康案例知识和医疗健康推理知识，才能较好地解决一些高风险的复杂医疗健康管理决策问题（Ben-Assuli and Padman，2020）。如何开发利用医疗健康大数据驱动知识服务创新，提高我国医疗健康服务机构管理决策水平和资源利用效率，推动国家分级诊疗制度加速落地，还面临着许多难题。例如，如何面向全流程诊疗决策需求，对跨组织医疗健康大数据进行有效治理和融合？如何基于医疗健康大数据构建集辅助医疗、服务、管理于一体的医疗健康知识服务平台，为患者提供贯穿医疗健康全流程的智慧诊疗服务，为医护人员提供医疗决策、调度、评价、协作、质控精细化的智慧管理服务？上述问题的解决，有待于医疗健康知识的发现和服务方法的创新。这不仅是我国实现全周期、全方位医疗健康服务的关键，也是新医改和分级诊疗制度背景下中国特色的智慧医疗健康管理理论创新的必由之路。

学术界围绕医疗健康大数据驱动的知识服务开展了广泛的研究，在多模态大数据融合、知识图谱、医学知识推理、医疗知识推荐方法等方面取得了较为丰富的成果（Lin et al.，2017；Liu et al.，2020；马费成和周利琴，2018），为医疗健康知识服务创新奠定了坚实的基础，但在跨组织多模异构数据治理、案例知识组织、知识的动态更新、人机协作的知识生成与知识发现、推荐方案的情景约束与优化迭代等方面还存在许多空白，限制了医疗健康知识服务的准确性和能力。因此，本章针对分级诊疗制度背景下医疗健康管理决策对知识服务的现实要求，提出了医疗健康案例知识组织与动态更新方法、带有评价机制的医疗健康推理知识生成方法、基于优化型深度集成学习的医疗健康推理知识发现方法，在此基础上提出了考虑综合效用和多样性的医疗知识服务推荐方法，并通过某三甲医院医疗集团知识服务平台案例实践，验证了所提出的知识发现和知识服务方法的有效性。本章的研究基本框架如图 19-1 所示。

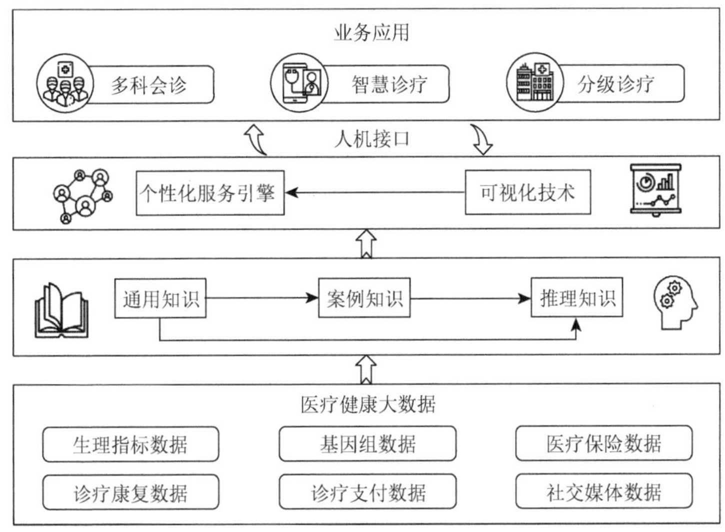

图 19-1　研究基本框架

19.2　医疗健康案例知识组织与动态更新方法

基于案例的推理（case-based reasoning，CBR）是人工智能领域的一个重要分支，也是知识组织的有效手段之一（Mülâyim and Arcos，2020）。CBR 基于大数据进行案例组织，并通过匹配最相似的历史案例，利用专家凝聚在历史案例中的经验知识来解决新的管理决策问题。医疗健康案例本身蕴含着丰富的专家知识，可以为医疗健康过程提供正确的决策信息支持。因此，为了实现精细化管理与精准服务，需要对医疗健康案例知识进行有效的组织和管理（Yang et al.，2018），并通过在入库和使用过程中对案例质量和可用性的评价，实现案例的“优胜劣汰”，为医院、社区卫生服务中心等机构实现智慧诊疗决策、智慧管理、智慧服务提供知识支撑。

19.2.1　医疗健康案例知识组织方法

CBR 的知识推理过程极为接近人类决策的真实过程（Gu et al.，2019）。医生在解决新问题时，时常会回忆过去所积累的处理类似情况的经验，通过对过去经验适当调整和修改，进而形成解决当前问题的方案。CBR 的知识推理包括四个核心过程，即 4R：检索（retrieve）、重用（reuse）、修正（revise）和保存（retain）。医疗健康案例推理具有四个方面的显著特征：一是医疗健康案例知识库的构建过程和案例本身均汇聚了众多专家的群体智慧，包含丰富的知识；二是医疗健康案例推理通过获取历史知识进行重用，无须从头进行问题推导，使问题求解效率大幅度提高（Gu et al.，2010）；三是医疗健康案例推理可以推荐较为完整的初始解决方案，可解释性较强；四是它是一种柔性知识推理技术，可以根据不同的管理决策任务变化和采集的实时时序信息，灵活地进行案例知识库构建和提供知识服务（Gu et al.，2020）。

融合基于专家经验的关键信息和基于机器学习算法抽取的关键信息，构建不同应用场景下的医疗健康案例知识库，可以实现对案例知识的有效组织（Song et al.，2021）。针对医疗健康管理决策情景，提出了人机协同的医疗健康案例知识组织方法，其过程如图 19-2 所示，核心是案例关键信息抽取。

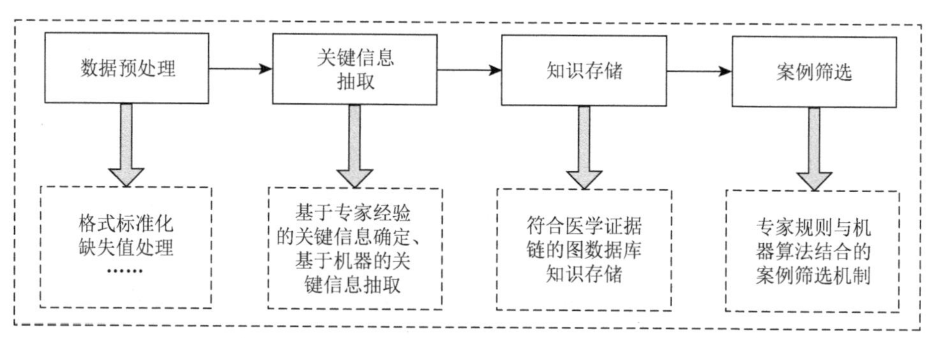

图 19-2　医疗健康案例知识组织流程

（1）基于专家经验的关键信息确定。由专家小组面向诊疗决策、成本控制、资源调度（Feldman et al.，2014）、预测等不同管理决策问题的实际需要，根据权威的疾病知识（包括临床路径、诊断指南、疾病共识等）确定医疗健康大数据中的主要特征属性以及结论、方案等关键信息。

（2）基于机器的关键信息抽取。融合基于专家经验的关键信息，面向多源医疗健康大数据，构建基于自然语言处理技术的案例知识自动化生成算法，抽取案例关键信息，形成案例知识。

案例知识不仅包括关键特征信息，也包括凝结了各类专家经验与智慧的结论、方案等信息。案例知识经过领域专家审核后即可成为正式案例，大量智能化生成并通过审核的案例知识组成了案例知识库，为面向不同管理决策场景的医疗健康推理知识的生成与发现奠定了基础。

基于机器的关键信息抽取流程如下。基于 skip-gram 训练好的医学领域字向量词典（Li et al.，2020），得到非结构化文本数据的字向量矩阵；将字向量矩阵输入多个预先构建好的分词器，得到分词后的句子序列；将分词后的句子序列输入多个预先构建好的词性标记器，得到词性标记结果，据此获取基于非结构化文本数据的关键信息，将其与基于专家经验的关键信息融合匹配，即可得到案例关键信息，形成案例知识。

分词器训练过程中的损失函数为

$$\text{Loss1}=\frac{1}{P}\sum_{i=1}^{P}\left(1-h_{\text{true}}^{\left(c^{(p)}\right)}\right) \tag{19-1}$$

其中，$h_{\text{true}}^{\left(c^{(p)}\right)}$ 表示正确字符标签对应的概率值，$h_{\text{true}}^{\left(c^{(p)}\right)}\in\left[0,1\right]$；$P$ 表示字符总数；p 表示第 p 个字符。

词性标记器训练过程中的损失函数为

$$\text{Loss2}=\frac{1}{Q}\sum_{i=1}^{Q}\left(1-e_{\text{true}}^{\left(w^{(q)}\right)}\right) \tag{19-2}$$

其中，$e_{\text{true}}^{\left(w^{(q)}\right)}$ 表示正确词性标签对应的概率值，$e_{\text{true}}^{\left(w^{(q)}\right)}\in\left[0,1\right]$；$Q$ 表示句子分词后词的个数；q 表示分词后的第 q 个词。

总体损失函数的计算：

$$\text{Loss}=\text{Loss1}+\text{Loss2} \tag{19-3}$$

最小化总体损失函数可更新多个分词器、多个词性标记器的权重。

19.2.2　医疗健康案例知识动态更新机制

为了适应医疗健康管理决策需求，提高知识获取的效率、准确性和实时性，需要动态更新案例知识库。为此，本章提出了“入库-使用”＋“质量-可用性”的两阶段双重评价机制，适度控制案例规模，使高质量案例不断注入、低质量案例逐步淘汰，不断提高案例质量，避免无限“膨胀”，实现案例知识动态更新，如图 19-3 所示。

（1）案例入库阶段评价。所有新案例都会自动保存到案例全库，但只有部分评价良好的高质量案例才能进入典型案例知识库。在案例质量和可用性评价内容

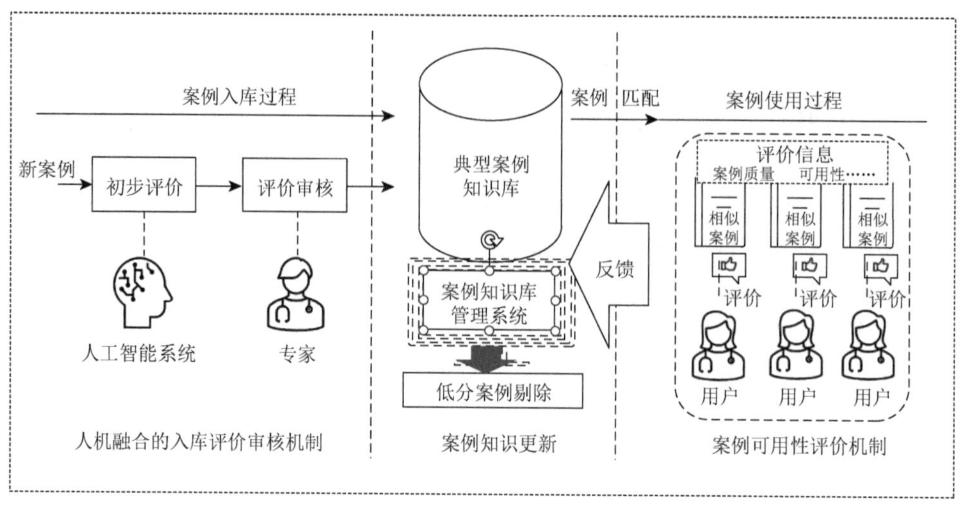

图 19-3　知识更新的“入库-使用”＋“质量-可用性”两阶段双重评价机制

上，既包括案例的自身属性，如信息完整性、典型性等，又包括案例的外部特征（Gu et al.，2021），如主治医生、案例来源医院和科室等。在案例质量和可用性评价方法上，采用人机融合的入库评价审核机制，由专业人员对部分案例进行评价，形成评价案例知识库作为机器评价模型的训练集，再根据机器评价模型完成全部案例的评价，再由资深医生对机器评价结果进行抽样评价，不断迭代，完成高质量案例的不断注入。

（2）案例使用阶段评价。在案例知识服务过程中，医务人员和管理者可对匹配的案例进行质量与可用性评价，评价指标包括有用性、易用性和总体质量。系统通过计算案例使用频率和评分均值、方差，将评价差、使用率低的低质量案例逐步淘汰。

19.3　医疗健康推理知识的生成与发现方法

医疗健康推理知识的生成与发现是医疗健康智慧管理决策的关键环节，是知识服务的重要基础。对各级医疗健康服务组织而言，基于医疗健康大数据、案例知识、通用医学知识的推理知识生成与发现不仅可以为医院辅助决策、运营、考核、绩效管理、预判预警提供精细化管理手段，同时还可以为贯穿事前、事中、事后的全流程医疗质量管理和风险控制提供重要依据。本节主要介绍带有评价机制的医疗健康推理知识生成方法与基于优化型深度集成学习的医疗健康推理知识发现方法。

19.3.1　带有评价机制的医疗健康推理知识生成方法

带有评价机制的医疗健康推理知识生成过程如图 19-4 所示，它通过对历史案例的匹配、重用、修正、质量评价、审核等过程，实现对新决策问题解决方案的知识生成（Gu et al.，2017）。由于领域专家的参与，生成的推理知识质量有了明显提高。

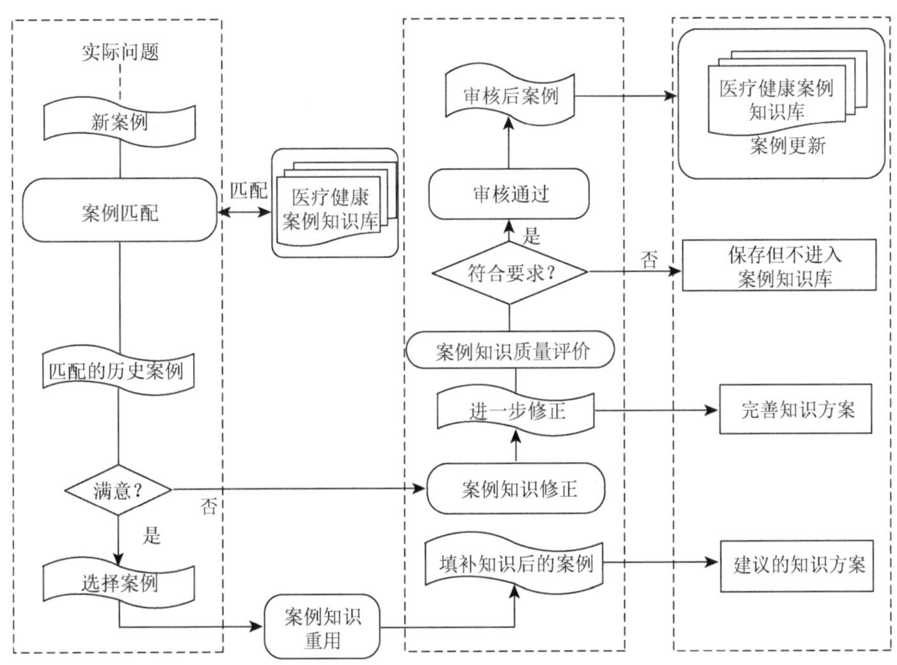

图 19-4　医疗健康推理知识生成过程

在该方法中，一个医疗健康决策案例被描述为一组 (x,y) 向量，其中 $x=(x_1,x_2,\cdots,x_n)$ 是特征属性向量，$y\in Y$，Y 是对应类的离散变量，案例知识库中历史案例的类值（结论或方案类知识）是已知的。给定一个新问题，该问题可以被转化为尚未解决的目标案例，其中类值未知。通过变权异质值差距离算法（weighted heterogeneous value difference metric，WHVDM）可以进行推理知识的生成，为决策者提供知识参考。

具体地，$\mathrm{WHVDM}(t,r)=\left(\sum_{i=1}^{n}w_i d_i^2(t,r)\right)^{\frac{1}{2}}$，其中：

$$d_i^2(t,r)=\begin{cases}\text{vdm}_i(t,r), & x_i\text{是离散的}\\ \text{diff}^2(x_{t,i},x_{r,i}), & x_i\text{是连续的}\end{cases} \tag{19-4}$$

其中，$\text{vdm}_i(t,r)$ 表示值差矩阵（value difference matrix，VDM），其值按照式（19-5）计算。

$$\text{vdm}_i(t,r)=\sum_{a\in Y}\left(p\left(y=a\middle|x_i=x_{t,i}\right)-p\left(y=a\middle|x_i=x_{r,i}\right)\right)^2 \tag{19-5}$$

其中，y 表示结论类变量；Y 表示变量 y 的域。$\text{diff}^2(x_{t,i},x_{r,i})$ 是传统欧氏距离的一部分，是目标案例 t 和历史案例 r 之间在连续属性上距离的平方，即

$$\text{diff}^2(x_{t,i},x_{r,i})=(x_{t,r}-x_{r,i})^2 \tag{19-6}$$

这个算法适用于案例中同时含有离散变量和连续变量的距离度量，突出了案例属性相对重要性的影响。这种影响反映在特征属性向量的权重上，$w=(w_1,w_2,\cdots,w_n)$，其中 $0\leqslant w_i\leqslant 1$（$i=1,2,\cdots,n$，$\sum_{i=1}^n w_i=1$），权重通过遗传算法（genetic algorithm，GA）获取。GA 中的每个个体的染色体确定了对医疗健康案例属性权重向量的编码，每个个体的适应度是要最大化的目标。当选择使用 GA 来获取案例权重向量时，属性上的权重可以同时满足两个目的，即不仅反映了不同属性的相对重要性，还将度量的类型从连续型数值扩展到离散型数值。该方法避免了专家评价的主观性和属性权重难以动态变化的局限，可以根据具体医疗管理决策场景的要求和案例知识库的实时更新情况自动计算和动态调整权重，有利于知识生成精度和有效性的提升（顾东晓，2020）。研究表明，在准确性和综合 F 值性能评价指标上，该方法比传统基于欧氏距离的 CBR 算法在性能上提高 9.0%以上；和径向基函数（radial basis function，RBF）神经网络、朴素贝叶斯（naive Bayes）、分类与回归树（classification and regression trees，CART）等方法相比性能提高了 3.2%以上（Gu et al.，2017）。

19.3.2 基于优化型深度集成学习的医疗健康推理知识发现方法

随着人工智能技术的发展，涌现了大量面向医疗健康决策的分类器算法，这些方法为医疗健康知识发现提供了重要工具手段。为了融合不同分类器算法的优点、解决医疗健康复杂决策问题，深度集成学习方法应运而生。优化型深度集成学习算法模型（deep ensemble model based on tree-structured Parzen estimator，DEM-TPE）针对多源跨组织医疗健康大数据的复杂性和异质性，使用树状结构的 Parzen 估计器（TPE）来选择最佳数量的基分类器，可以根据不同数据集的需要自动改变其具体结构模式，使得在求解精度和效率上具有优势，可以较好地适应

不同医疗健康决策场景的知识发现需求。基分类器的输出以级联森林的方式进行整合，如图 19-5 所示。

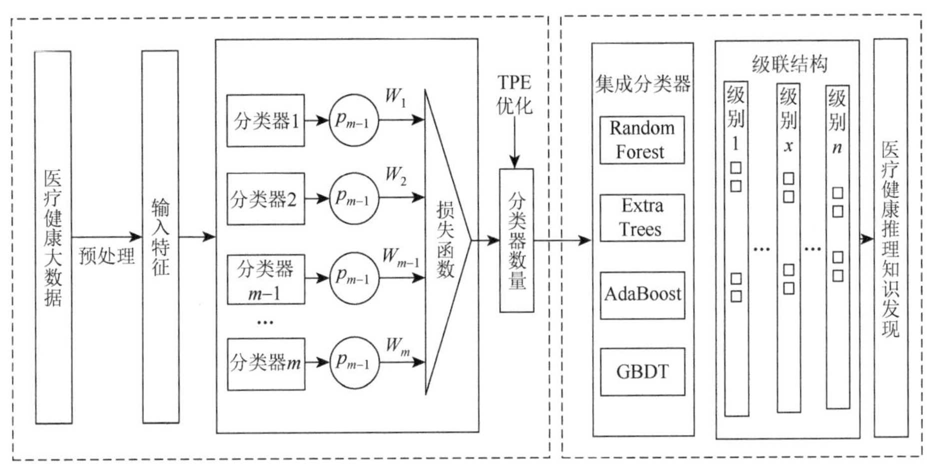

图 19-5　基于优化型深度集成学习的医疗健康推理知识发现

使用 RF、极端随机树（extremely randomized trees，ET）、自适应增强（adaptive boosting，AdaBoost）和 GBDT 基础分类器，每个分类器 m_i 预测出一个估计的类别分布 p_i。通过使用 TPE 最小化一个由所有分类器的平均输出给出的损失函数来优化基础分类器的数量。根据分类器的预测概率 p 来预测类标签，并通过每个分类器的多数投票 m_i 来预测类标签 $\hat{y}$。对于一个二元分类任务，类标签 $k \in \{0,1\}$。分类器的数量 m_i 被表示为 w_i，而 $w_i \in N\{0,1,2,3,\cdots\}$。当分类器的值 w_i 为 0 时，分类器 m_i 不被选择。

$$\hat{y} = \arg\max_{k} \sum_{m_{i\in\theta}} \sum_{j=0}^{w_j} p_{kij} \tag{19-7}$$

19.4　考虑综合效用和多样性的医疗知识服务推荐方法

日本大阪大学心理学家三隅二不二提出的 PM 理论指出，在组织内的群体具有两种功能：一是实现组织绩效（performance）目标；二是改善团队的正常运转（maintenance）。基于群体有效性理论，医疗健康知识服务可以促进团队关系改善，提升组织绩效（Gu et al.，2019）。传统知识服务未能充分考虑医生的个性化动态化需求和医疗活动的全周期健康服务演化特征（Feldman et al.，2014），难以发现新时代智慧医疗健康模式下医生的知识服务需要。医疗协作和数据共享汇聚了大规模数据，并通过知识发现、图谱建构与知识服务，搭建了群体共创的知识服务场景，然而知识的有效性依赖于有效的知识节点关联，不完备的知识数据将降低知识服务的质量，导致服务主体难以及时有效地对知识做出筛选，系统更无法主动响应医生知识服务的多样性需求。因此需要针对知识服务需求的个性化特征，利用心理学、行为学等理论，使用与诊疗活动相关的诊疗病案信息与行为数据，基于诊疗经验和规范共识，对医生的需求和行为特征进行建模，构建面向智慧医疗健康管理主体的主动知识服务，实时响应疾病演化状态（Rush et al.，2019）、精准评估医疗效果、动态调整医疗决策方案，辅助医生提高诊疗效率，为医生提供所需的个性化诊疗知识的推荐服务，减少线下医院就诊负载。

为了解决医疗资源供需失衡问题，我国积极推行医疗知识服务，鼓励医生主动获取诊疗服务知识，以提高诊疗水平和综合服务能力。然而，医生缺乏足够的信息来获取可靠的知识，同时现有系统中也缺少对医生偏好的考虑，无法满足知识服务的个性化需求。因此，依据医生的偏好和知识的有效性，多样性地指导医生的选择，向医生推荐合适的知识来提供可靠的知识服务是知识服务系统能够主动服务医生的亟待解决的关键问题之一。我们提出了一种考虑综合效用和多样性的分级医疗知识推荐方法，如图 19-6 所示。

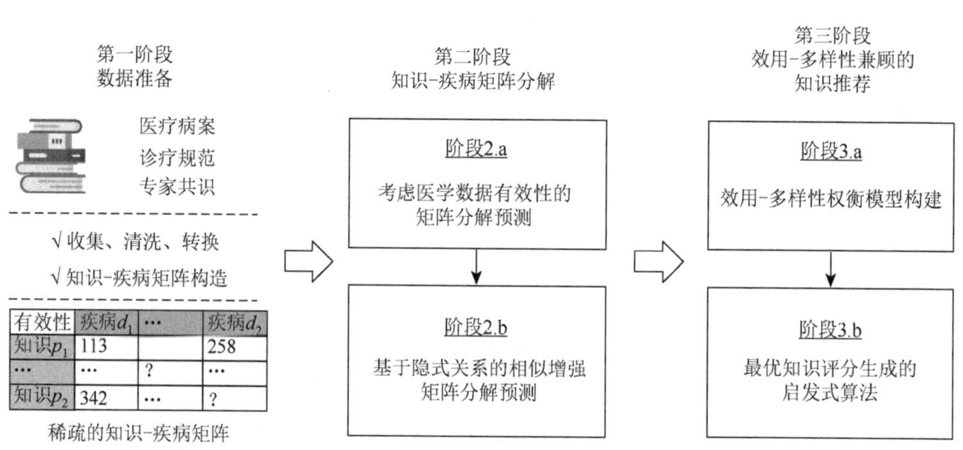

图 19-6　多样性增强的智能推荐方法

19.4.1　推荐模型的综合效用

可靠的知识服务推荐需要精确的知识有效性数据，在获得现有知识后，首先利用非负矩阵分解算法进行知识有效性判定。用 C_{ij} 表示知识 k_i 在疾病 d_j 上的有效性，同时将初始的知识-疾病矩阵 $KD_{I\times J}$ 分解为知识特征矩阵 $K\in KD_{I\times F}$ 和疾病特征矩阵 $D\in PD_{I\times F}$。缺失的知识有效性 $\widehat{C_{ij}}$ 可以根据如下公式计算并且得到填充后的知识-疾病矩阵 $KD^{*}_{I\times J}$：

$$\widehat{C_{ij}} = K_i \cdot D_j \tag{19-8}$$

非负矩阵分解方法可以减小预测值与真实值的误差，使得判定的知识有效性数据不断逼近真实值，因此构建损失函数如下：

$$L = \frac{1}{2}\sum_{i=1}^{I}\sum_{j=1}^{J} R_{ij}\left(C_{ij} - K_i \cdot D_j^{\mathrm{T}}\right)^2 + \frac{\lambda_1}{2}K_F^2 + \frac{\lambda_2}{2}D_F^2 \left(K \geqslant 0, D \geqslant 0\right) \tag{19-9}$$

在实际生活中，很多因素影响着医生对医疗知识的采纳，例如，知识与疾病的相关度、主体接受水平、知识的多样性等。因此建立综合多主体偏好和多样性的知识推荐模型，根据不同主体在知识选择时对知识属性的不同要求，考虑知识综合效用，具体计算方法如下：

$$\begin{cases} G(i) = \left|c_{ij}\right| \cdot w_z \cdot w_{\text{sim}}^i \\ \text{s.t.}\ \ w_z \dfrac{\text{num}_z}{Z} \cdot \dfrac{1}{\left|r_z - r\right|} \\ w_{\text{sim}}^i = -\ln(1 - \text{sim}_i),\ \ 0 \leqslant \text{sim}_i < 1 \end{cases} \tag{19-10}$$

其中，$G(i)$ 表示知识 k_i 的综合效用，$G(i)$ 越高，知识 k_i 的综合效用越高；$\left|c_{ij}\right|$ 表示标准化后的知识有效性数据；w_z 和 w_{sim}^i 分别表示主体接受能力和知识相关度对知识综合效用的影响。在主体接受能力对知识选择的影响中，将知识按照理解所需专业程度划分为多个层次等级，Z 表示知识候选集中的层次等级数；num_z 表示 z 等级的知识出现的次数；$\dfrac{\text{num}_z}{Z}$ 则表示知识重复率对主体进行知识选择的影响；用 $\dfrac{1}{\left|r_z - r\right|}$ 表示知识等级与主体接受等级之间的差距对知识选择的影响。在知识相关度对知识综合效用的影响中，使用 $-\ln(1-\text{sim}_i)$ 度量知识相似度的影响，sim_i 表示知识 k_i 与病症的相似度，随着 sim_i 的增大，w_{sim}^i 的变化增大，符合医生科室与知识相关性的变化特点。

19.4.2　推荐模型的多样性

考虑推荐列表内的知识内容多样性和知识来源多样性，构建了一个多样性函数 Div 用以引导系统为医生推荐多样性的医疗知识。Div 的具体计算方式如下：

$$\begin{cases} \text{Div}(L) = \sqrt{\text{Div}(L_k) \cdot \text{Div}(L_s)} \\ \text{s.t.}\ \ \text{Div}(L_k) = 1 - \dfrac{2}{K(K-1)} \displaystyle\sum_{i,m \in L \& i \neq m} \text{sim}_{i,m} \\ \text{Div}(L_s) = \dfrac{T(L)}{T} \end{cases} \tag{19-11}$$

其中，$\mathrm{Div}(L_k)$和 $\mathrm{Div}(L_s)$分别表示知识内容多样性和知识来源多样性。$\mathrm{Div}(L_k)$调用表内多样性（intra-list similarity，ILS）计算，ILS 表示推荐列表内任意两个项目的平均相似性，通过对 ILS 的转换，以保证更大的 $\mathrm{Div}(L_k)$代表更大的多样性；$\mathrm{Div}(L_s)$利用覆盖率计算，$T(L)$和 T 分别表示知识推荐列表和整个推荐系统中的来源个数，因此 $\mathrm{Div}(L_s)$越大，推荐列表中的知识来源多样性越大。使用算术平均法来融合两类多样性，随着 $\mathrm{Div}(L)$的增大，推荐列表涵盖差异性更大的知识和更多的来源。

为了求解该医疗知识推荐模型，我们使用了贪心算法以生成融合知识综合效用和知识多样性的推荐列表，并验证了模型的有效性（Wang et al.，2020）。贪心算法的核心思想是从推荐系统中依次选取满足目标的元素直到整个推荐列表被填满。值得注意的是，在每次知识选取的过程中，首先选取具有最大综合效用的知识，在调整多样性的情况下尽可能地最大化知识效用，满足医生的知识需求。

19.5 案 例 实 践

我们将前述医疗健康知识的组织、更新、生成、发现等方法集成到医疗健康大数据驱动的城市医疗集团知识服务平台——Medicas，并成功应用于华东地区某医科大学附属医院城市医疗集团。该医疗集团包括 1 所三级甲等综合医院（中心医院）、59 家医联体成员单位和 5 家社区卫生服务中心，拟通过共享三级甲等综合医院的优质医疗资源，延伸服务能力，提升医联体成员单位和社区卫生服务中心的医疗服务质量和水平，但在运营过程中，由于中心医院的优质医疗资源有限，面对“人满为患”的诊疗服务需求，本来就“自顾不暇”，更难以将知名专家大量派出满足医联体各中小医院的需求；同时，由于缺少医疗健康知识管理工具，医生占用大量诊疗时间整理案例知识，知识的利用主要停留在医典、诊疗指南、药典等静态医学知识上，丰富的临床动态知识难以得到有效利用，优质医疗资源的价值不能得到充分发挥。医疗健康大数据驱动的知识服务系统的应用显著提高了该医疗集团的医疗健康服务质量。

19.5.1 知识服务系统总体架构

基于该医疗集团提出的区域医疗健康一体化理念，医疗健康大数据驱动的知识服务系统旨在重构该医疗集团的医疗健康业务处理与管理决策模式，构建数据驱动、知识精准服务的智能化医疗健康服务体系，促进优质资源下沉，实现医疗健康一体化的智慧管理与智慧服务。为此，我们采取“跨域数据分析、知识动态服务、健康服务创新、流程贯穿再造、全域管理优化”的工作路径，建设“城市医疗集团知识服务平台——Medicas”，助力医联体各医疗卫生服务机构为居民提供“公平可及、系统连续、安全可控、成本合理”的优质医疗健康服务。医疗健康知识服务系统整体架构如图 19-7 所示。

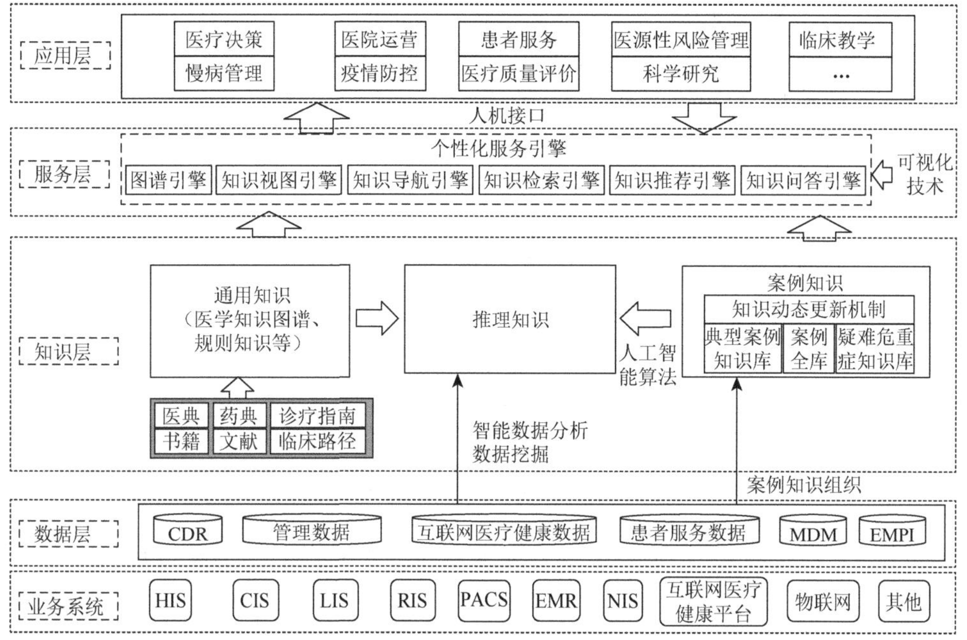

图 19-7 医疗健康知识服务系统整体架构

CDR：clinical data repository，临床数据仓库；MDM：master data management，主数据管理；EMPI：enterprise master patient index，患者主索引；HIS：hospital information system，医院信息系统；CIS：clinical information system，临床信息系统；LIS：laboratory information system，实验室信息系统；RIS：radiology information system，放射学信息系统；PACS：picture archiving and communication system，影像归档和通信系统；EMR：electronic medical record，电子病历；NIS：nursing information system，护理信息系统

19.5.2 医疗健康数据治理

由于医疗集团成立之前，各医疗机构建有各自的信息系统，导致“数据烟囱”问题普遍存在，且数据结构也存在较大差异，难以共享开发利用。为了实现医疗健康大数据的有效治理，该医疗集团面向医联体各单位构建了全感知、全连接、全智能的智能互联基础设施，打通了现有医疗机构的协同服务通路，并构建了基于医疗健康大数据融合与标准化的数据融通体系和数据流耦合机制（Yaraghi et al., 2015），通过标准化规范体系和数据安全体系保障数据互联互通和共享，为医联体不同医院、院区间的数据聚合、知识发现、全局流程贯穿再造和医疗健康服务资源整合奠定了基础。同时，为了及时发现和治理源头数据问题，从数据、业务和应用

三个维度建立了一套数据质量治理的规则，具体包括围绕数据质量评价维度中数据完整性、数据一致性、数据规范性和数据准确性，形成了数据域、业务域和应用域三层的数据质控规则知识集，及时识别业务源头数据质量问题，及时预警和推送，再结合质量评分和绩效考核等方案建立案例使用评价的激励机制（Sasaki and Biro，2017），推动数据质量提升和优化，以降低潜在的医疗风险（Bean et al.，2017）。

19.5.3 医疗健康知识建模与图谱构建

面向医疗健康决策、医院管理、临床教学、科研等业务，构建了以医典、药典、书籍、文献、诊疗指南、临床路径为核心的通用医学知识图谱（Malik et al.，2019）以及基于临床诊疗路径的动态知识视图，并通过自学习机制，实现知识更新，可对决策方案进行合理性分析。建立了症状、药品、疾病、手术、检验等12 类医学实体，覆盖儿科、呼吸内科、消化内科、心血管内科等 10 余个主要科室的常见疾病。与人民卫生出版社合作，通过医学专业团队进行多维术语提取、抽象知识本体，输出标准化知识术语，包括症状、查体体征、解剖部位、检验指标、检查、药品、病种、诊断、手术操作、学科等共计超过 10 000 条；梳理了 8 项类别约 70 000 条知识补充到知识库，包括疾病知识、药品知识、检验知识、检查知识、法律法规知识、医疗损害防范案例知识及医患沟通知识。建设了符合中医药和中医基础理论规范的中医文本知识库，整理有关名医医案、方剂、古籍、中药、中成药、穴位、中医病证、针灸处方等八大类共计约 10 250 条知识集。在重要事项提醒方面，构建业务规则知识库，形成了检验规则、检查规则、手术规则等约 6000 类（条），在开具药品医嘱、护理、手术、用血、检验申请单、检查申请单、书写病历等行为中调用规则知识进行合理性审核和预警，提示等级分为提示、警告、禁止类，提示信息包含提示结论、建议、依据等。

19.5.4 医疗健康知识推理与可视化服务

系统提供了典型案例知识库、案例全库和疑难危重症知识库（Gu et al.，2017），面向不同管理决策情境选择合适的算法模型实现知识推理、生成与发现，通过可视化引擎和个性化推荐引擎提供知识自动匹配、知识检索、知识推荐、知识视图等服务，为医联体成员单位和社区卫生服务中心的管理决策过程提供知识支撑，全面支撑医疗健康服务组织的临床决策、教学和科研工作。特别是基于临床诊疗路径构建的可视化知识视图，极大方便了对患者健康过程的监测和预测预警。医务人员通过知识视图系统可以快速掌握案例详情，如核心检验指标、关键用药的集中预览、历史趋势的对比以及多个相似影像在特定时间段的同屏比对，同时可以参与知识的生成过程，通过特征属性权重调整和交互反馈等方式获取更准确的案例知识。专科知识视图不仅帮助了解患者全过程病情变化情况、趋势和诊疗决策过程，还可以基于历史案例知识推荐医疗方案，或者基于通用医学知识或者药学知识对医生制订的诊疗方案和用药方案进行合理性分析，及时预警和提醒。

19.5.5　实践成效

大数据驱动的医疗健康知识服务系统通过知识服务为精细化的医疗决策、调度、评价、协作和质控全过程管理提供了有力支持，推动了线上-线下融合、院内-院外协同的全周期主动健康管理模式变革。目前系统日均调用超过万次，有效知识服务超过 2000 次，全面优化了该医疗集团的一体化协同管理，为实现医疗同质化、教学数字化、科研一体化、服务网络化和管理精细化奠定了坚实的基础，有力推动了国家分级诊疗政策落地，总体实践成效显著。具体体现在以下几个方面。

（1）医疗机构方面：中心医院优质资源得到充分利用，三级甲等综合医院诊疗决策的知识服务活跃率达到 70%左右；社区基层医院常见病知识服务覆盖率达到 95%，知识服务辅助决策的活跃率达到 90%，社区基层医院接诊能力显著提升。

（2）医生方面：各种知识服务引擎有效提高医生工作效率 15%左右，医生的诊疗能力得到提升，救治效率得到提高。基于知识视图应用，自动生成疑难病例研究报告，有效降低每月临床医护工作量投入 5 个工作日/人，非诊疗时间占用明显减少。

（3）患者方面：患者获得了更高质量的服务，满意度显著提升。通过患者满意度调查，患者对服务质量、就医便捷性、就医成本降低三个方面的满意度均提升到 30%以上。

19.6　结　束　语

医疗健康大数据和知识作为一类战略性人造资源和生产要素，正在驱动新时代卫生健康领域生产方式、生活方式和治理方式的变革，政府和产业界都已认识到医疗健康知识服务在推动医疗健康资源整合和协同服务过程中的潜在巨大价值。国务院在《关于促进和规范健康医疗大数据应用发展的指导意见》中明确提出：坚持以人为本、创新驱动，规范有序、安全可控，开放融合、共建共享的原则，以保障全体人民健康为出发点，大力推动政府健康医疗信息系统和公众健康医疗数据互联融合、开放共享，积极营造促进健康医疗大数据安全规范、创新应用的发展环境。通过融合大数据驱动的医疗健康知识服务研究与实践，促进了数据治理、融通、聚合和知识管理、共享、服务、价值呈现，支撑横向和纵向医疗健康资源的全面整合和协同服务。有效开发、利用和转化医疗健康知识的内在价值，通过在不同医疗机构、社区等空间的智能互联网络合理、安全共享知识，极大促进了优质医疗资源下沉以及医学知识和智慧辐射到基层，推动我国医疗健康服务和分级诊疗实现新业态。

本章基于研究团队多年来在智慧医疗健康管理领域的理论研究和应用实践，针对我国新医改下分级诊疗和智慧医疗健康管理的重大需求，基于“资源观”界定了新时代医疗健康领域大数据的概念，在此基础上提出了医疗健康大数据驱动的知识服务方法论，最后介绍了在华东地区某医科大学附属医院城市医疗集团的案例，实践表明本章介绍的知识服务方法不仅带来了显著的管理效益，还加速了优质医疗资源下沉，有力推动了医疗健康管理变革和分级诊疗政策落地。

本章所采纳“概念界定、特性分析、方法提出、案例实践”的大数据驱动的管理决策研究方法论，经团队多年来的研究与实践表明其具有普适性且行之有效。虽然本章介绍的方法基于医疗健康大数据，主要面向卫生健康领域的医院和紧密型医联体，但这些方法模型具有较好的普适性，对金融、保险、交通、商业等知识丰富领域的集团化企业同样具有重要的借鉴意义。

参考文献

杜少甫, 谢金贵, 刘作仪. 2013. 医疗运作管理: 新兴研究热点及其进展. 管理科学学报, 16(8): 1-19.

顾东晓. 2020. 医疗健康案例知识发现与智能决策方法. 北京: 科学出版社.

刘业政, 孙见山, 姜元春, 等. 2020. 大数据的价值发现: 4C 模型. 管理世界, 36(2): 129-138, 223.

马费成, 周利琴. 2018. 面向智慧健康的知识管理与服务. 中国图书馆学报, 44(5): 4-19.

徐宗本, 冯芷艳, 郭迅华, 等. 2014. 大数据驱动的管理与决策前沿课题. 管理世界, (11): 158-163.

杨善林, 周开乐. 2015. 大数据中的管理问题: 基于大数据的资源观. 管理科学学报, 18(5): 1-8.

Aminpour P, Gray S A, Jetter A J, et al. 2020. Wisdom of stakeholder crowds in complex social-ecological systems. Nature Sustainability, 3(3): 191-199.

Bean D M, Wu H, Iqbal E, et al. 2017. Knowledge graph prediction of unknown adverse drug reactions and validation in electronic health records. Scientific Reports, 7(1): 16416.

Ben-Assuli O, Padman R. 2020. Trajectories of repeated readmissions of chronic disease patients: risk stratification, profiling, and prediction. MIS Quarterly, 44(1): 201-226.

Benkner S, Arbona A, Berti G, et al. 2010. @neurIST: infrastructure for advanced disease management through integration of heterogeneous data, computing, and complex processing services. IEEE Transactions on Information Technology in Biomedicine, 14(6): 1365-1377.

Bhattacharyya S, Banerjee S, Bose I, et al. 2020. Temporal effects of repeated recognition and lack of recognition on online community contributions. Journal of Management Information Systems, 37(2): 536-562.

Feldman J, Liu N, Topaloglu H, et al. 2014. Appointment scheduling under patient preference and no-show behavior. Operations Research, 62(4): 794-811.

Gu D, Deng S, Zheng Q, et al. 2019. Impacts of case-based health knowledge system in hospital management: the mediating role of group effectiveness. Information & Management, 56(8): 103162.

Gu D X, Liang C Y, Li X G, et al. 2010. Intelligent technique for knowledge reuse of dental medical records based on case-based reasoning. Journal of Medical Systems, 34(2): 213-222.

Gu D X, Liang C Y, Zhao H M. 2017. A case-based reasoning system based on weighted heterogeneous value distance metric for breast cancer diagnosis. Artificial Intelligence in Medicine, 77(C): 31-47.

Gu D X, Su K X, Zhao H M. 2020. A case-based ensemble learning system for explainable breast cancer recurrence prediction. Artificial Intelligence in Medicine, 107: 101858.

Gu D X, Zhao W, Xie Y, et al. 2021. A personalized medical decision support system based on explainable machine learning algorithms and ECC features: data from the real world. Diagnostics, 11(9): 1677.

Kohli R, Tan S S L. 2016. Electronic health records: how can is researchers contribute to transforming healthcare? . MIS Quarterly, 40(3): 553-573.

Li Y Z, Yu B W, Xue M G, et al. 2020. Enhancing pre-trained Chinese character representation with word-aligned attention. Seattle: The 58th Annual Meeting of the Association for Computational Linguistics.

Lin Y K, Chen H, Brown R A, et al. 2017. Healthcare predictive analytics for risk profiling in chronic care: a Bayesian multitask learning approach. MIS Quarterly, 41(2): 473-495.

Liu Q Q B, Liu X X, Guo X T. 2020. The effects of participating in a physician-driven online health community in managing chronic disease: evidence from two natural experiments. MIS Quarterly, 44(1): 391-419.

Malik K M, Krishnamurthy M, Alobaidi M, et al. 2019. Automated domain-specific healthcare knowledge graph curation framework: subarachnoid hemorrhage as phenotype. Expert Systems with Applications, 145: 113120.

Mülâyim M O, Arcos J L. 2020. Fast anytime retrieval with confidence in large-scale temporal case bases. Knowledge-Based Systems, 206: 106374.

Pan J X, Ding S, Wu D S, et al. 2019. Exploring behavioural intentions toward smart healthcare services among medical practitioners: a technology transfer perspective. International Journal of Production Research, 57(18): 5801-5820.

Rush B, Celi L A, Stone D J. 2019. Applying machine learning to continuously monitored physiological data. Journal of Clinical Monitoring and Computing, 33(5): 887-893.

Sasaki T, Biro D. 2017. Cumulative culture can emerge from collective intelligence in animal groups. Nature Communications, 8(1): 15049.

Song K H, Zeng X Y, Zhang Y, et al. 2021. An interpretable knowledge-based decision support system and its applications in pregnancy diagnosis. Knowledge-Based Systems, 221: 106835.

Wang H, Ding S, Li Y Q, et al. 2020. Hierarchical physician recommendation via diversity enhanced matrix factorization. ACM Transactions on Knowledge Discovery from Data, 15(1): 1-17.

Wang X Z, Xing H J, Li Y, et al. 2015. A study on relationship between generalization abilities and fuzziness of base classifiers in ensemble learning. IEEE Transactions on Fuzzy Systems, 23(5): 1638-1654.

Warnat-Herresthal S, Schultze H, Shastry K L, et al. 2021. Swarm learning for decentralized and confidential clinical machine learning. Nature, 594(7862): 265-270.

Yang Z L, Huang Y F, Jiang Y R, et al. 2018. Clinical assistant diagnosis for electronic medical record based on convolutional neural network. Scientific Reports, 8(1): 6329.

Yaraghi N, Du A Y, Sharman R, et al. 2015. Health information exchange as a multisided platform: adoption, usage, and practice involvement in service co-production. Information Systems Research, 26(1): 1-18.

第 20 章　融合知识图谱与神经网络赋能数智化管理决策①

20.1　引　言

以互联网、云计算、大数据与人工智能为代表的新兴技术的进步与迅速发展已成为我国数字经济的重要引擎。我国“十四五”规划明确了“加快数字化发展，建设数字中国”的发展纲要，着重强调“数字化”与“智能化”，提出要激活数据要素潜能，充分发挥海量数据和丰富应用场景优势，通过“用数赋智”，推动数据赋能智慧企业乃至智慧产业。因此，融合数字化与智能化的“数智化”是我国当前技术变革的核心战略方向之一，正在重新定义社会管理与国家战略决策、企业业务流程与管理决策、个人行为与决策的过程和方式（冯芷艳等，2013；徐宗本等，2014；陈国青等，2020；黄丽华等，2021）。从“数”到“智”恰恰是管理决策的根本变革，实现从“数据化”到“数智化”的新跃迁（陈国青等，2022）。在数智化过程中，社会“像素”向更细粒度发展并极大提升了数字“成像”（陈国青等，2018），数据要素成为生产力，通过以直代曲、切分整合逐步逼近，将以往决策“有限理性”拓展到“极限理性”，并以更快速、高效的方式在人与机器之间进行双向传输和理解，机器智能与人类智慧的相互反馈机制得以增强（徐鹏和徐向艺，2020；王国成，2021）。这个无限丰富、细腻、复杂、动态的数智社会为企业的管理决策带来机遇，同时也充满挑战。

特别地，消费互联网、工业互联网所形成的万物互联使商务、政务、安全、健康、金融等领域的管理与决策不断涌现新模式、新方法。从海量数据中获得知识与智慧，基于分析与洞察，发现新的管理逻辑和模式，进而开展有效的管理决策，是根本性研究主题。围绕该主题的研究态势日益创新（伍之昂等，2021）。传统的管理决策是线性、分阶段的，其观察、解释、预测、决策等过程相互割裂，不同阶段的决策主体往往依据独立的分析开展实践。在数字时代，管理决策以数

---

① 本章作者：余艳（中国人民大学信息学院）、张文（浙江大学软件学院）、熊飞宇（阿里巴巴集团）、孟小峰（中国人民大学信息学院）、刘湘雯（阿里巴巴集团）、陈华钧（浙江大学计算机科学与技术学院）。通讯作者：陈华钧（huajunsir@zju.edu.cn）。基金项目：国家自然科学基金资助项目（91846204；72172155）。本章内容原载于《管理科学学报》2023 年第 5 期。

据为中心，决策主体呈现多元和交互，各决策环节与要素相互关联反馈，呈现非线性方式，并向决策智能化方向发展（曾大军等，2021；张维等，2021）。大数据驱动的管理决策范式在信息情境、决策主体、理念假设和方法流程上都发生了深刻的变革（陈国青等，2020）。以深度神经网络为代表的新机器学习模型进一步推进了决策模式向智能化升级。然而，智能化的管理决策不仅仅是要通过大数据驱动的深度学习模型挖掘底层数据特征，也应将人们主观的认知、经验与知识融入机器模型中，以此让大数据转化为人们“期望—确认”的决策价值。因此，既需要实现从数据中萃取知识来提升人的决策效率，也需要将知识融入大数据模型中来增强机器决策效率，以此构建一个“知识 + 模型”相互增强、相互补充的“数知融合、人机互益”的新型决策框架。

知识图谱被视为人工智能由感知智能通往认知智能的基石之一（张钹等，2020）。在人工智能的认知理论中形成一个共识，即人的认知系统包含两个子系统：直觉系统主要负责快速、无意识、非语言的认知，即感知层面的系统，感知智能是机器对语音、图像等进行感知的能力，例如，对客体信号的自动捕捉与识别；逻辑分析系统是有意识、带逻辑、负责规划和推理以及可以用语言表达的系统，具有解释数据、解释过程、解释现象的能力，能够对问题进行推理、规划、创作，进行正确的判断与决策。目前深度学习在感知智能方面具有优势，但在逻辑分析方面的能力依然有限，而知识图谱着重于加强逻辑推理与分析，可以弥补深度学习的短板（Bengio et al.，2021；Chen et al.，2021a）。

知识图谱以最简单的三元组为知识表示基座，将以往以人工获取为主的“自上而下，逻辑优先”的获取方式转变为以大数据为基础的“上下结合，由简入繁”的新获取模式。更为重要的是，知识图谱能够有机融合专家知识与机器数据，是实现数据与知识深入融合、人与机器互为增益的有力技术手段。首先，知识图谱既有传统符号知识表示框架，又发展了基于数值向量的知识表示学习方法，这有利于将专家知识下沉，转化为更易于融入机器学习模型的数值化表示形式。其次，知识图谱天然有助于多模态数据的表示与融合，通过构建多模态知识图谱将主观认知获取的符号知识与机器感知采集的多模态数据相互链接，并在同一个表示空间进行融合处理，因而成为衔接感知计算与认知计算的关键技术和方法。

此外，知识图谱的符号化表示也能极大提高深度模型的可解释性，促进人机交互，强化机器智能的可信任度，为机器决策与人工决策协同赋能，真正实现“人机互益”的智能管理与决策。人通过自然语言与机器互动，人的主观知识被传递给机器，并引导机器进行学习，人的主观知识也被深度融入机器学习中，使得深度模型中蕴含更多的人类知识；机器反过来通过学习能力帮助人获取更多知识。

综上，数智时代的智能管理与决策，仅依靠数据驱动的算法智能是不够的，人类知识与智慧的博大精深也应纳入智能决策框架与管理体系中。因此，本章提出基于知识图谱实现机器数据与专家知识的深度融合，并有机结合符号知识和神经网络，实现一种神经符号推理框架（neural symbolic reasoning framework），为数智化管理与决策提供一种新的实现方法和技术路径。这一方法体系将对管理决策的准则精细化、决策效果的精准化、决策结果的可解释性发挥重要作用，具有技术创新性，同时该体系可应用于商务管理，显示出其场景创新性。

20.2　知识图谱相关研究

知识图谱用于描述真实世界中的实体或概念及其之间的关系，是一种新的海量数据组织和领域知识管理方式（陈华钧，2021）。知识图谱具有规模巨大、语义丰富、质量精良、结构友好等特性，可增强机器语言认知和机器学习能力，提升人工智能的可解释性。知识图谱相关技术发展至今，已具备体系化的构建方法、强大的语义理解能力和知识推理能力，并已经在语义搜索、智能问答、机器翻译、推荐系统等方面扮演重要角色，在商务、金融、交通、医疗、安全等领域均有广泛应用，如图 20-1 所示，知识图谱赋能数智化管理决策源于其在知识表示、融合和推理三大环节上的技术突破，知识表示与融合激活数据的共享、流通和跨界关联，而知识推理则直接推动了从“数”到“智”的跃迁，通过模型激活数据的价值要素。

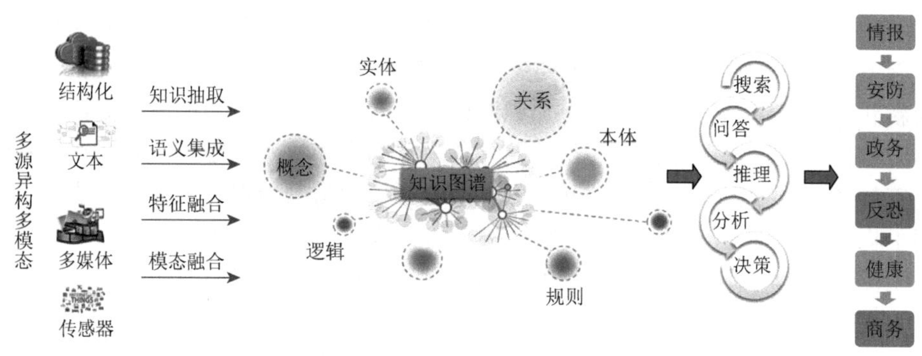

图 20-1　知识图谱刻画实体与关系

知识表示是一种对知识的描述方式，利用信息技术将客观世界中的事物关系以及人的主观认知中的抽象概念转化为符合计算机处理模式的表示方式，主要分为符号表示和向量表示（Sowa，2000）。传统的知识表示多基于符号逻辑，例如，一阶逻辑、霍恩逻辑、语义网络、框架逻辑等，主要用于刻画显式、离散的知识。针对随互联网发展涌现出的海量数据，知识表示则需要统一的描述框架以促进大规模知识的结构化表示，其中资源描述框架（resource description framework，RDF）

通过<主语,谓语,宾语>三元组的形式表示知识图谱中头实体与尾实体之间的关系。向量表示则基于深度学习的知识图谱表示学习，面向知识图谱中的实体和关系，将三元组的语义信息投射到稠密的低维向量空间，将原有符号化知识图谱转换为数值化表示形式，有利于计算复杂的语义关系和集成深度学习模型（刘知远等，2016），这是知识图谱量化计算的基础（张祎和孟小峰，2021）。

知识融合是融合各个层面的知识，包括不同知识库的同一实体、多个不同的知识图谱、多源异构多模态的数据与知识等。其中，多模态是指数据类型包括图片、视频、文本、语音等多种形式，对多模态数据的处理和理解不仅增强了知识图谱的多样性和丰富度，还有利于构建更细粒度的知识图谱（王萌等，2022）。知识融合通常包括本体匹配和对齐、实体对齐与消歧等。进一步地，融合常识、专家知识的知识图谱具有更强的推理能力和可解释性，数知融合可增强数据的跨界关联。

知识推理是知识图谱具有“智能”的直接表现，它针对知识图谱中已有事实或关系的不完备性，挖掘或推断出未知或隐含的关系，例如，实体补全、关系补全。在知识图谱推理中，逻辑规则充分利用了知识的符号性与精准性，让推理结果可理解、可解释；嵌入表示学习则将复杂的数据结构转化为向量表示，让推理计算更加有效和直接；神经网络方法对非线性复杂关系推理具有更强的建模能力，在深度学习知识图谱结构特征和语义特征后有效进行知识图谱补全与关联推理（王硕等，2020）。

认知理论中的双系统划分（Bengio et al.，2021），即认知系统包括符号系统和神经系统，符号系统擅长定义与表示专家经验、规则和知识，求解过程可解释性强；而神经系统擅长处理机器学习的问题，对数据噪声的容忍度大，两者各有优势（Chen et al.，2021a）。基于此，本章将基于知识图谱的知识推理分为三大类型（表 20-1）。

表 20-1　基于知识图谱的知识推理相关研究总结

类型	方法	代表性模型
基于符号表示的推理	基于本体的推理	FaCT + +，HermiT，Pallet
	基于规则的推理	路径式规则 AMIE，AMIE + 带常量规则 AnyBURL 带否定逻辑规则 RuDiK 图结构规则 PRA，SFE，HiRi
基于神经网络的推理	知识图谱嵌入	Trans 系列，HAKE，CrossE
	基于本体表示学习的推理	OWL2Vec，EL Embedding，OntoZSL
	基于图神经网络的推理	R-GCN，XTransE

续表

类型	方法	代表性模型
神经符号集成的推理	神经网络融合符号推理	Neural LP，DRUM，NTP，GNTP，CQD，Query2Box
	符号增强神经网络推理	KALE，RUGE
	神经符号互相迭代推理	IterE，Rule-IC

第一类是基于符号表示的推理，包括基于本体和基于规则的推理。基于本体的推理主要利用本体层面的频繁模式、约束或路径进行推理，例如，FaCT + +（Tsarkov and Horrocks，2006）、HermiT（Glimm et al.，2014）、Pallet（Sirin et al.，2007）等模型。基于规则的推理则主要是在知识图谱上运用逻辑规则或统计学习特征进行推理，例如，运用路径式规则（Galárraga et al.，2013；Galárraga et al.，2015）、带常量的规则（Meilicke et al.，2019）、带否定逻辑的规则（Ortona et al.，2018）、图结构规则的随机游走概率模型［如 PRA、SFE、HiRi（Lao et al.，2011；Gardner and Mitchell，2015；Liu et al.，2016）等］。

第二类是基于神经网络的推理，该推理是对知识图谱进行向量表示，充分利用神经网络模型，深度学习图谱结构的特征和语义特征，进而有效预测图谱缺失关系。该推理形式包括通过翻译模型进行知识图谱嵌入［如 Trans 系列（Bordes et al.，2013）、HAKE（Zhang et al.，2020）、CrossE（Zhang et al.，2019a）]，基于本体表示学习的推理［如 OWL2Vec（Chen et al.，2021b）、EL Embedding（Kulmanov et al.，2019）、OntoZSL（ontology-enhanced zero-shot learning，本体增强的零样本学习）（Geng et al.，2021）］，以及通过图神经网络进行链接预测的推理［如 R-GCN（Schlichtkrull et al.，2018）、XTransE（Zhang et al.，2019b）等］。

第三类是神经符号集成的推理，也是混合式推理。该推理过程充分利用符号系统和神经系统的优势，通过两者相互补充或迭代以增强推理的精细度和可解释性。神经系统赋能符号系统的推理，将神经系统学到的浅层知识表示更新到已有的符号系统中，反过来，符号系统也可对神经网络模型进行赋能，将规则和本体表示融入神经网络建模中以提升模型的能力。神经符号集成的推理可进一步细分为神经网络融合符号推理［如 Neural LP（Yang et al.，2017）、DRUM（Sadeghian et al.，2019）、NTP（Rocktäschel and Riedel，2017）、GNTP（Minervini et al.，2020）、CQD（Arakelyan et al.，2022）、Query2Box（Ren et al.，2020）］、符号增强神经网络推理［如 KALE（Guo et al.，2016）、RUGE（Guo et al.，2018）］、神经符号互相迭代推理［如 IterE（Zhang et al.，2019c）、Rule-IC（Lin et al.，2021）］。“神经 + 符号”的有机集成是当前知识图谱的前沿方向，本章把重点放在神经符号集成研究，并在电商场景中应用，例如，建构模型 IterE（Zhang et al.，2019c），旨在通过规则和表示学习嵌入之间的相互迭代进行商业知识图谱推理。

20.3　知识图谱赋能数智化管理决策框架

在数字经济背景下，商务活动呈现出高频实时、深度定制化、全周期沉浸式交互、跨组织数据整合、多主体决策等特点（徐宗本等，2014）。大数据涌现和人工智能技术发展深刻改变了商务管理与决策范式，决策准则由有限理性向无限理性、决策模式由静态向动态实时、决策主体由计算机辅助决策向人机协同决策、决策流程由线性分阶段向非线性过程转变（陈国青等，2020）。然而，单纯的数据驱动的管理决策日渐靠近“天花板”效应，这决定了在机器模型中融入知识成为解决问题的另一种技术途径（张钹等，2020），学者开始提出“大知识”“知识大图”等概念（Lu et al.，2018；洪亮和马费成，2022；洪亮和欧阳晓凤，2022）。由此，本章提出基于数知融合的“数智化”管理决策方法，其本质在于集成数据和知识的优势，“数”是以大数据为基础，“智”则表现为模型驱动和知识增强，符号表示和神经系统交互迭代，以突破传统管理决策的挑战性问题（如少样本、零样本决策、异质性推荐等），实现决策过程的敏捷化、自动化。

陈国青等（2022）指出大数据管理决策中的三大根本问题是要回答“发生了什么”“将发生什么”“为什么发生”，这也是数智化管理决策范式下的基本问题。知识图谱恰恰能为解决这些根本性问题提供新的技术路径。其中，知识表示为管理决策提供数据和知识基础，更好地刻画业务状态，提供全局视图，用以回答“发生了什么”；知识融合与推理是管理决策的关键，知识跨界融合更全面地建立多元主体联系和多元业务链路关系，对业务轨迹及其演化规律进行推理，进而做出前瞻性预判，这有益于回答“将发生什么”和“为什么发生”。

本章认为知识图谱及相关技术为数智化管理与决策提供了新框架和新方法，该技术体系以“模型驱动 + 知识增强”为基础，以“人机互益”为指导，致力于有效解决管理决策中的根本性问题，促进并优化面向多领域的管理与决策。特别地，本章提出以知识图谱为基础构建一套“符号神经集成系统”，通过结合符号表示和神经网络模型的知识表示、融合与推理，解决多种决策问题，特别是针对具有挑战性的少样本/零样本决策、面向下游任务的自动决策，以及决策过程中模型的可解释性问题。该技术与方法体系可应用于商务管理各环节，包括商品推荐、品类规划、客户管理、质量管理与运营管理等。知识图谱赋能数智化管理决策的框架体系如图 20-2 所示。

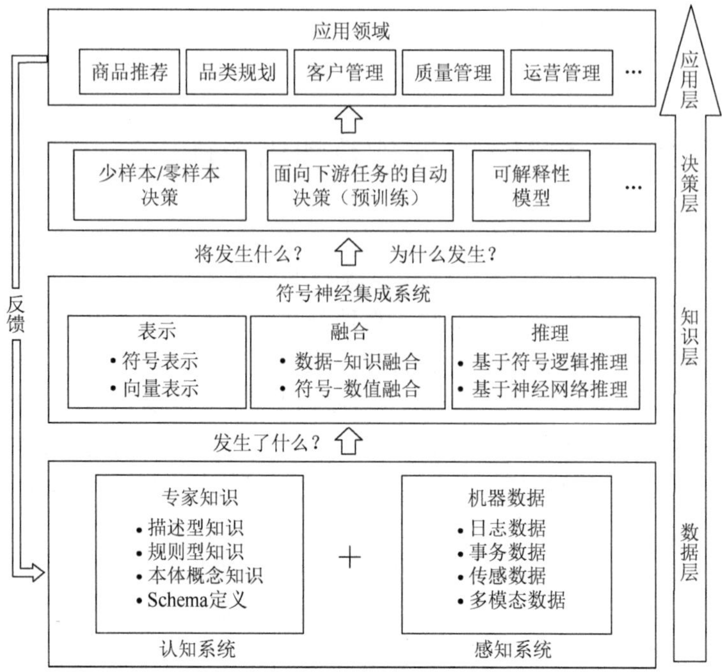

图 20-2　知识图谱赋能数智化管理决策的框架体系

20.3.1　数知融合驱动管理决策准则精细化

随着人工智能技术逐步进入工程化、实用化阶段，管理决策思维与准则正从“有限理性”、“满意即可”过渡到“极限理性”、“最优选择”（徐鹏和徐向艺，2020），决策模型与方法也从基于小数据、小知识发展为基于大数据、大知识（陈国青等，2022）。满意决策往往是人的有限理性和信息不充分、不对称条件下的次优选择（Yu et al.，2020）。将机器数据与专家知识进行融合实现“数知融合”，在海量数据基础上进行知识表示、融合与推理，可以极大改善以往决策的约束条件，知识图谱所具备的强大信息处理能力及其所嵌入的智能算法有助于实现对数据、知识更为科学的分析与整合，优化管理者的决策环境，突破人的认知局限，提供基于场景精细化或跨领域关联式的推荐与决策以实施管理活动。

以商务决策为例，商务大数据的基本特征来源广泛（包括在线数据源、线下数据源、企业内外数据源等），种类多样（包括货品数据、媒体事件数据、供应链数据、零售数据、场景数据等），用户创造内容（如购买评论、晒单等）高度动态变化。针对多源异构数据，数据融合与跨界关联是提升决策有效性、精准度的关键。跨界关联则是知识网络空间的外拓，强调企业内外数据的关联、不同模态数据的关联；而全局视图则强调对相关情境的整体画像及其动态演化的把控（陈国青等，2022）。这种“全景式成像”能力的基础在于知识表示、数据融合与知识融合。

同时，智能决策的精细化还需要发挥专家主观经验性知识的价值。机器数据多来源于感知设备和机器日志等，虽然比较粗糙，但规模非常易于扩展，因而更有利于数据驱动的决策模型的学习与实现；专家知识多来源于人的主观总结和概念抽象，虽然获取困难，但知识的价值密度高，可直接应用于智能管理并支持更加精细化的决策准则。

知识图谱在一定程度上可以起到数知融合的桥梁作用（Gutierrez and Sequeda，2021），将专家经验性知识与机器感知类数据在同一种表示框架中进行描述，并在同一张图中建立两者之间的连接。这种衔接一方面使得专家知识更直接地作用于机器数据，对机器数据产生约束，例如，通过人工定义的本体 Schema 建立多来源的机器数据之间的语义关联；另一方面，包括描述型（know-what）和过程型（know-how）在内的专家知识作为先验知识（Lebovitz et al.，2021），其融入可以直接作用于机器数据，以更好引导和指导机器模型的学习。同时，通过从多模态数据中不断抽取知识，可以进一步丰富专家知识库，并弥补专家知识在规模上的不足。

20.3.2　神经符号融合的知识图谱推理增强数智化决策深度

Tari（2013）将知识推理定义为基于特定的规则和约束，从存在的知识中获得新的知识。戴汝为等（2013）提出“人-机结合的智能科学”，张维等（2021）提出“混合智能管理系统”的理论与方法，数智化将赋予综合集成、混合方法新的内涵和实现路径。由此可见，即便拥有海量数据，人类常识、业务规则、专家经验及其他隐知识等在推理中也不可或缺。虽然传统的专家系统具有局限性，例如，知识规模有限、开放度不够，使之不再适用于大数据环境，然而专家知识、隐知识、元知识等在管理决策中仍起到关键作用。在数值模型中注入大量累积的符号知识是突破机器学习瓶颈、让机器具有认知智能的重要思路。

符号知识对于机器智能的意义主要体现两方面。首先，利用知识图谱提升机器学习模型与专家先验知识的一致性。人在环中（human-in-the-loop）依然是发展人工智能技术的主要形式（Monarch，2021），因为机器智能尚不足以自我发展出具有框架性质的元知识。机器需要人类，特别是领域专家赋予其认知世界、认知特定领域的基本概念框架，需要人类标注样本、反馈结果。其次，利用知识图谱可减少样本依赖，提升机器学习模型的健壮性。人类可以通过小样本进行有效学习，源于人类具有知识并能有效利用所积累的知识。利用知识图谱中的知识，尤其是本体概念图谱，通过约束构造、样本增强、事后检验、注意力构造等方法，可以减少对大规模样本的依赖（Chen et al.，2021c）；通过语义关联、迁移学习，可以将在旧标签、富样本上学习的有效模型赋予新标签、贫样本（Geng et al.，2021），这有益于提升电商平台的长尾商品推荐以及面向场景的异质推荐的效果。

数智化管理与决策不仅体现在数据和知识在表示层面的融合，更重要是在推理层面的交织融合，即将基于符号逻辑的推理与基于嵌入表示、神经网络的推理有机集成。这种混合推理机制主要将规则转化为向量操作，应用于强学习能力的神经网络方法中，实现一个可微推理模型。融合神经符号的可微推理可增强数智化管理决策的深度，也能有效解决管理决策中特别强调的“关联 + 因果”诉求（陈国青等，2022）。因此，本章认为通过知识图谱进行知识增强的推理机制是数智化管理决策从“数”向“智”升级的根本所在。

20.3.3　知识图谱增强数智化决策模型的可解释性

在数智化管理决策中，决策主体发生了深刻变革，决策主体不再是单一的组织或个人，而是人、组织与机器智能的结合（陈国青等，2020）。用户可以转化成决策主体，形成价值共创。决策过程机器中自动决策与人工决策共存，甚至决策全过程智能化。一方面，多源数据的获取极大丰富了决策要素，使得智能化决策变为可能，提升了决策准则的一致性，避免了决策者个人的主观理解和解释偏差；另一方面，智能决策存在着不可解释的黑盒问题，这阻碍了人们对智能系统的理解和应用深化。当人们无法了解机器自动决策的结果时，包括决策的原因、过程和逻辑，作为决策主体的人则难以信任和理解机器智能决策，进而可能导致响应行动措施的滞后或缺失。而符号知识是对人友好的，传统以符号推理为基础的决策系统都能依据符号表示给出结果的推理路径，因而可解释性更好。

可解释的人工智能是突破人机协同决策的重要途径。可解释性指使用解释作为人类和智能模型之间的接口，作为模型代理能够被人类理解（Guidotti et al.，2018）。针对智能决策受益者，人工智能可解释性旨在给不同背景知识的用户，以简单清晰的方式，对智能决策过程的依据和原因进行解释，将黑盒人工智能决策转化为可解释的决策推断，使用户能够理解和相信决策（孔祥维等，2021），且不同的解释机制效果有所不同（Fernández-Loría et al.，2022）。知识图谱融合符号表示，提供可解释性，有益于形成“人机共益”，进而推动管理决策中的人机交互与协同。

20.4　知识图谱与神经网络技术集成体系

“知识 + 模型”双轮驱动的数智化管理决策框架需要有机融合知识图谱与神经

网络两方面的技术思想，两者优势互补。基于此，本章提出集成知识图谱和神经网络的技术方法体系，包括集成符号知识图谱与神经网络推理以增强决策精度和深度，融合本体知识与生成模型以提升零样本决策和模型可解释性，以及利用知识图谱增强多模态数据融合，通过预训练模型提升管理决策的敏捷性和智能化。

"1 + 3"融合知识图谱与神经网络技术方法优势概要如表 20-2 所示，并在以下各小节分别加以详细描述和应用举例。

表 20-2　"1 + 3"融合知识图谱与神经网络技术方法优势概要

技术与方法	优势	应用实例
神经符号集成推理框架 （知识图谱 + 神经网络）	高质量规则学习，减少计算代价 大规模机器学习，缓解知识稀疏性 双向迭代，提高决策的精细度、精准性	IterE
本体知识和生成模型	突破数据稀疏性问题 增强少样本/零样本决策 提高面向长尾推荐、场景推荐的效果	OntoZSL
知识图谱嵌入表示学习	提升结果多样性、异质性 增强决策过程和结果可解释性	XTransE
多模态知识图谱预训练	减少对数据及数据模态的依赖 提高预测稳健性、准确率 提升决策自动化、智能化	K3M

20.4.1　基于知识图谱的神经符号集成推理

如前所述，智能化管理与决策需要有机融合专家知识和机器数据。由于专家知识多以离散的符号形式表示，而机器数据多以连续的数值向量形式表示，这就需要将符号空间与向量空间进行有机集成。如图 20-3 所示，神经网络及表示学习方法在知识图谱中的应用使得可以将符号化的知识图谱（symbolic KG）通过嵌入表示（embedding）技术投影到向量空间，从而获得神经网络化的知识图谱（neural KG）（Zhang et al.，2019b；Kang et al.，2020）。这种数值化或参数化的知识图谱更容易与原本位于向量空间的各种机器数据进行融合，从而有利于实现专家知识与机器数据的深度融合。

在知识推理方面，传统的符号推理引擎有很多，例如，可用于符号本体推理的 RDFox（Nenov et al.，2015），可用于符号规则推理的 Drools（Proctor，2011）等。这类推理引擎对符号知识的质量要求非常高，受限于高质量符号知识的获取难题，不易于大规模扩展。一条新的推理引擎实现路径是将符号知识与神经网络进行融合（Zhang et al.，2019a；Zhang et al.，2019c）。如图 20-3 所示，符号化的

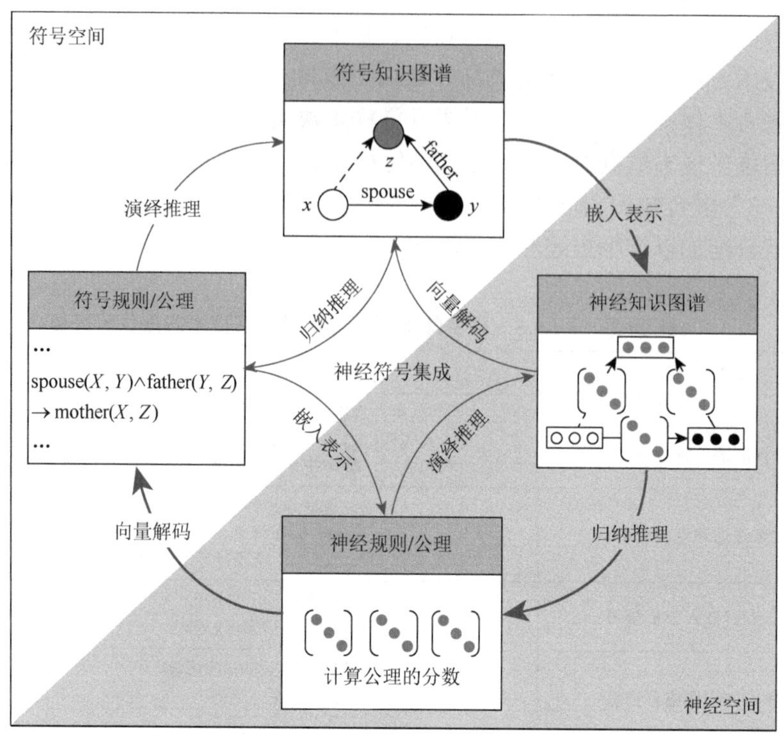

图 20-3　基于知识图谱的神经符号集成决策系统推理过程

规则/公理也可以通过嵌入表示实现神经网络化，从而实现基于神经网络的符号推理。神经网络是在连续的数值空间完成推理，比起符号表示更易于表征那些隐藏的知识，知识的利用度也更高。同时，神经网络对数据中的噪声容忍度也更高，对知识的质量要求相对更低，因而更易于大规模扩展。

进一步地，基于符号表示的推理和基于神经网络的推理可以相互集成，并采用迭代方式进行互补（Zhang et al.，2019c）。因此，本节提出一套神经符号集成的决策系统，其推理过程如图 20-3 所示。

给定符号 ς_S 可以通过嵌入得到神经向量表示 ς_E，表示为 $\varsigma_E = F_{\text{kge}}(\varsigma_S)$。这里可以采用一系列知识图谱嵌入模型 $F(\cdot)$，比如 TransE、DistMult、ComplEx 等。

通过对神经知识图谱的向量 ς_E 进行归纳推理，通过向量空间的计算得到基于向量表示的规则/公理 R_E，即 $R_E = F_{\text{ind}}(\varsigma_E)$，并通过向量空间到符号空间的映射得到 R_E 的符号化表示 $R_S = F_{\text{symb}}(R_E)$。

这些符号规则/公理 R_S 又可以通过演绎推理对初始的符号知识图谱 ς_S 进行补全和校准，并不断进行迭代，即 $\varsigma_S \leftarrow F_{\text{ded}}(R_S, \varsigma_S)$。在这个迭代过程中，神经/符号的知识图谱 $\varsigma_E / \varsigma_S$ 和规则/公理 R_E / R_S，可以不断地通过归纳推理、演绎推理、嵌入表示和符号映射进行如下转换。

一是经过补全和校准的符号知识图谱 ς_S 可以通过再一轮的知识图谱嵌入模型 F_{kge} 和归纳推理 $F_{\text{ind}}(\cdot)$，得到新的神经规则/公理 R_E'，即 $R_E' = F_{\text{ind}}(F_{\text{kge}}(\varsigma_S))$，并更新 $R_E \leftarrow R_E'$。

二是神经规则/公理 R_E 亦可以通过符号映射和演绎推理 $F_{\text{ded}}(\cdot)$，产生新的向量化三元组对神经三元组进行补全，即 $\varsigma_S' = F_{\text{ded}}(F_{\text{symb}}(R_E),\varsigma_S)$，并更新 $\varsigma_S \leftarrow \varsigma_S'$。

实验证明：一方面，相比于传统的纯符号化的规则学习方法，从神经向量化知识图谱中通过归纳推理可以学到更多高质量规则，并且高效的向量计算有效地克服了规则学习搜索空间过大的问题；另一方面，通过利用学习到的规则对符号知识图谱进行演绎推理，可以起到数据增强的作用，并显著缓解图谱的稀疏性问题（Zhang et al.，2019c），从而提升神经知识图谱的表示学习质量。总之，迭代学习的过程实现了符号知识图谱 ς_S 和神经向量表示的知识图谱 ς_E 的不断融合和相互增强（Zhang et al.，2019c）。

20.4.2　融合本体知识和生成模型的零样本决策

在数智化管理决策过程中，兼顾“模型驱动 + 知识增强”两种决策模式的必要性还体现在缓解决策模型的样本依赖和提升模型可解释性等方面。数字商务管理面临更严峻的长尾问题（Oestreicher-Singer and Sundararajan，2012），基于少样本/零样本做决策已成为管理挑战之一。因此，本节提出利用知识图谱，融合本体知识和生成模型，以突破低资源下的决策问题，如零样本决策，即利用多样本学习的模型来解决没有任何样本的新问题。

OntoZSL 是一个融合本体知识和生成模型的算法，实现零样本决策的实例（Geng et al.，2021）。OntoZSL 可用于解决零样本分类问题，如图像分类、零样本知识图谱补全等。这一“知识 + 模型”的算法主要包含四个模块（图 20-4）。

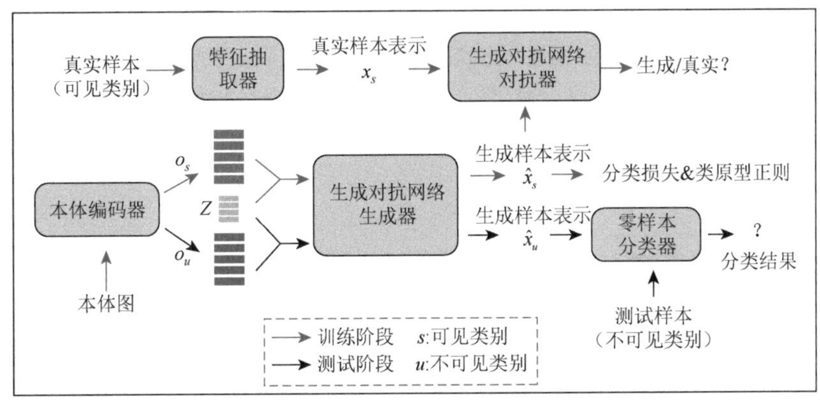

图 20-4　融合本体知识和生成模型实现零样本决策框架

（1）本体编码模块。该模块将本体知识映射到低维向量空间，以获取本体中每个概念的向量表示，基于此向量表示，可利用生成模型为概念生成对应的训练样本。具体来说，本体中的结构三元组信息通过知识图谱表示学习算法（如 TransE）进行编码，文本信息通过 TF-IDF 特征进行表示，结构表示和文本表示均将被映射到相同的向量空间，并使用相同的损失函数约束进行训练，最终得到包含了这两个层面的概念向量表示。

（2）特征抽取模块。该模块用于抽取真实样本的特征表示，以引导生成模型生成符合真实特征分布的样本。考虑到不同任务中样本表示不同，算法采用不同的特征抽取策略，如图像分类任务中，可使用 ResNet 抽取图像的特征；图片多标签分类任务中，可使用目标检测算法提取图像中目标的特征表示；知识图谱补全的任务中，可基于每个关系相关联的实体对得到关系的特征表示。

（3）特征生成模块。基于本体编码模块中得到的概念向量表示，使用生成对抗网络（generative adversarial network，GAN）生成概念对应的样本。生成模块包括一个生成器和一个对抗器。在生成器中，以一定分布的随机噪声和概念表示作为输入，生成概念对应的样本；在对抗器中，判别真实样本和生成样本，以及一些附加的损失函数，使得生成的样本更具可辨性。

（4）零样本分类模块。经可见类别（seen）训练样本训练好的生成器，在给定不可见类别（unseen）及其向量表示的条件下，可为不可见类别生成其缺失的样本。基于这些生成的样本，模型将为每个不可见类别生成对应的样本特征表示，用于预测其测试样本。

零样本分类问题是指给定一组有训练样本的类别（seen），如图 20-5 中的篮球袜、篮球、篮球场等商品图片标签，要求模型只利用这些可见类别的训练样本进行学习，并能够对新出现的没有任何样本的新类别（unseen）进行预测，如图 20-5 中的新标签篮球鞋。

利用符号知识增强类别间的语义关联，并利用知识图谱如商品场景知识图谱建立 seen 标签和 unseen 标签之间的联系，如层次关联。例如，篮球袜、篮球、篮球鞋等同属于“打篮球”这一场景。基于这些外部语义知识，可将模型在有训练样本的类别上学习的特征迁移到训练样本缺失的类别上，从而有效解决零样本图像分类（标签）问题。

20.4.3　知识图谱嵌入表示学习提升结果异质性与可解释性

在数智化管理决策过程中，来自模型的可解释性预测有助于帮助人们理解模型代理的行为，从而推进管理决策中的人机交互与协同，实现“人机共益”。知识

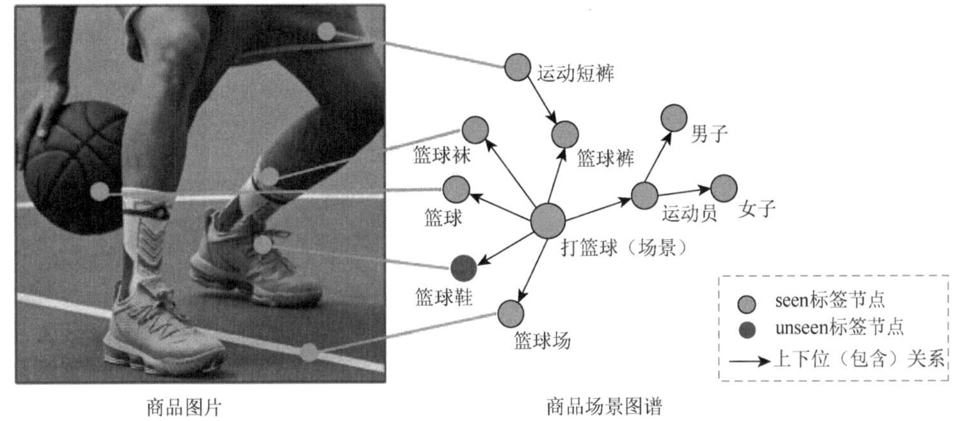

图 20-5　商品场景知识图谱增强实体语义关联

图谱作为一种知识组织方式，具有易于人理解的特性，基于知识图谱的可解释性预测将帮助管理者、工程师以及消费者理解决策过程，参与评估决策过程的合理性。

基于知识图谱，本章作者开发了可解释的预测模型 XTransE（Zhang et al.，2019b），主要包含一个知识图谱表示学习的嵌入表示模块和一个生成预测解释的解释生成器。在嵌入表示模块，给定一个表示商品 e_I 属于场景 e_L 的三元组 $<e_I, r_b, e_L>$，设计基于嵌入表示的得分函数，通过聚合邻居三元组和注意力机制赋予模型可解释性。对于每个邻居三元组 $<e_I, r, e>$，计算一个注意力值 $a_{e_I(r,e)}$ 用于聚合邻居 e 的信息，该注意力值越大说明邻居三元组 $<e_I, r, e>$ 对当前的预测越重要。训练过程中，通过最小化正负样本对的基于间隔的损失函数得到最优的参数组合。在解释生成器中，给定一个模型预测结果 $<e_I, r_b, e_L>$，对模型的注意力值进行排序，并选出注意力值最高的几个邻居作为模型预测结果的解释。

该方法被应用于真实的商务场景中，将场景知识图谱嵌入推荐算法中，完成基于场景的商品搜索与推荐，提升了商品推荐的多样性。如图 20-6 所示，传统的商品搜索推荐结果较为同质化，而基于场景知识图谱嵌入表示学习的推荐使结果具有异质性，呈现跨品类商品组合。

进一步地，表 20-3 展示了三类不同样本的预测解释，包括预测正确、经人工评估解释与预测结果是否一致，以及预测错误但解释一致的例子。不难发现，表 20-3 第 2 列证明通过模型的注意力值生成的解释有助于帮助人们理解和判断模型预测结果的合理性。表 20-3 第 3 列表明尽管存在机器模型预测正确但与人工解释不一致的情况，模型给出解释可能激发人工更多可解释性思路。表 20-3 第 4 列虽为机器模型预测与标签不一致，但模型给出的正确解释可用以纠正数据标记不全的问题，

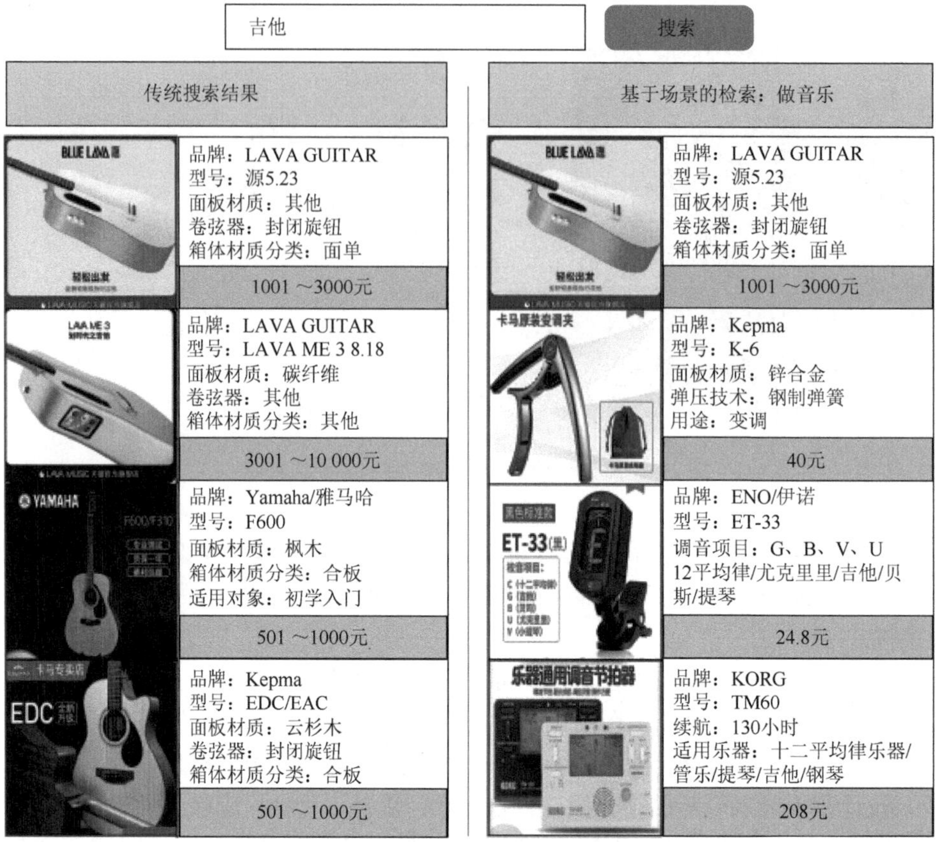

吉他　搜索

传统搜索结果	基于场景的检索：做音乐
品牌：LAVA GUITAR 型号：源5.23 面板材质：其他 卷弦器：封闭旋钮 箱体材质分类：面单 1001 ~3000元	品牌：LAVA GUITAR 型号：源5.23 面板材质：其他 卷弦器：封闭旋钮 箱体材质分类：面单 1001 ~3000元
品牌：LAVA GUITAR 型号：LAVA ME 3 8.18 面板材质：碳纤维 卷弦器：其他 箱体材质分类：其他 3001 ~10 000元	品牌：Kepma 型号：K-6 面板材质：锌合金 弹压技术：钢制弹簧 用途：变调 40元
品牌：Yamaha/雅马哈 型号：F600 面板材质：枫木 箱体材质分类：合板 适用对象：初学入门 501 ~1000元	品牌：ENO/伊诺 型号：ET-33 调音项目：G、B、V、U 12平均律/尤克里里/吉他/贝斯/提琴 24.8元
品牌：Kepma 型号：EDC/EAC 面板材质：云杉木 卷弦器：封闭旋钮 箱体材质分类：合板 501 ~1000元	品牌：KORG 型号：TM60 续航：130小时 适用乐器：十二平均律乐器/管乐/提琴/吉他/钢琴 208元

图 20-6　两种搜索方法结果对比

例如，模型预测目标商品适合蛙泳，解释中的品牌 Speedo 是一个著名的游泳装备品牌，尽管与数据标签“潜水”不一致，但预测“蛙泳”亦为合理，这可增补数据标签用以提升未来的模型预测准确率。

表 20-3　XTransE 的解释样例

类别	预测正确解释一致	预测正确解释不一致	预测错误解释一致
数据标签	做音乐	做甜点	潜水
模型预测	做音乐	做甜点	蛙泳
解释 1	拥有属性“类别”	拥有属性“颜色”	标题含“Speedo”
解释 2	标题含“CD”	拥有属性“商品 ID”	标题含“运动”
解释 3	类别是“音乐”	标题含“品牌”	拥有属性“颜色”
解释 4	类别是“CD/DVD”	标题含“车”	品牌是“Speedo”
解释 5	拥有属性“流派”	标题含“水晶”	类别是“运动”

总之，XTransE 不仅提高了商品搜索推荐结果的多样性，而且彰显了模型可解释性，可用以帮助人们评估模型决策过程的合理性，即使人机存在不一致的解释，人机也可在交互中相互增进知识。

20.4.4　基于多模态知识图谱的预训练模型增强下游任务的自动化决策

知识存在于文本、图片、视频等多模态数据中，知识图谱激活数据要素有两种途径。一种途径是从原始数据中抽取、表示和推理知识，用于面向实时业务需求的分析，例如，融合本体知识和生成模型的零样本决策、基于知识图谱表示学习的异质性推荐等问题。另一种途径则是利用数据中存在的基本信息对隐藏的知识进行预训练，形成面向下游任务的预训练模型，下游任务通过嵌入计算得到必要的知识，减少烦琐的数据选择和模型设计，使得面向下游任务的决策自动化、智能化。

预训练的核心思想是“预训练 + 微调”，首先利用大规模知识图谱训练出一个知识模型，然后针对下游任务，设计相应的目标函数，基于较少的监督数据进行微调，即可得到较好的结果（王萌等，2022）。将知识图谱用于预训练，有利于提升模型预测效果和可解释性，这也是知识图谱与深度学习模型融合的一种新范式（Zhang et al.，2021a；Liu et al.，2020）。本节认为基于知识图谱和神经网络不仅激活了数据要素，也激活了模型要素，预训练模型简化了面向下游任务的决策，让决策过程更敏捷。

本节提出了一套融入知识图谱的多模态预训练方法 K3M（Zhu et al.，2021），该方法在真实商务场景中已得到实际应用。如图 20-7 所示，该模型的基本思想是：在模态编码层对各模态的独立信息进行编码，在模态交互层对模态间的相互作用进行建模，其中知识图谱也作为一种模态数据与文本、图片等模态数据进行交互学习，在模态任务层对预训练模型进行监督。

具体来说，模态编码层是对不同模态进行信息编码，针对图像、文本以及知识图谱，采用基于 Transformer 的编码器提取图像、文本、三元组形式的初始特征。模态交互层包含两个交互过程：一是文本与图像之间的模态交互，通过叠加一个 Co-attention Transformer 层，得到图像和文本模态的初始特征学习对应的交互特征；二是知识图谱分别与文本、图像的交互，该过程首先以图像和文本模式的交互结果 c 和给定实体（如某个商品）的某个三元组为输入，计算两种模态与每条三元组的交互关系，再对给定实体的所有三元组的交互结果进行聚合以得出最终融合该实体的最终向量表示。这个最终向量表示包含了有关该实体（如某个商品）的图片、文本、结构化图谱三方面的信息。模态任务层要对预训练模型进行监督，图像模态、文本模态和知识图谱的预训练任务分别采用掩码对象模型、掩码语言模型和链接预测模型对模型训练过程进行约束，通过三个模型的损失函数得到 K3M 模型的损失之和。

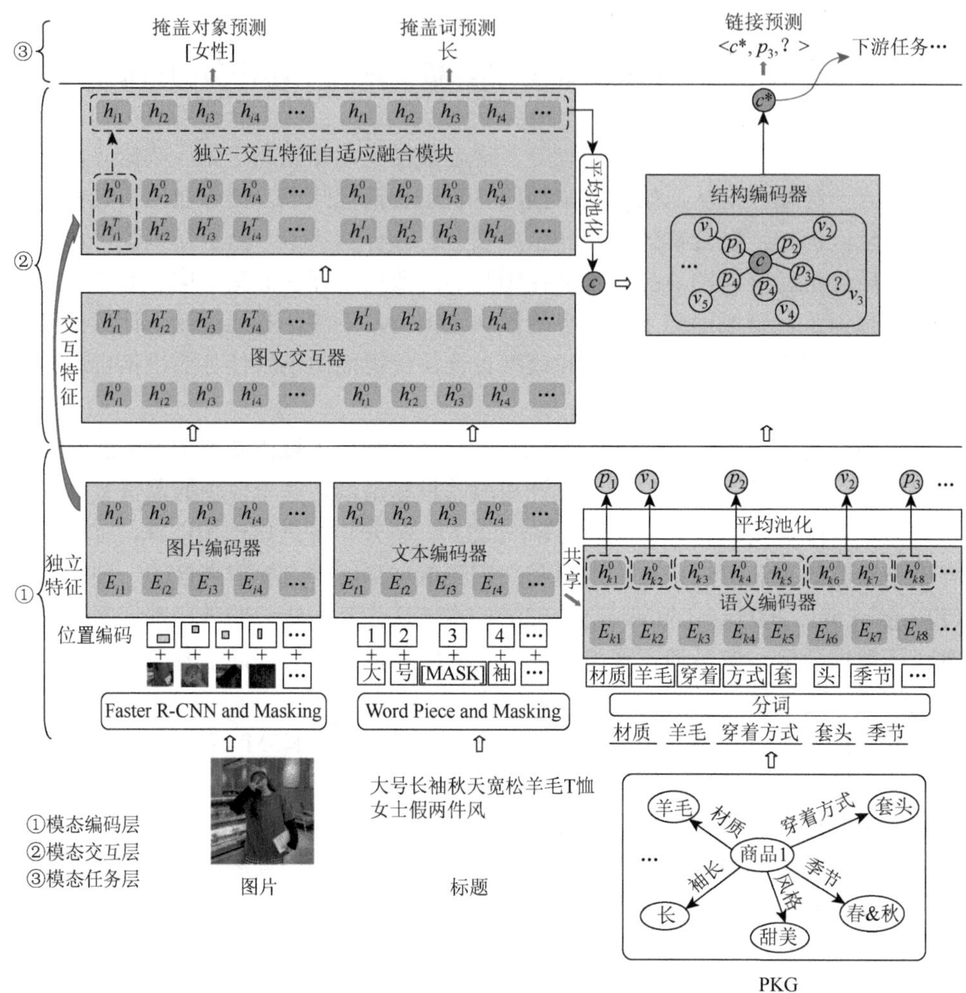

图 20-7　知识图谱增强多模态预训练模型框架

该模型的有效性在真实商务场景下得到验证，在商品类目预测、同款商品识别和多模态问答三个下游任务上，K3M 都取得了最佳性能。相较于没有知识图谱增强的基线模型，随着模态缺失率和模态噪声率的提升，K3M 表现出明显的鲁棒性。当文本模态缺失率从 20%增加至 100%时，不引入知识图谱的基线模型准确率平均下降了 10.2%～40.2%，而 K3M 模型的准确率仅平均下降了 1.8%～5.7%（Zhu et al.，2021）。这些实测结果验证了知识图谱对于增强多模态处理能力的价值，使预训练模型在面向下游任务时能进行更稳健、可靠的自动决策。因此，基于多模态知识图谱的预训练模型为面向海量数据的敏捷化智能决策提供了知识基础和模型基础，再次彰显“模型驱动 + 知识增强”技术体系的有效性和有用性。

20.5　应用场景举例：基于商业知识图谱的数智化决策

在电商领域，构建商品域的整体知识体系非常重要，海量商务数据促使多类型知识图谱的形成与涌现。“全景化”知识图谱是平台实现智能化商品搜索、商品域问答、商品知识推理等功能的重要基础。例如，阿里巴巴集团作为服务全球的电商平台，构建了千亿级数字商业知识图谱，即一个规模巨大的商业域知识体系，以支持其生态体系中数十亿个商品的流通，其业务数据来源包括其自身建立的新零售平台所提供的各种内部数据源，并整合了舆情、百科、国家行业标准、竞品平台等多种外部数据源，形成了海量的知识图谱网络。截至 2021 年，该商品知识图谱沉淀了近 52.2 亿个商品相关实体，三元组数量级达到 2000 亿个，其中 Schema 或本体层实体类型数达 62 种，关系类型数达 35 种，规则数则达 370.1 万个（张伟等，2021），这也为基于知识图谱的预训练提供了规模化的前提条件。该千亿级数字商业知识图谱日均调用 200 亿次，每秒 20 余万次，为电商平台上的商家节省了上亿元运营成本，并创造了可观的收入，展现出巨大的经济效益。

全景商业知识图谱表示、融合与推理将推动平台运营方的商品标准化、选品决策智能化、质量控制精细化，提升全网商品治理能力与效率。进一步地，在全景式知识图谱融合基础上进行问题/场景导向的分析与推理也将大大提升面向消费端和供应端的商务管理决策效率。针对商品消费端，利用知识图谱可以为各种差异化的消费场景和动态需求变化提供精准化匹配与推荐。传统的导购已经无法满足消费升级下的购物需求，消费者的诉求越来越呈现跨类目、跨品类、快速变化的趋势，结合场景与商品知识图谱的推理可以重构货品组织方式，形成智能导购链路、智能问答服务。针对商品供应端，知识图谱融合与推理将助力卖家进行智能品类规划、智能商品发布和标准化商品单元（standard product unit，SPU）发布。平台亦可基于全景式知识图谱对渠道商进行赋能，例如，内外部知识谱图融合与推理可以推动在线平台与线下实体零售店的通力合作，多语言知识图谱融合与推理将极大提升渠道运营者在国际市场的铺货效率。

本章面向真实业务以“模型驱动 + 知识增强”为根本设计原则，基于神经符号集成系统，实施了融合知识图谱嵌入和规则学习的推理方法（Zhang et al.，2019a），在数知融合基础上进行知识图谱模型预训练，从而赋能平台各主体进行高效实时的商务决策与管理，加强决策智能化、敏捷化并具有可解释性，如图 20-8 所示。

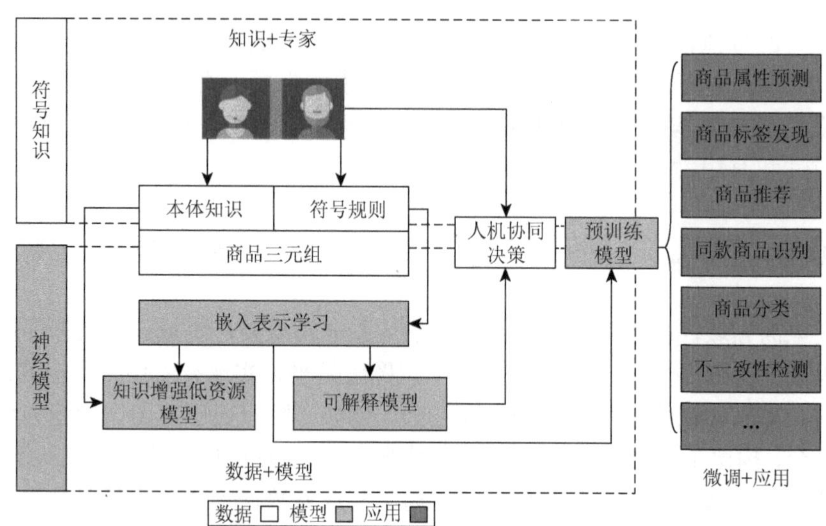

图 20-8 融合知识图谱与神经网络提升商务决策

一方面，通过“模型驱动”对海量商品实体和关系进行向量表示学习，快速推理和计算缺失关系，以补全缺失的知识或推断新关联关系，如品牌补全、场景推荐、商品-场景挂载等（Zhang et al.，2021b）。在智能导购和商品推荐应用中，基于知识图谱的推理可以从大量的场景、用户和商品实体中预测缺失的“场景-商品-用户”关联关系，例如，OntoZSL（Geng et al.，2021）不仅可以解决零样本决策问题，也可以提升面向场景-用户的商品推荐效果，例如，预测“打篮球”场景与多个有年龄属性、性别属性约束的运动类商品之间的关联关系。XTransE（Zhang et al.，2019b），即可解释的知识图谱表示学习技术，已应用于挖掘和补充电商平台场景挂载规则，并进一步基于规则的通用性、可复用性，快速将国内电商场景学习的知识迁移到跨境电商平台，帮助跨境电商平台快速构建和沉淀场景树，从而支持跨境业务的快速部署。此外，基于商业知识图谱的表示学习和推理也可用于不一致性知识检测，以提升知识质量。例如，在商品智能管控中，检测关于同款商品知识描述之间的冲突，用以识别虚假营销，提升平台质量管理能力。

另一方面，通过“知识增强”，商业知识图谱实体类型多造成训练语料获取成本高、业务形态多等挑战，规则学习作为一种具备可解释性的白盒化算法可最大化发挥专家知识的效用，事半功倍。比如，专家产生或审核的一万条规则的价值远高于专家审核一万条语料去产生少量规则的价值（张伟等，2021）。头部电商平台通常都有很多经验丰富的行业运营专家，一是将他们的运营经验或行业常识沉淀为规则，优化算法；二是通过将黑盒化的深度学习白盒化，翻译成规则，让运营专家参与到整个数据和算法的建设中。因此，在实践中可以基于商业知识图谱的向量表示快速学习和挖掘新的业务规则，然后将这些新的业务规则交付给业务运营专家进行评估，合格的新规则将被应用于推理、计算、获取新的三元组（Zhang et al.，2019b；Kang et al.，2020）。数据和知识相互增强，数据才真正可沉淀、可运营、可维护，发挥海量数据和专家知识融合与协同的价值。

针对管理决策对结果可解释性的需求，本章将可解释的知识图谱推理框架运用到电商场景中，采用规则嵌入来生成对推理结果的解释。从“人-机”智能交互决策中，人们对机器的决策往往寻求可解释性（Monarch，2021）。这同样发生在电商场景中，即要求在基于机器学习与推理结果的同时要对结果的原因提供解释，供专家对业务正确性进行验证。例如，基于向量表示模型推理出某个商品适用于某特定场景或特定人群的同时需要提供判断的依据，解释为什么（Zhang et al.，2019b）；在商品同款智能判定中，模型在得出推理结果的同时还要找出等价的属性及其权重（Kang et al.，2020），并进一步对推理结果可解释性进行评估，发现提供解释后人工判断三元组正误的效率有明显提升，且准确度未受显著影响（Zhang et al.，2019b）。

针对电商平台的自动化决策需求，本章提出在已构建的大规模商品知识图谱基础上，以“预训练 + 微调”的模式开发预训练模型，将预训练好的知识图谱模型作为知识增强的使能者。预训练知识图谱模型是通过向量空间计算为其他任务提供知识服务。在实践中已实现在千亿级商品知识图谱上对模型进行预训练，使预训练模型具有为三元组查询和关系查询提供知识信息的能力，然后将其用于基于向量表示的知识增强任务模型中，在微调阶段，根据具体任务和数据集特性进行调整，同时进行特定的微调训练，进而得到符合特定任务需求且有良好效果的模型。知识图谱预训练既能避免烦琐的数据选择和模型设计，又能克服商品知识图谱的不完整性，方便、有效地为下游任务自动提供知识，从而提升商务决策效果，让决策更敏捷。在实际电商场景中，基于知识图谱预训练可以展开智能化的商品分类、同款商品识别、商品推荐、商品标签发现、商品属性预测等（张伟等，2021），极大提升了电商平台的整体运营效率。

20.6　结　束　语

数智化管理决策的关键在于数据与知识融合，知识与模型交互。本章提出以“模型驱动 + 知识增强”为设计原则，针对大规模商业知识图谱进行表示、融合与推理，提出知识图谱赋能数智化管理决策的逻辑框架，形成一套神经符号集成推理框架与技术体系。基于该框架，本章提出的框架体系在多方面进行了技术创新，包括提出融合本体知识与生成模型用于破解零样本决策、利用知识图谱嵌入表示学习提升决策结果异质性与可解释性、通过“预训练＋微调”方法增强下游任务的自动化决策。神经符号集成体系最大化了机器的感知智能和人类知识的认知智能，符号系统和神经系统的有机双向迭代过程不仅是“人机互动”，更重要的是实现了“人机互益”，使管理决策更精细、精准、敏捷、智能。与此同时，将神经符号集成框架下的技术创新落地应用于拥有海量数据的电商平台管理中，大幅提升了该平台在商品管理、质量管理、运营管理等多场景的管理决策效率与效果，取得了真实、卓越的商务价值，创造出面向价值导向的场景创新。

总之，本章提出的融合知识图谱与神经网络的框架和技术体系赋能数智化商务管理与决策，充分彰显了其技术创新性与场景创新性。数知融合、人机互益、人机协同是数智化发展的必然要求与趋势，研究团队将基于知识图谱的神经符号集成推理框架，持续进行技术与方法创新以提升管理决策效果，并期望将相关技术体系应用到其他领域和场景，例如，政务管理、安全管理、健康管理等，从而涌现出更多的价值导向的场景创新。

参考文献

陈国青, 任明, 卫强, 等. 2022. 数智赋能: 信息系统研究的新跃迁. 管理世界, 38(1): 180-196.

陈国青, 吴刚, 顾远东, 等. 2018. 管理决策情境下大数据驱动的研究和应用挑战: 范式转变与研究方向. 管理科学学报, 21(7): 1-10.

陈国青, 曾大军, 卫强, 等. 2020. 大数据环境下的决策范式转变与使能创新. 管理世界, 36(2): 95-105, 220.

陈华钧. 2021. 知识图谱导论. 北京: 电子工业出版社.

戴汝为, 李耀东, 李秋丹. 2013. 社会智能与综合集成系统. 北京: 人民邮电出版社.

冯芷艳, 郭迅华, 曾大军, 等. 2013. 大数据背景下商务管理研究若干前沿课题. 管理科学学报, 16(1): 1-9.

洪亮, 马费成. 2022. 面向大数据管理决策的知识关联分析与知识大图构建. 管理世界, 38(1): 207-219.

洪亮, 欧阳晓凤. 2022. 金融股权知识大图的知识关联发现与风险分析. 管理科学学报, 25(4): 44-66.

黄丽华, 朱海林, 刘伟华, 等. 2021. 企业数字化转型和管理: 研究框架与展望. 管理科学学报, 24(8): 26-35.

孔祥维, 唐鑫泽, 王子明. 2021. 人工智能决策可解释性的研究综述. 系统工程理论与实践, 41(2): 524-536.

刘知远, 孙茂松, 林衍凯, 等. 2016. 知识表示学习研究进展. 计算机研究与发展, 53(2): 247-261.

王国成. 2021. 数字化如何影响决策行为. 经济与管理, 35(5): 26-34.

王萌, 王昊奋, 李博涵, 等. 2022. 新一代知识图谱关键技术综述. 计算机研究与发展, 59(9): 1947-1965.

王硕, 杜志娟, 孟小峰. 2020. 大规模知识图谱补全技术的研究进展. 中国科学: 信息科学, 50(4): 551-575.

伍之昂, 赵新元, 黄宾, 等. 2021. 基于文献计量的大数据管理决策研究热点分析. 管理科学学报, 24(6): 117-126.

徐鹏, 徐向艺. 2020. 人工智能时代企业管理变革的逻辑与分析框架. 管理世界, 36(1): 122-129, 238.

徐宗本, 冯芷艳, 郭迅华, 等. 2014. 大数据驱动的管理与决策前沿课题. 管理世界, (11): 158-163.

曾大军, 李一军, 唐立新, 等. 2021. 决策智能理论与方法研究. 管理科学学报, 24(8): 18-25.

张钹, 朱军, 苏航. 2020. 迈向第三代人工智能. 中国科学: 信息科学, 50(9): 1281-1302.

张维, 曾大军, 李一军, 等. 2021. 混合智能管理系统理论与方法研究. 管理科学学报, 24(8): 10-17.

张伟, 陈华钧, 张亦弛. 2021. 工业级知识图谱: 方法与实践. 北京: 电子工业出版社.

张祎, 孟小峰. 2021. InterTris: 三元交互的领域知识图谱表示学习. 计算机学报, 44(8): 1535-1548.

Arakelyan E, Daza D, Minervini P, et al. 2022. Complex query answering with neural link predictors. Vienna: The Thirty-First International Joint Conference on Artificial Intelligence.

Bengio Y, LeCun Y, Hinton G. 2021. Deep learning for AI. Communications of the ACM, 64(7): 58-65.

Bordes A, Usunier N, Garcia-Durán A, et al. 2013. Translating embeddings for modeling multi-relational data. Lake Tahoe: The 26th International Conference on Neural Information Processing Systems.

Chen H J, Deng S M, Zhang W, et al. 2021a. Neural symbolic reasoning with knowledge graphs: knowledge extraction, relational reasoning, and inconsistency checking. Fundamental Research, 1(5): 565-573.

Chen J, Geng Y, Chen Z, et al. 2021c. Knowledge-aware zero-shot learning: survey and perspective. Montreal: The Thirtieth International Joint Conference on Artificial Intelligence.

Chen J Y, Hu P, Jimenez-Ruiz E, et al. 2021b. OWL2Vec*: embedding of OWL ontologies. Machine Learning, 110(7): 1813-1845.

Fernández-Loría C, Provost F, Han X T. 2022. Explaining data-driven decisions made by AI systems: the counterfactual approach. MIS Quarterly, 46(3): 1635-1660.

Galárraga L, Teflioudi C, Hose K, et al. 2013. AMIE: association rule mining under incomplete evidence in ontological knowledge bases. Rio de Janeiro: The 22nd International Conference on World Wide Web.

Galárraga L, Teflioudi C, Hose K, et al. 2015. Fast rule mining in ontological knowledge bases with AMIE $$ + $$ + . The VLDB Journal, 24(6): 707-730.

Gardner M, Mitchell T. 2015. Efficient and expressive knowledge base completion using subgraph feature extraction. Lisbon: The 2015 Conference on Empirical Methods in Natural Language Processing.

Geng Y X, Chen J Y, Chen Z, et al. 2021. OntoZSL: ontology-enhanced zero-shot learning. Ljubljana: The 30th Web Conference 2021.

Glimm B, Horrocks I, Motik B, et al. 2014. HermiT: an OWL 2 reasoner. Journal of Automated Reasoning, 53(3): 245-269.

Guidotti R, Monreale A, Ruggieri S, et al. 2018. A survey of methods for explaining black box models. ACM Computing Surveys, 51(5): 1-42.

Guo S, Wang Q, Wang L H, et al. 2016. Jointly embedding knowledge graphs and logical rules. Austin: The 2016 Conference on Empirical Methods in Natural Language Processing.

Guo S, Wang Q, Wang L H, et al. 2018. Knowledge graph embedding with iterative guidance from soft rules. New Orleans: The Thirty-Second AAAI Conference on Artificial Intelligence and Thirtieth Innovative Applications of Artificial Intelligence Conference and Eighth AAAI Symposium on Educational Advances in Artificial Intelligence.

Gutierrez C, Sequeda J F. 2021. Knowledge graphs. Communications of the ACM, 64(3): 96-104.

Kang J J, Zhang W, Kong H, et al. 2020. Learning rule embeddings over knowledge graphs: a case study from e-commerce entity alignment. Taipei: The Web Conference 2020.

Kulmanov M, Wang L W, Yuan Y, et al. 2019. EL embeddings: geometric construction of models for the description logic EL + + . Macao: The Twenty-Eighth International Joint Conference on Artificial Intelligence.

Lao N, Mitchell T M, Cohen W W. 2011. Random walk inference and learning in a large scale knowledge base. Edinburgh: The Conference on Empirical Methods in Natural Language Processing.

Lebovitz S, Levina N, Lifshitz-Assaf, H. 2021. Is AI ground truth really true? The dangers of training and evaluating AI tools based on experts' know-what. MIS Quarterly, 45(3): 1501-1526.

Lin Q K, Liu J, Pan Y D, et al. 2021. Rule-enhanced iterative complementation for knowledge graph reasoning. Information Sciences: An International Journal, 575(C): 66-79.

Liu Q, Jiang L Y, Han M H, et al. 2016. Hierarchical random walk inference in knowledge graphs. Pisa: The 39th International ACM SIGIR Conference on Research and Development in Information Retrieval.

Liu W J, Zhou P, Zhao Z, et al. 2020. K-BERT: enabling language representation with knowledge graph. New York: The 34th Association for the Advancement of Artificial Intelligence.

Lu R Q, Jin X L, Zhang S, et al. 2018. A study on big knowledge and its engineering issues. IEEE Transactions on Knowledge and Data Engineering, 31(9): 1630-1644.

Meilicke C, Chekol M W, Ruffinelli D, et al. 2019. Anytime bottom-up rule learning for knowledge graph completion. Macao: The 28th International Joint Conference on Artificial Intelligence.

Minervini P, Bošnjak M, Rocktäschel T, et al. 2020. Differentiable reasoning on large knowledge bases and natural language. New York: The Thirty-Fourth AAAI Conference on Artificial Intelligence.

Monarch R. 2021. Human-in-the-loop Machine Learning: Active Learning and Annotation for Human-Centered AI. Greenwich: Manning Publications.

Nenov Y, Piro R, Motik B, et al. 2015. RDFox: a highly-scalable RDF store. Bethlehem: The 14th International Semantic Web Conference.

Oestreicher-Singer G, Sundararajan A. 2012. Recommendation networks and the long tail of electronic commerce. MIS Quarterly, 36(1): 65-83.

Ortona S, Meduri V V, Papotti P. 2018. RuDiK: rule discovery in knowledge bases. Proceedings of the VLDB Endowment, 11(12): 1946-1949.

Proctor M. 2011. Drools: a rule engine for complex event processing. Budapest: The 4th International Symposium.

Ren H Y, Hu W H, Leskovec J. 2020. Query2box: reasoning over knowledge graphs in vector space using box embeddings. Addis Ababa: International Conference on Learning Representations 2020.

Rocktäschel T, Riedel S. 2017. End-to-end differentiable proving. Long Beach: The 31st International Conference on Neural Information Processing Systems.

Sadeghian A, Armandpour M, Ding P, et al. 2019. DRUM: end-to-end differentiable rule mining on knowledge graphs. https://arxiv.org/pdf/1911.00055.pdf[2022-12-11].

Schlichtkrull M, Kipf T N, Bloem P, et al. 2018. Modeling relational data with graph convolutional networks. Heraklion: The 15th International Conference, ESWC 2018.

Sirin E, Parsia B, Grau B C, et al. 2007. Pellet: a practical OWL-DL reasoner. Journal of Web Semantics, 5(2): 51-53.

Sowa J F. 2020. Knowledge Representation: Logical, Philosophical and Computational Foundations. Pacific Grove: Brooks/Cole Publishing Co.

Tari L. 2013. Knowledge Inference. New York: Springer.

Tsarkov D, Horrocks I. 2006. FaCT + + description logic reasoner: system description. Seattle: The Third International Joint Conference.

Yang F, Yang Z L, Cohen W W. 2017. Differentiable learning of logical rules for knowledge base reasoning. Long Beach: The 31st International Conference on Neural Information Processing Systems.

Yu Y, Liu B Q, Hao J X, et al. 2020. Complicating or simplifying? Investigating the mixed impacts of online product information on consumers' purchase decisions. Internet Research, 30(1): 263-287.

Zhang N Y, Deng S M, Cheng X, et al. 2021a. Drop redundant, shrink irrelevant: selective knowledge injection for language model pretraining. Montreal: The Thirtieth International Joint Conference on Artificial Intelligence.

Zhang W, Deng S M, Wang H, et al. 2019b. XTransE: explainable knowledge graph embedding for link prediction with lifestyles in e-commerce. Hangzhou: The 9th Joint International Conference.

Zhang W, Paudel B, Wang L, et al. 2019c. Iteratively learning embeddings and rules for knowledge graph reasoning. San Francisco: The World Wide Web Conference.

Zhang W, Paudel B, Zhang W, et al. 2019a. Interaction embeddings for prediction and explanation in knowledge graphs. Melbourne: The Twelfth ACM International Conference on Web Search and Data Mining.

Zhang W, Wong C M, Ye G Q, et al. 2021b. Billion-scale pre-trained e-commercc product knowledge graph model. Chania: The 2021 IEEE 37th International Conference on Data Engineering.

Zhang Z Q, Cai J Y, Zhang Y D, et al. 2020. Learning hierarchy-aware knowledge graph embeddings for link prediction. New York: The AAAI Conference on Artificial Intelligence.

Zhu Y S, Zhao H X, Zhang W, et al. 2021. Knowledge perceived multi-modal pretraining in e-commerce. Chengdu: The 29th ACM International Conference on Multimedia.

第 21 章 基于深度增强学习的个性化动态促销[①]

21.1 引 言

随着大数据技术和应用的普及，数据驱动的决策优化已成为企业科学管理的发展趋势（陈国青等，2020）。如何结合企业领域知识、合理运用数据动态优化企业决策，在提升企业竞争力的同时改善消费者体验，是企业运营管理和数智技术发展的重要研究问题，也是数字经济健康长期发展所需的企业基础能力之一（Mochon et al.，2017；Zhang and Wedel，2009）。

基于数据驱动的决策优化中，促销（如发放优惠券）是企业收益管理优化的常见手段。调查显示，68%的购物者会在商品打折、发放优惠券或举行满减活动的时候网购，促销已成为影响消费者网购决策的最重要因素之一。与促销相关的算法和决策支持系统在亚马逊、阿里巴巴、京东等各大电商企业得到了广泛的应用（Zhang et al.，2020）。然而，频繁的促销活动在竞争消费者注意力的同时，也造成了消费疲劳（Goldstein et al.，2014；Lee et al.，2009）。同时，以激励单次购买为目标的促销方式难以实现客户的长期留存和价值提升。因此，如何设计个性化的动态促销方案以提升企业长期收益是实践中亟待解决的重要问题（Li et al.，2020）。

作为运营管理的分支，收益管理中关于动态促销的主要研究视角是基于企业内部环境（如库存信息）和外部环境（如市场需求）来决定如何调整促销方案（Özer and Phillips，2012）。然而，如何基于更细粒度的用户和企业策略的长期交互数据，来制订个性化的动态促销方案则鲜有研究。而在与之相关的营销领域文献中，尽管有研究考虑了消费者异质性和时变因素（Mark et al.，2013；Rossi et al.，1996），以及历史消费行为特征（Lewis，2005；Schweidel and Knox，2013），但通常只基于回顾性视角来评估单次促销策略的效果，而忽略了多周期促销之间的关联性及其与企业长期收益管理策略的结合。

基于企业实践需求和已有研究的空白，本章提出如下研究问题：如何基于更细粒度与更完整的用户和企业长期数据，通过数据驱动方法，制定个性化和动态

---

① 张诚（复旦大学管理学院）、王富荣（复旦大学管理学院）、郁培文（重庆大学经济与工商管理学院）、邓皓文（复旦大学管理学院）。通讯作者：郁培文（ypw@cqu.edu.cn）。基金项目：国家自然科学基金资助项目（91846302；71871065；71722008）。本章内容原载于《管理世界》2023 年第 5 期。

的收益管理方案，以优化企业的长期回报和消费者体验？为了有别于单次促销中注重用户历史购买数据的回顾性视角，本章采用前瞻性视角下的动态促销策略来描述我们的研究思路。在前瞻性视角下，最优决策的制定需要考虑当期促销方案对消费者当下以及未来购买行为的异质影响，估计并权衡当下和未来收益从而实现长期总收益的最大化。

将前瞻性视角应用于制订个性化收益管理方案主要面临方法上的两个挑战。

第一个挑战是“维度灾难”（Bellman，1957；Kumar and Shah，2015）。在制订个性化促销方案中，影响消费者购买决策的因素众多，比如该消费者的历史消费特征、企业往期的促销活动、当期的环境因素（如天气）、假期和周末等。这些因素极大扩展了模型中状态空间的维度，导致模型优化所需的计算量呈指数级增长，寻找最优策略的效率急剧下降（Gönül and Shi，1998；Kumar and Shah，2015）。

第二个挑战是最优策略的可解释性。消费者和企业交互层面大数据的可得性扩宽了机器学习算法的模型规模与运用范围，例如，结合 *K*-means 聚类与 RFM（recency，frequency，monetary，间隔、频度、值度）模型的精准营销（Zhang and Zhu，2014）。但是，多数机器学习算法以“黑匣”化为代价来提升模型效果，损失了模型可解释性（Michie et al.，1995）。如何从基于前瞻性视角的机器学习模型中提取管理启示仍处于起步阶段。

鉴于此，本章融合运营管理和营销领域知识，提出了一个基于深度增强学习的动态促销框架。该框架运用改进的深度 Q 网络（deep Q-network，DQN）算法来求解高维的随机动态规划问题，即将高维的状态-策略空间遍历问题转化为深度 Q 网络的拟合问题，从而在一定程度上解决“维度灾难”。在构建深度 Q 网络中，我们借鉴了用于图像识别的 CNN 来约束网络密度，减少模型对数据的依赖并提高稳健性。同时，在该框架中，我们基于运营理论构建了消费者行为模型，通过仿真模拟能够对不同的动态促销方案进行对比与评估，从而提升了模型结果的可解释性。

本章使用了在一家在线生鲜零售商随机抽取的 2012 名消费者从注册开始的长期消费行为共计 363 946 条消费记录，以及历史促销策略数据对我们提出的方法进行了验证。该企业通过发放不同有效期的优惠券进行促销，而优惠券的不同有效期给用户带来的体验显著不同：短期优惠券主要用于刺激用户冲动消费，长期优惠券则更侧重于提升用户福利和好感。而从消费者注册开始的完整响应记录可以更好地研究企业收益管理的长期影响。

研究发现，第一，本章所提出的基于深度 Q 网络的动态促销策略显著优于所有其他基准促销策略。特别地，我们的方法可以比传统静态促销方案提高约 18%的长期收益，对应的消费者购买频率与购买金额也分别提升 7%和 9%。第二，优化的动态促销策略呈现出明显的阶段性特征，即前期运用短期优惠券打开市场，中期依靠长期优惠券维持客户，后期减少优惠券投放。这种数据驱动的动态促销可以实现长短期优惠券发放的动态平衡，从而有效帮助企业提升收益管理效率，以更低的投入和对顾客更少的干预实现更高的回报。此外，本章针对模型参数和仿真环境进行了敏感性分析和稳健性检验，丰富了模型适用的条件与范围。

本章主要有以下学术贡献。

第一，本章结合了运营和营销的领域知识，以及深度 Q 网络、CNN 等多个机器学习方法来构建动态促销的优化和评估框架，以克服“维度灾难”、缺乏可解释性等单一人工智能系统存在的缺陷，对人机混合智能领域的研究具有重参考意义（Kamar，2016）。通过结合仿真技术与机器学习技术，实现了预测分析与决策分析间的协同，为大数据时代的协同分析研究方法提供了重要参考与思路（刘业政等，2020）。

第二，本章在增强学习模块深度 Q 网络的设计中分别引入了图像识别领域的 CNN 结构和视频游戏 Dueling DQN 的设计思路，实现了对于个性化动态促销策略优化的理论创新。CNN 的设计思想和机理包括稀疏设计、参数共享等，解决了状态空间“维度灾难”问题，有效支持了深度增强学习在动态促销问题中的实践，是本章在方法上的另一贡献。Dueling DQN 状态价值网络与动作优势网络的区分本质上刻画了消费者内在价值高低与当期购买收益之间的权衡，从而实现在刺激消费者购买的同时将客户转化为高价值客户以提升长期总收益。

第三，本章发现了动态促销策略下长短期优惠券的阶段性互补特征。设计动态促销策略不仅需关注优惠券的促销时长（Lewis，2005; Zhang and Krishnamurthi，2004）、折扣水平（Khan et al.，2009），同时也需考虑长短期优惠券的跨期组合，即前期通过短期优惠券激发冲动消费扩大市场，中期依靠长期优惠券巩固消费者黏性，后期减少优惠券投放以提升利润。这种动态策略能充分协同短期优惠券与长期优惠券的差异化价值，以避免单一促销方案导致的消费疲劳或反消费（Goldstein et al.，2014；Lee et al.，2009）。

21.2　文献回顾与讨论

21.2.1　动态促销

本章涉及的多周期连续促销是一种典型的动态促销问题，相关研究包括收益管理中的动态促销研究，以及运营管理中的精准营销策略设计（Mochon et al.，2017；Zhang and Wedel，2009）。

首先，在收益管理的动态促销研究文献中，通常假设消费者的行为服从马尔可夫性质（Cohen et al.，2017；Özer and Phillips，2012），基于消费者历史的交易记录、外部策略和环境因素（如促销、天气、季节等）建立动态优化模型，实现对收益管理效果的折现评估（Howard，2002；Kumar and Shah，2015）。例如，已有研究根据消费者历史消费情况与对企业促销活动的反馈建立了马尔可夫模型，动态评估了各个阶段的企业客户价值并进行分类（Bitran and Mondschein，1996；Gönül and Shi，1998；Simester et al.，2006）。基于此的动态促销活动可以显著提高销售转化率（Bitran and Mondschein，1996）和消费者对企业的生命周期价值（Zhang et al.，2017）。虽然文献从动态视角对消费者行为进行建模与评估，但是由于"维度灾难"问题（Gönül and Shi，1998；Simester et al.，2006），现有优化方法尚较难实现对动态模型的高效求解，这也是本章所应对的主要挑战之一。

其次，营销策略设计研究关注不同营销方案的有效期长短效应差异（Hultén and Vanyushyn，2014）。例如，单一营销方案的折扣水平与营销时长如何权衡（Lewis，2005；Zhang and Krishnamurthi，2004），多个营销方案的相对折扣水平如何设置（崔楠等，2019）。而考虑有效期长短影响后的营销效果可能是矛盾且复杂的（卢长宝等，2020）。例如，一方面营销活动有效期越长则召回率越低，因为较长的有效期降低了消费者使用优惠券的紧迫性（Danaher et al.，2015），在有时间压力的条件下的营销活动更可能导致冲动购买（Inman and McAlister，1994）。但另一方面，连续营销活动可以增加店铺对顾客的曝光机会和形象分，导致在较长时间范围内增加高购买意愿。因此，不同的应用场景下营销活动长短期的联合效应可能有所区别，需要基于数据驱动的决策分析框架和相应效果评估。

这方面研究的挑战集中在如何更有效地理解连续营销过程中消费者偏好及对企业营销响应行为的动态变化（Goldstein et al.，2014；Lee et al.，2009）。如 Zhang 和 Krishnamurthi（2004）发现在多次营销期间，客户偏好会随时间发生变化，从而影响他们的后续购买。Khan 等（2009）发现连续营销对企业营销效果的影响大于消费者异质性带来的影响。而且多次营销对消费者的购买行为具有结转效应（carryover effects）（Braun and Moe，2013；Köhler et al.，2017），即降价营销通常会在短期内引发更高水平的消费，但同时会影响消费者未来的购买意愿（Braun et al.，2015）。类似地，Schweidel 和 Knox（2013）分析了消费者消费间隔和消费金额的相互关系，发现消费者在经历了超预期的消费间隔之后更可能会进行超额消费，但会造成长期的高流失率。总的来说，这些研究揭示了连续营销对消费者行为的短期及长期影响。然而，如何基于这些影响来设计动态促销策略以最大化企业长期收益，最优策略具有哪些特征等问题在文献中并未涉及。

21.2.2 深度 Q 网络

受限于消费者状态的高维度以及促销策略组合的多样性，已有研究通常只考虑单次促销对总需求的影响，而计算机理论与算法的突破使得个性化、动态的收益管理优化成为可能。

深度 Q 网络是一种典型的深度增强学习算法，在处理具有高维输入的最优策略求解任务中取得了很大的突破（Mnih et al.，2015）。深度 Q 网络源于动态优化中的 Q-learning 算法（Watkins and Dayan，1992），它通过 Q 值函数来评估特定状态下某策略的最高价值回报。Q-learning 算法的缺陷在于对 Q 值函数的计算需要遍历所有状态-决策空间，在高维问题中存在“维度灾难”问题。因此，深度 Q 网络将对 Q 值函数的存储问题转化为了深度神经网络的拟合问题，从而实现对高维问题的求解（Mnih et al.，2015）。受此启发，后续的深度增强学习算法在棋类比赛、电子游戏、机器人控制、自动驾驶等领域得到广泛研究与应用（Silver et al.，2017；Wang and Chan，2017；Zhang et al.，2015）。

深度 Q 网络使用两个关键思想来解决参数训练中的不稳定或不收敛问题（Mnih et al.，2015）：经验回放和目标网络。经验回放消除了观察序列中的相关性并平滑了数据分布的变化。目标网络降低了动作价值函数与目标的相关性。运用这些方法，可以使训练过程更加稳定，并提高性能。类似地，Double DQN（van Hasselt et al.，2016）、Dueling DQN（Wang et al.，2016）、优先经验回放和 Rainbow 等改进算法与模型进一步提升了深度 Q 网络的效果与稳定性。因此，本章中的深度 Q 网络建立在 Double DQN 和 Dueling DQN 设计上。

基于深度 Q 网络算法构建的促销模型能较好地匹配动态促销的应用场景。首先，神经网络对 Q 函数的拟合思路降低了动态模型的规模与优化难度。其次，深度 Q 网络算法具备前瞻性，即当前促销策略不是短视地关注当期利润，而是充分考虑了后续促销活动所带来的价值，从而避免营销疲劳等负面市场反应（Choi，2011）。

然而，深度 Q 网络应用到动态促销中仍存在诸多挑战。首先，深度 Q 网络仍然存在数据饥渴问题，而已有典型成功应用大都基于虚拟环境来生成海量数据（Mnih et al.，2015；Silver et al.，2017）。而社会科学中的营销活动存在试错成本，无法获得大量观测样本，提高了对模型稳健性、低数据依赖性的要求。同时，由于现实世界的复杂性，企业不可能观测到消费者决策的所有相关因素，使得营销活动充满不确定性。因此，如何从中得到稳健的优化结果是一项重要的挑战。

21.3　基于深度增强学习的动态促销框架

基于收益管理领域的相关文献（Cohen et al.，2017；Howard，2002；Kumar and Shah，2015；Özer and Phillips，2012），我们将动态促销问题建模为马氏决策过程（Markov decision process，MDP）。MDP 是对动态决策问题进行建模的一般性框架，也是增强学习方法的核心数学框架，其合理性取决于状态变量是否包含影响消费者决策的核心因素。为此，我们依据营销学的 RFM 理论框架，将影响消费者的决策因素归纳为间隔（recency）、频度（frequency）和值度（monetary）特征（Roberts and Berger，1999），并将消费者参与历史促销活动的情况纳入状态空间。作为得到公认的领域知识，RFM 框架能有效捕捉到消费者行为的异质性，也能较好地预测消费者在平台上的行为规律（Schweidel and Knox，2013）。同时，在研究初期，为了更全面地了解生鲜行业的决策要素，研究团队与生鲜电商的首席运营官进行了访谈，确定了生鲜销售的主要决策因素还有天气和假期，比如在雨天及恶劣天气下，消费者会更多地选择线上下单。因此，我们将天气等外部环境因素也作为状态变量（Li et al.，2017）。在附录 21-3 中我们通过数据分析对所选状态变量的马尔可夫性质进行了检验。

在动态促销的 MDP 模型中，状态空间 S 为单个消费者的内部特征及外部环境特征的集合，直接影响消费者购买行为。在长度为 T 期的促销周期内，每一期商家需决定是否给予促销以及采用哪一种促销方案，其决策空间为 A，代表所有候选的促销方案集合。给定消费者状态 s，商家促销方案 a，消费者决定购买额，也即商家销售额 $R(s,a)$。此后，消费者以概率 $P(s'|s,a)$ 转移至新的状态 s'。商家的决策目标是寻找一个最优策略 $\pi:S\to A$，以最大化期望销售额的总折现值，即 $\arg\max_{\pi}\sum_{t=1}^{T}\gamma^{t}E_{\pi}[R_t^{\pi}]$，其中 γ 表示折现系数，R_t^{π} 表示在策略 π 下第 t 期的销售额，E_{π} 表示取期望值。

本章将通过基于深度增强学习的动态促销框架来求解上述 MDP 问题，如图 21-1 所示。该框架主要包含消费者行为建模与深度增强学习模块。首先，在消费者行为建模中，根据营销领域相关理论知识，结合实际数据模拟仿真出消费者对促销策略的响应函数，从而形成增强学习的虚拟训练环境。从领域知识出发的仿真模拟，在一定程度上具备因果性与可解释性，同时较好地解决了增强学习的数据饥渴问题。其次，深度增强学习模块由深度 Q 网络组成，通过与消费者行为建模进行交互来迭代优化网络参数，逐步收敛稳定，并输出最优动态促销策略。接下来我们依次对这两个模块展开介绍。

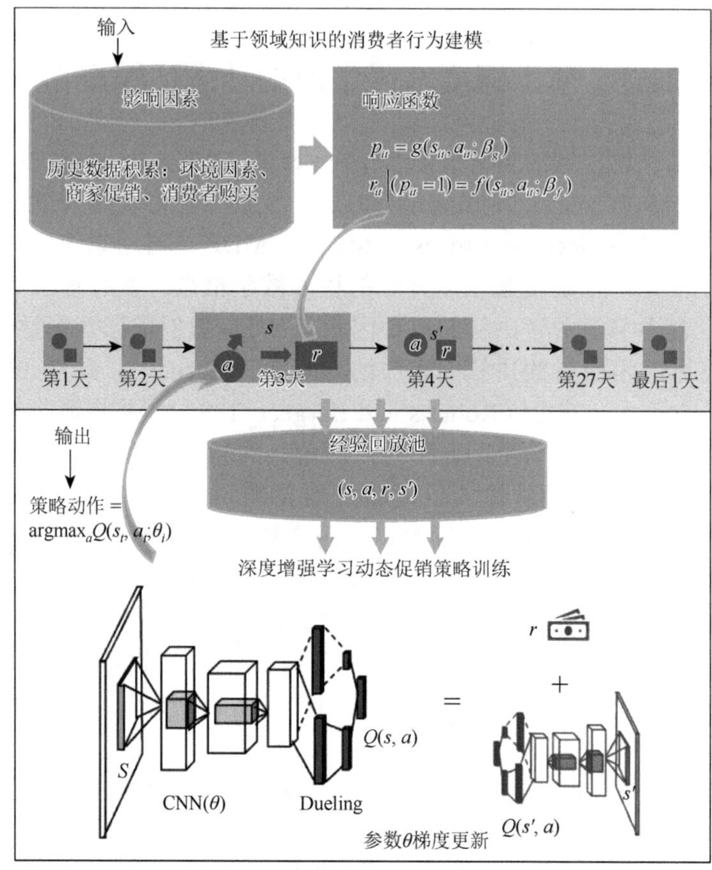

图 21-1　基于深度增强学习的动态促销框架

21.3.1　基于领域知识的消费者行为建模

经典的增强学习算法深度 Q 网络是以雅达利电子游戏为反馈环境，通过不断与环境互动来更新、优化动态策略，属于试错式优化（Mnih et al.，2015）。然而这种试错模式在消费场景中往往成本过高，企业通常没有动机用自己的真实收益来大量试错。为了模拟真实的促销环境来训练深度学习模型，本节根据消费者历史的决策规律和特征进行了消费者响应行为建模，在此基础上通过模拟仿真来训练学习模型。

具体而言，根据前文的 MDP 模型，消费者的购买决策依赖于当前状态和促销决策。根据文献中的消费者购买行为的建模框架（Li et al.，2017；Sahni et al.，2017），我们将预测消费者金额拆分为两个子问题。一是预测消费者当期是否购买，通过逻辑回归［等价于双值场景下的离散选择多项 Logit 模型（multinomial Logit model，MNL)］来预测购买概率。二是给定消费当期购买，通过线性回归预测消费者购买金额。这种建模方式避免了消费者大量无购买行为给预测购买金额带来的干扰。具体的逻辑回归模型和线性回归模型如下：

$$p_{it} = g(s_{it}, a_{it}; \beta_g) \tag{21-1}$$

$$r_{it} | (p_{it} = 1) = f(s_{it}, a_{it}; \beta_f) \tag{21-2}$$

其中，p_{it} 表示消费者 i 在第 t 期购买的概率，是一个关于当前状态 s_{it} 和促销方案 a_{it} 的逻辑变量，取值 0 或 1；$r_{it} | (p_{it} = 1)$ 表示若消费者选择购买后产生的消费金额，同样依赖于当前的消费者状态 s_{it} 和促销方案 a_{it}。基于历史数据，我们可以通过极大似然估计的方式拟合出模型参数 $\widehat{\beta}_g$ 和 $\widehat{\beta}_f$，从而将 $g(\cdot;\widehat{\beta}_g)$ 和 $f(\cdot;\widehat{\beta}_f)$ 作为消费者对于一般化促销方案的响应函数。

消费者响应模型除了为增强学习提供反馈环境外，还有两个重要理论价值。其一，在 MDP 中，消费者响应模型可以帮助检验所选状态变量的马尔可夫性质。通过比较不同状态空间下消费者响应模型的预测精度，我们可以选取更为合理的状态变量。其二，在动态促销的场景下，消费者响应模型可以帮助识别最为有效的 RFM 变量。由于 RFM 是一般性领域知识框架，所以在不同应用场景下，如何构建最优 RFM 变量会有所不同。比如，在本章动态促销的场景下，我们发现考虑近两次 RFM 特征即能较好地预测消费者的促销响应行为。附录 21-3 结合数据对这两个理论价值做出了详细分析。

除逻辑回归和线性回归模型以外，我们在拓展分析部分对比了使用更复杂的机器学习模型来构建消费者购买响应函数的效果，分析结果发现复杂模型带来模型拟合效果的提升相对有限（附表 21-2-4）。此外，在本章的研究场景下，我们更看重模型的稳健与泛化性，所以选择了复杂度低且数值外推能力强的逻辑回归和线性回归模型。

21.3.2　深度增强学习模块

基于前瞻性视角，在第 t 期，消费当前状态为 s_t，企业采取促销方案 a_t，且未来遵循最优策略时，企业所能获得的总收益为 $Q(s_t, a_t)$，也称之为 Q 值函数，即

$$\begin{aligned} Q(s_t, a_t) &= E_\pi \left[r_t(s_t, a_t) + \gamma r_{t+1}(s_{t+1}, a_{t+1}) + \gamma^2 r_{t+2}(s_{t+2}, a_{t+2}) + \cdots + \gamma^{T-t} r_T(s_T, a_T) \right] \\ &= E_\pi \left\{ r_t(s_t, a_t) + \gamma Q(s_{t+1}, a_{t+1}) \right\} \end{aligned} \tag{21-3}$$

由此，我们建立参数为 θ 的深度 Q 网络来拟合 Q 值函数，即 $Q(s_t, a_t; \theta) \approx Q(s_t, a_t)$。那么，最优动态促销策略 $\pi^* = \arg\max_a Q(s, a; \tilde{\theta})$，其中 $\tilde{\theta}$ 为收敛后的深度 Q 网络参数。

当折现系数 $\gamma = 0$ 时，当前框架退化为传统的静态视角，即企业最大化自己的

短期收益来开展促销。引入深度 Q 网络之后，企业的优化目标转化为了最大化“净现值”，因此需要考虑不同促销方案的跨期组合与平衡，从而实现前瞻性视角下的收益优化。

在应用到动态促销问题中时，由于消费者特征维度较高，且各维度通常为连续分布，如近期购买金额、距离上一次购买的时间间隔等，相应提升了对深度 Q 网络规模和拟合能力的要求。针对这些挑战，我们借鉴 CNN 的稀疏设计与参数共享机制，从而降低网络的连接密度（Mnih et al.，2015）。具体而言，可以对深度 Q 网络的输入（即消费者状态特征）进行随机排列，形成矩阵结构①。将排列后的特征视作图片，使用多个卷积层进行处理。CNN 的稀疏设计通过局部连接实现，每个神经元只与输入层的一个局部区域相连，该区域大小也被称为神经元的感受野（LeCun et al.，1998）。权值共享表现为每个卷积核的权重在卷积核移动过程中保持不变，从而在输入变量后提取特定的模式，而使用多卷积核的可以从输入层中充分提取多种不同模式。局部连接和权值共享这两大特性显著降低了网络参数的数量，节约了计算开销，提高了网络训练速度。

此外，通过随机排列的矩阵化处理，可以实现状态特征变量的自由充分组合，结合 CNN 的局部连接特性，可以识别出多样且重要的相关子变量影响因素组合。同时，卷积核的权值共享机制意味着每个卷积核可以从输入状态中分别提取最突出的影响模式，如状态变量组对购买的正向影响、负向影响、交互影响、非线性影响等，多卷积核和多层卷积的设计保证不同影响模式的充分提取和深度结合。虽然卷积通常应用于图像识别领域，但其设计思想和机理能有效支持深度增强学习在动态促销问题中的应用，这也是本章的重要发现与创新之一。

在此基础上，我们进一步引入了 Dueling DQN 的深度网络设计思路（Wang et al.，2016），将 CNN 输出划分成两部分并分别连接动作优势网络和状态价值网络，两组网络输出结合后得到最终输出。Dueling DQN 的初始设计实验场景为视频游戏，当智能体处于无障碍环境时，状态价值网络输出将发挥主导作用从而实现前进得分；而当智能体面临障碍时，动作优势网络将主导智能体优先躲避障碍。在消费者动态促销场景中，这种设计思路同样适用。状态价值网络可理解为客户本身的内在价值，即消费者是否属于高价值客户（黄漫宇，2008），而动作优势网络可理解为消费者当期的购买可带来的收益，Dueling DQN 的设计思路有助于在刺激消费者购买的同时将消费者转化为高价值客户，从而帮助企业提高长期总收益。

综上，本章所设计的深度 Q 网络的结构主要由 CNN 和 Dueling DQN 两部分组成，其中 CNN 由四个卷积层组成，每一层的具体设计细节参考附录 21-1。

---

① 在一些技术细节上，如果输入特征数量不能匹配一个矩形结构，则可以填充空白变量或重复已有变量。

Dueling DQN 将 CNN 的输出均匀分成两个向量并分别连接全连接层，构造动作优势函数 $A(a_t)$ 和状态价值函数 $\mathrm{EnV}(s_t)$。深度 Q 网络的最终输出值等于动作优势函数输出值减去平均优势值再加上状态价值函数值，即

$$Q(s_t,a_t;\theta)=A(a_t)-\mathrm{mean}(A(a_t))+\mathrm{EnV}(s_t)$$

深度 Q 网络的输入是状态变量，输出是当前状态下所有可行促销方案的 Q 值。

增强学习模块的训练和求解思路如下。在促销周期内的第 t 期，商家首先观测到每个消费者的状态 s_t，并根据当前深度 Q 网络参数生成针对性的促销方案 $a_t=\arg\max_a Q(s_t,a;\theta)$。随后通过消费者行为建模模拟消费者的反馈，即当天的消费额 r_t。最后将新的消费记录更新至消费者状态，得到第 $t+1$ 期的状态 s_{t+1}。至此，第 t 期的决策过程结束。然后，将 (s_t,a_t,r_t,s_{t+1}) 作为一次促销经验存入经验样本池中，并开始第 $t+1$ 期的促销决策，直到整个促销周期结束。在迭代的过程中，商家会不断根据当前的经验样本池优化并更新深度 Q 网络参数，直至网络参数收敛于稳定值 $\tilde{\theta}$。深度 Q 网络的训练算法详见附录 21-1 算法 1。在附录 21-1 中，我们对该算法的执行步骤做了更详细的介绍。算法使用到的超参数取值如附表 21-1-2 所示。

21.4　方法效果评估

本节中，我们基于国内某生鲜电商的运营数据，运用本章提出的深度增强学习框架进行分析，以评估其有效性与适用条件。

21.4.1　数据来源与实际需求

研究所用的数据来自一家国内在线生鲜零售商。该企业 2015 年成立，截至 2017 年累计用户超过 200 万名，其中日活跃用户达 6 万名。本节采用该企业提供的 2012 名随机抽取匿名用户自网站注册开始的全生命周期消费数据，以及公司这段时间完整的促销记录，时间范围为 2016 年 1 月 1 日至 2017 年 5 月 31 日。这样随机抽取的全生命周期消费数据，可以更好地评估消费者从第一次接受公司促销到之后的完整行为变化及企业收益管理完整的长短期效果。在该生鲜电商的实际运营中，消费者通过平台在线订购生鲜食品，再由平台安排最近的零售店进行商品打包与配送。生鲜作为典型的快消品，需要企业高频率地执行促销计划，一般是以日/周为单位进行优惠券发放。

在数据集中，我们可以观察到消费者的 ID、下订单的时间、订单金额、是否使用优惠券以及对应的优惠券信息（如发放日期、有效期、金额等）。对于该生鲜

电商，根据有效期，优惠券总体可分为短期优惠券（≤3 天）和长期优惠券（>3 天）两类。短期优惠券主要用于刺激用户冲动消费，或根据当前的天气变化、生鲜货源状态进行针对性的促销。长期优惠券则更侧重于提升用户福利和好感，有相对较宽裕的使用时间范围。由于生鲜食品保存期相对较短，在保存过程中容易损坏，因此冲动消费和超前消费的比例较低，导致短期优惠券比长期优惠券更难转换为销售额，如表 21-1 所示。

表 21-1　长短期优惠券的统计信息

优惠券	发放数量/张	平均折扣额/元	召回率	平均销售额（标准差）
短期	17 503	16.86	3.96%	106.70（34.36）
长期	18 394	19.78	8.61%	86.62（45.82）

生鲜产品难以保存的特点增加了对商户运营管理的要求。因此，对谁发放优惠券、发放什么样的优惠券才能有效转化为销售额是企业迫切关注的收益管理问题。本章提出的深度增强学习的动态促销方法为企业提供了解决该问题的思路。

21.4.2　应用深度增强学习框架

根据本章所提出的框架，状态空间需要包括消费者的历史消费特征和外部环境状况。本章将天气状况、节假日和周末作为主要的外部环境因素，按是否便于出行划分为三个层次。其中便于出行的天气包括晴天或多云，普通天气为阴天，恶劣天气包括雨天或下雪。同时，引入虚拟变量来表示假期和周末。这些变量的选择源于在线生鲜零售的场景特征。一方面，已有研究表明天气状况与节假日是影响消费者决策与促销效果的重要外部因素（Li et al.，2017）。另一方面，在研究初期，为了解生鲜销售的管理决策因素，我们与该生鲜平台的首席运营官进行了深入交流。该负责人在访谈中表示，生鲜企业的运营效益主要受天气和节假日影响，例如，雨天消费者会更多选择线上下单，而节假日会订购更多高品质食材。此外，在我们的研究情景中，其他外部因素如突发疫情、政策变化等未对数据收集期（2016～2017 年）的企业运营产生显著影响。因此，本章最终考虑了天气和节假日因素。

针对历史消费特征，本章基于营销学 RFM 理论框架考虑间隔、频度和值度等特征。同时，我们将消费者曾经接受的促销活动及相应的反馈也纳入历史消费特征中。所有状态空间变量的具体定义如表 21-2 所示。

表 21-2　状态空间变量的具体定义

状态类别	状态	状态定义
外部环境因素	天气	天气，0：晴天或多云；1：阴天；2：恶劣天气如雨天、下雪
	节假日或周末	是否为节假日或周末，1：是；0：否
历史消费特征（购买行为）	购买间隔	距离上一次/上上次购买的时间间隔（单位：天）
	购买频度	累计购买频次
	购买值度	上一次/上上次购买订单的金额（单位：元）
历史消费特征（促销行为）	促销间隔	距离上一次/上上次收到优惠券的时间间隔（单位：天）
	促销频度	累计收到优惠券的频次
	促销反馈	对近 3 次优惠券的反馈（3 个哑变量，1：购买；0：无购买）

根据企业的实际需求，我们将促销策略 a 编码为：0 表示不发放优惠券；1 表示发放短期优惠券；2 表示发放长期优惠券。由于企业通常以月度为单位进行营销策略的制定和实施，本章采用 28 天作为实际的促销周期，即 $T=28$。后续在稳健性检验与灵敏度分析中，我们也评估了更长促销周期下的模型效果。

1. 消费者响应预测

根据本章所提出的框架，消费者行为建模需要基于实际数据构建消费者对促销方案的响应预测。这里，解释变量包括状态空间中的各维度特征以及企业当期的促销方案，被解释变量为是否购买及对应的购买金额。本节使用经典的 Logit 模型和 OLS 模型作为购买概率函数 g 和消费金额函数 f，并基于极大似然法求解出模型参数 $\widehat{\beta}_g$ 和 $\widehat{\beta}_f$，作为消费者仿真系统核心[①]。

消费者行为建模的近似能力决定了本章研究和实际情况的切合程度。因此，本节首先使用 AUC 对消费者购买概率函数的拟合优度进行评估，平均效果为 76%。其次是对消费者购买金额的拟合预测，拟合 R^2 值为 0.253。由于消费者行为较为复杂，拟合效果处于可接受范围。本章后续也考虑了较为前沿的预测算法来提升仿真模型的效果[②]。

2. 深度增强学习优化

在增强学习模块，给定每期的状态和促销方案，根据消费者行为建模的模型和参数，可以得到当期消费者的购买概率和金额：

---

① 在购买概率函数和消费金额函数中，所有天数、金额、频次类变量均进行了对数转换。同时，为提高模型拟合效果，两个模型中均考虑了解释变量的二阶项和交互项。

② 数据按 8∶2 随机分为训练集和测试集。所有机器学习算法均使用 Python 包实现，包括 Python 3.7 环境中的 LightGBM、scikit-learn、pandas 和 NumPy。

$$\widehat{p}_{it} = g(s_{it}, a_{it}; \widehat{\beta}_g) \text{，} \tag{21-4}$$

$$\widehat{r}_{it} \Big| (p_{it} = 1) = f(s_{it}, a_{it}; \widehat{\beta}_f) \text{。} \tag{21-5}$$

根据消费者当期的反馈，我们可以直接更新状态空间中的历史消费特征。对于外部环境的状态转移，我们假定天气因素满足马尔可夫性质，并根据研究数据对应时间区间（2016 年 1 月 1 日～2017 年 5 月 31 日）和城市（上海）的实际天气数据计算出相应的转移概率矩阵，如表 21-3 所示。为了不局限于实际的促销窗口期，我们随机生成了多条节假日序列来综合评估模型的效果。节假日状态的转移概率矩阵同样基于国内相同时间区间的实际情况计算得到，如表 21-4 所示①。

表 21-3 天气状态转移概率矩阵

天气	晴天或多云	阴天	恶劣天气
晴天或多云	0.697	0.110	0.194
阴天	0.349	0.245	0.406
恶劣天气	0.243	0.152	0.605

表 21-4 节假日状态转移概率矩阵

是否节假日	非节假日	节假日
非节假日	0.978	0.022
节假日	0.240	0.760

基于上述的模型输入，我们使用附录 21-1 中的算法 1 对深度 Q 网络进行参数训练，直至深度 Q 网络输出的动态促销策略的效果稳定。我们首先从历史数据中随机抽样来初始化消费者的状态以及天气状态，再基于深度增强学习网络进行动态促销决策。同时，网络会根据历史的推荐与反馈进行经验回放，不断更新深度 Q 网络参数以提升动态促销的效果。我们称一个促销周期 28 天的训练为一轮，之后再不断重复每一轮的训练。在每轮的训练中，我们将消费者总购买金额作为衡量当前模型效果的指标。随着训练轮数的增加，动态促销策略也在不断地改进，从而逐步提高消费者的总购买金额。动态促销策略在约 40 000 轮训练后接近于最优水平，在训练到 100 000 轮后基本收敛。训练过程的收敛性验证详见附录 21-4。

① 节假日在每个训练周期初随机生成并固定，即按照固定的序列进行状态转移。每个训练周期采用不同的节假日序列，以提高模型的泛化能力。同时，如果按法定节假日进行模型训练也能得到一致的结论，相关结果见附录表 21-2-7。

21.4.3　动态促销策略的效果评估

在本节中，我们评估基于深度增强学习的动态促销策略的效果。作为对比，我们考虑如下四个基准促销策略。策略 1：全随机策略，即商家等概率随机选择短期优惠券、长期优惠券和不发放优惠券。策略 2：全随机促销策略，即排除了不发放优惠券后随机促销，长短期优惠券的发放概率均为 50%。此策略代表了一类不计促销成本的优惠模式①。策略 3：传统静态促销策略，即根据消费者的历史消费特征与企业促销记录，构建 Logit 和 OLS 预测模型来最大化当期促销效果（购买概率和金额）。策略 4：静态机器学习，在此策略中，我们用当下流行的机器学习算法，包括 GBDT 的改进算法 LightGBM（Minastireanu and Mesnita，2019），来替代策略 3 中的 Logit 和 OLS 预测模型。这些机器学习算法能更准确地进行消费者行为预测。策略 3 和策略 4 这两个静态促销策略均忽视了当前促销方案对消费者未来购买的长期影响。我们记本章所提出的最大化长期总收益的最优动态促销策略为策略 5：深度 Q 网络策略。

我们对每种策略进行了 30 000 轮的仿真模拟，并取均值作为各模型的最终效果②，如表 21-5 所示。其中，顾客的总销售额、购买频率、购买金额均以全随机策略为基准水平。总体而言，两种随机促销策略（策略 1、2）均属于盲目式促销，即广泛撒网，其促销转化率远低于精准促销策略（策略 3、4、5）。静态促销（策略 3）由于利用了消费者的历史消费特征与企业促销记录，所以能在一定程度上捕捉消费者层次、促销手段层次以及外部环境层次的异质性，并实现约 37.2%的总销售额提升。然而由于静态促销的目标是当期收益最大化，因此无法协同短期优惠券与长期优惠券的差异化价值。有趣的是，静态机器学习（策略 4）虽然比静态促销拥有更好的预测能力，但在促销效果上却不如静态促销方法，可能是由于模型过拟合，使得其在干预性研究中的效果较差③。

表 21-5　不同促销策略的效果对比

促销策略	总销售额	购买频率	购买金额
1.全随机	100.0%	100.0%	100.0%
2.全随机促销	119.6%	112.7%	104.8%

① 在本章中，销售额均扣除了优惠券的成本，因此频繁发放优惠券反而可能导致销售额下降。

② 在数万次的重复试验下，对各模型指标均值的估计误差趋近于 0，故省略标准差信息和显著性讨论。

③ 预测性研究即解释变量均为系统内生，没有外生的干预。而在动态促销中，促销策略在一定程度上是外生选择的，属于干预性研究。增强学习能较好地通过经验回放和持续训练来解决干预性问题，而静态机器学习方法则不行。

续表

促销策略	总销售额	购买频率	购买金额
3.传统静态促销	137.2%	139.3%	97.2%
4.静态机器学习	118.8%	125.3%	94.1%
5.深度 Q 网络	154.9%	146.7%	106.1%

基于深度 Q 网络的动态促销策略显著优于所有其他基准促销策略。以全随机策略为基准，本章所提出的深度 Q 网络方法提升企业近 55%的长期收益，提升比例相较于传统静态促销策略高了约 18 个百分点，对应的消费者购买频率与购买金额相较于传统静态促销方法分别高了约 7 个百分点和 9 个百分点。

为了进一步理解不同促销策略下企业收益差异的原因，我们将各策略下的促销方案特征进行对比分析，如表 21-6 所示。随机策略由于各类优惠券的使用分布固定，因此暂可忽略。传统静态促销策略和静态机器学习策略均过于依赖长期优惠券的发放。虽然长期优惠券转化率总体高于短期优惠券，但其为企业创造的价值有限，接近于纯降价促销，导致依赖长期优惠券的促销策略很难实现总销售额增长。而本章所提出的基于深度 Q 网络的促销策略实现了长短期优惠券的平衡，使用率均为 40%左右。同时，相较于传统静态促销策略，深度 Q 网络策略下不发放优惠券的占比提高了一倍，即从 11%提高至了 21%。这意味着企业以更低的投入和对顾客更少的干预实现了更高的回报。

表 21-6　促销方案特征对比

促销策略	促销方案比例		
	不发放优惠券	短期优惠券	长期优惠券
1.全随机	33%	33%	33%
2.全随机促销	0	50%	50%
3.传统静态促销	11%	14%	76%
4.静态机器学习	5%	7%	87%
5.深度 Q 网络	21%	39%	40%

注：比例合计不为 100%是四舍五入修约所致，下同

进一步对策略 3、4 和 5 的促销方案的序列特征进行对比，如图 21-2 所示。从中可以发现，两个静态促销方法均投放了大量长期优惠券，仅在前期（第 3 天左右）有小规模地发放短期优惠券的高峰。而基于深度 Q 网络的动态促销策略呈现出了明显的阶段性特征，即前期运用短期优惠券打开市场，中期依靠长期优惠券维持客户，后期减少优惠券投放“坐收渔利”。相比于静态策略，基于深度 Q 网络

的动态促销策略下企业通过前期发放更多的短期优惠券吸引用户注意力（Goldstein et al.，2014），提升用户感知并培养用户兴趣和忠诚度（Hoban and Bucklin，2015），降低市场对后期客户价值获取的敏感度。这种阶段性的互补特征使得企业能平衡消费者兴趣培养和购买转换的节奏，实现时间维度上的精准运营。

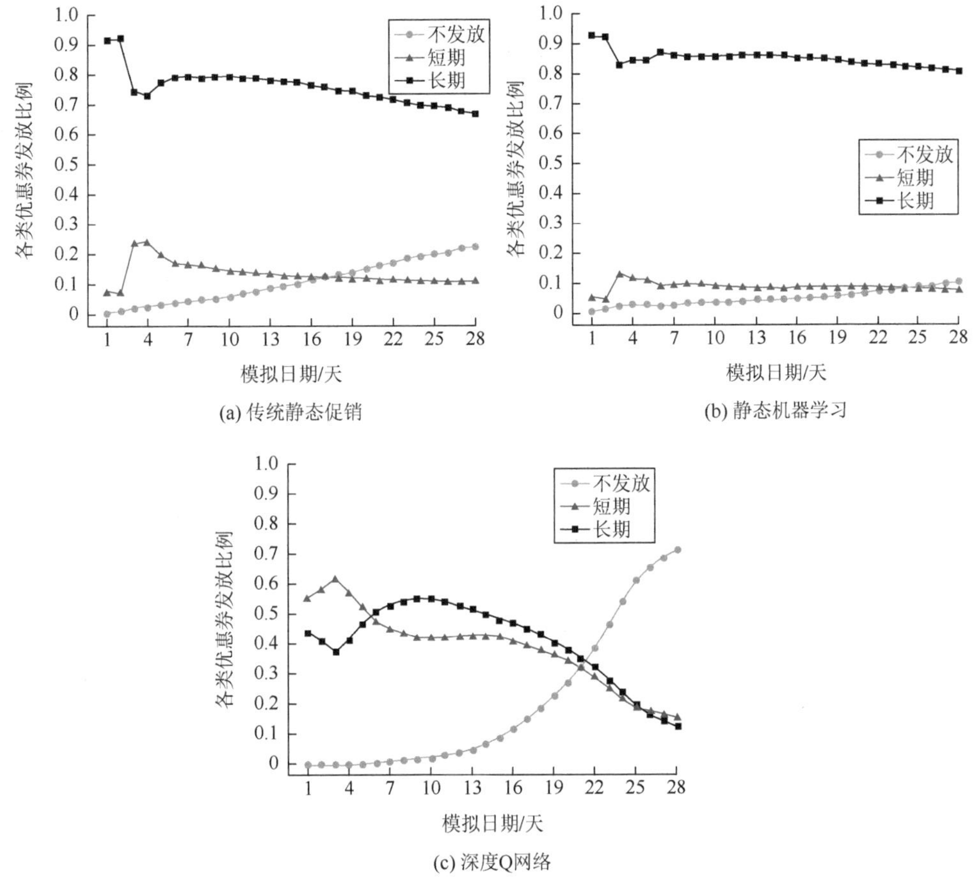

(a) 传统静态促销

(b) 静态机器学习

(c) 深度Q网络

图 21-2　各促销方案的序列特征

已有文献侧重于基于静态的消费者特征设计促销策略（Gönül and Shi，1998；Zantedeschi et al.，2017）。例如，针对高价值、高忠诚度用户（体现在 RFM 特征上），企业应更多地采用长期优惠券来维持用户状态（Cui et al.，2006），而短期优惠券虽然有利于激活用户，但多次用于促销时边际效益递减迅速（Goldstein et al.，2014）。本节提出的基于深度 Q 网络的促销策略则将这两种促销逻辑在动态框架内相统一，通过考虑当期促销策略对消费者未来特征的影响，在一定程度上内生化消费者特征，从而将用户引导为高价值用户。

21.5 拓展分析与稳健性检验

本节中，为检验本章所提出模型的稳健性，我们对状态空间变量、数据抽样、购买不确定性、长短期优惠券分类标准、消费者行为建模方式等多个方面进行了测试，均得到了与前文一致的效果和结论。

为验证模型在样本分布上的稳健性，我们对训练数据集进行了 80%采样，独立重复 10 次并分别验证模型效果，结果如附表 21-2-1 所示。其中，本章所提出的深度 Q 网络方法在效果指标（总销售额、购买频率、购买金额）上基本显著优于其他方法，相对定量值近似于主分析结果。同时，深度 Q 网络方法也实现了长短期优惠券的平衡，以及相对较少的优惠券发放。

同理，本节对购买不确定性进行了稳健性分析。我们在消费者行为建模中增加了购买金额的随机扰动，我们分别考虑随机扰动服从均匀分布和正态分布两种情况。假定扰动服从均匀分布 $U(-b,b)$ 时，幅度 b 先后取值为平均购买金额的 5%和 10%，对应实际值为 4.1 元和 8.2 元。假定扰动服从正态分布 $N(\mu,\sigma^2)$ 时①，均值 μ 和标准差 σ 分别取平均购买金额和标准差的 5%或 10%，对应分布分别为 $N(4.1,3.1^2)$ 或 $N(8.2,6.3^2)$。购买金额的随机扰动增加了模型拟合的难度，但测试结果表明本章所提出方法依旧显著优于传统静态促销等基准策略，具体结果见附表 21-2-2。随后，本章检验了所用增强学习框架的马尔可夫性假设和训练过程的收敛性，详见附录 21-3 和附录 21-4。

在对长短期优惠券的定义上，目前根据生鲜电商的实践情况设定阈值为 3 天。在实践中，企业可能会根据自身需求进行调整，甚至更换定义维度。因此，为检验本模型在不同决策空间维度上的稳健性，本章先后尝试将长短期优惠券的阈值设置为 2 天和 4 天，结果如附表 21-2-3 所示。其中，本章所提出的深度 Q 网络策略依旧实现了最优的促销效果，且在阈值为 2 天时的相对优势更为突出。

针对消费者行为建模，本章考虑了其他模型来预测消费者对不同促销方案的响应，包括使用 RF、GBDT 和全连接神经网络的方法，拟合效果如附表 21-2-4 所示。其中各模型在拟合优度上无太大差异。而本章所选择的 Logit 与 OLS 模型更为简单，因此在模型外推性与稳健性上更可靠。

在实践中，企业可能关心更长周期的收益效果。因此，本章采用两倍的促销周期（56 天）进行了仿真分析，结果如附表 21-2-5 所示。同时，频繁的促销活动可能会增加额外的成本投入，甚至导致消费疲劳。因此，我们也考虑了对促销天数进行限制，即在一个促销周期中最多规划 50%的天数进行促销活动，结果如附

① 正态分布采样取值后以 0.5 的概率乘–1，确保随机扰动的方向覆盖购买金额增加和减少两种方向。

表 21-2-6 所示。以上两个针对企业实践进行的稳健性检验均得到了和主分析一致的结论。

最后，我们根据商家历史数据，将模拟企业历史的促销模式作为额外的基准策略进行对比。我们采用了多种机器学习模型对商家促销行为进行了多分类预测，并选择了预测效果最优的 RF 模型来模拟商家的促销策略。详细分析过程见附录 21-5。对比结果发现商家历史促销策略下的收益甚至不如静态促销策略，商家历史促销策略下三种促销的比例与深度 Q 网络策略比例相似，但是与动态促销策略相比，由于不发放优惠券的时机以及短期优惠券与长期优惠券的发放时机未能实现优化配置，导致策略收益大打折扣。

21.6　讨论与结论

企业如何用好自身长期积累的数据来提升运营管理的决策质量，已成为企业科学管理的重点关注方向之一（冯芷艳等，2013；徐宗本等，2014；杨善林和周开乐，2015）。其中，收益管理中动态促销的核心研究视角是同时考虑企业内部和外部环境因素来调整价格（如以促销的形式），保证企业获得最优化的收益。本章探索了如何基于更细粒度的企业策略和用户的长期交互数据，通过数据驱动方法寻找个性化的动态促销策略，以优化企业的长期回报和消费者体验。

由此，本章提出了一种新颖的基于深度增强学习的动态促销框架，该框架整合了运营管理和营销领域知识、仿真和深度学习，以前瞻性的视角来解决收益管理中的多周期动态促销问题。由于静态促销策略过度依赖长期优惠券的发放，而基于前瞻性视角的动态策略有望实现长短期优惠券的平衡，其效果会显著优于静态策略。基于某生鲜电商的实际数据进行仿真分析的结果也证实，该数据驱动的框架所得到的新策略可以有效地提升企业面向市场的收益管理能力，相比传统的静态策略，提高企业约 18%的长期收益。由于数据驱动的个性化促销实现了长短期价格策略的动态平衡，因此整体可以帮助企业以更低的投入和对顾客更少的干预实现更高的回报。此外，本章所提出的框架在大量参数与不同模型假设下均实现了良好的稳健性，为企业实施个性化动态促销提供了一个可复用的模块化框架，有助于提升企业科学管理的质量。

本章所提出的框架在实例研究中呈现出了阶段性的促销特征，为相关企业运营实践提供了重要参考依据。具体而言，本章发现最优促销策略在前期侧重于发放短期优惠券以打开市场，在中期侧重使用长期优惠券以巩固用户基础，在后期逐步减少了优惠券发放比例，可以更好地取得收益和提高消费者转换的效率。这种策略符合商业逻辑，说明基于前瞻性视角的动态促销方法能形成科学的、可解释的具体促销策略，为相关企业实践提供了重要的理论与实践指导意义。

本章揭示了前瞻性视角对于企业优化长期收益的价值。基于回顾性视角的促销策略往往会投放大量优惠券，然而高促销效果并不一定能带来高收益（卢长宝等，2020），甚至可能损害企业的长期收益。在实践中，为提升基于前瞻性视角的模型可靠性，企业除了关注传统的消费者异质性与时变因素外，应更注重对细粒度的用户-企业交互数据的收集，从而巩固建模的数据基础（肖静华等，2018；刘业政等，2020）。

最后，本章丰富了混合智能相关研究方法，即结合人工智能与领域知识来解决单一方法的缺陷（Kamar，2016）。尽管机器学习算法取得了突出的技术进步，但人工智能系统远非完美（Dietvorst et al.，2018），需要结合人类知识、经验与理论来开展实践应用（Atanasov et al.，2017；Kourentzes et al.，2018）。而混合智能研究在社会科学领域尤其重要，因为复杂的运营管理与经济问题涉及大量无法被结构化或观测的因素，例如，消费者的实际状态和偏好（Goldstein et al.，2014），而传统的增强学习模型仅需要考虑实验室环境下的问题。鉴于此，本章为解决对消费者行为的预测与建模问题，一方面参考了营销领域的经典 RFM 框架（Roberts and Berger，1999）；另一方面，通过在实地调研中与企业首席运营官进行访谈来筛选相关变量与状态空间维度，从而实现了人类知识与计算机算法的有效融合。

本章仍存在一定局限性，供未来相关研究共同探讨与解决。首先，在动态促销的策略空间上，本章仅考虑了长短期优惠券和不发放优惠券三种策略，属于宏观层次的策略问题。未来可考虑更微观的促销方案，如考虑不同的优惠券金额，以及专用和通用优惠券的组合。其次，在应用本章框架时，应结合具体行业的产品购买周期来界定长短期优惠券，如本章中的生鲜电商通常以半周为阈值，而鲜食熟食的阈值更低，包装食品的阈值通常更高。此外，在状态空间的设计上，本章所选择的外部状态主要是生鲜零售场景中的重要影响因素，包括天气、节假日、周末等，后续研究可根据具体的行业特点进行状态选择与拓展。最后，在收益管理理论上，对最优促销策略的商业逻辑解读还有较大的挖掘空间，如前期侧重短期优惠券而中期侧重长期优惠券，背后的消费者响应机理可以引入相关运营和营销理论开展实证研究。

参考文献

陈国青，曾大军，卫强，等. 2020. 大数据环境下的决策范式转变与使能创新. 管理世界, 36(2): 95-105, 220.

崔楠，肖宇，胡玉姣，等. 2019. 优惠力度越大，消费者越愿意兑换优惠券吗：一项元分析的检验. 营销科学学报, 15(2): 54-75.

冯芷艳，郭迅华，曾大军，等. 2013. 大数据背景下商务管理研究若干前沿课题. 管理科学学报, 16(1): 1-9.

黄漫宇. 2008. 客户终生价值在企业营销决策中的应用分析. 管理世界, (1): 180-181.

刘业政，孙见山，姜元春，等. 2020. 大数据的价值发现: 4C 模型. 管理世界, 36(2): 129-138, 223.

卢长宝，彭静，李杭. 2020. 限量促销诱发的前瞻性情绪及其作用机制. 管理科学学报, 23(5): 102-126.

肖静华, 吴瑶, 刘意, 等. 2018. 消费者数据化参与的研发创新: 企业与消费者协同演化视角的双案例研究. 管理世界, 34(8): 154-173, 192.

徐宗本, 冯芷艳, 郭迅华, 等. 2014. 大数据驱动的管理与决策前沿课题. 管理世界, (11): 158-163.

杨善林, 周开乐. 2015. 大数据中的管理问题: 基于大数据的资源观. 管理科学学报, 18(5): 1-8.

Atanasov P, Rescober P, Stone E, et al. 2017. Distilling the wisdom of crowds: prediction markets vs. prediction polls. Management Science, 63(3): 691-706.

Bellman R E. 1957. Dynamic Programming. Princeton: Princeton University Press.

Bitran G R, Mondschein S V. 1996. Mailing decisions in the catalog sales industry. Management Science, 42(9): 1364-1381.

Braun M, Moe W W. 2013. Online display advertising: modeling the effects of multiple creatives and individual impression histories. Marketing Science, 32(5): 679-826.

Braun M, Schweidel D A, Stein E. 2015. Transaction attributes and customer valuation. Journal of Marketing Research, 52(6): 848-864.

Choi S H. 2011. Anti-consumption becomes a trend. SERI Quarterly, 4(3): 9, 117-120.

Cohen M C, Leung N H Z, Panchamgam K, et al. 2017. The impact of linear optimization on promotion planning. Operations Research, 65(2): 446-468.

Cui G, Wong M L, Lui H K. 2006. Machine learning for direct marketing response models: Bayesian networks with evolutionary programming. Management Science, 52(4): 597-612.

Danaher P J, Smith M S, Ranasinghe K, et al. 2015. Where, when, and how long: factors that influence the redemption of mobile phone coupons. Journal of Marketing Research, 52(5): 710-725.

Dickey D A, Fuller W A. 1979. Distribution of the estimators for autoregressive time series with a unit root. Journal of the American Statistical Association, 74(366a): 427-431.

Dietvorst B J, Simmons J P, Massey C. 2018. Overcoming algorithm aversion: people will use imperfect algorithms if they can(even slightly)modify them. Management Science, 64(3): 1155-1170.

Goldstein D G, Suri S, McAfee R P, et al. 2014. The economic and cognitive costs of annoying display advertisements. Journal of Marketing Research, 51(6): 742-752.

Gönül F, Shi M Z. 1998. Optimal mailing of catalogs: a new methodology using estimable structural dynamic programming models. Management Science, 44(9): 1249-1262.

Hoban P R, Bucklin R E. 2015. Effects of internet display advertising in the purchase funnel: model-based insights from a randomized field experiment. Journal of Marketing Research, 52(3): 375-393.

Howard R A. 2002. Comments on the origin and application of Markov decision processes. Operations Research, 50(1): 100-102.

Hultén P, Vanyushyn V. 2014. Promotion and shoppers' impulse purchases: the example of clothes. Journal of Consumer Marketing, 31(2): 94-102.

Inman J J, McAlister L. 1994. Do coupon expiration dates affect consumer behavior? . Journal of Marketing Research, 31(3): 423-428.

Kamar E. 2016. Directions in hybrid intelligence: complementing AI systems with human intelligence. New York: The Twenty-Fifth International Joint Conference on Artificial Intelligence.

Khan R, Lewis M, Singh V. 2009. Dynamic customer management and the value of one-to-one marketing. Marketing Science, 28(6): 1063-1079.

Köhler C, Mantrala M K, Albers S, et al. 2017. A meta-analysis of marketing communication carryover effects. Journal of

Marketing Research, 54(6): 990-1008.

Kourentzes N, Nikolopoulos K, Petropoulos F, et al. 2018. Judgmental selection of forecasting models. Journal of Operations Management, 60(1): 34-46.

Kumar V, Shah D. 2015. Handbook of Research on Customer Equity in Marketing. London: Edward Elgar Publishing.

LeCun Y, Bottou L, Bengio Y, et al. 1998. Gradient-based learning applied to document recognition. Proceedings of the IEEE, 86(11): 2278-2324.

Lee M S W, Fernandez K V, Hyman M R. 2009. Anti-consumption: an overview and research agenda. Journal of Business Research, 62(2): 145-147.

Lewis M. 2005. Research note: a dynamic programming approach to customer relationship pricing. Management Science, 51(6): 986-994.

Li C X, Luo X M, Zhang C, et al. 2017. Sunny, rainy, and cloudy with a chance of mobile promotion effectiveness. Marketing Science, 36(5): 762-779.

Li L W, Sun L C, Weng C W, et al. 2020. Spending money wisely: online electronic coupon allocation based on real-time user intent detection. Ireland: The 29th ACM International Conference on Information & Knowledge Management.

Mark T, Lemon K N, Vandenbosch M, et al. 2013. Capturing the evolution of customer: firm relationships: how customers become more(or less)valuable over time. Journal of Retailing, 89(3): 231-245.

Michie D, Spiegelhalter D J, Taylor C C, et al. 1995. Machine Learning, Neural and Statistical Classification. Saddle River: Ellis Horwood.

Minastireanu E A, Mesnita G. 2019. Light GBM machine learning algorithm to online click fraud detection. Journal of Information Assurance & Cybersecurity, 2019: 1-12.

Mnih V, Kavukcuoglu K, Silver D, et al. 2015. Human-level control through deep reinforcement learning. Nature, 518(7540): 529-533.

Mochon D, Johnson K, Schwartz J, et al. 2017. What are likes worth? A facebook page field experiment. Journal of Marketing Research, 54(2): 306-317.

Özer Ö, Phillips R. 2012. The Oxford Handbook of Pricing Management. Oxford: Oxford University Press.

Roberts M L, Berger P D. 1999. Direct Marketing Management. 2nd cd. New Haven: Pearson College Div.

Rossi P E, McCulloch R E, Allenby G M. 1996. The value of purchase history data in target marketing. Marketing Science, 15(4): 321-340.

Sahni N S, Zou D, Chintagunta P K. 2017. Do targeted discount offers serve as advertising? Evidence from 70 field experiments. Management Science, 63(8): 2688-2705.

Schweidel D A, Knox G. 2013. Incorporating direct marketing activity into latent attrition models. Marketing Science, 32(3): 471-487.

Silver D, Schrittwieser J, Simonyan K, et al. 2017. Mastering the game of go without human knowledge. Nature, 550(7676): 354-359.

Simester D I, Sun P, Tsitsiklis J N. 2006. Dynamic catalog mailing policies. Management Science, 52(5): 683-696.

van Hasselt H, Guez A, Silver D. 2016. Deep reinforcement learning with double Q-learning. Phoenix: The Thirtieth AAAI Conference on Artificial Intelligence.

Wang P, Chan C Y. 2017. Formulation of deep reinforcement learning architecture toward autonomous driving for on-ramp merge. Yokohama: The 2017 IEEE 20th International Conference on Intelligent Transportation Systems.

Wang Z Y, Schaul T, Hessel M, et al. 2016. Dueling network architectures for deep reinforcement learning. New York: The 33rd International Conference on International Conference on Machine Learning.

Watkins C J C H, Dayan P. 1992. Q-learning. Machine Learning, 8(3): 279-292.

Zantedeschi D, Feit E M, Bradlow E T. 2017. Measuring multichannel advertising response. Management Science, 63(8): 2706-2728.

Zhang D J, Dai H C, Dong L X, et al. 2020. The long-term and spillover effects of price promotions on retailing platforms: evidence from a large randomized experiment on Alibaba. Management Science, 66(6): 2589-2609.

Zhang F Y, Leitner J, Milford M, et al. 2015. Towards vision-based deep reinforcement learning for robotic motion control. https://arxiv.org/pdf/1511.03791.pdf[2022-12-21].

Zhang J, Krishnamurthi L. 2004. Customizing promotions in online stores. Marketing Science, 23(4): 561-578.

Zhang J, Wedel M. 2009. The effectiveness of customized promotions in online and offline stores. Journal of Marketing Research, 46(2): 190-206.

Zhang J H, Zhu J X. 2014. Research intelligent precision marketing of e-commerce based on the big data. Journal of Management and Strategy, 5(1): 33-38.

Zhang X A, Kumar V, Cosguner K 2017. Dynamically managing a profitable email marketing program. Journal of Marketing Research, 54(6): 851-866.

附　录

附录 21-1　深度 Q 网络结构设计与参数训练

1. 深度 Q 网络结构

深度 Q 网络结构第一部分为 CNN。网络的输入尺寸为 84×84×3，由四个卷积层组成。每个卷积层的输入尺寸、核尺寸、步长、滤波器个数和输出尺寸如附表 21-1-1 所示。第一个卷积层的卷积核尺寸为 8×8，步长为 4×4，我们使用了有效填充（valid padding）模式（下面的层相同），使用了 32 个滤波器，输出尺寸为 20×20×32。第二层的卷积核尺寸为 4×4，步长为 2×2，使用了 64 个滤波器，所以输出尺寸是 9×9×64。对于第三层，卷积核尺寸为 3×3，步长为 1×1，使用了 64 个滤波器，所以输出尺寸为 7×7×64。对于最后一个卷积层，卷积核尺寸为 7×7，步长为 1×1，我们使用了 512 个滤波器，所以最终输出尺寸为 1×1×512。

附表 21-1-1　CNN 网络参数

卷积层	输入尺寸	核尺寸	步长	滤波器/个	输出尺寸
卷积层 1	84×84×3	8×8	4×4	32	20×20×32
卷积层 2	20×20×32	4×4	2×2	64	9×9×64
卷积层 3	9×9×64	3×3	1×1	64	7×7×64
卷积层 4	7×7×64	7×7	1×1	512	1×1×512

接下来采用 Dueling DQN 结构。CNN 输出被均匀地分成两个向量。这两个向量分别连接两个全连接层，分别表示 Dueling DQN 的动作优势函数和状态价值函数。动作优势函数的输出是 N 维的，分别对应 N 种动作 $A(a_t)$。状态价值函数的输出是一维的，表示当前环境值 $\mathrm{EnV}(s_t)$。决策 a_t 的最终输出值（Q 值）等于动作优势函数输出值减去平均优势值再加上状态价值函数值，即 $Q(s_t,a_t;\theta)=A(a_t)-\mathrm{mean}(A(a_t))+\mathrm{EnV}(s_t)$。

2. 参数训练算法 1 介绍

算法 1（深度 Q 网络训练算法）

1：初始化存储样本池 D 为容量 N

　初始化主值函数 Q_{main} 参数为 θ

　初始化目标值函数 Q_{target} 参数 $\theta^{-}=\theta$

2：轮数 = 1，M do，

　初始化状态 s_1 并预处理 $\phi_1=\phi(s_1)$

　for $t=1$，T do，

　　a：以概率 ε 随机选择动作 a_t，

　　　否则选择 $a_t=\arg\max_a Q_{\text{main}}(\phi(s_t),a;\theta)$

　　b：在模拟器中执行 a_t，观察到消费者响应行为回报值 r_t 和下一个状态 s_{t+1}

　　c：设置 $s_{t+1}=s_t$，预处理 $\phi_{t+1}=\phi(s_{t+1})$

　　d：在样本池 D 中存储 $(\phi_t,a_t,r_t,\phi_{t+1})$

　　e：如果 $M>K$ 预训练步数（天数），每 C_1 步（天）：从样本池 D 中随机抽取小批量数据 $(\phi_j,a_j,r_j,\phi_{j+1})$，

　　设置：

$$y_j=\begin{cases} r_j, & \text{本轮在}j+1\text{步结束} \\ r_j+\gamma Q_{\text{target}}(\phi(s_{t+1}),\arg\max_a(\phi_{\text{main}}(s_{t+1},a))), & \text{其他} \end{cases}$$

　　对 $(y_j-Q_{\text{main}}(\phi_j,a_j;\theta))$ 执行随机梯度下降参数更新

　　f：每 C_2 步重设 $Q_{\text{target}}=Q_{\text{main}}$

　　end for

　end for

CNN 参数使用梯度下降算法迭代更新参数 θ。我们使用下标 i 作为迭代次数。$Q(s_t,a_t;\theta_t)$ 的学习目标是 $r_t+\gamma\max_a(Q(s_{t+1},a;\theta_i))$，它应用于从存储样本池中均匀抽取的经验样本 $(s_t,a_t,r_t,s_{t+1})\sim U(D)$。模拟的每 C_1 步进行参数更新。

算法实现包含一个预训练阶段。在此阶段，对于模拟的前 K 步，我们使用随机策略生成商家动作并将初始数据收集到数据池中。之后，将使用 ε-greedy 策略

进行模拟，ε 值在模拟中经过 H 步从初始值逐渐减小到其结束值。

通过两个额外的技巧来改进训练过程、目标网络和 Double DQN。算法使用两个结构相同的 CNN 进行训练。一个 CNN 是主网络 $Q_{\text{main}}(s,a;\theta_i)$，另一个是目标网络 $Q_{\text{target}}(s,a,\theta_i^-)$。目标网络用于创建学习目标，其参数 θ_i^- 仅每 C_2 步更新一次，并在两次更新之间保持固定。主网络将用于根据 $\max_a(Q_{\text{main}}(s_{t+1},a))$ 获取状态 s_{t+1} 的动作，然后使用目标网络计算此动作的 Q 值。即目标函数中 $\max_a Q(s_{t+1},a;\theta_i)$ 的原始形式将被 $Q_{\text{target}}(s_{t+1},\arg\max_a(Q_{\text{main}}(s_{t+1},a)))$ 代替。因此，对应的损失函数是

$$L_i(\theta_i)=E_{(s,a,r,s')\sim U(D)}\left[(r+\gamma Q_{\text{target}}(s_{t+1},\arg\max_a(Q_{\text{main}}(s_{t+1},a)))-Q(s,a;\theta_i))^2\right]$$

使用训练完成的深度 Q 网络，可以通过 $\arg\max_a Q(s,a|\tilde{\theta})$ 获得动态运营策略，其中 $\tilde{\theta}$ 是训练过程稳定时的参数。

附表 21-1-2　深度学习超参数

超参数	取值	含义
N	50 000	用于经验回放的数据池大小
ε-start	0.5	ε-贪心算法的初始随机策略概率
ε-end	0.01	ε-贪心算法的结束随机策略概率
C_1	8	每 C_1 步更新一次 Q_{main} 参数
C_2	16	每 C_2 步重设 $Q_{\text{target}}=Q_{\text{main}}$
batch size	32	小批量抽样样本数量
γ	0.99	折现系数
K	20 000	预训练步数
H	100 000	ε 衰减预设总步数

附录 21-2　稳健性检验补充图表

附表 21-2-1　样本分布的稳健性检验

促销策略	总销售额	购买频率	购买金额	促销方案比例		
				不发放优惠券	短期优惠券	长期优惠券
1. 全随机	100.0%	100.0%	100.0%	33.3%	33.4%	33.3%
2. 全随机促销	121.5%	114.9%	106.0%	0	50.0%	50.0%

续表

促销策略	总销售额	购买频率	购买金额	促销方案比例		
				不发放优惠券	短期优惠券	长期优惠券
3. 传统静态促销	138.7%	140.5%	99.0%	11.0%	12.9%	76.1%
4. 静态机器学习	120.6%	127.7%	94.7%	5.3%	7.3%	87.5%
5. 深度 Q 网络	155.7%	148.6%	105.3%	20.4%	39.1%	40.5%

附表 21-2-2　购买不确定性下的稳健性检验

扰动方式	扰动规模	促销策略	总销售额	购买频率	促销方案比例		
					不发放优惠券	短期优惠券	长期优惠券
均匀分布	均值 5%	1.全随机	100.0%	100.0%	33.3%	33.3%	33.3%
		2.全随机促销	120.8%	114.1%	0	50.0%	50.0%
		3.传统静态促销	139.2%	140.9%	10.6%	13.5%	75.8%
		4.静态机器学习	121.7%	127.5%	5.3%	7.3%	87.4%
		5.深度 Q 网络	155.5%	147.7%	20.3%	38.9%	40.8%
	均值 10%	1.全随机	100.0%	100.0%	33.3%	33.4%	33.3%
		2.全随机促销	121.6%	114.9%	0	50.0%	50.0%
		3.传统静态促销	139.5%	141.9%	10.5%	13.5%	76.0%
		4.静态机器学习	121.9%	128.4%	5.3%	7.3%	87.4%
		5.深度 Q 网络	155.2%	148.0%	20.5%	38.9%	40.5%
正态分布	均值和标准差 5%	1.全随机	100.0%	100.0%	33.3%	33.3%	33.3%
		2.全随机促销	121.8%	114.8%	0	50.0%	50.0%
		3.传统静态促销	140.7%	142.6%	10.6%	13.5%	75.9%
		4.静态机器学习	122.4%	127.9%	5.5%	9.2%	85.3%
		5.深度 Q 网络	157.8%	149.9%	20.4%	38.9%	40.7%
	均值和标准差 10%	1.全随机	100.0%	100.0%	33.3%	33.3%	33.3%
		2.全随机促销	122.0%	115.2%	0	50.0%	50.0%
		3.传统静态促销	138.1%	140.1%	10.6%	13.5%	75.9%
		4.静态机器学习	124.5%	130.0%	5.6%	9.2%	85.2%
		5.深度 Q 网络	156.6%	148.9%	20.5%	38.7%	40.8%

附表 21-2-3　长短期优惠券定义的稳健性检验

长短期阈值	促销策略	总销售额	购买频率	购买金额
2 天	1.全随机	100.0%	100.0%	100.0%
	2.全随机促销	127.3%	119.5%	104.6%
	3.传统静态促销	311.2%	287.0%	108.5%
	4.静态机器学习	308.2%	281.8%	109.1%
	5.深度 Q 网络	323.4%	293.5%	109.4%
4 天	1.全随机	100.0%	100.0%	100.0%
	2.全随机促销	124.5%	118.1%	104.9%
	3.传统静态促销	138.3%	140.6%	98.7%
	4.静态机器学习	124.8%	131.6%	95.6%
	5.深度 Q 网络	150.9%	145.2%	104.6%

附表 21-2-4　消费者行为建模预测模型的效果对比

预测对象	预测模型	宏观平均效果	促销方案效果		
			不发放优惠券	短期优惠券	长期优惠券
消费金额	OLS	33.0	30.1	29.6	39.4
	GBDT	32.3	29.3	27.8	39.7
	RF	32.7	31.5	27.0	39.7
	神经网络	35.3	29.7	30.4	45.7
购买概率	Logit	73.7%	79.5%	67.9%	73.8%
	GBDT	76.6%	83.3%	68.5%	78.1%
	RF	72.9%	79.2%	65.3%	74.3%
	神经网络	73.7%	82.2%	63.3%	75.5%

注：消费金额预测模型评估指标为 MAE（mean absolute error，平均绝对误差），购买概率预测模型评估指标为 AUC

附表 21-2-5　促销周期长度的稳健性检验

促销策略	总销售额	购买频率	购买金额	促销方案比例		
				不发放优惠券	短期优惠券	长期优惠券
1.全随机	100.0%	100.0%	100.0%	33.4%	33.3%	33.3%
2.全随机促销	114.4%	106.7%	105.3%	0	50.0%	50.0%
3.传统静态促销	136.8%	142.9%	95.3%	20.9%	11.4%	67.7%
4.静态机器学习	118.8%	129.8%	91.7%	8.4%	6.3%	85.3%
5.深度 Q 网络	153.6%	140.5%	107.8%	27.4%	40.8%	31.8%

附表 21-2-6　促销天数限制下的稳健性检验

促销策略	总销售额	购买频率	购买金额	促销方案比例		
				不发放优惠券	短期优惠券	长期优惠券
1.全随机	100.0%	100.0%	100.0%	50.1%	24.9%	24.9%
2.全随机促销	99.6%	97.8%	101.6%	50.0%	25.0%	25.0%
3.传统静态促销	108.7%	113.1%	96.6%	50.1%	8.3%	41.6%
4.静态机器学习	94.3%	100.0%	94.5%	50.0%	4.5%	45.5%
5.深度 Q 网络	128.6%	121.2%	106.0%	50.1%	28.5%	21.4%

附表 21-2-7　节假日按法定节假日顺序转移稳健性检验

促销策略	总销售额	购买频率	购买金额	促销方案比例		
				不发放优惠券	短期优惠券	长期优惠券
1.全随机	100.0%	100.0%	100.0%	33.3%	33.4%	33.3%
2.全随机促销	121.7%	115.0%	105.9%	0	50.0%	50.0%
3.传统静态促销	141.5%	143.5%	98.6%	10.8%	13.7%	75.5%
4.深度 Q 网络	157.7%	148.3%	109.0%	19.0%	41.8%	39.2%

附录 21-3　马尔可夫性假设分析

为进一步论证消费者购买行为服从 MDP 的假设，我们结合数据来验证所选状态空间变量的合理性。我们对比了使用不同组历史状态变量对消费者购买行为预测的效果，一方面考虑不基于 RFM 框架直接采用消费者过去 7 天的历史购买行为作为状态变量，另一方面考虑基于 RFM 框架但是使用更少或加入更多次的历史行为(如消费者过去两次 vs.过去三次的购买历史)。结果显示(详见附表 21-3-1 和附表 21-3-2)，基于 RFM 框架的状态变量较好地预测了消费者行为，进一步考虑过去三次的行为仅带来很小的拟合效果边际提升。综合模型效果和复杂度，我们采用基于 RFM 框架下过去两次购买及促销的描述来刻画消费者购买行为的影响因素，验证了所选因素基本符合马尔可夫性假设对状态变量设计的要求。

附表 21-3-1　马尔可夫性验证-逻辑回归预测购买概率

状态变量	评估指标	不发放优惠券	短期优惠券	长期优惠券	宏观平均效果
RFM-近 1 次行为	Log likelihood	−33 704	−2 799	−3 744	−13 416
	AUC	0.808	0.681	0.759	0.750

续表

状态变量	评估指标	不发放优惠券	短期优惠券	长期优惠券	宏观平均效果
RFM-近 2 次行为	Log likelihood	−33 482	−2 781	−3 731	−13 331
	AUC	0.813	0.692	0.761	0.756
RFM-近 3 次行为	Log likelihood	−33 451	−2 779	−3 721	−13 317
	AUC	0.814	0.693	0.764	0.757

注：Log likelihood 为对数似然，宏观平均效果由原始数据计算所得

附表 21-3-2　马尔可夫性验证-线性回归预测购买金额

状态变量	评估指标	不发放优惠券	短期优惠券	长期优惠券	宏观平均效果
RFM-近 1 次行为	调整 R^2	0.22	0.24	0.14	0.19
	Root MSE	41.12	37.60	60.57	46.43
	MAE	31.00	27.66	39.52	32.73
RFM-近 2 次行为	调整 R^2	0.25	0.28	0.16	0.23
	Root MSE	40.20	36.52	59.89	45.54
	MAE	29.83	26.51	38.63	31.66
RFM-近 3 次行为	调整 R^2	0.26	0.29	0.16	0.23
	Root MSE	40.05	36.32	59.78	45.38
	MAE	29.68	26.39	38.64	31.57

注：Root MSE 全称为 root mean squared error，即均方根误差（标准误差），宏观平均效果由原始数据计算所得

具体而言，对于用状态空间变量 X_τ 来预测消费者行为，马尔可夫性要求：加入更早期的历史变量 $\{X_{\tau-1}, X_{\tau-2},\cdots\}$ 是冗余的，不能显著提高预测准确度。而结果显示，采用 RFM-近 2 次行为特征即可达到较好的宏观平均效果，其中预测购买概率的准确度为 0.756 AUC，预测购买金额的准确度为 47.31 Root MSE。与采用 RFM-近 1 次行为相比，RFM-近 2 次行为提高了 0.006 AUC，相对提高近 1%。而 RFM-近 3 次行为框架额外提高了 0.001 AUC，边际贡献不足 0.5%，存在冗余性。同理，在预测购买金额上，RFM-近 2 次行为框架也达到了相对最优，而 RFM-近 3 次行为框架不能带来显著的边际贡献。综上分析，RFM-近 2 次行为框架基本满足马尔可夫性质。

需要说明的是，若采用 RFM-近 3 次行为框架或更长期的 RFM 特征，本章的主要定性结论依旧稳健，但维度爆炸问题会显著提高计算复杂度，降低实践应用效率。在增强学习框架中，状态空间变量的增加会显著增加模型对数据的依赖。因此，我们基于马尔可夫性假设进行简化并剔除了冗余变量。

附录 21-4　训练过程收敛性验证

基于训练过程中消费者总购买金额的所有数据点做出了 95%置信区间，如附图 21-4-2 所示，此外我们对训练过程中每 5000 轮所得的数据点分别统计了均值、标准差、95%置信区间上下限，结果如附表 21-4-1 所示。一方面，训练过程中的总体波动性相对平稳，标准差基本介于 20 到 30 之间，在训练到 40 000 轮以后，均值的波动相对较小，并且置信区间表现为围绕均值的相对平稳的数值区间，约在 190 到 210 之间，这表明模型训练到收敛阶段。

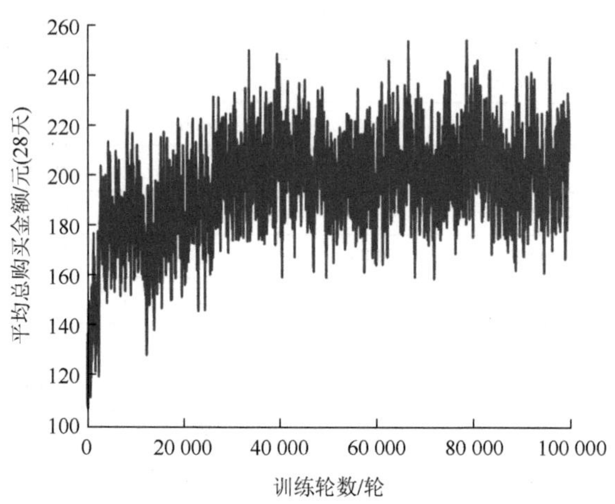

附图 21-4-1　深度 Q 网络训练过程：消费者总购买金额

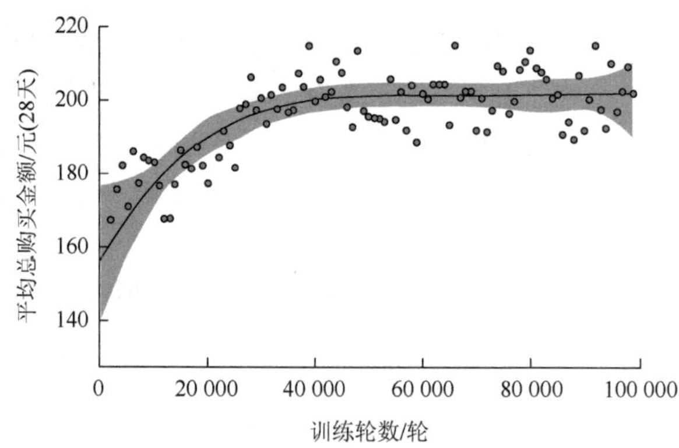

附图 21-4-2　深度 Q 网络训练过程：消费者购买总金额 95%置信区间

曲线两端的置信区间范围表现出扩张的原因为两端的数据点相对较少

附表 21-4-1　深度 Q 网络训练过程中核心统计指标（购买金额）变动情况

迭代轮数/轮	均值	标准差	95%置信区间下限	95%置信区间上限
5 000	160.58	32.45	154.25	166.91
10 000	180.45	24.54	175.66	185.24
15 000	174.67	26.02	169.60	179.75
20 000	184.15	28.44	178.61	189.70
25 000	188.03	29.32	182.31	193.75
30 000	196.75	29.74	190.95	202.55
35 000	200.10	26.92	194.85	205.35
40 000	204.96	28.90	199.32	210.59
45 000	204.53	25.36	199.59	209.48
50 000	202.35	25.23	197.43	207.27
55 000	197.89	23.59	193.29	202.49
60 000	196.55	24.90	191.70	201.41
65 000	203.20	27.33	197.87	208.52
70 000	203.35	29.48	197.60	209.10
75 000	198.93	25.89	193.88	203.97
80 000	205.16	27.71	199.75	210.56
85 000	208.47	27.10	203.19	213.76
90 000	197.47	30.08	191.61	203.34
95 000	200.00	28.30	194.48	205.52
100 000	204.84	26.75	199.60	210.08

随后，本章通过时间序列平稳性检验进一步验证了训练过程的收敛性。我们将训练过程中所得到的数据点依次展开作为一个时间序列。平稳时间序列通常仅表现出短期相关性，即随着延迟期数 k 的增加，自相关系数会很快地衰减向零，数据点之间相关性小、随机性强，不存在明显的趋势性。在我们的场景中，平稳序列意味着数据点训练到了相对平稳的阶段。而非平稳序列的自相关系数的衰减速度会比较慢，数据点之间存在明显的趋势相关性，表明模型仍处于训练优化的阶段。我们分别做出了训练 0～50 000 轮和 50 000～100 000 轮迭代的自相关图，分别对应附图 21-4-3（a）、（b）。其中横轴表示延迟期数，纵轴表示自相关系数。0～50 000 轮迭代图中自相关系数衰减到零的速度缓慢，在很长的延迟期内，自相关系数值为正，表现出单调趋势序列的典型特征。50 000～100 000 轮迭代自相关图中自相关系数一直比较小，可以认为该序列一直在零轴附近波动，是随机性较强的平稳序列呈现的特征。

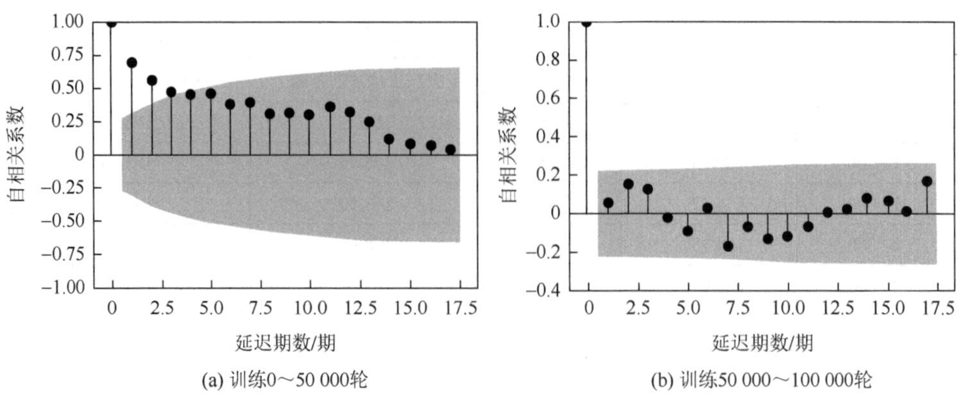

附图 21-4-3　训练过程数据点自相关图

我们进一步通过单位根检验（augmented Dickey-Fuller test，ADF 检验）来验证两段数据的平稳性（Dickey and Fuller，1979），ADF 是直接通过假设检验的方式来验证平稳性。0～50 000 轮和 50 000～100 000 轮的 ADF 值分别是−1.05 和−6.53，对应的p值分别是0.73和0.00。第一个p值远大于0.05，说明是非平稳序列，而50 000～100 000 轮训练对应的 p 值趋近于 0，说明有足够的统计证据拒绝原假设，支持该序列是一个平稳序列。检验结果验证了模型训练的收敛性。

附录 21-5　商家促销策略对比详细分析

为模拟企业历史的促销模式，我们采用了多种机器学习模型对商家促销行为进行了多分类预测，包括 RF、LightGBM、GBDT 和神经网络，我们随机筛选 80%的数据作为训练集，余下 20%作为测试集，重复 10 次计算均值和标准差。四种模型的预测效果如附表 21-5-1 所示，其中 RF 的预测效果在准确率、召回率和 F 值这三种评估指标的表现上均优于其他指标，所以我们选择 RF 模型来模拟商家对处于不同状态消费的促销策略。

附表 21-5-1　商家促销策略拟合

机器学习模型	准确率	召回率	F 值
RF	0.8089（0.0028）	0.8024（0.0035）	0.7844（0.0031）
LightGBM	0.7948（0.0017）	0.8009（0.0030）	0.7661（0.0031）
GBDT	0.6918（0.0024）	0.7110（0.0037）	0.6520（0.0044）
神经网络	0.6733（0.0027）	0.6755（0.0039）	0.6413（0.0037）

注：括号中的值为标准差

对机器学习模型拟合的商家促销策略，我们模拟了商家历史促销策略下消费者购买行为带来的收益。我们发现，深度 Q 网络策略相比商家历史促销策略可额外带来 37%的收益，购买频率和购买金额分别显著提升了 27.2%和 10%。此外，商家促销策略收益也低于静态促销策略。商家历史促销策略下不发放优惠券、发放短期优惠券、发放长期优惠券的比例分别为 21.79%、36.69%和 41.51%。对商家当前策略分析发现，商家策略中三种促销的比例与深度 Q 网络策略中的相似，但是相比动态促销策略，由于不发放优惠券的时机以及短期优惠券与长期优惠券的发放时机未能实现最优配置，导致策略收益大打折扣。

第 22 章　技术与人力网络结构对银行绩效的影响——基于银行网点空间竞争的全景研究①

22.1　引　　言

随着互联网金融的快速发展，银行面临的竞争日益激烈，迫使很多银行止住了扩张线下零售网络的迅猛势头，开始通过调整网点经营策略来面对竞争压力（郭品和沈悦，2015）。如图 22-1 所示，2015 年是银行业零售网络规模变动的重要拐点。2015 年之前银行新设立分支机构数始终处于波动增长态势，并且银行分支机构退出数始终为 0，但是自 2015 年以来，银行业不仅每年获批新设立的分支机构数逐年减少，而且每年都在关闭已有的分支机构，到 2019 年时，银行分支机构退出数超过了新设立分支机构数，银行零售网络规模进入负增长阶段。但即便如此，高德地图的 POI（point of interest，兴趣点）数据显示，截至 2019 年

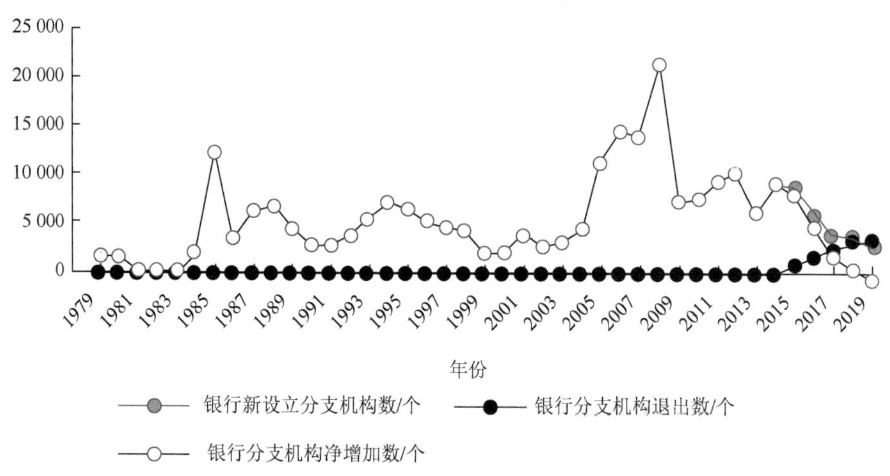

图 22-1　改革开放后银行分支机构数目变动（1979～2019 年）

资料来源：CRDNS（Chinese Research Data Services Platform，中国研究数据服务平台）

① 本章作者：黄敏学（武汉大学经济与管理学院）、喻英豪（武汉大学经济与管理学院）、姚佳鑫（武汉大学经济与管理学院）、何涛（武汉大学经济与管理学院）。通讯作者：喻英豪（yinghao_net@163.com）。基金项目：国家自然科学基金资助项目（91746206；91746206）。本章内容原载于《管理科学学报》2023 年第 5 期。

银行业仍然拥有28.57万个线下人工服务网点（营业厅、分理处、储蓄所等）和26.54万个线下技术服务网点（ATM、24小时自助银行等），如此庞大的线下零售网络仍然需要有效管理。但关于银行业零售网络空间竞争的研究却相对较少，缺乏实证模型来评估银行零售网络空间竞争的效果，即银行零售网络的空间布局对银行绩效产生了什么样的影响。只有理解了银行线下零售网络空间竞争的机制，银行管理者才能进一步制定与以下问题相关的战略决策：新增或裁撤网点对银行绩效会产生什么样的影响？应该新增或裁撤什么类型的网点？

因此，本章参考零售业的空间竞争理论和相关研究，提出了银行零售网络的空间竞争模型，用于计量银行零售网络中与空间竞争相关的操作变量对银行绩效的影响。具体地，本章运用2015年～2018年243家银行40余万个网点数据、绩效数据、产品数据和消费者数据等，在控制了消费者差异和产品与服务差异的基础上，研究了银行零售网络规模对银行绩效的主效应，以及网点负载（平均每个网点可服务的潜在消费者数目）的调节效应。考虑到银行零售网络由两个高度异质的部分——技术型零售网络和人力型零售网络构成，研究时对网点类型（技术型网点和人力型网点）进行了区分，分别研究了技术型零售网络和人力型零售网络中的主效应与调节效应。特别地，本章还在模型中考虑了银行零售网络内部及外部的规模效应和蚕食效应。

研究发现，在2015年之后，银行线下零售网络对银行绩效的影响呈现出分化趋势。中小银行零售网络内部呈现蚕食效应，网络规模越大，银行绩效越差；而大型银行零售网络内部则呈现规模效应，网络规模越大，银行绩效越好。这意味着线下零售网络已经成为中小银行绩效增长的负担，中小银行应优先裁撤网点；但线下零售网络仍能驱动大型银行的绩效增长，大型银行可结合自身需要适当增设网点。研究还发现，人力型和技术型网点负载越高，技术型零售网络内部的蚕食效应和规模效应越强，而人力型零售网络内部的蚕食效应和规模效应却越弱。这意味着网点负载较高的中小银行裁撤技术型网点能更好地缓解蚕食效应，而网点负载较低的中小银行裁撤人力型网点能更好地缓解蚕食效应；网点负载较高的大型银行新增技术型网点能更好地增强规模效应，而网点负载较低的大型银行新增人力型网点能更好地增强规模效应。

22.2　研究背景

以往有关零售点的空间网络对绩效的影响研究主要分成两类：一是零售点层面的空间网络影响，如地区零售点的数量与某零售门店辐射范围和能否吸引潜在的消费者光顾高度相关（Ahlin C. and Ahlin P. D.，2013；Huff，1964；Larralde et al.，

2009；徐淑贤等，2020）；二是零售网络层面的空间网络影响，如肯德基运用自身零售网络的综合优势，吸引更多的消费者（Ghosh and Craig，1991）。两者的综合影响构成了零售网络结构对绩效的影响。

22.2.1 零售网络空间结构中的规模、负载与绩效

基于零售引力模型（Huff，1964）和空间区位模型（Ahlin C. and Ahlin P. D.，2013；Larralde et al.，2009），对零售点空间竞争的研究日益完善，但随着大数据技术的推广，零售商不再只是关注如何为单个零售点提升业绩，而是更希望统筹管理规模庞大的零售网络，通过对零售点进行批量管理来提升空间影响力。与零售点空间结构的研究类似，规模、负载以及其他控制变量仍然是零售网络研究中需要考虑的重要变量，但与零售点空间竞争研究不同的是，零售网络内部存在诸多零售点，这些零售点之间的互相影响可能使情况更为复杂。

一方面，众多零售点的联合，可能确实会为零售商带来正面的规模效应（scale effects），即因为零售网络规模足够大而带来更高的用户评价、服务质量等，从而占据更多的消费者资源。比如罗上远等（2001）指出，零售商可以通过在零售网络中设置配送中心，以多个零售点联合配送的方式解决多品种存货分布的问题，进而间接地提升交易量。但是另一方面，零售点互相影响也可能会带来负面的蚕食效应，蚕食效应（cannibalization effects）是指如果没有新的零售点，消费者会在现有的零售点交易，而当设置新的零售点时，消费者因为偏爱新的零售点而减少在旧零售点的交易（Pancras et al.，2012）。比如 Quelch（2008）的研究表明，星巴克（Starbucks）扩张的零售点不仅未能创造更多的营业额，还蚕食了附近零售点的市场。

规模效应和蚕食效应的存在，使得某零售商零售网络的空间竞争力并不等于多个零售点的空间影响力之和，而是会存在对应的限制条件，以往学者从优化分析的视角切入，探究如何在限制条件存在的情况下提升零售网络的总绩效，如 Dobson 和 Karmarkar（1987）引入“稳定性”（stability）从利润最大化和成本最小化两个方面来分析店铺的最优选址，给出了确定稳定集的整数规划公式。Yu（2020）运用商业软件 MIP（如 CPLEX 和 Gurobi）和 SAS（simulated annealing framework，模拟退火框架）的方法求解了在消费者偏好不确定的情况下空间竞争问题对应的混合整数规划模型。

虽然先前研究分析了单个零售商零售网络的空间结构对绩效的影响，但零售商同时也处于更加广阔的竞争环境中，其空间竞争力还可能会受到竞争者零售网络的影响。一方面，零售网络之间可能存在蚕食效应。不同的零售网络代表不同零售商的利益，彼此共同蚕食现有的消费者市场（Kalnins and Chung，2004）。另

一方面，零售网络之间也可能存在规模效应。虽然不同零售商之间存在激烈的竞争关系，但宏观来看，不同零售商仍然可以通过互相学习、共同刺激需求扩张等手段实现业绩的共同增长（Shen and Xiao，2014；Toivanen and Waterson，2005；Vitorino，2012）。

综合关于零售网络空间结构对绩效的研究，本章发现，零售网络的空间结构研究与零售点的空间结构研究主要存在两点不同：一是零售网络内部规模增加可能会带来规模效应和蚕食效应；二是零售网络之间可能也存在规模效应和蚕食效应。这两点是零售点的空间竞争研究所未涉及的。于是，在建立关于零售网络绩效的研究模型时，需要额外识别与计量零售网络内外部的规模效应和蚕食效应。

22.2.2　银行零售网络空间结构中的规模、负载与绩效

与传统零售业相似，银行业也拥有庞大的零售网络，其主要构成是银行海量的分支机构系统（范小云等，2021）。特别是改革开放以来，我国出台了关于放松银行异地设立分支机构市场准入管制的一系列政策，促使银行不断通过设立新的银行网点来增加竞争力。直到 2012 年之后，由于互联网金融的飞速发展，银行业的数字金融业务蓬勃涌现，银行业分支机构的扩张才趋于平缓，空间竞争逐渐向线上竞争转移。整体而言，从时间上看我国银行零售网络的发展可以大体分为四个阶段，如表 22-1 所示。

表 22-1　改革开放后我国银行零售网络发展

阶段	时间	概况
第一阶段	1979～1985 年	国有商业银行恢复运营并逐渐增设网点
第二阶段	1986～2003 年	股份制商业银行、城市信用合作社和农村信用合作社、外资银行陆续成立并增设网点
第三阶段	2004～2013 年	城市商业银行和农村商业银行陆续成立并增设网点
第四阶段	2014 年至今	数字金融飞速发展，银行陆续裁撤网点，空间竞争向线上竞争转移

即使在数字金融业务的入侵下，截至 2019 年，银行业仍然拥有超过 55.11 万个线下分支机构，主要由两部分构成：一是 26.54 万个 ATM 等自助设备构成的技术型网点；二是由 28.57 万个人工柜台构成的人力型网点。研究发现这两个构成部分对银行提高空间竞争力的作用机制完全不同。其中，自助设备 ATM 能在一定程度上协助银行提高服务能力，以更有效的方式满足消费者的

需求（Bitner et al.，1990；Meuter et al.，2000；Parasuraman and Grewal，2000）。基于自助技术的服务在提供更大的访问、灵活性和便利性的同时（罗庆等，2019），还具有显著的规模效应（Lee et al.，2015）；而人工柜台则更适合一些需要和消费者深度互动交流的服务，比如提供业务咨询、办理复杂业务等（黄隽，2007）；它所能提供的反应能力，根据消费者需求定制服务的能力，能给消费者带来服务的灵活性、自发的愉悦感和更加舒适的体验（Bitner et al.，1990；Meuter et al.，2000）。此外，自助设备与人工柜台作为不同的银行分支机构在百度地图或高德地图中属于不同 POI 类别，其经纬度存在着差异。鉴于二者的差别较大[①]，本章将银行的零售网络按照不同的构成划分成两个部分——技术型零售网络和人力型零售网络，如图 22-2 所示。其中，网点是构成银行零售网络的最小单位。

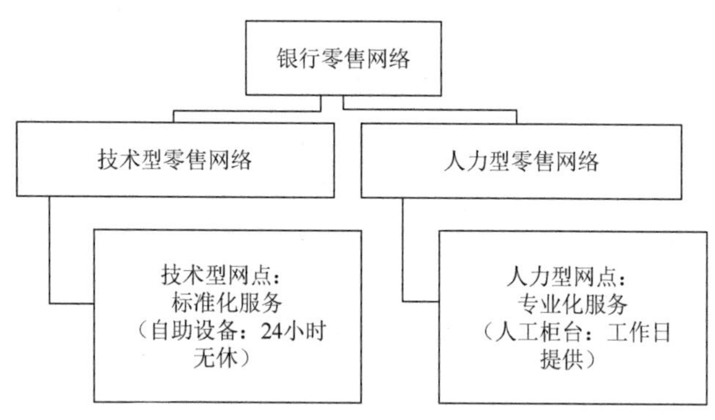

图 22-2　银行零售网络的构成

以往的研究虽然从理论上揭示了技术型网点和人力型网点的区别，但由于大部分数据源仅提供具体到分支机构层次的数据，研究者难以进一步实证这两种网点类型对银行空间结构的影响，因此绝大部分研究并未区分技术型网点和人力型网点，而是统一从分支机构的层次展开研究。由于银行分支机构规模庞大，零售网络规模对银行绩效的影响是首要被研究的对象。例如，Allen 和 Gale（2000）发现分支机构规模大的银行能适应竞争更激烈的环境。此外，银行零售网络之间的规模效应和蚕食效应也得到了研究。例如，郭峰和胡军（2016）运

① 感谢匿名评审专家的建议，本章认为技术型网点和人力型网点在运营时间、业务模式、服务边界和绩效评估等方面都存在一定差异。在运营时间方面，ATM 可以 24 小时不间断工作，而人工柜台服务时间是工作日 8:30～17:00；在业务模式方面，ATM 主要提供一些基础性的业务服务，如取款、存款、转账等服务，而人工柜台主要提供一些个性化的业务服务，如贷款、基金、大额存取款等复杂业务；在服务边界方面，ATM 处理小额度的日常存取款业务，而人工柜台主要处理大额度的存取款、汇款转账等业务；在绩效评估方面，ATM 主要评估使用的频次和频率、服务成功率等指标，而人工柜台则主要评估顾客满意度、业务指标完成情况等指标。

用空间计量模型研究了不同地区的银行之间的规模效应和蚕食效应，研究表明两种效应同时存在，但规模效应更加明显，且银行间的距离越近，规模效应越明显。

综合以上分析发现目前有关银行零售网络对绩效的研究主要集中于零售网络规模、零售网点负载以及其他影响消费者决策的变量对银行绩效的影响，但是此类研究仍然存在不完善之处。首先，银行零售网络与传统零售网络相比，具有两个截然不同的构成部分，但许多实证研究没有考虑到技术型零售网络和人力型零售网络的差异；其次，与传统零售网络相比，银行零售网络正面临着来自互联网金融的剧烈冲击，以往的研究结论在这一冲击形成之后是否仍然适用值得进一步商榷，目前尚缺乏在互联网金融背景下关于银行零售网络规模、负载与绩效的研究，一些相关的变量没有得到有效控制；最后，以往关于银行零售网络规模的研究都表明规模对绩效的影响是正向的，没有区分出正向的规模效应和负向的蚕食效应。

22.3　研究假设

22.3.1　银行零售网络规模的主效应

基于前人研究，本章认为零售网络规模对银行绩效有着非常重要的直接影响（Pancras et al.，2012；Quelch，2008；罗上远等，2001）。为了更加准确地衡量银行零售网络规模，基于将银行零售网络进行二元划分的讨论，本章将银行网点的类型作为模型中的分类变量，将零售网络规模进一步划分为两个子变量：技术型零售网络规模和人力型零售网络规模，其定义如表 22-2 所示。本章认为，在银行零售网络中，由于规模效应和蚕食效应的存在，零售网络规模与银行绩效之间并非简单的线性关系，而是“U”形关系。王礼和曹飞（2017）的研究认为，商业银行存在“中等规模陷阱”，即商业银行的规模初步增加时，将逐渐丧失其“小而灵活”的特色优势，不利于银行提高竞争力；而当其规模进一步增加时，则能从“小而灵活”转变为“大而不倒”，形成更加稳固的市场地位，有利于银行提高竞争力。借鉴该研究的观点，本章认为，当银行零售网络的规模较小时，零售网络内部可能主要体现出蚕食效应，而当规模较大时，零售网络内部主要体现出规模效应。于是，本章在模型中引入规模的二次项，并提出以下假设。

假设 22.1a：技术型零售网络规模对银行绩效有显著的正“U”形影响。

假设 22.1b：人力型零售网络规模对银行绩效有显著的正“U”形影响。

表 22-2　本章中的网络规模和网点负载定义

变量名称	变量定义	变量类别	变量说明	计算方法	特点
网络规模	零售商网点分支机构/自助设备的总数量	技术型网络规模	某银行拥有的技术型网点数量，技术型网点主要由 ATM 等自助设备构成	银行技术型网点（自助设备）的总数（依次经过对数化、中心化和标准化处理）	银行网络规模越大，耗费的固定成本就越大，会形成强大的竞争壁垒。同时，网络规模大的银行能适应竞争更激烈的环境
		人力型网络规模	某银行拥有的人力型网点数量，人力型网点由人工柜台构成	银行人力型网点（分支机构）的总数（依次经过对数化、中心化和标准化处理）	
网点负载	零售点空间影响范围内的潜在消费者数目	技术型网点负载	ATM 等银行自助设备能够覆盖的潜在消费者数量	银行每个技术型网点的泰森多边形（又称 Voronoi diagram，沃罗诺伊图）中的平均人口数（依次经过对数化、中心化和标准化处理）	由于技术型网点的服务效率高，且服务流程更加标准化，即使负载很高，技术型网点也能提供高效和标准的服务；与之相对的是，人力型网点的核心竞争力是其服务的深度和个性化，负载很高的情况下会降低服务的灵活性和舒适感
		人力型网点负载	人工柜台能够覆盖的潜在消费者数量	银行每个人力型网点的泰森多边形中的平均人口数（依次经过对数化、中心化和标准化处理）	

22.3.2　银行零售网点负载的调节效应

每家银行网点的负载越大，意味着银行潜在消费者总数越多，因此银行网点负载对银行绩效也具有重要影响（Delasay et al.，2016；Wang et al.，2012）。

（1）直接调节效应。这种影响在技术型网点和人力型网点之间可能有所不同。技术型网点的服务效率更高，且服务流程更加标准化（罗庆等，2019），即使负载很高，技术型网点也能提供高效和标准的服务，因此，与许多前人研究的结论一致，高负载对技术型网点而言是一种增强空间竞争力的方式。但对于效率有限的人力型网点而言却可能并非如此。人力型网点的核心竞争力是其服务的深度和个性化（Bitner et al.，1990；Meuter et al.，2000），负载增大时，人力型网点容易发生的拥挤现象可能会使其逐渐丧失上述优势，因此，高负载对人力型网点而言反而会导致空间竞争力的降低。本章提出以下两个直接影响的调节效应假设。

假设 22.2a：技术型网点负载增大时，技术型零售网络规模对银行绩效的影响会增强。

假设 22.2b：人力型网点负载增大时，人力型零售网络规模对银行绩效的影响会削弱。

（2）交叉调节效应。如上所述，使用技术型网点的用户是为了快捷方便，此类用户对服务品质要求较低，因此技术型网点规模越大，吸引追求便利性服务的此类用户群体也就越多（Bitner et al.，1990；Meuter et al.，2000；Parasuraman and Grewal，2000）。同时，当人力型网点负载增大的时候，技术型网点作为人力型网点的补充，反而会鼓励此类用户使用这种便利性的技术型网点（技术型网点服务质量不会因为网点负载增大而降低）。因此，人力型网点负载增大反而会促进技术型网点的绩效。

与之相对的是，使用人力型网点的用户往往需要更专业化的服务。因此人力型网点规模越大，吸引对服务品质要求较高的此类用户也就越多，这也提高了此类用户对人力型网点服务质量的要求（Beatson et al.，2006；Bishop Gagliano and Hathcote，1994）。同时，当技术型网点负载增大时，人力型网点作为技术型网点的补充，会鼓励此类用户使用这种服务质量更高的人力型网点，而这反过来会导致人力型网点服务品质下降（人力型网点能够服务的人群数量是有限的，网点负载越高，服务质量越低），使得想要获得高质量服务的此类用户对人力型网点提供服务的评价会降低（用户对服务质量有一个锚定，会将每一次的服务质量与之前的服务质量进行比较）（Simonson and Drolet，2004）。因此，技术型网点负载增大反而会削弱人力型网点的绩效。

因此，基于以上推论，本章提出技术型/人力型网点负载的交叉调节效应假设（概念模型如图 22-3 所示）。

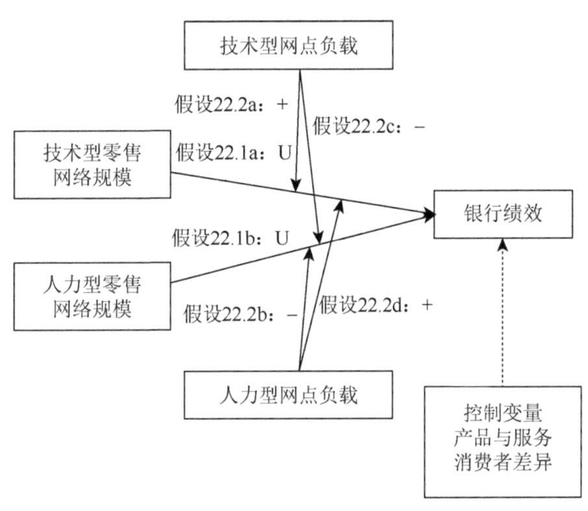

图 22-3　概念模型

假设 22.2c：技术型网点负载增大时，人力型零售网络规模对银行绩效的影响会削弱。

假设 22.2d：人力型网点负载增大时，技术型零售网络规模对银行绩效的影响会增强。

22.4 研 究 方 法

22.4.1 研究样本

本章的研究对象为 243 家数据可得且具有代表性的银行，共包括 5 家国有大型商业银行、12 家股份制商业银行、96 家城市商业银行、120 家农村商业银行和 10 家外资银行。由于 2015 年是互联网金融发展由野蛮生长到受中央高度重视的重要拐点，也是银行零售网络规模由正常扩张转变为逐年缩减的重要拐点，因此本章将 2015～2018 年设定为研究区间。

从资产结构看，样本银行 2015～2018 年的总资产占同年中国所有银行总资产的 73.3%；从利润结构看，样本银行 2015～2018 年的净利润占中国所有银行净利润的 74.9%；从网点结构看，样本银行 2015～2018 年的网点数目占中国所有银行网点数目的 75.0%以上，因此本章样本能够很好地代表银行业总体。

22.4.2 数据来源

本章使用的数据主要为银行财务数据、银行网点数据、人口密度数据、县域统计数据、数字金融数据、银行数字化转型数据和银行产品与服务数据。

其中，银行财务数据来自银行年报和国泰安数据库，包含了资产负债表、利润表和现金流量表；银行网点数据来自从高德地图 API 获取的 POI 数据（一种将地理实体点状化的数据），包含银行所有人工柜台和自助设备的名称、类别、经纬度、地址以及评论数等基本信息；人口密度数据来自 WorldPop 发布的世界人口密度地图，该数据集使用土地利用数据、夜光数据以及各类土地利用类型的高程信息与距离因子，运用 RF 模型和分区密度制图估算出了精度为 100 米的人口分布数据；县域统计数据来自《中国县域统计年鉴》，包括中国所有区县的人口数据、经济数据和社会福利数据等；数字金融数据来自《北京大学数字普惠金融指数》，这是一套利用蚂蚁金服业务数据编制的指数，包括数字金融服务的覆盖广度、使用深度和数字化程度三个维度；银行数字化转型数据来自《北京大学中国商业银行数字化转型指数》，这是一套利用商业银行年报中互联网金融相关内容编制而成的指数，包括商业银行的数字化认知转型、组织转型和产品转型三个维度；银行产品与服务数据来自银行官网、国泰安数据库以及中国理财网，包括银行的理财收益率和成立年限等信息。

22.4.3　变量测量

1. 因变量

银行财务数据来自银行年报和国泰安数据库。其中，银行存款额取自银行资产负债表上的累计吸收存款，营业收入取自银行利润表上的当期收入，经济增加值取自银行税后净利润扣除包括股权和债务在内的资本成本后的所得（卢李等，2016）。

经济增加值(EVA) = 资本收益 − 资本成本

= 税后净利润(NOPAT)−资本总额(TC) × 加权平均资本成本率(WACC)

= 净利润 + (今年一般风险准备 − 去年一般风险准备) + (营业外支出 − 营业外收入) × (1 − 所得税率) + [所得税 −(今年应交税费 − 去年应交税费)] − [所有者权益 + 今年一般风险准备 + (所得税 − 今年应交税费)] × (无风险收益率 + 贝塔系数 × 市场风险溢价)

参考赵燕冰（2016）的研究，本章中无风险利率以五年期银行存款利率 4.75%代替；借鉴刘永涛（2004）对上海证券市场贝塔系数的研究，本章将贝塔系数设置为 1.089；参考 Damodaran（2013）对中国风险溢价的评估，本章将市场风险溢价设置为 6.28%，根据上述指标计算得出的加权平均资本成本率约为 12%。

2. 自变量

本章的核心自变量为每家银行的网络规模。本章通过高德地图 API 获取了研究银行每个银行网点的位置和类型，本章将其中的自助设备划分为技术型网点，人工柜台划分为人力型网点，其中有 25%的分支机构既包括自助设备，也包括人工柜台，但这些分支机构的自助设备和人工柜台在业务范围与服务人群方面不同以及在地图上的经纬度仍存在差异，因此在处理时本章将自助设备和人工柜台分开，将其分别视为独立的网点。

运用上述方法，本章分别统计出了每家银行技术型和人力型零售网络的数目，将其分别作为每家银行的技术型零售网络规模和人力型零售网络规模。

3. 调节变量

本章的调节变量为每家银行的网点负载。为了求得每家银行的网点负载，本章需要知晓每家银行不同银行网点的空间影响范围和消费者分布。

以往的研究均朴素地假设零售点的空间影响范围为直线、环形、辐条或正方形，是高度简化的理想化模型。为了准确地刻画每个银行网点的空间影响范围，本章将所有银行网点视为平面上的控制点集 $P=\{p_1, p_2,\cdots,p_n\}$，其中任意两点都

不处于同一位置，且任意四点不处于同一圆周，按照基于最短距离约束的空间划分方法，本章为每个控制点 p_i 划分一个凸多边形，该凸多边形以 p_j 为质心，在凸多边形内部任选一个内点，该点到该凸多边形的控制点 p_i 的距离总是小于该点到其他控制点 p_j 的距离，即 $T_i=\left\{x: d(x, p_i) < d(x, p_j) \middle| p_i, p_j \in P, p_i \neq p_j\right\}$，在此 d 为欧氏距离。本章将该凸多边形称为泰森多边形，并使用其覆盖面积来刻画经济客体的空间影响范围，而控制点集生成的泰森多边形共同构成了全国银行网点的泰森多边形（王新生等，2000；刘晓恒和杨柳，2016）。同时，本章使用了《中国县域统计年鉴》中精确到区县的常住人口数来刻画区县间的消费者分布，并借助 WorldPop 世界人口密度地图中精确到 100 米的人口灰度计算出每个网点周边 100 米内的消费者分布，用于计算每个银行网点的负载。

本章运用 ArcGIS 10.8 首先生成了 40 余万个银行网点的泰森多边形，绘制了全国银行网点的泰森多边形，并导入 WorldPop 人口栅格数据，然后使用 ArcGIS 10.8 中的按表格分区统计功能统计出每个泰森多边形内的人口数量，即每个网点的负载，然后通过汇总求平均值的方式得到每家银行的负载。其中，某家银行技术型网点的负载均值为该家银行的技术网点负载，人力型网点的负载人口为该家银行的人力网点负载。

4. 控制变量

（1）消费者差异。受互联网金融的影响，消费者也在不断接受新的金融业务形态，数字金融的使用水平不断提高，但这一水平在不同消费者之间可能存在差异（粟芳等，2020）。由于不同银行的消费者群体不尽相同，其数字金融使用水平可能也参差不齐。因此，参考郭峰等（2020）的研究，本章根据精确到区县的《北京大学数字普惠金融指数》编制了三个维度的银行消费者数字金融使用指数，并将其纳入控制变量。此外，结合以往研究考虑到的变量（Forlin and Scholz，2020；顾锋等，2002），本章还考虑了银行所在地区消费者的经济水平差异、储蓄水平差异、教育水平差异、医疗水平差异和福利水平差异等，将这些变量作为模型的控制变量。相关数据来源于《中国县域统计年鉴》和高德地图。

（2）产品与服务差异。互联网金融的发展不仅影响了银行业零售网络的布局，也影响着银行的数字化转型。参考谢绚丽等（2018）的研究，本章将银行的数字化转型指数的三个维度纳入控制变量，数据来于《北京大学中国商业银行数字化转型指数》。此外，参考以往的研究，本章考虑到了关于银行产品与服务的其他因素（Shaked and Sutton，1982；Yu W. S. and Yu Y.，2014），将银行理财收益率作为控制变量纳入模型，此外，银行的成立年限可能会间接影响银行产品口碑等，本章也将其纳入模型。银行理财收益率来自原中国银行保险监督管理委员会指定的全国银行业理财产品信息查询网站——中国理财网和银行官网，银行成立年限数据来源于银行官网和国泰安数据库提供的银行基本信息，本章的主要变量说明如表 22-3 所示。

表 22-3　本章的主要变量说明

变量类型	变量名称	符号	计算方法	数据来源
银行绩效	银行绩效	Dep	取自资产负债表中各家银行的吸收存款（经过对数化、标准化处理）	国泰安数据库
	营业收入	Rev	取自利润表中各家银行的营业收入（经过对数化、标准化处理）	国泰安数据库
	经济增加值	EVA	经济增加值(EVA) = 资本收益 − 资本成本 = 税后净利润(NOPAT)−资本总额(TC) × 加权平均资本成本率(WACC) = 净利润 + (今年一般风险准备 − 去年一般风险准备) + (营业外支出 − 营业外收入) × (1 − 所得税率) + [所得税 −(今年应交税费 − 去年应交税费)] − [所有者权益 + 今年一般风险准备 + (所得税 − 今年应交税费)] × (无风险收益率 + 贝塔系数 × 市场风险溢价)	国泰安数据库
网络规模	技术型网络规模	Tscale	各家银行技术型网点（自助设备）的总数（依次经过对数化、中心化和标准化处理）	高德地图
	人力型网络规模	Hscale	各家银行人力型网点（分支机构）的总数（依次经过对数化、中心化和标准化处理）	高德地图
网点负载	技术型网点负载	Tload	各家银行每个技术型网点的泰森多边形中的平均人口数（依次经过对数化、中心化和标准化处理）	高德地图 WorldPop
	人力型网点负载	Hload	各家银行每个人力型网点的泰森多边形中的平均人口数（依次经过对数化、中心化和标准化处理）	高德地图 WorldPop
控制变量	消费者经济水平	Gdp	各家银行每个网点所处区县的人均 GDP 之和/银行网点数目（依次经过对数化、中心化和标准化处理）	中国县域统计年鉴 高德地图
	消费者储蓄水平	Sav	各家银行每个网点所处区县的居民储蓄余额之和/银行网点数目（依次经过对数化、中心化和标准化处理）	中国县域统计年鉴 高德地图
	消费者教育水平	Edu	各家银行每个网点所处区县的普通中学入学率之和/银行网点数目（依次经过对数化、中心化和标准化处理）	中国县域统计年鉴 高德地图
	消费者医疗水平	Med	各家银行每个网点所处区县的人均享有医疗机构床位数之和/银行网点数目（依次经过对数化、中心化和标准化处理）	中国县域统计年鉴 高德地图
	消费者福利水平	Wel	各家银行每个网点所处区县的人均公共图书馆总藏量之和/银行网点数目（依次经过对数化、中心化和标准化处理）	中国县域统计年鉴 高德地图
	消费者数字金融使用广度	Cov	各家银行每个网点所处区县的数字金融覆盖广度指数之和/银行网点数目（依次经过对数化、中心化和标准化处理）	北京大学数字普惠金融指数（县级）
	消费者数字金融使用深度	Dee	各家银行每个网点所处区县的数字金融覆盖深度指数之和/银行网点数目（依次经过对数化、中心化和标准化处理）	北京大学数字普惠金融指数（县级）

续表

变量类型	变量名称	符号	计算方法	数据来源
控制变量	消费者数字化程度	Dig	各家银行每个网点所处区县的数字化程度指数之和/银行网点数目（依次经过对数化、中心化和标准化处理）	北京大学数字普惠金融指数（县级）
	银行数字化认知转型指数	Cog	各家银行的数字化认知转型指数（依次经过对数化、中心化和标准化处理）	北京大学中国商业银行数字化转型指数
	银行数字化组织转型指数	Org	各家银行的数字化组织转型指数（依次经过对数化、中心化和标准化处理）	北京大学中国商业银行数字化转型指数
	银行数字化产品转型指数	Pro	各家银行的数字化产品转型指数（依次经过对数化、中心化和标准化处理）	北京大学中国商业银行数字化转型指数
	银行理财收益率	WMY	各家银行理财产品的平均年化收益率（依次经过对数化、中心化和标准化处理）	银行官网 中国理财网
	银行已成立年限	Age	各家银行计算时所处年份 – 各家银行基本信息表中最初的设立年份（依次经过对数化、中心化和标准化处理）	银行官网 国泰安数据库

22.4.4 研究模型

1. 岭回归模型

由于本模型中的变量较多，且彼此可能存在相关性，为预防多重共线性的影响，本章选取岭回归模型作为基础研究模型。岭回归模型的形式与经典多元线性回归相同，唯一的区别在于对模型进行最小二乘估计时改良了估计方法。岭回归面板模型的基本设定如式（22-1）所示。

$$Y_{it}=\sum_{1}^{k}\beta_k X_{it}+\alpha_i+\lambda_t+\varepsilon_{it} \tag{22-1}$$

其中，被解释变量 Y_{it} 表示银行 i 在 t 年的银行绩效/营业收入/吸收存款，时间区间从 2015 年到 2018 年；X_{it} 表示一系列自变量、调节变量与控制变量，其中自变量和调节变量包括银行 i 在 t 年的技术型网络（自助设备）规模（Tscale_{it}）、银行 i 在 t 年的人力型网络规模（Hscale_{it}）、银行 i 在 t 年的技术型网点负载（Tload_{it}）、银行 i 在 t 年的人力型网点负载（Hload_{it}）以及这些变量的交互项，控制变量包括银行 i 在 t 年的每个网点所处区县的消费者经济水平（Gdp_{it}）、银行 i 在 t 年的每个网点所处区县的消费者储蓄水平（Sav_{it}）、银行 i

在 t 年的每个网点所处区县的消费者教育水平（Edu_{it}）、银行 i 在 t 年的每个网点所处区县的消费者医疗水平（Med_{it}）、银行 i 在 t 年的每个网点所处区县的消费者福利水平（Wel_{it}）、银行 i 在 t 年的消费者数字金融使用广度（Cov_{it}）、银行 i 在 t 年的消费者数字金融使用深度（Dee_{it}）、银行 i 在 t 年的消费者数字化程度（Dig_{it}）、银行 i 在 t 年的数字化认知转型指数（Cog_{it}）、银行 i 在 t 年的数字化组织转型指数（Org_{it}）、银行 i 在 t 年的数字化产品转型指数（Pro_{it}）、银行 i 在 t 年的理财收益率（WMY_{it}）、银行 i 在 t 年的已成立年限（Age_{it}），具体计算方法见表 22-3；α_i 表示个体固定效应；λ_t 表示时间固定效应；ε_{it} 表示岭回归面板模型的干扰项。

代入本章的变量，本章的岭回归面板模型如式（22-2）所示，其中 CV_{it} 表示一系列控制变量。

$$\begin{aligned}\mathrm{Perfor}_{it}=&\beta_1\mathrm{Tscale}_{it}+\beta_2\mathrm{Hscale}_{it}+\beta_3\mathrm{Tscale}_{it}^{\ 2}+\beta_4\mathrm{Hscale}_{it}^{\ 2}+\beta_5\mathrm{Tload}_{it}\\&+\beta_6\mathrm{Hload}_{it}+\beta_7\mathrm{Tscale}_{it}\cdot\mathrm{Tload}_{it}+\beta_8\mathrm{Hscale}_{it}\cdot\mathrm{Hload}_{it}\\&+\beta_9\mathrm{Tscale}_{it}\cdot\mathrm{Hload}_{it}+\beta_{10}\mathrm{Hscale}_{it}\cdot\mathrm{Tload}_{it}+\beta_{11}\mathrm{Tscale}_{it}^{\ 2}\cdot\mathrm{Tload}_{it}\\&+\beta_{12}\mathrm{Hscale}_{it}^{\ 2}\cdot\mathrm{Hload}_{it}+\beta_{13}\mathrm{Tscale}_{it}^{\ 2}\cdot\mathrm{Hload}_{it}\\&+\beta_{14}\mathrm{Hscale}_{it}^{\ 2}\cdot\mathrm{Tload}_{it}+\sum\beta_k\mathrm{CV}_{it}+\alpha_i+\lambda_t+\mu_{it}\end{aligned}\tag{22-2}$$

多元线性回归模型的最小二乘估计结果如式（22-3）所示。

$$\hat{\beta}=(X'X)^{-1}X^{\mathrm{T}}y \tag{22-3}$$

当有多重共线性存在时，$\left|X^{\mathrm{T}}X\right|\approx 0$，从而使得$\left|X^{\mathrm{T}}X\right|^{-1}$对角线上的值很大，进而导致参数估计量的方差较大，这时候参数估计的结果会不准确。岭回归模型在最小二乘目标函数中加入对 β 的惩罚函数，此时新的估计结果 $\hat{\beta}(k)$ 如式（22-4）所示。随着 k 增大，共线性的影响将越来越小。

$$\hat{\beta}(k)=(X^{\mathrm{T}}X+kI)^{-1}X^{\mathrm{T}}y \tag{22-4}$$

2. SAR 空间面板模型

以往的研究表明不同银行的零售网络之间存在规模效应和蚕食效应，且这种效应与银行间的空间距离相关。为了控制空间竞争者对银行绩效的影响，本章还需要引入空间计量模型（黄丽华等，2021）——一种能计量空间效应的模型（Cressie，2015；Haining，1993）。

经典计量经济学假定随机扰动项服从同方差分布，即假定除观测值外的其他因素都是均质和独立的，但现实生活中的研究对象彼此之间往往存在空间依赖性和空间异质性（Anselin，2013），空间依赖性是一种研究对象基于空间位置发生相互作用，进而导致其观测值显著相关的空间效应，空间异质性是一种研究对象的观测值在空间内分布不均匀、结构不稳定的一种空间效应（Anselin，2013）。空间计量模型能够对空间依赖性与空间异质性进行估计和控制，使模型中的参数估计更加准确，常见的空间自回归模型（spatial autoregression model，SAR）通过在模型中加入因变量的空间滞后项，能在一定程度上控制空间依赖性。以往的研究显示，不同的零售网络之间可能存在规模效应或蚕食效应（Pancras et al.，2012；Quelch，2008；罗上远等，2001），且郭峰和胡军（2016）的研究表明银行零售网络之间的规模效应和蚕食效应强度与银行之间的距离有关，这意味着不同银行的绩效可能存在着空间依赖性。因此，本章使用了 SAR 空间面板模型，其基本形式如式（22-5）所示。

$$Y_{it}=\rho\sum_{j=1}^{N}W_{ij}Y_{it}+\sum_{1}^{k}\beta_k X_{it}+\alpha_i+\lambda_t+\mu_{it} \tag{22-5}$$

其中，被解释变量 Y_{it} 表示银行 i 在 t 年的银行绩效/营业收入/吸收存款，X_{it} 表示一系列自变量、调节变量与控制变量，如前所述；W_{ij} 表示各家银行之间空间关系的空间权重矩阵；$W_{ij}Y_{it}$ 表示因变量的空间滞后项，表示其他银行基于空间权重矩阵计算得出的因变量平均值；ρ 、β_k 分别表示因变量空间滞后项与自变量的系数；α_i 表示个体固定效应；λ_t 表示时间固定效应；μ_{it} 表示随机扰动项。

代入本章中的变量，本章构建的 SAR 空间面板模型如式（22-6）所示。

$$\begin{aligned}\text{Perfor}_{it}=&\rho W_{ij}\text{Perfor}_{it}+\beta_1\text{Tscale}_{it}+\beta_2\text{Hscale}_{it}+\beta_3\text{Tscale}_{it}^{\ 2}+\beta_4\text{Hscale}_{it}^{\ 2}\\&+\beta_5\text{Tload}_{it}+\beta_6\text{Hload}_{it}+\beta_7\text{Tscale}_{it}\cdot\text{Tload}_{it}+\beta_8\text{Hscale}_{it}\cdot\text{Hload}_{it}\\&+\beta_9\text{Tscale}_{it}\cdot\text{Hload}_{it}+\beta_{10}\text{Hscale}_{it}\cdot\text{Tload}_{it}+\beta_{11}\text{Tscale}_{it}^{\ 2}\cdot\text{Tload}_{it}\\&+\beta_{12}\text{Hscale}_{it}^{\ 2}\cdot\text{Hload}_{it}+\beta_{13}\text{Tscale}_{it}^{\ 2}\cdot\text{Hload}_{it}\\&+\beta_{14}\text{Hscale}_{it}^{\ 2}\cdot\text{Tload}_{it}+\sum\beta_k\text{CV}_{it}+\alpha_i+\lambda_t+\mu_{it}\end{aligned} \tag{22-6}$$

模型中，空间权重矩阵 W_{ij} 是用来表示任意两家银行空间关系的矩阵，可分为邻接矩阵和距离矩阵。邻接矩阵指如果两个样本之间有共同的边界，则记 $w_{ij}=1$，反之，则记 $w_{ij}=0$。距离矩阵一般以距离的倒数（inverse distance，即反距离）作为空间权重，即 $w_{ij}=\dfrac{1}{d_{ij}}$；此处的距离 d_{ij} 可以根据研究的经济意义选取直线距离、大圆距离等地理距离，基于运输成本或旅行时间的经济距离，甚至社交网络中的社会距离等。

本章需要计算的是多个银行零售网络之间的空间权重，银行的分支机构呈现网络状分布，彼此交织，没有清晰的边界，因此不适用于邻接矩阵，于是本章使用了用于表示两个网络之间距离的 Hausedorff（豪斯多夫）距离来构建距离矩阵。给定欧氏空间中的点集 $I=\{i_1,i_2,i_3,\cdots\}$，$J=\{j_1,j_2,j_3,\cdots\}$，Hausedorff 距离即两点集之间的最短距离 h_{ij}，计算公式如式（22-7）所示。

$$\begin{aligned} h_{ij} &= \min[h(I,J),h(J,I)] \\ h(I,J) &= \max\nolimits_{a\in A}\min\nolimits_{b\in B}\|a-b\| \\ h(J,I) &= \max\nolimits_{b\in B}\min\nolimits_{a\in A}\|b-a\| \end{aligned} \tag{22-7}$$

因此，取所有银行的网点经纬度信息，将每个网点的位置视为欧氏空间中的一个点，同一银行的网点位置即一个点集，Hausedorff 距离即两银行之间的最短距离 h_{ij}，由于许多银行的网点位置十分接近，网点之间经纬度差异很小，Hausedorff 距离无限接近 0，为了避免这种情况的发生，在计算反距离权重时将分母加 1，则任意两银行之间的空间权重为 $w_{ij}=1/\left(h_{ij}+1\right)$，这样保证反距离权重结果始终处于(0,1)之间，因此银行的空间权重矩阵 W_{ij} 如式（22-8）所示。

$$W_{ij}=\begin{pmatrix} w_{11} & \cdots & w_{1n} \\ \vdots & & \vdots \\ w_{n1} & \cdots & w_{nn} \end{pmatrix} \tag{22-8}$$

同时需要注意的是，运用 SAR 空间面板模型来探究不同银行之间的空间关系对绩效的影响时需要假设权重矩阵是一个定值，即空间权重矩阵不随时间变化，基于这个前提条件，将空间权重矩阵扩展到面板数据的研究中。

22.5　实 证 结 果

22.5.1　描述性统计分析

本章数据的描述性统计结果如表 22-4 所示，由于本章的数据均进行了中心化和标准化处理，所以数据的平均值为 0，标准差为 1。

表 22-4　本章数据的描述性统计结果

统计特征	个案数	平均值	标准差	2015 年		2016 年		2017 年		2018 年	
				最小值	最大值	最小值	最大值	最小值	最大值	最小值	最大值
EVA	243	0	1	−1.824	6.901	−1.845	7.029	−4.599	8.119	−15.088	1.961
Rev	243	0	1	−1.609	3.703	−1.547	3.641	−3.173	3.637	−1.586	3.629
Dep	243	0	1	−1.682	3.669	−1.718	3.653	−1.719	3.662	−1.804	3.653

续表

统计特征	个案数	平均值	标准差	2015 年		2016 年		2017 年		2018 年	
				最小值	最大值	最小值	最大值	最小值	最大值	最小值	最大值
Tscale	243	0	1	−2.002	3.195	−1.459	3.090	−1.429	3.078	−1.627	3.168
Hscale	243	0	1	−2.597	3.786	−3.204	4.310	−2.865	4.347	−2.743	4.450
Tload	243	0	1	−4.639	1.585	−2.576	1.363	−2.477	1.256	−2.892	1.141
Hload	243	0	1	−6.661	2.937	−10.231	3.125	−4.852	2.589	−5.238	2.027
Gdp	243	0	1	−3.811	2.212	−3.725	2.408	−5.211	3.487	−4.341	3.263
Sav	243	0	1	−1.728	1.778	−1.762	2.831	−3.676	3.000	−2.032	2.689
Edu	243	0	1	−4.342	1.973	−5.172	1.959	−6.572	2.285	−3.845	2.007
Med	243	0	1	−2.162	2.023	−2.213	2.758	−4.188	4.578	−2.117	4.391
Wel	243	0	1	−1.552	1.851	−1.472	3.085	−2.509	2.292	−1.528	2.639
Cov	243	0	1	−4.806	4.091	−6.984	2.377	−3.616	2.222	−4.321	2.279
Dee	243	0	1	−4.102	3.903	−3.082	2.241	−3.303	2.596	−4.071	2.289
Dig	243	0	1	−11.873	1.460	−9.136	1.651	−7.748	2.994	−4.775	4.445
Cog	243	0	1	−1.991	2.766	−2.538	2.902	−2.998	2.795	−3.436	2.783
Org	243	0	1	−1.262	1.527	−1.478	1.522	−1.716	1.49	−2.041	1.486
Pro	243	0	1	−1.546	1.806	−2.069	1.775	−2.853	1.983	−3.269	2.560
WMY	243	0	1	−4.297	6.679	−2.933	9.089	−3.782	9.040	−3.554	8.400
Age	243	0	1	−2.765	3.092	−2.395	3.396	−2.231	3.667	−2.115	3.886
Tscale×Tload	243	0	1	−1.967	3.451	−1.519	3.069	−1.400	3.059	−1.568	3.135
Tscale×Hload	243	0	1	−2.050	3.799	−1.503	3.209	−1.473	3.190	−1.676	3.273
Hscale×Tload	243	0	1	−2.362	3.869	−2.068	3.339	−1.974	3.323	−2.237	3.318
Hscale×Hload	243	0	1	−2.622	4.420	−3.378	4.655	−3.238	4.690	−3.275	4.778
$Tscale^2$	243	0	1	−1.083	4.763	−0.859	4.835	−0.855	4.862	−0.925	4.909
$Hscale^2$	243	0	1	−1.274	5.432	−1.429	5.735	−1.464	5.675	−1.493	5.729
$Tscale^2$×Tload	243	0	1	−1.069	5.051	−0.914	4.887	−0.855	4.915	−0.913	4.945

续表

统计特征	个案数	平均值	标准差	2015 年		2016 年		2017 年		2018 年	
				最小值	最大值	最小值	最大值	最小值	最大值	最小值	最大值
$Tscale^2 \times Hload$	243	0	1	−1.092	5.439	−0.892	5.116	−0.891	5.161	−0.965	5.199
$Hscale^2 \times Tload$	243	0	1	−1.233	5.689	−1.234	5.496	−1.191	5.443	−1.327	5.425
$Hscale^2 \times Hload$	243	0	1	−1.278	6.114	−1.483	6.104	−1.538	6.060	−1.599	6.113

22.5.2　岭回归估计结果

本章首先运用 Matlab 2021a 中的岭回归模型进行估计，将岭系数 K 设置为 0.2，估计的结果如表 22-5 所示。

表 22-5　岭回归面板模型的岭估计结果

变量	模型一			模型二		
因变量	EVA	Rev	Dep	EVA	Rev	Dep
Tscale	−0.131 96*** (0.021 33)	0.267 14*** (0.011 23)	−0.042 76** (0.018 99)	−0.229 03*** (0.043 16)	−0.023 04*** (0.004 12)	0.033 12*** (0.004 87)
Hscale	−0.079 03*** (0.021 12)	−0.082 32*** (0.012 03)	0.077 14*** (0.020 96)	−0.101 68*** (0.023 86)	0.020 24*** (0.002 31)	−0.068 32*** (0.003 04)
Tload	−0.073 03*** (0.019 04)	0.018 04 (0.011 23)	−0.067 04*** (0.018 97)	−0.019 02 (0.014 21)	0.001 23 (0.001 02)	0.009 76 (0.002 14)
Hload	−0.032 21 (0.025 05)	−0.002 23 (0.014 12)	−0.003 24 (0.024 12)	−0.023 78 (0.017 03)	−0.000 96 (0.002 23)	0.003 07 (0.002 14)
Gdp	0.009 96 (0.017 68)	0.011 23 (0.010 52)	0.008 89 (0.018 13)	0.014 15 (0.013 02)	−0.001 03 (0.001 03)	0.001 06 (0.002 32)
Sav	0.020 34 (0.022 01)	0.042 30*** (0.011 98)	−0.021 21 (0.022 05)	0.047 12*** (0.015 34)	−0.001 06 (0.001 87)	−0.001 06 (0.002 23)
Edu	0.183 32*** (0.022 87)	−0.014 21 (0.013 31)	0.152 82*** (0.023 24)	0.077 21*** (0.016 23)	0.000 31 (0.002 12)	−0.002 24 (0.002 32)
Med	0.103 00*** (0.028 00)	−0.001 79 (0.015 85)	0.160 03*** (0.028 02)	0.037 13* (0.023 22)	−0.005 23** (0.002 12)	0.011 03*** (0.001 92)

续表

变量	模型一			模型二		
因变量	EVA	Rev	Dep	EVA	Rev	Dep
Wel	−0.116 43 （0.071 32）	−0.103 33*** （0.040 46）	−0.355 12*** （0.071 34）	0.059 73 （0.051 05）	−0.013 04*** （0.005 00）	0.020 42*** （0.006 43）
Cov	−0.022 23 （0.058 23）	0.112 05*** （0.032 23）	0.026 05 （0.058 04）	−0.034 00 （0.040 87）	0.011 03*** （0.004 05）	−0.013 22*** （0.005 13）
Dee	0.072 05* （0.041 24）	0.021 67 （0.023 03）	0.189 24*** （0.041 33）	−0.012 21 （0.028 82）	0.004 98* （0.002 88）	−0.011 23*** （0.002 87）
Dig	0.059 14* （0.021 23）	0.023 06** （0.012 25）	0.021 24 （0.021 46）	0.053 03*** （0.011 94）	0.000 22 （0.001 06）	0.001 03 （0.002 23）
Cog	0.034 23 （0.036 05）	−0.020 35 （0.020 56）	0.043 13 （0.036 23）	−0.007 12 （0.025 07）	−0.002 12 （0.002 06）	−0.002 23 （0.003 12）
Org	0.122 43* （0.054 04）	−0.029 12 （0.029 05）	0.101 03* （0.054 43）	0.025 14 （0.038 04）	0.003 32 （0.004 14）	0.004 05 （0.004 12）
Pro	0.196 05*** （0.019 12）	−0.025 04** （0.011 05）	0.163 32*** （0.019 22）	0.079 21*** （0.014 24）	0.003 04* （0.001 23）	0.001 13 （0.002 07）
WMY	0.071 23** （0.031 89）	0.013 34 （0.018 02）	0.068 23** （0.032 12）	0.036 12 （0.022 23）	−0.000 13 （0.002 21）	−0.002 23 （0.003 12）
Age	−0.001 313* （0.000 942）	0.002 142*** （0.000 342）	−0.001 044 （0.000 999）	−0.000 021 （0.000 053）	0.000 413 （−0.000 022）	0.000 003 （0.000 051）
$Tscale^2$	0.472 32*** （0.145 02）	0.724 23*** （0.080 05）	0.116 96 （0.145 11）	−0.119 12 （0.127 93）	0.021 23* （0.013 34）	0.007 91 （0.014 98）
$Hscale^2$	0.101 23 （0.144 09）	1.534 31*** （0.080 34）	0.536 03*** （0.144 32）	−0.306 06 （0.305 34）	0.062 45** （0.031 23）	−0.151 23*** （0.036 23）
Tscale×Tload				0.521 34*** （0.183 06）	0.183 06*** （0.018 23）	−0.182 15*** （0.022 13）
Tscale×Hload				0.316 24** （0.131 05）	−0.275 34*** （0.013 34）	0.708 43*** （0.015 00）
Hscale×Tload				0.631 22** （0.318 45）	−0.023 34 （0.031 36）	0.052 23 （0.037 12）
Hscale×Hload				1.241 34*** （0.351 13）	−0.189 04*** （0.035 04）	0.811 06*** （0.041 23）
$Tscale^2$×Tload				0.312 13* （0.262 22）	0.268 32*** （0.026 34）	0.213 35*** （0.031 02）
$Tscale^2$×Hload				0.697 12** （0.344 78）	0.367 98*** （0.033 67）	0.888 91*** （0.041 33）

续表

变量	模型一			模型二		
因变量	EVA	Rev	Dep	EVA	Rev	Dep
$Hscale^2 \times Tload$				−0.107 11*** （0.032 21）	−0.428 00*** （0.003 23）	−0.027 00*** （0.004 23）
$Hscale^2 \times Hload$				−0.131 10 （0.092 32）	−0.145 23*** （0.009 12）	−0.245 97*** （0.011 21）
α_i	Y	Y	Y	Y	Y	Y
λ_t	Y	Y	Y	Y	Y	Y
N	243	243	243	243	243	243
T	4	4	4	4	4	4
K	0.2	0.2	0.2	0.2	0.2	0.2
调整 R^2	0.748	0.922	0.750	0.880	0.999	0.998

注：括号内为标准误，Y 表示包括该变量（下同），T 表示面板数据时间间隔

***、**、*分别表示在 1%、5%、10%显著水平下显著

22.5.3　空间面板模型

本章接下来运用 Matlab 2021a 对 SAR 空间面板模型进行估计。值得注意的是，LeSage 和 Pace（2010）指出，当空间计量模型中包含空间自相关项时，原模型中的估计系数是不准确的，既不能准确地代表自变量等对因变量的影响，也不能准确地表示空间依赖性的大小甚至方向，此时更合理有效的方法是在对空间计量模型进行估计的过程中，将整体空间效应分解为直接效应与间接效应，Elhorst（2014）的研究也支持上述处理方式。直接效应表示本行自变量等对本行绩效的影响，等于 SAR 空间面板模型系数与反馈效应（feedback effects，FE）之和，其中，反馈效应是指本行自变量等通过对其他行的银行绩效产生影响，反过来对本行银行绩效产生的进一步影响。间接效应又称为空间溢出效应（spatial spillover effects），表示其他行的自变量等对本行因变量的影响。总效应为直接效应和间接效应之和，是本行自变量的变动对所有银行的因变量的平均影响。通过估计出的系数正负性与大小可以判断本行与其他行各变量对本行绩效的影响。因此，本章直接将空间效应分解为直接效应和间接效应，分解后的估计结果如表 22-6 所示。

表 22-6　SAR 空间面板模型的 GMM 估计结果

变量	模型三								
	EVA			Rev			Dep		
	直接效应	间接效应	总效应	直接效应	间接效应	总效应	直接效应	间接效应	总效应
Tscale	−0.242 37*** （0.044 65）	−0.653 74*** （0.136 75）	−0.896 11*** （0.178 51）	−0.025 72*** （0.004 13）	−0.000 81*** （0.000 27）	−0.026 54*** （0.004 26）	0.018 61*** （0.003 80）	0.000 41*** （0.000 13）	0.019 03*** （0.003 89）
Hscale	−0.072 39*** （0.024 32）	−0.194 96*** （0.067 23）	−0.267 35*** （0.091 23）	0.024 33*** （0.002 13）	0.000 63*** （0.000 19）	0.020 55*** （0.003 21）	−0.051 45*** （0.002 02）	−0.001 15*** （0.000 21）	−0.052 61*** （0.002 32）
Tload	−0.015 10 （0.013 76）	−0.040 70 （0.037 14）	−0.055 90 （0.050 82）	0.001 37 （0.001 38）	0.000 04 （0.000 05）	0.001 41 （0.001 43）	0.000 73 （0.001 07）	0.000 02 （0.000 03）	0.000 75 （0.001 09）
Hload	−0.026 00 （0.015 97）	−0.070 10 （0.043 72）	−0.096 10 （0.059 55）	−0.000 80 （0.001 64）	−0.000 03 （0.000 06）	−0.000 80 （0.001 69）	0.000 86 （0.001 33）	0.000 02 （0.000 03）	0.000 88 （0.001 37）
Gdp	0.001 99 （0.012 42）	0.005 20 （0.033 62）	0.007 18 （0.046 01）	−0.001 00 （0.001 26）	−0.000 03 （0.000 04）	−0.001 10 （0.001 30）	0.001 14 （0.001 01）	0.000 03 （0.000 02）	0.001 17 （0.001 03）
Sav	0.037 99** （0.014 87）	0.102 30** （0.040 96）	0.140 29** （0.055 37）	−0.001 80 （0.001 48）	−0.000 06 （0.000 05）	−0.001 80 （0.006 30）	−0.000 50 （0.001 28）	−0.000 01 （0.000 03）	−0.000 50 （0.001 25）
Edu	0.069 70*** （0.015 35）	0.187 53*** （0.043 42）	0.257 23*** （0.057 98）	−0.000 20 （0.001 48）	−0.000 01 （0.000 06）	−0.000 20 （0.001 63）	0.000 10 （0.001 28）	0.000 00 （0.000 03）	0.000 14 （0.001 31）
Med	0.002 39 （0.019 31）	0.006 16 （0.052 26）	0.008 55 （0.071 52）	−0.002 70 （0.002 02）	−0.000 08 （0.000 07）	−0.002 70 （0.002 70）	0.002 28 （0.001 68）	0.000 05 （0.000 04）	0.002 33 （0.001 71）
Wel	0.044 36 （0.046 32）	0.119 18 （0.125 04）	0.163 54 （0.171 16）	−0.014 63*** （0.004 82）	−0.000 46** （0.000 20）	−0.015 10*** （0.004 98）	0.018 52*** （0.004 09）	0.000 41*** （0.000 13）	0.018 94*** （0.004 18）

续表

变量	模型三								
	EVA			Rev			Dep		
	直接效应	间接效应	总效应	直接效应	间接效应	总效应	直接效应	间接效应	总效应
Cov	0.014 98 （0.037 05）	0.040 93 （0.099 75）	0.055 91 （0.136 70）	0.009 68** （0.003 77）	0.000 30** （0.000 20）	0.009 99** （0.003 89）	−0.012 30*** （0.003 30）	−0.000 27*** （0.000 09）	−0.012 57*** （0.003 37）
Dee	−0.005 90 （0.028 48）	−0.016 10 （0.076 85）	−0.022 00 （0.105 26）	0.003 75 （0.002 82）	0.000 12 （0.000 10）	0.003 87 （0.002 92）	−0.005 49** （0.002 32）	−0.000 12** （0.000 06）	−0.005 62** （0.002 38）
Dig	0.047 86*** （0.014 18）	0.128 89*** （0.039 89）	0.176 75*** （0.053 64）	0.000 45 （0.001 39）	0.000 01 （0.000 04）	0.000 47 （0.001 43）	−0.000 30 （0.001 14）	−0.000 01 （0.000 03）	−0.000 30 （0.001 16）
Cog	−0.007 60 （0.024 12）	0.020 53 （0.065 53）	−0.028 20 （0.089 58）	−0.001 80 （0.002 31）	−0.000 06 （0.000 08）	−0.001 80 （0.002 38）	0.000 39 （0.001 94）	0.000 01 （0.000 04）	0.000 40 （0.001 99）
Org	0.016 22 （0.036 06）	0.043 61 （0.097 90）	0.059 83 （0.133 85）	0.003 37 （0.003 52）	0.000 11 （0.000 12）	0.003 48 （0.003 63）	−0.001 70 （0.002 86）	−0.000 04 （0.000 07）	−0.001 80 （0.002 93）
Pro	0.074 40*** （0.013 44）	0.200 39*** （0.039 98）	0.274 80*** （0.052 47）	0.003 08** （0.001 34）	0.000 09* （0.000 05）	0.003 18** （0.001 38）	−0.001 50 （0.001 13）	0.00003 （0.000 03）	−0.001 50 （0.001 15）
WMY	0.039 97* （0.021 47）	0.107 67* （0.058 85）	0.147 64* （0.080 07）	−0.000 60 （0.002 09）	−0.000 02 （0.000 07）	−0.000 70 （0.002 15）	0.001 20 （0.001 76）	0.000 03 （0.000 04）	0.001 23 （0.001 80）
Age	−0.049 07** （0.022 05）	−0.132 58** （0.061 45）	−0.181 65** （0.083 18）	0.006 64*** （0.002 22）	0.000 20** （0.000 09）	0.006 85*** （0.002 28）	−0.054 83*** （0.001 90）	−0.001 22*** （0.000 28）	−0.056 06*** （0.001 96）
Tscale×Tload	0.662 87*** （0.204 71）	1.789 12*** （0.585 57）	2.451 99*** （0.784 83）	0.209 08*** （0.018 92）	0.006 62*** （0.002 06）	0.215 71*** （0.019 53）	−0.150 63*** （0.016 96）	−0.003 37*** （0.000 85）	−0.154 00*** （0.017 36）

续表

变量	模型三								
	EVA			Rev			Dep		
	直接效应	间接效应	总效应	直接效应	间接效应	总效应	直接效应	间接效应	总效应
Tscale×Hload	0.537 09*** （0.153 56）	1.448 51*** （0.440 25）	1.985 60*** （0.589 05）	−0.347 32*** （0.015 76）	−0.010 99*** （0.003 26）	−0.358 31*** （0.016 09）	1.017 24*** （0.012 94）	0.022 78*** （0.005 10）	1.040 02*** （0.014 01）
Hscale×Tload	−0.808 20 （0.618 87）	−2.194 12 （1.709 26）	−3.002 20 （2.324 13）	0.248 13*** （0.061 08）	0.007 79*** （0.002 91）	0.255 93*** （0.062 76）	−1.493 23*** （0.050 19）	−0.033 45*** （0.007 63）	−1.526 68*** （0.052 12）
Hscale×Hload	1.829 08*** （0.507 92）	4.937 95*** （1.476 90）	6.767 03*** （1.969 03）	0.401 18*** （0.050 45）	0.012 70*** （0.004 12）	0.413 88*** （0.052 05）	1.704 16*** （0.041 10）	0.038 16*** （0.008 58）	1.742 33*** （0.042 67）
$Tscale^2$	−0.066 21 （0.124 35）	−0.177 80 （0.335 24）	−0.244 00 （0.459 20）	0.032 39** （0.012 75）	0.001 027* （0.000 52）	0.033 42** （0.013 15）	−0.015 90 （0.010 56）	−0.000 40 （0.000 26）	−0.016 20 （0.010 80）
$Hscale^2$	1.077 99* （0.615 81）	2.919 17* （1.714 18）	3.997 16* （2.324 03）	−0.226 49*** （0.062 13）	−0.007 11** （0.002 81）	−0.233 61*** （0.063 89）	1.445 37*** （0.050 75）	0.032 38*** （0.007 38）	1.477 75*** （0.052 58）
$Tscale^2$×Tload	0.527 31* （0.296 67）	1.424 86* （0.819 72）	1.952 18* （1.113 37）	0.320 31*** （0.027 25）	0.010 15*** （0.003 13）	0.330 47*** （0.028 16）	0.225 20*** （0.024 07）	0.005 04*** （0.001 26）	0.230 24*** （0.024 62）
$Tscale^2$×Hload	1.187 45** （0.485 71）	3.205 17** （1.361 41）	4.392 62** （1.839 15）	0.635 94*** （0.050 07）	0.020 13*** （0.006 18）	0.656 08*** （0.051 62）	1.847 33*** （0.040 08）	−0.041 37*** （0.009 28）	−1.888 70*** （0.041 64）
$Hscale^2$×Tload	−0.238 80 （0.154 19）	−0.646 30 （0.424 71）	−0.885 10 （0.577 61）	−0.384 46*** （0.015 47）	−0.012 20*** （0.003 73）	−0.396 67*** （0.016 66）	−0.401 58*** （0.013 24）	−0.008 99*** （0.002 05）	−0.410 57*** （0.013 74）
$Hscale^2$×Hload	−0.352 98*** （0.117 47）	−0.953 99*** （0.337 98）	−1.306 97*** （0.452 73）	−0.175 46*** （0.011 03）	−0.005 55*** （0.001 66）	−0.181 02*** （0.011 29）	−0.039 95*** （0.009 48）	−0.000 89*** （0.000 30）	−0.040 84*** （0.009 69）

续表

变量	模型三								
	EVA			Rev			Dep		
	直接效应	间接效应	总效应	直接效应	间接效应	总效应	直接效应	间接效应	总效应
α_i	Y	Y	Y	Y	Y	Y	Y	Y	Y
λ_t	Y	Y	Y	Y	Y	Y	Y	Y	Y
N	243	243	243	243	243	243	243	243	243
T	4	4	4	4	4	4	4	4	4
K	0.2	0.2	0.2	0.2	0.2	0.2	0.2	0.2	0.2
调整 R^2	0.888	0.888	0.888	0.998	0.998	0.998	0.999	0.999	0.999

注：括号内为标准误；GMM 全称为 generalized method of moments，广义矩估计

***、**、*分别表示在 1%、5%、10%水平下显著

在模型一中，本章仅引入了自变量和控制变量，未引入调节变量，以便观察模型的主效应是否成立。结果显示，模型一调整后的 R^2 在 0.748 以上，技术型网络规模和人力型网络规模二次项的系数在营业收入上显著为正（$p<0.01$）。模型四控制了内生性后该系数虽然有所下降（表 22-7 中仅人力型网络规模二次项的系数在经济增加值上有所增加），但仍然为正，说明本次研究的主效应存在。因此，本章认为技术型网络规模和人力型网络规模对银行绩效有正“U”形影响，假设 22.1 成立。

表 22-7　二阶段岭回归面板模型第二阶段岭估计结果

变量	模型四			模型五		
	EVA	Rev	Dep	EVA	Rev	Dep
Tscale	−0.023 89 （0.019 19）	−0.000 41 （0.002 23）	0.003 96 （0.005 31）	−0.234 12*** （0.042 22）	−0.024 23*** （0.004 21）	0.032 93*** （0.004 87）
Hscale	−0.151 03*** （0.016 11）	−0.004 00*** （0.002 00）	0.002 21 （0.004 04）	−0.101 31*** （0.024 04）	0.022 31*** （0.002 26）	−0.068 00*** （0.003 04）
Tload	−0.027 21* （0.015 12）	0.003 31*** （0.002 21）	−0.004 23 （0.002 38）	−0.020 89 （0.014 12）	0.001 32 （0.001 17）	0.000 31 （0.002 18）
Hload	−0.033 33* （0.018 07）	0.002 12 （0.001 98）	−0.005 12 （0.005 03）	−0.019 34 （0.017 03）	−0.001 06 （0.001 67）	0.003 13 （0.002 21）
Gdp	0.006 87 （0.013 13）	−0.001 02 （0.002 33）	−0.000 40 （0.003 03）	0.013 77 （0.013 12）	−0.001 06 （0.001 21）	0.002 03 （0.001 05）
Sav	0.041 23*** （0.015 86）	−0.000 41 （0.002 05）	−0.006 42 （0.004 04）	0.053 32*** （0.015 34）	−0.001 05 （0.002 23）	−0.001 03 （0.002 45）
Edu	0.080 68*** （0.016 98）	−0.001 04 （0.002 06）	0.003 03 （0.003 68）	0.072 46*** （0.016 68）	0.000 21 （0.002 03）	−0.002 13 （0.001 79）
Med	0.013 45 （0.021 34）	−0.008 12*** （0.003 33）	0.020 42*** （0.005 21）	0.036 67* （0.023 52）	−0.004 43** （0.002 26）	0.010 54*** （0.001 89）
Wel	0.143 43*** （0.053 23）	−0.032 15*** （0.007 29）	0.068 34*** （0.014 23）	0.054 34 （0.051 13）	−0.015 32*** （0.005 05）	0.022 24*** （0.006 23）
Cov	−0.045 11 （0.042 05）	0.022 67*** （0.005 23）	−0.046 98*** （0.011 32）	−0.028 77 （0.041 04）	0.010 03*** （0.004 21）	−0.014 21*** （0.005 05）
Dee	−0.065 12** （0.032 30）	0.009 22** （0.004 23）	−0.024 11*** （0.008 22）	−0.004 23 （0.028 81）	0.005 11* （0.003 03）	−0.011 09*** （0.003 33）
Dig	0.053 23*** （0.016 15）	0.000 21 （0.002 43）	0.001 16 （0.003 94）	0.053 91*** （0.015 41）	0.000 19 （0.001 23）	0.001 32 （0.002 24）
Cog	−0.002 24 （0.029 87）	−0.001 23 （0.002 87）	−0.003 98 （0.006 89）	−0.000 05 （0.024 12）	−0.001 25 （0.002 33）	−0.001 20 （0.002 91）

续表

变量	模型四			模型五		
	EVA	Rev	Dep	EVA	Rev	Dep
Org	0.039 12 (0.040 40)	−0.003 23 (0.004 87)	0.019 08* (0.012 12)	0.014 88 (0.038 04)	0.001 97 (0.004 23)	0.002 13 (0.004 34)
Pro	0.081 21*** (0.014 87)	0.001 97 (0.002 21)	0.003 42 (0.004 13)	0.064 24*** (0.014 12)	0.002 43 (0.001 56)	0.000 43 (0.002 05)
WMY	0.023 89 (0.023 89)	0.003 23 (0.003 12)	−0.008 90 (0.005 98)	0.038 21* (0.022 12)	−0.000 22 (0.001 89)	−0.002 21 (0.003 11)
Age	−0.000 069 (0.000 396)	−0.000 001 (0.000 134)	−0.000 008 (0.000 113)	0.000 381 (0.000 397)	0.000 033 (0.000 053)	−0.000 019 (0.000 054)
$Tscale^2$	0.169 03* (0.111 32)	0.010 32 (0.014 14)	0.020 23 (0.028 12)	0.084 12 (0.127 23)	0.020 53* (0.013 14)	0.010 45 (0.015 45)
$Hscale^2$	0.239 12* (0.127 04)	0.026 21** (0.015 92)	0.065 04** (0.032 23)	−0.231 03 (0.303 12)	0.064 23** (0.026 70)	−0.145 12*** (0.036 12)
Tscale×Tload				0.537 01*** (0.181 01)	0.183 32*** (0.018 00)	−0.182 23*** (0.021 03)
Tscale×Hload				0.365 21*** (0.131 04)	−0.275 05*** (0.013 10)	0.709 33*** (0.015 04)
Hscale×Tload				0.576 05* (0.318 72)	−0.026 05 (0.031 22)	0.047 23 (0.037 14)
Hscale×Hload				1.229 67*** (0.348 24)	−0.193 05*** (0.035 45)	0.804 05*** (0.041 22)
$Tscale^2$×Tload				0.321 32* (0.260 45)	0.268 23*** (0.026 15)	0.214 22*** (0.031 12)
$Tscale^2$×Hload				0.757 03** (0.343 11)	0.371 23*** (0.034 23)	0.885 03*** (0.041 13)
$Hscale^2$×Tload				−0.077 23* (0.045 24)	−0.008 04** (0.004 14)	−0.017 32*** (0.004 86)
$Hscale^2$×Hload				−0.005 23* (0.004 14)	−0.007 21* (0.004 23)	−0.012 77*** (0.005 12)
$\hat{\xi}_T$	−0.143 04*** (0.021 32)	0.453 33*** (0.003 03)	−0.023 24*** (0.004 96)	−0.117 23*** (0.032 04)	0.428 23*** (0.003 02)	0.027 12*** (0.004 12)
$\hat{\xi}_H$	0.455 12*** (0.017 12)	0.018 67*** (0.002 23)	0.698 99*** (0.004 04)	−0.165 02*** (0.092 18)	0.145 21*** (0.009 04)	0.245 23*** (0.011 23)
α_i	Y	Y	Y	Y	Y	Y

续表

变量	模型四			模型五		
	EVA	Rev	Dep	EVA	Rev	Dep
λ_t	Y	Y	Y	Y	Y	Y
N	243	243	243	243	243	243
T	4	4	4	4	4	4
K	0.2	0.2	0.2	0.2	0.2	0.2
调整 R^2	0.866	0.998	0.991	0.883	0.999	0.998

注：括号内为标准误

***、**、*分别表示在 1%、5%、10%显著水平下显著

在模型二中，本章在模型一的基础上进一步引入网络规模和网点负载一次项与二次项的交互项，以观察调节效应是否存在。结果显示，模型二调整后的 R^2 在 0.880 以上，技术型网络规模二次项和技术型网点负载、人力型网点负载的交互项在营业收入和银行绩效上的系数均显著为正（$p<0.01$），而人力型网络规模二次项和技术型网点负载、人力型网点负载的交互项在营业收入和银行绩效上的系数显著为负（$p<0.01$），模型五控制了内生性后（表 22-7），技术型网络规模二次项和技术型网点负载、人力型网点负载的交互项在营业收入和银行绩效上的系数仍然显著为正（$p<0.01$），而人力型网络规模二次项和技术型网点负载、人力型网点负载的交互项在营业收入和银行绩效上的系数仍然显著为负（$p<0.1$），说明本次研究的调节效应存在。

模型三进一步考虑了空间相关性存在情况下的调节效应。如表 22-6 所示，模型三中的直接效应模型调整后的 R^2 均在 0.888 以上，交互项的系数方向与模型二一致，且在营业收入上的系数显著（$p<0.01$），模型六控制了内生性后该系数也仍然显著（表 22-8），再次说明本次研究的调节效应存在。综上，技术型网点负载和人力型网点负载都能增强技术型网络规模——银行绩效的正“U”形影响，削弱人力型网络规模——银行绩效的正“U”形影响，假设 22.2 成立。在模型三中，本章以空间计量模型中的间接效应来刻画其他银行对本银行绩效的影响。结果显示，间接效应的方向始终与直接效应一致，在对营业收入的回归中，以上研究的间接效应均显著（$p<0.01$），在对经济增加值的回归中，以上研究的间接效应不显著。因此，本章认为，银行之间的空间竞争从短期吸引消费者的角度来看显现出了规模效应，但从长期提升利润的角度来看则没有显现出规模效应。

表 22-8　二阶段 SAR 面板模型第二阶段 GMM 估计结果

变量	模型六								
	EVA			Rev			Dep		
	直接效应	间接效应	总效应	直接效应	间接效应	总效应	直接效应	间接效应	总效应
Tscale	−0.242 59*** (0.044 60)	−0.531 33*** (0.107 51)	−0.773 92*** (0.149 35)	−0.025 72*** (0.004 37)	−0.000 84*** (0.000 27)	−0.026 56*** (0.004 51)	0.018 60*** (0.003 51)	0.000 43*** (0.000 13)	0.019 03*** (0.003 59)
Hscale	−0.076 65*** (0.025 20)	−0.167 69*** (0.056 54)	−0.244 34*** (0.081 14)	0.019 67*** (0.002 44)	0.000 64*** (0.000 20)	0.020 32*** (0.002 53)	−0.051 23*** (0.002 03)	−0.001 18*** (0.000 26)	−0.052 42*** (0.002 08)
Tload	−0.016 29 (0.013 46)	−0.035 63 (0.029 59)	−0.051 92 (0.042 98)	0.001 17 (0.001 27)	0.000 04 (0.000 05)	0.001 21 (0.001 32)	0.000 78 (0.001 05)	0.000 02 (0.000 03)	0.000 80 (0.001 08)
Hload	−0.021 91 (0.016 25)	−0.047 91 (0.035 77)	−0.069 82 (0.051 92)	−0.000 71 (0.001 62)	−0.000 02 (0.000 06)	−0.000 74 (0.001 67)	0.000 85 (0.001 34)	0.000 02 (0.000 03)	0.000 87 (0.001 38)
Gdp	0.002 19 (0.012 78)	0.004 70 (0.028 06)	0.006 89 (0.040 82)	−0.001 00 (0.001 19)	−0.000 03 (0.000 04)	−0.001 03 (0.001 23)	0.001 14 (0.001 01)	0.000 03 (0.000 02)	0.001 17 (0.001 03)
Sav	0.039 51*** (0.014 78)	0.086 48*** (0.032 91)	0.126 00*** (0.047 41)	−0.001 70 (0.001 49)	−0.000 06 (0.000 05)	−0.001 76 (0.001 54)	−0.000 49 (0.001 21)	−0.000 01 (0.000 03)	−0.000 51 (0.001 24)
Edu	0.065 98*** (0.015 77)	0.144 43*** (0.036 26)	0.210 42*** (0.051 38)	−0.000 15 (0.001 51)	−0.000 01 (0.000 06)	−0.000 16 (0.001 56)	0.000 16 (0.001 33)	0.000 004 (0.000 03)	0.000 17 (0.001 36)
Med	0.004 54 (0.019 19)	0.009 96 (0.042 12)	0.014 50 (0.061 26)	−0.002 41 (0.001 91)	−0.000 08 (0.000 07)	−0.002 49 (0.001 97)	0.002 26 (0.001 63)	0.000 05 (0.000 04)	0.002 31 (0.001 67)
Wel	0.036 73 (0.049 24)	0.080 04 (0.108 08)	0.116 76 (0.157 15)	−0.014 50*** (0.004 70)	−0.000 47** (0.000 21)	−0.014 98*** (0.004 86)	0.018 40*** (0.003 98)	0.000 42*** (0.000 13)	0.018 82*** (0.004 07)
Cov	0.017 98 (0.039 83)	0.039 68 (0.088 07)	0.057 66 (0.127 79)	0.009 13** (0.003 91)	0.000 31* (0.000 16)	0.009 43*** (0.004 04)	−0.012 16*** (0.003 24)	−0.000 28*** (0.000 10)	−0.012 44*** (0.003 31)

续表

变量	模型六								
	EVA			Rev			Dep		
	直接效应	间接效应	总效应	直接效应	间接效应	总效应	直接效应	间接效应	总效应
Dee	0.000 96 （0.028 75）	0.002 10 （0.062 85）	0.003 06 （0.091 50）	0.004 05 （0.002 75）	0.000 13 （0.000 10）	0.004 18 （0.002 84）	−0.005 59** （0.002 25）	−0.000 13** （0.000 06）	−0.005 72** （0.002 30）
Dig	0.049 30*** （0.014 17）	0.107 99*** （0.032 35）	0.157 30*** （0.046 10）	0.000 56 （0.001 41）	0.000 02 （0.000 05）	0.000 58 （0.001 45）	−0.000 28 （0.001 16）	−0.000 01 （0.000 03）	−0.000 28 （0.001 19）
Cog	−0.002 29 （0.024 47）	−0.005 28 （0.053 78）	−0.007 56 （0.078 20）	−0.001 27 （0.002 29）	−0.000 04 （0.000 08）	−0.001 31 （0.002 37）	0.000 28 （0.001 99）	0.000 01 （0.000 05）	0.000 29 （0.002 04）
Org	0.008 79 （0.037 48）	0.019 43 （0.082 28）	0.028 22 （0.119 67）	0.002 47 （0.003 50）	0.000 08 （0.000 12）	0.002 56 （0.003 62）	−0.001 69 （0.002 99）	−0.000 04 （0.000 07）	−0.001 73 （0.003 06）
Pro	0.065 16*** （0.013 95）	0.142 76*** （0.033 00）	0.207 93*** （0.046 30）	0.002 76** （0.001 38）	0.000 09* （0.000 05）	0.002 86** （0.001 43）	−0.001 25 （0.001 15）	−0.000 03 （0.000 03）	−0.001 28 （0.001 18）
WMY	0.042 47* （0.021 86）	0.093 00* （0.048 61）	0.135 47* （0.070 24）	−0.000 66 （0.002 10）	−0.000 02 （0.000 07）	−0.000 68 （0.002 17）	0.001 18 （0.001 77）	0.000 03 （0.000 04）	0.001 21 （0.001 81）
Age	−0.037 56 （0.023 34）	−0.082 32 （0.051 81）	−0.119 89 （0.074 96）	0.007 45*** （0.002 35）	0.000 24** （0.000 10）	0.007 70*** （0.002 42）	−0.055 11*** （0.001 91）	−0.001 28*** （0.000 29）	−0.056 39*** （0.001 98）
Tscale×Tload	0.661 58*** （0.196 64）	1.449 28*** （0.449 34）	2.110 86*** （0.640 75）	0.208 20*** （0.019 92）	0.006 84*** （0.001 99）	0.215 04*** （0.020 59）	−0.150 06*** （0.016 48）	−0.003 48*** （0.000 86）	−0.153 54*** （0.016 88）
Tscale×Hload	0.549 66*** （0.162 13）	1.204 25*** （0.372 28）	1.753 92*** （0.529 90）	−0.351 73*** （0.016 01）	−0.011 56*** （0.003 18）	−0.363 29*** （0.016 49）	1.018 20*** （0.013 10）	0.023 64*** （0.005 24）	1.041 85*** （0.014 14）
Hscale×Tload	−0.668 51 （0.602 86）	−1.467 21 （1.333 23）	−2.135 72 （1.932 85）	0.261 37*** （0.064 40）	0.008 56*** （0.003 14）	0.269 93*** （0.066 43）	−1.499 12*** （0.051 91）	−0.034 82*** （0.007 86）	−1.533 95*** （0.053 91）

续表

变量	模型六								
	EVA			Rev			Dep		
	直接效应	间接效应	总效应	直接效应	间接效应	总效应	直接效应	间接效应	总效应
Hscale×Hload	1.835 22*** （0.481 81）	4.020 72*** （1.118 80）	5.855 94*** （1.584 32）	−0.413 30*** （0.050 78）	−0.013 61*** （0.004 16）	−0.426 91*** （0.052 67）	1.709 14*** （0.043 62）	0.039 68*** （0.008 78）	1.748 83*** （0.044 82）
$Tscale^2$	−0.045 15 （0.126 34）	−0.097 91 （0.278 13）	−0.143 06 （0.404 17）	0.032 47*** （0.012 45）	0.001 06** （0.000 51）	0.033 54*** （0.012 86）	−0.016 92* （0.010 47）	−0.000 39 （0.000 26）	−0.017 31* （0.010 71）
$Hscale^2$	0.957 88 （0.616 09）	2.099 61 （1.370 25）	3.057 49 （1.981 36）	−0.240 79*** （0.065 16）	−0.007 89*** （0.003 05）	−0.248 68*** （0.067 25）	1.452 28*** （0.052 18）	0.033 73*** （0.007 61）	1.486 02*** （0.054 10）
$Tscale^2$×Tload	0.520 75* （0.281 49）	1.141 32* （0.626 39）	1.662 07* （0.905 07）	0.318 94*** （0.028 60）	0.010 49*** （0.003 03）	0.329 43*** （0.029 59）	0.224 42*** （0.023 97）	0.005 21*** （0.001 28）	0.229 63*** （0.024 55）
$Tscale^2$×Hload	1.248 70** （0.484 84）	2.735 46** （1.095 74）	3.984 16*** （1.572 14）	0.647 87*** （0.049 37）	0.021 32*** （0.006 13）	0.669 19*** （0.051 36）	1.851 24*** （0.041 49）	0.042 98*** （0.009 51）	1.894 22*** （0.042 86）
$Hscale^2$×Tload	−0.043 35 （0.043 53）	−0.094 90 （0.095 75）	−0.138 26 （0.139 08）	−0.012 27*** （0.004 31）	−0.000 40** （0.000 19）	−0.012 68*** （0.004 46）	−0.001 65 （0.003 66）	−0.000 04 （0.000 09）	−0.001 68 （0.003 75）
$Hscale^2$×Hload	−0.010 05 （0.041 43）	−0.021 94 （0.090 67）	−0.031 99 （0.132 02）	−0.010 81*** （0.004 10）	−0.000 35** （0.000 17）	−0.011 17*** （0.004 25）	−0.000 85** （0.003 47）	−0.000 02 （0.000 08）	−0.000 87** （0.003 55）
$\hat{\xi}_T$	0.149 81 （0.162 77）	0.328 71 （0.359 31）	0.478 52 （0.521 40）	0.379 04*** （0.016 36）	0.012 49*** （0.003 55）	0.391 53*** （0.017 65）	0.403 50*** （0.013 17）	0.009 37*** （0.002 11）	0.412 88*** （0.013 71）
$\hat{\xi}_H$	−0.358 52*** （0.115 40）	−0.785 84*** （0.263 14）	−1.144 36*** （0.375 79）	0.178 01*** （0.011 80）	0.005 85*** （0.001 63）	0.183 86*** （0.012 15）	0.039 00*** （0.009 97）	0.000 90*** （0.000 32）	0.039 91*** （0.010 21）
α_i	Y	Y	Y	Y	Y	Y	Y	Y	Y

续表

变量	模型六								
	EVA			Rev			Dep		
	直接效应	间接效应	总效应	直接效应	间接效应	总效应	直接效应	间接效应	总效应
λ_t	Y	Y	Y	Y	Y	Y	Y	Y	Y
N	243	243	243	243	243	243	243	243	243
T	4	4	4	4	4	4	4	4	4
K	0.2	0.2	0.2	0.2	0.2	0.2	0.2	0.2	0.2
调整 R^2	0.889	0.889	0.889	0.998	0.998	0.998	0.999	0.999	0.999

注：括号内为标准误

***、**、*分别表示在 1%、5%、10%水平下显著

22.5.4 银行空间竞争关系的深入探究

由于通过空间计量模型只能刻画银行整体竞争趋势，对各家银行以及银行网点之间的空间竞争和依赖关系缺乏进一步的了解，为了更详细地了解每家银行各个网点之间的竞争情况，本章选择了中国农业银行和中国工商银行两个头部银行作为分析对象，使用 ArcGIS 10.8 对中国农业银行和中国工商银行的竞争态势做了一个更加细致的分析。通过分析发现，中国农业银行与中国工商银行在湖北省范围内的分布和竞争情况反映出中国农业银行的覆盖面积要大于中国工商银行，并且在很多人口密度低的区域都有网点分布，相对地，中国工商银行更多地分布于城市人口密集的区域，而在经济不发达的农村区域缺少网点分布。因此从中国农业银行和中国工商银行的网点布局情况来看，可以初步认为这两家银行不存在很激烈的竞争，因为从竞争态势来看这两家头部银行有着完全不同的网点布局和发展方向，其服务的消费对象重合度不高。因此，对这两家银行的网点布局来说，中国农业银行在考虑网点布局和经营时需要关注经济不发达地区的网点发展空间，而中国工商银行则更需要关注城市等经济发达区域的消费者和市场变化。

22.5.5 内生性检验

1. 工具变量法

工具变量法是识别和处理内生性最常用的办法。工具变量需要同时满足相关性和外生性条件，即与内生变量显著相关，但与扰动项不相关。以往关于银行零售网络的研究主要使用外生政策和内生变量的滞后项作为工具变量。蔡卫星（2016）利用 2009 年中国银行业监督管理委员会放松银行分支机构设立管制的外生政策冲击构造了工具变量，李志生等（2020）利用 1937 年城市银行分支机构数量和 2006 年及 2009 年分支机构设立放宽管制事件构造了工具变量，工具变量为 1937 年城市银行分支机构数量和放宽管制虚拟变量的乘积。

最常见的工具变量法涉及 2SLS（two stage least square，两阶段最小二乘法）的使用。使用 2SLS 时，第一阶段需要将内生变量对外生控制变量和工具变量的两个行向量做回归，第二阶段需要用因变量对内生变量的预测值和控制变量进行回归。但当存在高次项时，使用 2SLS 来处理内生性的过程较为烦琐，需要先预测 $\widehat{\text{Tscale}}$ 和 $\widehat{\text{Hscale}}$，然后使用 $\widehat{\text{Tscale}}^2$、$\widehat{\text{Hscale}}^2$ 以及 $\widehat{\text{Tscale}}$、$\widehat{\text{Hscale}}$ 和 Tload、Hload 的交互项分别作为上述高次项内生变量的工具变量（Wooldridge，1997，2010），然后按步骤进行 2SLS 估计。此时控制函数法能有效且更为简洁地处理内生性。

2. 控制函数法

控制函数法在大多数方面与 2SLS 类似，同样需要寻找内生变量的工具变量（Wooldridge，2010），且第一阶段与 2SLS 相同，需要将内生变量对控制变量和工具变量的两个行向量做回归。然而，与 2SLS 不同的是，在第二阶段，控制函数法不使用内生变量的预测值，而是将因变量对内生变量、控制变量和第一阶段估计的残差（即控制变量和工具变量之外的所有变量对内生变量的影响的综合值）做回归。由于将残差加入模型时，内生变量的内生性部分已经得到了控制，因此即使模型中存在内生变量的高次项，也不需要再寻找高次项的工具变量。此外，控制函数法不需要单独进行 Hausman 检验（Hausman and Wise，1978），在第二阶段对残差的系数进行估计相当于进行 Hausman 检验，若系数不显著则说明内生性不是一个大问题，若系数显著则说明内生性确实存在。

参考前人的研究，本章利用 2010 年的银行零售网络规模作为银行当年零售网络规模的工具变量。一方面，银行零售网络规模逐年循序渐进地调整，2010 年与研究期间的银行零售网络规模应当存在相关性；另一方面，由于 2010 年互联网金融的概念尚未提出，银行零售网络的经营环境与本章研究期间的经营环境存在巨大差异，当时的银行零售网络规模与研究期间模型的扰动项相关的可能性已经非常低。因此，本章认为 2010 年的银行零售网络规模能够满足相关性和外生性条件，可以作为工具变量。

本章参考常见的控制函数法的处理方法，构建了二阶段岭回归模型和二阶段空间计量模型。在第一阶段，本章分别将控制变量对内生变量 Tscale 和 Hscale 的两个工具变量 Tscale_{2010}、Hscale_{2010} 做回归，分别得到残差 $\hat{\xi}_T$ 和 $\hat{\xi}_H$，该残差表示模型中未观测到的其他因素对内生变量的影响；在第二阶段，本章在原来的岭回归模型和空间计量模型中加入残差 $\hat{\xi}_T$ 和 $\hat{\xi}_H$，用于控制 Tscale 和 Hscale 及其高次项的内生性。

22.6 结 束 语

22.6.1 主要结论

本章结合零售业空间竞争理论，构建了银行零售网络结构对绩效的影响模型，参考以往零售业空间竞争研究的变量设计，本章在控制了银行消费者差异和产品服务差异的基础上，分别研究了银行零售网络规模对绩效的主效应以及网点负载的调节效应。由于银行零售网络存在两个具有高度异质性的组成部分——技术型零售网络和人力型零售网络，本章在研究主效应和调节效应时，均对银行零售网络类型进行了区分，分别研究了技术型零售网络和人力型零售网络的效应。研究发现，技术型零售网络规模和人力型零售网络规模对银行绩效有显著的正"U"形影响。并且进一步研究发现，网点负载能调节技术型零售网络规模和人力型零售网络规模对银行绩效的影响，具体地，技术型网点和人力型网点的负载增大时能够增强技术型零售网络规模对银行绩效的正"U"形影响，但同时也会削弱人力型零售网络规模对银行绩效的正"U"形影响。

22.6.2　理论贡献

本章从以下三个方面丰富和深化了关于银行零售网络空间竞争的研究。

首先，与以往研究使用银行内部数据相比，本章还使用了开源大数据。银行内部数据一般局限于银行绩效数据和银行网点运营数据。而开源大数据还包括了网点周边环境数据、周边用户数据和周边竞争数据，因此具有数据量大、精确度高和类型多元等独特优势，使得本章的研究更加科学，结论更加有效。

其次，以往相关研究主要集中在某几个或某一类银行，而本章采用了 243 家中国的商业银行，其银行资产占总量的 73.3%，网点数目占总量的 75%，相较于之前的局部样本，全量样本更加具有代表性，增强了研究结果的普适性。

再次，以往关于银行网点的研究更多集中在银行的网点布局优化，缺少对银行实体服务资源运营进行高精度和全方位的诊断优化，本章使用理论实证方式以整体的视角对银行实体服务资源进行了分析，丰富了以往研究。

最后，本章区分并研究了技术型零售网络和人力型零售网络的差异。以往研究发现网点负载越高则网点绩效越高，而未对网点类型进行区分（Anselin，2013），但本章基于技术型网点和人力型网点不同的性质，认为网点负载在两类网点构成的零售网络中发挥着不同的作用。本章研究发现两种类型的网点负载对网络规模和银行绩效之间的正"U"形关系起到了相反的调节作用。在某些情况下网点负载高确实有正面作用，比如促进技术型零售网络内部的规模效应，削弱人力型零售网络之间的蚕食效应，但网点负载高同时也会加剧技术型零售网络内部的蚕食效应，削弱人力型零售网络内部的规模效应。因此，网点负载高的作用是正面的还是负面的，需要结合零售网络的类型是技术型还是人力型以及其处于规模效应还是蚕食效应中来判定。

22.6.3　管理启示

在线下网点被互联网金融入侵而逐渐势微的局面下，当前的银行业面临着对数十万个网点进行有效管理的巨大压力。本章为银行业是否有必要进行网点调整、如何进行网点调整提供了参考依据，具体的管理启示如下。

（1）中小银行适合发挥“灵活有特色”的优势，新增网点难以提高绩效，裁撤网点反而可以改善绩效。中小银行的主要优势是“灵活有特色”，零售网络规模越大，越容易丧失这一特色；在规模效应尚未形成之前，更多网点带来的管理难度增加、互相抢夺市场、新网点服务质量不稳定等问题可能会导致蚕食效应更加严重。本章的结论也说明中小银行的零售网络正处于蚕食效应中，而根据目前线下零售网络势微的局面来看，中小银行难以通过大量扩张其零售网络规模来突破从蚕食效应到规模效应的临界点。因此，裁撤网点对于中小银行缓解蚕食效应、降低管理成本而言是更合时宜的选择。

具体地，网点负载高的中小银行适合裁撤技术型网点，而网点负载低的中小银行适合裁撤人力型网点。虽然高负载的技术型网点和低负载的人力型网点具有较强的空间竞争力，但对于规模效应尚未显现、仍停留在内部蚕食阶段的中小银行而言，单个网点的空间竞争力越强并不意味着该网点能在外部竞争中为银行带来更多消费者资源，因为该网点在该银行零售网络的内部竞争中能抢走更多的消费者资源，压缩其余网点的生存空间。裁撤掉这些占有更多消费者资源的网点，将资源释放给其他剩余的网点来经营，反而能提高银行零售网络的绩效。

（2）大型银行适合保持“大而不倒”的市场地位，新增网点仍可提高绩效，裁撤网点会损失绩效。大型银行的主要优势是“大而不倒”，强大的信用背书使其仅凭其“大”的特点就能不断吸引新的消费者，本章的实证研究也说明，其零售网络内部已经由蚕食效应转向规模效应。即使在线下零售网络逐渐衰退的当下，大型银行庞大的零售网络仍然发挥着增强消费者信心、吸收消费者资源的作用，网络规模越大，银行绩效越好。因此，大型银行仍可结合自身的战略需要适当增设网点，而裁撤网点会在一定程度上降低绩效。

具体地，网点负载高的大型银行适合增设技术型网点，而网点负载低的大型银行适合增设人力型网点。因为高负载的技术型网点和低负载的人力型网点具有更强的空间影响力，对于规模效应凸显的大型银行而言，高空间竞争力的银行网点能为银行在外部竞争中赢得更多消费者资源，提高银行零售网络的绩效。

22.6.4 局限

首先，本章在处理自选择偏误导致的内生性问题时，没有考虑银行管理者的管理决策风格存在差异，不同银行的自选择效应可能存在异质性。当异质性存在时，使用 Garen（1984）的两阶段模型比普通的控制函数法更加准确。Garen（1984）在内生变量是连续变量的情况下，首次提出了具有相关随机系数的估计量。为了解释这个估计量，Heckman 和 Vytlacil（1998）提出了相关随机系数模型，该模型假设未观测到的异质性是随机的，能够估计出这种随机效应并加以控制。在异质性的背景下，Garen（1984）的估计方法更有效（虽然我们在模型中考虑了银行固定效应，但是没有揭示这种差异）。

其次，由于银行的企业业务数据的不可得性，本章主要从个人消费者角度出发考虑银行零售网络的空间结构对绩效的影响，未来研究可以讨论银行企业业务的空间结构影响作用，将使得研究结论更加具有针对性。

参 考 文 献

蔡卫星. 2016. 分支机构市场准入放松、跨区域经营与银行绩效. 金融研究, (6): 127-141.

范小云, 荣宇浩, 王博. 2021. 我国系统重要性银行评估: 网络层次结构视角. 管理科学学报, 24(2): 48-74.

顾锋, 黄培清, 周东生. 2002. 消费者不均匀分布时企业的最小产品差异策略. 系统工程学报, (5): 467-471.

郭峰, 胡军. 2016. 地区金融扩张的竞争效应和溢出效应: 基于空间面板模型的分析. 经济学报, 3(2): 1-20.

郭峰, 王靖一, 王芳, 等. 2020. 测度中国数字普惠金融发展: 指数编制与空间特征. 经济学(季刊), 19(4): 1401-1418.

郭品, 沈悦. 2015. 互联网金融加重了商业银行的风险承担吗？——来自中国银行业的经验证据. 南开经济研究, (4): 80-97.

黄隽. 2007. 银行竞争与银行数量关系研究: 基于韩国、中国和中国台湾的数据. 金融研究, (7): 78-93.

黄丽华, 朱海林, 刘伟华, 等. 2021. 企业数字化转型和管理: 研究框架与展望. 管理科学学报, 24(8): 26-35.

李志生, 金凌, 孔东民. 2020. 分支机构空间分布、银行竞争与企业债务决策. 经济研究, 55(10): 141-158.

刘晓恒, 杨柳. 2016. 基于 Voronoi 图的农村居民点空间分布及整治潜力研究: 以威宁县为例. 国土与自然资源研究, (6): 46-51.

刘永涛. 2004. 上海证券市场 β 系数相关特性的实证研究. 管理科学, (1): 29-35.

卢李, 袁静雅, 李虹含. 2016. 我国商业银行 EVA 绩效评价及影响因子分析. 统计与决策, (5): 168-171.

罗庆, 王冰冰, 李小建, 等. 2019. 郑州主城区银行网点的时空分布特征及区位选择. 经济地理, 39(8): 116-125.

罗上远, 陈代芬, 徐天亮. 2001. 连锁企业多品种库存分布研究. 管理工程学报, (4): 28-30.

粟芳, 邹奕格, 韩冬梅. 2020. 中国农村地区互联网金融普惠悖论的调查研究: 基于上海财经大学 2017 年“千村调查”. 管理科学学报, 23(9): 76-94.

王礼, 曹飞. 2017. 银行业如何走出“中等规模陷阱”. 中国银行业, (8): 30-33.

王新生, 郭庆胜, 姜友华. 2000. 一种用于界定经济客体空间影响范围的方法: Voronoi 图. 地理研究, (3): 311-315.

谢绚丽, 沈艳, 张皓星, 等. 2018. 数字金融能促进创业吗？——来自中国的证据. 经济学(季刊), 17(4): 1557-1580.

徐淑贤, 刘天亮, 黄海军, 等. 2020. 自驾偏好、居民异质与居住选址: 基于单中心城市模型的空间均衡分析. 管理科学学报, 23(6): 73-89.

赵燕冰. 2016. EVA 在中小银行绩效评价中的应用. 现代商贸工业, 37(16): 92-95.

Ahlin C, Ahlin P D. 2013. Product differentiation under congestion: hotelling was right. Economic Inquiry, 51(3): 1750-1763.

Allen F, Gale D. 2000. Financial contagion. Journal of Political Economy, 108(1): 1-33.

Anselin L. 2013. Spatial Econometrics: Methods and Models. Heidelberg: Springer Dordrecht.

Beatson A, Coote L V, Rudd J M. 2006. Determining consumer satisfaction and commitment through self-service technology and personal service usage. Journal of Marketing Management, 22(7/8): 853-882.

Bishop Gagliano K, Hathcote J. 1994. Customer expectations and perceptions of service quality in retail apparel specialty stores. Journal of Services Marketing, 8(1): 60-69.

Bitner M J, Booms B H, Tetreault M S. 1990. The service encounter: diagnosing favorable and unfavorable incidents. Journal of Marketing, 54(1): 71.

Cressie N A C. 2015. Statistics for Spatial Data. New York: John Wiley & Son.

Damodaran A. 2013. Equity risk premiums(ERP): determinants, estimation and implications-the 2013 edition//Roggi O, Altman E I. Managing and Measuring Risk: Emerging Global Standards and Regulations After the Financial Crisis. Singapore: World Scientific Publishing.

Delasay M, Ingolfsson A, Kolfal B. 2016. Modeling load and overwork effects in queueing systems with adaptive service rates. Operations Research, 64(4): 867-885.

Dobson G, Karmarkar U S. 1987. Competitive location on a network. Operations Research, 35(4): 565-574.

Elhorst J P. 2014. Spatial Econometrics: From Cross-Sectional Data to Spatial Panels. Heidelberg: Springer.

Forlin V, Scholz E M. 2020. Strategic take-back programs when consumers have heterogeneous environmental preferences. Resource and Energy Economics, 60: 101150.

Garen J. 1984. The returns to schooling: a selectivity bias approach with a continuous choice variable. Econometrica: Journal of The Econometric Society, 52(5): 1199.

Ghosh A, Craig C. 1991. FRANSYS: a franchise distribution system location model. Journal of Retailing, 67(4): 466-498.

Haining R. 1993. Spatial Data Analysis in the Social and Environmental Sciences. Cambridge: Cambridge University Press.

Hausman J A, Wise D A. 1978. A conditional probit model for qualitative choice: discrete decisions recognizing interdependence and heterogeneous preferences. Econometrica, 46(2): 403-426.

Heckman J, Vytlacil E.1998. Instrumental variables methods for the correlated random coefficient model: estimating the average rate of return to schooling when the return is correlated with schooling. The Journal of Human Resources, 33(4): 974-987.

Huff D L. 1964. Defining and estimating a trading area. Journal of Marketing, 28(3): 34-38.

Kalnins A, Chung W. 2004. Resource-seeking agglomeration: a study of market entry in the lodging industry. Strategic Management Journal, 25(7): 689-699.

Larralde H, Stehlé J, Jensen P. 2009. Analytical solution of a multi-dimensional Hotelling model with quadratic transportation costs. Regional Science and Urban Economics, 39(3): 343-349.

Lee M K, Verma R, Roth A. 2015. Understanding customer value in technology-enabled services: a numerical taxonomy based on usage and utility. Service Science, 7(3): 227-248.

LeSage J P, Pace R K. 2010. Spatial econometric models//Fischer M, Getis A. Handbook of Applied Spatial Analysis. Heidelberg: Springer: 355-376.

Meuter M L, Ostrom A L, Roundtree R I, et al. 2000. Self-service technologies: understanding customer satisfaction with technology-based service encounters. Journal of Marketing, 64(3): 50-64.

Pancras J, Sriram S, Kumar V. 2012. Empirical investigation of retail expansion and cannibalization in a dynamic environment. Management Science, 58(11): 2001-2018.

Parasuraman A, Grewal D. 2000. The impact of technology on the quality-value-loyalty chain: a research agenda. Journal of the Academy of Marketing Science, 28(1): 168-174.

Quelch J. 2008. Starbucks' lessons for premium brands. HBS Working Knowledge, 18(1): 41-47.

Shaked A, Sutton J. 1982. Relaxing price competition through product differentiation. The Review of Economic Studies, 49(1): 3-13.

Shen Q W, Xiao P. 2014. McDonald's and KFC in China: competitors or companions? . Marketing Science, 33(2): 287-307.

Simonson I, Drolet A. 2004. Anchoring effects on consumers' willingness-to-pay and willingness-to-accept. Journal of Consumer Research, 31(3): 681-690.

Toivanen O, Waterson M. 2005. Market structure and entry: where's the beef? . The RAND Journal of Economics, 36(3): 680-699.

Vitorino M A. 2012. Empirical entry games with complementarities: an application to the shopping center industry. Journal of Marketing Research, 49(2): 175-191.

Wang X Q, Zhang X D, Liu X H, et al. 2012. Branch reconfiguration practice through operations research in industrial and commercial bank of China. Interfaces, 42(1): 33-44.

Wooldridge J M. 1997. On two stage least squares estimation of the average treatment effect in a random coefficient model. Economics Letters, 56(2): 129-133.

Wooldridge J M. 2010. Econometric Analysis of Cross Section and Panel Data. Cambridge: MIT press.

Yu W Y. 2020. Robust model of discrete competitive facility location problem with partially proportional rule. Mathematical Problems in Engineering, 2020: 1-12.

Yu W S, Yu Y. 2014. The complexion of dynamic duopoly game with horizontal differentiated products. Economic Modelling, (41): 289-297.

附　　录

附表 22-1　本章 2015 年原始数据的描述性统计结果①

变量	观测值	平均值	标准差	最小值	最大值
EVA	243	2 929 995	1 440 833	−503 732	13 500 000
Rev	243	1 841 177	7 836 544	22 430.820	69 800 000
Dep	243	41 800 000	183 000 000	446 743	1 630 000 000
Tscale	243	786.054	3 944.378	0	35 894
Hscale	243	573.313	3 118.281	0	32 370
Tload	243	1 449.311	1 265.546	1	9 134.612
Hload	243	1 587.488	1 568.602	4.275	13 458.720
Gdp	243	67 558.880	29 113.360	10 417	171 172.200
Sav	243	14 500 000	15 900 000	735 735.800	72 000 000
Edu	243	0.846	0.061	0.610	0.977

① 对于最小值出现小于或等于零的变量，本章将这些变量的数值加上一个正值，使最小值在加上该值之后等于 1，便于对数化处理。

续表

变量	观测值	平均值	标准差	最小值	最大值
Med	243	9 255.778	8 693.222	711.000	42 595.120
Wel	243	40 087.750	75 722.300	48.125	444 959.100
Cov	243	86.631	15.604	38.662	167.732
Dee	243	85.677	10.125	54.357	130.496
Dig	243	52.684	6.751	1.468	79.753
Cog	243	51.043	51.775	0	239.966
Org	243	17.900	18.994	0	82.154
Pro	243	20.077	19.082	0	142.223
WMY	243	0.047	0.007	0.029	0.100
Age	243	12.412	9.883	1	115

附表 22-2　本章 2016 年原始数据的描述性统计结果

变量	观测值	平均值	标准差	最小值	最大值
EVA	243	241 695.500	1 178 526	–468 425	10 700 000
Rev	243	1 873 106	7 733 065	25 619.120	67 600 000
Dep	243	46 500 000	202 000 000	501 892.100	1 780 000 000
Tscale	243	659.576	3 449.885	0	32 594
Hscale	243	544.202	2 920.946	0	31 646
Tload	243	1 619.025	1 596.903	0.737	16 861.780
Hload	243	1 901.237	1 681.903	0.230	22 212.530
Gdp	243	70 084.710	31 089.380	11 381	192 825
Sav	243	11 000 000	16 300 000	823 438.900	136 000 000
Edu	243	0.846	0.064	0.556	0.987
Med	243	7 761.083	8 572.287	715.836	59 547.550
Wel	243	55 533.090	265 649.800	51.529	2 353 475
Cov	243	100.028	5.841	65.220	115.426
Dee	243	104.959	10.351	76.640	130.797
Dig	243	75.957	8.239	22.373	93.896
Cog	243	61.355	56.215	0	297.652
Org	243	20.888	20.169	0	98.483
Pro	243	25.023	20.425	0	151.118
WMY	243	0.048	0.015	0.030	0.200
Age	243	13.403	9.892	2	116

附表 22-3　本章 2017 年原始数据的描述性统计结果

变量	观测值	平均值	标准差	最小值	最大值
EVA	243	139 845.100	827 364.900	−827 513	9 095 849
Rev	243	1 925 663	8 047 162	2 154.569	72 700 000
Dep	243	49 700 000	216 000 000	567 694.100	1 920 000 000
Tscale	243	659.494	3 527.401	0	32 874
Hscale	243	482.136	2 460.992	2	26 594
Tload	243	1 668.701	1 590.251	1.000	12 918.540
Hload	243	1 998.558	1 190.241	85.533	8 265.604
Gdp	243	74 861.880	24 988.680	13 686.990	214 939.400
Sav	243	14 300 000	10 300 000	1 061 143	83 900 000
Edu	243	0.851	0.041	0.613	0.952
Med	243	3 974.153	2 008.765	736	21 166.750
Wel	243	46 009.780	89 903.310	169.900	689 987
Cov	243	101.164	5.073	84.074	113.116
Dee	243	141.811	12.725	104.745	178.631
Dig	243	101.351	6.407	59.542	124.100
Cog	243	85.173	78.314	0	434.779
Org	243	24.784	23.435	0	109.296
Pro	243	31.179	23.718	0	183.091
WMY	243	0.048	0.015	0.026	0.200
Age	243	14.407	9.887	3	117

附表 22-4　本章 2018 年原始数据的描述性统计结果

变量	观测值	平均值	标准差	最小值	最大值
EVA	243	63 960.710	575 282.800	−1 226 198	6 030 242
Rev	243	2 108 027	8 631 977	28 672.920	77 400 000
Dep	243	54 400 000	234 000 000	552 632.600	2 140 000 000
Tscale	243	690.667	3 739.777	0	34 351
Hscale	243	504.794	2 554.661	3	27 604
Tload	243	1 770.025	1 532.768	1	9 479.468
Hload	243	1 844.615	966.653	75.337	5 190.917
Gdp	243	80 883.080	35 135.200	12 562	284 649.200
Sav	243	15 400 000	18 900 000	1 066 897	151 000 000
Edu	243	0.855	0.056	0.656	0.978
Med	243	4 221.765	2 933.963	1 408.406	27 969.960

续表

变量	观测值	平均值	标准差	最小值	最大值
Wel	243	34 799.780	132 258.700	146.600	1 854 819
Cov	243	100.445	5.264	79.635	113.284
Dee	243	144.277	14.469	94.570	181.488
Dig	243	114.319	4.874	93.019	138.264
Cog	243	106.431	97.110	0	506.762
Org	243	26.644	23.263	0	108.667
Pro	243	33.874	29.851	0	295.048
WMY	243	0.048	0.010	0.029	0.150
Age	243	15.407	9.887	4	118

第 23 章　疫情与城际消费流动：基于城市消费功能及产业数字化视角①

23.1　引　　言

随着区域一体化进程的推动，城市群间的互动与联系逐渐加强。以通勤、商务出行与休闲旅行为主的人口流动，以及产业要素流动等，进一步带动了城际消费流动。然而，2020 年初新冠疫情暴发并逐渐蔓延，对地区型经济造成了极大的影响（Maital and Barzani，2020；Ozili and Arun，2023），包括劳动就业、生产投资、社会零售品销售、消费需求以及贸易平衡等方面。为了抑制新冠疫情扩散，人群流动与集聚减少，进一步影响了城际的交流（Fang et al.，2020），2020 年 2 月各城市本地以及城际消费均处于波谷位置。到 2020 年后半年，我国疫情基本平稳，绝大部分的经济指标均已恢复到 2019 年的同期水平。2020 年国民经济总产值同比增长 2.3%，其中第三产业增加值同比增长 2.1%②。不过，城市 GDP 的快速恢复是不是一定伴随着城际消费流动的恢复？

McCartney 等（2021）认为当前协同发展式的经济严重依赖于城市之间的流动，GDP 的恢复理论上会带动更多的城市人口流动与消费流动，因此城际消费流动的恢复是一种必然。然而，疫情限制了消费者的活动范围，在常态化防疫措施，以及对自身健康安全的多重考虑下，消费者行为习惯将受到持续性影响——促使人们由到店消费转为到家消费，也倾向于在本地消费而减少城际流动。同时疫情期间，线下消费显著减少（Bounie et al.，2020），线上服务的需求激增，极大地促进了城市本地生活服务行业的创新与数字化建设（Kamal，2020；Amankwah-Amoah et al.，2021），有效地提升了城市的服务能力并扩大了服务范围。再加上城市内需政策的拉动，理论上也能更好地刺激并满足本地消费需求，进而减少异地消费。

基于上述分析，城市消费流动在疫情平稳后是否能够快速恢复还有待全面地

---

① 本章作者：黄逸雨（复旦大学管理学院）、卢向华（复旦大学管理学院）、许博（复旦大学管理学院）。通讯作者：许博（bxu@fudan.edu.cn）。基金项目：国家自然科学基金资助重大研究计划集成项目（91846302）；国家杰出青年科学基金资助项目（72225004）。本章内容原载于《管理科学学报》2023 年第 5 期。

② 《2020 年国民经济稳定恢复 主要目标完成好于预期》，https://www.gov.cn/xinwen/2021-01/18/content_5580658.htm[2021-01-18]。

研究。更进一步，不同类型城市的恢复速度是否会有所不同？根据城市人口迁徙的“推拉”理论，中心城市具有更好的服务能力、基础建设以及产业发展水平，具有较强的城市“拉动”效应，可以吸引更多劳动要素或者消费力的流入。而非中心城市则表现为更高的外向型消费倾向，其消费流出占比要明显高于中心城市。故而，疫情分别对这两类城市的消费流动恢复带来了怎样的差异化影响？如果分别从消费流出与消费流入两个方面来看，不同城市的恢复存在差异，又是由何原因造成的？

本章基于长三角地区 41 个城市在 2019 年至 2020 年两年的本地生活服务平台数据，对这些问题进行了实证分析，希望探索城际消费流动恢复的异质性，及其背后的关键影响因素。本章还引入城市消费功能以及服务产业数字化等因素，检验了疫情后不同城市消费流动变化背后的机理。实证结果显示，2020 年 7 月至 2020 年 12 月，尽管城市 GDP 已经全面恢复，但城际消费流动相较疫情前同期下降仍然明显。从城市异质性来看，中心城市具备更好的经济韧性，消费流动恢复较快，尤其是其消费流出。然而疫情后，中心城市吸引力有所下降，消费流入相较非中心城市下降更明显。究其原因，中心城市消费流入中休闲娱乐、购物特性更强，随着疫情期间本地产业发展以及线上服务能力建设，这类差距更容易被弥补。而中心城市的流出旅游目的性强，自然、人文景观均需前往当地体验，需求不容易被替代。同时疫情期间，人们线下活动的减少，使得线上服务需求激增，这促使非中心城市强化数字化基础建设与供给能力，进而提升了线上服务渗透率与多元化，数字鸿沟差距的缩小也进一步减少了城际消费依赖性。本章探索城际流动恢复及其背后的机理，对于后疫情时代各城市如何兼顾外需的吸引与内需的拉动具有一定意义。

23.2 文献综述

23.2.1 疫情对城际人口流动的影响

区域一体化的意义在于消除城际消费壁垒与贸易摩擦，同时城际合作便于要素的互补与交换。区域一体化可以被视为一种动态过程（Havens and Balassa，1962），区域间的合作联系、互动融合可以反映出区域成员之间对行政边界壁垒感知的“消弭”。区域一体化进程让城际交流往来日渐频繁，人类活动空间不断扩大，代表着社会的一种进步。然而，受新冠疫情影响，人们对于自身健康与防护的重视不断加强，从而减少了人群的流动与聚集。随着各地消费者流动性降低，以往的区域一体化进程也受到了阻碍。

城际要素流动的本质在于人口流动，本章首先对疫情如何影响人口流动的相关文献进行梳理。城际人口流动主要分为三种类型：通勤、商务出行以及休闲旅行。疫情以来，居家办公有效地减少了与工作有关的短途通勤，城市间的连通性大幅缩小（Cui et al.，2020）。城际旅行决策往往由社会人口、城市经济和空间属性以及交通服务等因素共同决定。减少人群聚集与公共出行作为遏制疫情传播的有效措施，导致了城际人口流动骤降（Li et al.，2021）。对新冠疫情的防治，加剧了全球城市连接网络中核心和外围之间的鸿沟（Acuto et al.，2020）。Liu 等（2020）利用百度的人口流动大数据构建了城市健康指数（health index of cities，HIC），结果表明城市内部以及城际人口流动规模受到显著影响，其中城际人口流动受到的影响更加严重，省会城市 HIC 下降更为显著，同时呈现持续性下降趋势（Liu et al.，2020）。

进一步地，人口流动与社会经济发展具有强关联性（Pappalardo et al.，2015）。Bonaccorsi 等（2020）认为疫情期间的防治与管理，使得人口流动受限，将进一步影响地区经济，在社会成本上升、财政收入降低的同时可能会加剧不平等现象。新冠疫情使得工人复工受阻，生产活动收缩导致制造业企业劳动生产率低；各行业生产成本增加，进一步影响产业链发展；同时，国际贸易成本上升，全球供应链运作被打乱、相互影响，跨国贸易受到了严重冲击（Verschuur et al.，2021）。更重要的是，作为国民经济“三驾马车”之一的消费经济也深受其困，消费者和企业对于疫情蔓延的担忧改变了其以往的消费模式，从本地生活来看，人们线下消费明显减少（Chen et al.，2021）。从城际流动来看，与城市内短程出行相比，疫情对城际远程流动造成了更大的影响（Pullano et al.，2020）。消费者的活动范围因疫情受限，促使其消费渠道的偏好由线下到店转为线上到家，异地城际消费也更多地转为本地消费。

简言之，疫情重塑了以往的区域一体化发展进程，抑制了人口流动，并进而影响城际消费流动。随着防疫措施初见成效，消费者社交活动、旅行等逐渐缓慢地恢复，城际人口流动重新为消费性服务行业输入经济活力。然而人的行为具有惯性，新冠疫情对人们国内或国际旅游偏好所造成的长期影响还不得而知（Beck and Hensher，2020）。已有的文献主要分析了自疫情扩散以来人口流动的实时动态变化，以及其进一步对经济的影响，但较少地分析疫情冲击对城际人口流动变化以及其对消费流动的滞后或长期影响。为弥补文献中的缺口，本章期望探索后疫情时代城际消费流动的恢复，与城市流入流出消费倾向的改变情况，以及区域一体化中不同类型城市的异质性效应。

23.2.2　城市经济韧性与恢复的关键因素

疫情后城际消费流动的恢复同时还取决于城市经济基础的差异性以及重振经

济的不同管理措施。本章进一步梳理了城市经济韧性与恢复影响因素相关的文献，以期探索这些因素如何影响城际消费流动格局。

在危机时期重新配置城市要素，完善城市基础设施建设，对于城市经济复苏与可持续性发展具有重要作用。疫情形势趋缓后，国内经济逐渐复苏，然而恢复速度存在着明显的地域差异（Gong et al.，2020）。区域恢复存在差异的原因，一方面是受到疫情影响程度不一；另一方面是由于不同地区内政府、企业以及经济个体等的应对措施存在差异。基于复杂适应系统理论和演化理论，区域、城市作为由经济个体、企业、政府以及基础设施等构成的自适应组织，具备动态的调整能力，可以采取有效举措以应对冲击，促进区域经济的恢复（Martin and Sunley，2007）。经济地理学使用区域经济韧性定义区域经济抵御各类冲击，从中恢复并重定向的能力（Martin and Sunley，2015）。

不同地区的经济韧性为何存在差异？以往文献分析经济韧性与恢复主要受到四个交互子系统影响，包括产业结构、劳动力市场、金融市场以及政府管控。其中，被关注较多的为各地区产业结构与发展，包括多样化与专业化、市场导向、创新与创业等交互影响因素（Martin and Sunley，2015）。不同产业类型对经济韧性也存在不同的影响，相较于制造业，以服务业为主的地区被认为更能抵御冲击（Mai et al.，2021）。在 1992 年与 2008 年的经济危机中，服务密集型地区呈现出更大的经济韧性（Navarro-Espigares et al.，2012）。餐饮、酒旅以及休闲娱乐等消费性服务行业发展水平作为影响城际流动的关键要素，在此次疫情中受到了更加严重的冲击，城市经济韧性与线下服务行业的恢复，对疫情后重塑消费格局具有重要作用。

以往文献中首先关注的是产业结构的多元化，其中服务业对经济增长呈现出负向的专业化效应和正向的多元化效应（Combes，2000）。不仅服务行业结构的多元化可以分散疫情冲击的风险、避免面临单一行业的发展壁垒；多样化的运营能力也有助于行业创新，寻求新的产业价值增长点，促进城市经济消费；也有观点认为，专业化的产业结构具备更高的技术、知识聚集优势，能促进地区经济从冲击中较快地恢复（Fingleton and Palombi，2013；Brown and Greenbaum，2017）。不同的产业结构发展将影响其定位，塑造具备不同消费功能的城市形象，差异化的消费结构将进一步影响经济增长质量（吴艳等，2021）。

其次，创新在区域经济演化动态中极具重要性。创新可以提高区域经济的适应能力，创新领导地区更能灵活响应、重新定向，以抵御危机并较快从中恢复（Bristow and Healy，2018）。对信息技术的投入与使用可有效促进全要素生产率提高、促进经济内生增长（Dewan and Kraemer，2000），技术创新已经成为经济萧条期间复苏的主要驱动力（Simmie，2014）。同时，信息技术与产品服务多样性之间存在一定的互补关系，技术创新减少了信息摩擦，降低了搜索、生产与交易等成本，将促进产品服务多元发展（de Vos and Meijers，2019）。此外，产业结构越多元化的地区，越利于知识集聚以及跨组织的知识溢出，帮助企业识别与创造更多新机会（Bishop，2019）。

技术进步所带来的替代与渗透效应正在赋能传统产业，通过补充以及提升劳动、资本等传统要素生产效率，促进经济增长（蔡跃洲和张钧南，2015）。疫情期间服务业创新能力，主要体现在数字技术赋能上，数字化转型升级已经成为各商家抵御疫情冲击的措施之一（Dwivedi et al.，2020）。疫情以来新零售、到家服务等需求增长迅速，进一步促进商家供应链、服务系统建设（汤铎铎等，2020），数字化赋能有效地提升了城市服务能力并扩大了服务范围（陈收等，2021）。

然而，疫情之前不同地区的技术发展存在差异。“数字鸿沟”表示不同个体、集体以及地区之间在对信息技术的获取以及使用上的差距，其与社会经济、人口位置等因素相关（DiMaggio and Hargittai，2001）。互联网渗透率与国民收入呈现正相关（Kraemer et al.，2005），并重塑了经济地理格局（安同良和杨晨，2020）。而技术发展也可能会加剧区域间不平衡，因为欠发达地区缺乏专业劳动力，仅增加基础设施投入并不一定能促进经济增长（Forman et al.，2012）。前人还研究了如何改善社会弱势群体的信息技术使用能力（Po-An Hsieh et al.，2011），以缓解地区间数字鸿沟（Venkatesh and Sykes，2013）。疫情期间线上服务供需激增，将如何影响地区之间的数字鸿沟？以往城市间经济发展的差异将会促进要素流动，服务业数字化建设又将如何影响城际消费依赖与消费流动？疫情这一“自然实验”情境，也为本章提供了研究机会。

本章引入了城市特征中与消费性服务产业相关的若干变量，如城市消费功能定位、产业数字化建设如线上化水平与结构多元化等，希望探索疫情后不同城市消费流动恢复差异背后的解释机制，以期理解影响经济动态性的核心要素和原因，为加速疫情常态化下的经济建设提供指导。研究的理论框架模型如图 23-1 所示。

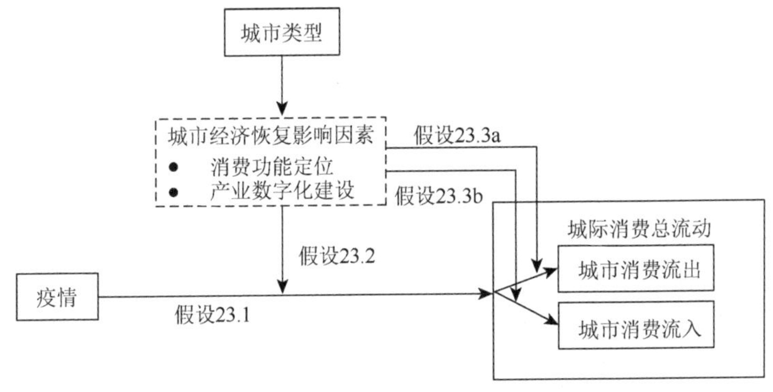

图 23-1　研究的理论框架模型

23.2.3　研究假设

1. 疫情对城际消费流动的影响

疫情暴发以来，人们出行活动、流动与聚集的减少，进一步影响了消费者的消费观念与行为模式——从到店消费转为到家消费，从城际消费转为本地消费。这主要是因为消费者对疫情感染风险产生了感知威胁以及利他恐惧，促使其在城市内部的购物渠道由线下转为线上（Youn et al.，2021）。而由于城际消费的可替代性更强，同时消费者的感知威胁对城际消费决策的影响会进一步放大，故而在疫情冲击下，短期内出现了城际人口流动锐减、城际消费减少的现象。即使从长期来看，消费者购物渠道的改变、对自身健康关注的重视，对于城际消费流动的负面影响也具有一定的持续性，导致城际消费流动恢复相较于城市本地消费恢复，会更为缓慢。

以往城市发展水平之间的不平衡，在一定程度上促进了城际人口以及产业要素等流动。区域间交流联系加强，将削弱由城市行政边界带来的无形消费壁垒，并进一步促进城际消费流动提升。"推拉"模型表明，城市社会、政治、经济因素将驱使人们选择合适的目的地，城市间的差异将带来城际流动。其中，就业机会、房价会影响通勤的选择，产业发展与聚集将影响商务出行，而旅游资源、星级酒店、服务能力等第三产业发展水平为城际休闲旅行的关键"推拉"因素（Cui et al.，2020）。然而，一旦本地具备可替代因素，考虑到时间、交通成本等，外地的拉动作用将有所减弱。疫情进一步加速了城市本地生活服务行业建设，因此随着本地替代性因素增强，城际差异逐渐缩小，以往的资源配置、要素交换的需求也随之减少，故而疫情在一定程度上重新构筑了城际的消费壁垒。

综上，随着消费者行为改变，以及城市自给自足的能力提升，即使是疫情平稳后，城际流动消费倾向下降的趋势仍将维持较长的时间，故而本章提出如下假设。

假设 23.1：疫情平稳后，城际消费流动规模在一定时间内呈现整体下降趋势。

2. 疫情对不同类型城际消费流动规模的影响

城市是生产与消费网络连接的关键节点，网络流动更高的城市往往被认为是经济中心（王艳茹和谷人旭，2019）。根据城市在城际消费网络中的重要性，可以将城市划分为中心城市以及非中心城市两种类型，以长三角地区为例，以上海、苏州、杭州等城市作为长三角城市圈的关键枢纽，具备更高的服务质量与多元化的服务业态，将吸引周边中小城市的消费者流入。同时，由于城市收入水平相较而言更高，中心城市的消费者对于周边城市也具有较强的消费活力输出。整体而言，中心城市消费流动规模相较更高。

另外，中心城市的产业结构相较更多元化，可以分散疫情冲击的风险、避免面临单一行业的发展壁垒，同时，中心城市科技发展水平相较更好，可吸引较多高质量企业与人才，产业创新能力相对较强。产业运营的多样化以及创新能力，有助于在危机中重新定位，寻求新的产业价值增长点，重振城市经济（Brown and Greenbaum，2017）。疫情平稳后，中心城市复工复产的需求更为迫切，通勤、商务出行等带来生产力要素的流动，这也将进一步促进消费流动的恢复。因此，相较于非中心城市而言，中心城市整体的城际消费流动恢复会更为迅速，故而本章提出如下假设。

假设 23.2：疫情平稳后，相比于非中心城市，在一定时间内中心城市的城际消费流动恢复更快。

3. 疫情对于不同类型城市消费流入以及流出规模的影响

在城市化建设过程中，市场化以及社会分工程度等指标反映了城市功能的特性与质量，彰显了其作为服务中心、文化中心等城市定位的重要性（洪银兴和陈雯，2000）。城际消费流动可以进一步划分为城市消费流入以及流出两部分，由于各城市具备不同的消费功能（王磊和杨文毅，2021），因此不同城市消费流动倾向存在差异。对于非中心城市的消费者而言，中心城市发达的第三产业，如大型购物中心、高品质文旅服务以及新兴业态的涌现是吸引他们前往消费的优势。对于中心城市的消费者而言，非中心城市的自然美景、人文历史等特色旅游则是他们流出消费的主要类目。即非中心城市的流出以购物、休闲娱乐、新奇体验等类目为主；而中心城市的消费流出，更多是以自然景观、人文景点等旅游消费为主。

疫情平稳后，不同的消费流出需求变化程度不同。非中心城市消费者前往中心城市购物、体验新业态服务的这些可替代性需求，由于疫情惯性的影响会有所减弱。然而，由于人文特色、自然景观等均需要前往当地体验的特性，中心城市消费者前往非中心城市的旅游需求很难被替代，旅游需求依然存在。尤其是，随着城际旅游的消费需求被释放以及跨城交通的逐步解封，中心城市消费者前往异地旅游的消费开始恢复。故而，相较而言，中心城市消费流出恢复较快，考虑到中心城市的流出往往意味着非中心城市的流入，因此可以提出如下假设。

假设 23.3a：疫情平稳后，相较于非中心城市，在一定时间内中心城市的消费流出恢复速度更快（也即非中心城市的流入恢复速度更快）。

疫情期间，为了克服疫情所带来的重重生活与消费障碍，各城市加强本地生活服务行业建设，探索产业数字化、多元化建设等措施，以期提升城市消费供给能力。尽管疫情带来了破坏性影响，但其也促进了技术创新以及生产力的提升（Kamal，2020）。尤其是服务行业线上供需增加，将进一步缓解城市之间服务产业的数字鸿沟。

其中，中心城市产业建设相较更完善，而非中心城市的服务质量与服务能力具备较大的进步空间。以往，非中心城市更易受到中心城市的“虹吸”作用，相比于本地消费其呈现出更强的外向型消费模式。疫情后其加强本地产业建设，逐渐缩小了与中心城市间的差异。在疫情平稳后消费行为习惯固化等情境下，随着非中心城市自给自足能力的增强，其内需得到有效提升，从而减少了对中心城市的依赖，流出恢复更为缓慢。同样考虑到消费的对称性，从中心城市的角度来看，其流入恢复的速度也因此更为缓慢。

假设 23.3b：疫情平稳后，相较于非中心城市，在一定时间内中心城市消费流入恢复更为缓慢（也即非中心城市的流出恢复速度更慢）。

23.3　数据准备与处理

23.3.1　数据来源

长三角为国内区域一体化发展水平较高的地区，城市群内消费流动频繁、产业联系紧密，故本章选取长三角地区 41 个城市作为主要研究对象。餐饮、酒店、旅游等本地消费性服务业（陈建军和陈国亮，2009）具有位置固定性与城市特色性，以往城市服务行业的发展水平，不仅反映了城市经济活力，且对于城际消费流动具有重要的“推拉”作用，故而本章主要关注城市间生活服务消费流动情况。本章数据源于国内某大型生活服务平台，其在本地生活服务业市场中占据重要位置。其中，长三角地区该平台的用户设备数与常住人口数之比的均值达到 0.6，该比例最大值达到 1.3 左右。同时，该平台外卖、酒店、旅游预订等业务综合占据了 50%以上的市场份额，具有一定代表性。进一步地，该平台线上收录的商家数量以及商家是否使用平台相关数字化技术等数据，在一定程度上反映了城市服务产业发展水平。本章使用该本地生活服务平台上的 41 个城市间的城际消费流动数据，为研究疫情的影响同时去除疫情期间的干扰，选取 2019 年 7 月至 2019 年 12 月作为疫情前阶段，2020 年 7 月至 2020 年 12 月为疫情平稳后阶段，共计 12 个月。以消费者常驻城市①的消费作为本地消费，其他城市的消费则为城际消费，并最终得到各城市按月汇总的消费流动数据，共计 492 条。

根据研究需要，本章统计了城际消费流动比例即 $\text{ConsumptionFlowRatio}_{it}$，其

① 消费者常驻城市基于平台 LBS（location based service，基于位置的服务）以及用户消费、行为数据所涉及的地理位置等综合得出。

表示城市 i 在 t 时间内的消费流动总规模与本地消费总规模之比，通过此关键因变量，可以衡量城际消费规模相较于本地消费水平的情况。同时本章进一步把城际消费结构拆分为流入与流出两类，其中城际消费流入的相关变量为 $\text{ConsumptionFlowInRatio}_{it}$，表示城市 i 在 t 时间内的消费流入规模与本地消费总规模之比；代表城际消费流出的变量为 $\text{ConsumptionFlowOutRatio}_{it}$，表示城市 i 在 t 时间内的消费流出规模与本地消费总规模之比。两者可分别衡量城际消费流入以及流出规模，相较于本地消费水平的情况。

除此之外，本章将城市 i 于生活服务平台的用户设备数与城市常住人口数之比作为控制变量，以控制平台本身发展情况对于不同城市的影响。同时，还引入了城市 i 于平台上酒店类目收入占总收入之比，以及城市 i 第三产业 GDP 占比，以控制城市自身第三产业发展水平的影响。相关变量定义及描述性统计如表23-1所示。

表 23-1　变量定义及描述性统计

变量名称	变量符号	变量度量	均值	标准差	最小值	最大值
城际消费流动比例	ConsumptionFlowRatio	城市消费流动总规模与城市本地消费规模之比，C_{ij} 代表城市 i 的消费者至城市 j 消费 $\frac{\sum_{j\neq i}^{N}\left(C_{ij}+C_{ji}\right)}{C_{ii}}$	0.415	0.199	0.091	1.393
城际消费流入比例	ConsumptionFlowInRatio	城市 i 消费流入与城市本地消费规模之比 $\frac{\sum_{j\neq i}^{N}C_{ji}}{C_{ii}}$	0.183	0.127	0.041	1.038
城际消费流出比例	ConsumptionFlowOutRatio	城市 i 消费流出与城市本地消费规模之比 $\frac{\sum_{j\neq i}^{N}C_{ij}}{C_{ii}}$	0.180	0.077	0.042	0.400
城市类型	Type	中心城市取值为 1，非中心城市为 0	0.146	0.354	0.000	1.000
疫情后	After	以 2020 年 7 至 12 月为疫情后，取值为 1	0.500	0.501	0.000	1.000
城市平台用户占比	UserRatio	每年末生活服务平台于城市的总用户设备数与该城市常住人口数之比	0.599	0.283	0.208	1.288
酒店收入占比	HotelIncomeRatio	每月酒店收入占城市平台商户总收入之比	0.086	0.033	0.030	0.267
第三产业 GDP 占比	GDP3Ratio	每年城市第三产业 GDP 占比	0.510	0.062	0.423	0.731

续表

变量名称	变量符号	变量度量	均值	标准差	最小值	最大值
线上服务渗透率	DigitalRatio	年末使用平台数字化技术的商家数量与平台总收录商家数量之比	0.189	0.053	0.104	0.364
线上服务多元化	DigitalVariety	借鉴产业集中度 HHI 指标，每月各品类收入 X_k 与总收入之比的平方总和，再取负值 $-\sum(X_k/X)^2$	−0.197	0.039	−0.309	−0.098
自然人文旅游占比	NaturetravelRatio	每月城市消费流入特色类目[a]中自然人文旅游收入占比	0.049	0.080	0.000	0.654
购物休闲娱乐占比	ShopleisureRatio	每月城市消费流入特色类目中购物休闲娱乐收入占比	0.049	0.022	0.008	0.126

a 此处主要依据平台类目划分，考虑了城际生活服务性消费流动中的特色类目，包括酒店、民宿、旅游、休闲娱乐、购物、丽人、电影演出赛事、医疗以及亲子九类。由于平台餐饮收入占比相对较大，为体现各城市独特的消费功能，此处的特色类目中未考虑餐饮，以剔除平台自身业务发展的影响。本章将旅游类目中自然景观、人文古迹、温泉、植物园林这几个子类目划分为自然人文旅游。同时将购物、休闲娱乐大类中具体的免税店、特色集市、商场、按摩/足疗、酒吧、剧本杀、密室等以及新奇体验子类目作为购物休闲娱乐的代表

23.3.2 中心城市与非中心城市划分

仅根据两城市间的互动规模，无法整体判断城市的市场一体化情况。为了将城市合理划分为不同类型，本章基于 Head 和 Mayer（2000）测度欧盟市场一体化构建的引力模型，并借鉴张伊娜等（2020）将其运用于城市层面的测度方法，该引力模型控制了城市 GDP、工资以及距离等因素，以获得城市无形的消费壁垒——各城市边界效应值，该指标综合反映了各城市于城际消费中的融合度，即市场一体化情况（计算详情见附录）。其中，在长三角城际消费网络中，作为关键枢纽的城市具有更低的城市边界效应，这也意味着他们的城际消费互动更加频繁，从而在整个城市群中展现出更高的消费融合度。

基于长三角地区城市消费融合度，如图 23-2 所示，同时考虑到省会城市的影响，本章将城市分为中心城市与非中心城市，其中中心城市包括上海、南京、苏州、杭州、无锡以及合肥。

23.3.3 城际消费流动变化趋势

本章初步探索了跨城际消费流动的变化趋势，选取杭州市以及嘉兴市分别作为中心城市与非中心城市的代表，图 23-3 展示了两个城市 2019 年 2 月至 2020 年

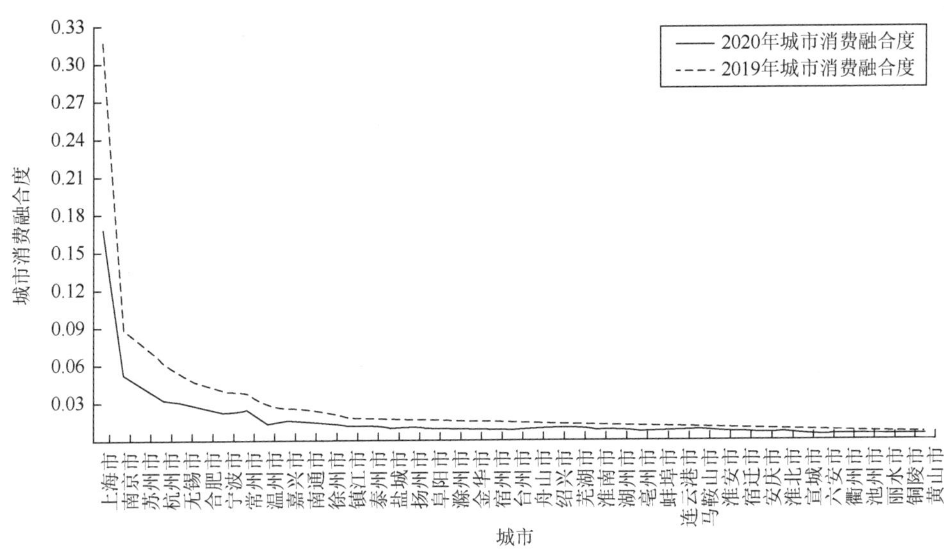

图 23-2　长三角地区城市消费融合度变化

12 月城际消费流动的变化趋势。图 23-3（a）中，纵坐标轴是城际消费流动比例，即城市消费流动总规模与本地消费规模之比。图中结果表明，嘉兴市的城际消费流动总规模相比于本地消费水平较高，该比例整体高于杭州市；尤其是，嘉兴市相较于杭州市呈现更加明显的外向型消费趋势。然而，受到疫情影响，两城市的城际消费流动比例均于 2020 年 1～2 月呈现明显的下降趋势，且在疫情平稳后的一定阶段内仍未恢复至原有基础，这与假设 23.1 相符合。相较而言，杭州市恢复程度要高于嘉兴市，这与假设 23.2 基本相符合。

图 23-3（b）的结果表明，杭州市的城际消费流出比例受到疫情影响较小且恢复很快，而嘉兴市在疫情平稳一段时间内仍低于疫情前水平。图 23-3（c）则表明，疫情平稳后，杭州市的城际消费流入比例仍未恢复，而嘉兴市正逐步恢复至疫情前水平。这一结果与假设 23.3 相符合。

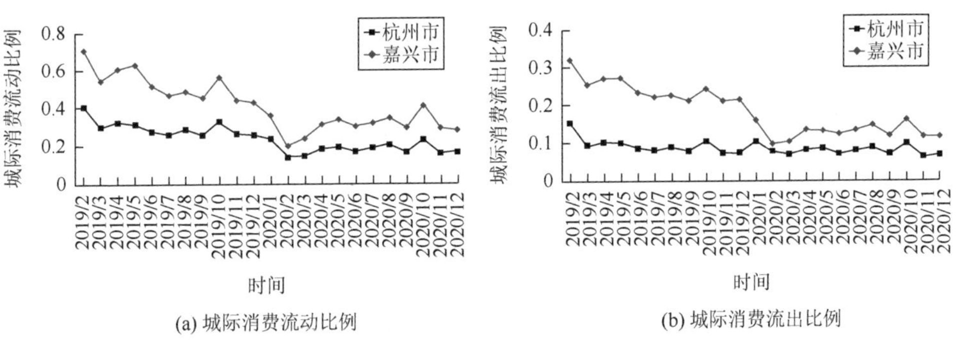

(a) 城际消费流动比例　　(b) 城际消费流出比例

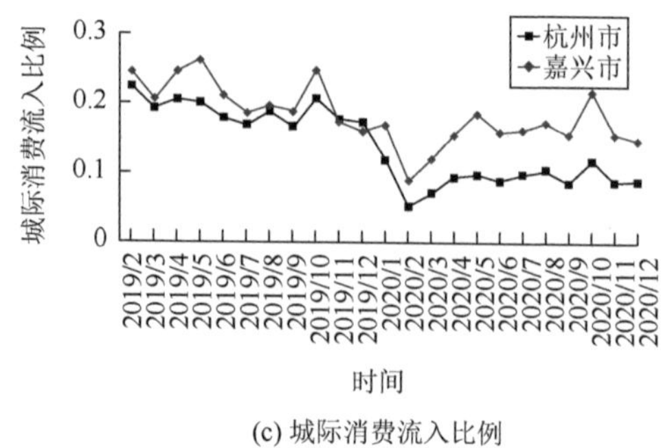

(c) 城际消费流入比例

图 23-3　城际消费流动变化趋势

23.4　实证模型与结果分析

本章构建如下面板固定效应模型[式(23-1)]，以检验前文中提出的假设 23.1，即疫情对于城际消费流动规模的影响。

$$\text{ConsumptionFlowRatio}_{it}=\beta_0+\beta_1\text{After}_t+\beta_Z Z_{it}+\gamma_i+\tau_t+\varepsilon_{it} \qquad (23\text{-}1)$$

其中，After_t 表示虚拟变量，判断时间 t 是否属于疫情后的时间段，若为疫情后则取值为 1，否则为 0；Z_{it} 为控制变量，包括城市特征如：生活服务平台用户设备总数与该城市常住人口数之比、第三产业 GDP 占比、每月酒店消费收入占比；γ_i 表示城市个体固定效应；τ_t 表示时间虚拟变量，以控制月份趋势效应，本章进一步引入其与疫情虚拟变量的交互项 $\text{After}_t\times\tau_t$，区分疫情前后的月份趋势差异；$\varepsilon_{it}$ 表示误差项。

同时，为验证不同类型城市消费流动规模变化情况，本章引入城市类型 Type_i 以及其与时间虚拟变量 After_t 的交互项，以验证前文假设 23.2。其中，城市类型 Type_i 为虚拟变量，在疫情前属于中心城市取值为 1，非中心城市则取值为 0。进一步地，将城际消费流动划分为城市消费流出以及城市消费流入，以验证假设 23.3。所构建的回归模型如式（23-2）所示。

$$\begin{pmatrix}\text{ConsumptionFlowRatio}_{it}\\ \text{ConsumptionFlowOutRatio}_{it}\\ \text{ConsumptionFlowInRatio}_{it}\end{pmatrix}=\beta_0+\beta_1\text{After}_t+\beta_2\text{Type}_i+\beta_3\text{Type}_i\times\text{After}_t \qquad (23\text{-}2)$$

$$+\beta_Z Z_{it}+\gamma_i+\tau_t+\varepsilon_{it}$$

回归模型（23-1）与回归模型（23-2）的结果如表 23-2 所示，其中城市类型的影响系数被城市固定个体效应包含，故而本章仅展示 $\text{Type}_i\times\text{After}_t$ 的结果。列 2 验证了假设 23.1 的结果，疫情后这一时间变量的估计系数为–0.129 且显著，这表明疫情稳定后，城市整体的消费流动规模在一定时间内仍呈现显著的下降趋势。列 3 引入城市类型与疫情后的交互项，交互项的估计系数为 0.057 且显著，这一结果表明疫情后，中心城市城际消费流动规模整体恢复要快于非中心城市，非中心城市的下降程度更为明显，符合假设 23.2 的结果。表 23-2 列 4、列 5 反映了疫情前后不同城市消费流出、流入变化情况。城市类型与疫情后的交互项系数显著，其系数在流出与流入模型中分别为 0.073、−0.057，表明疫情平稳后，相较于非中心城市，中心城市消费流出恢复更快，但其消费流入恢复更为缓慢，假设 23.3a 与 23.3b 得到验证。

表 23-2 实证模型结果

变量	模型（1）	模型（2）	模型（3）	模型（4）
关键变量	ConsumptionFlow Ratio	ConsumptionFlow Ratio	ConsumptionFlow OutRatio	ConsumptionFlow InRatio
疫情后	−0.129*** （−6.270）	−0.148*** （−5.563）	−0.101*** （−8.755）	0.016 （1.509）
城市类型×疫情后		0.057* （1.890）	0.073*** （5.067）	−0.057*** （−3.929）
城市平台用户占比	−0.638*** （−4.722）	−0.402* （−1.940）	−0.146 （−1.375）	−0.046 （−0.297）
酒店收入占比	4.095*** （8.932）	4.091*** （8.883）	0.021 （0.213）	3.988*** （6.986）
第三产业 GDP 占比	0.637 （0.460）	0.919 （0.587）	1.172* （1.965）	−1.533*** （−3.255）
常数项	0.195 （0.274）	−0.085 （−0.101）	−0.290 （−0.884）	0.662** （2.563）
城市固定效应	是	是	是	是
月份固定效应	是	是	是	是
疫情后×月份固定效应	是	是	是	是
样本数	492	492	492	492
R^2	0.851	0.856	0.878	0.670
调整 R^2	0.847	0.852	0.874	0.660

注：括号内为 t 统计量值

*、**、***分别表示回归系数在 10%、5%、1%的水平下显著，下同

实证分析的结果显示，从城际总消费流动来看，中心城市经济韧性高，受疫情冲击后相较非中心城市恢复更快，而且中心城市的经济韧性在消费流出上体现更为明显，但在消费流入上相较于非中心城市恢复却更为缓慢。

主效应模型去除疫情后与月份固定效应的交互项，或者使用随机效应模型，结果均稳健。此外，尽管本章选取了 2020 年下半年作为疫情平稳后阶段，但在此时间段内仍然存在新增本地确诊病例的情况，即 2020 年 11 月涉及上海浦东新区以及安徽阜阳市等地，这些地区的防疫措施与管理，必然也会影响城际流动。不过由于涉及的城市与时间有限，受到影响的数据样本仅 7 条，本章剔除了这 7 条数据样本后，回归结果仍稳健，具体结果见附录。

23.5 机 制 检 验

在城际消费流动的研究推论部分，本章认为在疫情后不同类型城市城际消费流动恢复的差异主要是由两种影响机制引起的，分别是：①城市消费功能；②城市产业数字化。本章对这两种机制分别加以检验，以探索影响城际消费流动恢复的原因。

23.5.1 城市消费功能影响分析

本章在前文假设，疫情前后不同城市的消费流动，尤其是流入以及流出的不同，是因为不同城市承载着不同的消费功能。城际生活服务性消费流动，按照平台类目划分，主要包括酒店、民宿、旅游、休闲娱乐、购物、丽人、电影演出赛事、医疗以及亲子等品类。进一步地，本章选取免税店、特色集市、商场、按摩/足疗、酒吧、剧本杀、密室等以及新奇体验这些子类目代表购物休闲娱乐，将自然景观、人文古迹、温泉、植物园林这四个子类目划分为自然人文旅游，以区分中心城市与非中心城市之间的消费功能差异。

从城市消费流入中前述九个特色类目总收入的占比结构来看，在疫情前中心城市的消费流入中，购物休闲娱乐占比为 5.92%，显著高于非中心城市的 4.40%。在非中心城市的消费流入中，自然人文旅游子类目的收入占比为 5.39%，显著高于中心城市的 3.26%。譬如，杭州市购物休闲娱乐收入占比为 6.93%，而嘉兴市为 4.46%；嘉兴市自然人文旅游收入占比为 11.15%，高于杭州市的 2.47%。如图 23-4 所示的 t 检验结果表明，不同类型城市在吸引外来消费力的输入时，承载了不同的消费功能。其中，中心城市经济更为发达，具备较好的基础建设与新兴业态，如大型购物中心、特色地标建筑与新潮玩乐等，吸引周边城市消费者。而非中心城市的自然景观、人文特色等，成为吸引异地消费流入的关键。

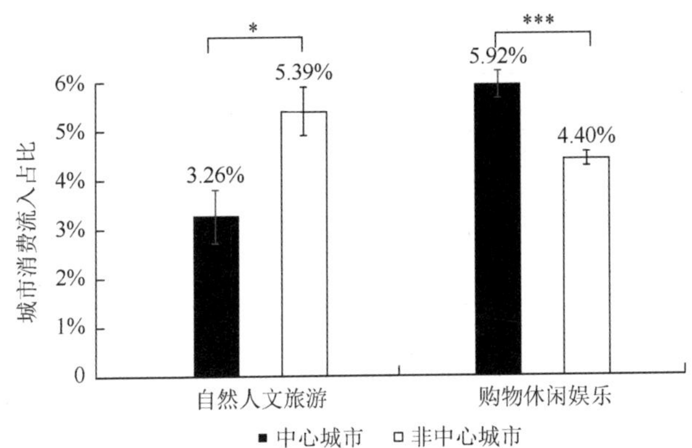

图 23-4　疫情前城市消费流入中自然人文旅游与购物休闲娱乐占比情况

标注表示不同类型城市间差异值的 t 检验结果

*、***分别表示两组差异在 10%、1%的水平下显著

本章进一步构建如下回归模型，以检验城市不同消费功能对城市消费流动的影响。其中 $\text{NaturetravelRatio}_{it}$ 为自然人文旅游的消费流入占比，$\text{ShopleisureRatio}_{it}$ 为购物休闲娱乐的消费流入占比，代表城市不同消费功能。Z_{it} 为控制变量，γ_i 和 τ_t 分别为城市、时间固定效应，ε_{it} 为误差项。

$$\begin{pmatrix}\text{ConsumptionFlowRatio}_{it}\\ \text{ConsumptionFlowOutRatio}_{it}\\ \text{ConsumptionFlowInRatio}_{it}\end{pmatrix}=\alpha_0+\alpha_1\text{NaturetravelRatio}_{it}+\alpha_2\text{ShopleisureRatio}_{it}+\beta_Z Z_{it}+\gamma_i+\tau_t+\varepsilon_{it} \tag{23-3}$$

城市消费功能的回归结果如表 23-3 的第 2 列至第 4 列所示。其中，自然人文旅游、购物休闲娱乐消费流入占比对总消费流动影响的估计系数分别为 0.372、0.879，呈现显著的正向效应；自然人文旅游对消费流入为显著正向影响，估计系数为 0.524；而购物休闲娱乐对消费流出为显著正向影响，估计系数为 0.359。这一结果表明，自然人文旅游以及购物休闲娱乐消费功能对于城市总消费流动具有重要的作用，同时两者对流入流出的影响存在差异。

表 23-3　机制检验结果

变量	模型（1）	模型（2）	模型（3）	模型（4）	模型（5）	模型（6）
关键变量	Consumption FlowRatio	Consumption FlowOutRatio	Consumption FlowInRatio	Consumption FlowRatio	Consumption FlowOutRatio	Consumption FlowInRatio
疫情后	-0.161^{***} （−6.620）	-0.108^{***} （−9.448）	0.014 （1.547）	-0.135^{***} （−7.117）	-0.099^{***} （−11.983）	0.023^{*} （1.996）

续表

变量	模型（1）	模型（2）	模型（3）	模型（4）	模型（5）	模型（6）
城市类型×疫情后	0.067** （2.415）	0.077*** （5.383）	−0.054*** （−3.619）	0.026 （0.822）	0.054*** （3.831）	−0.047** （−2.634）
自然人文旅游占比	0.372*** （2.951）	−0.063 （−1.624）	0.524** （2.616）			
购物休闲娱乐占比	0.879** （2.239）	0.359** （2.301）	0.203 （0.472）			
线上服务渗透率				−2.719** （−2.197）	−1.705*** （−3.048）	0.937 （1.039）
线上服务多元化				0.450 （1.418）	−0.215 （−1.680）	0.780* （1.942）
城市平台用户占比	−0.340* （−1.846）	−0.114 （−1.092）	−0.046 （−0.361）	−0.470** （−2.509）	−0.148* （−1.703）	−0.098 （−0.647）
酒店收入占比	4.147*** （9.152）	0.124 （1.142）	3.838*** （6.581）	3.917*** （7.464）	0.125 （1.441）	3.645*** （5.612）
第三产业GDP 占比	1.086 （0.743）	1.063* （1.783）	−1.133*** （−2.907）	1.143 （1.021）	1.221*** （3.088）	−1.438** （−2.181）
常数项	−0.263 （−0.342）	−0.274 （−0.846）	0.439* （1.829）	0.460 （0.739）	−0.044 （−0.236）	0.654* （1.723）
城市固定效应	是	是	是	是	是	是
月份固定效应	是	是	是	是	是	是
疫情后×月份固定效应	是	是	是	是	是	是
样本数	492	492	492	492	492	492
R^2	0.870	0.883	0.736	0.868	0.900	0.687
调整 R^2	0.865	0.879	0.726	0.863	0.897	0.675

从城市消费流出来看，本章分别选取自然人文旅游、购物休闲旅游的异地流出金额与总消费金额①之比，来代表城市消费者异地消费流出的需求，以进一步验

① 总消费金额即消费者的本地消费与异地消费之和。未直接选取消费流出结构中不同类目的占比，一是因为需要看异地消费需求是否可以在本地得到替代；二是因为可能存在消费者的自选择问题，尽管疫情导致消费流出总金额减少，但是异地消费中的购物、旅游占比仍较多，导致结果有差异。

证需求是否在本地具有可替代性。t 检验结果如表 23-4 所示，不同类型城市的自然人文旅游流出需求，在疫情后均有所下降，但并不显著。而非中心城市的购物休闲娱乐异地流出占比，在疫情后显著下降。这一结果表明，疫情后，不同城市自然人文旅游的异地消费需求依然存在，替代性较弱。而非中心城市的购物休闲娱乐的异地消费需求，具备可替代性。

表 23-4　城市异地消费需求

城市消费流出占比	中心城市		差异	非中心城市		差异
	疫情前	疫情平稳后	疫情平稳后 – 疫情前	疫情前	疫情平稳后	疫情平稳后 – 疫情前
自然人文旅游流出占比	0.0116	0.0093	−0.0023	0.0130	0.0128	−0.0002
购物休闲娱乐流出占比	0.0120	0.0127	0.0007	0.0211	0.0168	-0.0043^{***}

结合不同城市自身的消费功能来看，非中心城市更具地方特色的自然景观、人文古迹，是促进其他城市消费流入的关键吸引力。同时由于这些需求不易被替代，疫情后，中心城市前往非中心城市的旅游消费需求逐渐恢复，促使中心城市的消费流出更快地恢复。故而，加强城市建设，打造城市特色文旅，对于非中心城市具有重要意义。

随着城市发展规划，城市之间购物中心、休闲娱乐等因素的差距可以较快被弥补。相较而言，中心城市以往承担的满足购物休闲娱乐需求的职能更易被替代，尤其是随着电商、新零售等的发展，跨城的购物休闲需求被削弱。这一机制解释了假设 23.3，即中心城市消费流出恢复较快，而非中心城市消费流入上升明显。

23.5.2　城市产业数字化发展差异

疫情促进各城市建设本地生活服务业，探索产业数字化与转型升级，以提升城市内需，恢复城市经济韧性。本章选取线上服务渗透率以及线上服务多元化两个指标衡量数字化程度，并对不同类型城市疫情前后的产业数字化发展情况进行了 t 检验。对于线上服务渗透率，本章通过平台收录总商家数中，使用了平台数字化服务的商户数量占比来衡量。其中，平台数字化服务包括线上团券、收银、外卖服务，以及 SaaS（software as a service，软件即服务）系统与商家供应链系统等。该平台基本收录了城市所有营业的商家，这一占比能客观地代表城市的线上服务渗透率。

线上服务的多元化采用 HHI 来测量。HHI 常被用于刻画产业集中度，本章计算的 HHI 值为服务业不同类目的收入与服务业的总收入之比的平方总和。由于 HHI 值越小，代表产业集中度越低，说明线上的服务业态越多元。故而，本章通过在 HHI 值前增加负号，以构建线上服务多元化指标，此时，该多元化指标值越大，服务业态越多样化。

图 23-5 为不同类型城市线上服务渗透率与多元化指标的疫情前后变化，并对不同类型城市进行了组间 t 检验。疫情前后线上服务渗透率的差异受到疫情影响，中心城市线上服务渗透率有所下降，而非中心城市线上服务渗透率上升。例如，嘉兴市线上服务渗透率于疫情后提升 0.36%，而杭州市则下降了 0.73%。对于疫情前后线上服务多元化指标的差异，两种类型城市线上服务多元化指标均较疫情前有所增加，其中，非中心城市增加更加明显。这说明疫情对城市产业发展建设有所影响，非中心城市的数字化服务能力明显提升。同时，尽管服务行业受到疫情的打击，但各城市的线上服务消费的多元化程度均有所提升。

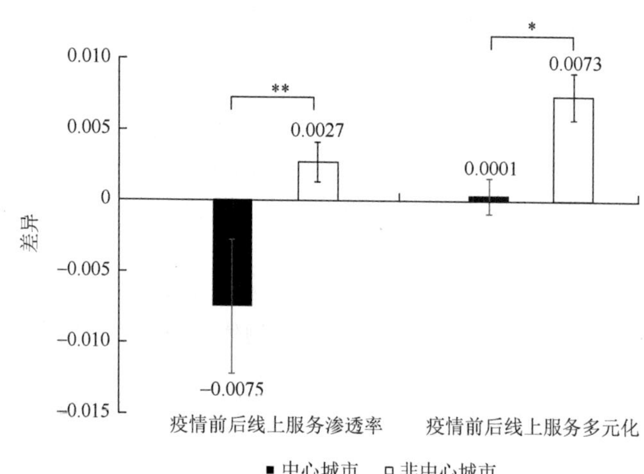

图 23-5　疫情前后不同类型城市线上服务渗透率与多元化发展差异

标注表示不同类型城市间差异值的 t 检验结果
**、*分别表示两组差异在 5%、1%的水平下显著

本章进一步构建如下回归模型，以检验产业数字化发展对于城市消费流动的影响。其中 DigitalRatio_{it} 为线上服务渗透率，$\text{DigitalVariety}_{it}$ 为线上服务多元化，Z_{it} 为控制变量，ε_{it} 为误差项。

$$\begin{pmatrix} \text{ConsumptionFlowRatio}_{it} \\ \text{ConsumptionFlowOutRatio}_{it} \\ \text{ConsumptionFlowInRatio}_{it} \end{pmatrix} = \alpha_0 + \alpha_1 \text{DigitalRatio}_{it} + \alpha_2 \text{DigitalVariety}_{it} + \beta_Z Z_{it} + \gamma_i + \tau_t + \varepsilon_{it} \tag{23-4}$$

城市产业数字化的回归结果如表 23-3 的第 5 列至第 7 列所示，展现出城市消费流入与流出影响机制的差异。本章发现一个有趣的结论，城市线上服务渗透率对城际消费流入的影响为正且不显著；但是，其对城际总消费流动以及消费流出存在显著的负面作用，估计系数分别为–2.719、–1.705。本章分析其主要的原因在于，数字技术的赋能提高了城市服务能力与质量，并进一步提升了城市吸引力。另外，数字化有助于满足城市内需，从而减少对其他城市的依赖，所以对城市消费流出呈现负面作用。结合疫情前后不同类型城市的产业数字化水平变化情况来看，非中心城市服务产业的数字化提升，减缓了与中心城市间的数字鸿沟；同时，非中心城市更好的服务能力，减少了本地消费者的流出，这一机制解释了假设 23.3，即非中心城市消费流出下降明显，而中心城市消费流入下降显著。

线上服务多元化对城际总消费流动以及消费流出的作用不显著；但其对城市消费流入具有显著正向影响，估计系数为 0.780。这一结果表明，城市的线上服务消费趋于多元化，其将有助于吸引消费流入，同时吸引本地消费留存。疫情后，非中心城市线上服务多元化显著提升，所以其消费流入呈现较快恢复趋势。然而，线上服务多元化对城际消费流动以及消费流出的作用不显著，这可能是由于跨城流动存在短期旅游、出行以及日常通勤等多种目的，线上服务多元化对不同的跨城消费意图存在差异化的影响，例如，日常跨城通勤具备一定的刚性，短期内行为不易改变。相较而言，线上服务多元化对想要体验城市新兴业态的消费者更具吸引力。

从城市产业建设来看，疫情加速了城市产业数字化转型与创新升级，以满足城市内需。其中，本地生活服务行业数字化基础设施建设的发展，有效提振了新零售、到家服务等需求，进一步促进了商家供应链、线上服务系统的建设。数字化赋能有效地提升了城市服务能力以及服务范围，也成为城市消费流入的关键“拉动”要素。受到疫情的冲击，城市线上服务消费的多元化进一步提升。综上所述，服务产业的数字化，作为城际消费流动的“推拉”因素，是影响疫情后不同类型城市消费变化的关键。

本章将自然人文旅游和购物休闲娱乐平均每单消费金额作为控制变量，并将消费功能与产业数字化的机制变量统一放入模型中，以及剔除了受到新增病例与防控措施影响的数据样本，模型结果均稳健，具体结果见附录。

23.6　结　束　语

本章基于国内某大型生活服务平台上各城市消费数据，对疫情前后城际消费流动以及城市异质性进行实证分析，并探索了影响不同类型城市消费流动的关键机制。本章发现，疫情严重阻碍了城际消费流动，在疫情平稳后的一段时间内，城际消费流动仍恢复缓慢。相较而言，基础建设更好与经济韧性更高的中心城市，城际消费流动恢复较快，尤其是其消费流出。然而，疫情后中心城市对周边城市的“虹吸效应”下降，城市消费流入相较非中心城市恢复缓慢。进一步地，机制检验结果表明，城市消费功能以及城市产业建设是影响城际消费流动恢复的关键因素。城市自然人文旅游以及购物休闲娱乐功能，对城市消费整体流动规模具有促进作用，但两者对城际消费流入、流出的影响存在差异，呈现不同的“推拉”模式。其中，自然人文旅游功能更有利于城际消费流入。本章发现一个有趣的结论，即城市线上服务渗透率对消费流入的影响不显著，但其对城际总消费流动以及流出存在显著的负面作用；线上服务多元化对城际总消费流动以及消费流出的作用不显著，但其对城市消费流入具有显著正向影响，这促使本章进一步思考城市产业数字化建设所带来的潜在利弊——尽管其促进了本地消费，但可能会削减本地居民的异地消费需求。

从理论贡献的角度而言，以往文献关注疫情对 GDP、就业等宏观经济指标的影响，管控措施对人口流动、病毒传播的影响，而较少关注城际消费流动的变化。本章通过对比中心城市以及非中心城市，并从消费流入与消费流出的角度，实证分析了疫情对城际消费流动的长期影响。数字鸿沟表明不同社会经济水平的地区信息技术以及使用互联网服务的能力获得存在差异，互联网技能将影响不同地区消费者的消费观念与消费结构。疫情以来，线上服务需求大幅增长，进一步带动了本地生活服务数字化发展建设，为研究城市间数字鸿沟对城际消费流动的影响提供了很好的机会。本章机制检验结果表明，城市数字化建设有助于缩小城际数字鸿沟，降低对其他城市的依赖性，进而减少城际消费流动。

从实践意义的角度而言，本章研究结果表明，疫情在一定程度上重构了各城市间的无形消费壁垒，减缓了消费一体化进程。在疫情稳定后一段时间内，消费者城际消费习惯的改变具有一定的持续性。同时疫情促进了本地生活服务行业多元化发展、数字化建设，以提升本地生活服务能力，城际消费流动呈现下降趋势。后疫情时代，应该如何兼顾城市内需以及外需？扩大投资、刺激消费对于促进区域经济循环具有关键作用。政府可以增加对服务产业的投资，发展服务新模式，推进产业数字化建设，加强平台经济以及流通体系建设等。通过发放消费券、数字人民币等补贴个人、刺激消费，通过降低商户贷款利率、保障信贷供给等措施扶助企业。

从不同类型城市的经济恢复来看，随着非中心城市与中心城市服务产业发展水平的差异逐渐减小，非中心城市对中心城市的依赖性有所降低。所以，尽管中心城市经济恢复韧性总体高于非中心城市，其消费流入的恢复趋势仍较为缓慢。

这部分归因于城市生活数字经济和平台经济的普惠式发展，为区域内各个城市提供相同的基础条件，避免加剧“马太效应”，缩小城市间的经济差距。故而，本章对不同的城市管理也具有一定的启示作用，对于中心城市而言，打造品牌化、品质化、个性化的服务形象，衍生发展更多新兴业态，如新潮玩乐、新奇体验等，以提升城市吸引力、维持外需。对于非中心城市而言，可以借鉴中心城市服务产业的发展路径，逐步缩小与中心城市的差异，拉动城市内需；同时，可以合理利用自然及人文资源优势，形成城市特色。

本章具有一定的局限性。首先，选取长三角地区作为研究对象时，由于长三角地区的一体化水平较高，城际消费融合发展较强。在受到疫情冲击后，跨城消费流动减弱的效应会被进一步放大。相较而言，一体化程度较低的地区，城际消费融合不甚紧密，疫情造成的影响可能不会如此明显。本章的关键结论对于长三角区域经济发展，以及具有相似的高城际流动往来的珠三角、京津冀地区，具有一定的启发作用。然而，对于全国所有城市而言，由于辐射地理范围较大以及不同经济政策等的影响，城际流动差异化更加明显，所以并不一定能适用于全国所有城市。后续可以选择使用其他区域经济体或者全国城市作为研究对象，进一步探索、验证本章研究结论的稳健性。其次，本章基于所选择平台上的生活服务消费数据进行分析，结果在一定程度上可能会受到平台业务发展的影响。此外，由于跨城流动具有通勤、商务出行以及休闲旅行等不同出行目的，后续可以进一步识别不同的跨城消费意图，以探索更细颗粒度的城际消费流动行为变化情况。

参 考 文 献

安同良，杨晨. 2020. 互联网重塑中国经济地理格局：微观机制与宏观效应. 经济研究, 55(2): 4-19.

蔡跃洲，张钧南. 2015. 信息通信技术对中国经济增长的替代效应与渗透效应. 经济研究, 50(12): 100-114.

陈建军，陈国亮. 2009. 集聚视角下的服务业发展与区位选择：一个最新研究综述. 浙江大学学报(人文社会科学版), 39(5): 129-137.

陈收，蒲石，方颖，等. 2021. 数字经济的新规律. 管理科学学报, 24(8): 36-47.

洪银兴，陈雯. 2000. 城市化模式的新发展：以江苏为例的分析. 经济研究(12): 66-71.

汤铎铎，刘学良，倪红福，等. 2020. 全球经济大变局、中国潜在增长率与后疫情时期高质量发展. 经济研究, 55(8): 4-23.

王磊，杨文毅. 2021. 文化差异、消费功能与城际消费流动：基于中国银联大数据的分析. 武汉大学学报(哲学社会科学版), 74(2): 102-118.

王艳茹，谷人旭. 2019. 长三角地区城市网络结构及其演变研究：基于企业联系的视角. 城市发展研究, 26(6): 21-29, 78.

吴艳，贺正楚，潘红玉，等. 2021. 消费需求对经济增长质量的影响及传导路径. 管理科学学报, 24(12): 104-123.

张伊娜，牛永佳，张学良. 2020. 长三角一体化发展的边界效应研究：基于城际消费流视角. 重庆大学学报(社会科学版), 26(5): 1-13.

Acuto M, Larcom S, Keil R, et al. 2020. Seeing COVID-19 through an urban lens. Nature Sustainability, 3: 977-978.

Amankwah-Amoah J, Khan Z, Wood G, et al. 2021. COVID-19 and digitalization: the great acceleration. Journal of Business Research, 136: 602-611.

Beck M J, Hensher D A. 2020. Insights into the impact of COVID-19 on household travel and activities in Australia: the early days under restrictions. Transport Policy, 96: 76-93.

Bishop P. 2019. Knowledge diversity and entrepreneurship following an economic crisis: an empirical study of regional resilience in Great Britain. Entrepreneurship & Regional Development, 31(5/6): 496-515.

Bonaccorsi G, Pierri F, Cinelli M, et al. 2020. Economic and social consequences of human mobility restrictions under COVID-19. Proceedings of the National Academy of Sciences, 117(27): 15530-15535.

Bounie D, Camara Y, Galbraith J W. 2023. Consumers' mobility and expenditure during the COVID-19 containments: evidence from French transaction data. European Economic Review, 151: 104326.

Bristow G, Healy A. 2018. Innovation and regional economic resilience: an exploratory analysis. The Annals of Regional Science, 60(2): 265-284.

Brown L, Greenbaum R T. 2017. The role of industrial diversity in economic resilience: an empirical examination across 35 years. Urban Studies, 54(6): 1347-1366.

Chen H Q, Qian W L, Wen Q. 2021. The impact of the COVID-19 pandemic on consumption: learning from high-frequency transaction data. AEA Papers and Proceedings, 111: 307-311.

Combes P P. 2000. Economic structure and local growth: France, 1984–1993. Journal of Urban Economics, 47(3): 329-355.

Cui C, Wu X L, Liu L, et al. 2020. The spatial-temporal dynamics of daily intercity mobility in the Yangtze River Delta: an analysis using big data. Habitat International, 106: 102174.

de Vos D, Meijers E. 2019. Information technology and local product variety: substitution, complementarity and spillovers. Tijdschrift Voor Economische En Sociale Geografie, 110(4): 486-506.

Dewan S, Kraemer K L. 2000. Information technology and productivity: evidence from country-level data. Management Science, 46(4): 548-562.

DiMaggio P, Hargittai E. 2001. From the "digital divide" to "digital inequality": studying Internet use as penetration increases. Princeton: Princeton University, School of Public and International Affairs, Center for Arts and Cultural Policy Studies.

Dwivedi Y K, Hughes D L, Coombs C, et al. 2020. Impact of COVID-19 pandemic on information management research and practice: transforming education, work and life. International Journal of Information Management, 55: 102211.

Fang H M, Wang L, Yang Y. 2020. Human mobility restrictions and the spread of the Novel Coronavirus (2019-nCoV) in China. Journal of Public Economics, 191: 104272.

Fingleton B, Palombi S. 2013. Spatial panel data estimation, counterfactual predictions, and local economic resilience among British towns in the Victorian era. Regional Science and Urban Economics, 43(4): 649-660.

Forman C, Goldfarb A, Greenstein S. 2012. The Internet and local wages: a puzzle. American Economic Review, 102(1): 556-575.

Gong H W, Hassink R, Tan J T, et al. 2020. Regional resilience in times of a pandemic crisis: the case of COVID-19 in China. Tijdschrift Voor Economische En Sociale Geografie, 111(3): 497-512.

Havens R M, Balassa B. 1962. The theory of economic integration. Southern Economic Journal, 29(1): 47.

Head K, Mayer T. 2000. Non-Europe: the magnitude and causes of market fragmentation in the EU. Review of World

Economics, 136(2): 284-314.

Kamal M M. 2020. The triple-edged sword of COVID-19: understanding the use of digital technologies and the impact of productive, disruptive, and destructive nature of the pandemic. Information Systems Management, 37(4): 310-317.

Kraemer K L, Ganley D, Dewan S. 2005. Across the digital divide: a cross-country multi-technology analysis of the determinants of IT penetration. Journal of the Association for Information Systems, 6(12): 409-432.

Li T, Wang J E, Huang J, et al. 2021. Exploring the dynamic impacts of COVID-19 on intercity travel in China. Journal of Transport Geography, 95: 103153.

Liu H, Fang C, Gao Q. 2020. Evaluating the real-time impact of COVID-19 on cities: China as a case study. Complexity, 2020: 8855521.

Mai X, Zhan C Q, Chan R C K. 2021. The nexus between (re)production of space and economic resilience: an analysis of Chinese cities. Habitat International, 109: 102326.

Maital S, Barzani E. 2020. The global economic impact of COVID-19: a summary of research. Samuel Neaman Institute for National Policy Research, 2020: 1-12.

Martin R, Sunley P. 2007. Complexity thinking and evolutionary economic geography. Journal of Economic Geography, 7(5): 573-601.

Martin R, Sunley P. 2015. On the notion of regional economic resilience: conceptualization and explanation. Journal of Economic Geography, 15(1): 1-42.

McCartney G, Pinto J, Liu M. 2021. City resilience and recovery from COVID-19: the case of Macao. Cities, 112: 103130.

Navarro-Espigares J L, Martín-Segura J A, Hernández-Torres E. 2012. The role of the service sector in regional economic resilience. The Service Industries Journal, 32(4): 571-590.

Ozili P K, Arun T G. 2023. Spillover of COVID-19: impact on the global economy. Munich: University Library of Munich.

Pappalardo L, Pedreschi D, Smoreda Z, et al. 2015. Using big data to study the link between human mobility and socio-economic development. Santa Clara: The 2015 IEEE International Conference on Big Data.

Po-An Hsieh J J, Rai A, Keil M. 2011. Addressing digital inequality for the socioeconomically disadvantaged through government initiatives: forms of capital that affect ICT utilization. Information Systems Research, 22(2): 233-253.

Pullano G, Valdano E, Scarpa N, et al. 2020. Evaluating the effect of demographic factors, socioeconomic factors, and risk aversion on mobility during the COVID-19 epidemic in Fra nce under lockdown: a population-based study. The Lancet Digital Health, 2(12): e638-e649.

Simmie J. 2014. Regional economic resilience: a schumpeterian perspective. Raumforschung und Raumordnung, 72(2): 103-116.

Venkatesh V, Sykes T A. 2013. Digital divide initiative success in developing countries: a longitudinal field study in a village in India. Information Systems Research, 24(2): 239-260.

Verschuur J, Koks E E, Hall J W. 2021. Observed impacts of the COVID-19 pandemic on global trade. Nature Human Behaviour, 5(3): 305-307.

Youn S Y, Lee J E, Ha-Brookshire J. 2021. Fashion consumers' channel switching behavior during the COVID-19: protection motivation theory in the extended planned behavior framework. Clothing and Textiles Research Journal, 39(2): 139-156.

附　　录

1. 城际消费融合度计算

城际消费流动网络可以直接反映两两城市之间的消费流动强度，然而无法综合反映城市于区域内的消费一体化情况。故而，本章基于 Head 和 Mayer（2000）测度欧盟市场一体化构建的引力模型，并借鉴张伊娜等（2020）将其运用于城市层面的测度方法，计算城市边界效应。该指标反映了城市无形的消费壁垒，边界效应越弱，表明城市于区域内的一体化越好。

引力模型主要考虑各地 GDP、工资水平、城市间距离的差异，以及城市间跨省或者接壤与否的影响。基于城市固定效应，引力模型常数项反映了尚未被识别的因素，即城市边界效应。城际消费流动数据共计 19 680 条，以消费者常驻城市作为本地消费，其他城市为城际消费支出。

引力模型为

$$\ln\frac{\text{consumption}_{ijt}}{\text{consumption}_{iit}}=\beta_1\,\text{province}_{ij}+\beta_2\,\text{neighbor}_{ij}+\beta_3\ln\frac{\text{GDP}\,3_{jt}}{\text{GDP}\,3_{it}}+\beta_4\ln\frac{\text{distance}_{ij}}{\text{distance}_{ii}}+\beta_5\ln\frac{\text{wage}_{jt}}{\text{wage}_{it}}+\text{cityborder}_{it}+\delta_{ijt}$$

其中，consumption_{ijt} 表示 t 时城市 i 前往城市 j 的生活服务消费总值；province_{ij} 与 neighbor_{ij} 表示虚拟变量，分别判断城市之间是否跨省或者接壤，前者跨省取值为 1，后者接壤取值为 1，否则为 0；GDP3_{it} 与 wage_{it} 分别表示城市第三产业 GDP 值以及工资水平；distance_{ij} 表示城市 i 与城市 j 之间的距离，根据城市间经纬度计算；distance_{ii} 为城市 i 的内部距离，根据公式计算；cityborder_{it} 表示城市边界效应，反映城市无形消费壁垒，可基于城市固定效应估计得出。由于边界效应为负，本章进一步将该指标进行 exp 转化，得到城市消费融合度，反映城市于区域中的市场一体化情况。

2. 机制检验——城市消费功能 t 检验结果

疫情后，从城市消费流入来看，不同城市的消费功能仍然存在差异，即非中心城市更具自然人文旅游功能，中心城市更具购物休闲娱乐功能。附表 23-1 最后一列的 DID 结果表明，疫情并未对城市的消费功能差异产生显著性影响。

附表 23-1　城市消费功能 t 检验

城市消费流入占比	疫情前		差异	疫情平稳后		差异	DID
	中心城市	非中心城市	非中心城市 – 中心城市	中心城市	非中心城市	非中心城市 – 中心城市	疫情平稳后 – 疫情前
自然人文旅游流入占比	0.033	0.054	0.021*	0.024	0.052	0.027***	0.006
购物休闲娱乐流入占比	0.059	0.044	–0.015***	0.062	0.050	–0.012***	0.003

注：数据计算存在误差，是四舍五入修约所致，下同

***、*分别表示两组 t 检验结果在 1%、10%的显著性水平

3. 相关性分析

对本章关键变量进行相关性分析（附表 23-2），其中，主要解释变量如自然人文旅游占比、购物休闲娱乐占比，线上服务渗透率以及多元化，与因变量相关性较小。而在控制变量中，酒店收入占比与因变量之间存在较大的相关性，譬如其与城际消费流动比例的相关性达到了 0.84，这主要是由于酒店住宿在跨城消费中占据了重要位置。

附表 23-2　相关性分析

关键变量	（1）	（2）	（3）	（4）	（5）	（6）	（7）	（8）	（9）	（10）	（11）	（12）
（1）城际消费流动比例	1.00											
（2）城际消费流出比例	0.79	1.00										
（3）城际消费流入比例	0.78	0.25	1.00									
（4）城市类型	–0.36	–0.45	–0.16	1.00								
（5）疫情后	–0.39	–0.57	–0.06	0.00	1.00							
（6）自然人文旅游占比	0.53	0.17	0.68	–0.11	–0.02	1.00						
（7）购物休闲娱乐占比	–0.45	–0.30	–0.43	0.22	0.13	–0.30	1.00					
（8）线上服务渗透率	–0.21	–0.50	0.15	0.67	0.01	0.06	0.14	1.00				
（9）线上服务多元化	–0.10	–0.47	0.28	0.48	0.08	0.24	0.01	0.59	1.00			
（10）城市平台用户占比	–0.53	–0.69	–0.19	0.79	0.07	–0.08	0.31	0.76	0.68	1.00		
（11）酒店收入占比	0.84	0.47	0.86	–0.25	–0.13	0.53	–0.44	0.00	0.12	–0.36	1.00	
（12）第三产业 GDP 占比	–0.32	–0.49	–0.06	0.69	0.07	–0.10	0.21	0.74	0.51	0.64	–0.14	1.00

进一步地，对各变量进行共线性检验（附表 23-3），以城际消费流动总规模为因变量作简单的 OLS 回归，VIF（variance inflation factor，方差膨胀因子）均值为 3.19，小于 10，所以各个解释变量之间不存在共线性问题。

附表 23-3 共线性检验

关键变量	VIF	1/VIF
疫情后	1.23	0.81
城市类型	4.66	0.21
城市类型×疫情后	2.20	0.46
自然人文旅游占比	1.52	0.66
购物休闲娱乐占比	1.34	0.75
线上服务渗透率	4.12	0.24
线上服务多元化	3.04	0.33
城市平台用户占比	8.33	0.12
酒店收入占比	2.61	0.38
第三产业 GDP 占比	2.87	0.35
VIF 均值	3.19	

4. 稳健性检验

主效应模型，去除疫情后与月份固定效应的交互项、使用随机效应模型，结果均稳健（附表 23-4）。

附表 23-4 主效应稳健性检验

变量	模型（1）	模型（2）	模型（3）	模型（4）	模型（5）	模型（6）
关键变量	Consumption FlowRatio	Consumption FlowOutRatio	Consumption FlowInRatio	Consumption FlowRatio	Consumption FlowOutRatio	Consumption FlowInRatio
疫情后	−0.122*** （−4.454）	−0.102*** （−9.195）	0.043*** （3.818）	−0.120*** （−10.089）	−0.087*** （−14.678）	0.021** （2.181）
城市类型				0.029 （0.561）	0.002 （0.126）	−0.000 （−0.009）
城市类型×疫情后	0.057* （1.905）	0.073*** （5.085）	−0.057*** （−3.991）	0.070*** （3.834）	0.072*** （6.323）	−0.048*** （−4.132）
城市平台用户占比	−0.400* （−1.945）	−0.147 （−1.393）	−0.044 （−0.283）	−0.265*** （−4.271）	−0.200*** （−6.937）	0.106** （2.344）

续表

变量	模型（1）	模型（2）	模型（3）	模型（4）	模型（5）	模型（6）
酒店收入占比	4.051*** （8.589）	0.045 （0.466）	3.919*** （6.653）	4.261*** （13.817）	0.457*** （3.895）	3.538*** （7.433）
第三产业 GDP 占比	0.931 （0.597）	1.165* （1.971）	−1.514*** （−3.219）	−0.007 （−0.027）	0.003 （0.031）	−0.153 （−0.771）
常数项	−0.101 （−0.121）	−0.288 （−0.882）	0.642** （2.519）	0.261** （2.420）	0.297*** （6.552）	−0.115 （−1.195）
城市固定效应	是	是	是	否	否	否
月份固定效应	是	是	是	否	否	否
疫情后×月份固定效应	否	否	否	否	否	否
样本数	492	492	492	492	492	492
R^2	0.853	0.873	0.660	0.844	0.813	0.764
调整 R^2	0.850	0.870	0.653			

在机制检验中，加入自然人文旅游以及购物休闲娱乐平均每单消费金额作为控制变量；并进一步加入产业数字化指标，结果均稳健（附表 23-5）。

附表 23-5　机制效应稳健性检验

变量	模型（1）	模型（2）	模型（3）	模型（4）	模型（5）	模型（6）
关键变量	Consumption FlowRatio	Consumption FlowOutRatio	Consumption FlowInRatio	Consumption FlowRatio	Consumption FlowOutRatio	Consumption FlowInRatio
疫情后	−0.160*** （−6.531）	−0.107*** （−9.507）	0.015* （1.707）	−0.150*** （−8.244）	−0.104*** （−12.824）	0.016 （1.390）
城市类型×疫情后	0.059* （1.962）	0.072*** （4.775）	−0.052*** （−3.744）	0.032 （1.086）	0.053*** （4.155）	−0.039** （−2.467）
线上服务渗透率				−2.881** （−2.606）	−2.009*** （−4.027）	1.408* （1.900）
线上服务多元化				0.421 （1.256）	−0.139 （−1.190）	0.584 （1.361）
自然人文旅游占比	0.379*** （2.904）	−0.060* （−1.704）	0.522** （2.652）	0.344** （2.609）	−0.071* （−1.905）	0.515** （2.550）
购物休闲娱乐占比	0.826* （1.914）	0.351** （2.170）	0.142 （0.321）	1.022** （2.571）	0.367** （2.682）	0.266 （0.768）

续表

变量	模型（1）	模型（2）	模型（3）	模型（4）	模型（5）	模型（6）
自然人文旅游平均订单消费金额	−0.014 （−1.513）	−0.010** （−2.263）	0.005 （0.477）	−0.010 （−1.140）	−0.005 （−1.335）	0.000 （−0.042）
购物休闲娱乐平均订单消费金额	−0.044* （−1.738）	−0.026* （−1.919）	0.010 （0.691）	−0.063** （−2.231）	−0.043** （−2.563）	0.026 （1.474）
城市平台用户占比	−0.416** （−2.068）	−0.168 （−1.605）	−0.010 （−0.082）	−0.454** （−2.663）	−0.164** （−2.142）	−0.048 （−0.355）
酒店收入占比	4.113*** （9.310）	0.099 （0.966）	3.847*** （6.606）	4.001*** （7.867）	0.177* （2.000）	3.619*** （5.430）
第三产业 GDP 占比	0.898 （0.623）	0.938 （1.666）	−1.063*** （−2.718）	1.045 （1.075）	0.990*** （2.755）	−1.044 （−1.662）
常数项	0.168 （0.200）	−0.001 （−0.005）	0.315 （1.238）	0.827 （1.242）	0.382* （1.714）	0.133 （0.339）
城市固定效应	是	是	是	是	是	是
月份固定效应	是	是	是	是	是	是
疫情后×月份固定效应	是	是	是	是	是	是
样本数	479	479	479	479	479	479
R^2	0.870	0.886	0.738	0.882	0.913	0.752
调整 R^2	0.865	0.882	0.727	0.877	0.910	0.740

5. 剔除疫情及防控措施影响

由于城际流动会受到各城市疫情以及防控措施的影响，尽管本章选取了 2020 年下半年作为疫情平稳后阶段，以剔除这两个干扰因素，但在此时间段内仍然存在新增本地确诊病例的情况。例如，2020 年 11 月，上海、安徽阜阳市新增了本地确诊病例。同时，长三角各城市实行了相应的疫情防控措施。因此，本章进一步考虑了防控措施严格程度。

由于新增疫情及防控措施严格程度这两个变量存在稀疏性问题，涉及 2020 年 11 月共 7 个城市。本章选择了较为合理的处理方式，即删除了上述 7 条数据，以保证所选择数据样本未受到疫情以及防控措施的影响，主效应以及机制检验结果均稳健（附表 23-6、附表 23-7）。

附表 23-6　主效应稳健性检验——剔除疫情及防控措施影响

变量	模型（1）	模型（2）	模型（3）	模型（4）
关键变量	ConsumptionFlow Ratio	ConsumptionFlow Ratio	ConsumptionFlow OutRatio	ConsumptionFlow InRatio
疫情后	−0.129*** （−6.235）	−0.148*** （−5.526）	−0.102*** （−8.814）	0.016 （1.581）
城市类型×疫情后		0.055* （1.864）	0.073*** （5.178）	−0.059*** （−4.016）
城市平台用户占比	−0.635*** （−4.745）	−0.409* （−2.002）	−0.143 （−1.376）	−0.055 （−0.352）
酒店收入占比	4.096*** （8.971）	4.092*** （8.915）	0.019 （0.192）	3.993*** （6.998）
第三产业 GDP 占比	0.664 （0.473）	0.933 （0.591）	1.187* （1.971）	−1.544*** （−3.334）
常数项	0.180 （0.249）	−0.087 （−0.103）	−0.298 （−0.901）	0.671** （2.637）
城市固定效应	是	是	是	是
月份固定效应	是	是	是	是
疫情后×月份固定效应	是	是	是	是
样本数	485	485	485	485
R^2	0.851	0.856	0.879	0.670
调整 R^2	0.847	0.851	0.875	0.659

附表 23-7　机制效应稳健性检验——剔除疫情及防控措施影响

变量	模型（1）	模型（2）	模型（3）	模型（4）	模型（5）	模型（6）
关键变量	Consumption FlowRatio	Consumption FlowOutRatio	Consumption FlowInRatio	Consumption FlowRatio	Consumption FlowOutRatio	Consumption FlowInRatio
疫情后	−0.161*** （−6.593）	−0.108*** （−9.489）	0.014 （1.606）	−0.134*** （−7.072）	−0.100*** （−12.275）	0.023** （2.085）
城市类型×疫情后	0.065** （2.443）	0.077*** （5.481）	−0.056*** （−3.716）	0.025 （0.802）	0.055*** （3.991）	−0.049*** （−2.770）
自然人文旅游占比	0.374*** （2.924）	−0.062 （−1.630）	0.524** （2.617）			
购物休闲娱乐占比	0.879** （2.229）	0.356** （2.268）	0.207 （0.480）			
线上服务渗透率				−2.696** （−2.154）	−1.692*** （−3.030）	0.948 （1.037）
线上服务多元化				0.450 （1.411）	−0.217* （−1.694）	0.785* （1.938）

续表

变量	模型（1）	模型（2）	模型（3）	模型（4）	模型（5）	模型（6）
城市平台用户占比	−0.347* （−1.931）	−0.112 （−1.094）	−0.053 （−0.420）	−0.476** （−2.568）	−0.145* （−1.705）	−0.108 （−0.705）
酒店收入占比	4.146*** （9.180）	0.120 （1.119）	3.843*** （6.593）	3.916*** （7.460）	0.123 （1.408）	3.649*** （5.609）
第三产业 GDP 占比	1.102 （0.747）	1.078* （1.792）	−1.141*** （−2.976）	1.150 （1.017）	1.234*** （3.139）	−1.451** （−2.223）
常数项	−0.267 （−0.344）	−0.282 （−0.863）	0.446* （1.874）	0.456 （0.725）	−0.055 （−0.299）	0.664* （1.772）
城市固定效应	是	是	是	是	是	是
月份固定效应	是	是	是	是	是	是
疫情后×月份固定效应	是	是	是	是	是	是
样本数	485	485	485	485	485	485
R^2	0.870	0.885	0.736	0.868	0.901	0.686
调整 R^2	0.865	0.880	0.726	0.863	0.898	0.675